上海天气预报手册

主　编　曹晓岗
副主编　姚建群

内容简介

本书遵循科学性、实用性和针对性的原则，立足上海天气气候演变规律，在总结提炼上海多年天气预报工作经验的基础上，关注最新的天气业务科研成果，注重与中国气象局预报体制、预报技术思路相一致。全书共分8章，系统介绍了上海地理与气候特征，上海四季的环流背景和主要影响系统，影响上海的暴雨、热带气旋、强对流天气和雷电、寒潮、降雪、大风、高温、低温、雾等灾害天气。介绍了上海开展数值天气预报释用最新进展。还介绍了上海一体化天气预报制作系统、强对流天气短时预警业务系统、专业预报制作发布系统、多灾种早期预警决策指挥支持系统等上海的预报业务系统。

本书不仅可以成为上海气象预报业务人员的工具书，而且对于从事大气科学研究和教学的人员也有重要的参考价值。

图书在版编目(CIP)数据

上海天气预报手册 / 曹晓岗主编. --北京 ：气象出版社，2017.9

ISBN 978-7-5029-6627-0

Ⅰ.①上…　Ⅱ.①曹…　Ⅲ.①天气预报-上海-手册
Ⅳ.①P45-62

中国版本图书馆 CIP 数据核字(2017)第 227382 号

Shanghai Tianqi Yubao Shouce

上海天气预报手册

出版发行：气象出版社

地　　址：北京市海淀区中关村南大街 46 号　　**邮政编码**：100081

电　　话：010-68407112(总编室)　010-68408042(发行部)

网　　址：http://www.qxcbs.com　　**E-mail**：qxcbs@cma.gov.cn

责任编辑：杨泽彬　　**终　　审**：吴晓鹏

责任校对：王丽梅　　**责任技编**：赵相宁

封面设计：博雅思企划

印　　刷：北京建宏印刷有限公司

开　　本：787 mm×1092 mm　1/16　　**印　　张**：22.5

字　　数：560 千字

版　　次：2017 年 9 月第 1 版　　**印　　次**：2017 年 9 月第 1 次印刷

定　　价：180.00 元

编写人员

主　编　曹晓岗

副主编　姚建群

成　员（按姓氏笔画排列）

丁　杨　于甜甜　王海宾　王　智　尹红萍
朱佳蓉　刘晓波　李佰平　李　静　张　欣
杜予罡　吴　迪　邹兰军　林　红　茅　懋
季晓东　施春红　郭　蓉　徐秀芳　陶　岚
傅　洁　储　海　戴建华

前　言

随着经济社会的发展，人们对气象的关注度越来越高，同时对气象预报的准确性和精细化水平要求也越来越高。为不断提高天气预报预测准确率和精细化程度，在中国气象局的正确领导下，不断加强公共气象服务系统、气象预报预测系统、综合气象观测系统建设，大力发展现代气象业务，并取得明显成效，不断推动着天气预报预测准确率稳步提高。但天气预报是一个非常复杂的系统工程，一方面需要其他基础科技的发展和支持；另一方面作为气象科学本身需要不断发现新的事实、建立新的理论，重视应用性研究和成果的业务化，预报技术人员要不断加强天气气候规律的总结和研究，开发有效的天气预报技术方法，提高天气预报准确率，以满足社会各行业广泛的需求。

上海地处亚热带季风区，冷暖气团交绥频繁，受海陆交界、三面环水的复杂地形及特大城市的影响，天气复杂。一年四季多气象灾害，春季有低温阴雨天气；春夏季节多梅雨期暴雨和局地强对流天气；夏季多高温和强对流天气，也经常受到热带气旋影响；秋季有暴雨、强冷空气影响；冬季则受到寒潮、低温、冻害、雪、大雾等灾害性天气影响。几十年来，上海气象工作者在天气研究和预报实践中，在天气预报理论的指导下，科学地分析先进大气探测手段获取的各种气象资料，深刻地揭示天气气候演变规律，系统地总结并积累预报经验，极大地提高了预报员的技能和素质。多年来总结的上海天气预报的预报经验与成果，在天气预报业务中发挥了积极作用。

近十年来，随着新的探测技术的应用和数值预报进一步的发展，模式的时间和空间分辨率不断提高，天气预报技术也随之进步，为精细化智能化的预报打下了基础。提高气象预报准确率和精细化水平是我们的核心目标，推进智能网格气象预报业务向无缝隙、精准化、智慧型发展是方向，不断总结预报经验、开发预报新技术是实现手段。为此，上海市气象局从 2016 年上半年开始，组织编写《上海天气预报手册》，侧重有关上海地区天气预报方面的内容，本书尽量简化概念性、原理性描述，介绍新的技术方法、研究成果和规范标准，尽量使用新的天气个例和资料图表，并应用 MICAPS 系统制作图表，便于预报人员参考使用。

手册是集体智慧的成果，编写组由上海中心气象台的部分预报与开发人员组成。本工作由曹晓岗研究员、姚建群同志负责内容设计、组织编写、全书审校及统稿等工作。本手册共分为 8 章：第 1 章由丁杨负责编写，第 2 章由茅懋负责编写，第 3 章由朱佳蓉负责编写，第 4 章由王智、施春红、傅洁、郭蓉、李静负责编写，第 5 章由陶岚负责编写，第 6 章由徐秀芳、尹红萍、刘晓波负责编写，第 7 章由储海、李佰平、张欣、吴迪、杜予罡、季晓东、于甜甜负责编写，第 8 章由戴建华、王海宾、林红、邹兰军负责编写，附录部分由丁杨整理。漆梁波研究员对全书进行了校阅并提供了宝贵意见。

特别感谢吴君婧同志对全部书稿的认真整理，感谢曾为此项工作付出努力的各位同事，他们的名字无法一一列出。另外，杨引明研究员对本书大力支持和督促，在此谨表谢意。

由于本手册多选用近年来发生的天气个例、作者个人经验总结和近期发表的论文、技术报告，在理论方面尚不太成熟，加之编写时间限制、编写人员经验不足，难免有谬误之处，敬请读者提出宝贵意见。

本书编写组

2017 年 5 月

目　录

第 1 章　上海地理与气候特征

1.1　地域与行政区划

1.1.1　地域

上海市，简称“沪”，别名“申”。地处东经 120°51′～122°12′，北纬 30°40′～31°53′，位于太平洋西岸，亚洲大陆东沿，中国南北海岸中心点，长江和钱塘江入海汇合处。北界长江，东濒东海，南临杭州湾，西接江苏和浙江两省。全市总面积 6340.5 km^2，东西最大距离约 100 km，南北最大距离约 120 km。大陆岸线长约 211 km。在北面的长江入海处，有崇明、长兴、横沙、九段沙等岛屿。崇明岛为中国第三大岛，由长江挟带下来的泥沙冲积而成。

1.1.2　行政区划

截至 2016 年 8 月，上海市辖有浦东新区、徐汇、长宁、普陀、虹口、杨浦、黄浦、静安、宝山、闵行、嘉定、金山、松江、青浦、奉贤、崇明 16 个区。

1.2　地势与水文

1.2.1　地势

上海是长江三角洲冲积平原的一部分，平均高度为海拔 4 m 左右。陆地地势总趋势由东向西低微倾斜。以西部淀山湖一带的淀泖洼地为最低，海拔 2～3 m；在泗泾、亭林、金卫一线以东的黄浦江两岸地区，为碟缘高地，海拔 4 m 左右；浦东钦公塘以东地区为滨海平原，海拔 4～5 m。西部有天马山、佘山、薛山、凤凰山等残丘，天马山为上海陆上最高点，海拔 98.2 m。海域上有大金山、小金山、浮山、佘山等基岩岛，大金山海拔 103.4 m，为上海境内最高点。高程 4 m 以下部分约占全区面积的 50%。按形态特征可将全区分为东部滨海平原，中部碟缘高地，西部淀泖低地和北部江口沙洲四个地形分区，如图 1.1 所示。

淀泖低地：包括青浦、松江两区大部，金山区北部及嘉定、闵行、奉贤等区的西部地区。这一分区系在长江三角洲基础上发育而成的太湖湖沼平原，成陆时间最早（距今 6000 余年前），地势最低，地面高程一般低于 3.5 m，是上海境内低洼地和湖沼密布的地区，以淀山湖最为著名。区内剥蚀残丘集中，有佘山、天马山、凤凰山、横山、小昆山、辰山等，呈北东向排列，散布于松江区西北侧。

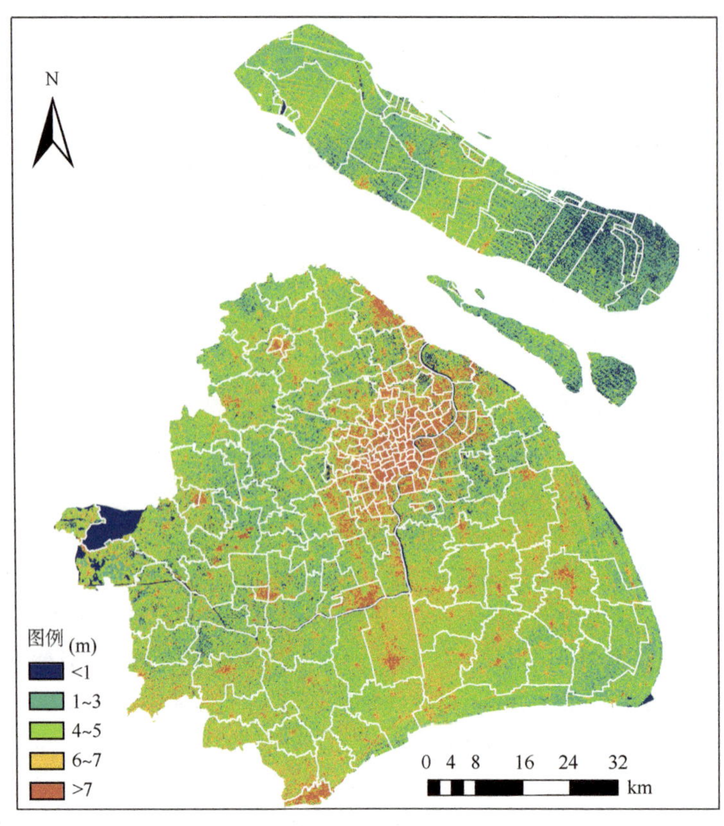

图 1.1 上海地势图

碟缘高地:包括上海市区全部,浦东、嘉定、闵行、奉贤、金山等区大部。地势比较高亢,地面高程一般为 4～5 m。黄浦江上游干流、吴淞江、蕰藻浜呈东西横贯,其余河流取北北西走向,与砂冈古海岸线、海塘平行。

滨海平原:包括浦东、奉贤、金山等区的沿海地区。地势亦比较高亢,地面高程 3.5～4.5 m。主要河流大体平行历期古海岸线伸展。

江口沙洲:包括崇明、长兴、横沙三岛和其他一些刚露出水面的沙洲。它是长江三角洲的主体,成陆历史较晚。地面高程一般为 3.5～4 m。

1.2.2 水文

上海地处长江入海口、太湖流域东缘。全市河道长度约 2.53 万 km,河流和湖泊总面积约 619 km^2。河面率约 9.77%,河网密度平均每平方千米约 4 km。境内江、河、湖、塘相间,水网交织。主要水域和河道有长江口,黄浦江及其支流大泖港、园泄泾、斜塘和太浦河、拦路港,以及吴淞江(苏州河)、蕰藻浜、川杨河、淀浦河、大治河、金汇港、油墩港等。其中,黄浦江干流全长 80 km,河宽 300～700 m,其上游在松江区米市渡处承接太水(太湖之水),贯穿上海至吴淞口汇入长江口;吴淞江发源于太湖瓜泾口,在市区外白渡桥附近汇入黄浦江,全长约 125 km,上海境内约 54 km(俗称苏州河),为黄浦江主要支流。上海的湖泊集中在与江苏、浙江交界的西部洼地,最大的湖泊为淀山湖,总面积 60 余平方千米。

1.3　气候概要与基本特点

上海处亚热带季风区，4—8 月盛行东南风，11 月至次年 2 月盛行西北风，3 月和 9—10 月以偏东风为主。

气候温和，年均气温市区 16.4℃，郊区 15.7～16.2℃；7 月最热，平均气温市区 28.3℃，郊区 27.6～28.1℃；1 月最冷，平均气温市区 4.2℃，郊区 3.3～4.1℃。

全年雨量充沛，总雨量平均 1200.4 mm，其中 70%集中在 4—9 月，6 月和 8 月雨量最多，分别为 181.8 mm 和 168.2 mm，12 月和 1 月最少，分别为 40.9 mm 和 52.1 mm。

年际、季际、月际的降水差异甚大，以 2000—2015 年为例，年雨量最多的 2015 年为 1698.3 mm，最少的 2011 年只有 904.3 mm；季雨量最多的 2001 年夏季（6—8 月）为 994.8 mm，最少的 2004 年夏季只有 347.9 mm；月雨量最多的 2015 年 6 月为 382.1 mm，最少的 2005 年 6 月只有 32.5 mm。

雨多则涝，雨少则旱，由于降水年际变化大，涝旱时有发生。

气候局地性特征明显，在市区有“城市热岛效应”，降水也具有明显的局地性差异，雷雨、冰雹、龙卷风等强对流天气的局地性更为明显。

在清同治十二年（1873 年）至 2015 年气象连续记录时期，光绪三年至十二年（1877—1886 年）最冷，年均气温 15.1℃，年均最高气温 19.3℃，年均最低气温 11.5℃。20 世纪 90 年代之后，年均气温明显上升，其中 2001—2010 年最暖，年均气温 17.9℃，年均最高气温 21.8℃，年均最低气温 15.0℃。

1.3.1　气候概要

1.3.1.1　气温

上海属亚热带季风气候，全年平均气温 16.4℃，1 月最冷平均为 4.2℃，7 月最热平均为 28.3℃。冬夏寒暑交替，四季分明，气候宜人，春光明媚，夏日晴长，秋高气爽，冬季温和。

(1)舒适温度期较长

夏季昼热夜凉，冬季日暖晚寒，用平均气温 10～25℃的舒适指标衡量，一年中约有半年（4—6 月、9—11 月）为舒适温度时期，如表 1.1 所示。

表 1.1　1951—2015 年上海各月平均气温统计表　（℃）

月份	1月	2月	3月	4月	5月	6月	7月	8月	9月	10月	11月	12月	全年
平均气温	4.2	5.5	9.2	14.8	19.9	23.9	28.3	28.0	24.1	18.9	13.0	6.8	16.4
最高气温平均值	8.0	9.4	13.4	19.4	24.3	27.8	32.3	31.9	27.8	22.9	17.2	10.9	20.5
最低气温平均值	1.3	2.6	6.0	11.2	16.4	20.9	25.3	25.2	21.2	15.5	9.6	3.2	13.3

(2)盛夏热浪激增

盛夏 7 月和 8 月是最热季节，平均气温 28.3℃和 28.0℃，午后平均最高气温分别为 32.3℃和 31.9℃。全年高温日数不多，一日内最高气温大于 35℃的炎热天气日数，两月平均有 11.3 d，占该两月总日数的 18%，占全年炎热天气 12.9 d 的 88%。极端最高气温，出现过

40.8℃(2013年8月7日)。

清光绪三十三年至民国37年(1907—1948年)42年间,有28年出现最高气温大于37℃的酷热天气,出现频率为67%,此后酷热天气呈现出先少后多的现象,1949—1990年热浪有所减弱,42年间有13年酷热天气,出现频率为31%,但1991—2015年的25年间,酷热天气出现频率高达92%,仅有2年未出现过酷热天气(1999年和2014年)。

(3)隆冬寒潮势弱

隆冬1月和2月上中旬是全年最冷季节,各旬平均气温4~6℃,早晨平均最低气温1~3℃,一日内最低气温小于−5℃的严寒天气日数,平均约有2 d,是该时段总日数的3%,占全年严寒天气日数的77%。

清同治十二年(1873年)以来极端最低气温出现过−12.1℃(1893年1月19日),但随着冬季气候的变暖,隆冬的严寒天气日数明显减少。清光绪三十三年至民国37年(1907—1948年),严寒天气出现日数平均每年有7 d,极端最低气温低于−10℃的共出现过6年(1916、1917、1920、1931、1940、1943年);1949—1990年,严寒天气日数平均每年有4 d,极端最低气温低于−10℃,只出现过1年(1977年);而1991—2015年,严寒天气日数平均每年仅有0.4 d,且未出现过极端最低气温低于−10℃。

1.3.1.2　雨量

全年平均雨量1200.4 mm,历史上最多年(1999年)1793.7 mm,最少年(1892年)709.2 mm。全年平均降雨日数130 d,占全年总日数的36%,历史上最多年(1889年)167 d,最少年(1971年)98 d。因冬夏季风交替,降水具有明显的季节性变化。雨量季节分配不匀,多雨、少雨不定,干湿交替出现,形成全年3个多雨期和3个少雨期的特点。

(1)多雨期

春雨期:常年3月29日至5月20日是春雨季,有春雷和连续阴雨出现,总雨量179.6 mm,约占全年雨量的15%。其主要特征是雨日多,雨量小,尤多夜雨,以毛毛雨、小雨、中雨为主,大雨不多,暴雨少见。春雨的年际变化较大,早到3月下旬开始(如1973年),迟到5月上旬出现(如1980年)。雨期的长短和雨量的多寡相差悬殊,短春雨年份,雨日不足15 d,总雨量不足100 mm,如1953年;长春雨年份,雨期长达30 d以上,总雨量多达200 mm以上,1977年3月下旬至5月中旬总雨量420.2 mm,雨日达34 d。多数年份雨期适中,往往连雨4~6 d,间有3~4 d晴日,呈过程性晴雨交替。如表1.2所示。

梅雨期:常年6月17日入梅,7月10日出梅,持续约24 d。梅雨期总雨量223.5 mm,约占全年雨量的19%。其主要特征是初期多过程性降水,连雨间晴;中期多连续性降水,大雨、暴雨并现;后期多雷暴和阵雨,局地性较大。入梅的时间年际变化很大,早至5月下旬,如1971年;晚到7月上旬,如1982年。出梅时间年际变化也大,早的在6月中旬,如1961年;迟的到8月初,如1954年。有些年份出现两段梅雨天气,第一段梅雨结束,相隔一段晴热天气,又出现“倒黄梅”,如1977年和1979年。各年梅雨差异很大,短梅雨年份,雨日不足15 d,总雨量不足170 mm;而长梅雨年份,雨期超过30 d,总雨量达271 mm以上,如1954年梅雨期自6月5日至8月2日,长达58 d,总雨量460.1 mm,雨区大,水位高,暴雨次数频繁,出现洪涝。多数年份雨期适中。个别年份梅雨不明显,出现“空梅”,如1964、1965、2005年。如表1.3所示。

表 1.2　1951—2015 年上海春雨类型统计表

类型	持续天数(d)	春雨期各级雨量出现年份			合计年数(年)
		<100 mm	100～200 mm	>200 mm	
短春雨	≤15	1953 1988 2007 2011	1982 2001 2009		7
一般春雨	16～30	1971 1996 1997 2000	1952 1955 1961 1962 1965 1966 1970 1972 1974 1975 1976 1978 1980 1981 1984 1985 1986 1990 1991 1992 1993 1994 1998 1999 2003 2004 2005 2008 2010 2012 2013	1951 1954 1956 1958 1959 1960 1963 1964 1968 1969 1979 1983 1987 1989 1995 2002 2006 2014 2015	54
长春雨	>30		1957	1967 1973 1977	4

表 1.3　1951—2015 年上海梅雨类型统计表

类型	持续天数(d)	梅雨期各级雨量出现年份			合计年数(年)
		<170 mm	171～270 mm	>271 mm	
短梅雨	≤15	1958 1959 1960 1964 1965 1972 1978 1981 1990 1998 2000 2005	1951 1952 1955 1961 1973 1985 2001		19
一般梅雨	16～30	1962 1967 1968 1977 1979 1984 1988 1994 2003 2009	1963 1969 1970 1976 1982 1983 1986 1989 1993 2002 2006 2007 2011 2012 2013 2014	1957 1966 1975 1971 1987 1997 2008 2010 2015	35
长梅雨	>30	1992	1953 1974 2004	1954 1956 1980 1991 1995 1996 1999	11

秋雨期：常年 8 月 27 日至 9 月 26 日是秋雨季，总雨量 148.1 mm，约占全年雨量的 12%。其主要特征是雨时短而雨量大，是一年中大雨、暴雨最多时期。秋雨出现早的年份，在 8 月中旬至 9 月中旬，如 1990 年；秋雨出现晚的年份，9 月下旬至 10 月上旬，如 1975 年。短秋雨年份，雨日不足 10 d，总雨量不超过 130 mm，如 1954 年等；长秋雨年份，雨期两旬以上，总雨量超过 230 mm，如 1973 年总雨量多达 327.8 mm。如表 1.4 所示。

表 1.4　1951—2015 年上海秋雨类型统计表

<table>
<tr><th rowspan="2">类型</th><th rowspan="2">持续天数(d)</th><th colspan="3">秋雨期各级雨量出现年份</th><th rowspan="2">合计年数(年)</th></tr>
<tr><th><130 mm</th><th>130～230 mm</th><th>>230 mm</th></tr>
<tr><td>短秋雨</td><td>≤10</td><td>1954 1965 1967
1968 1974 1987
1994 1995 1996
1997 2001 2002
2003 2009 2011
2012 2015</td><td>1966 1991
1993 2014</td><td></td><td>21</td></tr>
<tr><td>一般秋雨</td><td>11～20</td><td>1953 1955 1972
1975 1978 1979
1981 1982 1984
1989 1998 2006
2008</td><td>1951 1952 1956
1957 1958 1959
1960 1961 1964
1969 1980 1986
1988 1992 1999
2000 2004 2007
2013</td><td>1962 1963
1970 1971
1976 1977
1983 1985
1990 2005
2010</td><td>43</td></tr>
<tr><td>长秋雨</td><td>≥21</td><td></td><td></td><td>1973</td><td>1</td></tr>
</table>

(2)少雨期

盛夏少雨期：常年梅雨过后进入盛夏少雨期。少雨期多数年份出现在 7 月中旬至 8 月中旬的“三伏”期间，故称“伏旱期”。常年平均旬雨量 38 mm。此时的主要特征是温度高、蒸发旺盛，光照强烈，降水多阵性和局地性。伏旱期出现早的始于 6 月下旬(如 1971 年)，结束晚的止于 9 月上旬(如 1978 年)。多数年份伏旱期持续 30～60 d，少数年份长达 60 d 以上，如 1967 年 7 月 10 日至 9 月 9 日，旱期长达 62 d，降水量只有 10.7 mm；1978 年 6 月 25 日至 9 月 8 日，旱期 76 d，降水量 69.1 mm。也有个别年份因台风活动，盛夏温凉多雨，伏旱不明显，如 1980 年。

秋高气爽少雨期：常年秋雨过后进入秋高气爽的少雨期，多数年份发生于 9 月下旬至 11 月上旬，常年平均旬雨量 20 mm。少雨期的主要特征是温度适中，天高云淡，连晴期较长。多数年份少雨期持续 30～40 d，少数年份发生秋旱接冬旱，如 1973 年 11 月 10 日至次年 1 月 13 日持续 65 d 滴雨未下，为上海百年来所罕见。

冬季少雨期：常年发生于 12 月上旬至翌年 3 月中旬，常年平均旬雨量 17 mm。少雨期的主要特征是温度较低，少雨期较长，其中间有小雨雪，也不持久。如 1979 年 1 月 2 日至 3 月 7 日历时 65 d，总雨量 35 mm；1985 年 12 月 23 日至 1986 年 3 月 9 日历时 77 d，总雨量只 28 mm。

1.3.1.3　光照

全年日照时数平均为 1842 h。最多年(1967 年)为 2277 h，最少年(2002 年)为 824 h。值得注意的是，从 2000 年之后，年日照时数有明显减少，1951—1999 年，全年日照时数平均约为 1937 h，而 2000—2015 年，全年日照时数平均仅为 1425 h。此外，各月日照百分率随少雨期和多雨期的不同而稍有差异，但实际日照时数与温度的年变化基本同步。

(1)昼夜变化不大

纬度适中,昼夜长短的变化不大,夏至日昼长 14 h 11 min,冬至日昼长 10 h 07 min,两者极差 4 h 03 min。

(2)光热协调

日照时数以冬季 1、2 月最少,分别为 115 h 和 111 h。春季温度回升,日照时数逐月增多。6 月因梅雨影响而略减。盛夏 7、8 月日照时数最多,为 214 h 左右。秋季温度下降,日照时数减少,9、10 月有一段秋雨影响,平均日照时数为 157 h 和 155 h。秋末冬初的 11、12 月,每月日照虽有减少,但仍分别有 129 h 和 121 h。各月日照时数与温度的升降比较协调。

1.3.2　基本特点

由于季风气候年际变化大,上海常年气候既稳定,又有变异,形成多种迥然不同的气候年型。上海地处中国东南沿海,又是大城市,气候环境还具有海洋性和局地性。

1.3.2.1　季风性特征

(1)冬夏季风反向运行

冬季盛行偏北风,从西北偏西到东北,各风向的出现频率总和达半数以上。夏季盛行偏南风,从东南偏东到西南各风向的出现频率总和也达半数以上。盛行风向冬夏反向交替运行,季风特征明显。如表 1.5 所示。

表 1.5　1951—2015 年上海各月各风向频率及最多风向统计表　(%)

风向	北	北北东	东北	东北东	东	东南东	东南	南南东	南	南南西	西南	西南西	西	西北西	西北	北北西	静风	最多风向	频率
全年	5	6	7	7	9	8	9	6	4	2	3	3	4	6	7	6	8	东	9
1月	8	7	7	6	6	4	3	2	2	1	2	3	5	11	13	11	8	西北	13
2月	8	8	9	7	8	6	5	3	3	1	2	2	3	8	9	10	7	北北西	10
3月	6	7	9	8	9	9	8	5	4	2	2	3	3	6	7	7	6	东	9
4月	4	5	6	7	9	10	12	9	5	2	3	3	3	5	5	5	6	东南	12
5月	4	4	5	6	11	12	13	9	6	3	3	3	3	4	4	4	6	东南	13
6月	2	3	4	6	12	13	14	9	7	4	4	4	3	3	3	2	6	东南	14
7月	2	2	3	4	8	9	13	13	11	6	6	5	4	3	3	2	6	南南东	13
8月	3	4	6	6	11	12	13	10	6	3	4	3	3	3	4	3	6	东南	13
9月	6	8	10	10	12	8	7	3	3	1	2	2	3	5	7	6	7	东	12
10月	7	8	10	9	11	7	5	2	2	1	1	2	3	6	9	7	10	东	11
11月	7	6	7	6	8	6	5	3	2	1	2	3	4	8	12	9	11	西北	12
12月	7	6	6	5	6	4	4	2	2	2	3	3	5	11	13	10	11	西北	13

(2)雨热同季

受季风的北进和南撤,导致雨带两次经过上海,造成梅雨和秋雨两个多雨时期。有的年份因为夏季台风活动多和热对流造成的局地雷阵雨,使夏季风控制的少雨期有充沛的雨水。冬季风控制期间,雨量大减。春季是冬夏季风交替季节,温度上升,雨水增多。秋季是夏冬季风交替季节,温度下降,雨水由多到少。

(3)降水量变率较大

降水量年变率为15%,有的年份雨水过多,有的年份偏少,造成不同程度的旱涝。清同治十三年(1874年)至2015年,多雨年的年雨量超过1300 mm,共有39年,均发生过涝灾;而少雨年的年雨量不足980 mm,共有25年,均发生过程度不同的干旱。涝年和旱年共发生64年,出现频率平均2.2年一遇。

年雨量多寡基本由汛期降水决定。凡连续3月的雨量大于650 mm、连续5月的雨量大于950 mm的年份,都是大涝年。清同治十三年(1874年)至2015年共出现过19年,平均7年一遇。凡汛期(5—10月)出现连续3月的雨量小于230 mm、连续5月雨量不足450 mm的年份,都是大旱年,清同治十三年(1874年)至2015年共出现过18年,平均8年一遇。如表1.6,1.7所示。

表1.6 1874—2015年上海大涝年的雨量统计表

年份	连续3月总雨量≥650 mm		连续5月总雨量≥950 mm		全年雨量(mm)
	雨量(mm)	出现月份	雨量(mm)	出现月份	
1875	826.7	6—8月	1244.7	6—10月	1588.1
1889	687.3	8—10月	1115.1	6—10月	1462.3
1891	825.4	7—9月	1050.9	6—10月	1416.0
1921	740.4	7—9月	1127.7	5—9月	1508.2
1931	823.6	7—9月	1148.1	5—9月	1602.0
1941	890.3	6—8月	1124.4	5—9月	1659.3
1954	728.8	5—7月	1010.3	4—8月	1388.5
1957	729.3	6—8月	1021.4	5—9月	1472.7
1977	674.1	7—9月	1006.8	5—9月	1508.0
1980	752.8	6—8月	989.0	5—9月	1392.3
1985	717.6	8—10月	1060.4	6—10月	1673.4
1987	717.1	7—9月	984.7	4—8月	1396.9
1991	707.8	6—8月	1010.8	5—9月	1433.0
1993	793.7	6—8月	1063.0	5—9月	1595.3
1999	1176.1	6—8月	1397.1	5—9月	1793.7
2001	994.8	6—8月	1173.6	5—9月	1656.5
2008	866.1	6—8月	1085.6	5—9月	1504.8
2014	766.1	6—8月	988.6	5—9月	1455.1
2015	845.1	6—8月	1070.0	5—9月	1698.3

表1.7 1874—2015年上海大旱年的雨量统计表

年份	汛期连续3月雨量≤230 mm		汛期连续5月雨量≤450 mm		全年雨量(mm)
	雨量(mm)	出现月份	雨量(mm)	出现月份	
1876	63.5	8—10月	403.5	6—10月	770.7
1892	100.7	6—8月	188.7	6—10月	709.2
1894	226.7	8—10月	432.8	6—10月	935.0
1898	214.8	7—9月	309.7	6—10月	849.9

续表

年份	汛期连续 3 月雨量≤230 mm		汛期连续 5 月雨量≤450 mm		全年雨量(mm)
	雨量(mm)	出现月份	雨量(mm)	出现月份	
1925	193.1	8—10 月	405.0	6—10 月	794.7
1929	209.6	8—10 月	407.8	6—10 月	791.2
1934	97.0	6—8 月	364.4	6—10 月	840.4
1937	208.1	5—7 月	405.6	5—9 月	1025.2
1942	189.0	8—10 月	416.7	6—10 月	942.7
1959	211.2	8—10 月	436.5	6—10 月	1214.8
1964	207.8	8—10 月	418.4	6—10 月	903.5
1967	51.5	8—10 月	179.2	6—10 月	807.8
1968	191.9	8—10 月	313.9	6—10 月	815.6
1972	219.3	7—9 月	434.3	5—9 月	900.8
1978	150.4	8—10 月	308.1	6—10 月	771.1
1979	154.8	8—10 月	372.9	6—10 月	810.1
1984	189.5	8—10 月	396.8	6—10 月	800.3
1994	162.8	7—9 月	414.7	5—9 月	858.1

由于雨量的季节变化较大，在一年之内也常有先涝后旱或先旱后涝的现象发生。如清光绪二十九年(1903 年)6、7 月的雨量多达 536.6 mm，而 8、9 两月的雨量仅 67.9 mm，夏涝秋旱。又如 1891 年 5、6 月的雨量 98.2 mm，而 7—9 月的雨量多达 825.4 mm，比常年多出 1 倍以上。

1.3.2.2　海洋性特征

(1)温度变化比内陆小

上海因受海洋影响，夏季温度低于纬度相差不远的西部内陆地区；冬季温度则略高。上海最热月与最冷月气温的年较差为 24.1℃，而西部内陆地区稍大。上海白天温度低于西部内陆地区；夜间温度则略高。温度日较差较小，上海昼夜气温日较差年均 7.2℃，而西部内陆地区较大。

(2)秋温高于春温

9—11 月平均气温为 18.0℃，3—5 月 14.0℃，秋温高出春温 4.0℃，此差值高于西部内陆地区。

(3)最冷月与最热月滞后

最冷月与最热月按月平均气温计算虽然分别仍为 1 月和 7 月，但上海的温度比内陆明显滞后，2 月与 1 月平均气温的差值，上海为 1.3℃；8 月与 9 月平均气温的差值，上海为 3.9℃。上海温度受海洋水体调节影响比内陆明显。

(4)湿度减小

年均相对湿度 76%，从 1951—2015 年的 65 年间，逐 10 年的年均相对湿度一直呈减小趋势;从各月平均来看,6 月份最大为 80%,7、8 月份次之为 79%;12 月和 1 月最小,平均为 72%。

1.3.2.3 降水局地性特征

上海降水局地性明显。一个区出现暴雨的比例占 47%,2～9 个区同日出现暴雨的占 49%,全境都有暴雨只占 4%。雷雨、冰雹、龙卷风等强对流天气的局地性更为明显,全市各区同日降雹的情况尚未出现过。84%的冰雹只影响一个区的局部,降雹区涉及 3 个区以上者不多,超过 5 个区者更少。范围最广的一次冰雹(1975 年 5 月 30 日),也只影响 100 个乡,仍不到全市的半数。龙卷风影响的范围更小,有 83%的龙卷风只影响一个区的局部地区。

备注:本节中出现的统计平均值均为 1951—2015 年间的;历史上的极值统计时间段为 1874—2015 年。

1.4 大城市气候特点

上海是世界特大型城市,城市气候效应非常突出。具有明显的城区暖于郊区的"热岛效应",以及由于城市热岛效应助长的"雨岛效应",同时,由于城市下垫面形式复杂多样,楼群林立,故风场变化的局地性也很大。

1.4.1 热岛效应

上海由于城市中人为的热、温室气体排放和下垫面性质的改变,在一定的气象条件下,产生了明显的热岛效应,使中心城区的气温与市郊各区比较,相差较为悬殊。由于大量人口迁入和外来流动人口增长迅速,上海人口总量呈集聚和不断扩大趋势,2015 年底,全市常住人口 2415.27 万,中心城区的人口密度、煤耗量及温室气体排放等均远远大于郊区,同时,由于市区建筑群密集,对太阳辐射的反射率较小,市区下垫面可供蒸发的水分比郊区少,耗热也少。市区下垫面的导热率和热容量比郊区高,储热量比郊区多,再加上建筑物垂直面的储热作用,储热层比郊区厚。上述各种因素,有助于城市热岛的形成,在晴朗无风的夜间,城市热岛强度尤大。

1.4.1.1 热岛的分布和结构

(1)热岛的水平分布

上海地区地面气温的水平分布经常呈现城区暖于郊区的现象,在晴朗无风的夜间,市区和郊区的温差更为显著。随着城市化进程的加剧,工业发展较好或近郊地区温度都较高,从 2000—2015 年上海年平均气温分布图上也反映出城市热岛中心的相似位置(图 1.2)。

(2)热岛的垂直结构

热岛的强度随高度而减小,至某一高度时城乡温度相等,热岛现象消失。据 1988 年 8 月与 1989 年 1 月在市区龙华和郊区莘庄同时设点进行气温垂直观测结果,上海市大气边界层中热岛的消失高度各次观测值不一致,平均高度约为 250 m,高度为 50～100 m 的约占 56%,而高度大于 500 m 的约占 20%。

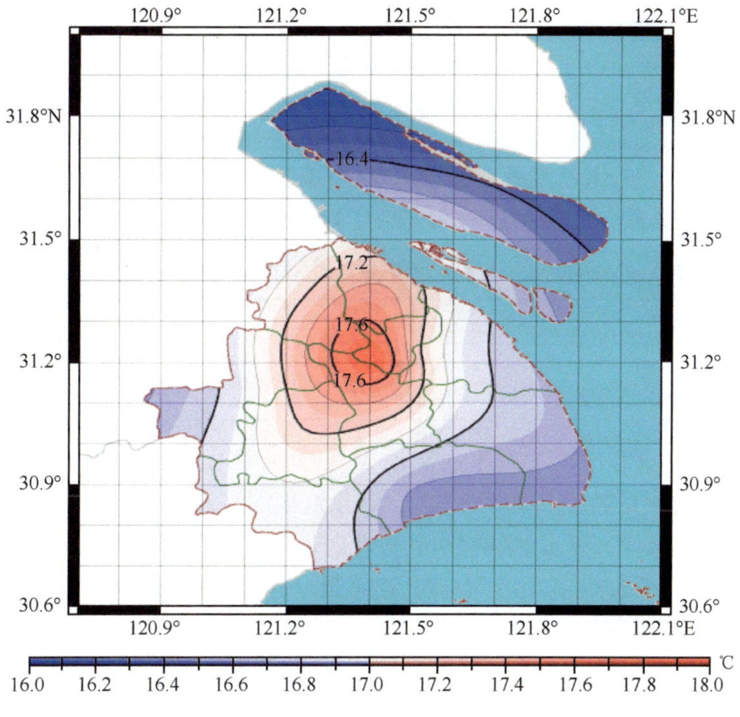

图1.2　2000—2015年上海年平均气温分布图

1.4.1.2　热岛强度的变化

随着上海城市的发展，城乡气温的差值产生明显的年际变化。从1961—2015年的气温变化资料可以看出(表1.8)，20世纪80年代以前，全市年平均气温分布均匀，城乡差异不大，随着改革开放之后，市区发展比郊区发展快，温差慢慢扩大，而进入21世纪后，近郊发展迅速，工业化程度高，年平均气温已慢慢向市区靠近，这也反映了城市热岛强度愈益增强的趋势。这与上海煤炭消耗、市区建筑物面积和人口增长均有密切关系。

表1.8　1961—2015上海气温变化统计表　(℃)

年份	年平均气温						年平均最低气温					
	Ⅰ徐汇(市区)	Ⅱ闵行(近郊)	Ⅲ奉贤(远郊)	Ⅰ～Ⅱ温差	Ⅰ～Ⅲ温差	Ⅱ～Ⅲ温差	Ⅰ徐汇(市区)	Ⅱ闵行(近郊)	Ⅲ奉贤(远郊)	Ⅰ～Ⅱ温差	Ⅰ～Ⅲ温差	Ⅱ～Ⅲ温差
1961—1965	15.88	15.76	15.82	0.12	0.06	−0.06	12.46	12.3	12.46	0.16	0	−0.16
1966—1970	15.58	15.36	15.36	0.22	0.22	0	12.16	11.88	12	0.28	0.16	−0.12
1971—1975	15.64	15.42	15.56	0.22	0.08	−0.14	12.4	12.12	12.12	0.28	0.28	0
1976—1980	15.76	15.46	15.48	0.3	0.28	−0.02	12.38	11.92	11.96	0.46	0.42	−0.04
1981—1985	15.88	15.4	15.48	0.48	0.4	−0.08	12.76	12.08	12.24	0.68	0.52	−0.16
1986—1990	16.22	15.68	15.84	0.54	0.38	−0.16	12.9	12.22	12.46	0.68	0.44	−0.24
1991—1995	16.68	16.02	15.84	0.66	0.84	0.18	13.5	12.54	12.68	0.96	0.82	−0.14
1996—2000	17.3	16.74	16.32	0.56	0.98	0.42	14.22	13.44	13	0.78	1.22	0.44
2001—2005	17.78	17.32	16.46	0.46	1.32	0.86	14.9	14.1	12.9	0.8	2	1.2
2006—2010	17.92	17.8	16.76	0.12	1.16	1.04	15.12	14.56	13.28	0.56	1.84	1.28
2011—2015	17.5	17.18	16.58	0.32	0.92	0.6	14.8	13.86	13.32	0.94	1.48	0.54

1.4.1.3 热岛的影响

(1)市区夏季比郊区热,酷暑日数多

近十多年来盛夏热浪激增,2000—2015 年夏季市区(徐汇)出现 35℃以上的高温日数年平均为 24 d,比郊区多 10 d,由于夏季盛行东南风,东南部地区和沿江沿海地区高温日数相对较少;市区高于 37℃的酷热日数年均近 8 d,郊区年均约为 4 d。如表 1.9 所示。

表 1.9 2000—2015 上海出现 35℃和 37℃以上高温日数统计表 (d)

站点	徐汇	闵行	浦东	南汇	金山	青浦	松江	嘉定	宝山	奉贤	崇明
≥35℃	24.3	18.6	16.6	7.1	8.8	17.4	17.6	19.3	16.9	8.1	10.5
≥37℃	7.9	5.6	5.3	1.6	1.8	5.1	5.8	5.4	5	2.1	2.5

2013 年 7—8 月,上海出现了罕见的高温天气,此次高温天气过程主要表现为持续时间长、覆盖范围广、强度大的特点。如图 1.3 所示,徐汇极端最高气温为 40.8℃,出现在 2013 年 8 月 7 日,当天全市除南汇、宝山、崇明外,其他各区均超过 40℃,且多站为极端最高温度。7—8 月两月中,市区高温日数达 45 d,其中最长连续超过 38℃的高温天数达 10 d;郊区各测站中高温日数为 23～44 d 不等,最长连续超过 38℃的高温天数也为 2～10 d 不等。白天酷热难耐,到了夜晚也是暑气难消,期间市区有 50 d 最低气温超过 27℃,10 d 最低温度超过 30℃。

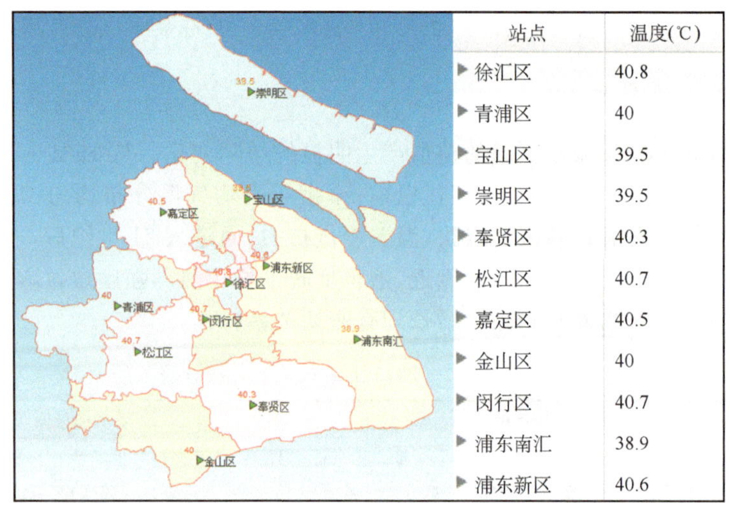

站点	温度(℃)
徐汇区	40.8
青浦区	40
宝山区	39.5
崇明区	39.5
奉贤区	40.3
松江区	40.7
嘉定区	40.5
金山区	40
闵行区	40.7
浦东南汇	38.9
浦东新区	40.6

图 1.3 2013 年 8 月 7 日上海地区最高气温分布图

(2)市区冬季比郊区暖、严寒和结冰日数少

2000—2015 年最冷月 1 月的平均最低气温,市区 2.9℃,闵行 1.9℃,松江 1.5℃,崇明仅 0.6℃。最低气温≤0℃的日数(结冰日数)郊区平均为 27 d,市区 13 d,相差 1 倍多。平均初冰日远郊比市区提前近 1 月,平均终冰日市中心区也比远郊提早近 1 月。

最低气温零下 5℃以下的严寒日数,市区与郊区差别更大,前者在 15 年中仅仅出现过2 d,而后者平均达有 21 d,其中奉贤最多,15 年中合计出现过 61 d。

1.4.2 雨岛效应

上海市区热岛效应明显,有利于产生热力对流。大气中凝结核增多,促进了降水的形成。

下垫面粗糙阻碍降水天气系统的移动，延长雨时。这些天气系统的降水分布产生市区雨量偏多的雨岛效应。

1.4.2.1　城市对降水量的影响

根据上海 1961—2015 年汛期(6—9 月)和非汛期(10 月至次年 5 月)降水量分布图(图 1.4，1.5)，在汛期，市区为高值中心，年平均降水量为 637.19 mm，比西郊青浦(540.69 mm)高出 17.85%，比南郊金山(558.56 mm)高出 14.08%，比东南郊南汇(574.93 mm)高出 10.83%，比西北郊嘉定(587.15 mm)高出 8.52%，城市雨岛效应明显。在非汛期雨量图上，看不出城市对降水量的影响。

根据 1961—2015 年上海降水资料，城市对降水的影响在冷空气频繁南下时则体现的不够明显。1977 年冷空气活动强，上海降水丰富，徐汇年降水量高达 1508.0 mm，年雨量和汛期雨量分布显示不出城市的影响。1978 年冷空气活动弱，汛期冷空气很少南侵，热带气旋活动又偏在南海和太平洋上，长江中下游长期在副热带高气压控制下发生大旱，徐汇年雨量只有 771.1 mm，年降水量分布呈现出市区降水量显著高于郊区的“雨岛”现象。如图 1.6 所示。

降雨日数，市区和郊区各月差别不大。日降水量大于 50 mm 的暴雨日数，则市区明显高于郊区。如图 1.7 所示。

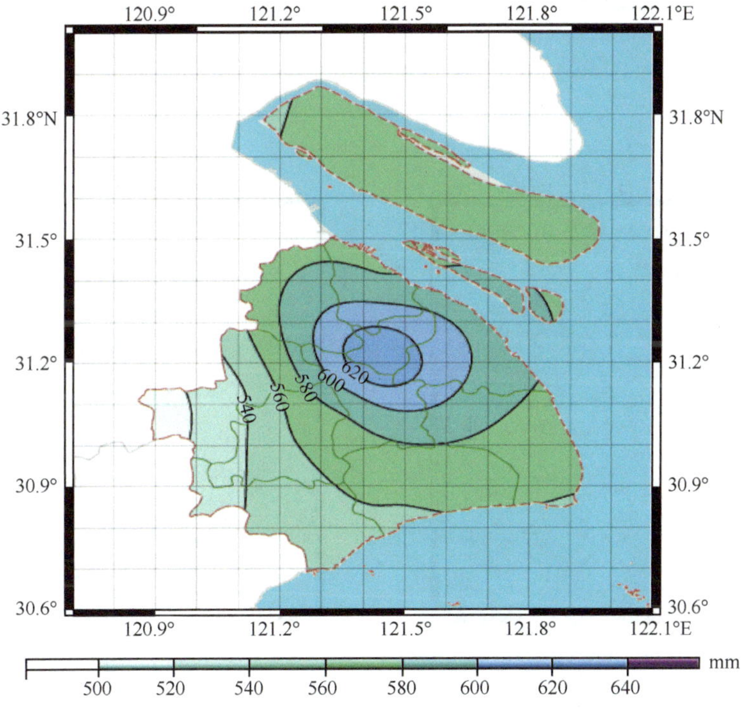

图 1.4　1961—2015 年上海汛期(6—9 月)降水量分布图(mm)

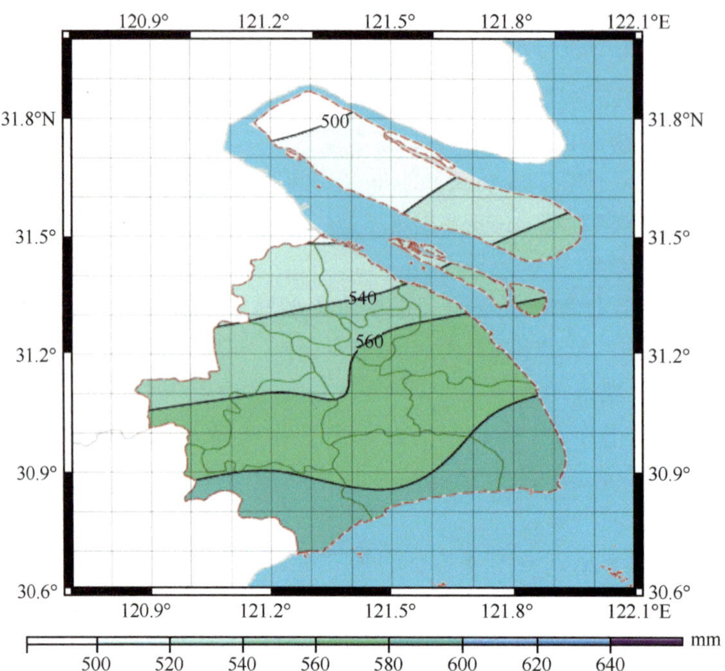

图 1.5　1961—2015 年上海非汛期(10 月至次年 5 月)降水量分布图(mm)

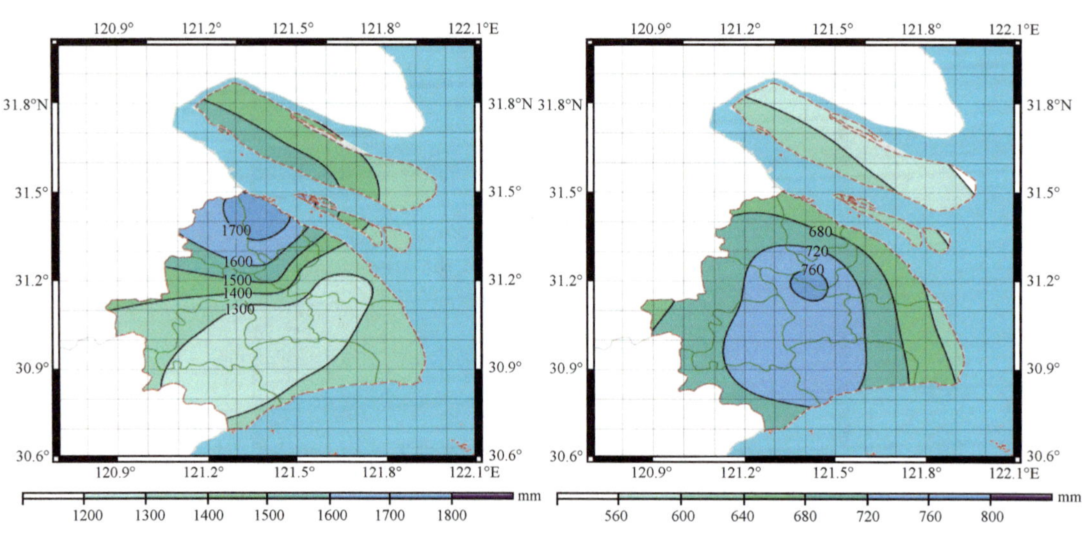

图 1.6　1977 年(左)和 1978 年(右)上海降水量分布图(mm)

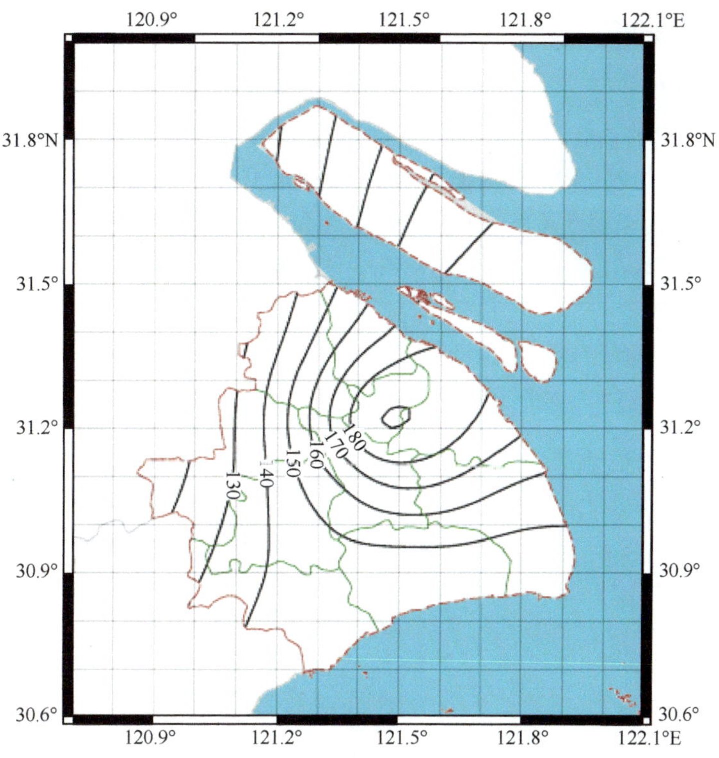

图 1.7　1961—2015 年上海日降水量大于 50 mm 的暴雨日数分布图

1.4.2.2　雨岛的影响

雨岛主要集中出现在汛期及暴雨发生时，它会加重市区大面积积水，影响居民生活，给工农业生产和交通运输带来危害。如 2008 年 8 月 25 日早晨到下午，上海出现短时强降雨，暴雨区主要集中在上海的中心城区、青浦、闵行、浦东等地，5 时至 15 时徐汇累积雨量达 151.0 mm，由于降水过于集中，远远超出上海市排水能力，导致全市 170 条(段)马路积水10～60 cm，14000 余户民居进水，市中心部分地区交通一度严重拥堵。2013 年 9 月 13 日下午至傍晚，全市多站达到大暴雨标准，最大小时雨量超过 100 mm 的有 10 站，降雨主要集中浦东、黄浦、杨浦、长宁等地，由于短时雨量集中，加之进水口被大风刮落的树叶堵塞，造成浦东、黄浦、杨浦、长宁等区 80 多条(段)道路短时积水 20～50 cm，部分老小区内道路积水 10～30 cm。2015 年 6 月 16 日夜里到 17 日白天，上海出现特大暴雨，暴雨主要集中在市区、宝山、嘉定等地，并造成虹口、杨浦、宝山、嘉定等地有 20 多条(段)马路积水 10～20 cm、10 多个居民小区进水 5～10 cm。

1.4.3　城市风场

上海城市的风场比较复杂，随着城市的发展，市区平均风速逐年变小，冬夏盛行风向也略有差异，边界层内风速随高度的变化城乡略有不同，在城市覆盖层内有明显的“狭管效应”“风影效应”和改变风向的效应，使风的局地性差异十分明显。

1.4.3.1 城市对风速的影响

(1)风速

上海市气象台自清同治十三年(1874 年)起开始有正式风速记录,将 1951 年到 2015 年的风速记录进行比较后发现,全市风速越来越小,且市区减少的程度较郊区大。2011—2015 年徐汇站平均为 0.92 m/s,比 1951—1955 年的 3.62 m/s 减小了 75%。如表 1.10 所示。

表 1.10 1951—2015 年市区(徐汇)及郊区(9 站)年平均风速(m/s)变化统计表

站名	1951—1955 年	1956—1960 年	1961—1965 年	1966—1970 年	1971—1975 年	1976—1980 年	1981—1985 年	1986—1990 年	1991—1995 年	1996—2000 年	2001—2005 年	2006—2010 年	2011—2015 年
徐汇	3.62	3.18	3.22	3.12	3.16	3	2.94	2.54	2.72	2.56	1.74	1.16	0.92
闵行	—	3.7	3.66	3.78	3.74	3.2	3.42	3.3	2.82	2.98	2.34	1.98	1.82
宝山	—	4.6	4.92	4.12	4.24	3.68	3.78	3.34	3.1	3.3	3.2	3	2.74
嘉定	—	3.85	3.56	3.32	3.04	3.24	3.28	3.14	2.75	2.42	2.48	2.2	2.04
崇明	—	4	4.08	3.7	3.64	3.4	4.12	3.9	3.5	3.34	3.12	2.96	2.68
南汇	—	4.12	3.92	3.58	3.84	3.52	4.18	3.24	2.76	2.62	3	2.68	2.6
金山	—	3.9	3.78	3.82	3.52	3.28	3.64	3.48	3.06	2.9	2.96	2.78	2.58
青浦	—	3.9	3.88	3.6	3.62	3.4	3.62	3.2	2.78	2.92	2.66	2.32	2.3
松江	3.1	3.28	3.68	3.66	3.48	3.36	3.2	2.76	2.7	2.5	2.46	2.12	1.94
奉贤	—	3.3	4	3.88	3.64	3.46	3.44	3.1	3.06	3.02	2.9	2.62	2.64

(2)市区、郊区风速对比

市区平均风速削弱趋势最为明显。上海的风向频率,全年以东到东南风方向的出现频率为最高,位于上风方向的金山、奉贤、南汇年均风速相对减少缓慢,位于下风方向的宝山、嘉定则受城市影响较大,年均风速减少相对较明显。同时,由于城市化进程的加大,位于近郊的闵行年均风速也减小明显。

此外,市区和郊区近地面风速的日变化都表现为白天大、夜间小,以 14 时左右为最大。15 时以后,风速锐减,城乡风速差随即变小,甚至市区反比郊区大,一直延续到次日早晨。这与城市热岛关系十分密切。夜间城市热岛强,市区垂直湍流发展,导致上层风速较大的动能向下层输送,使市区风速增大,而城市下垫面的摩擦阻障作用却使市区风速削弱。当盛行风速大,城市下垫面摩擦阻障作用也大时,市区风速小于郊区;当盛行风速小,热岛湍流作用大时,市区风速比郊区大。

1.4.3.2 城市对风向的影响和热岛环流

(1)城市对盛行风向的影响

为了更好地反映城市对风向的影响,分别统计了 1951—2015 年及 2001—2015 年徐汇、宝山两站 1 月和 7 月的风向频率变化,如表 1.11,1.12 所示。从两个表中可以看出,1 月总体而言,市区盛行西北风,宝山以北北西和北北东风出现频率较高,近 15 年来,通过对比发现,徐汇风向的北向分量逐渐加大,由之前的西北风逐渐向北北西风转变,同时,受站点位置的影响,静风的频率也大幅度加大;宝山则是西风分量和东风分量都有增加。考虑原因,主要是城市发展后,当气流经过高层建筑群时会出现一定程度的绕流现象,使得盛行风频率发生变化。从 7 月看,夏季全市盛行南南东风,与 1 月的情况类似,近 15 年来市区徐汇 7 月南向分量加大,总体以偏南风为主，同时静风频率增加；宝山的夏季风向则变化不大。

表 1.11　1951—2015 年徐汇、宝山 1 月和 7 月两月风向频率比较表　(%)

风向	测站	北	北北东	东北	东北东	东	东南东	东南	南南东	南	南南西	西南	西南西	西	西北西	西北	北北西	静风
1 月	徐汇	8	7	7	6	6	4	3	2	2	1	2	3	5	11	13	11	8
	宝山	9	11	8	8	4	5	3	3	1	1	2	5	8	9	7	13	4
7 月	徐汇	2	2	3	4	8	9	13	13	11	6	6	5	4	3	3	2	6
	宝山	2	3	3	7	7	12	12	14	9	7	7	6	3	2	1	2	3

表 1.12　2001—2015 年徐汇、宝山 1 月和 7 月两月风向频率比较表　(%)

风向	测站	北	北北东	东北	东北东	东	东南东	东南	南南东	南	南南西	西南	西南西	西	西北西	西北	北北西	静风
1 月	徐汇	8	8	6	5	9	2	4	2	4	2	5	5	5	3	11	14	14
	宝山	7	11	11	9	4	5	4	3	2	2	2	5	11	11	6	7	3
7 月	徐汇	5	4	6	6	8	3	7	5	13	4	10	7	7	3	5	4	12
	宝山	2	3	4	8	6	11	12	13	9	7	8	7	5	3	2	1	3

(2)城市热岛环流

当天气晴朗和天气形势稳定，城市热岛往往发展得很明显，形成一个弱低压中心，四周郊区的地面气流向城市中心辐合成为“乡村风”。热岛区有上升气流，至一定高度向郊区辐散并在郊区下沉，形成一个微弱的局地环流，即城市热岛环流。城市热岛环流在各季白天和夜晚都能出现，风速大都在 1～2 m/s，持续时间一般不足 3 h。

第 2 章　上海四季的环流背景和主要影响系统

上海属于亚热带季风气候，四季分明，春秋较短，冬夏较长。冬季受西伯利亚冷高压控制，盛行西北风，寒冷干燥；夏季在西太平洋副热带高压控制下，多东南风，暖热湿润；春秋是季风的转变期，多低温阴雨天气。

2.1　春季(3—5 月)环流背景

这里所说的春季是指 3—5 月从冬半年到夏半年过渡的季节，即正当冬季环流强度减弱，并向夏季环流转变过渡之际。南支西风急流于 3—6 月先后发生两次显著减弱，位置也向北移动约 5 纬距。北支西风急流的强度和位置均少变化。西风带槽、脊的平均位置没有大的变化，但强度减弱(图 2.1a)。5 月份东亚大槽明显变得宽平，我国上空基本气流就由冬季西北风变成偏西风了，多小槽、小脊的活动，而且槽、脊的移动都很明显，低纬度热带系统开始活跃。

地面上因为大陆增暖较快，蒙古冷性高压减弱并西移到 75°E 附近，阿留申低压也东移到 160°W。我国东北地区开始出现一个低压，鄂霍次克海为一个高压。南亚的印度低压于 3 月份开始逐渐扩展到孟加拉湾、缅甸，形成一个低压带，华南开始出现偏南风。4 月中旬以后偏南的夏季风就盛行起来，雨季也就逐渐开始。西太平洋副热带高压向西伸展。

因为冬季的两个大气活动中心向相反方向移动并减弱，南方出现了印度低压和西太平洋副热带高压。但是它们的势力还弱，高空的基本气流是较平直的西风，多小波动，南、北两支急流仍然存在，并对应着两个锋区，所以这个季节里是我国气旋活动最频繁的季节。气旋出现在北方的有蒙古气旋、东北低压和黄河气旋。出现在南方锋区中的有江淮气旋、东海气旋，与气旋相伴出现的还有移动性的小型反气旋，这就构成了春季天气多变的特点。

上海地处长江下游地区，春季仍处于冬季型的大气环流控制之下，即仍以冷空气和中高纬西风带环流系统控制影响为主。但是环流强度(包括高层西风急流、高原南侧的南支西风及东亚沿岸大槽、地面的蒙古冷高压和阿留申低压)都已大大减弱，且稳定程度也明显减小，暖湿气流开始活跃北上。春季天气过程复杂，变化迅速，既有强冷空气及寒潮侵袭造成晚霜和倒春寒，又有江淮气旋、切变线影响引起频繁的降水过程，甚至偶有暴雨、冰雹、大风。

据上海徐汇站 1873—2015 年的气候资料显示(图 2.2)，上海入春最早为 1898 年(2 月 14 日)，最晚为 1925 年(4 月 15 日)，常年(1981—2010 年气候平均)为 3 月 17 日。春季天数最多为 1898 年，111 d，最少为 1933 年，只有 43 d，常年春季为 73 d。

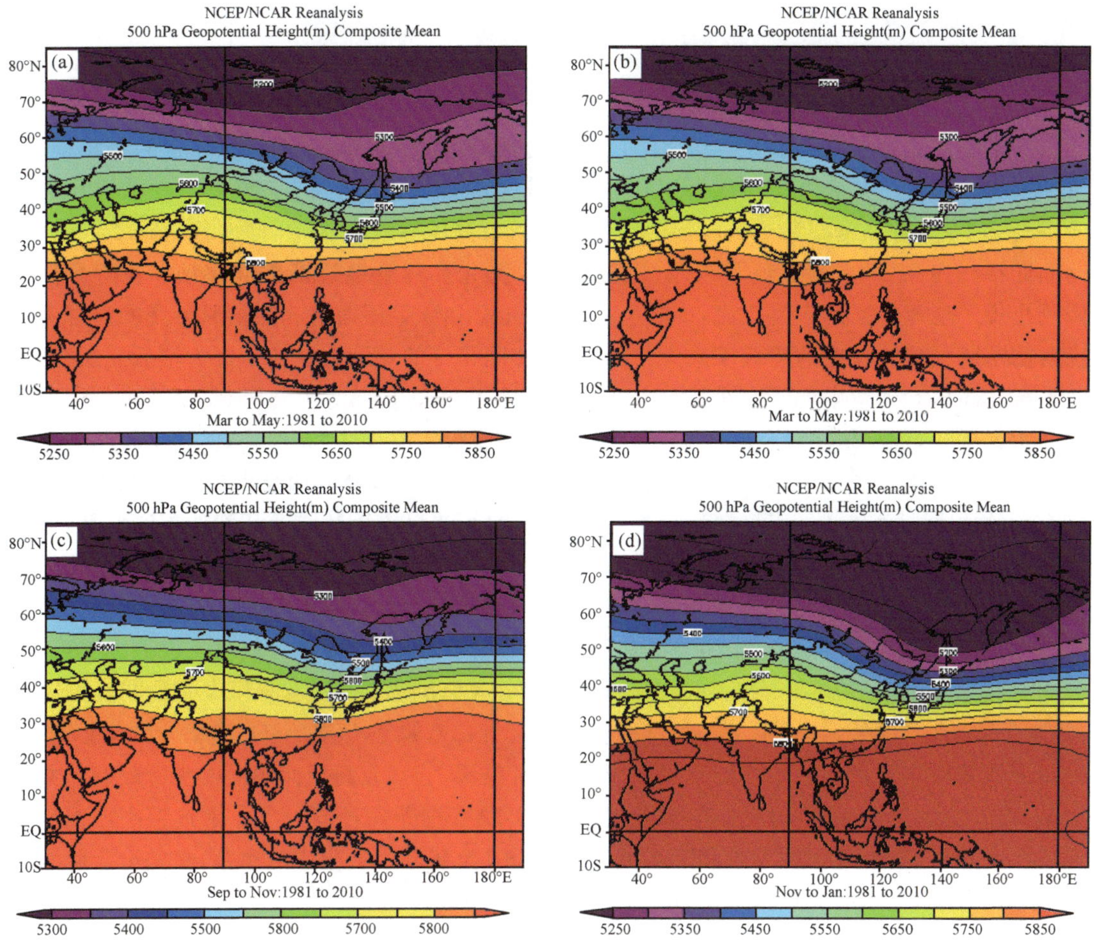

图 2.1　1981—2010 年 500 hPa 位势高度平均场

(a)春季;(b)夏季;(c)秋季;(d)冬季

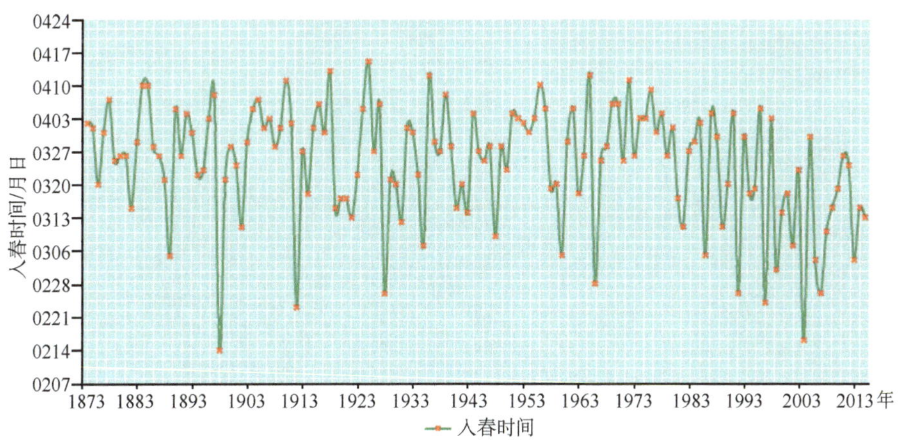

图 2.2　1873—2015 年上海入春时间

(由上海市气候中心提供)

注:上海入春划分标准为立春(2 月 4 日左右)后,出现连续 5 d 日平均气温≥10℃,则为入春,其首日为春季首日。

2.2　夏季(6—8 月)环流背景

夏季南支急流消失,与北支急流合并成一支急流,位于 40°N 附近。西风带的平均槽、脊位相与冬季相反。东亚沿海出现高压脊取代原来的东亚大槽,在 80°～90°E 出现槽取代原来的平均脊。槽、脊强度都比冬季弱。西太平洋副热带高压脊线由 15°N 向北移动到 25°N 并继续向北移。在 22°N 以南出现了东风气流,随着副热带高压脊线逐渐向北移动。在青藏高原南侧出现了全球最强的东风急流,中心位于 100～150 hPa 等压面上。在东风急流的下方为印度西南季风气流。印度的热低压大大加深,比海洋暖得多的亚洲大陆几乎都为热低压所控制。蒙古冷性高压和阿留申低压完全破坏。副热带高压在我国东部势力增强(图 2.1b)。冷空气势力大大减弱,范围缩小,路径偏西。锋面的斜压性也大大不如冬、春两季,但它是我国大部分地区雨季中不可少的角色,雨带就发生在西太平洋副热带高压脊的西北部的西南气流与冷空气交绥的地方。由初夏经盛夏向秋季过渡的时期中,雨带随着副热带高压脊线逐渐北移,6—7 月雨带停留在长江中下游,这就是梅雨。7 月中旬梅雨结束,雨带北移到华北,长江流域相对干旱。东风带系统随副热带高压脊线北移,一直可影响到 35°N,台风影响范围就更广了。

冬季,我国天气过程是以西风带气流操纵为特色,比较单一。而夏季则同时受东、西风带控制,影响的系统除了西风带槽脊、气旋、反气旋和锋面以外,又有副热带高压和东风带的热带辐合带、东风波、台风等天气系统。季风风系也比冬季复杂得多,北部是偏北风,南部有东南季风和西南季风。

上海夏季主要受西太平洋副热带高压控制,常是天气晴朗、高温而潮湿。受冷暖空气共同影响,常造成大量降水,有时达到暴雨强度,甚至出现冰雹等强对流天气。副热带高压南侧的台风活动频繁,给上海带来大风和降水天气。夏季是全年降水最集中的季节,也是全年降水日数最多的季节,1981—2010 年夏季平均雨量是 215.1 mm,平均雨日 14 d。

据上海徐汇站 1873—2015 年的气候资料显示(图 2.3),上海入夏最早为 2009 年(5 月 6 日),最晚为 1911 年(7 月 4 日),常年(1981—2010 年气候平均)为 5 月 29 日。夏季天数最多为 2013 年,157 d,最少为 1901 年,只有 73 d,常年夏季为 127 d。

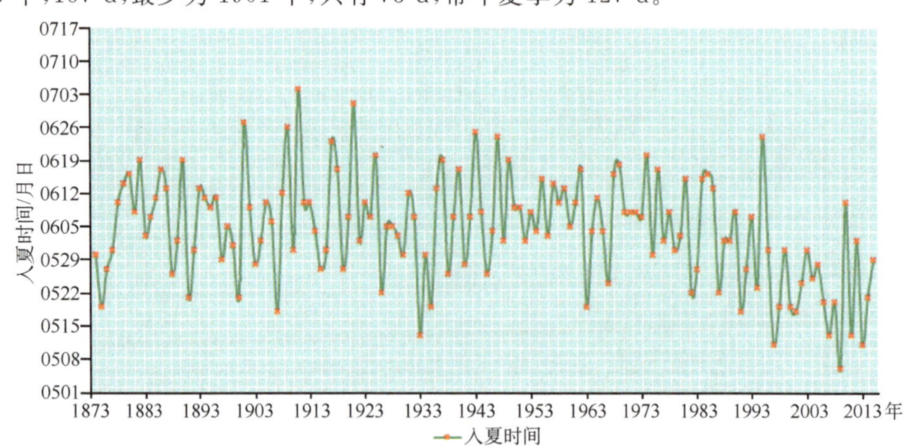

图 2.3　1873—2015 年上海入夏时间

(由上海市气候中心提供)

注:上海入夏划分标准为立夏(5 月 5 日左右)后,出现连续 5 d 日平均气温≥22℃,则为入夏,其首日为夏季首日。

2.3　秋季(9—11 月)环流背景

秋季是大气环流型自夏到冬的转换季节。9 月份,东亚沿岸在 130°E 附近平均槽开始建立,副热带高压势力减弱(图 2.1c),并自盛夏最北的位置南撤,脊线退到 25°～30°N,海上高压中心则向东南方移去。高空强东风开始南移,南支的西风带逐渐恢复。地面上北方冷空气势力加强,冷高压又活动在蒙古国一带,地面热低压逐渐消失。各地区冷空气活动增多。热带天气系统,除台风外,基本上很少能影响我国大陆。除华西、华南以外,各地区雨季基本结束。由于副热带高压仍维持在我国上空,但地面为冷高压控制,构成秋高气爽的天气特色。若副热带高压增强且稳定地控制某一地区时,也会使该地区很热,成为秋老虎天气。

据上海徐汇站 1873—2015 年的气候资料显示(图 2.4),上海入秋最早为 1899 年(9 月 3 日),最晚为 2006 年(10 月 23 日),常年(1981—2010 年气候平均)为 10 月 2 日。秋季天数最多为 1890 年,92 d,最少为 2009 年,只有 35 d,常年秋季为 61 d。

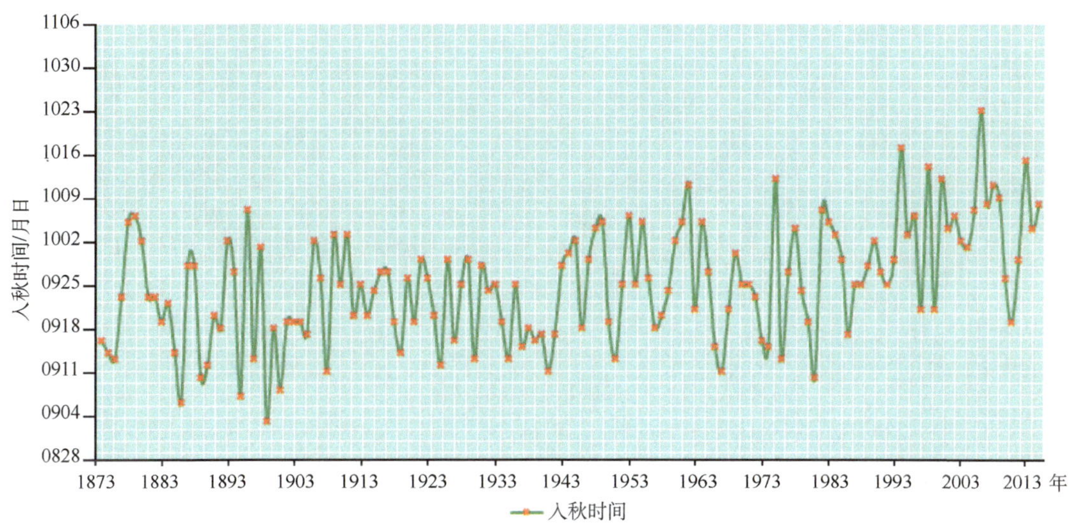

图 2.4　1873—2015 年上海入秋时间

(由上海市气候中心提供)

注:上海入秋划分标准为立秋(8 月 7 日左右)后,出现连续 5 d 日平均气温<22℃,则为入秋,其首日为秋季首日。

2.4　冬季(12—次年 2 月)环流背景

冬季我国上空基本上受西风气流控制。10 月中旬以后东亚高空西风急流分为南北两支。急流强度逐渐加强达全年最强程度。整个中国大陆都在西风环流控制之下,西风带的平均大槽位于 140°E 附近,强度明显加强。青藏高原北部 90°E 附近为平均脊所在。我国上空基本气流是西北风,地面上,蒙古的冷性高压强度达全年最强值,中心平均位于 100°～105°E、45°～55°N 附近,冷高压的范围可达整个东亚地区,相当稳定。这个季节里冷高压的气流,就是冬季风,也十分稳定。我国北部盛行西北—北气流。长江以南为北—东北气流,愈向南,偏东分量愈大。蒙古的冷性高压，只有在高空有较大的低槽移来而地面气旋发展时，才能在短时间内受到破坏。但是这种高空槽和地面气旋往往又是诱导一次新的强冷高压入侵东亚地区的气压系统，会造成一次强冷空气或寒潮天气过程。当这种过程结束后冬季风又会相对稳定一段时间，整个冬季基本上就是这样一次次冷空气活动重复的过程。

另外，诱导强冷空气向南暴发的高空槽，随西风带基本气流向东移动并加深，最后变成大槽取代衰老的东亚大槽，于是东亚大槽经历了一次新陈代谢。强冷空气活动结束时，地面的气旋在高空槽前向东北移动并加深，最后汇入亚洲东北部的阿留申低压，补充了它因为摩擦而消耗的能量与涡度，从而使它再生。因此在整个冬季，这个大低压基本上维持稳定不变，故又称之为半永久性的大气活动中心。它与蒙古冷高压一起是亚洲冬季天气形势的基本成员。冬季东亚大槽强大而稳定，上海基本上受西北气流控制，是全年降水最少的季节。

据上海徐汇站1873—2015年的气候资料显示(图2.5)，上海入冬最早为1895年(11月2日)，最晚为1991年(12月25日)，常年(1981—2010年气候平均)为12月3日。冬季天数最多为1895年，153 d，最少为1991年，只有63 d，常年冬季为105 d。

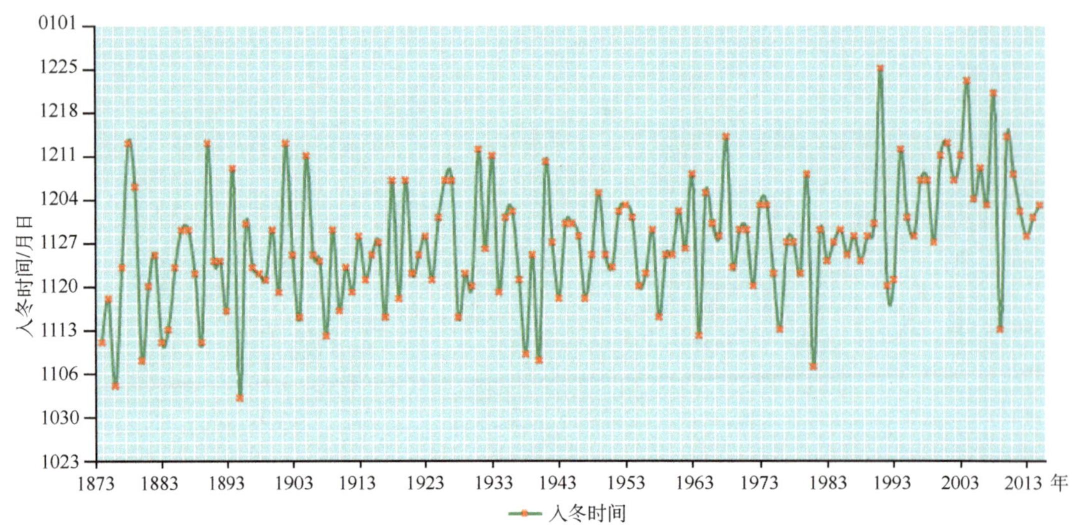

图2.5 1873—2015年上海入冬时间

(由上海市气候中心提供)

注：上海入冬划分标准为立冬(11月7日左右)后，出现连续5 d日平均气温<10℃，则为入冬，其首日为冬季首日。

2.5 主要影响系统

上海天气气候复杂，灾害性天气频发。冬季，受大陆高压控制，以晴好天气为主，时而受南下强冷空气影响，出现雨雪、寒潮。夏季，受副热带高压北抬影响，出现梅雨，此时，也是热带气旋和东风波影响高频期。春秋季节，冷暖空气过渡时期，强对流和寒潮常常影响上海。

影响上海的主要天气系统有江淮气旋、高空槽(冷涡)、切变线(低涡)、低空急流、锋面(冷锋、静止锋)、副热带高压(以下简称副高)、南亚高压、阻塞高压、台风(热带气旋)、倒槽、东风波等。它们会造成暴雨、大风、强对流等天气灾害。根据2001—2012年上海地区暴雨统计可知

(详细参考《上海地区暴雨预报及分析手册》,第 3 章)静止锋型占 35.3％、副高边缘型占 27.1％、台风占 18.0％、暖式切变线占 9.8％、低槽冷锋占 4.5％、江淮气旋占 3.0％、特殊类型占 2.3％。大多数系统一年四季都会影响上海,有些影响系统则季节性较强。从表 2.1 可以看出,江淮气旋在春季出现最多,3、4、5 三月活动最盛;台风在夏秋两季出现最多,尤其是 7、8、9 月;副高(以上海宝山站每天 08 时 500 hPa 达到 588 dagpm 为一次影响)也是夏秋季影响上海,7、8、9 月最突出。下面将详细介绍这些主要影响系统。

表 2.1　2005—2015 年上海主要影响系统的影响次数

	3 月	4 月	5 月	6 月	7 月	8 月	9 月	10 月
台风			1	0	7	8	7	4
江淮气旋	3	3	4	1	1			
副高			2	14	145	172	125	29

2.5.1　江淮气旋

江淮气旋是指:26°～35°N、113°～120°E 区域内地面或 850 hPa 闭合低压。江淮气旋主要发生在长江中下游。西起宜昌东至长江口的沿江两岸一二个纬度内是气旋发生最多的区域,淮河流域次之,江西和湖南两省最少。

江淮气旋是造成上海暴雨的重要天气系统之一,暴雨区一般出现在气旋中心附近或偏于暖区的地方。在预报中要注意江淮气旋的迅速加强发展,强烈发展的江淮气旋会给上海市带来强风。例如,受江淮气旋和冷空气共同影响,2013 年 6 月 7 日上海市内陆地区和沿海地区分别出现了大范围的 7～9 级和 9～11 级偏北大风。另外,在预报江淮气旋引起的大风中要注意转风向的问题,随着江淮气旋的东移入海,在不长的时间内风向会出现逆时针的转变。通常与江淮气旋相伴的暖锋前有偏东大风,暖区有偏南大风,冷锋后有偏北大风。

判断江淮气旋是否会明显加强发展,高空主要可以看以下几点:一是有无较强高空槽东移,若温度槽落后于高度槽,高空槽前正涡度平流明显,有利于气旋东移过程中发展;二是中层低槽后部冷平流加强和输送,配合低层低涡前部西南急流加强和暖平流输送;三是高空有无急流,急流右侧强辐散区配合低层辐合,高低空耦合抽吸作用,利于地面气旋发展加强。地面主要可以看以下几点:一是低压倒槽前部有 24 h 强负变压中心;二是华北为稳定的冷性高压,它的存在使东路冷空气沿高压南侧的东北气流源源不断地补充,锋区加强;三是冷锋与低压倒槽结合,有利于低压东移过程中加强;四是降水的潜热释放有利于低压发展;五是入海发展,海面摩擦力小、水汽充沛、海水加热作用,都利于气旋加强。

2.5.2　高空槽(冷涡)

在对流层中层西风带上,从低压区中延伸出来的狭长的中间的高度比两边低的区域称为高空槽。低槽中,等高线弯曲最大处(曲率最大)的连线叫槽线,槽线一般近于东北西南走向,自西向东移动。波长较长且比较深厚的大槽成为长波槽;波长较短而比较浅薄的槽称短波槽。高空槽一年四季都会出现,是上海产生短周期复杂天气的主要影响系统。一次高空槽活动反映了不同纬度间冷、暖空气的一次交换过程。一般槽前多为暖湿的西南气流,有强烈的上升运动,多阴雨天气;槽后为干冷的西北下沉气流,多晴朗天气。在纬向环流比较平直时,高空槽一个接一个地东移，易造成阴晴相间周期变化的天气。如果移动过程中受高压所阻，将减速或停滞，可能造成持续性降水。

日常业务中，我们常把高空槽分为北支槽、南支槽和横槽。低纬度地区活动的低槽，称为南支槽。南支槽是造成上海暴雨、强对流等天气的重要影响系统之一。对于南支槽，我们重点关注槽前的西南气流强度、低层风速和水汽辐合情况，以及它和低层切变线、地面倒槽的配置。中高纬度东移南下的低槽我们习惯上称北支槽。北支槽我们重点关注的是其引导的槽后冷空气的强度和移动速度及温度平流等情况。有时我们会称强度不是很强、走向为东北西南偏东西向的北支槽为下滑槽。如果和低槽配合的水汽条件不好，则称为干槽。下滑槽或干槽一般影响较小，通常只是云系增多或低槽过境前后出现阵雨天气，温度会有所下降，具体的降温幅度视槽后冷空气的强度和前期实况温度等情况而定。走向基本为东西向的低槽称为横槽。我们关注的东亚横槽多出现在40°～60°N，80°～120°E的区域内，常与阻塞高压相伴。当横槽维持时，在槽中往往有小扰动东移，并夹带一股股冷空气南下，高空锋区也逐渐南移，形成江淮流域到江南低温阴雨雪天气过程。横槽一旦转竖向东南移动时，往往意味着聚集在蒙古到新疆一带的冷空气大举南下，从华北一直到江南等地将迎来大幅降温、大风甚至寒潮天气。

高空槽分析的着眼点。高空槽是否会造成暴雨、强对流等天气，主要要看高空槽的强弱、高空槽移速的快慢、槽线前后的气流分布和气流的冷暖性质及强度、高低空配置，以及高空槽和其他天气系统的配合（位置和强弱的配置）情况。深厚的高空槽引起的低空辐合、中高层辐散，可以促使地面低压的发展产生暴雨、大风；南支槽前的西南气流的强弱是我们判断降水强度或对流天气的重要因素之一；若槽线前后暖舌及冷槽明显，冷暖平流较强，则对形成雷暴等对流天气较为有利。高空槽移动速度越快，一般而言越容易产生对流天气，但强天气的持续时间也因之较短。

对高空槽强弱的判断主要看几个方面：一是高空槽引导低涡的强度。二是高空槽前南风和槽后北风的风速大小和两侧风向的角度，对横槽而言，则看横槽两侧东北风、偏西风或西南偏西风的风速大小。三是看槽线南北的跨度，一般槽底越向南伸展则高空槽越强。横槽则看其东西向的跨度。四是看与高空槽匹配的冷中心强度或温度槽强弱及槽线附近冷暖平流和涡度平流的强弱情况。五看槽前槽后变高情况。槽后有明显的正变高，槽前有明显的负变高，则说明高空槽较强，且可能加强发展；反之，高空槽较弱且可能减弱。六是对称性的槽没有发展，疏散槽会加深，汇合槽会减弱。

对高空槽移动速度快慢可以根据几个方面来分析，定性规则是槽线的移动速度与变压（变高）梯度（升度）成正比，与低槽的强度成反比。槽前疏散，槽后汇合，则低槽移动迅速；槽前汇合，槽后疏散，则低槽移动缓慢。另外，当上下游天气系统没有明显的加强或减弱情况下，可根据实况槽线移速大致外推。当槽前有高压阻挡，则高空槽移速会减慢甚至停滞；如果槽后脊区向北有明显的发展而脊区东界变化不大，则可能意味着高空槽也正处于一个加深阶段，移速可能会先减慢然后有一个加速的过程。

高低空配置我们通常看500、700、850 hPa三层低槽的相对位置。如果从高到低三层的高空槽相对位置依次为前—中—后，我们称这种配置为前倾槽结构。反之，则为后倾槽结构。前倾槽结构更有利于强雷暴天气的发生。雷暴主要发生在700 hPa槽线和地面锋之间及附近的地区，而冰雹主要发生在前倾槽和地面锋之间的地区。2009年6月5日，上海市冰雹、短时暴雨和雷雨大风，正是在前倾槽环流背景下发生的。

高空冷涡是在对流层中、上层的低压系统，其中心附近的气温明显低于四周，故称其为高空冷性涡旋。东亚地区的高空冷涡常形成于贝加尔湖附近，然后经蒙古国，我国内蒙古和东北地区缓慢东移，常根据其所处地理位置而称为蒙古冷涡、华北冷涡和东北冷涡等。高空冷涡中的空气柱处于上冷下暖的不稳定状态，所以常会产生阵雨、雷阵雨甚至雷雨大风或冰雹等不稳定天气，有时，强烈发展的冷涡也会造成较大范围的暴雨天气。由于冷涡后部（西侧）不断有小股冷空气南下，又因冷涡移动比较缓慢，因此，在受高空冷涡影响的区域内将造成连续数天的阵性降雨天气。

东北冷涡是指在我国东北附近地区具有一定强度（闭合等高线多于两根）、能维持 3～4 d 且有深厚冷空气（冷空气至少达 300～400 hPa）的高空气旋性涡旋，一年四季都可能出现。6 月份亚洲阻塞高压稳定时，东北冷涡出现较多，以 5、6 月份最多。

东北冷涡的形成有两种情况：第一种情况是高空西风槽加深，槽的南部断离母体而形成低涡；第二种情况是由两个或多个低压北上与东北低压合并，于是高空槽充分加深形成冷涡，这样形成的冷涡较少，只有在夏季才出现。北上的地面低压一般为黄河气旋，但当台风移到东北地区，与东北地区原有的低压合并，也可形成冷涡。此外，还有早已形成的高空冷涡，从西伯利亚移到东北地区。当东北冷涡的东北方鄂霍次克海有比较稳定的阻塞高压存在时，则冷涡受阻停滞，持续时间较长。

华北冷涡是指进入 35°～50°N、110°～125°E 范围，至少有一条闭合等高线的 500 hPa 冷性低压。大体可分为移入型冷涡和切断型冷涡。移入型冷涡是指从新疆、蒙古西北部或贝加尔湖附近移来的高空冷涡；切断冷涡是指从蒙古横槽或较深的低槽中切断而成。进入这个范围的冷涡有时会造成上海冰雹、大风等强对流天气。

2.5.3　切变线（低涡）

一般把出现在低空（850 hPa 或 700 hPa）风场上具有气旋式切变的不连续线称为切变线。在切变线上经常存在气流的水平辐合和上升运动，容易产生云雨天气，切变线是影响上海的一种降水天气系统，其降水持续时间较长，降水区稳定，有时可造成连续暴雨。

从流场形势来看切变线可以分为冷性切变（冷切）、暖性切变（暖切）和准静止切变。冷切，即偏北风和西南风的切变；暖切，即东南风和西南风的切变；准静止切变，即偏东风和偏西风的切变（见图 2.6）。

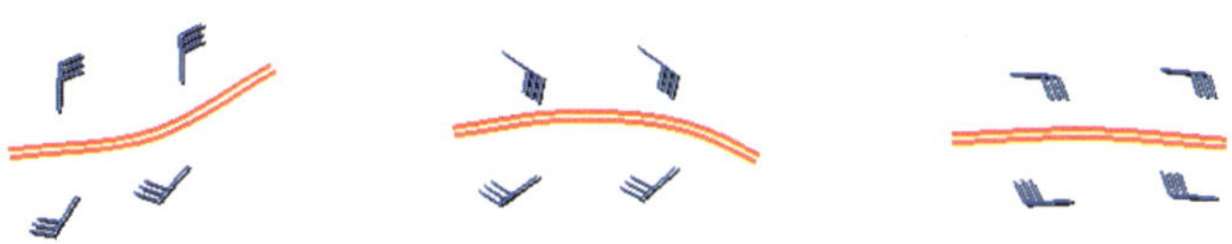

图 2.6　冷切、暖切、准静止切变

切变线降水多位于地面锋线的北部，700 hPa 切变线以南的地区。这是因为 700 hPa 切变线以南的偏南气流一方面输送充沛的水汽，另一方面这股气流沿着锋面向上滑升，使水汽冷却凝结成雨。因此，如风速偏南分量越大，而锋面坡度越陡，则上升运动越强而降水量越大。

低涡是影响我国降水，尤其是暴雨的重要天气系统，多存在于离地面 2～3 km 的低空，如生成于四川的西南涡，生成于河西走廊地区附近的西北涡等。

西南涡在原地发展不强，只有东移过程中才能发展。500 hPa 高原低槽东移发展，有利于西南涡的东移发展。当500 hPa西北槽较强，且南伸至较低纬度时，若西南涡在其槽前或槽线的延长线上，构成“北槽南涡”的形式，有利于低涡东移和发展。西南涡移出时，无论低涡发展与否或有无地面锋面配合，绝大部分都有降水，雨区主要分布在低涡中心和低涡移向的右前方。这是因为低涡的右侧常是副高边缘的低空急流所在，有充分的水汽供应。

2.5.4　低空急流

低空急流是位于对流层下部600～900 hPa水平动量相对集中的气流带。一般为西南风低空急流，位于暖切变北侧有时也有偏东风低空急流，急流其两侧有较强的风速水平切变。在垂直方向上有两种情形：一种是具有风速极大值，急流轴上下均有明显的风速垂直切变；一种是急流上下风速均随高度减少，只是在急流之上随高度减弱较慢或者风速上下几乎相等。前一种主要存在于春夏季，与暴雨相联系。后一种主要存在于冬半年与强降水（雪）相联系，出现次数较少。通常把850 hPa或700 hPa等压面上，风速≥12 m/s的西南风（或偏东风）极大风速带称为西南（偏东风）急流。

低空急流作为大气低层的水汽和不稳定能量的输送带，为暴雨区提供了充分的水汽和热量条件；是暴雨区低空对流不稳定层结的建立者和维持者；是暴雨区低空天气尺度上升气流的建立者和对流不稳定能量释放的触发者。急流的左侧，常有切变线和低涡活动，是辐合上升运动区，伴有大片的降水区，暴雨大多在低空急流的中心的左前方。急流的右侧，是辐散下沉运动区，通常没有成片的降水发生。在低空急流附近，上下层等温线平直，无锋区配合，但有指向南的假相当位温梯度（因左侧暴雨区湿度较大）。低空急流的左侧，与高空急流的右侧均为上升运动区，并有上升运动中心；低空急流位于上升运动区的边缘，在这里上升速度较小。低空急流与暴雨、飑线、雷暴等剧烈天气有密切关系，其通常起到促进大气不稳定、加大水汽输送等作用，而不稳定层结、充沛的水汽是产生的暴雨、雷暴等的重要条件。如果同时有西南急流和东风急流在上空交汇，则要特别注意，可能有非常强的降水出现。

2.5.5　锋面（冷锋、静止锋）

天气图上温度水平梯度大而窄的区域，如果它又随高度向冷区倾斜，这样的等温线密集带通常称为锋区。所谓锋区，就是密度不同的两个气团之间的过渡区。锋区的水平宽度为几十千米到几百千米，一般是上宽下窄，在天气图上由于比例尺小，锋区的宽度表示不出来，可把它看作空间的一个面，称为锋面。锋面与地面的交线称为锋线。按照热力学分类方法，锋面主要分为冷锋、暖锋、准静止锋和锢囚锋四种。

锋面移动过程中，冷空气团起主导作用，推动锋面向暖气团一侧移动，这种锋面称为冷锋。另外，由于气团在移动过程中，变性程度的不同，或者又有冷空气补充南下，在主锋后面可形成一条锋面，称之副冷锋。一般情况下，主锋两侧的温度差异较大，而副冷锋两侧的温度差相对较小。冷锋附近出现什么样的天气，主要取决于气团的属性（特别是锋前暖气团的水汽含量）、稳定度和垂直运动，冬半年处于干冷的大陆气团的控制下，冷锋影响多出现降温大风，有时伴有小雨雪；夏季由于气团水汽含量多，大气层结不稳定，每次较明显的冷锋过境总能造成不同程度的降水，并且常出现雷暴，伴有短时大风，春末夏初易出现冰雹。

冷锋的移速决定于引导气流速度的大小，锋后冷高压的强度，锋前暖高压或变性高压的阻挡作用和地形影响。在冬半年，根据冷锋引导的冷空气东移南下的主体路径，我们把影响上海的冷空气路径分为西路、中路、东路三类。冷锋主体从西安以西东移南下的路径为西路路径；冷锋主体从西安到北京之间(河套地区一带)东移南下的路径为中路路径；冷锋主体从北京以东南下的路径为东路路径。这三类路径冷锋影响后上海的天气如何还要看冷锋锋后高压主体的强度和南落的位置，以及其他天气系统的强度和位置等实际情况。

当冷暖气团势力相当，锋面移动很慢时，称为准静止锋。事实上，绝对的静止是没有的。在这期间，有时冷气团占主导地位，有时暖气团占主导地位，使锋面来回摆动。在春夏之交，往往会有准静止锋活动。由于准静止锋很少移动或处于来回摆动状态，所以，虽然其带来的雨强不是很大，但却能持续很长时间。对上海影响较大的准静止锋通常是梅雨锋(后面第 3 章会有详细介绍)，每年 6 月中旬到 7 月上旬前后的梅雨季节，梅雨锋是造成上海阴雨连绵的主要天气系统之一。如果梅雨锋存在的同时有西南涡和切变线影响，在梅雨锋上有中尺度系统如锋面气旋的活动，则会造成暴雨天气。

2.5.6　副热带高压

在南北半球的副热带地区，经常维持着一个高压带，由于海陆影响，常断裂成若干个高压单体，这些单体统称为副热带高压。在北半球，它主要出现在太平洋、印度洋、大西洋和北非大陆上。出现在西北太平洋上的副热带高压称之为西太平洋副热带高压(以下简称“副高”)。副热带高压是制约大气环流的重要成员之一，与雨季、旱涝、暴雨和台风活动有密切关系。我们通常所说的“副高”是指位于对流层中下层西太平洋上的深厚的暖性高压。副高是行星尺度环流系统，四季都存在，冬半年较弱并偏东、偏南，夏半年较强且偏西、偏北。

副热带高压在海平面气压场上季节变化的最基本特点是：从冬到夏，副热带高压位置北移、强度增大；而自冬至夏，副热带高压位置南撤、强度减弱。副热带高压的突然增强发生在 6—7 月，到 9 月中旬出现突然减弱。季节性移动不是等速的，而是具有缓慢式移动、跳跃式移动及摆动特征。就 500 hPa 等压面上的副热带高压活动来说，从春到夏，一般有两次明显的北跳过程，第一次出现在 6 月中旬，第二次出现在 7 月中旬。一般大雨带位于 500 hPa 副热带高压脊线北侧 8～10 纬度。

对于副热带高压的强度判断，我们一般以 500 hPa 天气图上的 588 dagpm 线范围、副热带高压中心值和西脊点的位置为参考标准。通常 588 dagpm 线所包围的面积越大，副高越强；副热带高压中心值越大，副热带高压越强；西脊点伸得越西，副热带高压越强。副热带高压的位置则由 588 dagpm 线的位置、副热带高压脊线位置和西脊点的位置来确定。

副高不同部位，因结构不同，天气也不相同。在副高控制范围内盛行下沉气流，对流层中、下层具有明显的下沉增温层，因而以晴朗少云天气为主。在副高控制区内，因地面辐射加热等影响，可产生热雷雨。如 2013 年 8 月 7 日上海出现极端高温 40.8℃，7 月 26 日和 8 月 9 日都是 40.6℃并出现了热雷雨，当年副高异常强盛。在副高的西部和西南部边缘，是副高与西风带相互作用的地区，有切变线、低涡及锋面和气旋的活动，在西南部边缘东风气流下，常有台风、热带低压及东风波等热带天气系统活动，这些地区常产生大到暴雨、大风及强对流天气。根据副热带高压的强度和位置、形状，结合其他天气系统，则基本可以判断天气特征。6 月中旬至 7 月上旬前后，当副热带高压脊线北跳并维持在 20°N 附近少动时，江淮流域上空一直是冷暖气团的交汇区，冷暖空气势均力敌相互作用，上海可能入梅，副热带高压的南北摆动则决定了雨区的南北摆动。7 月上旬以后，副热带高压脊线到达 26°N，此时通常上海已经出梅，进入盛夏高温少雨季节。当副热带高压稳定少动，以晴热高温天气为主。若处在副热带高压（588 线或 584 线）边缘，多午后雷阵雨天气。如果有高空低槽东移或地面冷空气南下配合，副热带高压边缘也会出现暴雨、强对流天气。副热带高压的进退过程中也容易出现雷暴等天气。7—9 月，是上海主要的台汛期时段。副热带高压与台风的关系十分密切，台风的运动很大程度上取决于副热带高压的状况。多数台风移动路径与副热带高压南部和西部的流场一致。实际业务中，要认真分析副热带高压强弱及其变化（副热带高压面积、生命期；主体南落或北跳，西伸或东退），副热带高压的形状（方头、块状、带状等），副高脊线位置、轴向、西脊点位置及其变化。根据对副热带高压分析可基本把握台风的动向。但要注意综合考虑副热带高压和台风之间的相互影响，西风带天气系统对副热带高压、对台风的影响和作用，以及台风靠近台湾岛后台湾地形对台风的作用。10 月中旬以后，副热带高压脊线重回 6 月以前的位置，通常进入秋高气爽的秋季。

2.5.7 南亚高压

南亚高压是夏季出现在青藏高原及邻近地区上空的对流层上部的大型高压系统，又称青藏高压或亚洲季风高压。它是北半球夏季 100 hPa 层上最强大、最稳定的控制性环流系统，对夏季我国大范围旱涝分布及亚洲天气都有重大影响。

南亚高压的结构特征：①南亚高压具有行星尺度的反气旋环流特征。反气旋环流以高原为中心，其范围从非洲一直延伸到西太平洋，约占所在纬圈的一半。②南亚高压是对流层上部的暖高压。青藏高原在夏季是强热源，高原上空整个对流层平均是个高温区。空气在高原上受热上升，低层空气辐合形成低压环流，高层辐散形成高压环流。在气压场上，南亚高压下面 600 hPa 以下整个高原为热低压控制，500 hPa 是过渡层，400 hPa 以上转变为暖高压，南亚高压在 150～100 hPa 气层达到最强。③南亚高压具有独特的垂直环流。一是高原经度上的巨大的季风环流代替了哈得来环流，二是在经圈环流内高原上空叠加了两个尺度较小的环流圈，在南亚高压中心附近为明显的上升气流，两侧的下沉支下抵 500 hPa 附近。在南亚高压控制区中所出现的两个方向相反的垂直环流圈与青藏高原的加热效应有关。

南亚高压脊线的位置和变动与我国主要雨带的位置和季节性变化有密切的关系。南亚高压在 120°E 的脊线从春到夏的季节转换中，共有四次明显的北跳。第一次出现在 5 月 16 日前后，脊线跳过 20°N；第二次在 6 月 5—10 日，脊线跨过 25°N，长江流域进入梅雨期；第三次在 6、7 月之交，脊线由 28°N 推进到 31°N；第四次出现在 7 月 10—15 日，脊线跳到 33°N 以北，这时长江流域梅雨结束，进入伏旱。南亚高压的强度和位置可以作为未来一段时间预报副热带高压变动趋势的一个指标。南亚高压在 120°E 的脊线常常比 500 hPa 副高脊线提前 10 d 北跳，偏北 4～6 纬距，盛夏偏北 6～7 纬距。另外，一般而言，当南亚高压东移且强度不明显减弱时，会接近西太平洋副高，两者可以合并，使西太平洋副热带高压加强西伸，或者北跳。若南亚高压中心位置持续偏西偏南，则不利于副热带高压北抬。

2.5.8 阻塞高压

在西风带长波槽脊的发展演变过程中，在脊不断北伸时，其南侧与南方暖空气的联系会被冷空气所切断，在脊的北边出现闭合环流，形成暖高压中心，叫作阻塞高压。阻塞高压主要出现在北半球，常和切断低压相伴出现。它的主要特点是：①中高纬度（一般在 50°N 以北）高空有闭合暖高压中心存在，表明南来的强盛暖空气被孤立于北方高空。②暖高压至少要维持 3 d 以上，但它维持时期内，一般呈准静止状态，有时可以向西倒退，偶尔即使向东移动时，其速度也不超过 7～8 经度/d。③在阻塞高压区域内，西风急流显著减弱，同时急流自高压西侧分为南北两支，绕过高压后再汇合起来，其分支点与会合点间的范围一般大于 40～50 经度。阻高是高空深厚的暖性高压系统。在亚洲地区，阻塞高压经常出现在乌拉尔山和鄂霍次克海地区。

阻高的建立、崩溃、后退常常伴随着一次大范围环流形势的强烈转变。它的建立，标志着纬向环流向经向环流的转变；它的持续，标志经向环流处于强盛阶段；它的崩溃，标志着经向环流向纬向环流的转变。因此，阻塞高压形势的变化对我国天气影响很大，叶笃正等研究表明，冬季乌拉尔山阻塞高压的崩溃经常在东亚造成一次次大范围的寒潮过程。春季中亚阻塞高压的维持往往可造成我国南方长时期的低温阴雨天气过程。初夏鄂霍次克海阻塞高压的维持是我国梅雨发生的重要大尺度环流条件。

梅雨期的阻塞高压形势不仅影响中纬度的西风气流，还与低纬度的西太平洋副热带高压之间存在明显关联，进而在很大程度上决定了雨带位置。梅雨期间，在乌拉尔山地区出现单阻活动情况下，长江中下游降水偏少。当单阻环流形势位于贝加尔湖西部时，雨带多集中在长江中游的干流及其以北地区，长江下游降水略有偏少。当单阻环流形势位于贝加尔湖东部时，雨带易集中在长江上游地区，而长江中下游降水偏少。出现在鄂霍次克海地区的阻塞高压活动对降水影响最大，长江中下游降水明显偏多。当欧亚大陆仅在乌拉尔山地区有阻塞高压活动时，长江中下游地区降水略有偏少；而当乌拉尔山地区和东亚同时出现阻塞高压活动时，长江中下游大部分地区降水明显偏多。夏季在乌拉尔山单阻过程崩溃消亡阶段，大范围环流调整，西风气流上的小槽东移加深，引导冷空气南下，长江中下游地区降水明显偏多。

2.5.9　台风(热带气旋)

发生在热带海洋上的一种具有暖心结构的强烈气旋性涡旋，总是伴有狂风暴雨，一般将西太平洋上强烈发展的热带气旋称为台风。台风(热带气旋)是对上海影响最大的天气系统之一。2005—2015 年共有 27 个台风影响上海，平均每年有 2.3 个台风影响，登陆上海的台风较少。

实际业务中，台风路径预报基本思路是综合利用数值模式预报(形势、路径预报及多模式路径的集合预报)、天气学方法和经验(统计)分析法，即以 EC、GFS、T639、WRF 等数值模式的天气形势、台风路径预报和中央气象台主观路径预报为基础，以高空、地面形势和物理量场及卫星云图、雷达(临近)等分析为依据，进行综合分析预报，并根据实际情况随时修正。

台风风雨影响的预报，则以对台风路径的预报为基础，根据实际环境形势场(副高、大陆高压、高空槽、多台风的强度、位置及变化等)、台风本身的强度、结构和模式预报等综合分析，详细的台风路径和风雨预报参见第 4 章。

2.5.10　倒槽

倒槽指中低纬度地区开口向南或西南的低压槽。倒槽区有辐合上升气流，与锋面或高空槽相遇，往往产生云雨天气，有时槽内还会有低气压(地面波动)生成，带来更明显的降雨、大风和对流天气。对上海有较大影响的倒槽主要有两种：一是地面倒槽，二是台风倒槽。

地面倒槽通常在湖南、江西、福建西部一带生成，然后逐渐向东伸展影响上海。地面倒槽的强弱主要看倒槽中心气压的高低、倒槽的曲率大小、两侧风力情况(通常是西南风和东北风风速大小)。判断一个地面倒槽会不会发展主要看高空有没有比较深厚的低槽(切变线)东移到地面倒槽上空附近,如果有较强低槽(切变线),槽前低层辐合、高层辐散比较明显,且低槽(切变线)和倒槽的位置配置比较合适则容易促使倒槽发展;地面或低空有没有明显的温度锋区、有锋区更容易使地面倒槽发展;有没有较弱的冷空气侵入地面倒槽(冷空气强度不能太强)等等。如果以上几个条件都比较配合,则要注意有可能诱使地面倒槽强烈发展形成完整的闭合低压(地面波动)产生强降水、强对流和海上 10 级以上大风天气。倒槽向东伸展的位置则是考虑降水落区的因子之一。一般而言,强降水落区主要在地面倒槽头部附近区域。另外,如果地面倒槽比较弱(有点接近于均压区),则在较好的水汽和合适的风力条件下有可能出现大雾天气。

当在中低纬度有台风活动时,在台风的北侧常有倒槽形成,随着台风西移北上,上海可能会受到台风倒槽的影响。由于倒槽东侧的东南低空急流输送了大量的水汽和不稳定能量,而且台风倒槽对气流有辐合作用,在合适的条件下倒槽可以诱生对流系统的发展或者形成暖锋锋生,因此,台风倒槽经常会带来暴雨。例如,受 1515 号台风"天鹅"倒槽和冷空气结合影响,上海出现了大范围暴雨天气,有时台风倒槽给带来的降水比台风登陆的降水还大得多。事实上,在广东、福建登陆的台风其北侧形成的倒槽都有可能严重影响上海。对台风倒槽的分析着重于倒槽东侧的东南低空急流情况、倒槽区登陆前中低层水汽含量,以及是否有较弱的西风槽东移和台风倒槽结合,若低层有弱干冷空气侵入台风倒槽,则有可能明显加大倒槽的降水。

2.5.11　东风波

在副热带高压南侧对流层中下层的东风气流里,常存在一个或多个气旋性曲率最大区,呈波状形式自东向西移动,这就是热带波动。因为这种波动出现,并活动在东风气流里,因此泛称为东风波。它是倒 V 形低压槽区,气压场上朝南开口,槽线呈南北向或东北—西南向,波前为东北风,波后为东南风;波前低层为辐散下沉气流,多晴好天气,波后低层空气辐合上升,多雷阵雨天气。较强的东风波在卫星云图上有较强的涡旋状云系。地面有明显的负变压中心和天气相配合,发展迅速。波槽附近可分析出闭合低压,有的甚至可发展为热带气旋。较弱的东风波,只表现为一团小范围的云系西移,在地面图上不易分析出来,在风场、气压场和天气方面均没有明显的反映,常在 1～2 d 内消失。

每当副热带高压位置偏北,高压呈东西走向时,在高压南侧深厚的东风里受到扰动,就容易形成东风波;也有人认为对流层高层西风槽往赤道方向显著延伸,是东风带受到扰动的一种比较有效的情况,就是这种扰动,促使东风波的形成。盛夏当西太平洋副热带高压成带状分布,脊线位置处于 30°～35°N 时,副高南侧 20°～25°N 的东风气流中,常有东风波向西移动,这种东风波最早位于日本东南方洋面,较强东风波具有比较完整的螺旋云系,地面有负变压和坏天气相伴随,弱的东风波只是一团小范围的云区向西移来,气压场和风场上没有什么反映,也没有明显天气,只是高低空出现闭合环流,这类东风波在西移中可影响东部地区。东风波主要发生在 7—9 月份,也就是夏季北半球副高最强,脊线最偏北的时段里,当副高脊线从 10 月份南撤后,东风波天气便不再发生。

东风波的波长平均为 3000 km,长者达 4000～5000 km。周期为 3～6 d,其移动速度为 18～43 km/h。由于气流辐合,水汽充沛,常易产生阵雨或雷雨。在夏季和初秋季节,当西太平洋副热带高压位置偏北呈东西向带状分布时,副热带高压南侧常常有东风波进入我国沿海,影响上海。

盛夏副高偏北时，影响上海的东风扰动，与热带东风波有明显的差别。这类东风扰动是出现在温带地区的浅薄东风层里，一般在 2000 m 以下，不像热带东风波出现的层次那样深厚，在 3000 m 以上则是西风。当高空西风槽与低空东风扰动相遇时，则易产生暴雨。东风扰动产生暴雨的物理机制是：低空急流向东风扰动内大量地输送热带暖湿空气，西风槽带来的干冷空气则从高空侵入，形成位势不稳定层结；同时，高空槽前辐散区与东风扰动重叠，触发了不稳定能量的释放，因而造成暴雨。上海的东风扰动降水出现于盛夏和早秋季节。

第3章　暴雨天气预报

3.1　上海暴雨的气候特征

暴雨是上海地区高发的灾害性天气，产生于台风、梅雨、局地强对流等天气中。覆盖范围广、持续时间长和强度大的暴雨均可造成城市积水，交通受阻，给人民生命财产和社会经济带来损害。特大暴雨往往形成城市积涝和农田渍涝等多种次生灾害。暴雨带来的充沛降水又是宝贵的水资源，不仅补给城市地下水，对农业生产有利，同时也有利于植物等改善生态环境。因此研究暴雨的时空规律、预测及其影响非常重要，一直为气象预报及气候研究的重点。

3.1.1　暴雨标准及有记录以来的统计特征

暴雨一般是指一段时间内出现的大量降水，也指强度很大的雨。气象上一般以日(24 h)降水量≥50 mm 记为暴雨，其中 100～250 mm 为大暴雨，≥250 mm 为特大暴雨，对于特大暴雨不规定上限。

暴雨日数　据清光绪元年(公元 1875 年)至 2010 年徐汇(龙华站)单点观测资料统计，共有暴雨 434 d(当日 20 时至次日 20 时日雨量≥50 mm)，平均每年 3.2 d，最多年为 10 d(1999 年)，个别年份无暴雨(根据上海气候中心整编的资料统计，下同)。

20 世纪 10、40、80 和 90 年代出现 4 个暴雨高峰区，其中 20 世纪 90 年代起暴雨日明显增多。19 世纪 90 年代和 20 世纪 30、60 年代为 3 个谷底区。

年暴雨日主要集中在 6 月中旬至 9 月中旬的夏秋季节(图 3.1)，约占全年的 80.8%。其中，有两个高频期分别出现在 6 月中旬至 7 月上旬和 8 月下旬至 9 月上旬。11 月下旬至次年 3 月中旬一般没有暴雨(指徐汇站)。

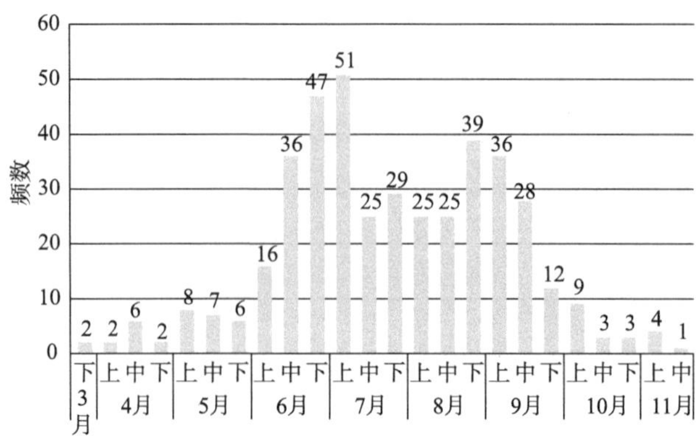

图 3.1　1875—2010 年徐汇暴雨日数各旬频数示意图

(未显示时段表示无暴雨日)

1875 年至 2010 年，徐汇连续 2 d 以上暴雨共 35 次，其中 1957 年 7 月 2—4 日一次连续3 d，1999 年 6 月 24—27 日一次连续 4 d，其他均为 2 d。大多数出现在 6—9 月。如表 3.1 所示。

表 3.1　1875—2010 年徐汇站各月连续 2 d 以上暴雨次数统计表　　（次）

项目	1月	2月	3月	4月	5月	6月	7月	8月	9月	10月	11月	12月	合计
连续 2 d	—	—	—	—	—	7	8	9	8	1	—	—	33
连续 3 d	—	—	—	—	—	—	1	—	—	—	—	—	1
连续 4 d	—	—	—	—	—	1	—	—	—	—	—	—	1

另外，徐汇站≥100 mm 的大暴雨日共有 53 d，其中≥250 mm 的特大暴雨日 1 d。大暴雨日平均约 3 年一遇，特大暴雨日百年一遇，主要集中在 8—9 月，可能与热带气旋或热带云团关系密切(表 3.2)。

表 3.2　1875—2010 年徐汇各月日雨量≥100 mm、日雨量≥250 mm 大暴雨日数统计表　　（d）

降水量	1月	2月	3月	4月	5月	6月	7月	8月	9月	10月	11月	12月	合计
≥100 mm	—	—	—	—	—	8	9	18	15	3	—	—	53
≥250 mm	—	—	—	—	—	—	—	1	—	—	—	—	1

3.1.2　近 30 年暴雨分布特征

3.1.2.1　24 h(20—20 时)降水量≥50 mm 暴雨分布特征

近 30 年(1981—2010 年)徐汇站共出现暴雨 112 次(图 3.2)，平均每年 3.7 次，最多的年份为 1999 年，有 10 次，其次是 1993 年 8 次，而 1984 年和 2006 年没出现暴雨日。进入 21 世纪，徐汇站暴雨次数呈减少趋势，平均每年 2.6 次。

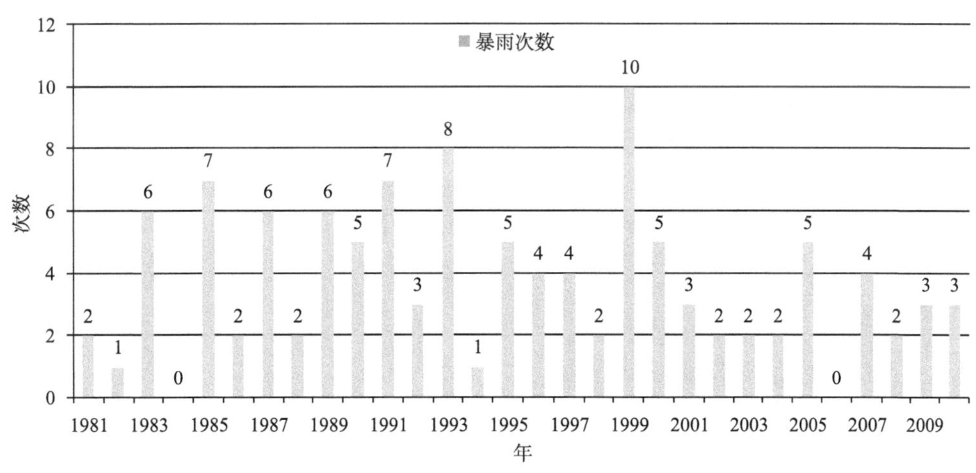

图 3.2　1981—2010 年徐汇站暴雨次数

若考虑全市 11 个市区气象站统计资料(表 3.3)：1981—2010 年全市共有 353 个暴雨日(即 11 个站中任一站日雨量≥50 mm 即为一个暴雨日)，其中≥100 mm 的大暴雨日 59 个，≥250 mm 的特大暴雨日 1 个。年平均暴雨日 11.8 d，大暴雨日 2.0 d。其中单站暴雨(即仅一个站有暴雨)159 个，占暴雨总数的 45%。在季节分布上，单站暴雨多出现在 8 月。

表 3.3　1981—2010 年全市各月暴雨统计表　(d)

项目	1月	2月	3月	4月	5月	6月	7月	8月	9月	10月	11月	12月	合计
暴雨日数	—	—	2	15	26	76	76	103	44	10	1	—	353
单站暴雨	—	—	2	3	11	29	33	61	17	3	—	—	159
多站暴雨	—	—	—	12	15	47	43	42	27	7	1	—	194
≥100 mm	—	—	—	—	2	10	16	19	11	1	—	—	59
≥250 mm	—	—	—	—	—	—	—	1	—	—	—	—	1

从各站点出现暴雨和大暴雨频数的空间分布(图 3.3)来看,各区分布不均匀,上海东北部分的暴雨日数较多,其中浦东新区(指 2009 年 5 月以前的原浦东地区,见图 3.3 的分界)117 次最多,市区和宝山次之,内陆嘉定、青浦较少。大暴雨以徐汇、闵行站最多,青浦站最少,约相差 1/2。

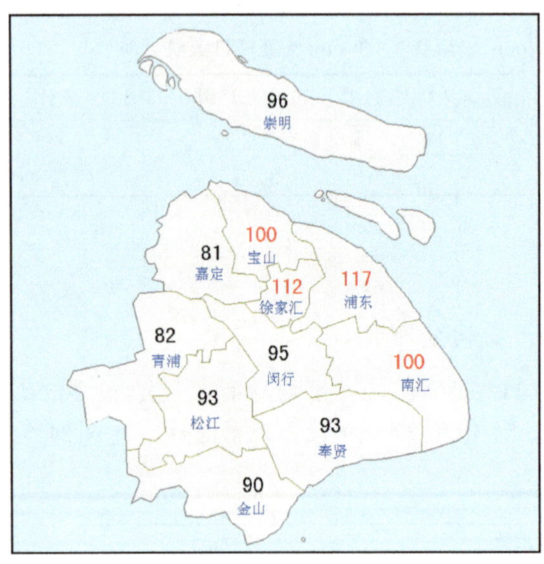

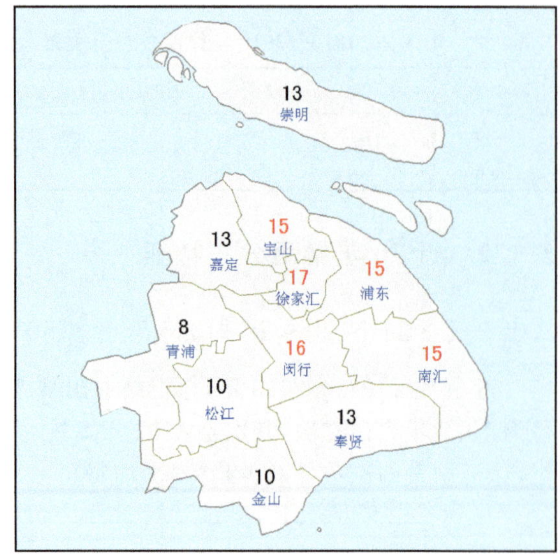

图 3.3　1981—2010 年暴雨频数(左)、大暴雨频数(右)空间分布图

另外,20 世纪 60 年代以来(记录较完整,包括 11 个区气象站和部分自动站),各时段的雨强极值均发生在 1977 年 8 月 21—22 日,日最大降水量宝山站 394.5 mm,其次是嘉定 354.5 mm。上海百年来最大的特大暴雨中心在宝山区塘桥,24 h 雨强 581.3 mm,12 h 雨强 563.0 mm,出现在 21 日 22 时至 22 日 10 时,1 h 雨强 151.4 mm,出现在 22 日 02—03 时,均为历年雨强之最。

3.1.2.2　12 h 连续降水量≥30 mm 暴雨分布特征

上海地区的暴雨大多由中小尺度的天气系统形成,降水常集中在 12 h 以内或几小时内,常用的暴雨标准(24 h 降水量≥50 mm)有时不能反映这种特点,以 12 h 连续降水量≥30 mm 为标准更能揭示中小尺度天气系统形成的暴雨,也不会漏掉大尺度天气系统导致的暴雨。因此,贺芳芳(2012)将上海地区暴雨标准定为:单站以 12 h 连续雨量≥30 mm,并且规定,最先滑动时段的开始到最后滑动时段的结束作为一次暴雨过程,暴雨过程的起讫时间以最早站的暴雨开始时间到最晚站的暴雨结束时间来计算,最早站的暴雨结束时间与最晚站的暴雨开始时间相隔<3 h。该时段单站最大总降水量作为该暴雨过程雨量。

(1)暴雨频数的年际、月际变化及空间分布

1981—2010 年上海地区暴雨频数共出现 608 次(若用 24 h 降水量≥50 mm 作为标准,为 353 次,见 3.1.2.1 节),每年平均约 20 次,其中汛期 6—9 月就出现了 452 次,占全部暴雨的 74.3%;6—8 月暴雨最多,30 年中总暴雨次数都在 100 次以上,分别为 101 次、122 次、158 次,各占全部暴雨的 17%、20%、26%;其次为 9 月,暴雨出现 71 次,占全部暴雨的 12%;5 月的暴雨出现 45 次,占全部暴雨的 7%;其他各月的暴雨出现次数分别只有 4～27 次,各占全部暴雨的 1%～4%。如图 3.4 所示。

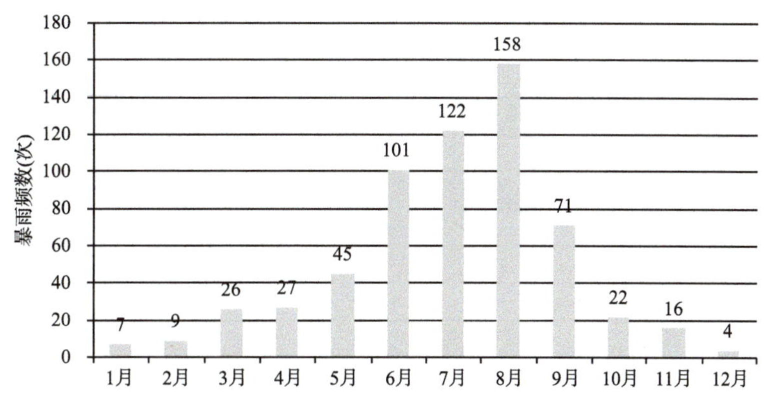

图 3.4　1981—2010 年上海地区暴雨频数的月季变化

[根据贺芳芳(2012)重新绘制]

图 3.5 显示,上海地区的暴雨频数由东向西减少,这是因为东部沿海在相同天气条件下水汽输送比西部强烈缘故。市区徐汇最多,共有 256 次,浦东次之(246 次),金山、闵行、松江、南汇、宝山、奉贤的暴雨频数在 220～238 次,青浦、嘉定、崇明最少,暴雨频数在 210～214 次。市区、浦东暴雨偏多的缘故可能是城市热岛的影响,因为相同天气和水汽条件下,城市中下垫面向近地层输送热量较为强烈,易加强近地层的对流运动,形成暴雨。

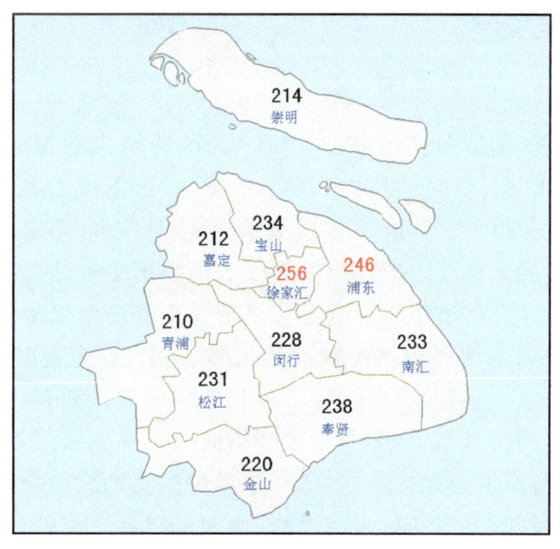

图 3.5　1981—2010 年上海地区暴雨频数空间分布

[根据贺芳芳(2012)重新绘制]

(2)暴雨强度的分布规律

利用1981—2010年全年上海地区11个气象站暴雨资料，根据暴雨的过程雨量来划分暴雨强度。强暴雨：过程暴雨量≥100 mm；中暴雨：过程暴雨量在60～99 mm；弱暴雨：过程暴雨量在30～59 mm。

30年中上海地区强暴雨出现75次、中暴雨出现156次、弱暴雨出现377次，各占12%、26%、62%，弱暴雨次数占总暴雨6成以上。就暴雨强度的月际特征来看：1—12月都是弱暴雨最多，中暴雨次之；强暴雨主要出现在6—9月，以7月最多，6、8月次之，5月仅出现3次强暴雨、10月出现1次强暴雨；中暴雨主要出现在5—10月，8月最多，6月次之，2月、12月无中暴雨和强暴雨；弱暴雨各月都出现，主要在3—11月，8月最多。如表3.4所示。

表3.4 1981—2010年上海地区暴雨的强度分布特征[根据贺芳芳(2012)重新绘制]

月份	总暴雨频数	强暴雨		中暴雨		弱暴雨	
		频数	百分比(%)	频数	百分比(%)	频数	百分比(%)
1	7	—	—	1	14	6	86
2	9	—	—	—	—	9	100
3	26	—	—	2	8	24	92
4	27	—	—	3	11	24	89
5	45	3	7	13	29	29	64
6	101	17	17	35	35	49	49
7	122	23	19	25	20	74	61
8	158	17	11	50	32	91	58
9	71	14	20	16	23	41	58
10	22	1	5	9	41	12	55
11	16	—	—	2	13	14	88
12	4	—	—	—	—	4	100
合计	608	75	12	156	26	377	62

注：表中各月百分比为各级强度暴雨占月总频数的百分比。

3.1.3 极端暴雨过程摘选

3.1.3.1 台风倒槽引发的大暴雨

受7707号台风“艾美”倒槽及其副中心(图3.6c)与冷空气叠加的共同影响，1977年8月21日夜至22日，上海市出现百年罕见的一场特大暴雨，暴雨中心在宝山区塘桥和嘉定区南翔，雨量分别为585.6 mm和571.7 mm(主要集中在21日夜间至22日上午)。宝山区气象站记录的368.2 mm/12 h，为上海11个气象站中12 h雨强历史极值，降水中心宝山区塘桥8月21日日雨量达581.3 mm，为百余年来影响上海热带气旋降雨量之最。暴雨范围波及全市(除浦东部分地区)，≥100 mm的大暴雨区覆盖市区北部、宝山、嘉定直至崇明。

形势场上看(图3.6a,b)：8月21日前后，500 hPa华北有低涡存在，配合西风带低槽东移，槽底南伸至30°N以南。同时低层7707号台风倒槽向北延伸到长江下游地区，且移速减慢，呈停滞状态。由西风带低槽南下带来的冷空气，与东风带的扰动相结合，在上海北部地区造成了强烈的辐合上升运动。另外，上海地处东南沿海，西南低空急流和来自东海的偏东低空急流在上海交汇，为特大暴雨提供了充分的水汽条件。而北部的宝山、嘉定本来就是本市夏季雷暴雨多发地区，低层空气暖湿，地面闷热。

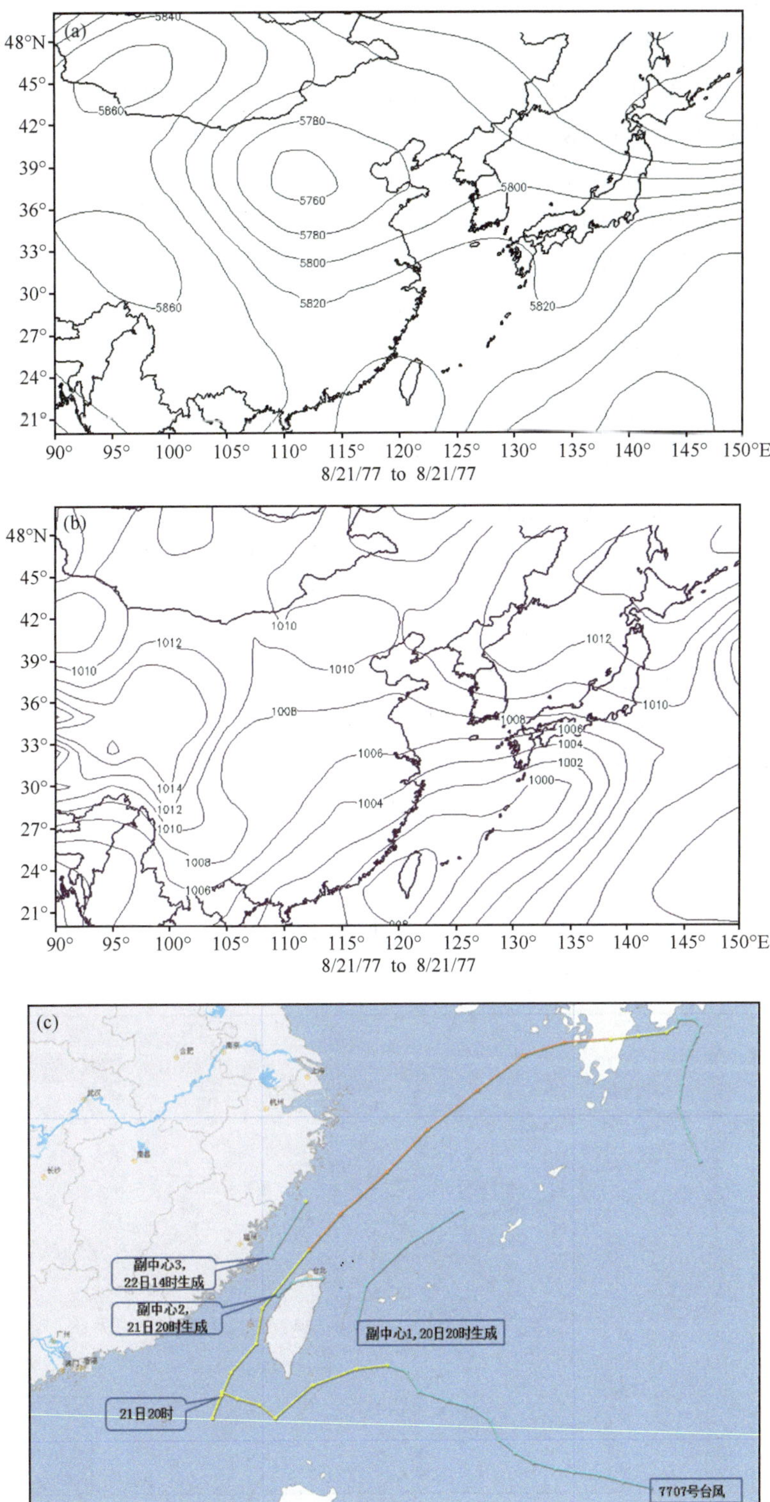

图 3.6　1977 年 8 月 21 日 20 时 NCEP 再分析场 500 hPa 高度(a)、NCEP 再分析场海平面气压(b)、7707 号台风及其 3 个台风副中心路径图(c)

（台风路径引自上海台风研究所的西北太平洋台风检索系统）

3.1.3.2　热带低压引发的大暴雨

2001 年 8 月 5 日夜间至 6 日 08 时，上海普降暴雨，中心城区出现特大暴雨，降水量创 50 年来之最。强降水主要集中在 20—02 时和 06—08 时。徐汇站 1 h 最大雨量 75.4 mm，12 h 雨量 264 mm，24 h 雨量 275 mm（黄浦区自动站 294 mm 为最大）。

此次过程是由热带低压（TD）东移所造成（姚祖庆，2002；曹晓岗 等，2011）。0109 号热带低压（0185 TD）源自副高内的东风扰动。于 8 月 4 日早晨在浙闽交界附近登陆，登陆时副高非常强大，500 hPa 位势高度大于 588 dagpm 的区域控制了我国 40°N 以南大部分地区，上海宝山站位势高度达 596 dagpm，西风槽底在 112°E、37°N 以北。位于日本九州的副高中心甚至达到 599 dagpm，这是西北太平洋副高少有的强度，之后高度开始下降。0185 TD 登陆后沿副高主体西侧向西北偏北方向移动，4 日 20 时到达浙赣皖交界，这时虽然上海宝山站位势高度还有 594 dagpm，但在湖南已出现分裂的反气旋环流，其前方的偏北风伸展到浙江西北部，5 日 08 时 592 dagpm 线断裂，湖南东南部形成 593 dagpm 的分裂高中心，0185 TD 到达皖南，这一形势的变化对 0185 TD 突然加强及路径东折起到至关重要的作用（图 3.7）。由于这个分裂的反气旋环流位置较南，又呈西北西—东南东轴向，其北侧为西北偏西气流，一方面引导弱冷空气渗入这一热带系统，加剧斜压不稳定，对其发展和降水都十分有利，同时这股西北气流与中低空华东南部沿海的较强东南风急流形成强气旋性曲率，使 0185 TD 处在一个强正涡度区内，对其在副高内强度维持起到了重要作用，也是 0185 TD 强对流迅速发展的大尺度触发因素。上述反气旋环流北侧的西北偏西气流另一重要作用是导致 0185 TD 路径突然东折，0185 TD 朝上海方向移动。由于其东侧副热带高压较强，低压东移十分缓慢，造成强对流系统在上海区域内不断更替生消，同时降水具有热带系统的特征，雨强大，形成了罕见的持续特强降水。0185 TD 结构深厚稳定，从 925 hPa 到 400 hPa 均有一低涡，且基本垂直，200 hPa 以上反气旋辐散明显，这种中低层强辐合，高层辐散流场的维持，使上升运动加强，同时不断给暴雨区带来水汽、能量，这样深厚的东风系统是少见的。

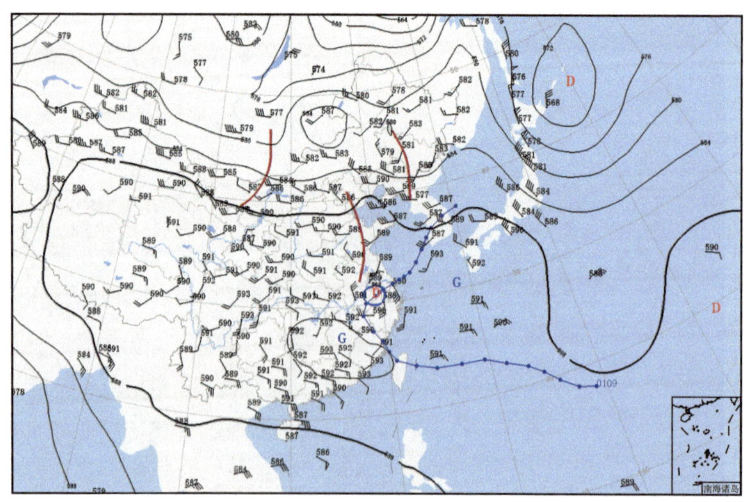

图 3.7　2001 年 8 月 5 日 08 时 500 hPa 形势场、热带低压路径图

云图上显示(图3.8),8月5日中午开始赣北、浙闽西部有对流发展并与0185 TD本身云系连在一起形成“积云舌”状,舌状积云分布的对流云是上海局地热对流发生时的一种环境云场,到了半夜以后,“积云舌”两侧的对流云都减弱消失,说明是日变化的作用,而0185 TD对应的上海地区的强对流云系直到深夜仍不断发展壮大。中尺度对流云团生消更替快,有向后传递的特点。14时在浙北山区积云舌状云系形成后,位于其顶部附近的中尺度对流云团有4次强烈发展过程,每一次均是在已开始减弱的对流云团后部再生新的云亮核与其合并迅速发展,其中持续时间最长、范围最大、发展最强的是在5日21时至6日01时前后,形成强大的MCS(mesoscale convective system,中尺度对流系统),对应地面出现短时强降水。从其动态看,5日22时到6日08时MCS仅向东移动了60 km,平均时速6 km,移速极慢。以致上海普降暴雨,中心城区大暴雨,5日22时—6日08时徐汇雨量192 mm,其中7—8时浦东新区还发生了F1级的龙卷风。强对流云团的强烈发展,导致大量潜热释放,使500 hPa到250 hPa温度上升2~3℃,使得TD中心的气压保持或略下降,这也是0185 TD系统内中尺度对流云团不断新生的重要原因(陈永林 等,2007)。

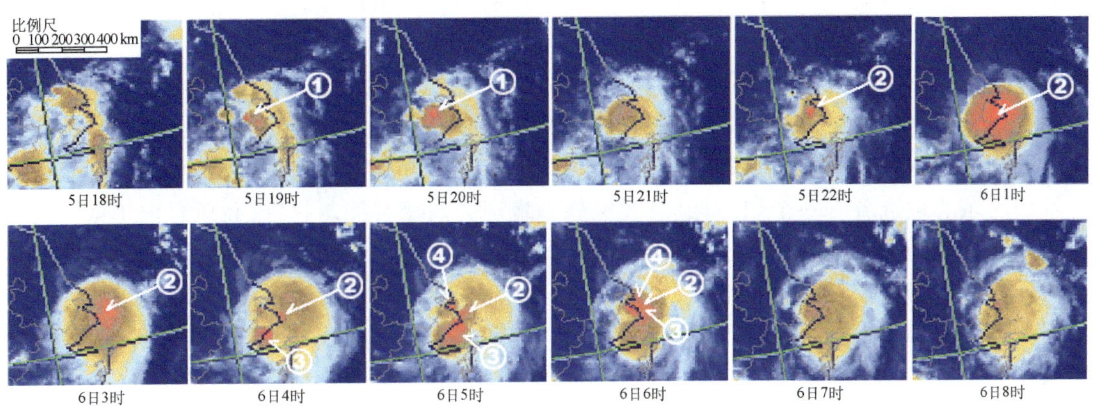

图3.8 2001年8月5日18时—6日08时对流核增强和减弱时的GMS-5红外卫星云图

(图中①②③④为对流核编号)

3.1.3.3 梅雨期连续性暴雨过程

1999年上海于6月7日入梅,7月20日出梅,长达43 d,梅雨量高达814.8 mm,成为百年不遇的强梅雨,主要特点有:一是入梅时间早,梅雨期长;二是梅雨期总雨量大;三是梅雨期暴雨多,徐汇站共出现8次暴雨,其中2次大暴雨,居该站梅雨期暴雨次数第一位,梅雨期有2次大暴雨也不多见(1941—1999年,该站出现过2次,另一次出现在1995年梅雨期);四是全市梅雨比较均匀,市区略多于郊区。

连续性暴雨过程是指某地区连续数日每日有50 mm以上降水。以20—20时为日雨量统计时段,上海地区从1873—2010年的日雨量资料显示,历史上连续2 d出现暴雨并不少见,而连续3 d或以上出现暴雨就非常罕见,1957年7月2—4日曾经出现过一次连续3 d的暴雨过程。而1999年6月24—27日连续4 d日雨量超过50 mm,为历史上首次和唯一过程。该暴雨过程是历年持续时间最长的一次,总雨量达281.8 mm(具体雨量见图3.9)。

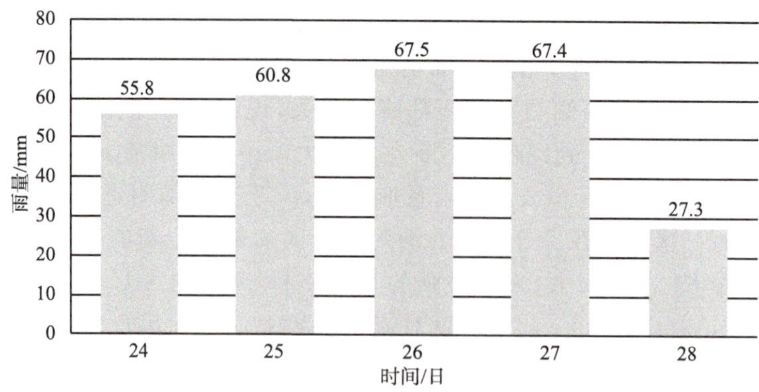

图 3.9　1999 年 6 月 23 日 20 时—28 日 20 时上海地区日雨量(mm)

本次连续性暴雨过程发生在高纬度地区有阻塞系统，副热带高压加强西伸的阶段，冷暖空气在长江中下游地区交汇，中低空切变线和地面静止锋加强并长时间维持，一次次低空低涡或波动等天气系统重复经过上海附近，导致历史罕见的连续暴雨过程。

从 500 hPa 图(图 3.10a)上可以看到，连续暴雨开始的当天(6 月 24 日)，120°E 附近的副热带高压脊线由前一天的 15°N 北跳到 20°N 以北，之后始终维持在 20°～23°N 摆动，副高西北侧的西南低空急流把南海的水汽经华南、江南源源不断地向长江下游地区输送。中高纬地区东欧北部为一阻塞高压，其前部偏北气流引导新地岛冷空气南下。而中纬度地区的地中海、咸海及我国东北地区各有一个切断低涡，我国新疆地区为高压脊控制，另一高压脊位于俄罗斯东部至库页岛附近，时有阻塞环流出现。在暴雨期间，正是由于这种环流形势异常稳定，使北方南下的冷空气与暖湿气流在长江下游地区交汇，从而使上海地区出现了连续 4 d 的暴雨天气。之后随着新疆高压脊的减弱和东北低涡的填塞，我国东部沿海地区西风槽北缩，暴雨过程结束。

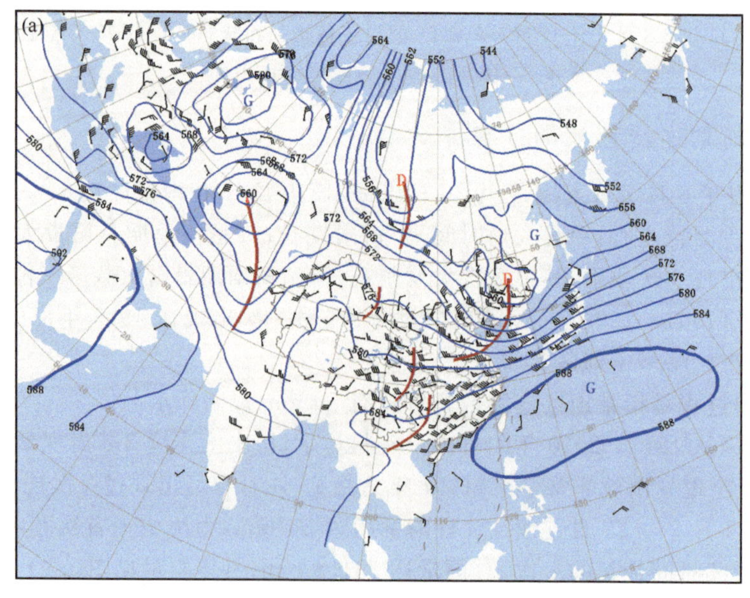

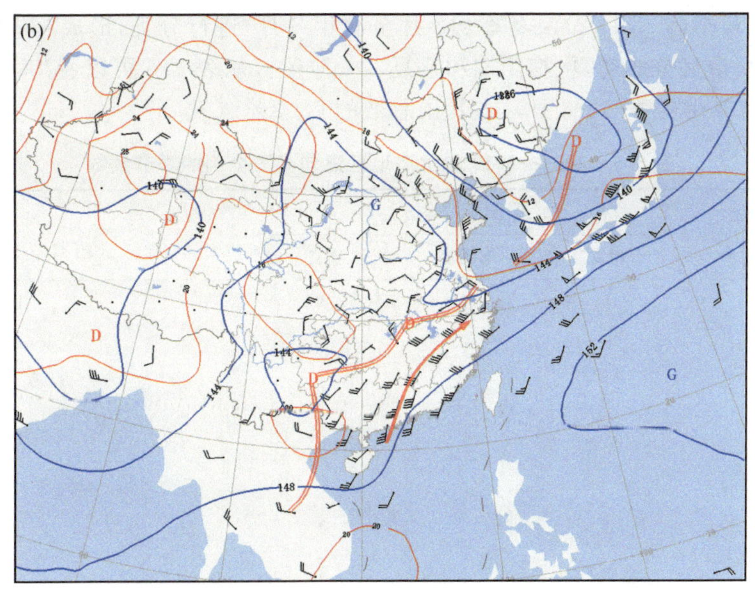

图 3.10　1999 年 6 月 24 日 08 时 500 hPa(a)，850 hPa(b)形势场(蓝线为等高线，红线为等温线)

暴雨期间在江淮地区有低空切变线维持，并有 3 次低空低涡沿切变线东移(图 3.10b)。随着副高的北跳，23—24 日地面静止锋也从闽北地区北抬到长江下游地区，在冷暖空气的共同作用下，静止锋上不断有低压波动形成，在静止锋北侧 29°～32°N 始终维持一条东西向的强降雨带，并不断激发出中尺度雨团影响本地区(陈智强 等，2000)。

3.2　暴雨过程的环流形势和影响系统

一般认为，形成暴雨的条件主要有充分的水汽供应、强烈的上升运动和较长的持续时间。降水持续时间是暴雨(特别是连续暴雨)的重要条件，行星尺度天气系统为暴雨的发生发展提供了有利的环流背景，副热带高压脊、长波槽、切变线、静止锋和大型冷涡等大尺度天气系统的长期稳定是造成连续性暴雨的必要前提(朱乾根 等，2007)。短波槽、低涡、气旋等天气尺度系统移速较快，但它们在某些稳定的长波型式控制下可以接连出现，造成一次又一次的暴雨过程。对上海而言，不同的天气形势会造成不同的暴雨落区、雨量大小，但即使在相似的形势背景下，季节不同，影响系统在位置、强度上有细微的差别，造成的暴雨落区和雨量也千差万别。因此，以下利用常规气象观测资料，对 2001—2012 年上海地区出现的暴雨过程按季节进行统计分析，从天气学原理入手，结合预报实践经验，根据主要影响系统进行分型，并对每一类型暴雨过程归纳出概念模型和预报要点，供业务预报参考，以期为进一步提高上海地区暴雨天气的预报准确性提供有益的支撑。

3.2.1　季节变化特征

依据上海地区 10 个区观测站的每天 24 h(08—08 时)雨量资料，只要在 08—08 时内有一个站出现 50 mm 或以上降水量即为一个暴雨个例(注：第 1 章气候统计资料的标准为 20—20 时)。普查 2001—2012 年逐日雨量资料，确定了 133 个暴雨历史个例。按照春季(3—5 月)、夏季(6—8 月)、秋季(9—11 月)及冬季(12 月至次年 2 月)进行分类,形成“暴雨天气个例表”(表 3.5),其中夏季又分成初夏、梅雨期和盛夏 3 个阶段。从表 3.5 可以看出,近 12 年上海地区的暴雨主要出现在夏季(6—8 月),占暴雨总数的 78.2%。

表 3.5 2001—2012 年上海地区逐年暴雨个例的季节频数 (个)

年份	春季(3—5 月)	夏季(6—8 月)			秋季(9—11 月)	冬季(12 月至次年 2 月)	合计
		初夏	梅雨期	盛夏			
2001	—	1	4	8	—	1	14
2002	1	—	4	6	1	—	12
2003	—	—	3	4	2	—	9
2004	1	—	4	2	1	1	9
2005	1	—	—	5	2	—	8
2006	2	1	3	2	1	—	9
2007	—	—	3	3	3	—	9
2008	2	—	5	6	2	—	15
2009	—	—	6	8	3	—	17
2010	1	—	3	5	2	—	11
2011	—	—	5	6	1	—	12
2012	1	—	3	4	—	—	8
合计	9	2	43	59	18	2	133

在上海地区近 12 年 133 个暴雨天气的总样本中,从年际变化分布图(图 3.11)上看,2008、2009 年出现的暴雨个例较多,分别为 15 个和 17 个,最少的年份为 2005、2012 年(均为 8 个),2003 年到 2007 年每年的暴雨个数基本一致。

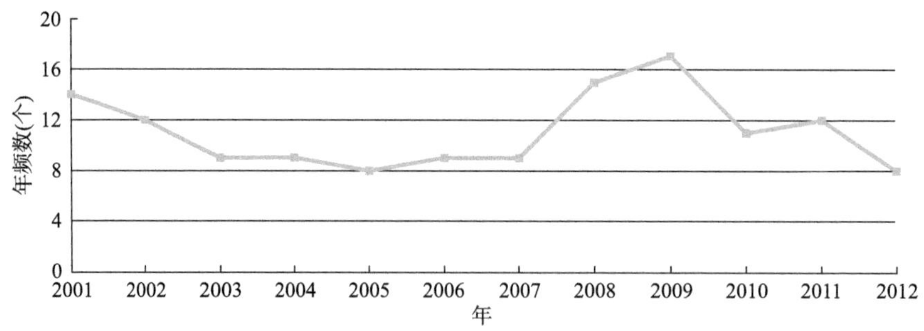

图 3.11 2001—2012 年上海地区暴雨过程的年际变化

另外,如果以出现 2 站及以上为多站暴雨个例,则在 133 个个例中,单站暴雨个例为 71 个,占总数的 53.4%,其中在年际变化分布中(图 3.12a),2002、2003、2004、2009、2011 年单站暴雨个例多于多站暴雨个例,特别是 2003 年 9 个个例总数中,8 个个例出现单站暴雨。而在季节分布图中(图 3.12b),夏季和秋季的暴雨中,以单站暴雨个例居多,春季和冬季基本持平。

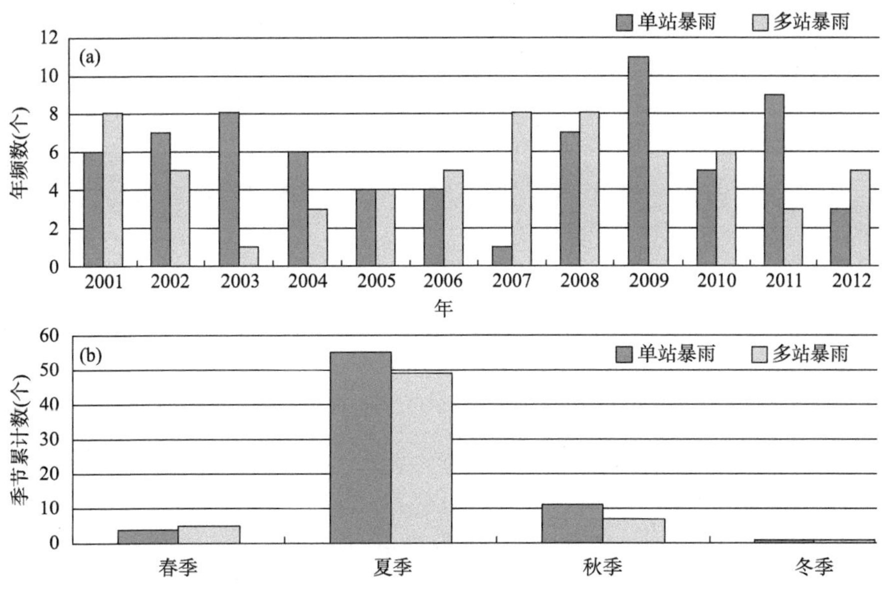

图 3.12　2001—2012 年单站暴雨和多站暴雨日的年频数(a)和季节累计数(b)

3.2.2　环流形势和影响系统

依据各层环流形势、地面气压场和云图特征等将上海地区暴雨天气形势主要分为以下 7 种类型(表 3.6):静止锋雨带、副高边缘强对流、台风本体或外围螺旋雨带、台风倒槽、暖式切变线(暖区辐合线)、低槽冷锋、江淮气旋等。另外有 3 个个例属于特殊类型,按影响系统不属于上述几类,如 2004 年 8 月 17 日 0416 台风"鲇鱼"沿 125°E 北上转向,位置偏东,但也造成了局地暴雨天气;2008 年 9 月 16 日 0813"森拉克"已东移,其主体云系全部在海上,午后只在上海地区导致一小片对流云系,造成局地暴雨;2009 年 7 月 2 日则是高空冷涡后部激发的对流天气。总体看:上海地区暴雨天气以静止锋雨带及副高边缘强对流型占据大多数(约 62.4%)。

表 3.6　2001—2012 年上海地区逐季节各类型暴雨的分布频数

季节	静止锋雨带	副高边缘强对流	台风本体或外围螺旋雨带	台风倒槽	暖式切变线(暖区辐合线)	低槽冷锋	江淮气旋	特殊类型	合计
春季	2	—	—	1	3	3	—	—	9
夏季	45	32	9	5	8	—	3	2	104
秋季	—	4	5	3	2	3	—	1	18
冬季	—	—	—	1	—	—	1	—	2
合计	47	36	14	10	13	6	4	3	133
百分比(%)	35.3	27.1	10.5	7.5	9.8	4.5	3.0	2.3	

以下将逐类型分析其形势配置特点和预报分析要点,其中概念模型图分析中的各种标识说明如表 3.7 所示。

表 3.7　概念模型图分析中的各种标识说明

图标	说明	图标	说明
500	500 hPa 槽线		地面冷、暖锋
700	700 hPa 低涡切变线		静止锋
850	850 hPa 低涡切变线	地面	地面辐合线
700	700 hPa 急流(≥12 m/s)		850 hPa≥16℃的等露点线
850	850 hPa 急流(≥12 m/s)		700 hPa $T-T_d$≤3℃区域

3.2.2.1　静止锋雨带型

这种类型多出现在梅雨期内，但有时在盛夏季节冷空气势力较强，副高明显南落，长江中下游地区也可有静止锋雨带，也把它归为这一类。其环流和形势特点与典型梅雨期形势类似：500 hPa 上副高脊线在 22°～25°N，中纬度有短波槽东移，700、850 hPa 上为江淮切变线，切变线以南有低空急流，有时切变线上有低涡东移，地面图上则有静止锋停滞，有时有弱气旋发展，云图上显示静止锋云带上不断有对流云团生成影响上海地区。系统配置的概念模型图如图 3.13 所示，雨带主要位于静止锋与切变线之间，暴雨多数落在低涡移向的右前方、低空急流左侧。在 2001—2012 年间，静止锋雨带类暴雨共有 47 个(表 3.6)，占总暴雨个数 35.3%，主要集中在夏季(6—8 月)，特别是 6—7 月居多，但在 2008 年 5 月也有两个个例出现暴雨。

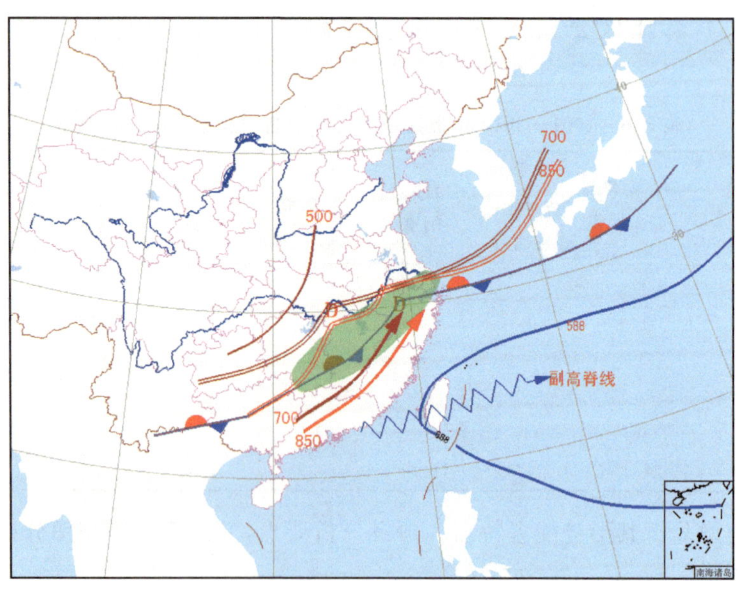

图 3.13　静止锋雨带型暴雨概念模型图

(阴影区为暴雨落区，下同)

近12年上海多为非典型梅雨，梅雨期雨带位置南北摆动大，降水多为强对流性质，有时整层系统配置较好，但上海仅出现零散暴雨点，给暴雨落区预报带来很大的难度。对于静止锋雨带型的预报要点，首先要分析影响系统（高空低槽、中低层切变线、低空急流及地面倒槽、静止锋）及上下层系统的配置，其次是云图上云带的走向及引导气流。对于对流性降水要分析中小尺度系统、本地的不稳定能量、水汽条件等。另外，低空急流中，除了西南急流外，北支西北急流也很重要，在两支冷暖性质不同的急流交汇处更易产生暴雨。

3.2.2.2 副高边缘强对流型

梅雨期结束后，副高加强西伸，脊线越过27°N，雨带北抬至黄淮地区，上海进入盛夏季节，这种类型的暴雨多出现在7—8月，以局地强对流（短时强降水）为主，单站暴雨点居多（漆梁波等，2009）。其形势特点大致可分为两类（图3.14）：一类是本地处在副高的西北边缘（图3.14a），整层一致西南风，西侧短波槽东移触发对流；另一类则是副高断裂为两环，本地处在大陆高压与副高之间的切变线附近或槽后西北气流中（图3.14b），由于低层为暖气团控制，槽后有弱的冷平流，上冷下暖层结不稳定，造成对流天气。该类型暴雨中地面气压场较弱（或本地处于低压倒槽内），由于海陆差异会形成地面辐合线。因此，上下层温度差异、上层干冷低层暖湿的湿度差异、短波槽、地面辐合线（切变线）等是主要分析着眼点。而云图上有东西向云带，云带尾部（或延长线上）往往有新对流云团发展。2001—2012年副高边缘强对流型暴雨个例共36个（表3.6），占总暴雨个数27.1%。

这类型暴雨过程多为强对流，且暴雨范围小，其预报要点除了常规天气图上的影响系统外，要重点分析中小尺度系统。对产生对流天气的三要素（水汽条件、不稳定层结条件及触发机制）仔细分析。前两者是内因，触发机制则是外因，是最重要的因素，包括天气系统造成的系统性上升运动、地形抬升作用及局地热力抬升。统计结果表明，在近12年副高边缘强对流型暴雨中，80%以上的个例在地面有切变线或辐合线存在，因此及时发现或判断本地地面辐合线的出现位置和时间至关重要。

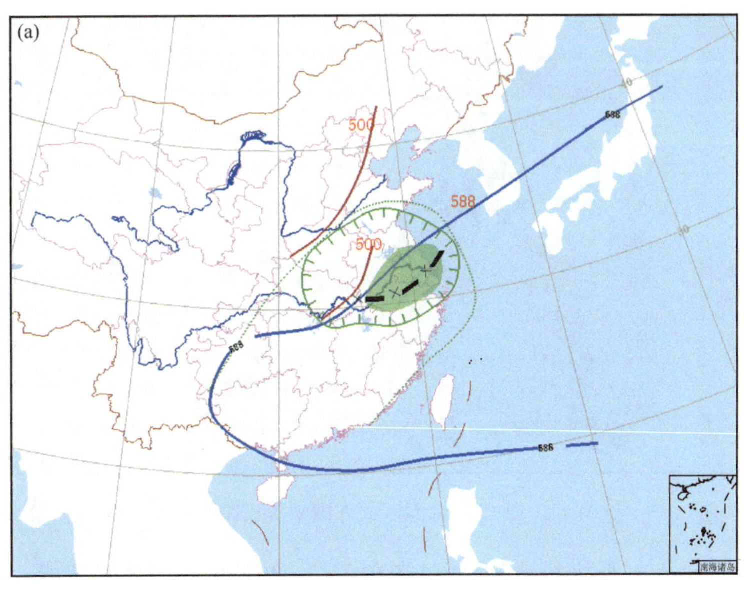

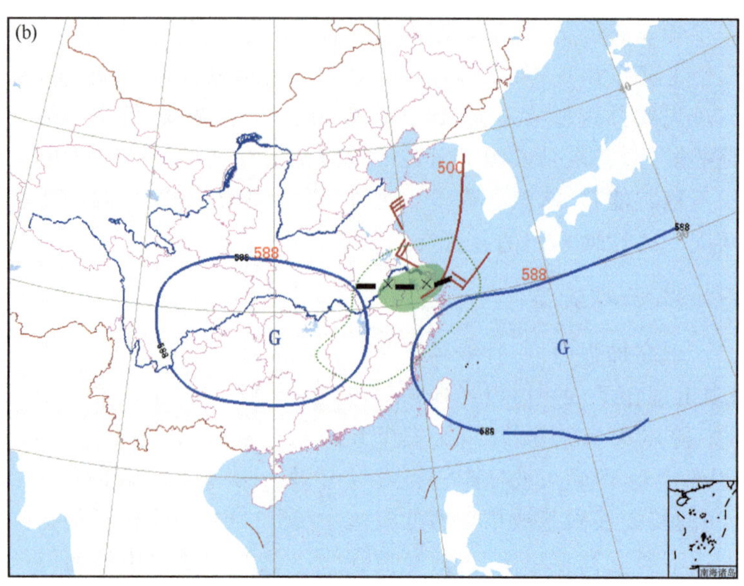

图 3.14 副高边缘强对流型暴雨概念模型图

3.2.2.3 台风本体或外围螺旋雨带型

近 12 年中，由台风本体或外围螺旋雨带所造成的上海暴雨个例共 14 个(表 3.6)，约占总数的 10.5%，其台风路径如图 3.15 所示，可以看出，路径均为西北行，而后北上或转向类。影响时间最早的在 7 月上旬，最晚在 10 月上旬。另外，类似 2001 年 8 月 5 日由减弱或变性的热带低压直接影响本地的过程也归为这一类。

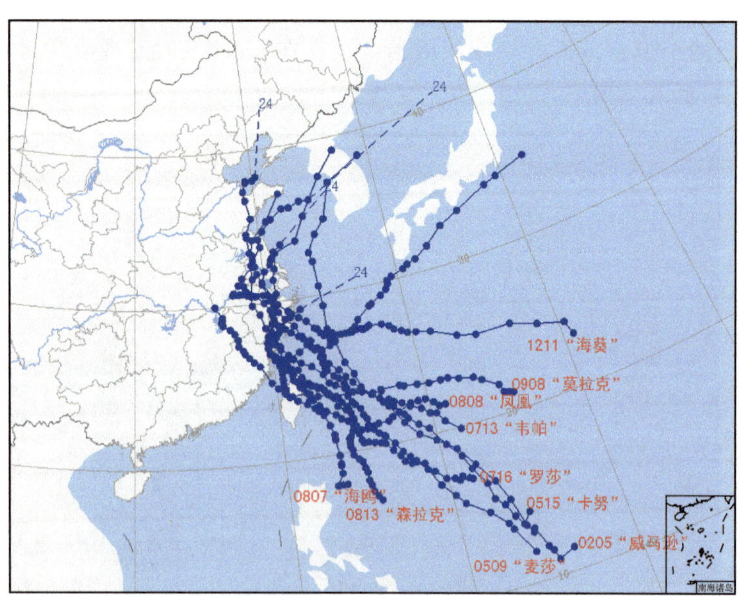

图 3.15 2001—2012 年台风本体或外围螺旋雨带型中的台风路径图

造成这类暴雨的天气形势特点是：西风带在 70°～90°E 地区出现长波槽，我国东部沿海为长波脊控制，中心位于黄海或日本海的副高正处在稳定的长波脊南侧，不断有暖平流补充或西部有暖高压并入，因而稳定强大（中心强度通常在592 dagpm以上），脊线一般在32°N以北，呈东西向或西北—东南向，此时台风受副高南侧东南气流控制，从正面登陆浙、闽一带，外围螺旋云带可影响本地。随着台风的西北移，副高脊线逐渐顺转，主体略有南落，台风继续北上，其本体也能影响到上海。

对于这类由台风所造成的暴雨，其预报要点关键在于对台风路径、强度的预报，而台风的移动路径预报，主要着眼于副高和西风带槽脊的位置及其强度变化，其次也要注意热带其他低值系统、赤道辐合带、赤道反气旋及地形等作用。台风强度的预报需关注其本身的结构及结构的变化、环境流场对台风的影响、下垫面（海洋、地形）与台风环流的相互作用。云图上特别注意与西风槽、冷锋云系、赤道辐合带云系的结合。

3.2.2.4　台风倒槽型

近12年中，由台风或热带低压倒槽伸向本地而造成的暴雨个例共10个（表3.6），在5—12月份均有发生。其形势特点是：500 hPa上副高主体偏东，在140°E附近，其西侧的南或东南气流输送大量来自南海或西太平洋的水汽，低层850 hPa上华东东南沿海有南北向的切变线，切变线东侧伴有12 m/s以上的低空急流，地面在南海北部、台湾海峡、福建沿海等地的低值系统倒槽伸向上海（图3.16），有时北侧有弱冷空气扩散，冷暖空气的交汇有利于暴雨的产生。统计分析显示：多数暴雨落区出现在低层流线或气压场气旋性曲率最大处或流线的倒槽内，以及流线箭头所指的正前方即气流的汇合处。

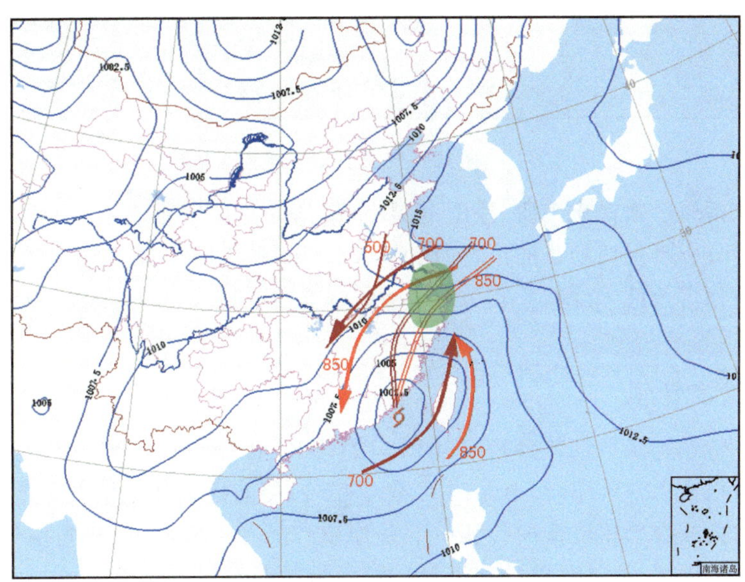

图3.16　台风倒槽型暴雨概念模型图

（实线为地面等压线）

对于这类暴雨的预报要点，除了分析副高、西风槽对台风的移动路径、强度等影响外，还要注意台风倒槽、切变线的位置，有无与冷空气的结合，特别是高空急流、低空急流、超低空急流的位置和强度，不同方向的急流交汇处最易产生暴雨，高低空急流的耦合利于降水的增强。

3.2.2.5　暖式切变线(暖区辐合线)型

一般暖式切变线或辐合线上产生的暴雨范围较小,据统计,近 12 年中多为单站暴雨(表 3.6),其形势主要特点是低层 850 hPa 或以下层次在上海附近有暖式切变线存在(图 3.17),南侧西南风(有时达不到急流)输送暖湿气流,850 hPa 锋区在上海以北,本地处在暖区中,地面为低压槽或低槽南侧。由于白天升温,在切变线附近容易有对流发展造成暴雨天气。因此,这类暴雨多发生在暖季(6—9 月),但春季如果回暖明显,也会产生局地暴雨天气。

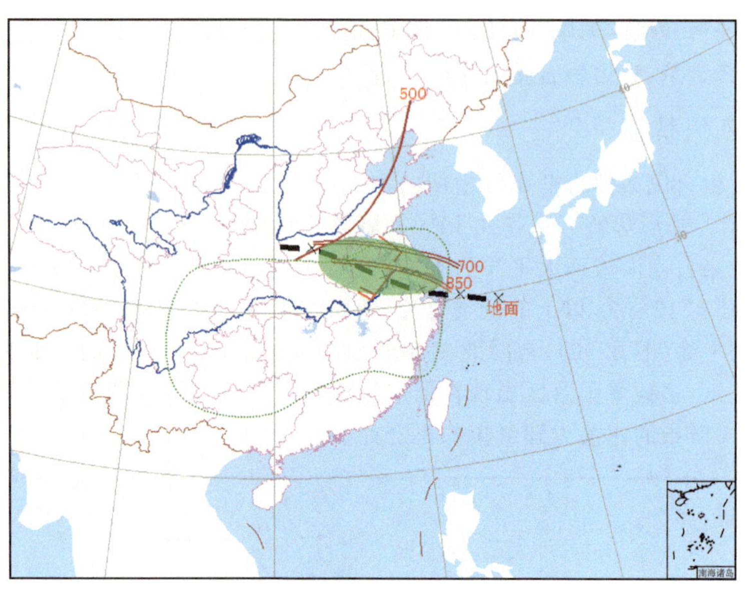

图 3.17　暖式切变线型暴雨概念模型图

由于这类暴雨属于强对流性质,暴雨范围小,暴雨的落区很难确定,因此这一类型的暴雨预报要点还是要分析暖式切变线的位置(地面、925 hPa、850 hPa),它是重要的触发机制,其次要分析局地的不稳定条件(气温、K 指数、SI 指数、CAPE 值等)、水汽条件等,云图的应用对短时监测也很重要。

3.2.2.6　低槽冷锋型

这类暴雨的特点是冷空气势力较强(图 3.18),850 hPa 上北支锋区明显,等温线密集(10 纬距内至少有 3 根及以上等温线,等温线间隔为 4℃);而前期长江流域及以南地区回暖明显,地面处在低压槽内或有低压倒槽向长江中下游伸展。随冷空气南下,冷暖空气的交汇造成大范围大到暴雨区。因此,这类暴雨区别于静止锋雨带类及台风倒槽型(有时南海、东南沿海有倒槽,但达不到热带风暴级别,本书将其归为台风倒槽型)。它多发生在春、秋季(表 3.6),暴雨落在低层切变线附近或靠暖区一侧。

对于这类暴雨过程,系统的整体配置,低空急流的位置、强度,特别是沿海不同性质急流的交汇,地面倒槽的位置等是主要的预报要点,上冷下热层结的不稳定性(热力条件、水汽条件等相对较弱的春季、晚秋及冬季)也需注意。

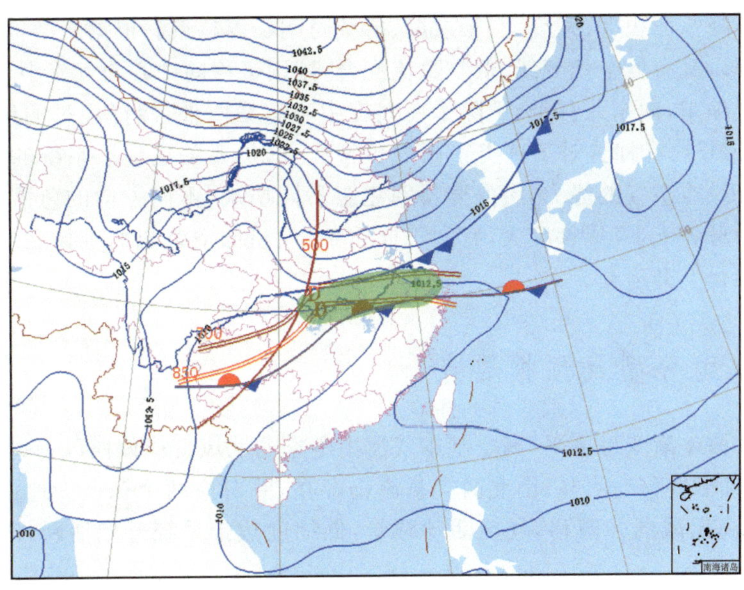

图 3.18　低槽冷锋型暴雨概念模型图

(实线为地面等压线)

3.2.2.7　江淮气旋型

分型中，把地面气压场上有明显的低压环流，能分析出不少于一根闭合等压线的低压(主要在陆地上)所造成的暴雨过程归为江淮气旋类，概念模型图如图 3.19 所示。有时在静止锋上也有低压波动，但强度较弱，或者入海后才发展为气旋，本书把它归为静止锋雨带型或低槽冷锋型。在近 12 年个例中，满足上述条件的个例仅 4 个(表 3.6)。

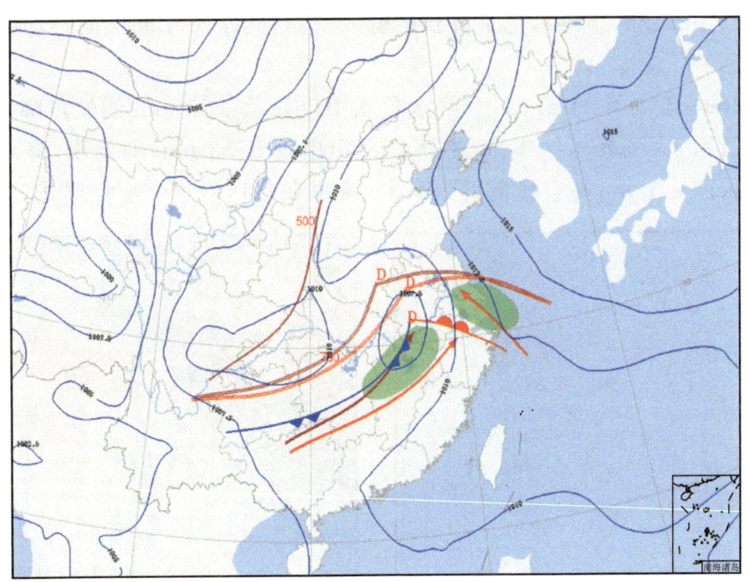

图 3.19　江淮气旋型暴雨概念模型图

(实线为地面等压线)

江淮气旋有降水面积大、强度大、云层厚、持续时间长等特点。根据总结：如果气旋形成位置偏西，而向东移，又有低空切变线、低空急流配合，则雨区移向中心与气旋中心路径一致。如果气旋形成位置偏东，向东北移动，则除了在气旋中心有暴雨外，冷锋经过的地区也可产生暴雨（朱乾根 等，2007）。因此，对于这类暴雨的预报要点，仍要关注整层系统的配置、江淮气旋的移动路径、强度、冷空气的势力，沿海要特别注意不同层次、不同方向的急流，因为地面一般处在东高西低的形势下，气压梯度大，有利于低空急流、超低空急流的维持和增强，供应水汽，同时又加强了辐合上升运动。

3.3　春季暴雨分型及预报要点

春季东亚大槽逐渐变得宽平，高空基本气流由冬季西北风变成偏西风，每天的天气图上多短波槽脊活动，且槽脊移动明显；南北两支急流仍存在，并对应两个锋区。地面上大陆增暖较快，北方蒙古冷高压减弱并西移，气旋活动频繁，低纬度热带系统开始活跃，因此春季天气多变，过程快、多。

4 月中旬以后偏南的夏季风逐渐盛行，江南雨季逐渐开始。在 2001—2012 年春季 9 个暴雨个例中，有静止锋雨带（2 次）、台风倒槽（1 次）、暖式切变线（暖区辐合线）（3 次）、低槽冷锋（3 次）4 种类型，以暖式切变线（暖区辐合线）、低槽冷锋型居多，另外 5 月出现了 6 次暴雨过程，3 月和 4 月仅出现 3 次。

3.3.1　暖式切变线（暖区辐合线）型

据统计，此类型在近 12 年中除冬季外均可能发生，春季有 3 个个例。当春季回暖明显，会产生局地暴雨天气，如 2006 年 3 月 31 日。这一类型的暴雨预报要点还是要分析暖式切变线的位置（地面、925 hPa、850 hPa），它是重要的触发机制，其次关注低层回暖程度及暖湿层次的厚度。

典型个例：2006 年 3 月 31 日（24 h 降水量图中仅显示≥25 mm 的站点降水，下同）

如图 3.20 所示，大到暴雨区零散，上海仅金山出现 57.2 mm 的暴雨，降水集中时段在半夜 00—02 时。云图上显示，高空槽前的云系上，夜里在暖切附近云层增厚，有弱的对流发展。

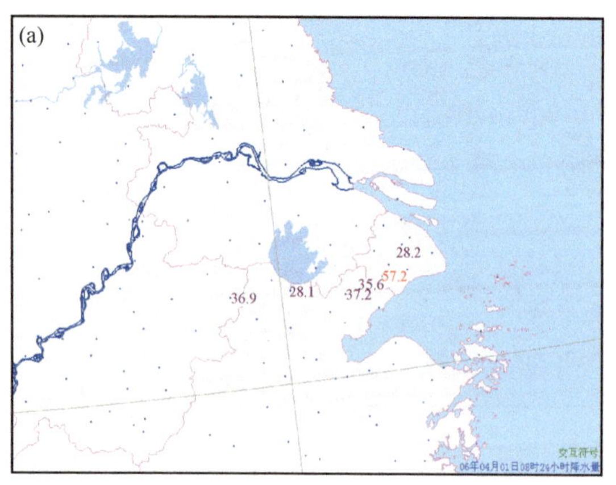

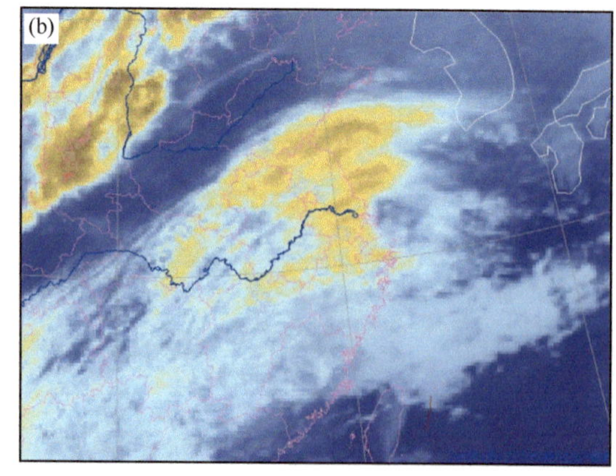

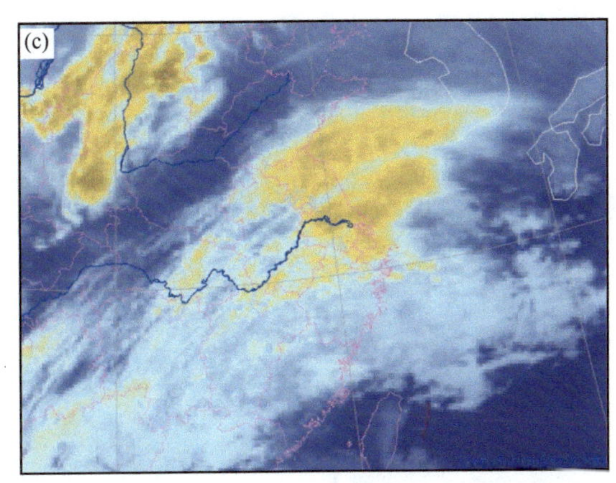

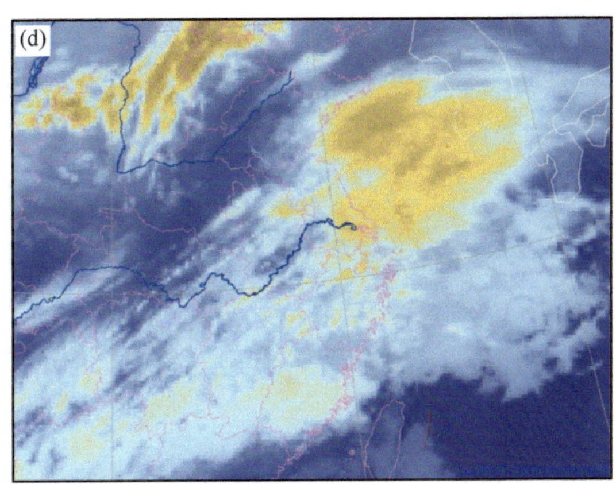

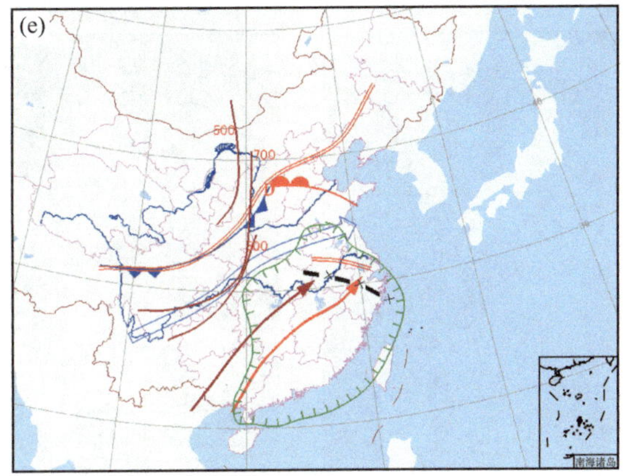

图 3.20　(a)2006 年 3 月 31 日 08 时—4 月 1 日 08 时雨量；(b)、(c)、(d)分别为 31 日 22 时、4 月 1 日 00 时、04 时红外云图；(e)2006 年 3 月 31 日 20 时综合图分析

850 hPa 暖切南侧西南急流在夜里显著增强(4 日 08 时宝山为 18 m/s 的西南风、925 hPa 为 16 m/s 的超低空急流)，因此此次过程水汽充沛，在暖切变及地面辐合线的抬升作用下，造成局部的暴雨天气。

3.3.2　低槽冷锋型

这类暴雨的形势场与静止锋雨带较相似，略有差别之处在于地面倒槽内无静止锋，回暖程度及强度稍弱，而冷空气势力稍强，因此，它造成的暴雨范围小，以中到大雨为主，暴雨的落区很难确定。近 12 年中，上海春季出现 3 个个例，但均为单站暴雨。因此对于这类暴雨过程，系统的整体配置，低空急流的位置、强度、地面倒槽的位置、冷空气的强度等是主要的预报要点，上冷下热层结的不稳定性、湿层厚度也需注意。如 2012 年 4 月 10 日 K 指数为 35℃，θ_{se} 达 330 K，850 hPa 比湿达 10 g/kg，尽管与夏季≥14 g/kg 的值相比略偏小，但在春季可能已足够。高能高湿，在一定的触发机制下利于局地暴雨的产生。

典型个例：2005 年 5 月 1 日

如图 3.21 所示，大到暴雨区零散，上海普遍为中到大雨，闵行为 96.4 mm 的暴雨，其中 8—9 时雨强为 73.5 mm/h。云图上显示，在高空槽前的云系上有对流云团的生成。

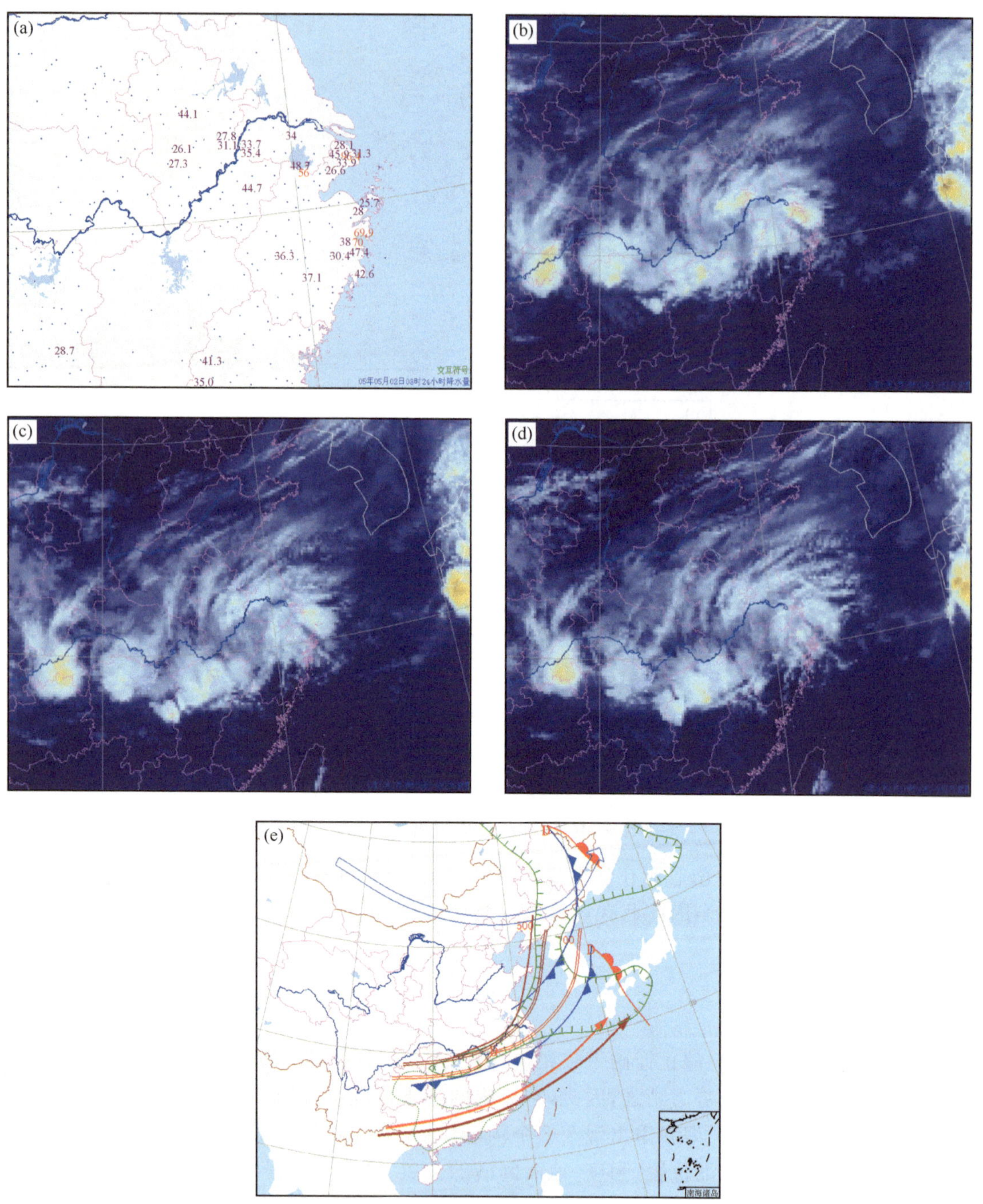

图 3.21　(a)2005 年 5 月 1 日 08 时—2 日 08 时雨量；(b)2005 年 5 月 1 日 08 时红外云图；(c)、(d)分别为 2005 年 5 月 1 日 09 时、10 时红外云图；(e)2005 年 5 月 1 日 08 时综合图分析

上下层系统位置接近，坡度陡，地面处在低压槽内，08 时在上海中北部有东西向辐合线存在，同时探空显示 K 指数 38℃，SI 为 −1.08℃，相对湿度≥80%的湿层厚度接近 500 hPa，高能高湿，在地面扩散冷空气和地面辐合线的共同抬升下触发了此次强对流天气。

3.4　夏季暴雨分型及预报要点

夏季西风带的平均槽、脊位相与冬季相反，且槽、脊的强度比冬季弱。副热带高压脊线由15°N 向北移到 25°N 并继续向北移。而北方冷空气势力大大减弱，范围缩小、路径偏西。冷空气南下，在高空图上表现为冷性低槽或冷涡，而在地面图上则为冷性闭合小高压。锋面的斜压性也不如冬、春两季，但它是大部分地区雨季中必不可少的角色，雨带发生在副高西北部的西南气流与冷空气交绥的地方。因此，夏季的影响系统除了西风带槽脊、气旋和锋面等以外，又有副高和东风带的热带辐合带、东风波、台风等天气系统。2001—2012 年夏季上海共有 104 个暴雨个例，按上述分型除无低槽冷锋型外，其余 6 个类型均有出现，以静止锋雨带型及副高边缘强对流型为主。由于夏季天气及影响系统复杂多变，以下将夏季划分为初夏、梅雨期及盛夏三个时期分别进行分析。

3.4.1　初夏暴雨

一般认为，5 月底至入梅之前(6 月中上旬)为上海的初夏。进入初夏后，副热带高压第一次北跳，出现在南海及西太平洋上，副高脊线到达 15°N 以北；长江流域的暖湿空气逐渐活跃加强，空气中水汽充沛；而中高纬移动性的西风带槽脊活动也较频繁，一次冷空气的南下，即可在长江中下游地区造成一次明显降水过程。但对上海而言，由于初夏时期较短，2001—2012 年间出现的暴雨个例仅有 2 个，分别是 2001 年 6 月 14 日(静止锋型)和 2006 年 6 月 1 日(江淮气旋型)。

典型个例 1:2001 年 6 月 14 日(静止锋型)

如图 3.22 所示，大到暴雨区范围较小，只出现在上海及太湖东侧。上海奉贤出现了 58.9 mm 的暴雨，主要在 08—14 时。此次过程以连续性降水为主。云图上显示副高主体偏东，导致主体雨带偏南，长三角地区以中低云层状云降水为主。

由于副高偏弱，低空急流偏南，因此长江下游地区暴雨点少，主要由低涡切变线及地面静止锋引起的稳定性降水。

典型个例 2:2006 年 6 月 1 日(江淮气旋型)

如图 3.23 所示，大到暴雨区集中在华东中部沿海，上海普遍为中到大雨，南汇为 59.4 mm 的暴雨，过程以稳定性降水为主。云图上东北—西南向的降水云系覆盖着华东中南部地区。

低涡系统深厚，一直达 500 hPa，西南急流和偏东急流显著，输送来自南海和东海的水汽，在地面气旋波(08 时位于浙中南沿海)的顶部、两支急流的交汇处出现了暴雨天气。

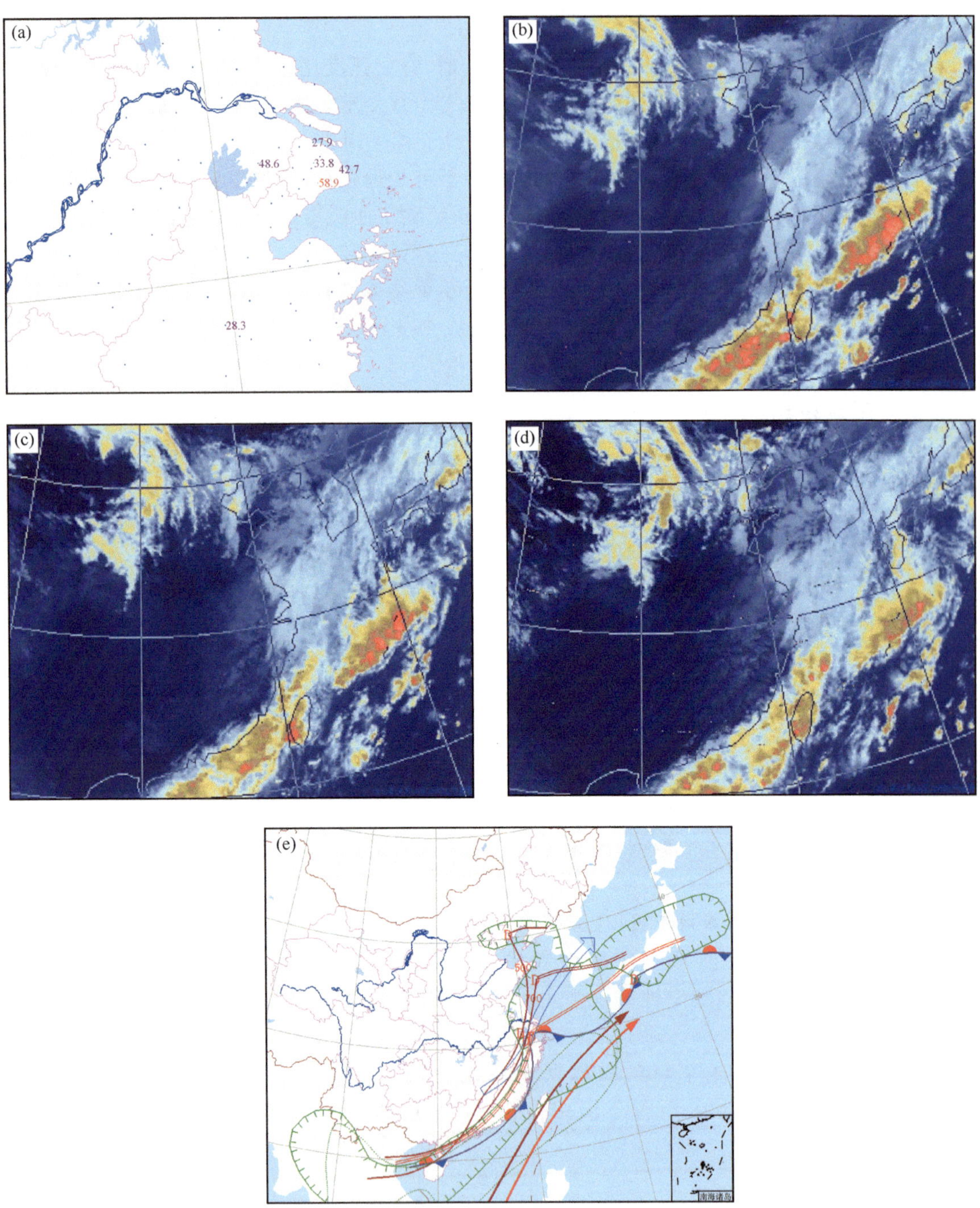

图 3.22 (a)2001 年 6 月 14 日 08 时—15 日 08 时雨量；(b)、(c)、(d)分别为 2001 年 6 月 14 日 08 时、10 时、12 时红外云图；(e)2001 年 6 月 14 日 08 时综合图分析

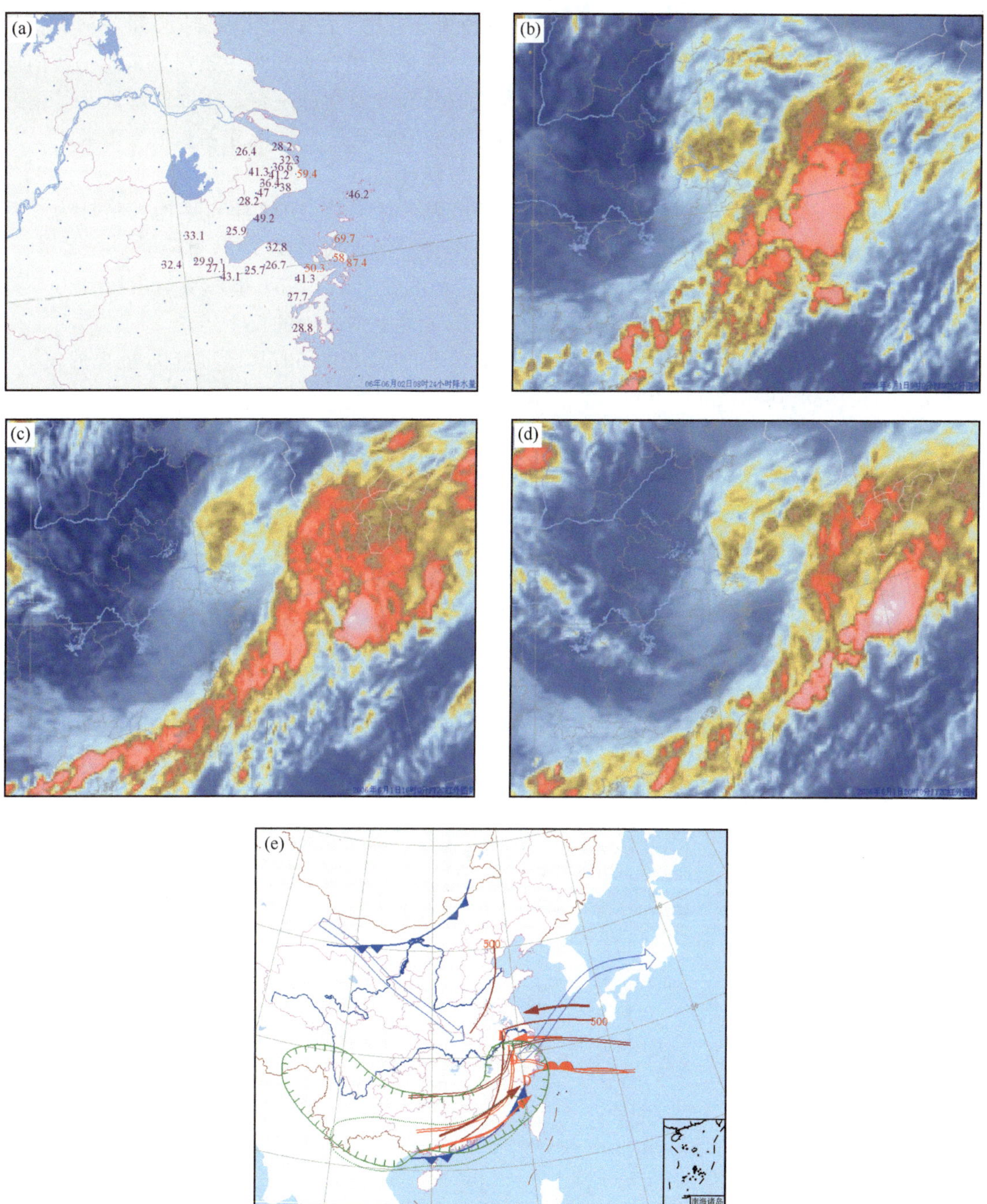

图 3.23　(a)2006 年 6 月 1 日 08 时—2 日 08 时雨量；(b)、(c)、(d)分别为 2006 年 6 月 1 日 09 时、16 时、20 时红外云图；(e)2006 年 6 月 1 日 08 时综合图分析

3.4.2 梅雨期暴雨

梅雨是江淮流域一带经常出现一段持续较长的阴雨天气。自 19 世纪末到 20 世纪初有正式气象记录和天气图以后，梅雨有其特定的天气含义。在地面图上表现为一条略呈东北—西南向的准静止锋带（亦称梅雨锋系），来回摆动于江淮流域及日本西南部一带。在锋面附近及其南北地区常伴随着一条狭长的降水区，其南北宽度约有百余千米至数百千米，东西长数千千米。

根据徐汇 1875 年至 2012 年共 138 年降水资料统计：

入梅：最早入梅日为 5 月 22 日（1936 年），最迟为 7 月 9 日（1982 年），平均入梅日为 6 月 15 日。6 月中旬入梅的有 54 年，为最多，占 39%，7 月上旬入梅的仅 5 年，为最少。

出梅：最早出梅日为 6 月 9 日（1936 年），最迟为 8 月 2 日（1954 年），平均出梅日为 7 月 4—5 日。7 月上旬出梅的有 51 年，为最多，占 37%，8 月上旬出梅的仅 1 年。

梅雨期：从入梅日至出梅日的平均梅雨期为 21 d，但最长的 59 d（1954 年），最短的仅 3 d（1897、1934、1958、1965、2005 年）。

梅雨期总雨量：最多雨量为 814.8 mm（1999 年），接近上海常年平均年雨量的 70%，但最少仅 11.9 mm（1902 年），平均梅雨期雨量为 257.6 mm。统计的 138 年中梅雨期总雨量＞500 mm 的有 5 年，不足 50 mm 的有 6 年。

梅雨期总雨日数和暴雨日数：梅雨期中降雨日数最多为 45 d（1954 年），最少为 3 d，平均为 15 d 左右。日雨量≥50 mm 的暴雨日，最多为 8 d（1999 年），平均 1 d 左右，有 49 年未出现梅雨期暴雨。

表 3.8 为 2001—2012 年上海梅雨概况表。

表 3.8　2001—2012 年上海梅雨概况表

年份	入梅日期	出梅日期	持续天数(d)	总雨量(mm)	总雨日(d)	暴雨总日数(20—20 时 24 h 雨量≥50 mm)
2001	6 月 17 日	6 月 27 日	10	231.4	8	2
2002	6 月 19 日	7 月 10 日	21	234.8	16	—
2003	6 月 21 日	7 月 12 日	21	148.2	12	—
2004	6 月 15 日	7 月 16 日	31	207.8	17	—
2005	6 月 27 日	6 月 30 日	3	22.6	3	—
2006	6 月 22 日	7 月 12 日	20	173.0	14	—
2007	6 月 21 日	7 月 18 日	27	237.4	16	2
2008	6 月 7 日	7 月 4 日	27	387.4	23	1
2009	6 月 20 日	7 月 8 日	18	160.9	11	—
2010	6 月 17 日	7 月 17 日	30	275.3	20	1
2011	6 月 10 日	6 月 27 日	17	251.0	13	2
2012	6 月 17 日	7 月 4 日	17	182.3	12	1

进入梅雨期，副热带高压缓慢北移，西风带环流亦有显著变化，由初夏以移动性系统转为多阻塞系统，欧亚上空常出现两高一低的阻塞形势，即乌拉尔山东侧和我国东北—鄂霍次克海为稳定的高压脊，两高之间在贝加尔湖以西为低槽区；副热带高压呈带状分布，略呈东北—西南向，在 120°E 处的脊线位置稳定在 22°N 左右。中纬度为平直西风气流，多短波槽活动。中

低层有切变线及低空急流配合，地面图上则有静止锋停滞。如果静止锋基本稳定在长江下游及上海附近，其北侧多连阴雨天气，南侧多雷阵雨天气，闷热潮湿，有时静止锋来回摆动，上述两种天气交替出现。当中纬度西风带上有较强低槽东移时，静止锋波动带能发展为锋面气旋，气旋移经处带来大风、暴雨。

上海地区 5—7 月暴雨平均物理量场：

统计 1995—1998 年 5—7 月上海地区 21 场暴雨过程（日雨量 20—20 时，上海地区 11 个测站中有雨量≥50 mm 为 1 个暴雨过程）。根据 T106L19 谱模式（网格为 $1^\circ\times1^\circ$的经纬度）客观分析计算的这些暴雨过程的物理量场，从热力条件、水汽条件、动力条件等方面进行综合诊断分析，得到了上海地区 5—7 月暴雨的物理量分布的平均情况（曹晓岗 等，2002），表 3.9 为上海暴雨的热力、水汽条件。暴雨过程开始时的 700 hPa 流场平均图（图 3.24）中可以看到低涡位于湖北，东北—西南向的切变线位于江淮流域，江南有低空急流，上海处低涡和急流的前方。

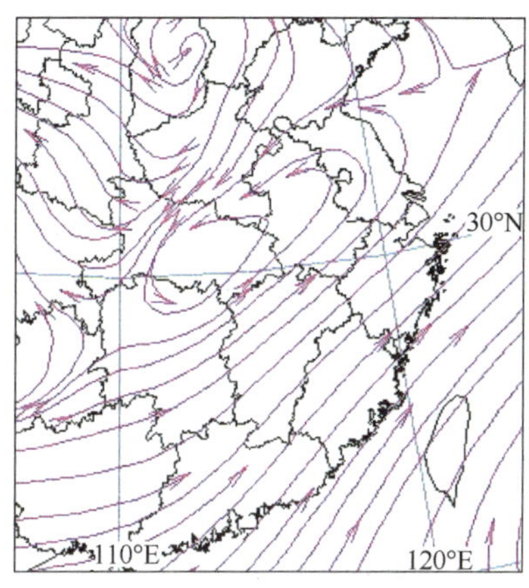

图 3.24　700 hPa 平均流场

表 3.9　上海暴雨的热力、水汽条件

物理量	层次				
	500 hPa	700 hPa	850 hPa	925 hPa	1000 hPa
θ_{se}(K)	348	352	357	361	367
比湿(10^{-3} g/g)	4	9	13	15	18
$T-T_d$(℃)	—	—	2	2	2
相对湿度(%)	80	83	85	88	86
水汽通量[g/(cm · hPa · s)]	9	12	16	15	9
水汽通量散度[10^{-8} g/(cm^2 · hPa · s)]	−2	−5	−8	−7	−9

（1）上海暴雨的热力条件

θ_{se}850 hPa、700 hPa、500 hPa 分布特征是江南为西南东北向的高能舌区，华北为低能区，在长江中下游和淮河流域有一条能量锋区，上海处锋区南侧。上海上空为位势不稳定，其 $\theta_{se500}-\theta_{se850}=-9$℃，$K$ 指数>305 K(32℃)。

（2）上海暴雨的水汽条件

中低层大的水汽通量中心位于江南南部呈东北—西南向，上海处大中心的前方，其中最大值出现在 850 hPa 为 16 g/(cm · hPa · s)。水汽通量散度在长江口地区有一个大的辐合中心，700 hPa 为 -4×10^{-8} g/(cm^2 · hPa · s)。

(3)上海暴雨的动力条件

长江中下游地区，高层为负涡度、低层为正涡度，且呈东北—西南向分布，轴线随高度略有倾斜。上海 200 hPa 的涡度为 $-40\times10^{-5}\ s^{-1}$，850 hPa 的涡度为 $17\times10^{-5}\ s^{-1}$。

高层整个长江流域为辐散区，低层长江流域为辐合区，上海地区 200 hPa 和 1000 hPa 的散度分别为 $9\times10^{-5}\ s^{-1}$ 和 $-6\times10^{-5}\ s^{-1}$。

垂直速度上海为 $<-8\times10^{-3}$ hPa · s^{-1} 的上升中心，其上游的鄂、湘、赣三省交界处有 $<-12\times10^{-3}$ hPa · s^{-1} 的上升中心。

Q 矢量散度上海西部的上游地区（安徽南部）有 -78×10^{-10} hPa^{-1} · s^{-1} 大辐合中心。

螺旋度长江下游高层为负值，上海附近有 -472×10^{-9} hPa^{-2} · s^{-2} 中心。中层上海处在锋区内。低层长江下游为正值，上海东部有 $\geqslant200\times10^{-9}$ hPa^{-2} · s^{-2} 的中心，上海处大于 100×10^{-9} hPa^{-2} · s^{-2} 的等值线中。

图 3.25 为部分层次物理量平均图。

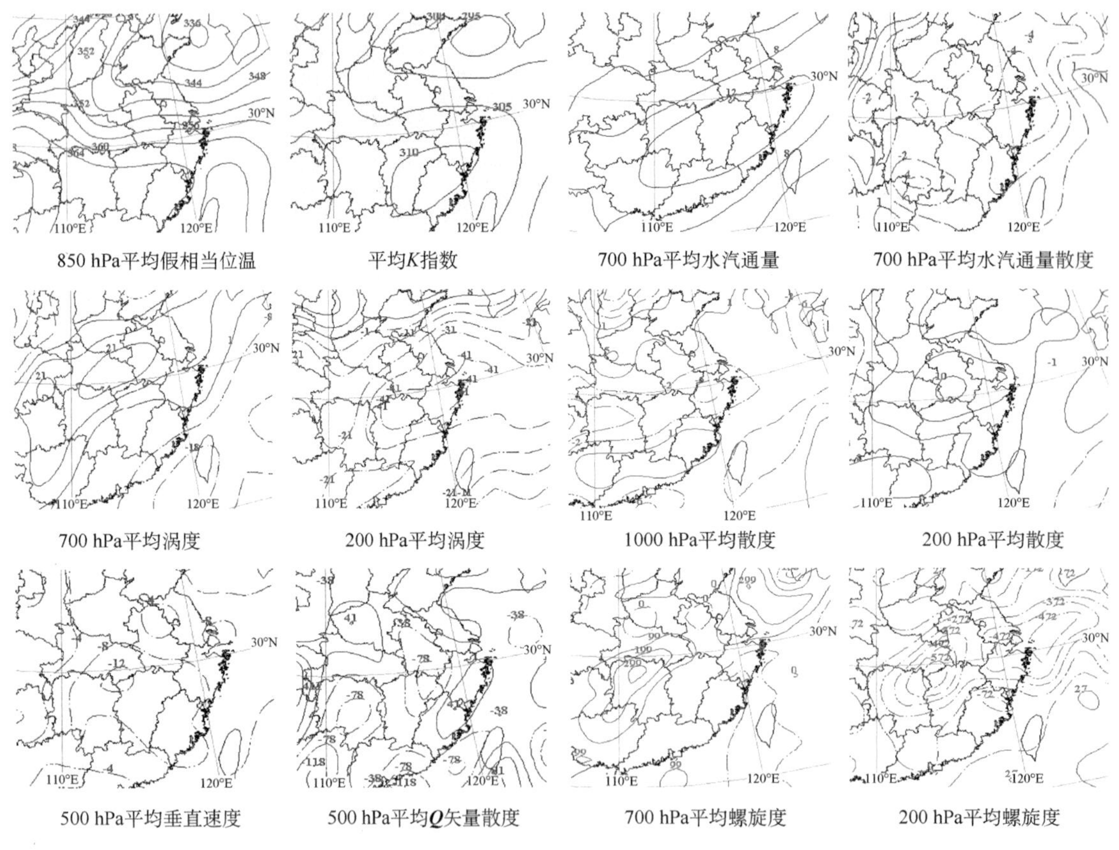

图 3.25　部分层次物理量平均图

2001—2012 年上海梅雨期内共有 43 个暴雨个例，由于 21 世纪以来，上海梅雨期多为非典型性梅雨，雨带南北摆动幅度大，在梅雨季节，夏季的 6 种暴雨类型均有出现，静止锋雨带型占 67.4%。

3.4.2.1　静止锋雨带型

梅雨期间，静止锋雨带型共有 29 个例，如 2001 年 6 月 22 日、2007 年 7 月 7 日、2008 年 6

月 10 日、2011 年 6 月 17 日及 2012 年 6 月 17 日上海地区都出现了范围较广的暴雨区。

典型个例 1:2008 年 6 月 10 日

如图 3.26 所示,大到暴雨区呈东北—西南向,范围广、强度大,主要分布在皖南、上海及浙江。上海有 8 个站出现暴雨,金山 124 mm 为最大,其中 14—20 时 6 h 雨量 57 mm。此次过程以稳定性降水为主。云图上显示整层云系较厚,是较典型的静止锋云系。

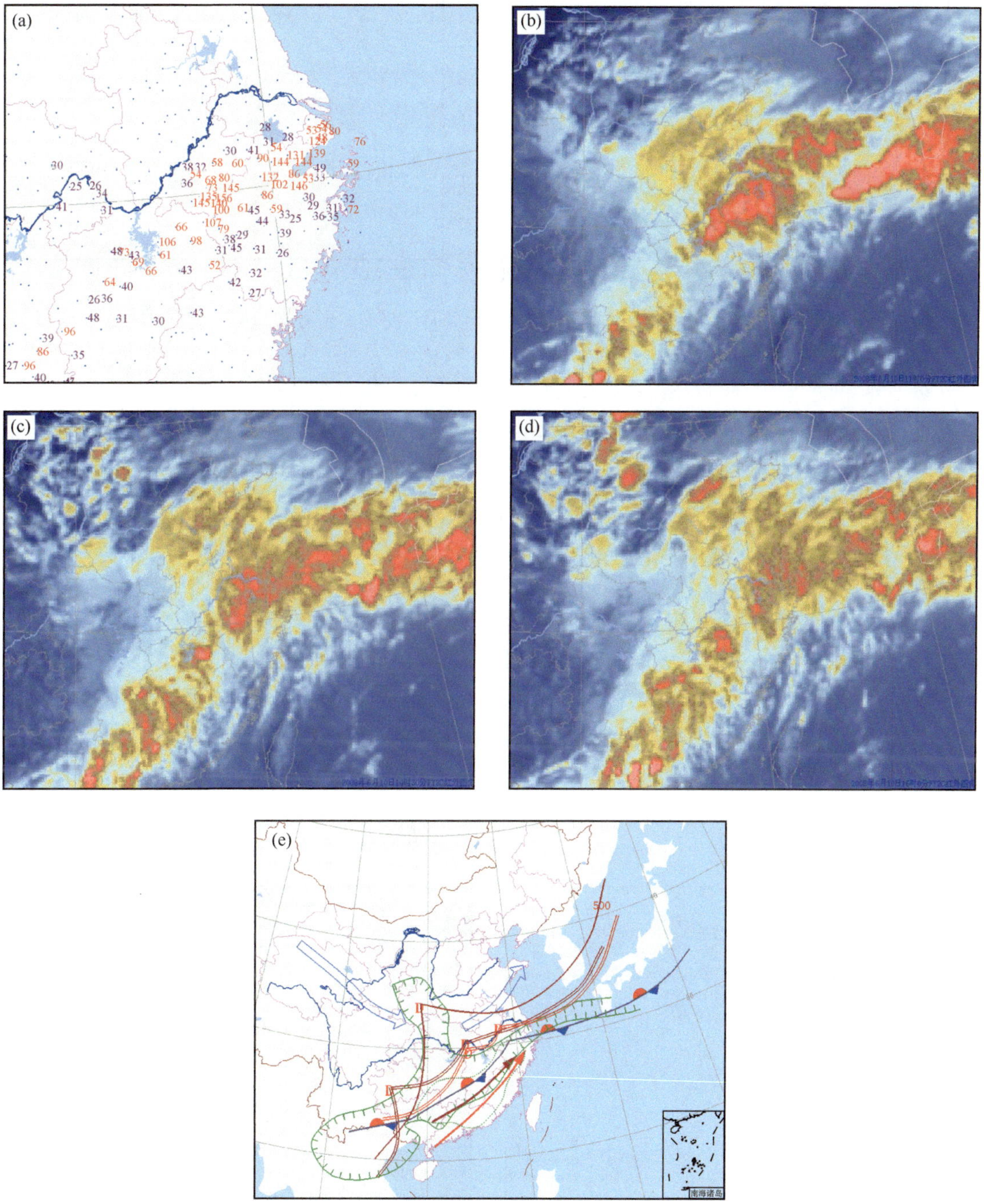

(a)

(b)

(c)

(d)

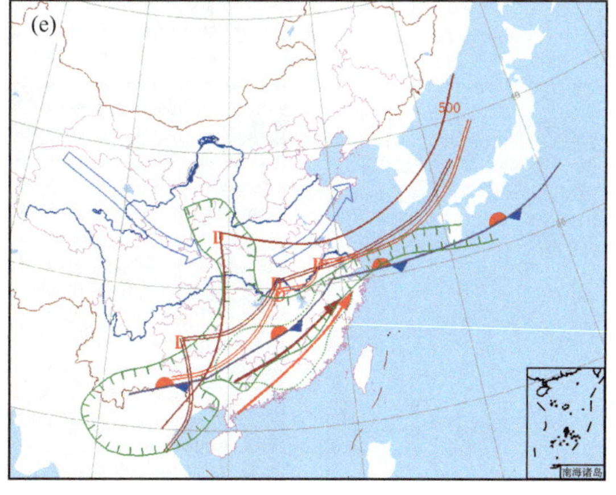

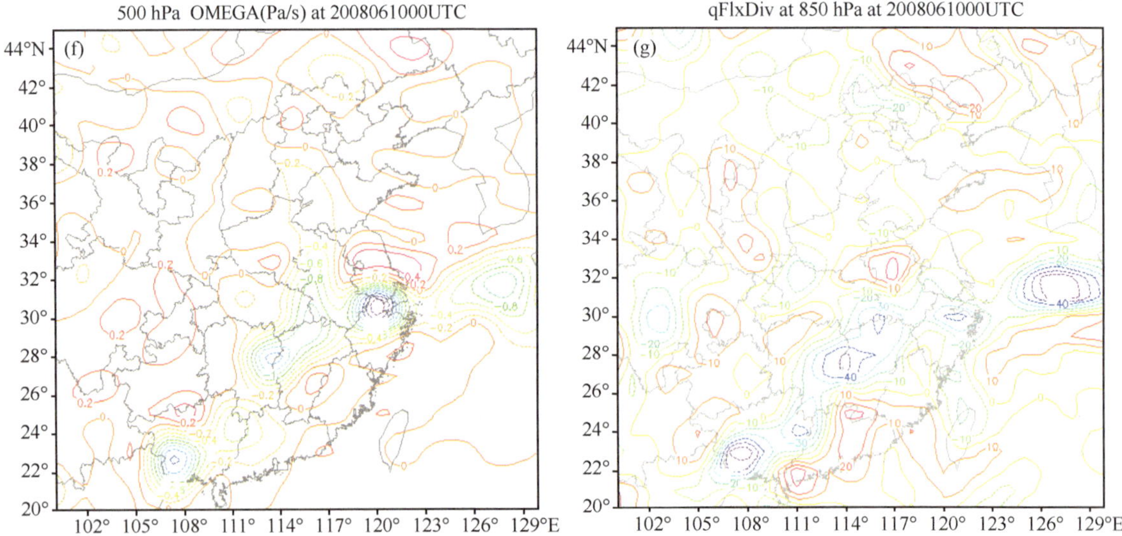

图 3.26　(a)2008 年 6 月 10 日 08 时—11 日 08 时雨量；(b)、(c)、(d)分别为 2008 年 6 月 10 日 11 时、14 时 30 分、17 时红外云图；(e)2008 年 6 月 10 日 08 时综合图分析；(f)2008 年 6 月 10 日 08 时 500 hPa 垂直速度(Pa/s)；(g)2008 年 6 月 10 日 08 时 850 hPa 水汽通量散度[10^{-7} g/(cm^2 · hPa · s)]

此次过程是典型的梅雨期形势，整层系统配置好，暴雨区位于低空切变线南侧、低空急流的左侧，地面静止锋附近。静止锋上有江淮气旋发展，暴雨区移向中心与气旋中心路径一致。从物理量场可看到，暴雨区低层至 500 hPa 是强的上升运动区，且 850 hPa 上从广西有大于 -40×10^{-7} g/(cm^2 · hPa · s)的水汽通量辐合区经湖南、江西伸向上海地区。

典型个例 2：2011 年 6 月 17 日

如图 3.27 所示，大到暴雨区呈东西向，主要分布在安徽中部、苏南及上海大部。上海有 10 站出现暴雨，其中松江为 102.7 mm 的大暴雨。强降水时段主要在 17 日傍晚至 18 日早晨，奉贤 18 日 02—03 时达 58.7 mm/h。云图上显示，在静止锋雨带上有不同尺度、不同强度的对流单体沿着同一路径多次出现，是造成暴雨的主要原因。

此次过程也是较典型的梅雨期形势，上下层系统配置好，影响系统有低涡切变线、低空急流、静止锋。当天 08 时宝山探空显示 K 指数 39℃，SI 为－1.31℃，层结不稳定，同时相对湿度≥80％的湿层厚度达 400 hPa 以上，有利于强降水的发生。

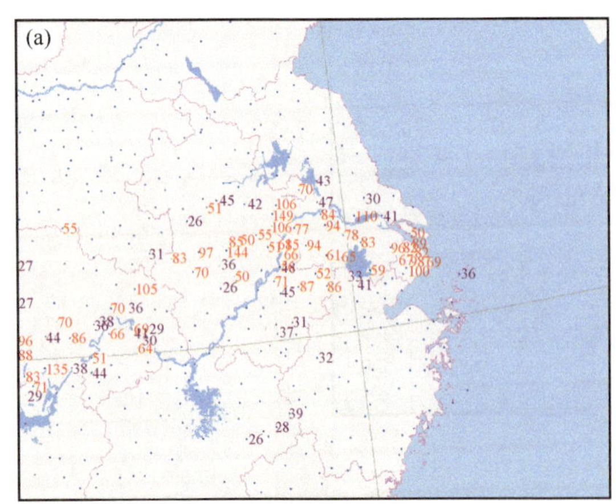

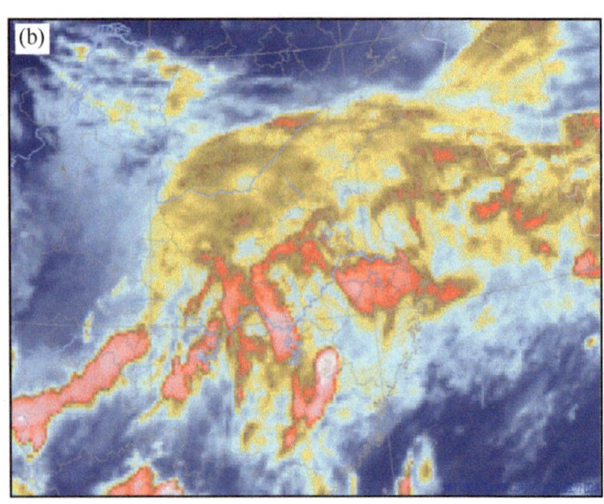

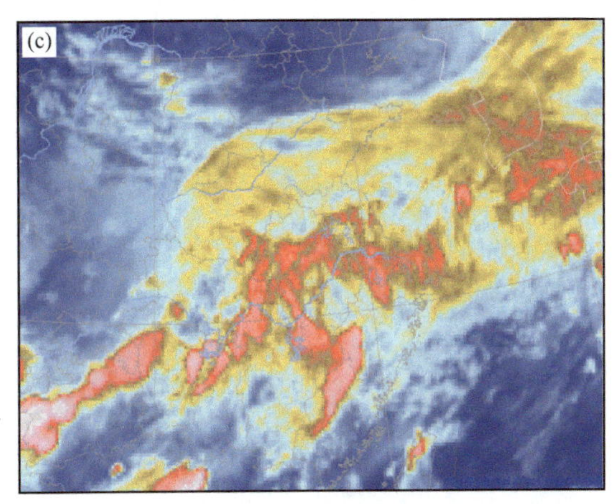

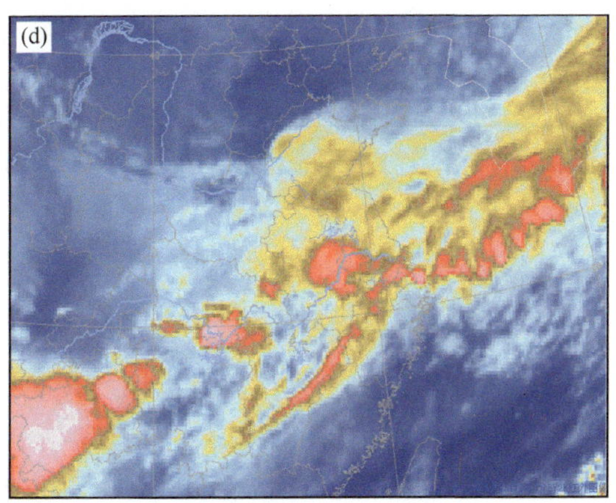

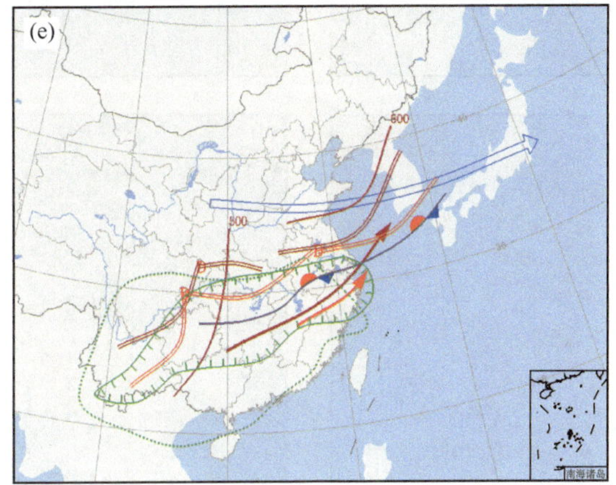

图 3.27 (a)2011 年 6 月 17 日 08 时—18 日 08 时雨量(mm);(b)、(c)、(d)分别为 2011 年 6 月 17 日 18 时、20 时,18 日 03 时红外云图;(e)2011 年 6 月 17 日 20 时综合图分析

3.4.2.2 副高边缘强对流型

在江淮梅雨期内(雨带北抬至江淮流域),上海地区处在副热带高压的边缘,地面低压带自湖北东部向上海延伸。本地大气的潜在不稳定条件好(K 指数一般大于 35℃)。这种形势下,在傍晚或上半夜会有局地强对流天气。灾害性天气以短时强降水为主,若低层(850 hPa 或 925 hPa)的风力较大(大于 12 m/s),还会带来 7~9 级雷雨大风。

这类局地强对流天气的触发机制比较清晰(地面静止锋和气温日变化),触发时间主要发生在傍晚到上半夜,但其发展非常迅速,回波源地不固定,比较难以预报。其"以多个单体组成的回波带"发展模式和"缓慢向东南或南移动"是值得注意的特点(漆梁波 等,2009)。

典型个例:2006 年 7 月 4 日

如图 3.28 所示,大到暴雨区呈西北—东南走向,分布在华东中部地区。上海西北部出现暴雨,以嘉定 75.1 mm 为最大,其中 22—23 时 1 h 雨量 47.5 mm,同时宝山、嘉定分别出现了 21 m/s 和 23 m/s 的 9 级雷雨大风。云图上显示,副高边缘东西向的云带上不断有对流生成,

21 时，在太湖西北侧有 MCS 东移，其发展旺盛，22 时 30 分，云团更加白亮，前沿光滑，呈弧线状，正是地面大风的产生处，以后逐渐减弱。此次过程仍处在梅雨期内，区域雨带分布前期位于淮河流域，4 日起冷空气势力增强，副高略有南落，雨带缓慢南压，因此也可归为静止锋雨带类，但考虑到副高脊线位置较高，暂归为副高边缘强对流型。

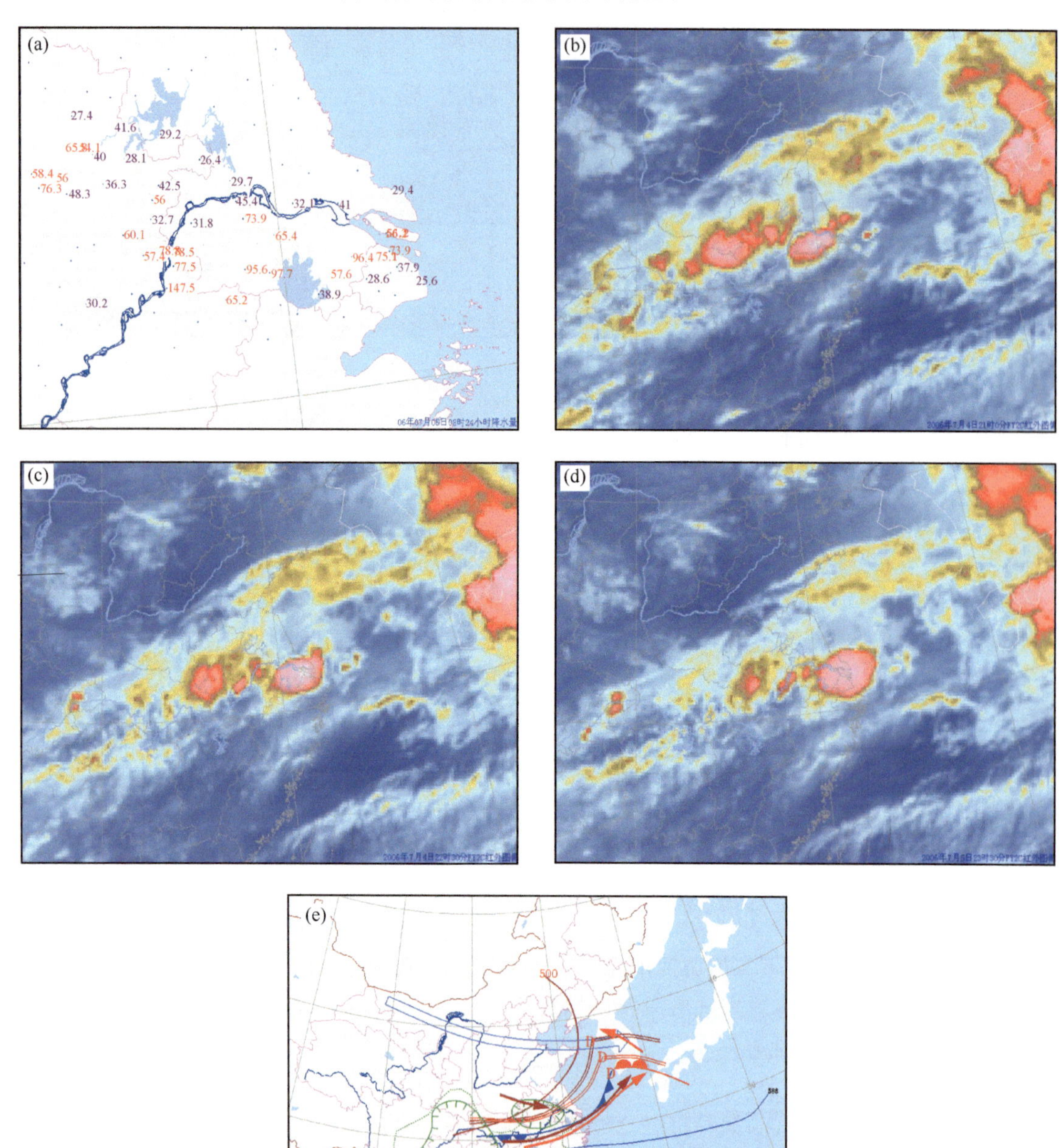

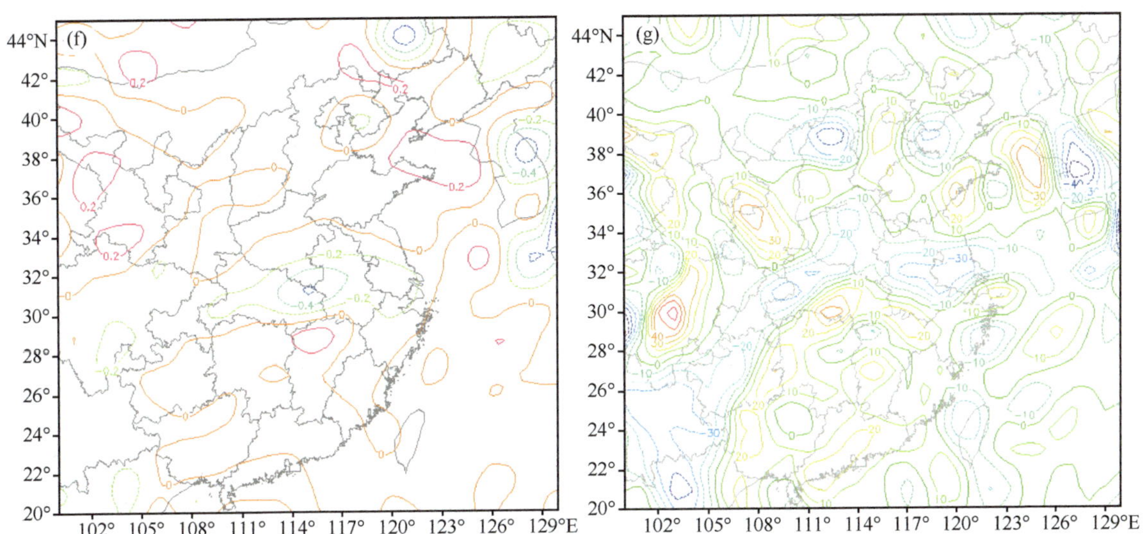

图 3.28　(a)2006 年 7 月 4 日 08 时—5 日 08 时雨量；(b)2006 年 7 月 4 日 21 时红外云图；(c)、(d)分别为 2006 年 7 月 4 日 22 时 30 分、23 时 30 分红外云图；(e)2006 年 7 月 4 日 20 时综合图分析；(f)2006 年 7 月 4 日 20 时 500 hPa 垂直速度(Pa/s)；(g)850 hPa 水汽通量散度[10^{-7} g/(cm^2 · hPa · s)]

暴雨区集中在低空切变线与急流轴左侧的区域内。整层系统配置好，是一次系统性的降水过程。高空 500 hPa 上东北冷涡势力较强，其后侧不断有冷空气扩散南下，而副高势力较强，脊线在 26°E 附近。地面上海白天处在暖区中，升温显著，最高气温均在 36℃以上，且 20 时探空显示 *K* 指数 42℃，*SI* 为－4.82℃，CAPE 值 1174 J/kg，层结极不稳定，随着整层系统的南压，冷暖空气交汇，产生了强对流天气，同时高层 200 hPa 处在南亚高压东部脊线的辐散流场中，低层辐合、高层辐散，有利于降水的加大。另外从物理量场分析，与大范围暴雨区对应，低层至 500 hPa 是强的垂直上升运动区，且 850 hPa 上有大于-30×10^{-7} g/(cm^2 · hPa · s)的水汽通量辐合中心配合。

特殊个例：2009 年 7 月 2 日

2009 年 7 月 2 日是在梅雨期内高空冷涡后部激发的对流天气，按影响系统不属于上述几类，归为特殊类。如图 3.29 所示，大到暴雨区零散，上海雨量分布不均，仅闵行出现 71 mm 的暴雨。降水集中时段在 17—19 时，并伴有 19 m/s 的雷雨大风(南京 21 m/s)。云图上显示，主体的锋面降水云系已南压，但在雨带的北缘午后有新的对流单体生成进而东移影响上海。

此次过程中东北冷涡势力较强，其后侧不断有冷空气在西北气流中下滑，地面上表现为有副冷锋从沿海补充南下。由于 08 时本地能量、水汽条件均较差，故易被忽视，但上游南京的能量稍高(08 时 CAPE 为 1409 J/kg)，有一定的高能平流，同时白天前期升温，积累了一定的能量。另外，南京、宝山 08 时探空图上显示，温度层结曲线与露点曲线呈“喇叭状”配置，说明中上层有干冷平流入侵，利于雷暴大风的形成；同时中层层结不稳定(图中粉色阴影区)。因此，在辐合线抬升下触发的对流云团东移至上海时略有发展，造成局地的暴雨。

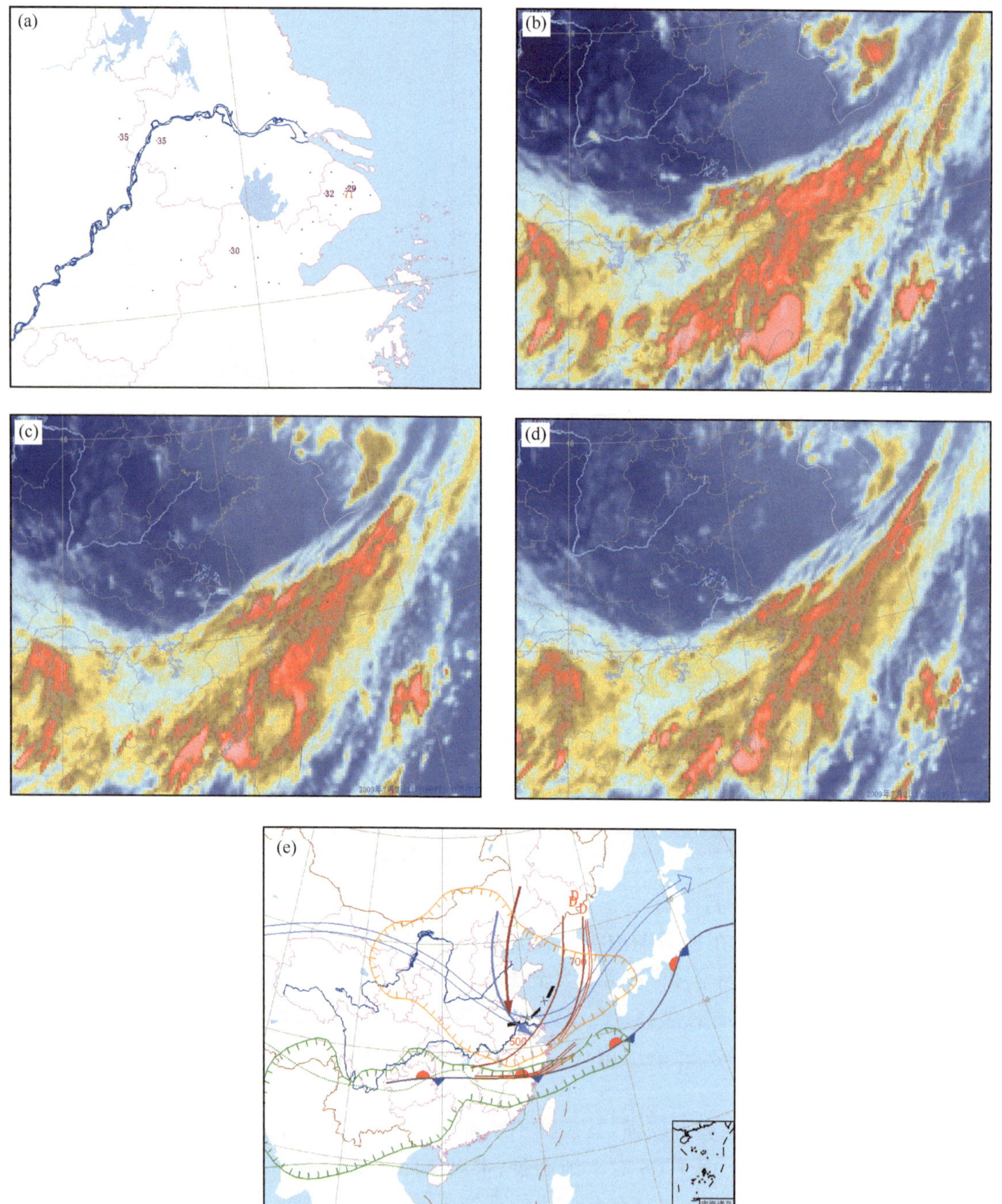

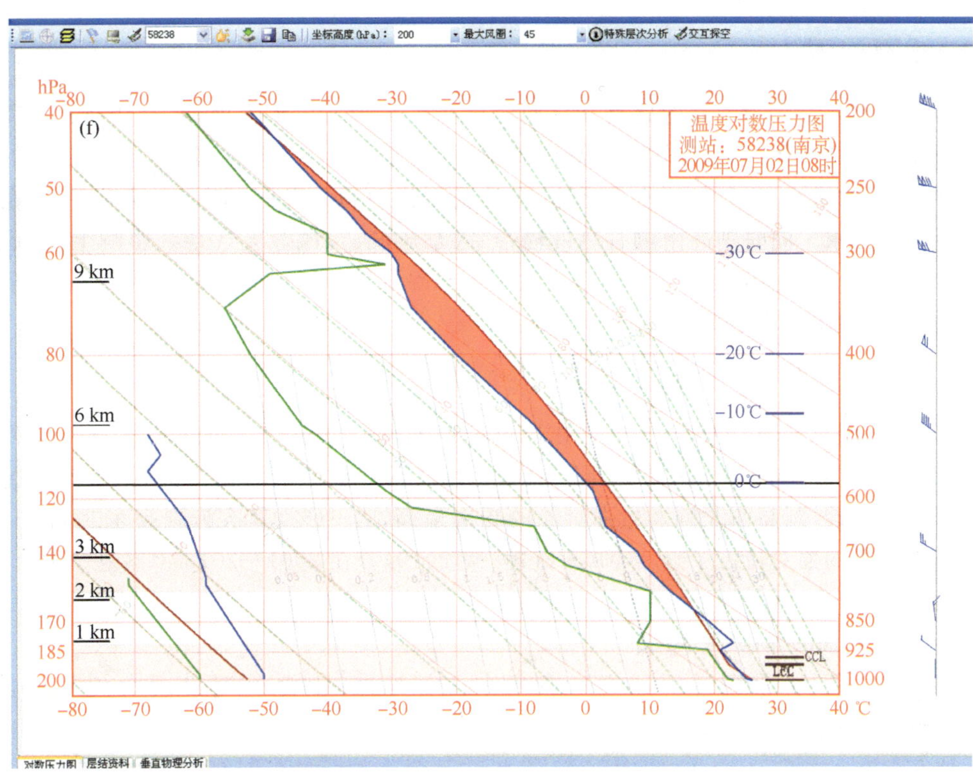

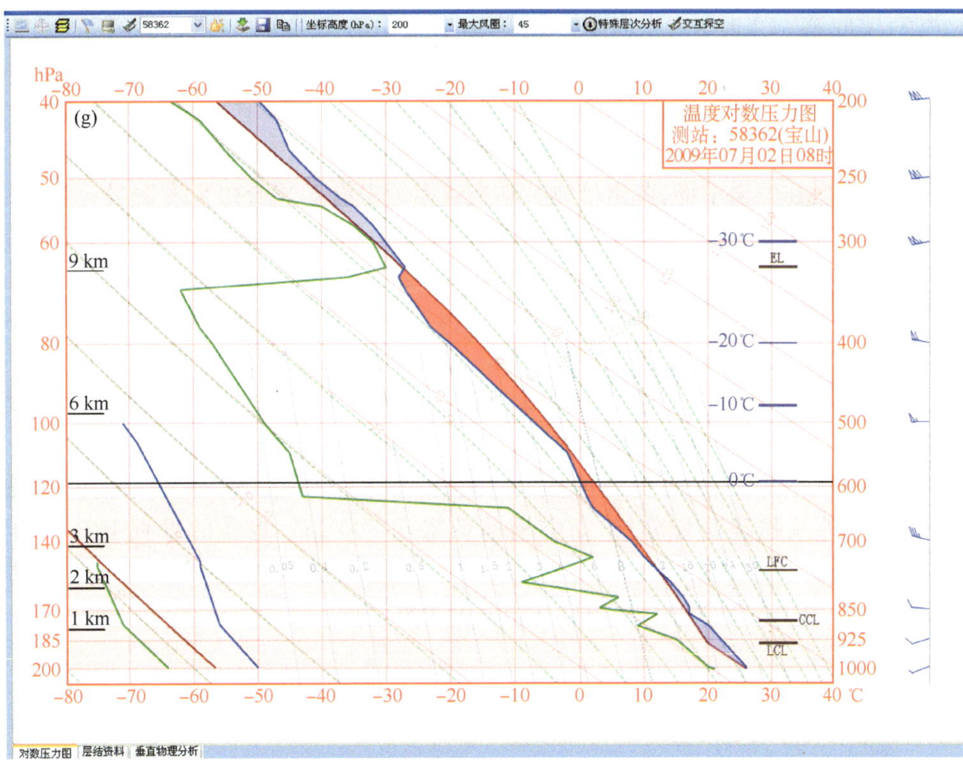

图 3.29　(a)2009 年 7 月 2 日 08 时—3 日 08 时雨量；(b)、(c)、(d)分别为 2009 年 7 月 2 日 16 时、18 时、19 时红外云图；(e)2009 年 7 月 2 日 08 时综合图分析(其中、分别为 500 hPa 急流和干舌)；(f)、(g)分别为 2009 年 7 月 2 日 08 时南京、宝山站探空图

3.4.3 盛夏暴雨

出梅以后到 8 月底为上海的盛夏期。此时由于副热带高压加强西伸、脊线越过 27°N，主要降雨带北移至黄淮地区，本市转受副高控制，多晴热天气，但由于气温较高，大气层结的不稳定度增加，局地的水汽、热力条件十分充沛，一旦受到扰动和激发后，即可造成强对流，在短时间内产生较大降水。同时副高南侧有热带辐合带、东风波、台风等天气系统影响上海，形成暴雨。2001—2012 年中盛夏出现的暴雨个例共 59 个，除低槽冷锋型和江淮气旋型外，其余 5 种类型均有出现，副高边缘强对流型占 50.8%。

3.4.3.1 副高边缘强对流型

进入盛夏，副高加强西伸，当本地处在副高的西北侧(500 hPa 风向为南风到西南风到西风)或副高的东北侧(500 hPa 风向为西风到西北到北风)，在一定的触发机制下，就会造成强对流天气。据统计，副高西北侧发生强对流的频次最高，为 64%，其次为副高东北侧 26%，即发生在副高北侧的强对流占了近 90%(尹红萍 等，2010)。在 2001—2012 年盛夏暴雨个例中，该类型共出现 30 个。

典型个例 1:2009 年 7 月 30 日

如图 3.30 所示，大到暴雨区集中在华东中部地区，上海普遍出现大到暴雨，以青浦118 mm 为最大，强降水时段在午后，其中青浦在 12—13 时、13—14 时分别出现了 1 h 雨量 57.8 mm、55.2 mm 的短时强降水。云图上显示，在副高边缘、高空槽前的云带上对流发展旺盛，12 时 30 分多个对流单体东移中合并加强，发展为 MCS，从而影响上海大部。

上海出现了大范围的暴雨区，属于系统性的降水过程。中层系统配置呈前倾结构，且位置接近，坡度陡，利于对流的发生，且高层处在高空急流入口区的左侧，低层辐合、高层辐散，利于降水的加大。08 时在安徽中部、苏南槽线及切变线附近已有对流云团生成发展。宝山站探空显示：本站大气层结存在强的热力不稳定，抬升凝结高度和自由对流高度都较低，对流上限很高，达到 250 hPa 以上；K 指数 40℃，SI 为 -1.5℃，尽管 CAPE 值较低，但抬升条件好(高空槽前，850 hPa 切变线附近)。低层为一致的东南风，700 hPa 及其以上的风向为西南，说明有暖平流，风向的配置有利于不稳定加强。从 300 m 到 16 km(云顶高度)，风速由低层的 4 m/s 迅速增大到 20 m/s，从而使得暖湿气流源源不断地输送到发展中的上升气流中去，垂直风切变的增强有利于上升气流和下沉气流在相当长的时间内共存。由风暴相对螺旋度理论可知，这种垂直风切变环境非常有利于风暴的发生、发展和维持。在高空槽、切变线的抬升下触发了短时强降水。另外从物理量场分析，高空槽前低层至 500 hPa 是强的垂直上升运动区，且 850 hPa 上有大于 -40×10^{-7} g/(cm^2 · hPa · s)的水汽通量辐合中心配合，随着高空槽的东移，强辐合上升运动区及水汽的辐合中心亦东移至上海。

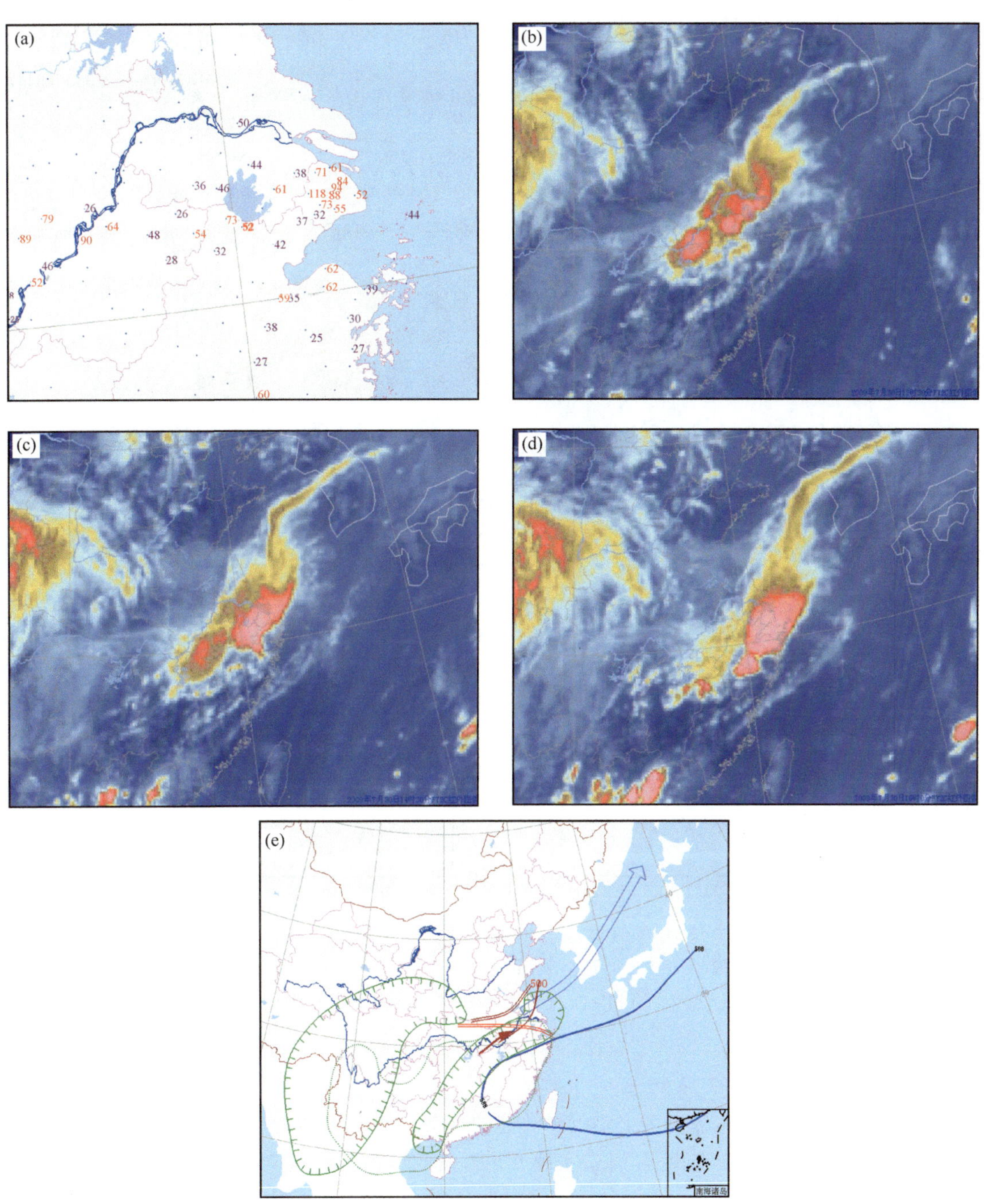
(a)
(b)
(c)
(d)
(e)
500
南海诸岛

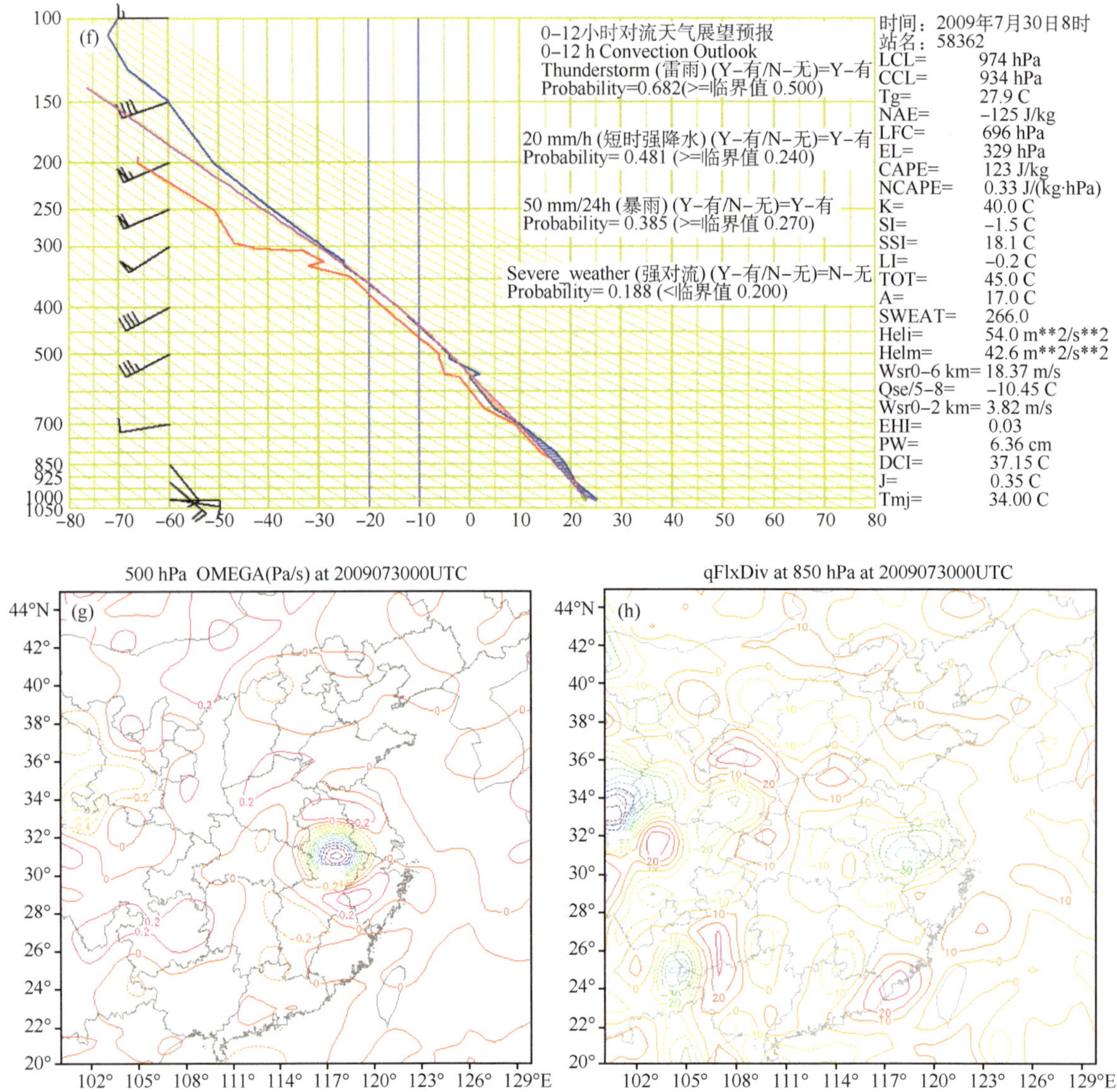

图 3.30　(a)2009 年 7 月 30 日 08 时—31 日 08 时雨量；(b)、(c)、(d)分别为 2009 年 7 月 30 日 12 时 30 分、14 时 30 分、16 时红外云图；(e)2009 年 7 月 30 日 08 时综合图分析；(f)2009 年 7 月 30 日 08 时上海宝山站探空图；(g)2009 年 7 月 30 日 08 时 500 hPa 垂直速度(Pa/s)；(h)2009 年 7 月 30 日 08 时 850 hPa 水汽通量散度[10^{-7} g/(cm^2 · hPa · s)]

典型个例 2:2006 年 7 月 19 日

如图 3.31 所示，大到暴雨区主要位于江苏的部分地区和上海的中北部，以宝山 90.9 mm 为最大。强降水时段出现在夜里，其中宝山 6 h 雨量 62 mm，23—03 时连续 4 h 出现 1 h 雨强 15～24 mm 的短时强降水。云图上显示：在副高边缘的高空槽前不断有对流云团生成，傍晚前后影响的云团发展较弱，但在江苏中部的主云团随切变线南压发展旺盛，20 日半夜影响上海北部地区，造成短时强降水等强对流天气。

暴雨点零散，由副高边缘暖湿气流与高空槽带来的弱冷空气共同作用触发的对流天气。上下层系统呈前倾结构，且地面至 700 hPa 的系统位置接近，坡度陡，非常有利于强对流的发生，上海白天在低压槽南侧的暖区内，气温升至 36℃（前一天也是 36℃），连续的高温积累了大量不稳定能量。20 时探空上 K 指数 40℃，SI 为 -2.41℃，CAPE 值高达 2360 J/kg，在高空槽、切变线的强迫抬升下激发了强天气，由于湿层较厚（相对湿度≥80%的湿层位于 925 hPa 至 600 hPa），因此以短时强降水为主。

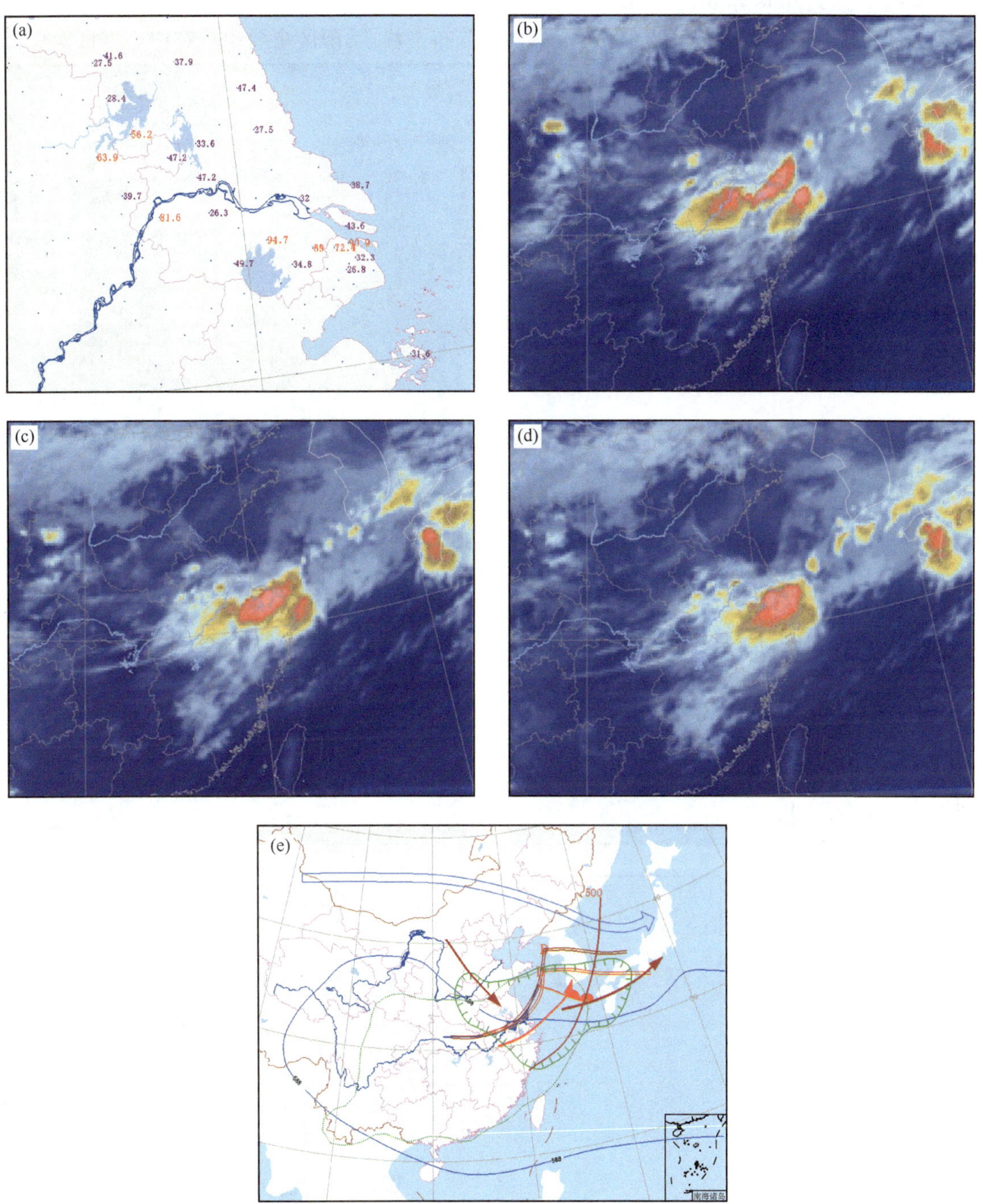

图 3.31　(a)2006 年 7 月 19 日 08 时—20 日 08 时雨量；(b)2006 年 7 月 19 日 23 时红外云图；(c)、(d)分别为 2006 年 7 月 20 日 0 时 30 分、02 时红外云图；(e)2006 年 7 月 19 日 20 时综合图分析

3.4.3.2　静止锋雨带型

有时在盛夏季节冷空气势力较强，副高明显南落，长江中下游地区也可有静止锋、低空切变线等伴随，雨带维持在上述地区，造成上海的暴雨天气。

典型个例 1:2008 年 8 月 24 日

如图 3.32 所示，大到暴雨区零散，上海雨量分布不均，暴雨区主要出现在中心城区及中北

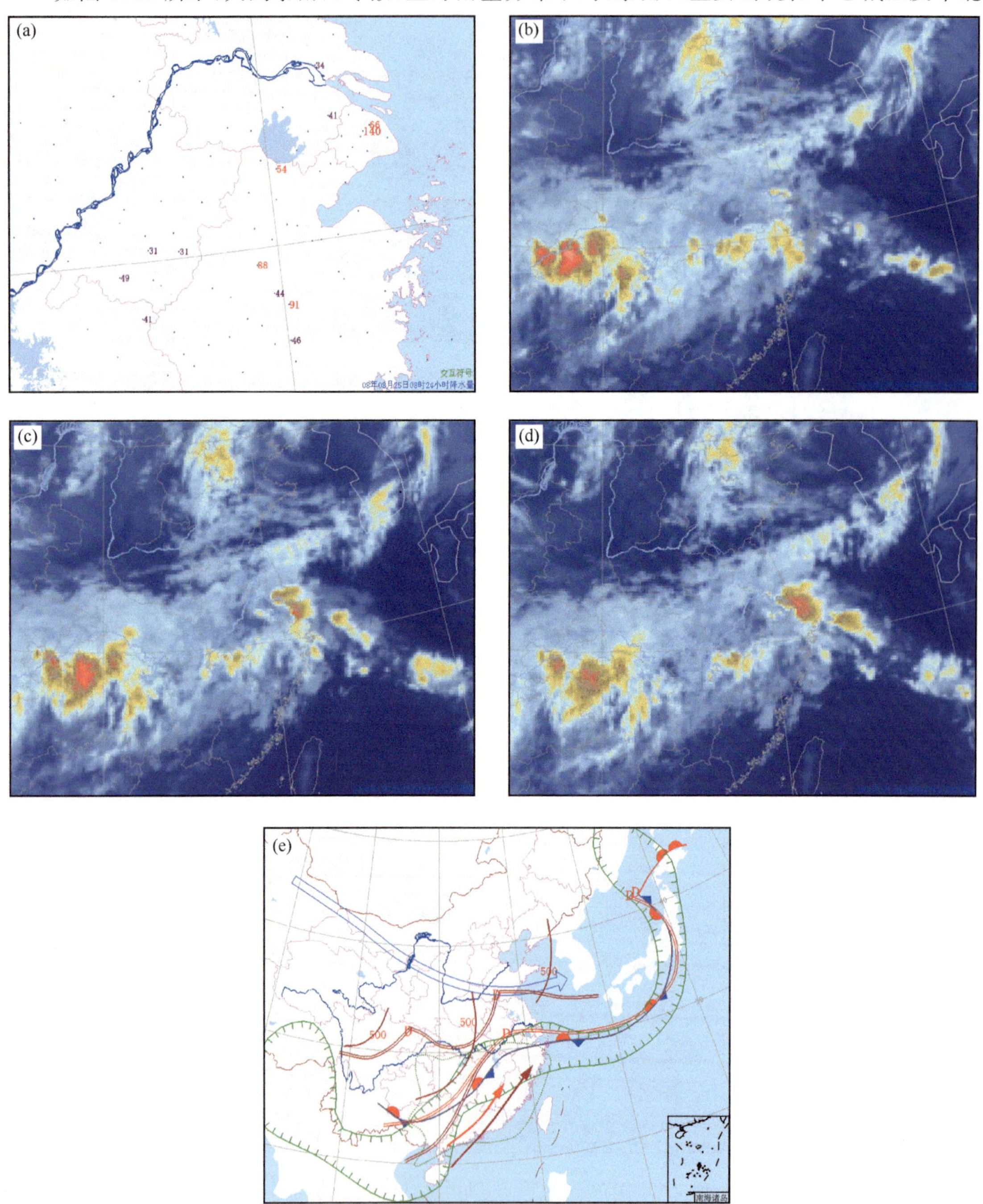

图 3.32　(a)2008 年 8 月 24 日 08 时—25 日 08 时雨量;(b)、(c)、(d)分别为 2008 年 8 月 25 日 05 时、07 时、08 时红外云图;(e)2008 年 8 月 24 日 20 时综合图分析

部地区，徐汇为 140 mm，强降水时段集中在 25 日 07—08 时，雨强 117.5 mm/h。云图上 25 日 04 时，明显反映华东地区有两条主要云雨带：一条是江南北部静止锋上的对流云带，另一条是位于华北的高空槽云雨带，上海位于两者之间的云区中。05 时，南通附近有中尺度对流云团生成，上海西部有小的对流云刚产生，而嘉兴地区有另一对流云团向东北方向移动。07 时三个对流云团在上海中北部合并，强烈发展并停滞少动，造成了徐汇的强降水。

2008 年 8 月 24 日 20 时 500 hPa 上，河套地区有短波槽东移，850 hPa 上有低涡位于安徽西部，在切变线与副高之间有低空西南急流，同时在暖切的东北侧边界层中有东南气流从海上伸向低涡北侧。高空槽带来了弱冷空气，三支不同温度、湿度的气流在长江下游交汇。地面 0812“鹦鹉”减弱的低压倒槽东伸至湘鄂边界，并有暖低压中心配合。25 日 05 时低压中心到达苏浙边界。另外暴雨开始前，上海本地能量稍差，但上游(西南方)为高能区，有高能平流的输送。因此，在中低纬度不同气团的相互作用下触发了强对流暴雨天气(曹晓岗 等，2009)。

典型个例 2：2009 年 7 月 22 日

如图 3.33 所示，大到暴雨区主要分布在安徽中北部、江苏、上海及浙江东北部。上海有三站出现暴雨，金山 72 mm 为最大，其中 08—14 时 6 h 雨量 64 mm(12—13 时 22.8 mm/h)。云图上显示，由于副高较稳定，静止锋云带南压缓慢，其上不断有对流云团生成影响上海的中南部。

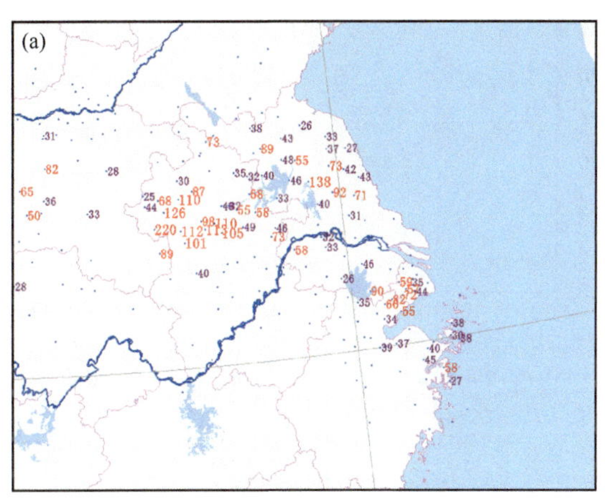

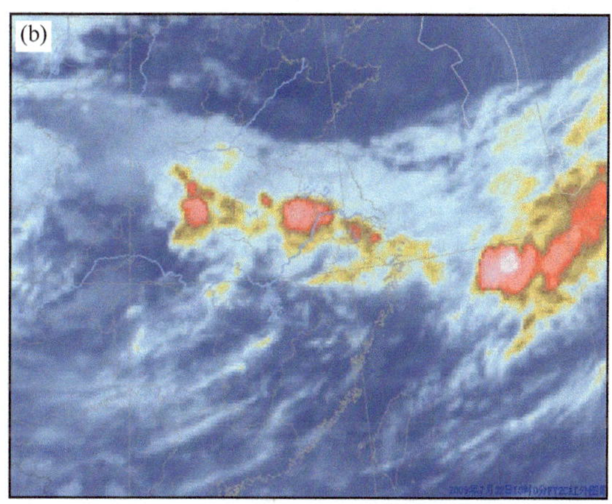

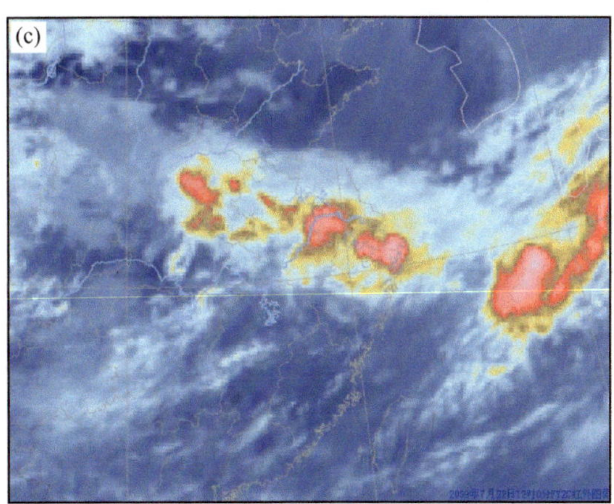

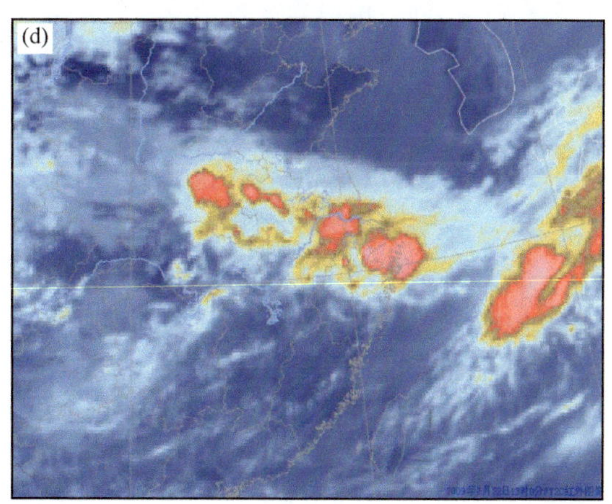

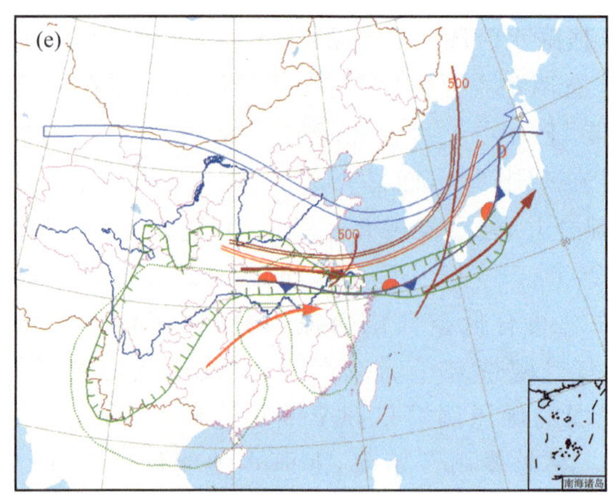

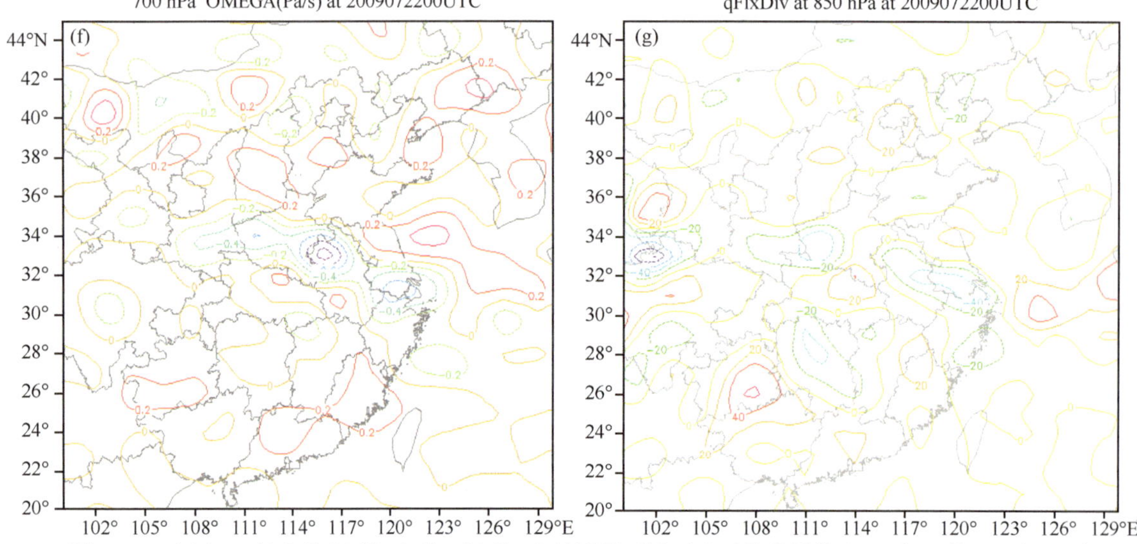

图 3.33　(a)2009 年 7 月 22 日 08 时—23 日 08 时雨量；(b)、(c)、(d)分别为 2009 年 7 月 22 日 10 时、12 时、13 时红外云图；(e)2009 年 7 月 22 日 08 时综合图分析；(f)2009 年 7 月 22 日 08 时 700 hPa 垂直速度(Pa/s)；(g)2009 年 7 月 22 日 08 时 850 hPa 水汽通量散度[10^{-7}g/(cm^2 · hPa · s)]

暴雨区位于 700 hPa 切变线与地面静止锋之间。上下层系统呈前倾结构，锋面的抬升是主要的触发机制，偏西急流带来冷空气，西南急流提供暖湿气流，冷暖不同性质的急流有利于暴雨的产生。从物理量场分析，在上海西侧及太湖附近低层至 500 hPa 是垂直上升运动区，700 hPa 垂直速度达－0.6 Pa/s 以上，且 850 hPa 上有大于－40×10^{-7} g/(cm^2 · hPa · s)的水汽通量辐合中心配合。

3.4.3.3　台风本体或外围螺旋雨带型

盛夏中后期，中心位于黄海或日本海的副高稳定强大(中心强度通常在 592 dagpm 以上)，脊线一般在 32°N 以北，在菲律宾以东洋面生成的台风受副高南侧东南气流控制，稳定西北行，从正面登陆浙、闽一带，外围螺旋云带可影响本地。随着台风继续西北移，副高脊线逐渐顺转，主体略有南落，台风继续北上，其本体往往能影响到上海。因此，其预报要点关键在于对台风路径、登陆地点和结构、强度的预报：如台风强度强、登陆点在上海以南、浙江中部以北，有明显水汽输送且强度维持，其向西北或北移动时台风本体将对上海造成暴雨或大暴雨；如其本身强度中等，云体结构松散，登陆点又在浙江以南地区，受到地面摩擦作用使台风强度继续减弱，台风本体经过上海时产生暴雨的可能性下降；当西侧西风槽及地面弱冷空气与台风云系结合共同影响上海时，可能对上海个别测站造成暴雨。盛夏季节由于西风带系统偏北偏西，台风外围螺旋雨带一般不与西风槽、冷锋云系结合，故预报台风外围螺旋雨带是否对上海造成暴雨关键在于台风云型、范围大小和台风中心与上海的距离。

典型个例 1：2008 年 7 月 19 日(0807 号台风"海鸥")

如图 3.34，大到暴雨区主要集中在苏南、浙江、福建北部，上海仅松江出现 53 mm 的暴雨，

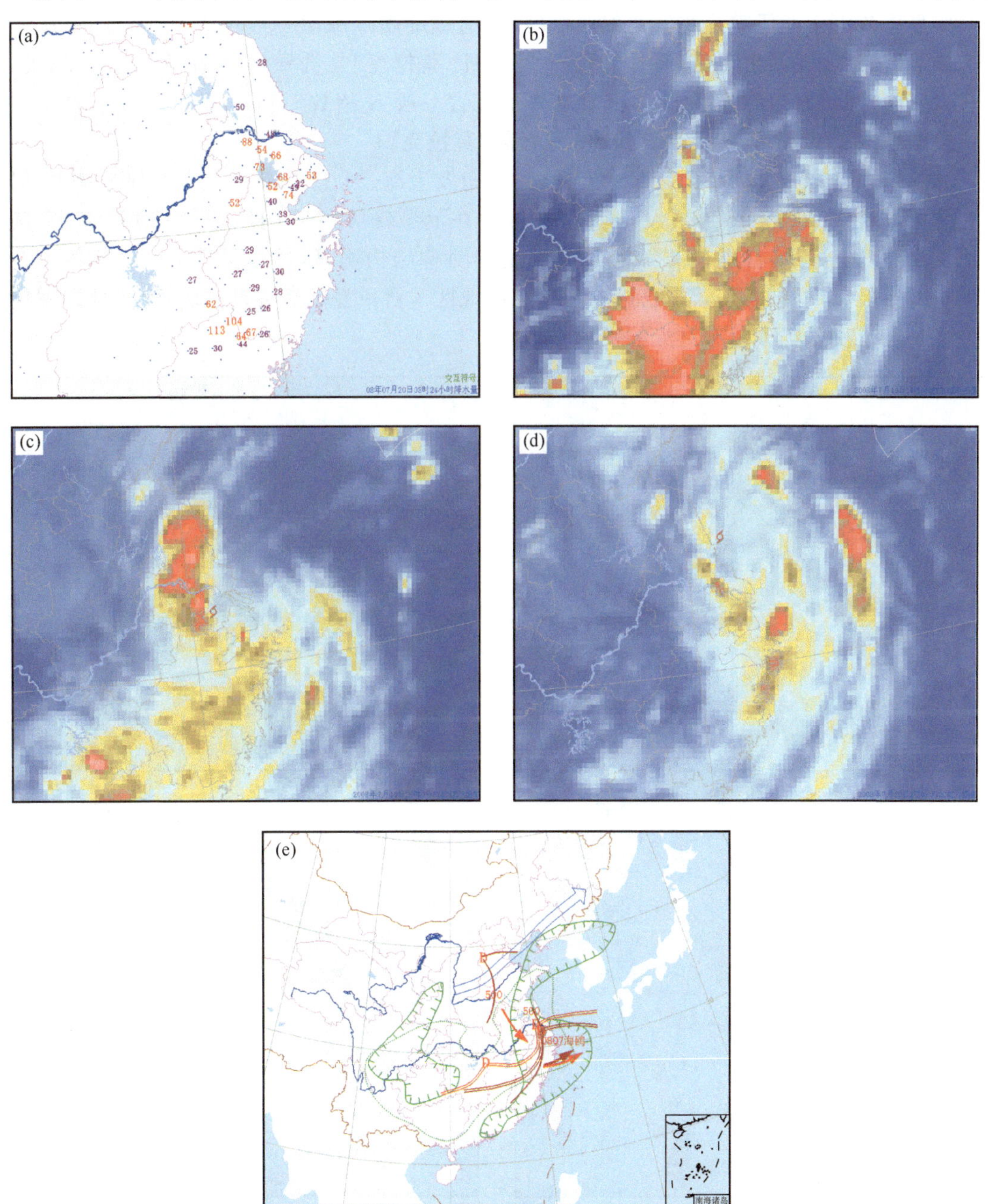

图 3.34　(a)2008 年 7 月 19 日 08 时—20 日 08 时雨量；(b)、(c)、(d)分别为 2008 年 7 月 19 日 14 时、20 时，20 日 02 时红外云图；(e)2008 年 7 月 19 日 20 时综合图分析

其余为小到中雨。云图上显示，台风结构呈明显的不对称性，其强雨带分布在南侧，而午后高空槽云系与台风外围云系结合处有对流发展。随着台风的继续北上，槽前云系与台风南侧的云系共同东移影响上海。

08 时 500 hPa 上副高呈块状分布，台风在其偏南气流引导下向偏北方向移动，同时西风带有短波槽快速东移，配合地面有弱冷空气从台风的西侧灌入，使斜压不稳定增强，在太湖西侧有对流云团发展，造成江苏南部的暴雨，以后随台风北上，槽前云系与台风云系结合影响上海。

盛夏季节由于西风带系统偏北偏西，台风外围螺旋雨带暴雨一般仅受台风外围螺旋雨带影响造成上海 1～3 站出现暴雨(2009 年 8 月 9 日"莫拉克"是例外，当时上海大部为暴雨，局部有大暴雨，并伴有短时强降水)。其物理量的配置一般 K 指数≤36℃，低层为较小的辐合。

典型个例 2:2009 年 8 月 9 日(0908 号台风"莫拉克")

如图 3.35 所示，大到暴雨区集中在皖南、苏南及上海、浙江、福建。上海大部为暴雨，局部有大暴雨，以松江 106 mm 为最大，降水集中时段在下半夜，其中 10 日 03—04 时松江 1 h 雨量 70 mm。云图上显示，台风在未登陆前，台风的非对称结构明显，虽然强降水区主要集中在其南到东南象限，但外围螺旋云带已影响华东中部地区。台风登陆后强度减弱，但其外围螺旋云带上在午后及夜里仍不断有对流的发生。

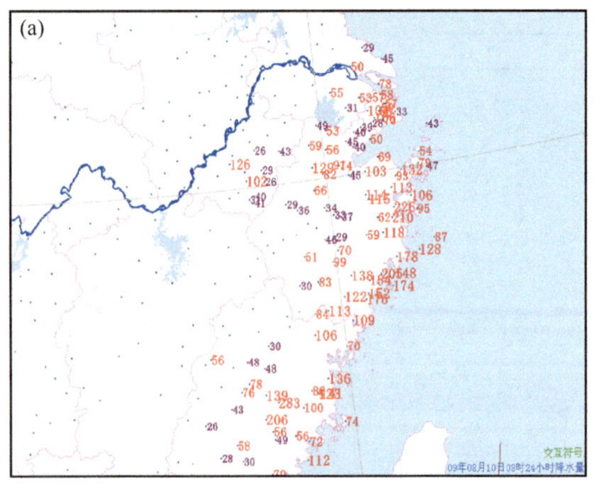

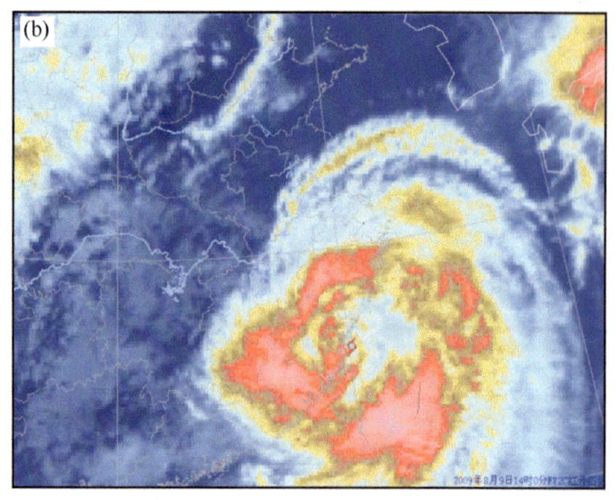

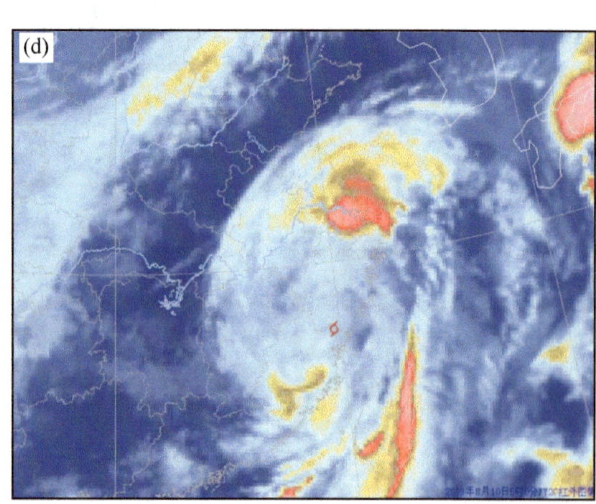

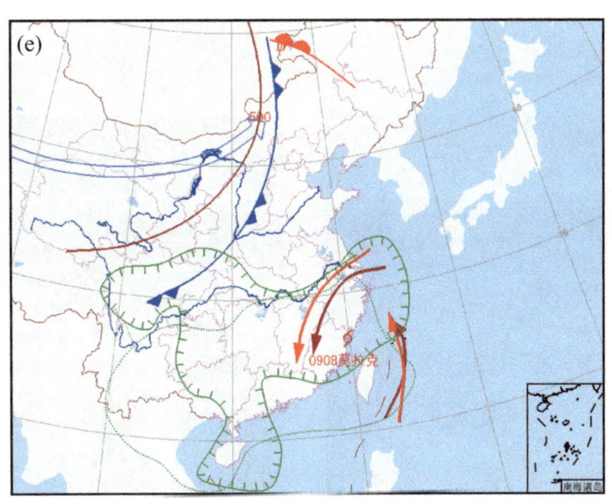

图 3.35　(a)2009 年 8 月 9 日 08 时—10 日 08 时雨量;(b)、(c)、(d)分别为 2009 年 8 月 9 日 14 时,10 日 03 时、05 时红外云图;(e)2009 年 8 月 9 日 20 时综合图分析

08 时 500 hPa 上,副高主体稳定,台风在其西侧的东南气流引导下朝北北西方向移动;中低层,沿海偏东急流明显,带来海上充沛的水汽,而东南与东北风的切变加强了水汽的辐合及上升运动。同时高层处在南亚高压脊线东侧的辐散流场中,利于降水加大。20 时宝山 K 指数 36℃,且湿层深厚,在 700 hPa 以上,高能高湿,在中低层切变的抬升作用下,对流发展形成强降水。

特殊个例 1:2004 年 8 月 17 日

2004 年 8 月 17 日 0416 号台风"鲇鱼"沿 125°E 北上转向,位置偏东,但也造成了局地暴雨天气。如图 3.36 所示,暴雨点少,仅上海金山出现 73.8 mm 的暴雨,降水的集中时段在傍晚至上半夜。云图上显示,台风位置偏东,其云系呈明显的不对称结构,强降水主要集中在南半象限,但在北上的过程中,其北侧外围螺旋云带的边缘 15 时前后开始影响上海东部,傍晚以后,与西风槽云系相结合,在金山附近对流发展造成暴雨。

副高主体偏东,呈块状分布,台风在其西侧的偏南气流引导下,向西北偏北方向移动,以后沿 125°E 北上转向。同时西风带有短波槽东移,配合地面有连续性降水。17 日 20 时,西风槽云系与螺旋云带边缘结合处对流发展。由于此次过程中台风路径偏东,距离远,与前面的台风本体及外围螺旋雨带型造成的大范围暴雨不同,故归为特殊类。

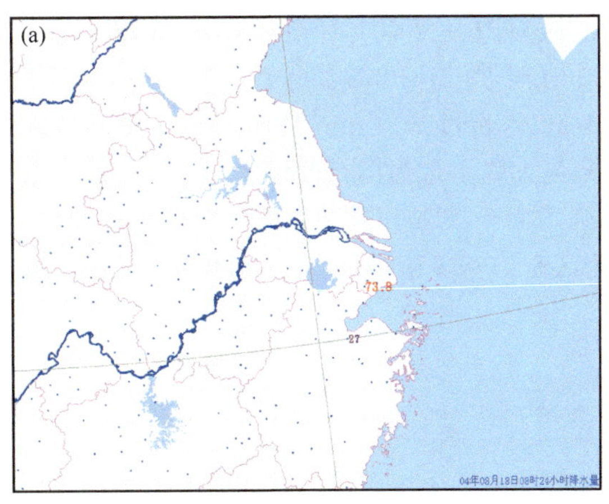

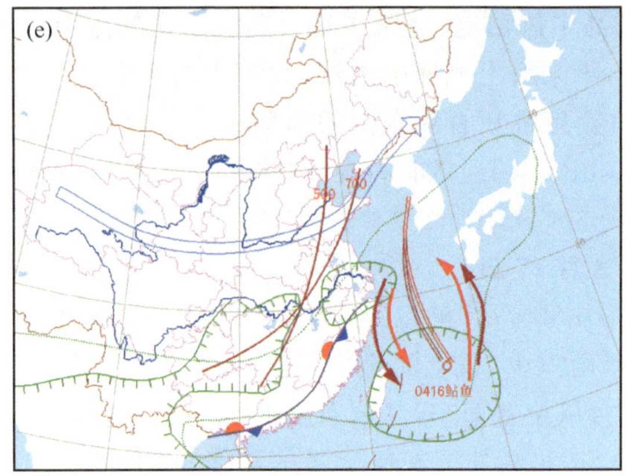

图 3.36　(a)2004 年 8 月 17 日 08 时—18 日 08 时雨量；(b)2004 年 8 月 17 日 18 时红外云图；(c)、(d)分别为 2004 年 8 月 17 日 20 时、21 时红外云图；(e)2004 年 8 月 17 日 20 时综合图分析

特殊个例 2:2015 年 8 月 23—24 日上海远距离台风大暴雨

2015 年 8 月 23、24 日受第 15 号台风“天鹅”远距离影响，上海出现大暴雨。“天鹅”对上海的影响主要分两个阶段：23 日 05—11 时和 24 日 06—09 时。强降水发生时“天鹅”距离上海 900 km 以上。23 日凌晨起上海市东部地区对流发展，03 时开始降水逐渐加强，浦东惠南镇 05—06 时小时雨量 63.9 mm，22 日 20 时至 23 日 20 时浦东惠南镇 24 h 雨量达 209.6 mm(图 3.37a)。上海 23 日 20 时到 24 日 20 时超过 200 mm 的区域包括中心城区、嘉定、青浦、闵行部分区域、崇明西部等(图 3.37b)，最大降水量为闵行爱博家园 271.0 mm。24 日 07—10 时这一阶段降水强度最大(最大小时雨强均大于 50 mm)，最大雨强出现在青浦华新 67.5 mm/h。此阶段降水强度大，在上海中西部地区有 100 多条马路积水，对城市安全运行造成极大的影响。

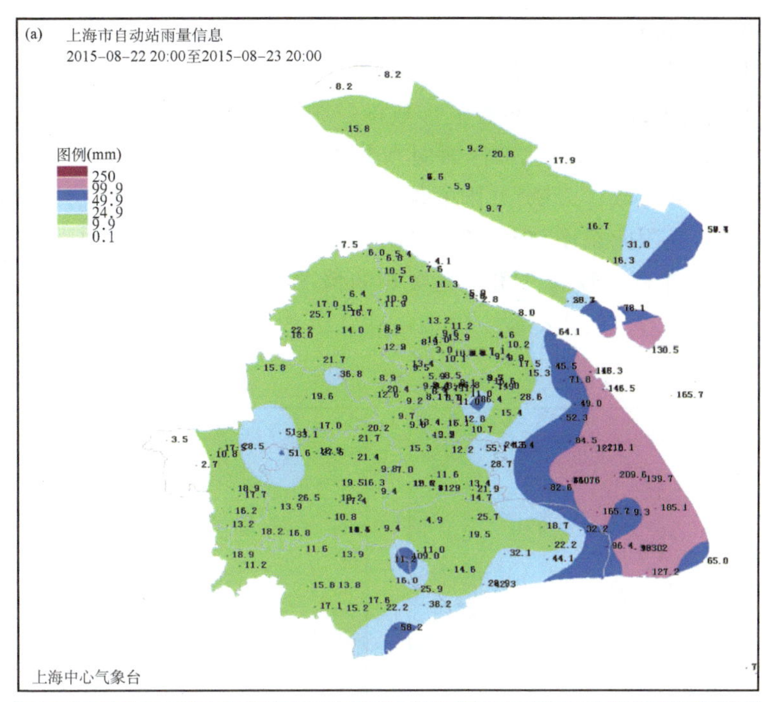

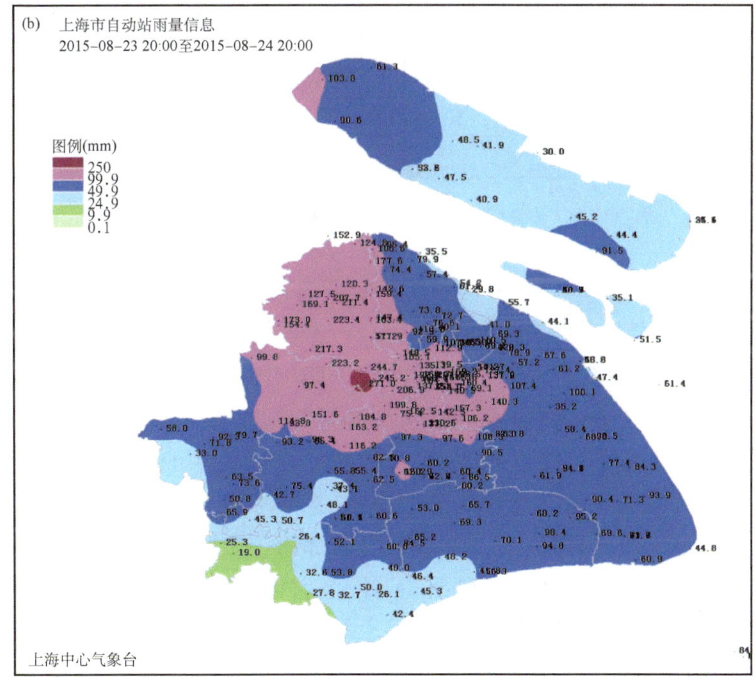

图 3.37　上海降水分布(mm)

(a)2015 年 8 月 22 日 20 时至 23 日 20 时;(b)2015 年 8 月 23 日 20 时至 24 日 20 时

8 月 23 日早晨台风"天鹅"在台湾东部洋面上,距离上海 900 km 以上,"天鹅"北侧的东南气流伸向杭州湾与低空来自北方的东北气流汇合。23 日 08 时(图 3.38a),500 hPa 槽区前沿位于山东、安徽到湖北地区,700 hPa 低槽由东北地区南伸到江苏南部,850 hPa 切变位于东海经上海到浙江北部。低层槽后的东北气流抵达江苏和浙江地区,与偏东急流在上海东部汇合。这两支气流中,东北气流很干,偏东急流特别湿,由锋区的后倾结构,中高层锋区偏北,低层锋区偏南,位置在上海和浙江北部。因此,23 日强降水的发生是因为先有冷空气南下东移,经过上海后,台风暖湿气团向北移动,两者交汇形成的。强降水发生在上海东部,与锋区的结构和位置有关。23 日"天鹅"在台湾东北部洋面向东北方向加快移动,20 时加强为超强台风级,24 日凌晨移入东海东南部海域,"天鹅"外围的偏东风急流进一步加强,急流位置也有所北移,同时在河套和江淮的冷气团向东南移动(图 3.38b)。冷暖干湿空气对峙加强引起锋生。因此,24 日强降水的发生是在台风暖湿气团已经影响的情况下,北方又有冷空气补充南下,两者的差异和相互作用下形成的。此次冷暖空气交汇在江苏的东南部到上海西部地区,因此大暴雨主要出现在这一地区。

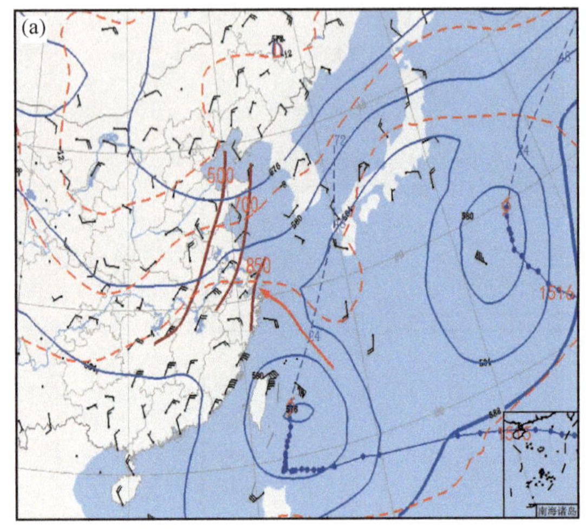

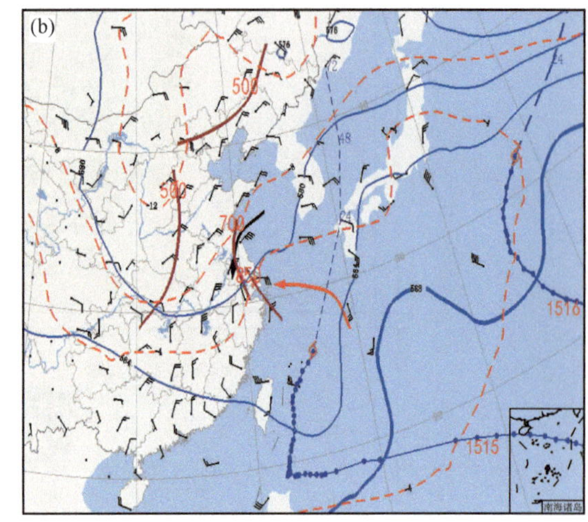

图 3.38　500 hPa 位势高度场(蓝色等值线,dagpm)、温度(红色虚线,℃)与 850 hPa 风场(风向杆)

(a)2015 年 8 月 23 日 08 时;(b)2015 年 8 月 24 日 08 时

(棕色线分别为 500、700 hPa 槽线及 850 hPa 切变线;红色实线箭头为偏东风急流;黑色实线箭头东北气流;起点为 1515 的蓝色圆点线为台风"天鹅"路径;起点为 1516 的蓝色圆点线为台风"艾莎尼"路径)

从分析可见,干冷与暖湿空气交汇,中低纬度不同气团相互作用,使大气层结变得不稳定、上升运动加强,台风北侧气流的持续水汽输送是 8 月 23、24 日上海大暴雨形成的重要原因(曹晓岗 等,2016)。在这次强降水过程中,冷空气的活动应该关注的是:①北方冷空气移动非常缓慢,到达河套以东后停滞 5 d;②冷空气分股南移:第一股冷空气 20 日经过上海宝山,在浙北滞留,后遭遇台风暖湿气团北移发生了 23 日上海东部第一段强降水;第二股补充冷空气 23 日夜里从河套以东向东南移动(23 日 20 时至 24 日 02 时苏北地面偏东风一致转为东北风),与进一步北移的台风暖湿气团遭遇,发生了 24 日上海及江苏东南部强降水,冷空气影响对两天的强降水起了重要作用。

8 月 23 日的卫星云图和雷达回波上可见强降水是由一个强对流云团影响产生的。24 日的上午上海上空有 2 个对流云带形成、合并,造成了上海中西部地区大暴雨(图 3.39)。

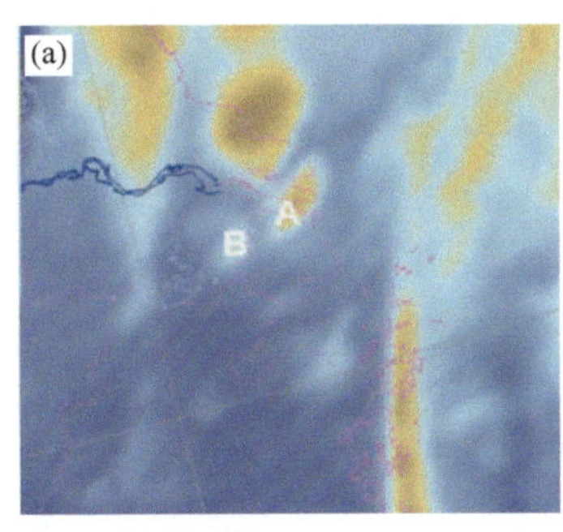

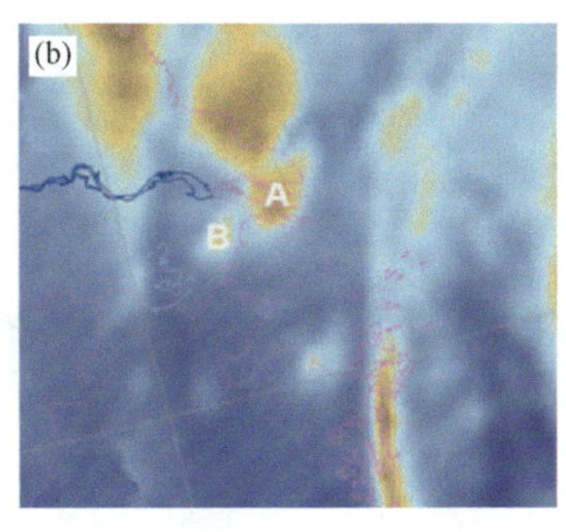

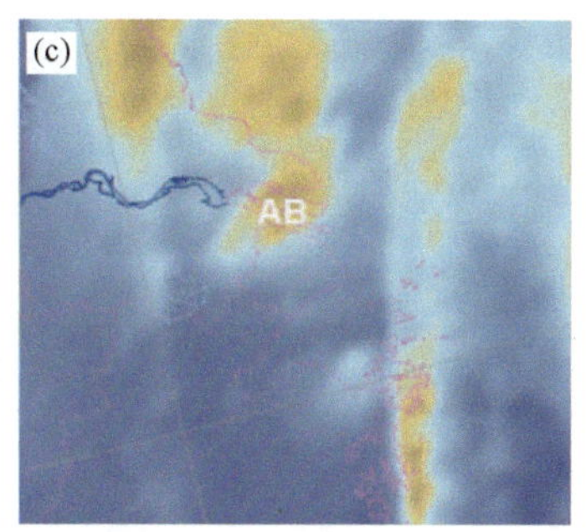

图 3.39　2015 年 8 月 24 日早晨红外云图

(a)、(b)、(c)分别为 7 时 30 分、8 时、8 时 30 分

3.5　秋季暴雨分型及预报要点

进入 9 月，原先稳定在河套一带的西风槽东移到华东地区，东亚沿岸在 130°E 附近平均槽开始建立，副高势力减弱，脊线退到 25°～30°N，海上高压中心向东南方移去；地面北方冷空气势力加强。冷暖空气的交汇是秋季上海产生暴雨的主要原因，此外，热带天气系统(台风、热带云团)也是主要影响系统。

在 2001—2012 年秋季(9—11 月)18 个暴雨个例中，影响上海出现暴雨天气过程主要有副高边缘强对流(4 次)、台风本体或外围螺旋雨带(5 次)、台风倒槽(3 次)、低槽冷锋(3 次)、暖式切变线(暖区辐合线)(2 次)5 种类型，还有 1 次 2008 年 9 月 16 日的暴雨天气过程为特殊类。另外，受东亚季风影响，上海 9 月仍属于暖季，秋季 18 次暴雨过程中 12 次出现在 9 月，9 月天气较复杂，除了冷空气还不是很强，无低槽冷锋类暴雨出现外，其余 4 类暴雨过程在 9 月都出现过，10 月主要受台风本体或外围螺旋雨带和台风倒槽类影响出现暴雨(3 次)，也有较强冷空气暴发出现暴雨过程(1 次)，11 月出现的 2 次暴雨过程为低槽冷锋类。

3.5.1　副高边缘强对流型

9 月副高势力仍较强。若副高强且稳定控制华东中部时，会出现秋老虎天气。但当副高脊线在 25°～28°N 摆动时，本地处在副高边缘，若西侧、北侧有短波槽移出时，会出现局地对流天气，造成暴雨。近 12 年中，9 月(初秋)出现 4 次副高边缘强对流型暴雨，且均为单站暴雨，给预报带来一定的难度。因此其预报要点仍是重点分析中小尺度系统、对流天气的三要素(水汽条件、不稳定层结条件及触发机制)。秋季的副高边缘强对流型暴雨仅在 9 月出现，其天气形势与物理量指标的配置与夏季相类同。需要指出秋季的西风带浅槽东移南压有弱冷空气扩散时，冷空气势力与夏季相比明显增强，各物理量指标有时会偏小，容易被忽视，事实上受冷空气抬升作用，其上升运动会明显增强，也能产生局地暴雨，应关注。

典型个例：2009 年 9 月 17 日

如图 3.40 所示，大到暴雨区分为两块，一块呈西北—东南向，从安徽中北部至上海，另一块分布在皖南山区及浙江的部分地区，上海徐汇出现 54 mm 的暴雨，其余为中到大雨。此次过程降水强度不大，但持续时间较长，24 h 累计雨量达暴雨，其中徐汇 14—15 时雨强 16.9 mm/h。云图上显示，副高的晴空区范围广，其西侧、北侧与高空槽线、切变线配合，宽广的云系从西南一直伸向江淮流域，云带上有时有对流产生，造成局部的暴雨。

9 月 17 日 08 时高空 500 hPa 副高 588 线位于上海，110°E 附近有槽东移；700 hPa 和 850 hPa 切变线位置偏北，925 hPa 从安徽北部经太湖到浙北沿海为一西北—东南向的暖湿切变线。

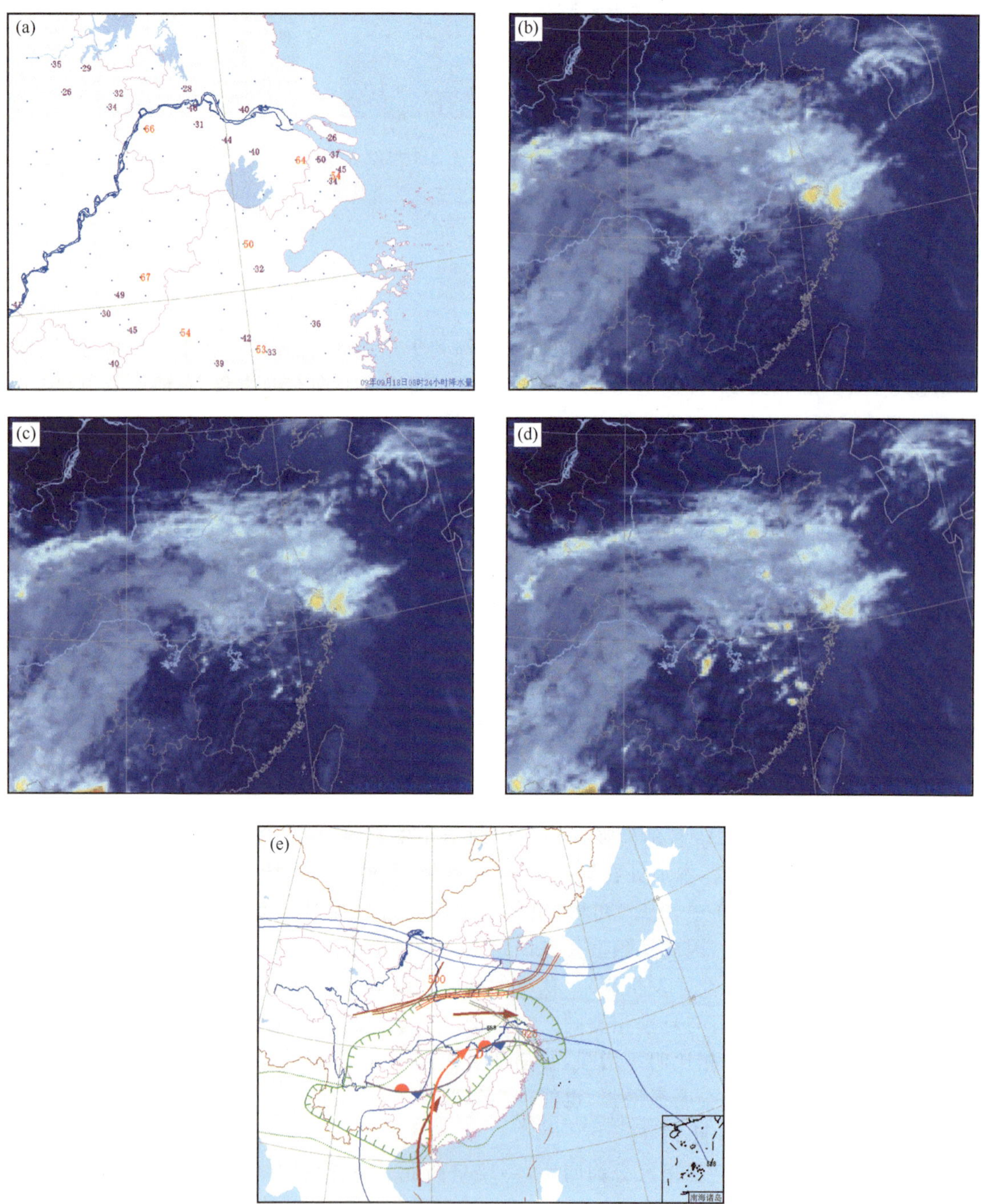

图 3.40　(a)2009 年 9 月 17 日 08 时—18 日 08 时雨量；(b)、(c)、(d)分别为 2009 年 9 月 17 日 12 时、13 时、14 时红外云图；(e)2003 年 9 月 17 日 08 时综合图分析

大到暴雨区位于925 hPa暖湿切变线北侧，暴雨点零散。分析原因主要与进入初秋后，高层副高虽然依然强盛，但低层系统开始占主导地位。分析NCEP-FNL资料发现，850 hPa及以上各层上海都受西北气流控制，925 hPa为暖湿切变线北侧东南气流，使边界层和中低层系统间建立了浅的对流不稳定层结；高层(200 hPa)辐散"抽吸"作用、925 hPa的暖湿切变线的水汽辐合抬升作用和低层弱锋区的生成，触发低层较明显的上升运动，有利在暖湿切变线附近的降雨增强；而暴雨点零散的原因主要与边界层925 hPa的东南风仅为4 m/s有关。同夏季暖湿切变线型一样，由于边界层吹东风，虽然K指数为36℃，但对流有效位能CAPE值小于500 J/kg，$\theta_{se500-850}$为－4K等能量指标偏低(由于形势场上仍处于副高边缘，故归为副高边缘强对流类)。

3.5.2　台风本体或外围螺旋雨带型

秋季由台风本体或外围螺旋雨带所造成的暴雨，其台风路径与夏季一致(图3.41)：路径均为西北行，而后北上或转向类。这类暴雨的天气形势特点也与夏季相似。因此其预报要点关键同样在于对台风路径、登陆地点和强度的预报。预报台风外围螺旋雨带是否对上海造成暴雨，关注台风云型、范围大小和台风中心与上海的距离的同时，但秋季低层冷空气势力开始加强，台风外围螺旋雨带暴雨往往伴有低层冷空气结合，使台风外围环流的斜压性增强，造成明显降水，常能造成上海出现5～7站暴雨，同时由于有西风槽和低层冷空气的结合，低层的辐合比夏季明显。要特别注意云图上台风外围螺旋雨带与西风槽、冷锋云系、赤道辐合带云系的结合，如有北支西风槽或低层冷空气与台风外围螺旋雨带结合时，上海出现暴雨的概率就会提高，且暴雨增大。

近12年秋季影响上海的台风本体或外围螺旋雨带型暴雨共5次，影响时间为9月到10月上旬之间。

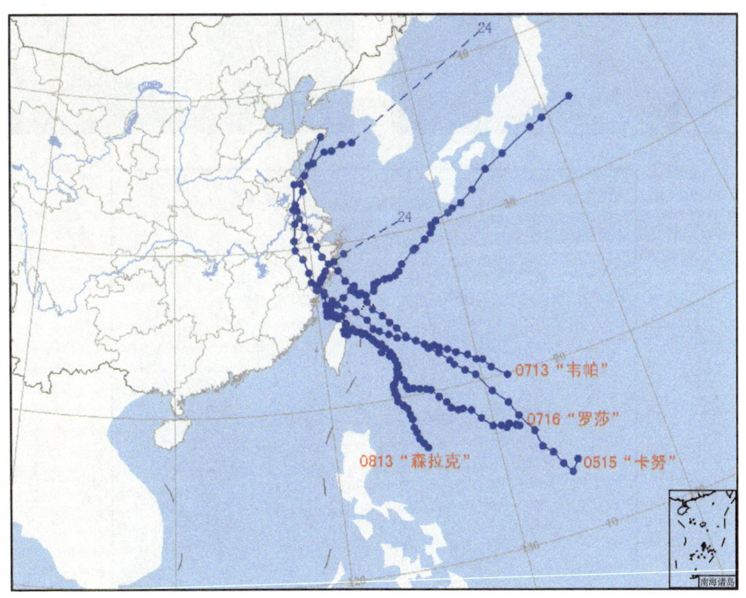

图3.41　2001—2012年秋季台风本体或外围螺旋雨带型中的台风路径图

典型个例1:2007年10月7日(0716号台风"罗莎")

如图3.42所示，大到暴雨区集中在皖南、苏南、上海及浙江。上海有7站出现暴雨，青浦为138.1 mm的大暴雨，同时伴有7—8级的大风。降水集中时段在夜里。云图上显示，08时台风的外围螺旋雨带已经覆盖华东的大部分地区，同时华东北部有冷锋云系缓慢南压。随着台风的继续北上，两者共同作用，造成了上海的暴雨天气。

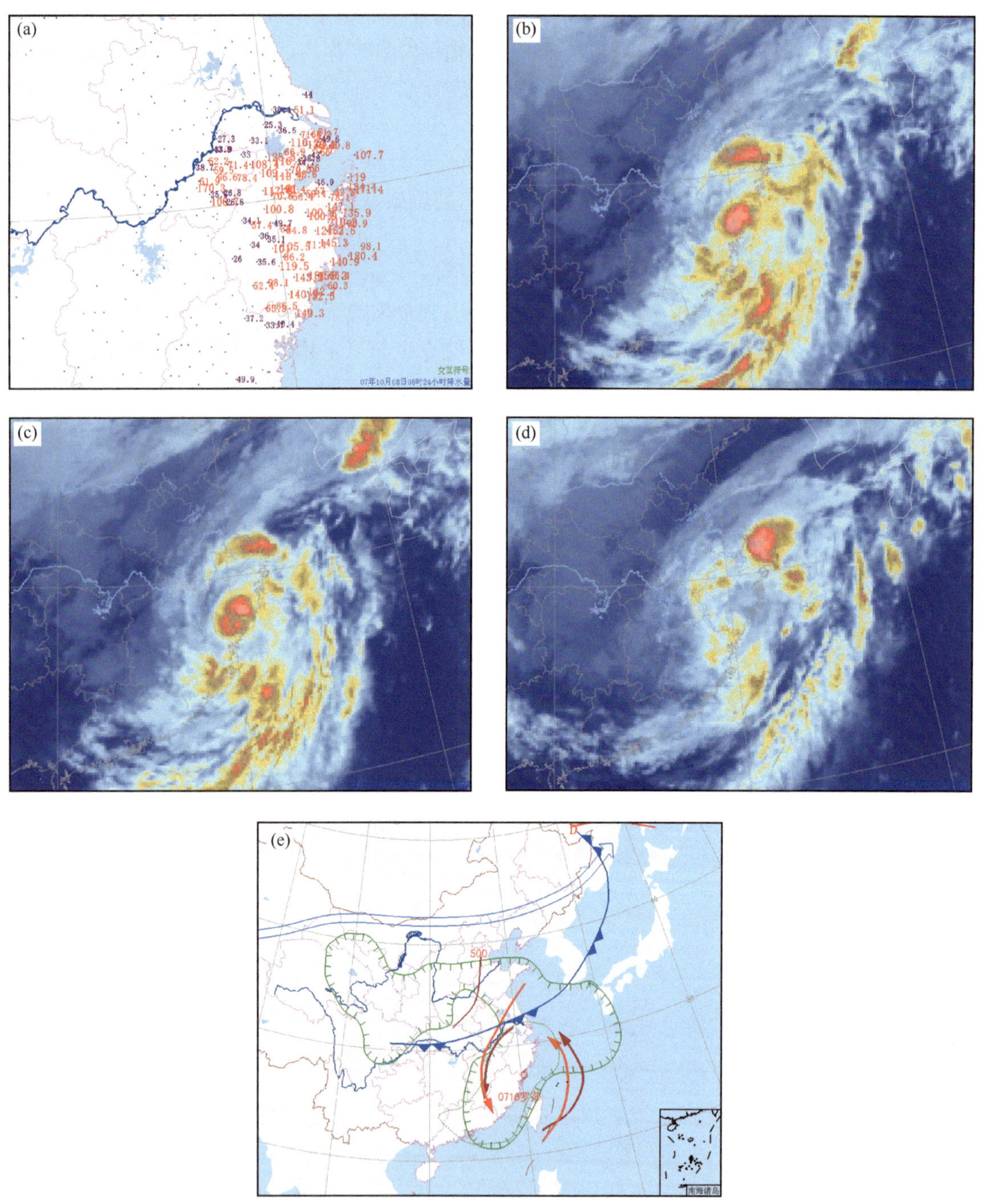

图 3.42　(a)2007 年 10 月 7 日 08 时—8 日 08 时雨量；(b)、(c)、(d)分别为 2007 年 10 月 7 日 20 时、22 时，8 日 07 时红外云图；(e)2007 年 10 月 7 日 20 时综合图分析

2007 年 10 月 7 日 08 时 500 hPa 上，副高主体在 135°E，呈块状分布，东西向脊线在 26°N，台风在其西侧的偏南气流引导下向偏北方向移动，20 时已越过脊线，引导气流转为南到西南

风，台风逐渐转向东北移动。同时北支有短波槽东移，配合地面有冷锋南下，冷空气从台风的西侧灌入，有利于斜压不稳定增强，冷暖交汇使对流旺盛发展，降水增强。

典型个例 2：2013 年 10 月 7—8 日特大暴雨过程（1323 号台风"菲特"）

2013 年 10 月 6—8 日，在 1323 号台风"菲特"和 1324 号台风"丹娜丝"活动期间，华东中南部出现强降水天气。其中，上海地区强降水主要分两段：第 1 阶段在 7 日 02—20 时（图 3.43a），上海主要受"菲特"环流外围云系影响而产生强降水。降水带由南向北移动，从 6 日夜间起，浙江东北部出现大暴雨，7 日凌晨上海市西南部开始出现降水，再逐渐向西部、北部发展。至 7 日 20 时，上海西北部有 5 个自动站日降水量超过 100 mm，其中崇明侯家镇最大为 141.8 mm，同时上海东南部降水较弱。此阶段，因降水持续时间长且降水强度逐渐增大，上海西北部地区出现明显积水。第 2 阶段在 7 日 20 时—8 日 12 时（图 3.43b），受"菲特"减弱低压环流、北方扩散南下冷空气及 1324 台风"丹娜丝"外围东风急流共同影响而产生，在南北气流交汇之后雨带折返向东，强降水区由上海中西部移向东部，其东移过程中强度增大。7 日 20 时—8 日 20 时日降水量超过 200 mm 的区域包括崇明、松江、闵行部分区域、奉贤北部，其最大在松江工业区，为 299.9 mm。此段降水强度继续增大，大于 30 $mm \cdot h^{-1}$ 的雨强出现在 8 日 04—11 时，最强在洞泾（陆地站，64.6 $mm \cdot h^{-1}$）和横沙岛（海岛站，76.9 $mm \cdot h^{-1}$）；同时，此段降水持续时间长，上海中西部地区由于前一阶段已出现积水，致使其积水迅速增高，从而导致该区域水灾加重。8 日 11 时后，上海地区降水仍持续，但强度明显减弱。降水实况显示，7 日 20 时—8 日 20 时，上海 11 个气候站 24 h 平均雨量约 156.0 mm，打破自 1961 年以来全市平均日降水量最高纪录。

台风及冷空气的相互作用：7 日凌晨登陆的 1323 号台风"菲特"是自 1949 年以来 10 月份登陆我国陆地（除台湾、海南两大岛屿外）的最强台风，其登陆后于当日 09 时在福建省建瓯市境内迅速减弱为热带低压；在其北侧有一倒槽，东侧有 2 支来自东部洋面上的急流（图 3.44），一支是"菲特"减弱为热带低压后其外围的东南风急流，另一支是"丹娜丝"外围与副热带高压之间形成的强东到东南风急流，2 支急流在浙江、上海、江苏南部一带汇合，为暴雨区提供了充沛的水汽和能量。7 日 20 时后（第 2 段），500 hPa 低槽已向东越过大兴安岭，850 hPa 低槽由东北地区南伸到山东，低槽后的偏北气流携带北方冷空气南下到江苏西部和浙江地区。同时，"丹娜丝"继续北上向 30°N 靠近，其北侧急流（从东到东南风逐渐转为东到东北风）加强。"菲特"减弱为低压后，其东部东南气流使浙江沿海维持暖湿状态，冷暖空气交汇使中低纬度不同气团相互作用造成大气层结不稳定、上升运动加强是"13·10"上海特大暴雨形成的重要原因（曹晓岗 等，2014）。

低层切变线在上海的维持："丹娜丝"于 10 月 7 日进入东海后，转向偏北方向移动，8 日上午经过上海同纬度，在其北侧维持非常强的偏东急流。"菲特"7 日凌晨登陆我国后，其北侧的倒槽切变在偏东急流作用下向西移动，7 日傍晚该倒槽切变已移到上海西部地区。7 日上半夜随着北方冷空气从倒槽切变西部南下，西部的低空偏北风加大，使得倒槽切变不再西移，半夜后逐渐转为缓慢东移，并维持在上海中东部地区。由上海 8 个风廓线雷达测得的 10 月 7—8 日不同时次 800～900 m 高度风的资料可知（图 3.45），7 日 20—23 时切变线在偏东气流作用下移到上海西部的青浦附近，到 8 日 03 时东移到上海中部地区。这与上海地区 8 日 03—12 时强降水区逐时东移一致。直到"丹娜丝"通过上海同纬度地区，东风急流减弱，在冷空气作用下低层切变线东移南压过上海，8 日中午后移到东部海上，上海强降水明显减弱。低层切变线在上海上空维持超过 18 h，是“13 · 10”上海特大暴雨产生的主要原因之一。

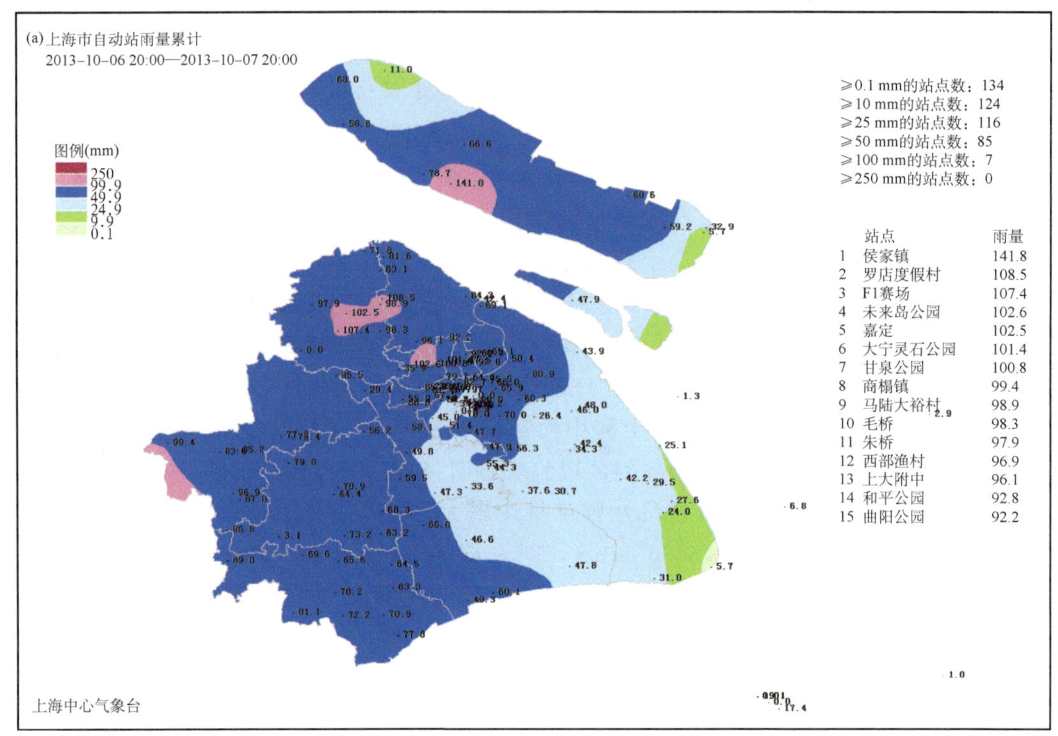

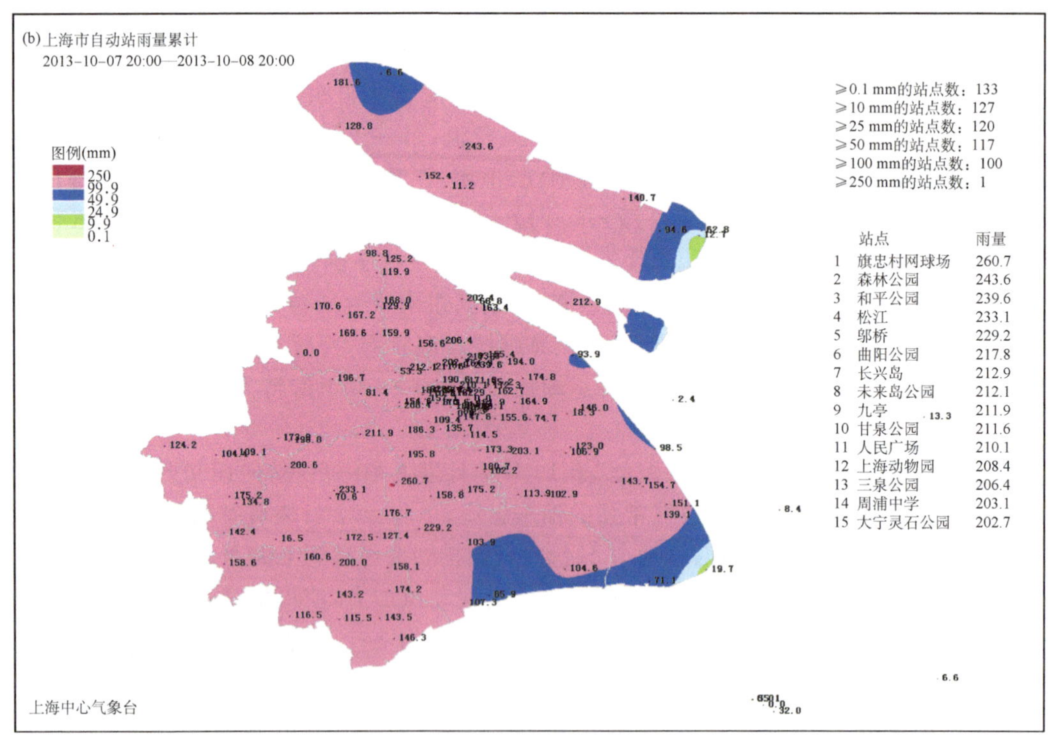

图 3.43　上海市自动站雨量累计

(a)2013 年 10 月 6 日 20 时—7 日 20 时；(b)2013 年 10 月 7 日 20 时—8 日 20 时

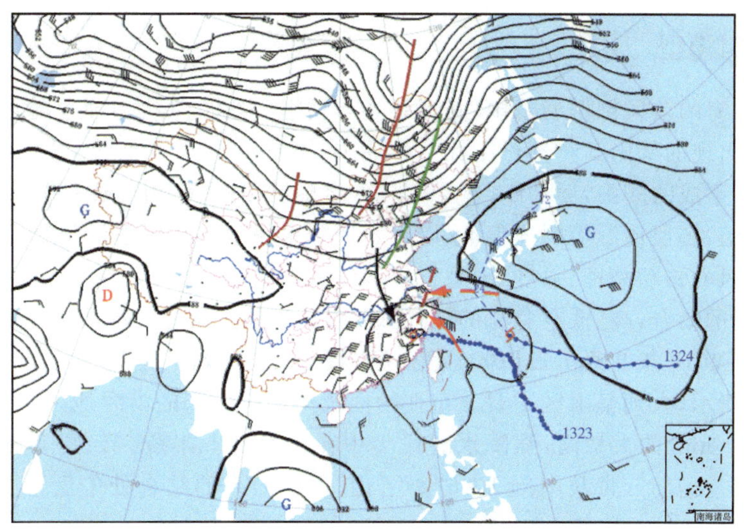

图 3.44　2013 年 10 月 7 日 08 时 500 hPa 位势高度场(蓝色等值线,dagpm)与 850 hPa 风场(风向杆)叠加图

(棕色线为 500 hPa 槽线;绿色线为 850 hPa 切变线;棕色虚线为台风倒槽;上、下红色箭头线分别为东风、东南风急流;黑色箭头线为东北气流;起点为 1323、1324 的蓝色圆点线分别为“菲特”“丹娜丝”路径,与蓝色圆点线相连的虚线为国家气象中心预报的台风路径)

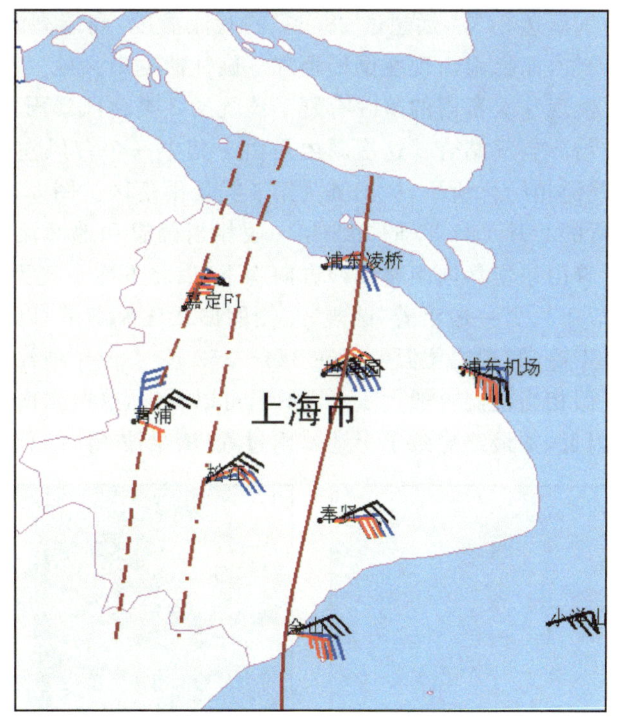

图 3.45　上海地区 9 部风廓线雷达测得的 800～900 m 风向风速

(黑、蓝、红色风向杆分别代表 2013 年 10 月 7 日 20 时、23 时和 8 日 03 时的风;棕色实线、虚线、点划线分别代表对应时次的切变线)

3.5.3　台风倒槽型

秋季影响上海的台风倒槽型暴雨，其形势场与夏季一致。但从物理量配置来看：9 月中上旬和 10 月下旬出现的暴雨其物理量指标差异明显，形成的天气也不同。如 2010 年 9 月 1 日是由短时强降水形成的暴雨，而 2010 年 10 月 23 日的暴雨过程，由于在季节上已进入仲秋，其 K 指数、CAPE 值、各层比湿等明显偏低，以稳定性降水为主。与夏季该型暴雨类似，其预报要点，除了分析台风的移动路径、强度、云型特征等外，还要注意台风倒槽、切变线的位置，特别关注有无与冷空气的结合，高、低空急流的位置和强度。9 月注意分析本地的各类物理量指标。

典型个例 1：2010 年 9 月 1 日（1006 号台风"狮子山"倒槽）

如图 3.46 所示，大到暴雨区主要分布在皖南及华东中南部的沿海地区。上海有 3 站出现暴雨，徐汇为 140 mm 的大暴雨，强降水时段集中在傍晚到上半夜。云图上显示，在 1007"圆规"后侧云系、高空槽前云带及南侧 1006"狮子山"倒槽云系的结合处午后至上半夜有对流云团的发展。

2010 年 9 月 1 日 08 时 500 hPa 上，副高主体偏北偏东，河套地区有短波槽东移，而南侧"狮子山"倒槽向北伸展，中低层，上海正好处在倒槽顶部，东南风与东北风的切变加强了水汽的辐合及抬升运动。同时探空上显示，K 指数 35℃，SI 为 −0.78℃，CAPE 值达 2214 J/kg，LI 指数 −5.04℃，湿层厚度达 750 hPa，而白天随着"圆规"的北上，后侧偏北气流的下沉增温使气温上升，徐汇最高气温达 34℃，远超过 28.6℃的对流温度，高能高湿，在倒槽切变的抬升作用下触发了强对流天气，而暴雨出现在倒槽顶部气旋性曲率最大处。

通过分析和对比，发现这次暴雨的落区有别于传统的 3 类台风暴雨落区，即台风本体和螺旋雨带、台风倒槽以及与冷空气结合。这次暴雨是由于其中一个台风左后侧的偏北气流与另一个台风的倒槽东南气流相结合所致，提出其为第 4 类暴雨落区。图 3.46(f)是上海区域数值模式客观分析系统分析的 9 月 1 日 20 时 925 hPa 假相当位温和地面流线。从图中可以看出两股干冷气流，一股沿着山东半岛向南略偏西方向南下，以北方冷空气为主体，比较干冷（假相当位温一般在 344 K 以下），另一股沿着"圆规"左侧的偏北气流南下，以台风外围环流挟卷的少许冷空气为主，相对干冷（假相当位温一般在 344～352 K）。位于浙江沿海的"狮子山"倒槽东南气流则相对暖湿（假相当位温一般大于 352 K），可以看出，这股东南气流与"圆规"左侧的偏北气流交汇与上海附近，并最终导致了上述暴雨过程（漆梁波 等，2013）。

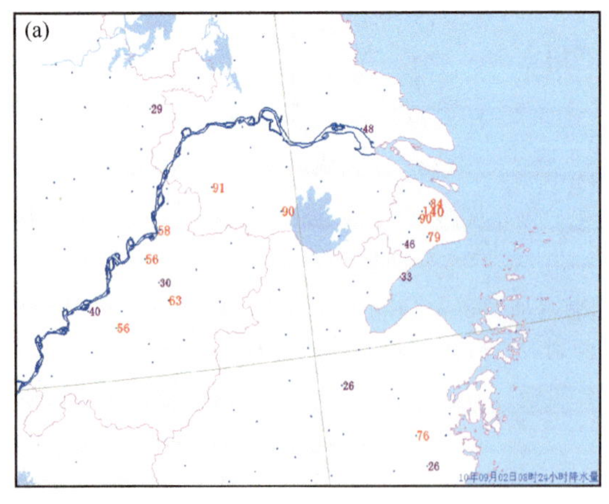

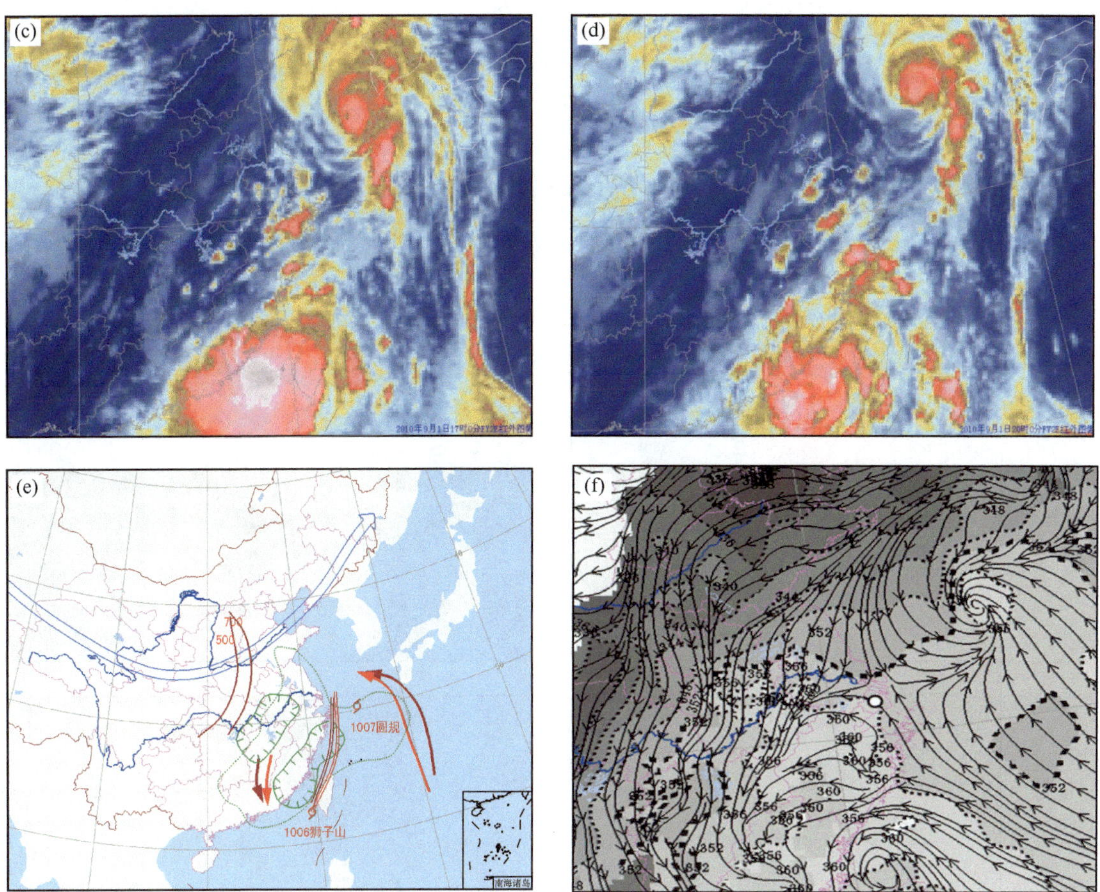

图 3.46　(a)2010 年 9 月 1 日 08 时—2 日 08 时雨量;(b)、(c)、(d)分别为 2010 年 9 月 1 日 15 时、17 时、20 时红外云图;(e)2010 年 9 月 1 日 08 时综合图分析;(f)2010 年 9 月 1 日 20 时 925 hPa 假相当位温和地面流线客观分析(图中填色阴影区表示假相当位温,加粗虚线表示 352 K 等值线,黑线表示地面流线,白色圆点指示上海)

典型个例 2:2010 年 10 月 23 日(1013 号台风“鲇鱼”倒槽)

如图 3.47 所示,大到暴雨区主要集中在浙北、上海及福建的东部沿海地区。上海普降大到暴雨,以浦东 70 mm 为最大,此次过程以稳定性降水为主。云图上位于福建南部的 1013“鲇鱼”倒槽云系与北侧的锋面云系相结合,覆盖华东的大部分地区。

从环流形势来看,500 hPa 天气图上在安徽和湖北境内各有一个短波槽(图略),20 时湖北境内短波槽东移与安徽境内短波槽合并(阶梯槽),即安徽境内的短波槽略有加强。高空槽的加强一方面使槽前西南暖湿气流加强,另一方面使槽后西北气流引导的冷平流加强,中高纬的西风槽为台风远距离降水提供低层辐合、高层辐散以及槽前正涡度平流的大尺度背景,有利于垂直运动的发展和维持,有利于降雨的维持。因此,对流层中层中纬度西风槽合并加强是此次台风倒槽暴雨增强的一个重要原因。而从相同时刻的 850 hPa 天气图上,华东沿海地区 10 月 23 日均在温度脊控制下,而且温度脊随时间略有加强北抬,表现在从 08 时至 20 时,16℃等温线在华东中南部沿岸地区明显北抬,而上海宝山站 850 hPa 温度增加了 4.0℃,850 hPa 以下各层随低压倒槽北抬低空暖平流作用明显大于 500 hPa,这样加剧了上冷下暖不稳定度,有利于强降水的发生。925 hPa 上海至浙江西部存在东北急流，输送海上的水汽，同时东南与东北风的切变加强了水汽的辐合及上升运动，因此暴雨区出现在倒槽顶部、水汽输送最强的东部沿海地区。从物理量场分析，上海及沿海地区 700～500 hPa 是强的垂直上升运动区(700 hPa 垂直速度中心为 -1.2 Pa/s 以上)，且 850 hPa 上沿海有大于 -60×10^{-7} g/(cm^2 · hPa · s)的水汽通量辐合中心配合，在偏东气流作用下逐渐影响上海。

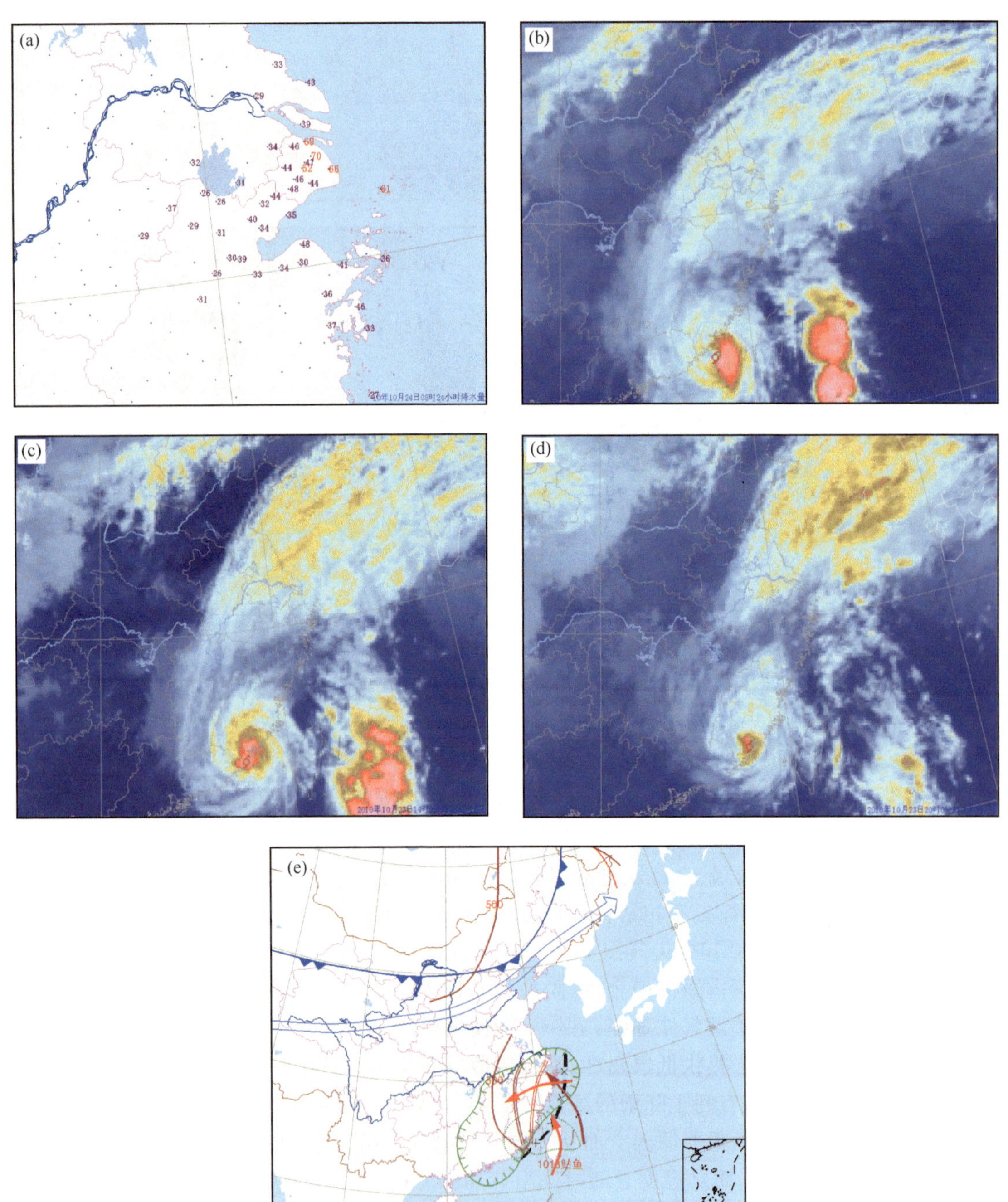

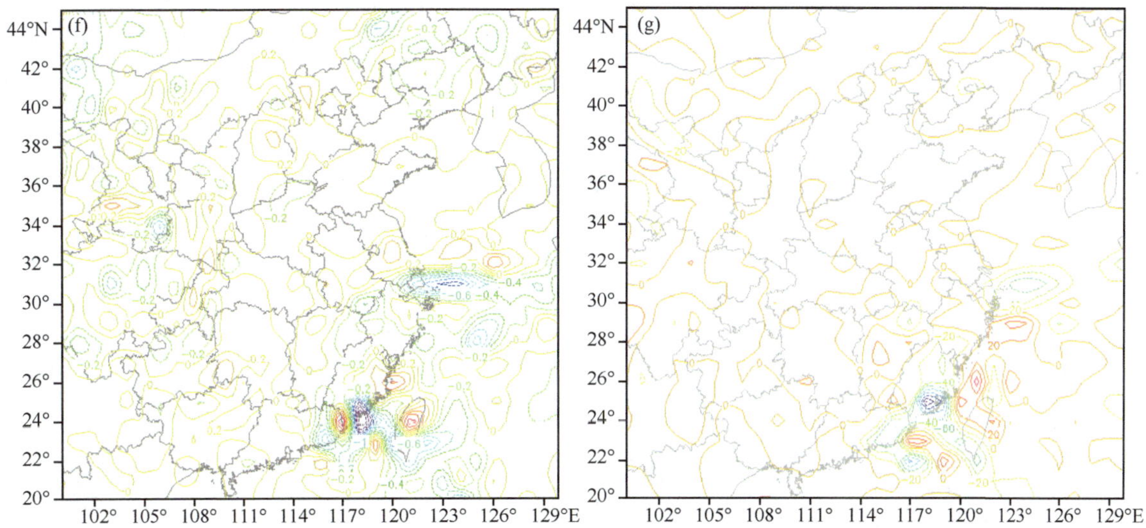

图 3.47　(a)2010 年 10 月 23 日 08 时—24 日 08 时雨量;(b)、(c)、(d)分别为 2010 年 10 月 23 日 08 时、14 时、20 时红外云图;(e)2010 年 10 月 23 日 08 时综合图分析;(f)2010 年 10 月 23 日 08 时 700 hPa 垂直速度(Pa/s);(g)2010 年 10 月 23 日 08 时 850 hPa 水汽通量散度[10^{-7} g/(cm^2 · hPa · s)]

3.5.4　低槽冷锋型

近 12 年秋季影响上海的低槽冷锋型暴雨个例共 3 个,均出现在 10 月中旬,主要特点是:冷空气势力较强,850 hPa 上北支锋区明显,等温线密集(10 纬距内至少有 3 根及以上等温线);而前期长江流域及以南地区回暖明显,地面处在低压槽内或有低压倒槽向长江中下游伸展。随冷空气南下,冷暖空气的交汇造成局部大到暴雨区。如 2006 年 11 月 22 日、2009 年 11 月 9 日。由于这类暴雨发生在深秋,以冷空气为主导,不稳定能量和水汽的物理量的配置明显偏低,包括 K 指数、CAPE 值,各层 θ_{se},比湿和露点,而其垂直上升运动较强(两次过程整层都有上升运动),一般都位于高空 200 hPa 急流区入口附近(特别是 2006 年 11 月 22 日的暴雨过程)。另外,其形势场上都具有共同特征:低层有低涡(切变线)存在,地面有较强冷空气南下,以及高层有西风急流的辐散抽吸形势存在。

秋季低槽冷锋型暴雨的预报要点:要关注其是否位于高空 200 hPa 急流区入口附近,关注垂直上升运动的强度,如整层都为较强的上升运动就要考虑深秋暴雨的可能性,同时要关注不稳定能量的值如 K 指数和 $\theta_{se500-850}$,特别是 $\theta_{se500-850}<0$ 时。

典型个例:2009 年 11 月 9 日

如图 3.48 所示,2009 年 11 月 9 日 08 时—10 日 08 时大到暴雨区范围广,主要分布在安徽、江苏中南部、浙江中北部和上海。上海有 3 站出现暴雨,以奉贤 96 mm 为最大,是其建站 50 年来出现在 11 月份的第一场暴雨,降水时段集中在 9 日 17—20 时,其中 17—18 时 42.1 mm/h,表现为降水持续时间短、强度大、雨量分布不均并伴有大风、冰雹等剧烈天气等特点。云图上显示,形成于两湖地区的对流云团在东移中强烈发展,15 时在杭州湾西侧,移速变慢,16 时前后影响本市。

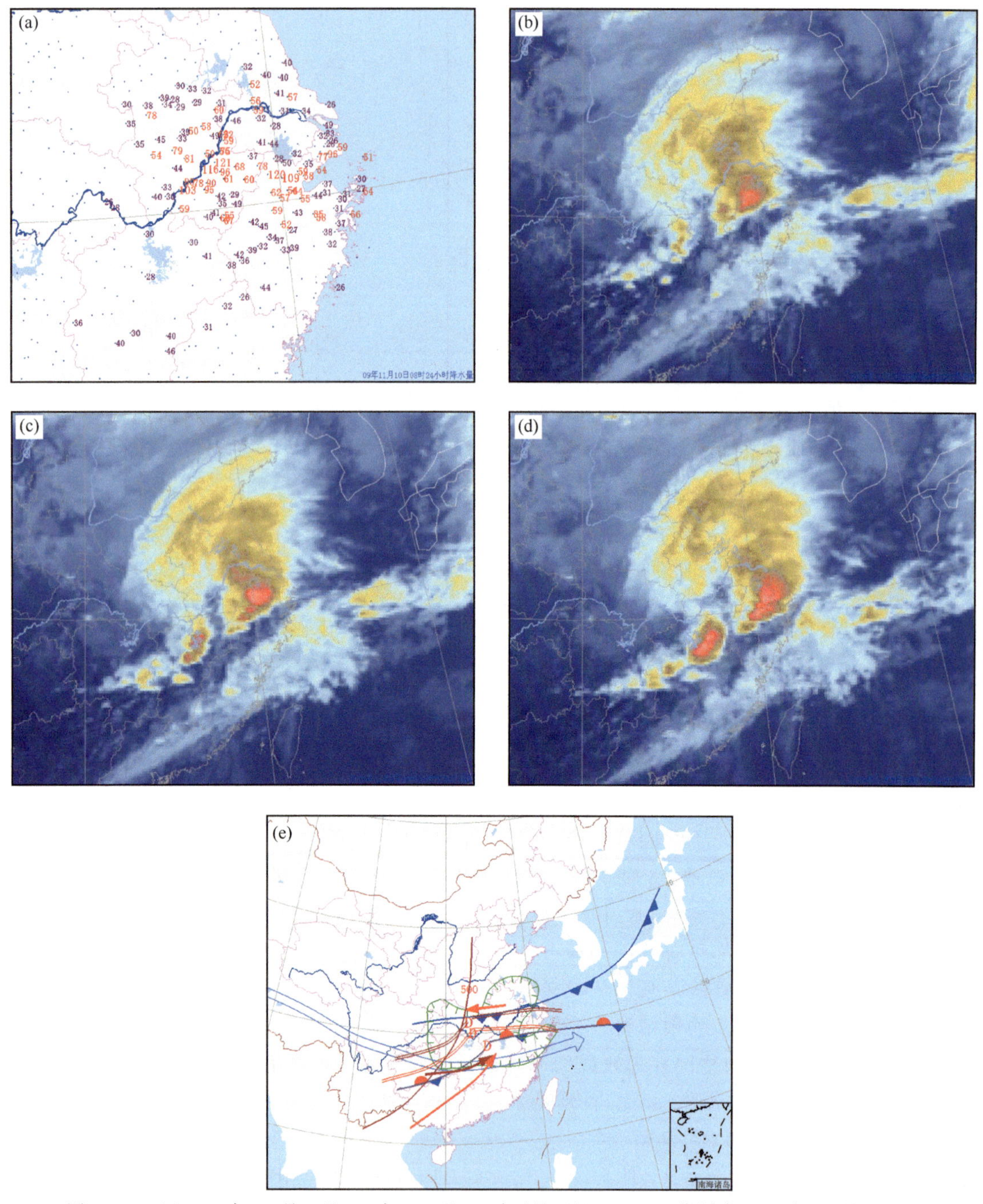

图 3.48　(a)2009 年 11 月 9 日 08 时—10 日 08 时雨量；(b)、(c)、(d)分别为 2009 年 11 月 9 日 14 时、15 时、16 时红外云图；(e)2009 年 11 月 9 日 08 时综合图分析

500 hPa 北支和南支低槽叠加，经向度大，槽前西南气流明显，中低层有低涡沿切变线东移，南侧有低空西南急流配合，输送大量的暖湿气流，而北侧则有偏东急流，带来一定的冷空气。同时在高空槽前正涡度平流和低层暖平流的作用下，地面有波动发展东移。而高层长江下游地区处在高空急流出口区左侧的辐散场中，低层辐合、高层辐散，有利于上升运动的增强。因此，在低涡移向的右前方、低空急流左侧、地面波动顶部形成了大范围的暴雨区。

特殊个例:2008年9月16日

2008年9月16日0813“森拉克”已东移,其主体云系全部在海上,午后只在上海地区导致一小片对流云系,造成局地暴雨,归为特殊类。如图3.49所示,此次过程暴雨点少,上海仅松江出现62 mm的暴雨,其余大部为小到中雨。降水集中时段在15—19时。云图上,随着台风

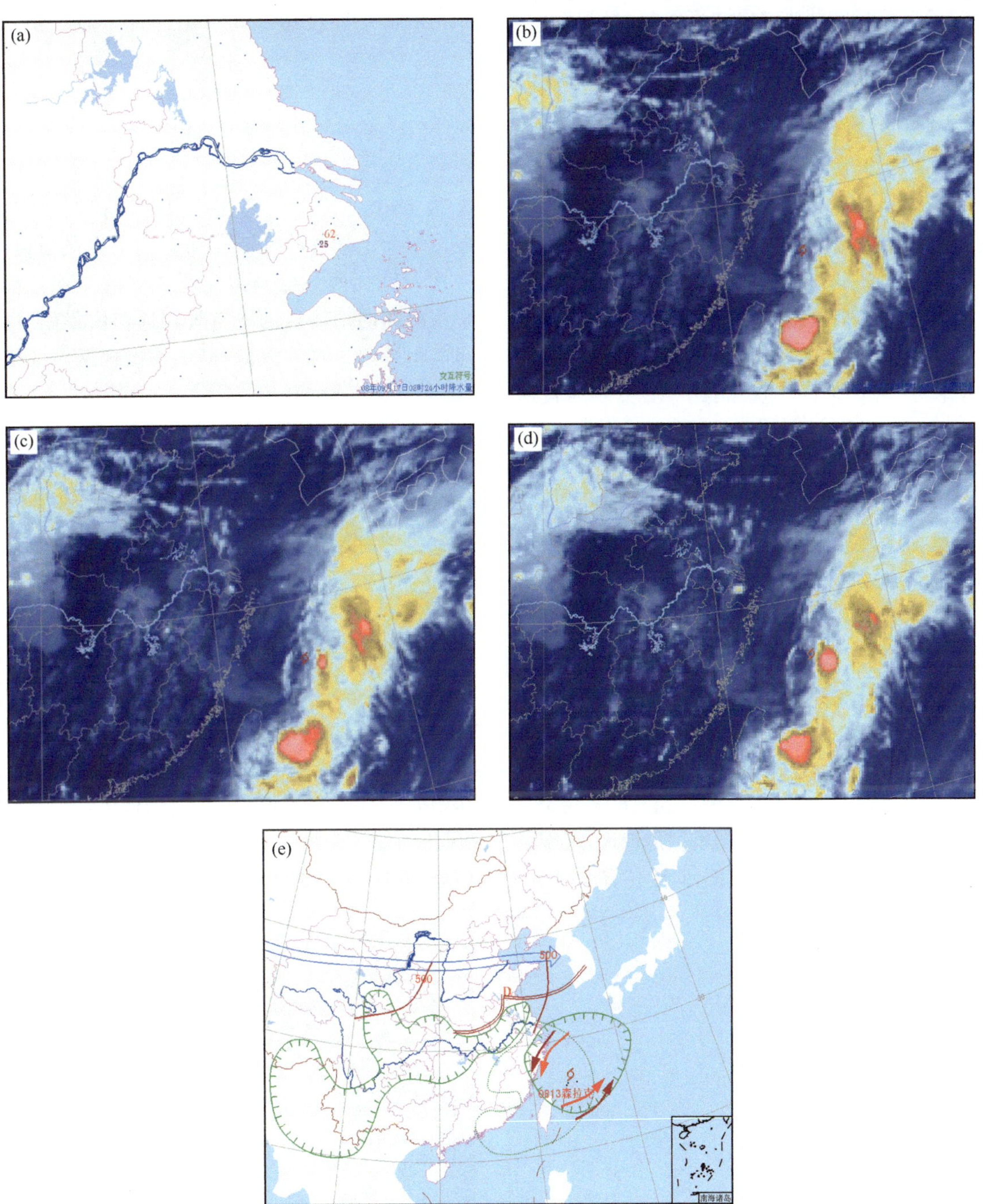

图3.49　(a)2008年9月16日08时—17日08时雨量;(b)、(c)、(d)分别为2008年9月16日15时、16时、17时红外云图;(e)2008年9月16日08时综合图分析

的东移,其主体云系全部在海上,午后只在上海地区导致一小片对流云系,造成局地暴雨,其缘由不甚明了,局地对流分析显得是很重要的。

08 时,500 hPa 短波槽移至上海附近,槽后带来弱的冷空气,低层本地在台风后侧的东北气流下,下沉增温,使白天最高气温升至 30℃,超过 26.7℃ 的对流温度,且 K 指数 32℃,CAPE 值 1023 J/kg,层结不稳定,且相对湿度≥80%的湿层厚度达 800 hPa,因此午后在两者云系的结合处有对流的发生。

3.6 冬季暴雨分型及预报要点

10 月中旬以后东亚高空西风急流分为南北两支,整个中国大陆都在西风环流控制之下,西风带的平均大槽位于 140°E 附近,强度明显增强。地面上蒙古冷性高压强度达全年最强值。冬季基本上是一次次冷空气活动、东亚大槽经历一次新陈代谢。但当南支急流中的孟加拉湾低槽前的西南暖湿气流不断向我国输送水汽,与蒙古冷高向南输送的冷空气相遇形成华南、昆明静止锋时,会造成江南、华南大范围的雨区,局部产生暴雨。对上海而言,冬季出现暴雨的概率较小。近 12 年中仅出现 2 个,分别为台风倒槽型和江淮气旋型。

3.6.1 台风倒槽型

在 2001—2012 年间,台风倒槽型暴雨一年四季均可出现,但降水性质不同,冬季以稳定性降水为主。对于该型暴雨,预报要点仍需注意台风倒槽、切变线的位置,特别关注有无与冷空气的结合,高、低空急流的位置和强度。

典型个例:2004 年 12 月 3 日

这是唯一一个出现在 12 月份的暴雨个例。如图 3.50 所示,大到暴雨区主要分布在华东中南部的沿海地区。上海仅金山出现 52 mm 的暴雨,其余为中到大雨,过程以稳定性降水为主,降水集中时段在夜里。云图上显示,3 日早晨起南海北部的 0428 号台风“南玛都”倒槽云系逐渐北顶,14 时已经影响到上海。随着云系继续北顶,上海雨势增强。

500 hPa 上北支槽与南支槽叠加,系统经向度大,槽前西南急流是水汽的主要输送渠道。低层 850 hPa 及以下有倒槽伸向长三角地区,东南与东北风之间的切变加强了水汽的辐合及上升运动。地面则是在台风倒槽的顶部,北侧还有弱冷空气的扩散,冷暖交汇造成了上海局部的暴雨天气。

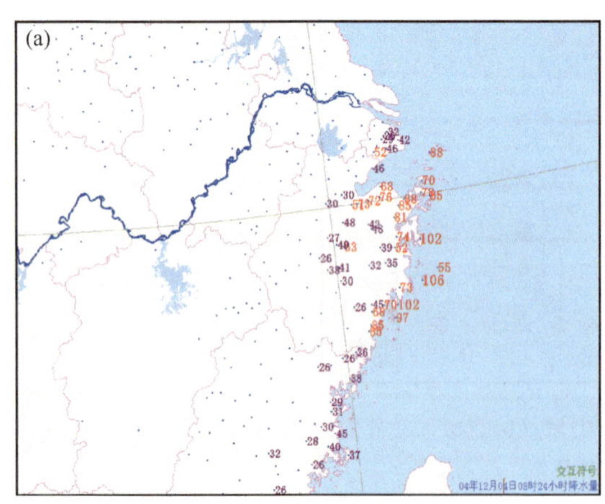

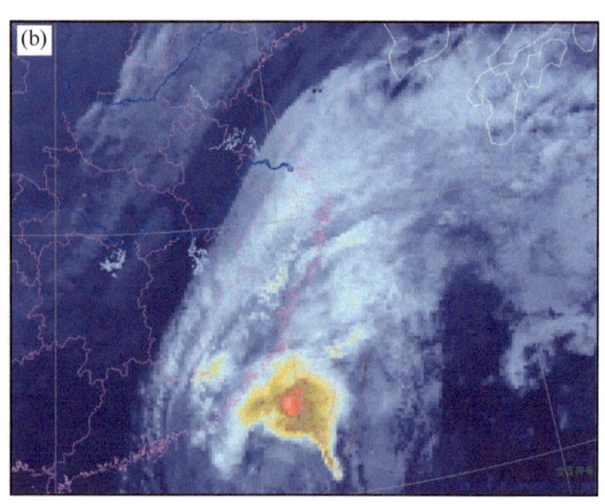

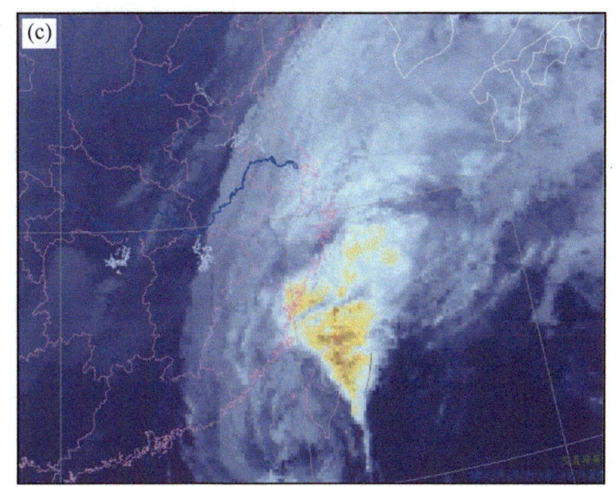

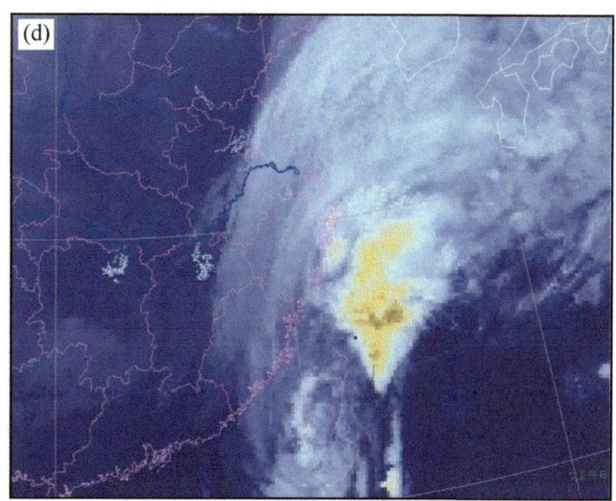

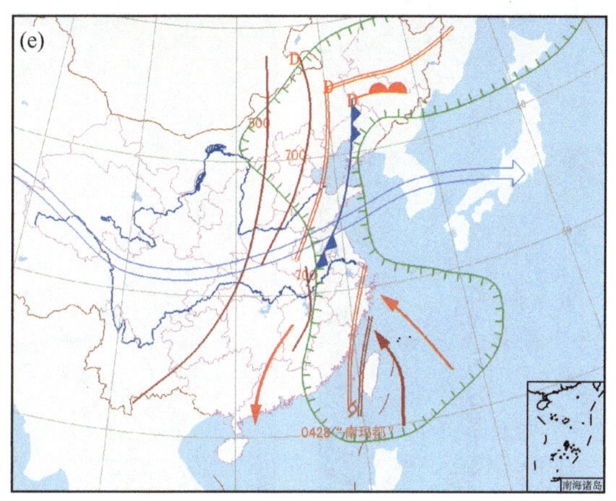

图 3.50　(a)2004 年 12 月 3 日 08 时—4 日 08 时雨量;(b)、(c)、(d)分别为 2004 年 12 月 3 日 20 时,4 日 02 时、06 时红外云图;(e)2004 年 12 月 3 日 20 时综合图分析

3.6.2　江淮气旋型

江淮气旋一年四季皆可形成,但以春季和初夏较多。近 12 年中,冬季出现 1 个个例(2001 年 1 月 6 日)。与夏季相似,对于这类暴雨的预报要点,仍要关注整层系统的配置、江淮气旋的移动路径、强度,沿海要特别注意不同层次、不同方向的急流。

典型个例:2001 年 1 月 6 日

如图 3.51 所示,大到暴雨区零散,上海北部郊区有 2 站出现暴雨,崇明为 60.4 mm 的暴雨。此次过程普遍以稳定性降水为主,但崇明出现了雷阵雨天气。云图上显示,气旋波的云系覆盖着华东中北部地区。

中低层低空西南急流明显,而 925 hPa 以下有超低空东南急流(20 时宝山东南风 22 m/s),因此在地面气旋顶部靠暖区一侧、沿海两支急流交汇处出现了暴雨。

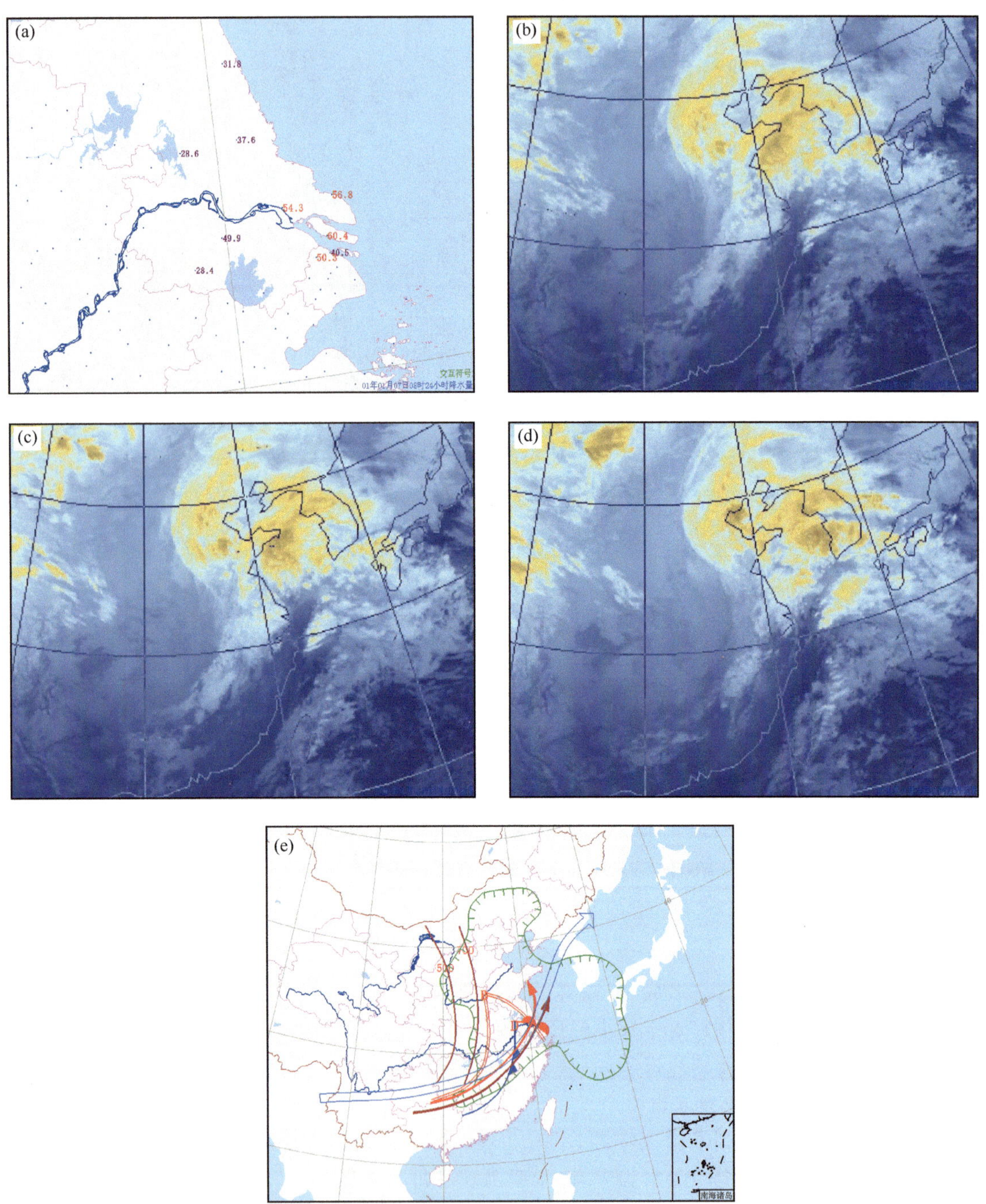

图 3.51 (a)2001 年 1 月 6 日 08 时—7 日 08 时雨量；(b)、(c)、(d)分别为 2001 年 1 月 6 日 19 时、20 时、23 时红外云图；(e)2001 年 1 月 6 日 20 时综合图分析

3.7　本章小结

(1)通过对 2001—2012 年上海地区 133 个暴雨个例进行统计分析,表明大多数暴雨发生在夏季(6—8 月),但在热力条件、水汽条件等相对较弱的其他季节(特别是冬春季节),出现暴雨也是有可能的,只是出现概率较小,且时间跨度大,容易忽视,其形势配置特点和预报要点要高度重视。

(2)依据各层环流形势、地面气压场类型等将上海地区暴雨天气形势主要分为 7 种类型:静止锋雨带、副高边缘强对流、台风本体或外围螺旋雨带、台风倒槽、暖式切变线(暖区辐合线)、低槽冷锋、江淮气旋等。各个季节产生暴雨的类型不尽相同,其中春季以暖式切变线型和低槽冷锋型为主;夏季静止锋雨带型及副高边缘强对流型占大多数;秋季以副高边缘强对流型和台风本体或外围螺旋雨带型为主。

(3)各季节、各类型暴雨的预报侧重点还是有所不同。

①静止锋雨带类,主要分析影响系统、上下层系统的配置,但春季还需注意冷空气的势力,夏季则还要分析暖湿气流强度、中小尺度系统、本地的不稳定能量等。

②对于以短时强降水为主、暴雨范围小的副高边缘强对流型,夏季和秋季天气形势与物理量指标的配置相类同,但秋季的西风带浅槽东移南压有弱冷空气扩散时,冷空气势力与夏季相比明显增强,各物理量指标有时会偏小,容易被忽视,需注意。

③台风本体和外围螺旋雨带型中,夏季和秋季预报要点相同,关键在于对台风路径、登陆地点和强度的预报。但秋季台风外围螺旋雨带暴雨与夏季天气形势不同在于秋季(特别是 10 月份)都伴有低层北支冷空气结合,使台风斜压性增强造成降水增幅,与夏季仅受台风外围螺旋雨带造成的暴雨有所区别,因此还需特别关注云图上台风外围螺旋雨带与西风槽、冷锋云系、赤道辐合带云系的结合,如有北支西风槽或低层冷空气与台风外围螺旋雨带结合时,上海出现暴雨的概率就会提高,且暴雨点多。

④台风倒槽型一年四季均有发生,且天气形势相同:台风或热带低压倒槽都与高空槽云系结合或与低层冷锋云系结合对上海造成暴雨。预报着眼点不仅分析台风的移动路径、强度、云型特征等外,还要注意台风倒槽、切变线的位置,特别关注有无与冷空气的结合,高、低空急流的位置和强度。夏季和秋季的 9 月还需注意分析本地的各类物理量指标。

⑤暖式切变线型发生在春、夏、秋季,其天气形势特点相似,预报要点主要关注暖式切变线的位置(地面、925 hPa、850 hPa);其次分析暖湿层次的厚度,夏季和秋季的 9 月局地的不稳定条件也很重要。

⑥低槽冷锋型发生在春、秋季,形势特点相似。系统的整体配置,高、低空急流的位置、强度,地面倒槽的位置、冷空气的强度等是主要的预报要点,上冷下热层结的不稳定性、湿层厚度也需注意。

⑦江淮气旋型主要发生在夏季(6 月)和冬季,预报时要关注整层系统的配置、江淮气旋的移动路径、强度、冷空气的势力,沿海要特别注意不同层次、不同方向的急流。

(4)有些类型如低槽冷锋型、江淮气旋型在 2001—2012 年发生的次数不多,不能完全概括其形势特点和预报要点,需要今后进一步总结和对比。另外,由于上海地理范围较小,即使在相同的环流背景下,暴雨的落区、雨量的大小也经常不同。因此,除了对形势的具体分析外,城市热岛效应、局地海陆风环流也应考虑,同时预报员的本地预报经验仍发挥着关键的作用。

第 4 章　影响上海的热带气旋

热带气旋是在热带和副热带海洋上形成的强烈风暴，在全球三个海区最多见，即西北太平洋（包括我国的南海）、西北大西洋（包括加勒比海和墨西哥湾）和孟加拉湾，西北太平洋是形成热带气旋最多的海域。一般在西北太平洋上形成，具有暖心结构的热带气旋，被称为"台风"（Typhoon），在东北太平洋和大西洋上形成的称为"飓风"（Hurricane），在印度洋、孟加拉湾的称为"风暴"（Storm），在澳大利亚及附近的称为"威力威力"（Willy-Willy）。

我国热带气旋的编报按照 180°E 以西、赤道以北的西北太平洋和南海海面上出现的中心附近最大平均风力达到 8 级或以上的热带低压系统出现的先后次序进行编号；近海的热带气旋，当其云系结构和环流清楚时，中心附近的最大平均风力达到 7 级或以上则开始编号。

热带气旋是气象灾害中破坏力最大的天气系统，也是造成人员伤亡最多的自然灾害之一，上海地处东海之滨，每年夏秋两季都要受到热带气旋的侵袭。本章针对影响和登陆上海的热带气旋特点和实际预报业务需要，对影响上海热带气旋的气候特点、热带气旋的形成条件及预报、热带气旋中心位置与强度及结构特点、路径和强度预报、热带气旋灾害性天气等方面作重点介绍。

4.1　热带气旋概况

4.1.1　西太平洋热带气旋

1960—2009 年西北太平洋 50 年间共编报热带气旋总数为 1207 个，最多年为 1994 年的 37 个，最少则是 1998 年的 12 个。从西北太平洋热带气旋生成的月际变化来看，热带气旋生成主要集中于 7—10 月，其中 8 月份最多，以后则逐月递减。热带气旋的源地分布在西北太平洋广阔的低纬洋面上，在经度和纬度方面都存在着相对集中的地带，主要相对集中在 4 个海区：南海中北部的海面、菲律宾群岛以东和琉球群岛附近海面、马里亚纳群岛附近海面和马绍尔群岛附近海面。

4.1.2　影响上海的热带气旋

4.1.2.1　时空分布、影响强度特征

根据历史上受热带气旋影响的天气，将影响上海的热带气旋标准定为：

凡在热带气旋影响下，全市 11 个常规测站中至少有一个测站满足以下条件之一，视为影响：

（1）过程雨量≥50 mm；

（2）平均风速≥7 级（或阵风≥8 级）；

(3)同时出现过程雨量≥30 mm 和平均风速≥6 级(或阵风 7 级)。

按以上标准,1960—2009 年近 50 年来影响上海的热带气旋共有 104 个,平均每年有 2 个,最多年有 6 个(1985 年),最少年无台风影响(图 4.1)。其中影响上海的热带气旋主要出现在 5—10 月,7、8、9 三个月占全年的 86.5%,以 8 月为最多,占全年的 37.5%(图 4.2)。

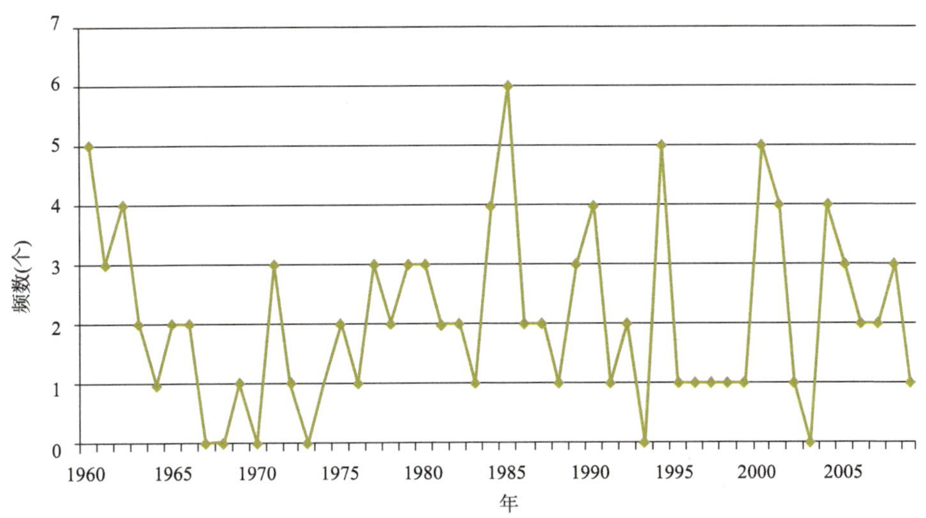

图 4.1　1960—2009 年影响上海的热带气旋频数(个)

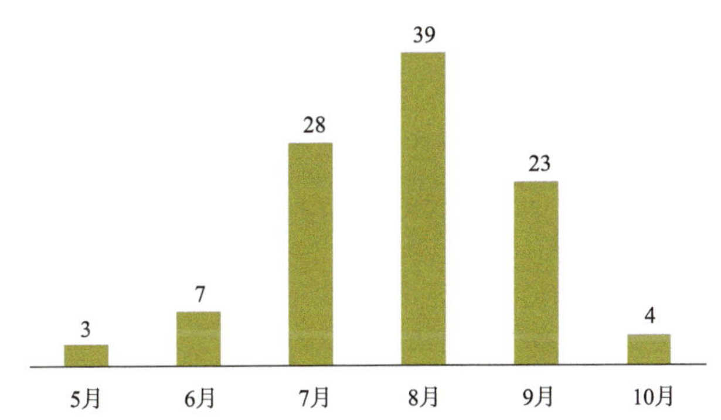

图 4.2　1960—2009 年期间 5—10 月影响上海的热带气旋频数(个)

影响上海的热带气旋最早为 5 月 18 日(2006 年),最晚为 12 月 3 日(2004 年)。最早影响上海的台风为 0601"珍珠",2006 年 5 月 18 日,受登陆后的"珍珠"残余低压与冷空气共同影响,上海出现暴雨。最晚影响上海的台风为 0428"南玛都",2004 年 12 月 3 日,远在南海东北部的"南玛都"台风倒槽与冷空气相互作用,导致金山暴雨。历史上上海最强降水也由热带气旋影响所致(图 4.3),例如 1977 年 8 月 21—22 日上海北部的特大暴雨就是由 7707 号强热带风暴"Amy"台风倒槽导致,宝山塘桥 24 h 降雨量达 581.3 mm,12 h 最大降雨量是 563.0 mm,1 h 最大降雨量 151.4 mm,为历年降水强度极值。

一次热带气旋影响上海的时间平均为 2.6 d,最长 8 d,最短 1 d,但半数以上热带气旋为 1～2 d,持续 5 d 以上者占 11%。其中 64 个热带气旋给上海带来超过 50 mm 的过程降水,有 74 个热带气旋给上海带来平均风速≥7 级(或阵风≥8 级)的大风,有 54 个热带气旋给上海同时带来显著的风雨影响。

1960—2009 年期间影响上海的热带气旋强度达到台风及以上量级的有 88 个，占总数的 84%，其中又以台风和超强台风最多，热带低压和热带风暴最少(图 4.4)。

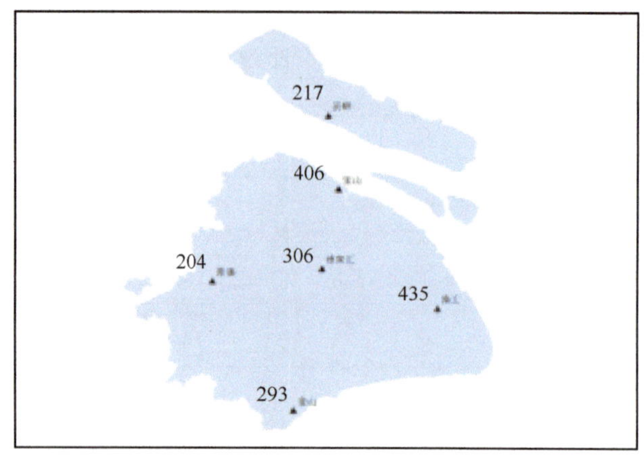

图 4.3　影响上海热带气旋过程最大降水量(mm)

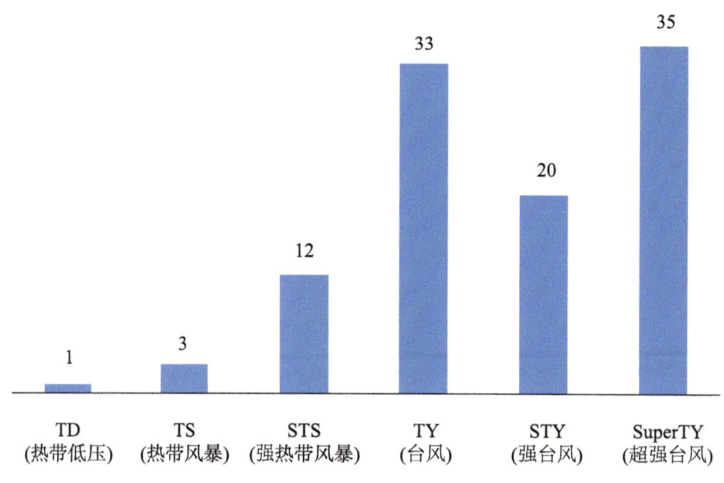

图 4.4　1960—2009 年期间影响上海的热带气旋强度

4.1.2.2　初生地及移动路径

据统计(图 4.5)，影响上海的热带气旋 95%发生在 25°N 以南的西北太平洋上，5%源于南海，其中以纬度划分在 10°～15°N 生成的热带气旋，影响上海最多，其次为 15°～20°N 和 5°～10°N。影响上海的热带气旋发生地区主要在关岛附近、菲律宾以东 800 km 左右、南海中东部和加罗林群岛东部等 4 个洋面。

影响上海的热带气旋路径可分 6 类：

(1)远海转向类：在太平洋上形成后，向西北方向移动，进入第一警戒线，即在琉球群岛以东转向，移向东北方向或消失。这类次数较少，对上海影响也较小。此类路径在秋季(9—11 月)常与冷空气结合，给上海及华东沿海海域带来偏北或东北大风。

(2)近海北上类：进入第一、二警戒线后，沿 125°E 附近北上，过 30°N，其中部分转向东北，入日本海；另有一部分在黄海西折，侵袭山东或辽宁。

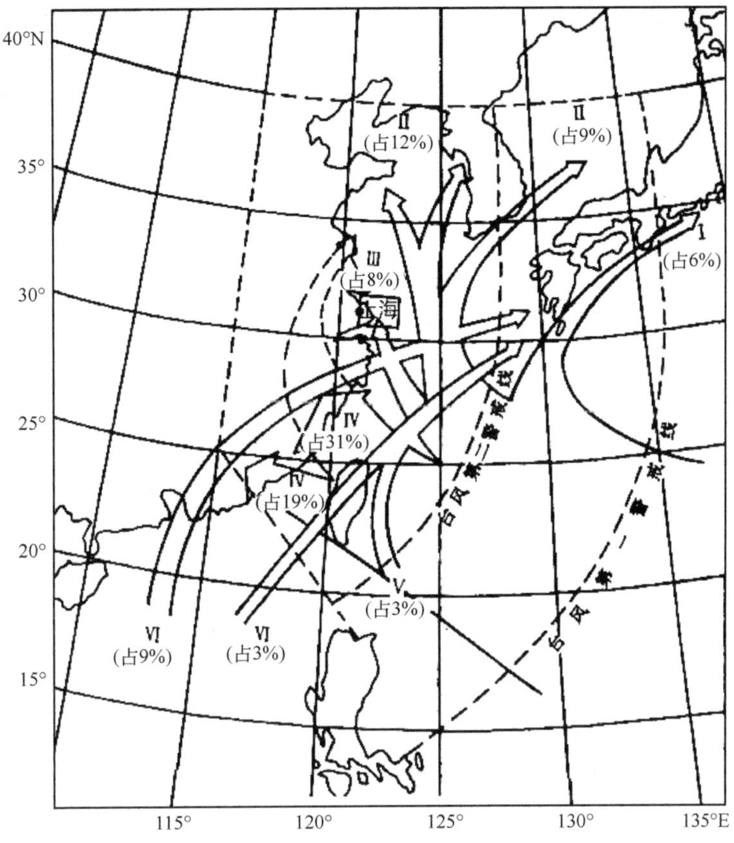

图 4.5　影响上海的台风平均路径示意图

这类热带气旋对华东沿海及上海影响较大，特别是经 125°E 以西北上影响更大，2000 年 0012 台风“派比安”8 月 30 日沿 122°～123°E 近海北上，造成江苏响水出现 813 mm 的极端降水；8 月 30 日夜间到 31 日凌晨，上海大部地区雨量在 50 mm 以上；市区风力达 7～8 级，东部沿江沿海地区 9～11 级，长江口区风力达 40 m/s；沿海风暴潮三碰头，黄浦江苏州河口水位达 5.70 m，仅差历史最高潮位 2 cm。

(3)正面袭击类：指台风中心正面登陆上海或在浙江中北部沿海登陆，台风本体影响上海。这类台风对上海影响最严重，风力可达 8～10 级或以上，过程降水大多在 100 mm 以上。例如，1977 年 7708 号台风 9 月 11 日登陆上海崇明，最大风力 10 级，极大风速达 31 m/s，崇明 24 h 降水量 132 mm。1956 年 5612 号超强台风“Wanda”8 月 1 日登陆象山，2 日龙华站最大风速 31 m/s，极大风速达到 34.0 m/s，强风将徐汇天主教堂尖顶重达 400 kg 的铁十字架吹折倒挂。

(4)西行类：台风西行登陆浙江、福建、广东省或在其附近消失。这类台风对上海影响较大，尤以 25°N 以北登陆的台风影响更大，上海常出现很大的风力和暴雨。

(5)登陆闽浙转向北上：这类热带气旋一般西北行或西行登陆浙江南部和福建，登陆后由于副高东退或有西风槽东移，继而转向北上。这类台风对上海造成的影响主要是风，但当有冷空气影响华东中北部时，其倒槽和冷空气结合常常给上海带来强降雨。

(6)南海台风东北行类：台风从南海向东北方向移动，登陆广东后继续向东北方向移动，在江西境内消失或经闽浙重新入海，这类台风对上海的影响主要是降雨，6 月和 10 月比较多见，常与冷空气结合导致长三角地区暴雨，0601“珍珠”、0806“风神”、1622“海马”均属此类。

4.2　热带气旋生成预报

4.2.1　热带气旋形成的气候概况

4.2.1.1　热带气旋的时间分布特征

每年全球约有 80 个热带气旋(含热带低压)形成，在西北太平洋和南海地区各年形成热带气旋的次数差别很大。这种差异一方面由于热带气旋的发生和发展有年际变化，另一方面，在有卫星探测以前由于资料条件不同，对有些未能发展成台风的热带低压有所遗漏。从表 4.1 看出，在西北太平洋(180°E 以西)洋面和南海海面上形成的热带气旋 33.9 个(统计区间为 1949—2010 年)。在过去的 62 年间，西北太平洋总计生成了 2067 个热带气旋(含热带低压)，其形成总数逐年分布很不均匀，较多的年份可以达到 40 个以上，较少的年份不足 20 个。

表 4.1　1949—2010 年西北太平洋热带气旋年平均生成数量统计　　(个)

1949—1959 年	1960—1969 年	1970—1979 年	1980—1989 年	1990—1999 年	2000—2010 年	多年平均
34.2	40.1	36.8	32.5	30.4	26.5	33.9

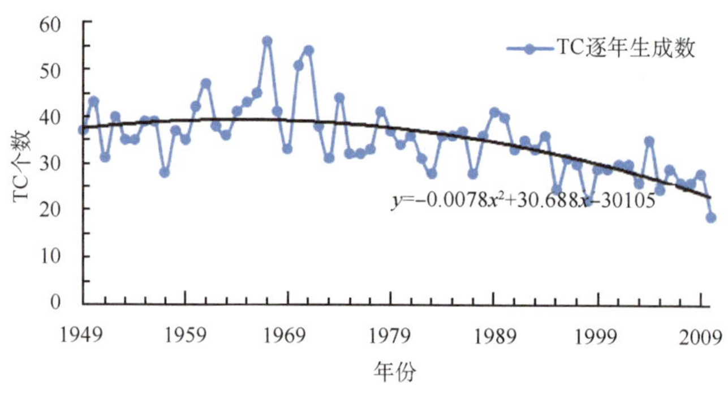

图 4.6　1949—2010 年热带气旋(TC)形成个数逐年分布

热带气旋形成的年际变化尤为明显，如图 4.6 所示，20 世纪 50 年代，热带气旋数量呈下降趋势，1959 年到 1972 年，热带气旋数目呈明显上升趋势，多年极大值出现在 1967 年，共有 53 个 TC 生成。此后的 80 年代后期和 90 年代基本维持下降趋势，尤其 1998 年以后，热带气旋数明显呈下滑趋势，除 2004 年以外，热带气旋数都未超过 30 个，2010 年甚至达到了近 60 年的极端最低值，仅有 18 个。因此，可以简单地以 80 年代为界，大致看出 TC 数量的上升期和下降期。除此之外，还可以发现在 1996 年以前，热带气旋数量呈现出大约 5 年为一个震荡周期，21 世纪以后，热带气旋数量变化明显异常。

统计表明(图 4.7)：热带气旋在西北太平洋(含南海)全年均有生成，其中 7—10 月为热带气旋的活跃期，占全年热带气旋总数的 69.1%，形成最多的月份是 8 月，占全年 22.3%，2 月份热带气旋形成最少，仅占全年的 0.9%。

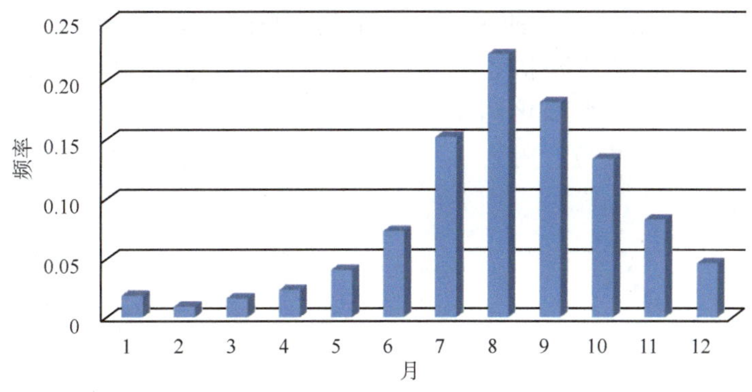

图 4.7　热带气旋在西北太平洋逐月发生频率分布图

由图 4.8 可见，热带气旋大多在西太平洋形成，在南海形成的较少，仅占全年总数 19.0%。在热带气旋活跃期内于南海(6—9 月)和西太平洋(7—10 月)生成的热带气旋分别占各自全年总数的 68.4%和 69.6%，与王继志等(1991)研究不同的是，近 60 年统计发现 8 月热带气旋生成最多，在南海和西太平洋的生成比例分别占各自总数的 22.4%和 21.7%；在热带气旋活动的宁静期内于南海(1—4 月)和西太平洋(1—3 月)生成的热带气旋分别占各自全年总数的 1.3%和 5%。其中 2 月份西太平洋生成热带气旋的最少，仅占 1%，3 月南海近 60 年都没有热带气旋生成。

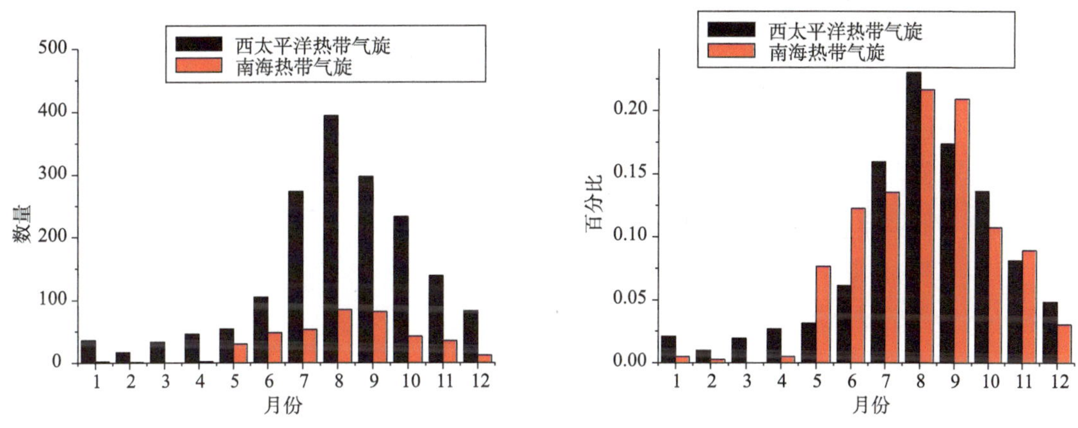

图 4.8　1949—2010 年间热带气旋逐月发生数量和频率分布

4.2.1.2　热带气旋的空间分布特征

西北太平洋(含南海)海域从 0.5°～32°N，106°E 以东均有热带气旋形成(即达到热带低压或及其以上强度)，其中热带气旋在南海生成的个数约占整个海域的五分之一。根据统计可知，形成位置最南的是 1973 年 12 月 21 日的热带风暴(0.5°N，152.0°E)；形成位置最北的是 1979 年 8 月 12 日的热带低压(32.0°N，143.0°E)；形成位置最西的是 1994 年 7 月 18 日的热带低压(20.0°N，106.0°E)；最东的为 1957 年 9 月 4 日的台风(21.6°N，164.0°W)。

由图 4.9 和图 4.10 可见，热带气旋的空间分布很不均匀，在 6°N 以南、110°E 以西和 170°E 以东鲜少有热带气旋生成；其生成源地主要集中在菲律宾以东 125°～155°E 和南海附近 110°～120°E 的洋面上，占热带气旋生成总数的 79.8%。此外，热带气旋的生成地与其强度有明显的关系:20°N 以北和南海生成的热带气旋通常强度较弱,以热带低压和热带风暴为主;生成于 135°~165°E,6°~18°N 的热带气旋,发展成为台风甚至超强台风的可能性较大。21 世纪以后,热带气旋生成源地有一些变化,生成于 115°~165°E 的占 94%,其中南海生成的热带气旋较少,且南海热带气旋生成位置明显偏东,多生成于 115°以东的洋面上,而西太平洋热带气旋生成地变化不明显。

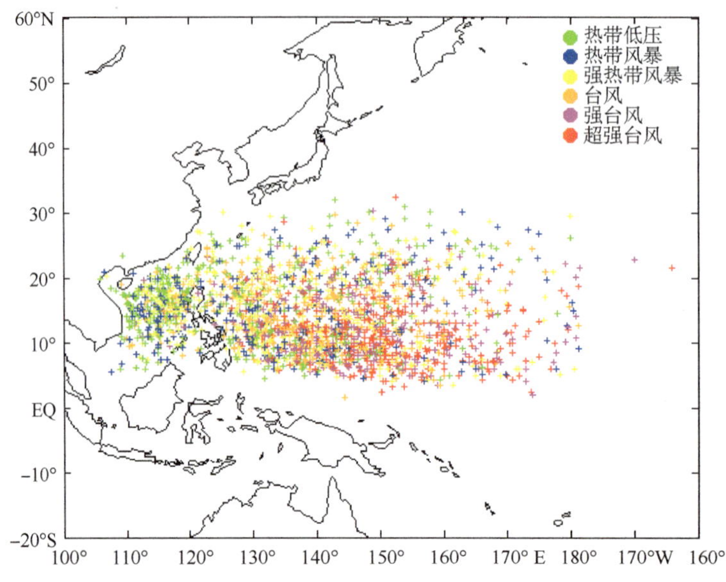

图 4.9　西北太平洋热带气旋生成源地与强度

(热带气旋等级:TD、TS、STS、TY、STY、Super TY)

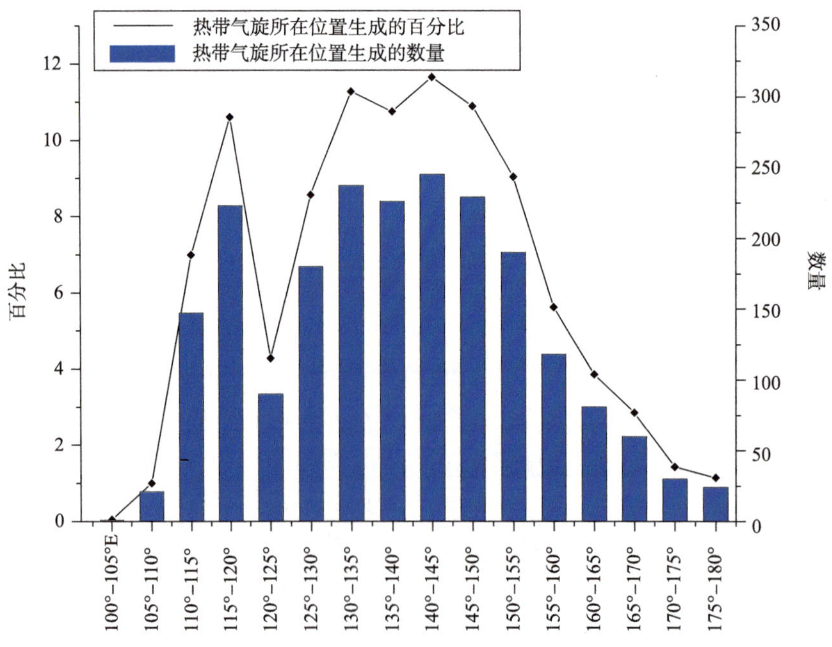

图 4.10　西北太平洋热带气旋生成数沿经度分布图

热带气旋的生成源地也具有明显的季节变化(图 4.11),5 月份以前热带气旋大多生成于 5°～10°E,此后生成源地逐渐向北移动,6 月份热带气旋频数明显增多,且不断向北伸展,7—9 月份移至 15°～20°N,8、9 月份最北可达到 30°N 以北,从 10 月开始南落,直至回到最南的位置。这与西北太平洋副热带高压及热带辐合带位置的季节变化相一致。

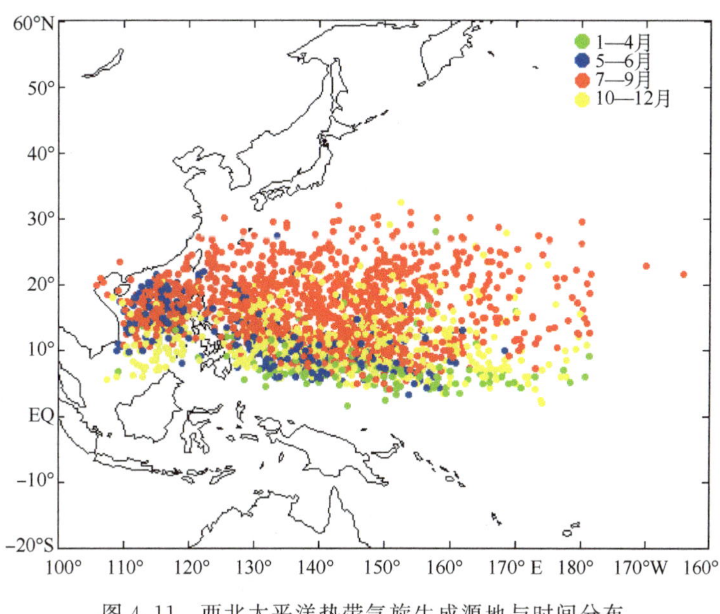

图 4.11　西北太平洋热带气旋生成源地与时间分布

4.2.1.3　热带气旋生成与强度的关系

1949—2010 年间生成 2067 个热带气旋,其中热带低压约占形成总数的 19.0%,热带风暴约占 11.8%,强热带风暴约占 19.1%,台风(含台风、强台风和超强台风)约占 50.1%。

在最近 10 年中(2001—2010 年),热带低压约占形成总数的 12.2%,热带风暴占 19.3%,强热带风暴约占 14%,台风(含台风、强台风和超强台风)约占 54.5%。由图 4.12 分析可知,近 10 年热带低压和强热带风暴数量下降,热带风暴和强台风数量明显增加,总体说来,热带气旋生成总数减少,但强度有所增强。

从表 4.2 中可见,西北太平洋热带气旋大多生成于 6—10 月(其中南海热带气旋从 5 月就开始活跃);热带低压和热带风暴在 8 月份生成数量呈现峰值,前后月份明显呈现减少趋势,热带低压和热带风暴的生成数分别为 4 月和 3 月最少;强热带风暴主要集中在 7—9 月,占热带风暴总数的 59.2%;台风生成频率最高的在 8 月和 9 月,占台风总数的 42%;8—10 月为强台风的高发期,平均每年有 2.6 个强台风发生,占强台风总数的 58.0%;超强台风出现集中在 7—11 月,其中频数最大的为 9 月的 76 次;此外,2 月生成的热带气旋不易发展成为强热带风暴及台风以上级别。

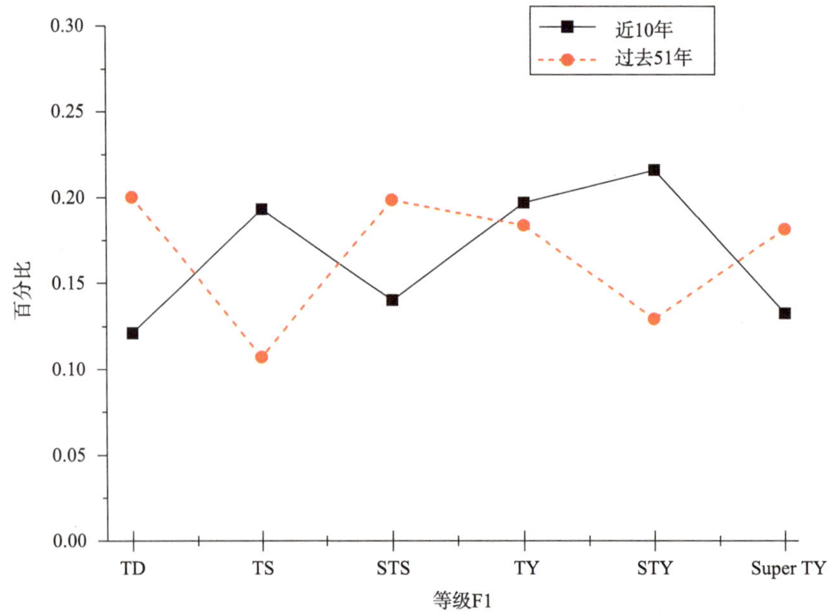

图 4.12　西北太平洋热带气旋强度对比

（红色：1949—2000 年热带气旋强度百分比；黑色：2001—2010 年热带气旋强度百分比）

表 4.2　西北太平洋 TC 生成月份与强度的关系

TC 等级	1 月	2 月	3 月	4 月	5 月	6 月	7 月	8 月	9 月	10 月	11 月	12 月
TD	11	8	8	6	14	34	60	101	65	43	25	18
TS	7	4	3	7	8	23	36	56	37	26	24	13
STS	7	3	11	10	14	24	69	97	68	38	34	20
TY	5	1	5	6	16	35	68	81	80	50	21	15
STY	6	2	3	9	23	21	32	60	50	51	20	13
Super TY	2	1	3	10	8	14	50	65	76	69	47	17

4.2.2　热带气旋形成的基本条件及理论

4.2.2.1　热带气旋形成的基本条件

台风是一种猛烈的天气系统。根据统计，一个成熟的台风所释放的能量约为 2×10^{8} kJ/d。据大西洋上的统计，热带扰动中只有十分之一可发展成台风。为什么在这么多扰动中只有很小一部分才能发展成台风？又是什么原因使得台风中发生这样强烈的能量聚集呢？这些问题都涉及台风发生发展的问题。

根据国内外一些学者的工作，全球台风形成一般具有六个方面的条件：气候学条件、大气环流条件、区域大小和低空辐合条件、时间条件、通风条件和动量垂直输送条件。

总的来说，台风最重要的特征是在高层为暖心结构，因而要了解台风的形成，关键问题是要能说明对流层上部的加热怎样发生、集中和累积。台风高层的加热或增暖主要靠凝结潜热的释放，其中又主要由积云对流造成。积雨云对流是联系台风上下层流场的主要机制，它把从洋面或低层得到的能量（水汽和热量）源源不断地输送给高空。要使积云对流发生，需要有一定的热力条件和动力条件。热力条件：一是高的海温（直到 60 m 水深），它可使上升气块有足够的浮力以维持积云对流；二是气层的层结要位势不稳定，积雨云发生和发展要求地面到对流层中部的气层 θ_{se} 有明显的减小。这个条件在热带洋面一般是满足的。动力条件主要起触发深对流发生发展和组织它们的作用。从而使其在高层加热得以集中在 200～300 km 范围内。动力条件包括两个条件：一是低空或摩擦层要有正涡度区或辐合区，从而产生上升气流，促使不稳定能量释放，积雨云发展。一般多产生在天气尺度扰动中或热带辐合区，这里的摩擦辐合较强。这也说明为什么台风多由初生的热带扰动或辐合区中发展而来。二是地球的旋转作用（科里奥利参数 f 的作用），它有利于气旋性涡度的产生。在上述热力条件和动力条件下，天气尺度扰动区中的积雨云可大量发生发展。这时如果环境条件也有利，如对流层中层的相对湿度较高，积雨云可发展得更强大。但是应该指出，上述积雨云的发生发展不是随机的，是在天气尺度系统中发生并受其制约和组织的。这样就保证了积雨云对流在高层的加热能得以集中，从而能使高空增暖。如图 4.13 所示。

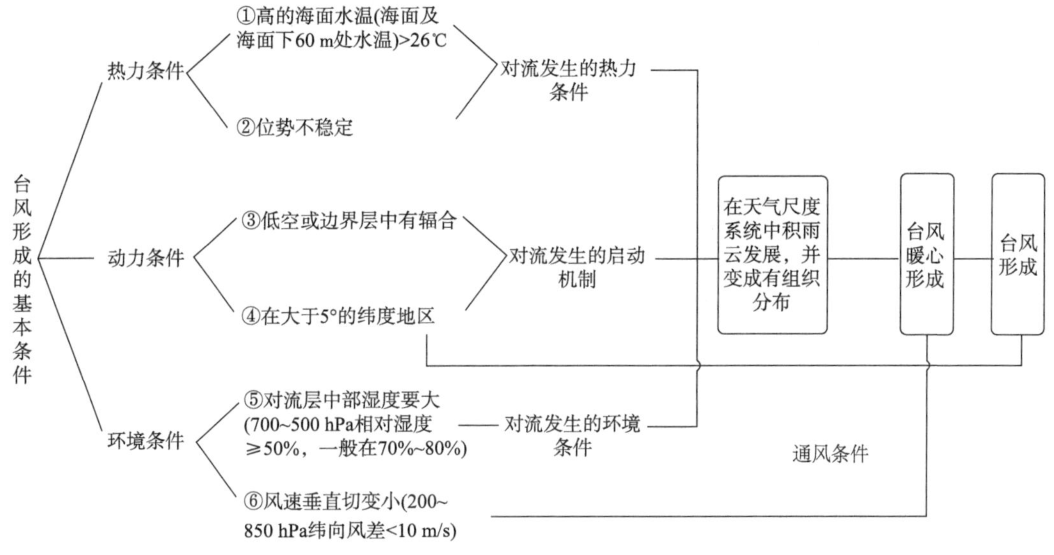

图 4.13　台风形成的基本条件

高层增暖或加热能否积累，使高层温度不断升高，形成台风所应具有的暖心，这取决于台风所处的环境中的风场的条件。如风的垂直切变小，通风条件差，高层的热量不致被散失掉，这可使台风的增热量得以积累，形成暖心。暖心一旦形成，高空出现辐散，地面气压降低，径向风速加大，通过科里奥利力的作用，径向风速转变为切向风速，台风的风力迅速增加，达到台风的强度。由此可见，台风的形成是与上述 6 个条件有关的（图 4.13），其中主要与①，③，④，⑥有关。

4.2.2.2　热带气旋形成的理论

台风动力学与中纬度环流系统（如温带气旋）动力学有三个明显的差别。第一，台风一般是处于热带正压的大气中，由湿对流过程释放的水汽凝结潜热是台风的主要能源，而对温带气旋等这种能源是次要的，它们主要依靠斜压区能量释放取得所需能量。第二，台风内的能量主要来自海洋的蒸发和水汽的水平辐合流入。这种过程主要发生在最低 1 km 左右的行星边界层中，因而边界层在台风动力学中占有很重要的地位。第三，只有台风才具有眼区。眼区的垂直环流对于造成台风很低的地面气压十分重要。

积云对流所释放的凝结潜热是台风形成和维持的主要能源。对流活动是发生在条件不稳定的大气中。在这种大气中，当一个潮湿空气块强迫上升，并变为饱和，由于空气中水汽凝结释放出潜热，使得气块比周围环境温度暖，在浮力作用下空气块向上加速，一直到空气块温度与环境温度相等的高度附近为止，这种不稳定大气的判据是位温随高度减小。在台风中这种对流活动从理论上讲是可能存在的，但它主要是一些尺度很小的积云对流，并不能用来说明热带气旋尺度的环流发生和发展。此外，平均热带大气即使在行星边界层也不是饱和的，上升空气块在具有浮力之前，必须经受相当的强抬升作用。在热带海洋上，这种强迫上升只能出现在低层辐合区中，而低层辐合区往往与天气尺度的扰动有关。因而积云对流和天气尺度的扰动或运动系统有着密切的关系：天气尺度扰动能产生水汽辐合，把积云组织起来并维持其不断地增长和发展，扰动中积云对流所释放的潜热能供给天气尺度扰动运动的能量。图 4.14 给出积云与天气尺度扰动的相互作用。这种相互作用使对流层中、上部不断增暖，扰动的中心气压不断降低，从而导致天气尺度系统不断发展。由积云对流和天气尺度扰动两者相互作用所产生的不稳定性，人们称作第二类条件不稳定。之所以被称作第二类条件不稳定，是便于与产生小尺度积云对流的条件不稳定区别开。

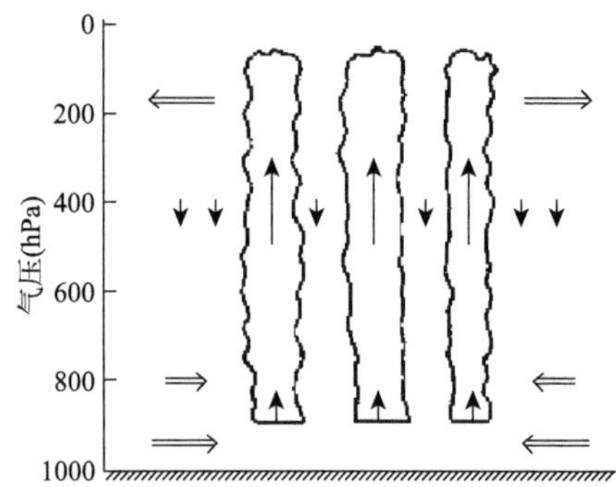

图 4.14　积云对流与低层天气尺度辐合之间的关系

什么机制能造成低层的水平辐合流入呢？在热带扰动中低层辐合主要由边界层的摩擦作用引起。摩擦作用使风发生偏转。在地面气旋性扰动中，气流向中心辐合，使得在摩擦层顶部出现上升运动，这种上升运动导致积云的生成。在热带洋面上，大多数积云的底部在 600 m 以上，热带洋面平均垂直温度梯度和水汽垂直分布，只在 900 hPa 以下辐合产生的垂直运动才可使对流层增暖，从 900 hPa 以上的辐合区中产生的垂直运动只能造成冷却，因为上升的气块总是比周围环境空气要冷，而 900 hPa 以下的空气正处于摩擦层中。

摩擦能起两种作用：一方面摩擦作用消耗天气尺度扰动的动能；另一方面摩擦由于是发生在潮湿的边界层中，使水汽向扰动中心大量辐合，给系统供应潜热能源。在热带扰动发展的早期，由于扰动中的切向运动速度不大，摩擦主要作用是增加扰动中的能量，而不是减少能量。在一般热带低压和热带风暴的低层辐合区内有大量降雨，由潜热释放出来的能量要比摩擦消耗所需的能量大两个量级。

观测证明，在热带洋面上确实存在着由摩擦引起的风向明显的偏转。

根据第二类条件不稳定理论，可以把台风发生的过程说明如下。设在热带海洋上有一热带扰动。由海面摩擦作用造成的低层水汽辐合流入和向上输送产生积雨云。积雨云单体群通过释放潜热，使大气增暖，这种加热使地面气压降低，从而增强低空气旋性环流。在边界层摩擦作用下，向中心的风分量增加，这使得低空的辐合增强，辐合引起更多的积雨云，释放更多的潜热，从而使地面气压能继续下降，如此循环下去。为了使这个过程能继续进行和更有效，这要求对流层风速垂直切变要很小，这样才能使释放出来的潜热集中在相当小的一个区域中，所以垂直切变小这个条件是风暴发展过程的重要因子之一。系统的加强不会无限进行下去。在涡旋中心上层增温很显著，这使对流不稳定性减小。当温度垂直分布接近或等于湿绝热分布时，积云对流不再使高层增暖，因而地面中心气压不会继续下降，系统可能达到稳态，或者开始衰减。

从第二类条件不稳定理论，可以推论在台风中对流活动和潜热释放不是随机的，而是受中尺度和天气尺度运动制约的。初生的风暴可看作是由有组织的积云对流潜热释放所推动的强迫环流，而并不是由浮力造成的自由环流。

从第二类条件不稳定来看，台风的形成是边界层中摩擦辐合起着重要作用。早期许多人认为在台风发生时，高空有辐散存在是扰动发展的一种先兆，但从第二类条件不稳定看，高空辐散只是行星边界层内摩擦作用造成的低空辐合的结果。

4.2.3　热带气旋形成的主要天气系统

4.2.3.1　热带辐合区形成热带气旋的天气过程

大部分西太平洋台风都是从热带辐合区发展起来的。研究热带辐合区中台风形成的过程对于预报这类台风的发生发展有重要意义。一般情况下，一次热带辐合区演变过程可生成一二个台风。有时在有利条件下，在辐合区中可相继或者同时生成许多台风。这是热带辐合区形成台风的一个特点。

赤道槽是比较活跃的热带辐合区。在赤道槽中常常有一些热带低压或涡旋。信风槽的情况不同，它是东风气流内部的汇合线。在其中形成台风时，往往要有一定的环流条件，使得由信风槽变成赤道槽，在槽中出现气旋性涡旋，然后由低压涡旋再发展成台风。热带辐合区中台风的形成与大范围环流演变有关系。通常在辐合区南侧西南季风或偏南气流的出现和加强，这是使热带辐合区增强和北推的最重要因子。在辐合区北移时，常常有低压生成并发展成台风。

在一定环流条件下，不活跃的信风辐合区也可以转变为赤道槽，并伴有台风频繁发生。有时信风辐合区也可以直接生成台风，这种情况在中、东太平洋比较多见，在西太平洋偶尔也可以见到。

强烈的低空流入是台风发展的一个重要因子。尤其当西南气流与东南气流相汇时，有明显的辐合气流流入低压中，这更易促使其加强成为台风。并且在这种辐合气流中也很容易产生扰动。

热带辐合区受近赤道地区环流系统的变化影响很大，尤其与赤道高压有密切关系。赤道高压是低纬度的重要天气系统，它在中低层比较明显(500、700 hPa)。它的生消和移动常常决定着北侧西风的出现和加强，从而能影响热带辐合区的建立及其中台风的发生发展。

另外，热带辐合区北面的环流变化对热带辐合区及其中台风的发展也有影响，其中最主要的是副热带高压的变化。当副热带高压加强西伸时，可使东风气流增强，使得水平气旋性切变增大，有利于扰动发展。当副热带高压北跳时，其南侧会出现减压场，增加扰动中心的辐合，也有利于低压的加强。有时热带辐合区南北侧的环流变化有利于台风发展时，台风便可迅速地发展起来。

4.2.3.2 东风波形成台风的天气过程

在台风形成中东风波有两种作用：第一，东风波可作为一种初生扰动，在适当环境条件下增幅最后发展成台风；第二，东风波作为一种启动机制能激发起另外类型的台风形成。

通过研究发现由东风波发展成台风需要有高空条件。一旦高空辐散加强，可促使低层辐合上升加强，释放出更多的凝结潜热。当潜热加热超过空气上升的绝热冷却时，上层空气柱开始增暖，最后由冷心扰动转变为暖心的台风。

高空条件除了辐散的反气旋流场外，高空西风槽也可以作为一种有利的环境条件叠加在东风波上使东风波发展成台风。与温带气旋的发生发展一样，在高空西风槽前的辐散场同样也可以促使东风波上升运动的加强。

另一方面，如果在东风波中能使低层流入加强，也能促使波动发展成台风，尤其当大量对流云流入扰动中时，这能促使扰动迅速发展成台风，这时扰动中气旋性环流把分散的积雨云团或云区组织起来，更有利于高空潜热集中，并造成暖心。在这类东风波发展成台风的过程中，不需要先有高空辐散场的存在。

东风波的另一种作用是启动另外类型的扰动，使它发展成台风。我国气象工作者曾发现，在西太平洋上25°N以南的东风气流中，如果有东风波西移，当它移到低空低压扰动上空时，槽前的辐散场可以促使低压迅速加强成台风，这种情况在南海和我国台湾省以东洋面上可以见到。

在西太平洋，东风波主要在两个地区活动，一个在20°～25°N的副热带地区，一个在20°N以南的热带地区。前者生成的台风多影响我国浙、闽等省，后者生成的台风多影响我国广东省和越南等地。两者在台风形成的天气过程上基本相同，但也有一定差别。

4.2.3.3 高空冷涡作用下台风的形成

夏季太平洋中部高空槽内的冷涡，其中有一些势力较强的可以伸达地面，诱生出东风波和低压扰动来。这些扰动在有利的环境条件下可以发展，有些能达到台风强度。所以有人认为高空冷涡是形成太平洋台风的一种重要热带扰动。但是在西太平洋上，由这种方式生成的台风并不多。

台风是暖心的涡旋，而高空冷涡是冷心涡旋，其转变机制怎样呢？由于缺乏足够的资料对这种过程进行详细的分析和研究，目前对这种过程并不了解。

当西风槽环流经向南发展时，高空槽南端有时被切断出冷性涡旋，并进入副热带或热带地区。这种冷性涡旋在热带海洋环境条件下会逐步变性为暖性的台风。大振幅的延伸到低纬的高空槽又叫延伸槽。切断的冷涡只有到达热带海洋上才能变成为台风，如果是在陆地上被切断，则会在热带气流中消亡。在北太平洋上，这种切断过程冬季和夏季都会发生。东太平洋上冬季有一部分副热带气旋就是由这种过程形成。在夏季，冷涡切断过程不多见，其中能发展成台风的更少，即使能发展成台风，所处的纬度也比较高(20°～25°N)，生命期一般不长。

4.2.3.4　冷空气(冷锋)对台风生成发展的作用

台风是一种暖心系统,如有强冷空气流入台风时,会破坏台风的暖心,使台风减弱或消亡或变性为温带气旋。进入中纬度西风带的台风经常会遇到这种情况。但冷空气还有另一种相反的作用,如果冷空气较弱,而且主要影响台风外围环流,可以有利于台风的发生发展,这种情况主要发生在秋冬季。

关于冷空气对台风加强的作用机制现在还没有一致的看法,根据许多人的研究,可以归纳为五个方面。

(1)冷空气的入侵使潮湿不稳定空气发生明显扰动,形成大范围的阵性降水,引起潜能大量释放,加速上升气流。这强调冷空气从低层侵入时对暖空气的强迫抬升作用。

(2)冷空气的入侵增加了台风外围的气压梯度,加强了华南地区和南海北部的东北季风或偏东信风。在东北风和南海南部的西南气流共同作用下,促使低压周围气旋性环流的加强,从而引起动量向内部传递,加速台风的发生发展。对于热带辐合区的涡旋,东北风的加强还可以直接增加其低层辐合作用。

(3)在冷锋到达南海北部和中部时,仍具有一定的斜压性,即有一定强度的水平温度梯度存在。当扰动从东南面移近时,斜压能量释放可供给一部分扰动初期发展的动能。如果有冷暖空气同时从不同方位侵入扰动,则可在扰动内外地区造成较强的斜压性,促使扰动发展。以后随着高空槽东移,冷空气影响减弱,风暴主要在潜热作用下发展成暖心的台风。

(4)冷锋到达热带地区所产生的大范围对流云系是热带扰动发展的有利环境条件。在南海地区,从卫星云图上可以看到,当热带扰动云系与冷锋云系相接时,大量的冷锋云系被卷入热带扰动中,随后热带扰动能发展起来。

(5)与冷空气有关的低空东北季风的建立和增强,对台风的生成和发展可能起到重要作用。在秋季,随着冷空气的向南暴发,冷锋常能到达南海北部和中部。并且由于气压梯度的加大,在南海中、北部同时出现一次东北季风的暴发过程(东北季风潮)。此时在 2 km 以下相应可建立起一支东北风低空急流,并能维持几天时间。因而在急流轴以南的低空地区,出现一片气旋性水平切变区。此时如果有热带扰动移入这片气旋性切变区,除增强扰动外围的环流外,更重要的是得到正涡度,使扰动低空辐合气流加强,从而促使扰动的对流更加旺盛,运量迅速增多,低压很快发展成台风。这个过程说明,在热带扰动周围的气流场上,基本气流的涡度变化时有利于气旋性涡度的发展。

4.2.4　热带气旋形成预报

在过去的一些年里,我国沿海一些气象台都在研究西太平洋台风形成的预报方法。现有的预报方法可分为四类:第一类,从东亚和西太平洋环流型的演变来预报台风的形成。这种方法着重分析台风形成前期大尺度环流背景条件。第二类,寻找台风发生发展的预报判据和指标。这些判据和指标有的反映了大尺度环流条件,有的反映了台风形成的基本条件,有的反映了热带扰动本身的发展特征。这些判据和指标是根据预报员的实际经验或者以理论研究结果为依据。第三类是结合第一类和第二类的方法,即环流型加上预报判据和指标。环流主要说明台风形成的大尺度环流背景条件,但满足了这些环流条件,台风不一定发展,因而必须进一步再根据预报判据和指标进行判断。第四类,利用卫星云图分析和预报台风的发生发展。在卫星云图上台风表现成明显的有组织云系。在不同的发展阶段常常对应不同的云型。因而根据台风云系的演变可以估计台风的发生发展趋势和强度。

通过分析，概括出有利于台风发展的大尺度环流型来表示扰动所处的环境条件。环流型包括东风波流型、热带辐合区单独台风发展流型、热带辐合区多台风发生流型，热带辐合区与东风波相互作用的流型、延伸槽形成台风的流型和冷空气作用下台风发展的流型。而对于扰动本身的变化从两方面分析。一是根据卫星云图分析扰动前期和当时的变化属于何种发展云型。再根据一些云图指标判断扰动在未来是否有可能加强。另一方面是根据扰动的气压场、风场、天气区、变性等分布和变化确定其是否属于发展型。两者分析常常是一致的。如都表明要发展，就可预报扰动本身也是加强的。如两者不一致时，须仔细分析和判断。

最后根据一些预报指标作判断。预报指标包括四个方面：首先是低层条件，主要包括热带辐合区的特征（宽度、切变强弱、东西风分布等），近赤道环流特征，冷空气强弱等。第二是风场垂直切变的大小，当小于 5 m/s 时一般发展。第三是扰动区的热力不稳定，主要是位势不稳定的大小和变化。第四是高空辐散场的强弱和特征。有了上面四方面的指标，可以对初步预报结果作进一步判断。

随着观测技术和模式应用的发展，现在预报员们可以更加直观看到初始扰动的特征，包括风场垂直切变、动力不稳定条件、高低层辐合辐散强度、海表温度等等数据，甚至可以从模式释用结果中直接看出某一初始扰动是否后期得到发展，以及发展后的强度、路径等。这些新资料、新方法的加入，使得台风生成预报更加精细、准确。

4.3 热带气旋中心位置、强度及结构

在实际业务中，确定热带气旋中心位置和强度的主要依据是气象卫星、地面基准雷达和地面气象观测，少数国家也应用飞机探测作为一种重要的辅助监测手段。由于海洋观测资料稀缺，而地面雷达探测距离有限，因此自 20 世纪 60 年代气象卫星投入业务运行以来，气象卫星探测就成为对热带气旋监测最主要的手段，尤其对远海热带气旋的监测。而当热带气旋接近陆地时，由于雷达在观测时间及空间解析度上的优势，雷达则成为精确掌握近海热带气旋动向的最佳探测工具；而一旦热带气旋登陆后，地面实时观测资料将成为确定热带气旋中心位置和强度的主要依据之一。目前我国已初步建成了以气象卫星、多普勒天气雷达、地面自动气象观测站为基础的对热带气旋进行全方位实时监测的立体综合探测体系，借助于气象卫星、多普勒天气雷达和地面自动气象站对热带气旋的全方位精确监测。

4.3.1 热带气旋中心位置的确定

4.3.1.1 卫星云图上热带气旋中心位置的确定

最常见的卫星定位方法是使用 Dvorak 方法（Dvorak，1972，1973，1975，1982，1984，1995），并结合透明螺旋线板和主观解释（McBride *et al*，1987），该方法是通过确定适当的云系中心的位置来定位的。由于微波图像及一些主动传感性的卫星图像是由极轨卫星所获取的，这些资料的时间分辨率都较低，一般每天只有两次，因此在热带气旋（下面简称为台风）监测日常业务中，一般都使用红外和可见光图像来确定台风中心的位置。具体一般分为 4 个步骤。

第 1 步:根据云型特征确定热带气旋中心

在卫星图像上,台风表现为有组织的涡旋状云系,是一种比较容易识别的天气系统。台风云系通常由眼区、近中心浓密云区和螺旋云带 3 部分组成。

台风眼区指成熟台风中心附近的无云或少云区,在卫星云图上表现为一个小黑点。眼的形状一般可分为不规则的大眼、大而圆的眼和小而清晰的圆眼等 3 种(图 4.15)。正在发展的或较弱的台风常没有眼,这时台风中心通常位于浓密云区的外部或边缘(图 4.16)。

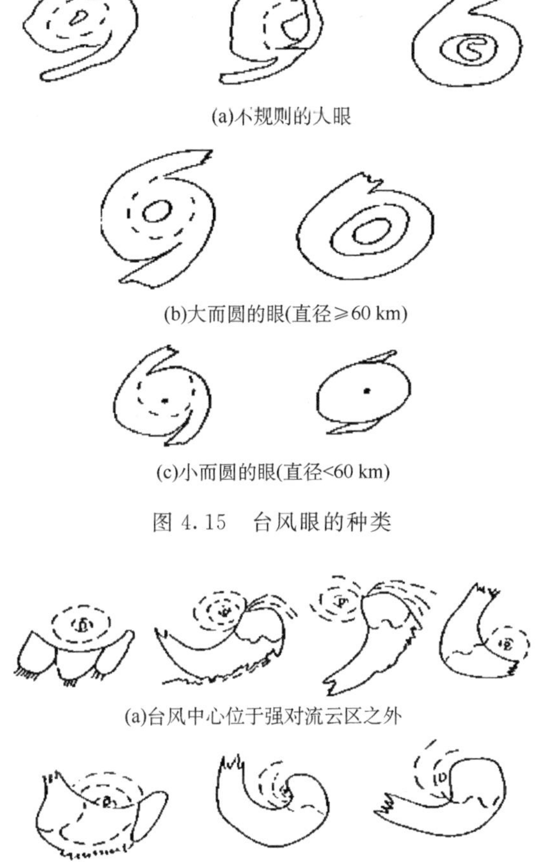

(a)不规则的大眼

(b)大而圆的眼(直径≥60 km)

(c)小而圆的眼(直径<60 km)

图 4.15　台风眼的种类

(a)台风中心位于强对流云区之外

(b)台风中心位于强对流云区边缘

(c)台风中心位于强对流云区内部

图 4.16　发展中台风或弱台风中心位置

中心浓密云区是指台风眼区或云带曲率中心四周的一整片浓密的对流云区。但只有当台风中心位于该片浓密云区里面时,才可称为中心浓密云区(又称密蔽云区)。如果台风中心位于浓密云区外部靠近它的边缘附近,则不能称其为中心浓密云区。当台风发展到成熟阶段且强度较强时,由于垂直环流的加强和大量卷云的生成和流出,中心浓密云区变为一片光滑的卷云区(或者是有纹理的卷云区),这时又称之为卷云罩。

螺旋云带是指台风云系中表现为弯曲的螺旋状的云带，一般出现在台风发展初期。在成熟的强台风中，围绕中心浓密云区旋转的螺旋云带呈准圆形，云带宽度多在 50 km 以上（图 4.17）。

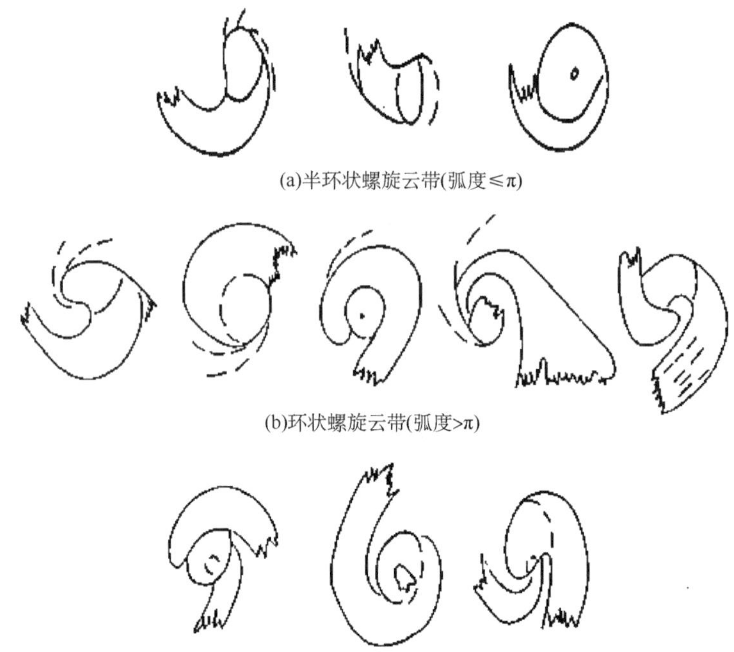

(a)半环状螺旋云带(弧度≤π)

(b)环状螺旋云带(弧度>π)

(c)一环半状螺旋云带(内环或主要一环>π，外环或次要一环弧度≤π)

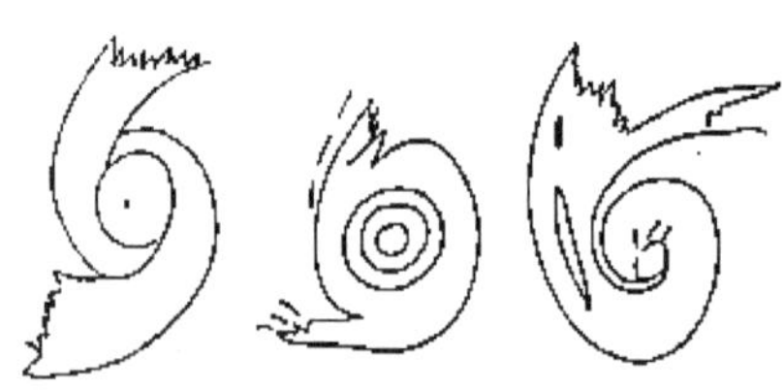

(d)双环状螺旋云带(外环或次要一环弧度>π)

(e)中心为圆形强对流云带
(围绕眼区或环的密蔽强对流云区)

图 4.17　各种螺旋云带

当台风有眼时，可以根据眼的特征确定台风中心位置。小而圆的眼，即台风中心；大而圆的眼，台风中心定在眼区的几何中心；不规则的大眼，须仔细分析红外云图上的眼区，台风中心定在最黑区的几何中心（如图 4.18）。

当台风无眼，但有密蔽云区时。①出现对称的近于圆形的密蔽云区时，台风中心一般位于其几何中心；②密蔽云区中出现弧状云隙或裂缝时，台风中心位于云缝内密蔽云区的中央部位；③当密蔽云区减弱，有舌状干空气侵入时，台风中心位于干舌的顶端；④具有不对称的密蔽云区时，台风中心偏于云区边界整齐光滑的一侧。台风密蔽云区不对称，东侧边界整齐，尤其是东北侧最光滑，台风中心位于靠近最光滑边界一侧（如图 4.19）。

当台风无眼，且台风中心在云区外部时。①用可见光云图上出现在浓密云区外部的半环状和螺旋状积云线的曲率中心来确定。台风中心是由可见光云图上位于浓密云区东北侧的半环状积云线的曲率中心来确定。②用红外云图上浓密云区外部或边缘附近出现的圆形无云区确定。在红外云图上看不到积云线，但仔细分析浓密云区附近少云区的色调，发现其东北边缘有一个圆形无云区，色调比四周要黑，即为台风中心。③根据螺旋云带的曲率中心确定。当有两条或两条以上的云带时，台风中心通常位于这些云带中间的晴空区，台风中心位于两条正在旋转云带的共同曲率中心（如图 4.20）。

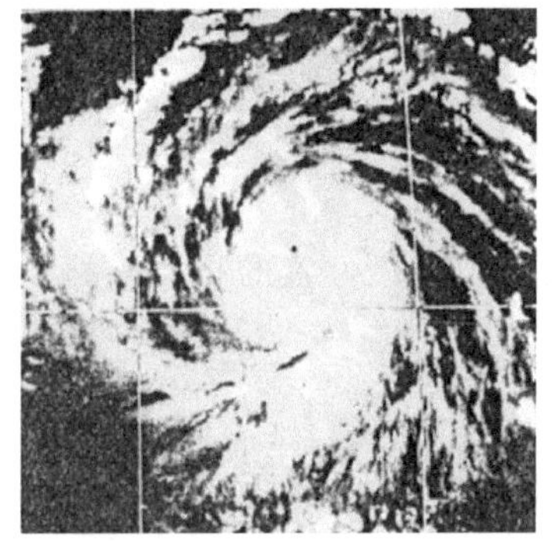

(a)小而圆的眼

(b)大而圆的眼

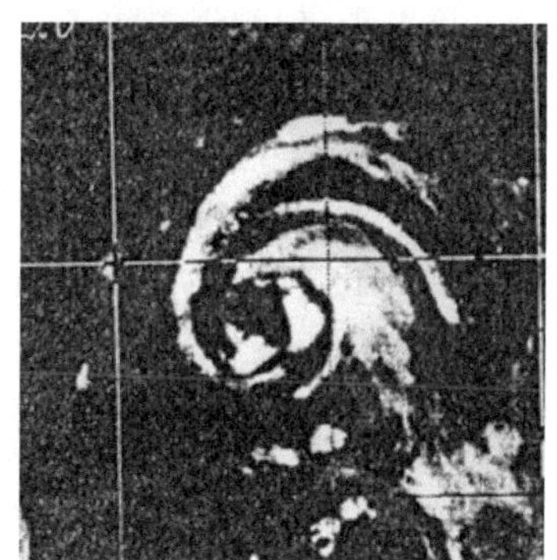

(c)不规则的大眼

图 4.18　具有不同特征台风眼的卫星云图

(a)对称的近似圆形的密蔽云区

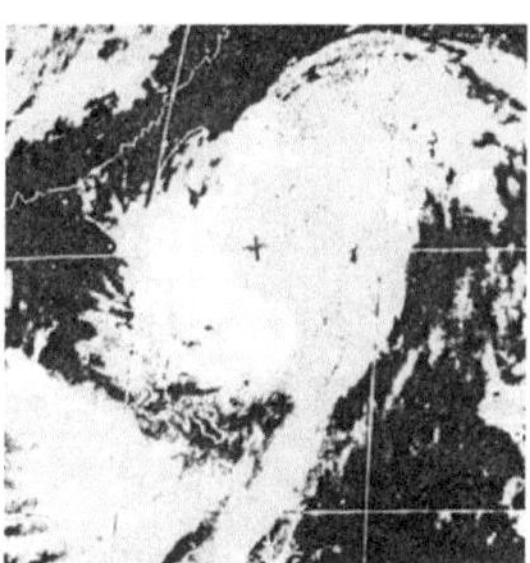

(b)密蔽云区中出现弧状云隙或裂缝

(c)密蔽云区中有干舌侵入

(d)不对称的密蔽云区

图 4.19　无眼，台风中心位于密蔽云区内部时的卫星云图典型示意图

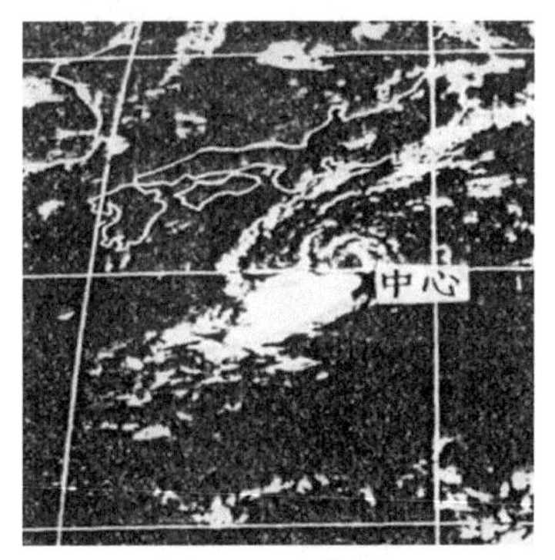

(a)定在半环状和螺旋状积云线的曲率中心

(b)定在圆形无云区

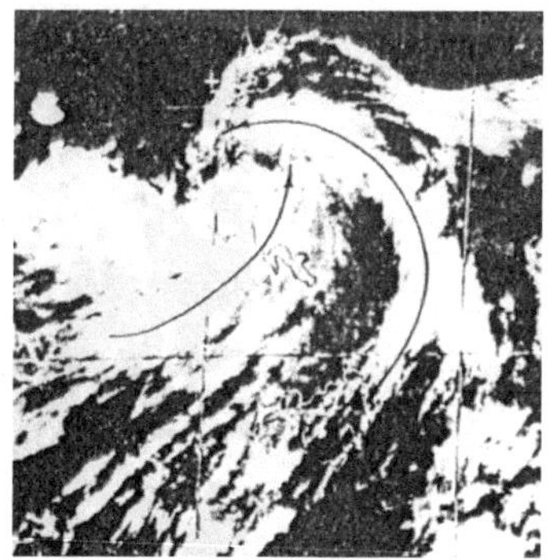

(c)定在螺旋云带的曲率中心

图 4.20　无眼，台风中心位于密蔽云区外部时的卫星云图典型示意图

第 2 步：网格误差校正

位于卫星正下方的一点，称为“星下点”。由于卫星本身倾斜并不停地摇摆和旋转，使“星

下点”的位置也有变化。因此以“星下点”为基点所确定的网格也相应发生偏差，所以在确定台风中心位置后，需要进行网格误差校正。目前所接收的云图，网格一般有 0.1～0.2 个经纬距的误差，少数图片的误差可达 1 个经纬度。在实际操作中，一般是根据云图上的海岸线、湖泊、河流以及岛屿等地标特征校正网格。

第 3 步：斜视误差校正

由于西北太平洋和南海地区的大多数台风离“星下点”较远，必须进行斜视误差校正，通常向东南方校正 0.1 个经纬度。

第 4 步：合理性检验

经过上述两步校正，再用台风的前期位置和强度变化以及路径与台风位置的相关来检验所确定的位置是否合理，最后定出台风中心位置。

4.3.1.2 雷达图像上台风中心位置的确定

当台风移近雷达时，通常首先出现的是较大的降雨带，称为先行雨带，它以几乎相同的速度和方向在台风之前随之一起向前移动，此阶段难以获得精确的定位。一旦观测到一定长度的螺旋云带，用 10°～20°等角对数螺线拟合，就可以初步确定台风中心的位置(Senn *et al*，1959)。基本方法是作一组对数螺线，然后选取与观测到的螺旋云带最合适的一个，其螺旋中心就是台风中心的位置。

在大多数情况下，一个发展完整的台风都可以在雷达回波图像上看到明显的眼壁回波。虽然有时候眼壁回波可能不全或结构有些零乱，但只要观测到这种眼壁回波，一般都可以比较准确地以台风眼的几何中心来确定台风的中心位置。在台风实时业务中，根据台风眼的雷达回波结构特征，可以将其分为同心双套圆眼、圆形眼、椭圆形眼、半圆环眼、不规则眼、破碎眼和无眼 7 类台风(图 4.21)。一般而言，强度强的台风多数出现同心双套圆眼和圆形眼，中等强度的台风则呈现椭圆形眼和半圆环眼，弱台风则多数出现不规则眼、破碎眼或无眼。对于存在

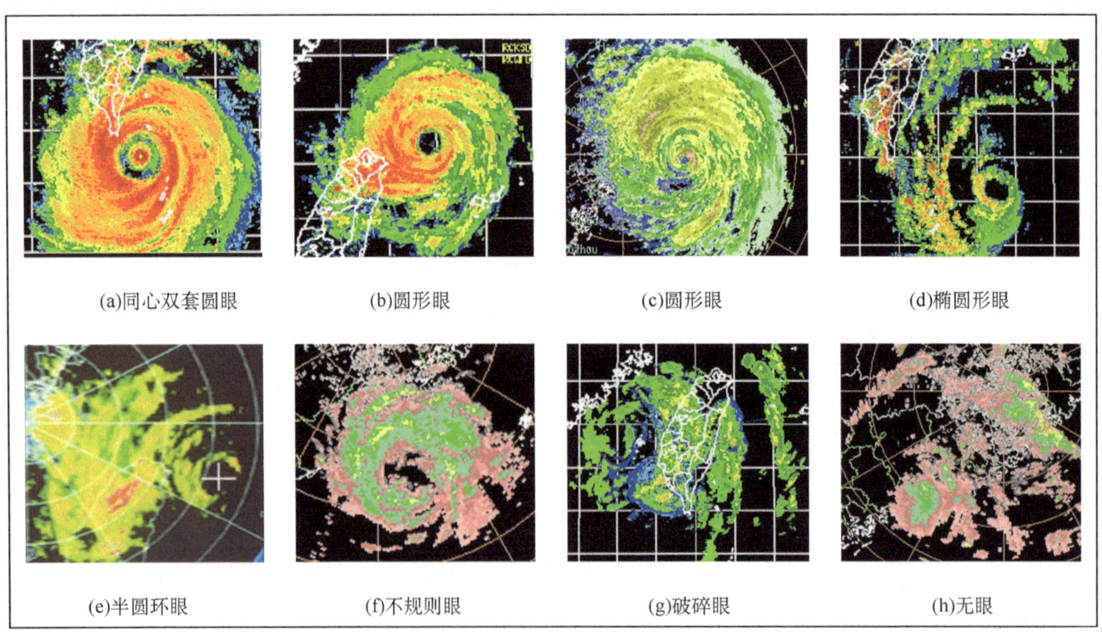

图 4.21 台风眼的雷达回波结构

同心双套圆眼、圆形眼、椭圆形眼和半圆环眼的台风，我们可以将上述眼回波的几何中心确定为台风中心。而对于存在不规则眼、破碎眼的台风和无眼台风，用雷达回波来确定台风中心存在着非常大的困难，这时可以借助多普勒雷达径向速度场或其他观测手段来确定台风中心。

4.3.1.3　地面观测

结合使用地面观测与其他观测，可为台风定位提供有价值的资料分析。调查表明，预报员认为地面观测十分重要，绝大多数气象台站把地面观测资料作为最重要、最有用的工具。但是用所有可能得到的地面观测资料对澳大利亚早期热带气旋重新进行仔细的定位分析，结果表明仍然存在着定位误差，这说明澳大利亚的气旋定位质量和较大的定位分析误差与使用地面观测有关，即使这种地面观测有较好的质量和密度。尽管按平常标准来看，资料相当好，但是大量有经验预报员单独用地面资料估计热带气旋中心位置和强度，其定位误差一般都超过 100 km，而强度估计则几乎无用(Holland,1981)。因此，在确定台风中心位置的业务实践中，必须审慎地使用地面观测资料。

应该指出的是，“真正”的台风中心位置并不存在，台风中心位置既取决于所选择的中心位置的定义，也与所使用的观测设备有关。如卫星和雷达确定的围绕眼区的云墙或雨带圆形区域的几何中心。除非可分辨出地面的台风环流中心，一般卫星云图显示的是中层环流的位置，对一个结构松散或有风切变的台风来说，中层环流中心与地面环流中心差异相当大。类似地，在台风距离雷达站较远时，雷达只能通过探测高空雨的特征确定台风中心位置，随着台风的靠近，才逐渐观测到较低层次的环流。另外，地面气压场中低压中心和风场中气旋中心很少同雷达或卫星显示的几何中心一致，地面低压中心和风场涡旋中心彼此也很少一致。因此，在实际业务中，有时需要从多种观测资料中推断出台风的中心位置。分析的不准确，不同的观测资料得出不同的位置，以及中心位置的高频震荡使得可能的台风中心位置十分分散，必须从这些位置中推断出最终位置。国内外大多数气旋警报中心根据定位的可靠性权重，通过某种形式的曲线拟合或平滑来确定最终位置，而地面分析则用于检查总误差和对最终估计的位置进行调整。

值得注意的另一个问题是弱台风的定位问题，这时由于弱台风可能具有强的切变或包含多个中心，选择哪个中心作为台风的实际中心是一个难题。在台风发展过程中，某个中心一度起支配作用，而后又被另一个中心取代。从一些个例中已经发现，台风最佳路径的剧烈变化与多中心的支配作用更替有关，也就是说一些大的、近乎灾难性的预报误差是由于使用卫星资料定位分析时追踪了不正确的特征或局部环流中心所致。

此外，台风路径的小尺度振荡也是一个常见的定位分析难题，当准确的、高频次的加密观测(如地面基准雷达)时，可以分辨出这种振荡，并在最终路径上反映出来。然而，多数情况下，观测资料难以做出如此详细的定位分析，路径在一定程度上被平滑了，也可能被所用的特殊观测所歪曲。业务定位中，由于资料较差或实际的路径摆动或方向长期变化，通常难以指出分析出的位置是否偏向于前期路径的某一侧，因此一旦做出错误的解释，就可能导致严重的预报误差。

4.3.2　热带气旋强度的确定

根据我国热带气旋等级标准(GB/T 19201—2006)的规定，台风强度是指台风近地面或近海面中心附近的最大平均风速或最低海平面气压，即以米/秒(m/s)或者百帕(hPa)为单位。我国对台风风速的观测采用 2 min 平均风速，日本气象厅是 10 min 平均风速，美国联合台风预警中心(JTWC)是 1 min 平均风速。在实际业务处理中，经常将我国对台风观测与日本气象厅的强度近似相等，而经验性地将 JTWC 的台风风速强度值乘以 0.87 的系数再约等于我国和日本气象厅的台风强度。

热带气旋分为热带低压、热带风暴、强热带风暴、台风、强台风和超强台风六个等级(表 4.3)。

表 4.3　热带气旋等级划分表

热带气旋等级	底层中心附近最大平均风速(m/s)	底层中心附近最大风力(级)
热带低压(TD)	10.8～17.1	6～7
热带风暴(TS)	17.2～24.4	8～9
强热带风暴(STS)	24.5～32.6	10～11
台风(TY)	32.7～41.4	12～13
强台风(STY)	41.5～50.9	14～15
超强台风(Super TY)	≥51.0	16 或以上

通常用观测风和气压的方式，直接测量台风强度几乎是不可能的。台风眼和最大风速覆盖的区域一般都很小，且未必能直接影响到一个测站，特别是船，船长总是要努力避开观测台风最强烈部分的机会。虽然从台风环流内任何地方的观测对了解台风强度及其变化都是有帮助的，但这只能揭示台风强度及其变化的部分事实，而毁灭性的风区是非常集中的，尤其是在迅速发展的台风中。

目前世界各国(包括中国、美国和日本等国家)主要是采用美国科学家 Dvorak 研发的 Dvorak 分析技术(Dvorak，1972，1973，1975，1982，1984，1995)，根据静止气象卫星在红外和可见光波段观测的台风云型特征及其变化确定台风的强度。该技术于 1987 年由世界气象组织推荐使用，已成为在缺少飞机探测地区监测台风强度的世界标准(裘国庆，方维模等译，1995)，也是强度预报最通用的方法。Dvorak 技术给出了用于表征台风强度的台风现实强度指数(CI)，然后由观测统计得到的现实强度指数与台风近中心最大风速的经验关系，得到台风近中心最大风速，最后再由台风中心最低海平面气压与台风近中心最大风速的风压统计关系来确定台风中心最低海平面气压。下面简单介绍一下 Dvorak 技术流程。

在卫星云图上，台风强度是台风云型结构多种特征的综合反映。这些特征包括：台风的环流中心、中心强对流云区的范围以及外围螺旋云带等。通过对卫星云图中的这些特征进行分析判断，分别给出各个特征的强度指数，台风现实强度指数就是这些特征的强度指数之和。

(1)环流中心特征指数(T_1)的确定

环流中心特征指数的确定分有眼和无眼两种情况。台风有眼时，则根据眼区的形状确定环流中心特征指数；无眼时，根据台风环流中心与浓密云区的相对位置确定环流中心特征指数。

当台风有眼时，若台风眼为无规则大眼，$T_1=2.0$；若台风眼为圆形大眼，眼区直径为 60 km 或以上，$T_1=2.5$；若台风眼为不清晰的圆形小眼，眼区直径小于 60 km，$T_1=3.0$；若台风眼为清晰的小圆眼，则 $T_1=4.0$。

当台风无眼时，若环流中心在浓密云区外部，$T_1=0.5$；若环流中心在浓密云区边沿，$T_1=$

1.0；若环流中心在密蔽云区内部，$T_1=1.5$。

（2）中心强对流云区范围大小指数（T_2）的确定

中心强对流云区的大小以中心强对流云区经向与纬向距离的平均值表示，单位为纬距，约 2 纬距定为 1 个特征数。在麦卡托投影的云图上，1 cm 长度相当于 2 纬距，为便于使用，常用直尺量出云区的厘米数。确定中心强对流云区的大小，一般用增强显示的红外卫星云图，这样可排除主观因素，效果较好，如图 4.22 所示。

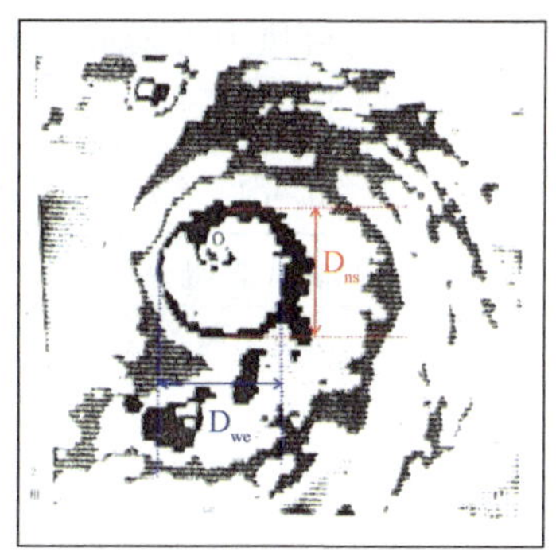

图 4.22　增强显示的红外云图

$T_2=$（中心强对流云区平均东西向经距数 $D_{we}+$ 中心强对流云区平均南北向经距数 D_{ns}）/2

（3）云带的带状特征指数（T_3）的确定

云带的带状特征指数的确定分无外围螺旋云带和有外围螺旋云带两种情况。有外围螺旋云带时，则又根据外围螺旋云带和中心强对流云带的特征来确定云带的带状特征指数。

无外围螺旋云带时，$T_3=0$。

有外围螺旋云带时，先分别确定螺旋云带特征指数（T_3'）和中心强对流云带特征数（T_3''），云带的带状特征指数为螺旋云带特征指数和中心强对流云带特征数之和，即 $T_3=T_3'+T_3''$。

螺旋云带特征指数根据外围螺旋云带的环数来确定。若外围螺旋云带为半环状时，$T_3'=0.5$；若为环状带（一环）时，$T_3'=1.0$；若为一环半时，$T_3'=1.5$；若为双环时，$T_3'=2.0$。

中心强对流云带特征数根据有无中心强对流云带来确定。若有中心强对流云带，$T_3''=3.0$；若无中心强对流云带，$T_3''=0$。

（4）台风现实强度指数（CI）的确定

台风现实强度指数＝环流中心特征指数＋中心强对流云区范围大小指数＋云带的带状特征指数，即 $CI=T_1+T_2+T_3$。

需要指出的是，在上述确定台风强度指数的过程中，并没有考虑到台风眼区的温度，以及中心密蔽云区和螺旋云带的最低云顶温度等与台风强度有关的其他因素，因此在确定台风强度的实际业务过程中，情况要复杂得多。此外，确定的台风强度精度还取决于台风预报员的长期实际业务经验。

（5）台风中心附近的最大风速和海平面气压的确定

在得到台风现实强度指数（CI）后，就可以由观测统计得到的现实强度指数与台风中心附近最大风速的经验关系（表 4.4），得到台风中心附近最大风速，台风中心最低海平面气压则是应用风压关系得到的。风压关系是利用历史观测资料得到的台风中心附近的风速与最低气压之间的一种经过纬度和季节订正的统计关系，该统计关系随地理区域的不同而有所差异。就西北太平洋而言，目前美国联合台风警报中心台风业务中应用的风压关系是 1977 年 Atkinson 和 Holliday 根据西北太平洋 1947—1974 年的 76 次西北太平洋台风中心经过海岛和沿岸测站时实测的中心气压和近中心最大风速得到的统计关系（Atkinson *et al*，1977），该统计关系至今仍被引用并列入世界气象组织（WMO）和联合国亚太经社会（ESCAP）所属的台风委员会的热带气旋业务手册（WMO，2007）中。该风压关系为台风中心最低海平面气压与近中心 1 min 平均最大持续风速的关系：

$$V_{max}=6.7(1010-P_c)^{0.644} \tag{4.1}$$

式中，P_c 为台风中心最低海平面气压，单位为百帕(hPa)；V_{max}为 1 min 平均最大持续风速，单位为海里/小时(n mile/h①)。

表 4.4 台风现实强度指数 *CI* 与台风中心最大持续风速和海平面气压的对应关系

电码	现实强度(*CI* 指数)	最大持续风速(n mile/h)	最大持续风速(m/s)	海平面气压(hPa)
00	衰减			
15	1.5	25	13	1004
20	2.0	30	15	1001
25	2.5	35	18	997
30	3.0	45	23	989
35	3.5	55	28	984
40	4.0	65	33	978
45	4.5	77	39	969
50	5.0	90	46	959
55	5.5	102	52	948
60	6.0	115	59	933
65	6.5	127	65	920
70	7.0	140	72	906
75	7.5	155	79	894
80	8.0	170	87	882
99	向温带气旋转变	不明		

目前我国台风强度确定业务中的风压关系是用 1975—1985 年美国联合台风警报中心对 283 个西北太平洋和南海台风的飞机观测资料并经季节和纬度订正的统计关系，该统计关系是对 Atkinson 和 Holliday 风压关系的修订(燕方杰 等，1994)，其公式如下：

$$V_{max} = 6.7(1010 - P_c)^{0.653} \quad (\text{适用于 } 0° \sim 14°\text{N}) \tag{4.2}$$

$$V_{max} = 6.7(1010 - P_c)^{0.645} \quad (\text{适用于 } 15° \sim 24°\text{N}) \tag{4.3}$$

$$V_{max} = 6.7(1010 - P_c)^{0.636} \quad (\text{适用于 } \geqslant 25°\text{N}) \tag{4.4}$$

式中，P_c 为台风中心最低海平面气压，V_{max}为 1 min 平均最大持续风速。

为了业务值班使用方便，把以上实用公式做成表格(表 4.5)直接查用。值得注意的是该统计关系仍然是 1 min 最大持续风速的风压关系，与我国热带气旋等级标准(GB/T19201—2006)对台风强度规定为 2 min 平均的最大持续风速的定义并不一致，因此在台风强度确定的实际业务过程中，还需做一定程度的修订。

表 4.5 台风中心附近最大风速与中心最低海平面气压对应查算表(燕方杰 等，1994)

0°～14°N																		
V_{max}(m/s)	15	20	25	30	35	40	45	50	55	60	65	70	75	80	85	90	95	100
P_c(hPa)	1000	995	988	981	974	965	957	947	937	927	916	905	893	881	869	856	842	829

① 1 n mile/h＝0.514 444 m/s(只用于航海)

续表

V_{max}(m/s)	15	20	25	30	35	40	45	50	55	60	65	70	75	80	85	90	95	100
15°～24°N																		
V_{max}(m/s)	15	20	25	30	35	40	45	50	55	60	65	70	75	80	85	90	95	100
P_c(hPa)	1000	994	987	980	972	963	954	944	933	922	911	899	886	873	860	846	831	817
≥25°N																		
V_{max}(m/s)	15	20	25	30	35	40	45	50	55	60	65	70	75	80	85	90	95	100
P_c(hPa)	999	993	986	979	970	961	951	940	929	917	904	891	877	863	849	833	818	802

4.3.3　热带气旋的结构

热带气旋一般是一个近似圆形的低压系统，一个发展成熟的台风，在水平上从里向外大约可分为台风眼区、近中心附近的强风区和暴雨区，外围的大风区和降水区。台风眼是台风发展成熟的一个重要标志，它是由台风眼壁所围成的一个区域。在台风眼内，既无狂风也无暴雨，天上仅有薄云。发展很强的台风也经常出现一种双眼结构特征，即在台风眼区附近环状云墙环绕的台风眼墙内，存在一个同心环状云壁包围的小眼。

台风眼壁（近中心附近的强风区和暴雨区）为台风眼外围一个环状的对流很强的云带，称为台风眼壁或台风云墙。这是台风结构最重要的一部分，台风形成的 12 级以上的狂风和高达 10 m 以上的怒涛主要发生在眼壁区内。同时，台风眼壁也是造成台风暴雨的主要区域之一。在眼壁区内还会出现龙卷风、闪电、雷暴，有时还会伴有冰雹。

台风螺旋云雨带（外围的大风区和降水区）紧接在台风眼壁之外，范围很广，形式多样，是台风结构中一个非常重要的特征，是判断热带气旋强度能否发展加大的重要标志，还可以用来判断台风影响外围云雨带的分布及其阵性的特征。在螺旋云雨带影响的地方常伴有阵性降水和阵风，其降雨强度和时间随云雨带发展范围和强度不同而不同，这在雷达回波上也有类似的特征。

热带气旋（台风）结构及其变化不仅是热带气旋结构本身的问题，它还影响到热带气旋的强度变化、路径的偏折、暴雨落区和雨强甚至风暴潮的强弱。几乎每个热带气旋的结构都存在一定的非对称性，这种非对称结构可能是热力因素造成的，也可以是动力因素造成的，因此台风非对称结构主要表现在动力和热力结构的非对称性。热带气旋结构及其变化除了受大尺度环流、能量输送、中尺度对流活动等影响外，还受到环境的重要影响，西风槽、中小尺度系统、弱冷空气入侵和地形等作用等均是影响热带气旋结构的因子。

一般靠近大陆或登陆台风东侧的积云对流较为旺盛，东侧的水汽比西侧更充沛且大气层结更加不稳定。台风登陆后主要完成了从基本对称的垂直分布到东西非对称分布的转换。台风自身结构变化会影响台风暴雨的落区、雨强和大风的分布，台风螺旋云带的形成和移动也与台风本身的结构密切相关，螺旋云带中的对流单体会影响降水强度。

4.4　热带气旋路径预报

通常西北太平洋热带气旋的路径主要包括非转向路径、西折路径、缓慢北折路径、快速北折路径和打转奇异路径等（图 4.23）。热带气旋的移动与热带气旋内部结构以及外部因素复杂的相互作用息息相关，因此，精确预报各种热带气旋路径需要正确地了解热带气旋的内部特征以及环境对热带气旋的影响，综合考虑各系统之间的关系和相互作用。

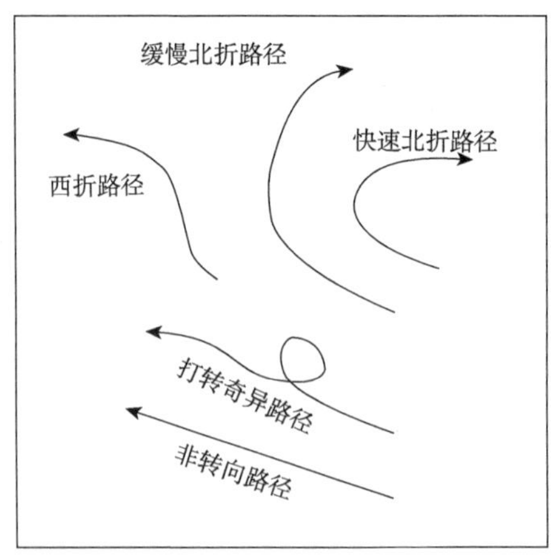

图 4.23　五种西北太平洋热带气旋路径

4.4.1　影响热带气旋移动的因子及预报着眼点

影响热带气旋水平运动的因素较多，包括了数千千米尺度的天气尺度系统和几十千米中尺度系统，前者主要决定气旋的长期移动趋势，后者对短期的移动甚至登陆点的预测有着重要的影响。

4.4.1.1　环境引导流

环境引导流的作用是最主要的影响热带气旋移动的外部因子，大约超过 70%的气旋移动与之有关。计算引导流的难点在于分离气旋本身的影响，以及确定合适的层次或者多层平均来计算。

早期计算环境引导流，将热带气旋近似为对称涡旋移除，这样计算所得的结果并不能真实反映环境引导流，因为热带气旋总是非对称的，移除对称涡旋的过程会将一部分环境场中的非对称信息也一同移除。中国气象局上海台风研究所目前使用 Kurihara 等(1993,1995)以及 Kwon 等(2002)提出的移除涡旋方法，此方法能够非对称地分离出涡旋信息，从而使得环境场中保留了非对称信息，具体流程为先对流场进行滤波得到基本场和涡旋扰动场，然后确定涡旋中心，其后用 850 hPa 风场确定涡旋范围，再计算涡旋扰动场中的非气旋扰动部分，接着从涡旋扰动场中减去非气旋扰动部分即得到与气旋相关的风场，最后将与气旋相关的风场移除得到计算引导流的环境场。图 4.24 为利用上述方法对台风 Rananim(2004)进行处理后得到的涡旋风场和环境场。

通常采用距气旋中心 1～7 纬距环状范围内平均环境流来计算引导流(Chan *et al*,1982)。目前，对引导流层次的选择仍有争议，有研究认为引导流层次的确定和热带气旋的强度有关，通常强度越强的气旋系统在对流层中延伸越高，因此引导流层次也越高；也有研究认为引导流层次的选择与气旋的强度关系不大(Velden *et al*,1991)。根据各预报中心经验，通常达到热带风暴强度的热带气旋，可考虑 850～500 hPa 多层平均的结果作为相应的引导流，而计算超过热带风暴强度的热带气旋引导流可使用 850～300 hPa 多层平均结果。需要注意的是在计算多层平均时，应考虑使用质量权重。

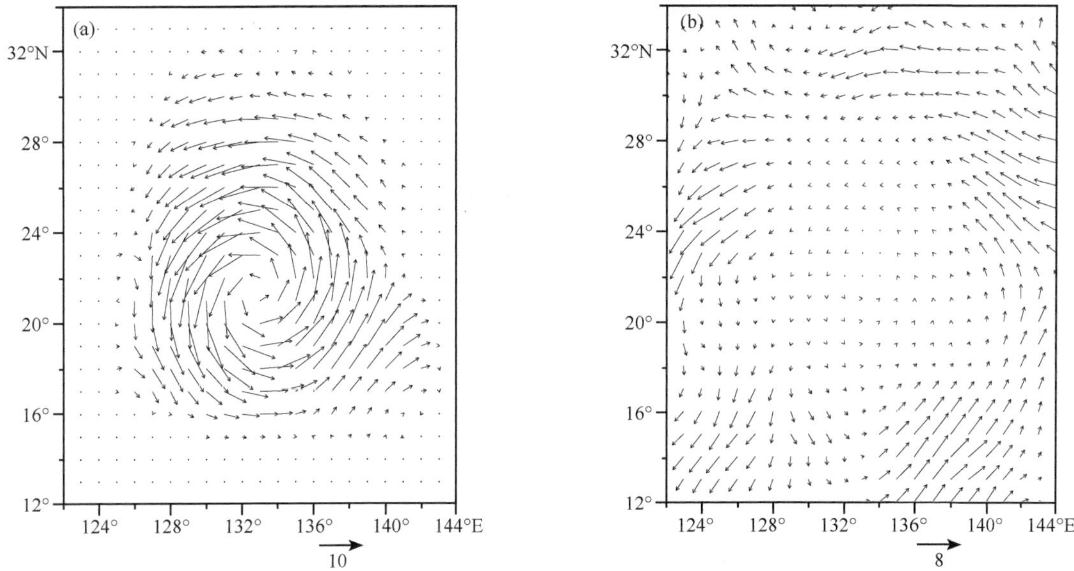

图 4.24　(a)台风 Rananim(2004)的涡旋风场和(b)移除涡旋风场后的环境风场
(时间为 2004 年 8 月 10 日 00 UTC)

另外，确定以及参考环境引导流还应注意：

(1)由于引导气流是准地转的，因此通常引导流方向与气旋实际的移动方向有一定偏差。

(2)范围较大的气旋，由于气旋系统和环境之间的相互作用使得引导流较难确定，并且这类气旋的移动似乎受引导流作用比小范围气旋受引导流作用要小。

(3)在预报当中，如果多层平均的计算所得引导流不可信，对于强度超过热带风暴的热带气旋，则 500 hPa 可作为“最佳引导层”以计算引导流；对于热带风暴强度的热带气旋，则可以用 700 hPa 作为“最佳引导层”以计算引导流。

(4)若环境垂直风切变较大，热带气旋将发生倾斜使得对流层上下层的涡旋中心分离，可以用 850 或 700 hPa 作为“最佳引导层”以计算引导流。

(5)利用引导气流诊断热带气旋移动具有时效性，它的有效时间与大尺度环境场的稳定程度有关。环境场较稳定时，大尺度流场变化相对较小，利用引导气流预报气旋移动的有效时间也较长；而环境场急剧调整时期，大尺度流场变化较快，则利用引导气流预报气旋移动的有效时间相应较短。通常应用引导气流预报热带气旋移动的有效时间不超过 24 h(王志烈 等，1987)。

图 4.25 为以台风 Rananim(2004)为例计算的引导流和实际观测路径，从图中可以看出大多数时刻气旋移动方向略偏向引导流方向左侧，并且移动速度的变化与引导流大小变化一致，证明引导流是影响 Rananim 移动的主因。

4.4.1.2　Beta 效应

Beta 效应可以看作是相对涡度垂直分量的局地变化，表现为 Beta 环流的产生(图 4.26)。Beta 环流在北半球通常产生贯穿气旋中心的东南风。在没有明显环境引导流作用下，近赤道的 Beta 效应会使得北半球的热带气旋向西北方向移动，移速约为每天几个纬距(Chan *et al*，1987；Fiorino *et al*，1989；Li *et al*，1994；Smith，1993；Williams *et al*，1994)。而如 4.3.1 中所提，气旋移动方向通常与引导流方向并不一致，在北半球 Beta 效应使得置身于东风带中的西行气旋移速较引导气流流速快，移向略偏向引导气流方向右侧；也使得西北行气旋的移速快于引导气流流速，移向偏向引导气流左侧；而使得东北行的气旋移速较引导气流流速慢，移向偏向引导流方向左侧(Elsberrv,1987)。

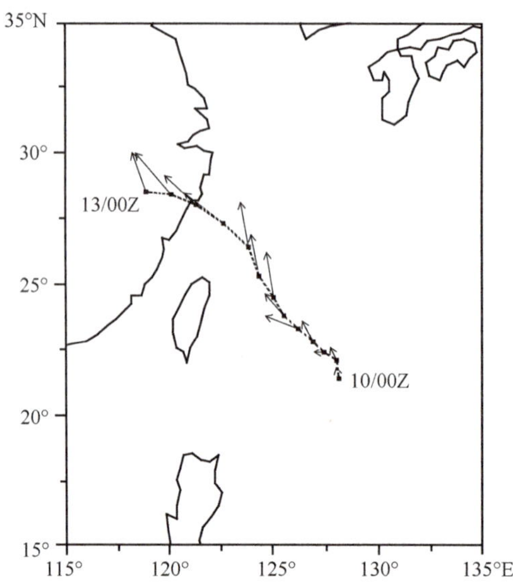

图 4.25　台风 Rananim(2004)的路径(虚线)和环境引导流(箭头)，每 6 h 标志

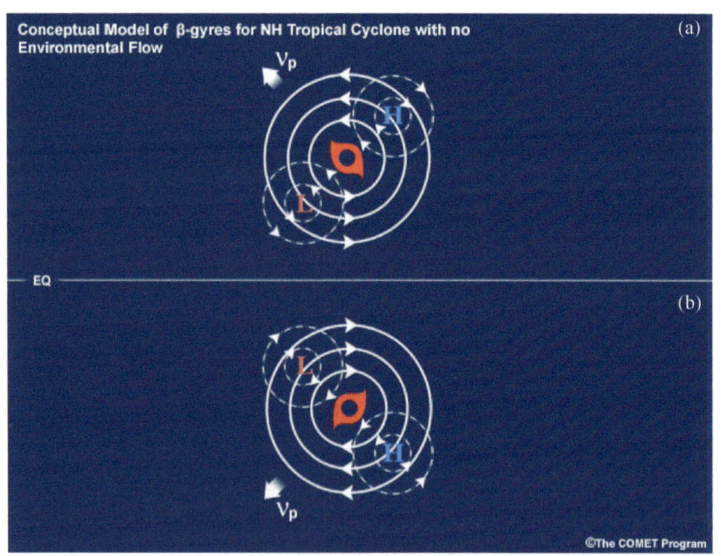

图 4.26　静止环境中热带气旋 Beta 环流(虚线)概念图

(a)北半球；(b)南半球

另外，研究认为 Beta 效应对热带气旋移动的影响可能与气旋的大小和强度有关(Fiorino *et al*,1989)。气旋范围较小，引导流流速超过 7.7 m/s 时，气旋移动方向与引导流方向基本一致；而气旋范围较大时，Beta 效应对气旋移动的作用会更明显。

4.4.1.3 地形和下垫面的影响

地形对热带气旋路径的影响主要表现在使路径发生偏折、加速或者跳跃。陈瑞闪(2002)认为在环境引导流较弱情况下，正面登陆我国华东地区的热带气旋，在登陆前由于路径前方一侧环流受地面摩擦作用，气压升高，从而产生与气旋移向相反的气压梯度力增量，对西移气旋来说将产生向南的速度增量，因此使得正面登陆华东地区的气旋加速移动，并向西南偏折。Wong 和 Chan(2006)通过数值试验也发现了气旋在靠近南北向分布的海岸线时，会向西南方向移动，海陆差异引起位涡倾向的改变是导致这种路径发生的可能原因；同样，对于南海北上登陆华南的热带气旋则将向西北方向偏折加速运动。

热带气旋在靠近或经过台湾岛时，常会发生路径的变化，主要有以下两种情形(陈瑞闪，2002)：

(1)西北或西北偏西移动的热带气旋靠近台湾岛时，当其中心进入 21°～23°N，123°～125°E 区域时，路径可能发生北折，这是因为气旋西侧外围环流的北风受台湾岛地形摩擦影响而减弱，而东侧南风风速仍然维持，则产生向北的合成风速矢，使得气旋北折。而当气旋的西侧环流进入台湾海峡后，西侧外围环流风速增强，整个气旋风场调整，气旋可能会继续沿着北折前移动方向移动。

(2)登陆台湾岛或从南海进入台湾海峡东侧的热带气旋，有时会产生环流副中心，当副中心取代主中心时，气旋路径发生转折或跳跃。当副中心位于主中心西北侧时，取代的结果使得气旋路径发生北折，这种情况较多；当副中心位于主中心西南侧时，取代的结果使得气旋路径南折，这种例子较少；当副中心位于主中心北侧或东北侧时，取代的结果使路径发生明显的跳跃现象，此种情况极少出现。路径变化是否发生与环流副中心是否出现密切相关，通常，气旋中心在花莲以南登陆时副中心一般出现在主中心的西北侧，以新竹、台中附近居多，少数出现在主中心西南侧的马功附近。气旋中心在花莲以北登陆时，副中心多出现在主中心的东南侧，但这种情况出现时，通常使主中心移向发生短时的左折，副中心一般维持时间较短。在台湾岛南部海上经过或由巴士海峡进入福建南部沿海，或由南海向东北方向移动进入台湾海峡南部，或在台湾岛西侧登陆的热带气旋，都可能在主中心的北侧或东北侧出现副中心。

海洋作为热带气旋发生发展过程中的重要下垫面因子，有研究认为在环境引导流较弱的情况，其表面温度分布对气旋路径也有明显影响(陈联寿 等，1979)。Fisher(1958)早在 20 世纪 50 年代发现热带气旋常避开冷水区，沿着海表面温度暖舌轴线运动。值得注意的是，当两个热带气旋相隔时间不长而重复或接近同一条路径时，前一个气旋经过后由于海水混合和上翻作用在路径上留下一条冷尾流，这条冷尾流可能对后续气旋的移动产生影响(陈联寿 等，1979)。

4.4.2 大尺度流场特征与热带气旋的移动

大多数热带气旋的移动及其变化与环境引导流相关，而引导流反映的是大尺度环境流场对气旋的作用及其变化，因此分析不同热带气旋路径及其相应的大尺度环流特征，有利于路径预报过程中对路径趋势的判断。通常主要考虑的是热带气旋与副热带高压以及中纬度西风带中的槽脊系统之间的相对位置。

4.4.2.1　缓慢移动或者打转热带气旋和快速移动热带气旋

当 500 hPa 环境场上有一深槽位于热带气旋的东北侧(大约距离气旋 20～30 个经度)时，热带气旋可能缓慢移动或者打转(如图 4.27 所示)。

当 500 hPa 环境场上有一高空槽位于北行热带气旋西侧(大约 10～20 个经度)时，气旋将快速移动；气旋位于强盛副热带高压南侧时，也将快速移动(如图 4.28 所示)。

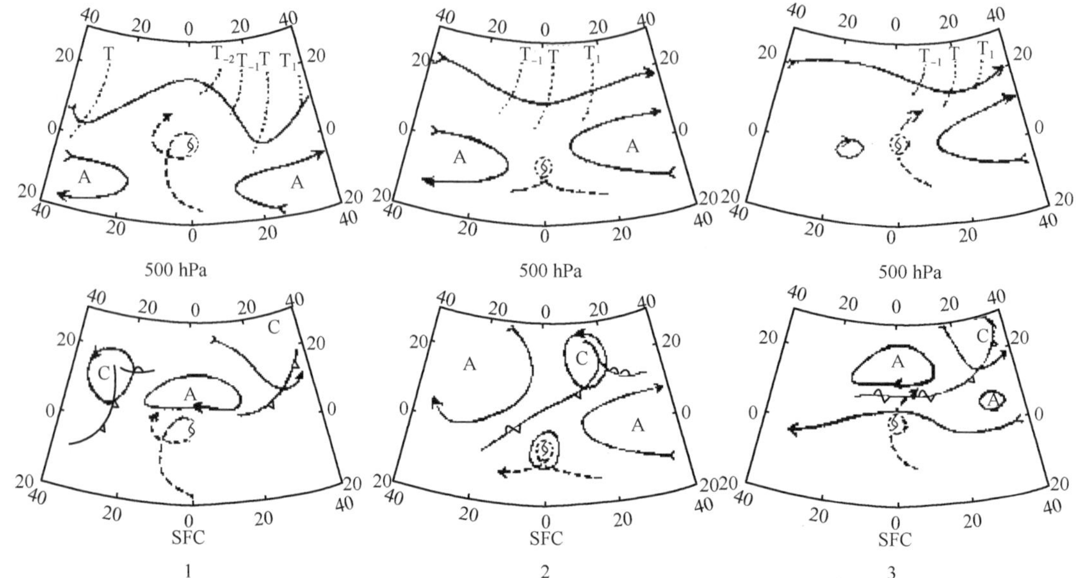

图 4.27　缓慢移动或者打转热带气旋对应的三种 500 hPa 形势场(上图)和地面形势场(下图)概念图(Xu *et al*，1982)

(T 表示槽线，A 表示高压系统，C 表示地面气旋系统，带箭头的虚线表示热带气旋路径)

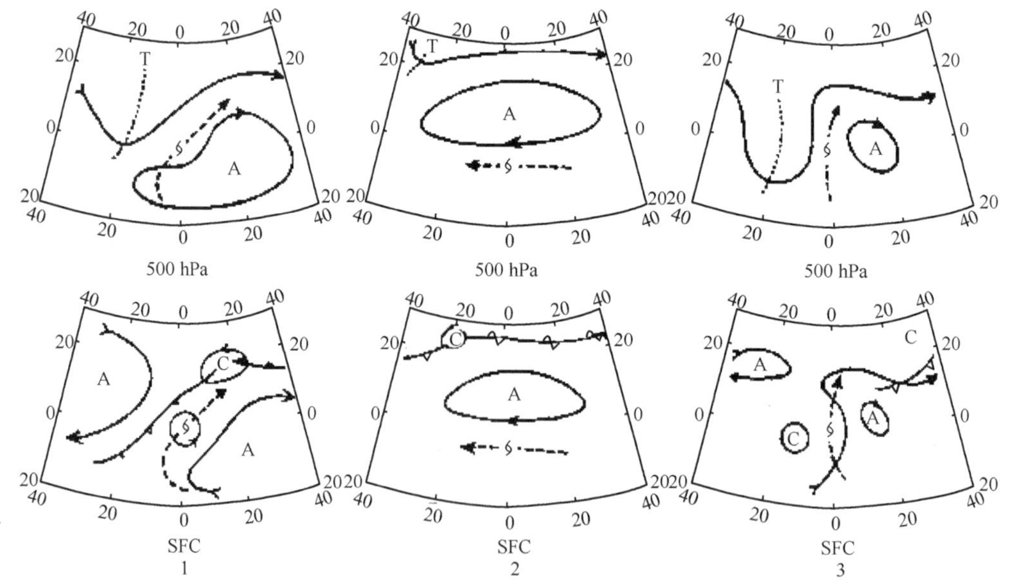

图 4.28　快速移动热带气旋对应的三种 500 hPa 形势场(上图)和地面形势场(下图)概念图(Xu *et al*，1982)

(T 表示槽线，A 表示高压系统，C 表示地面气旋系统，带箭头的虚线表示热带气旋路径)

4.4.2.2 热带气旋移动与副热带高压

副热带高压特征是影响热带气旋移动极重要的大尺度天气因子之一，王志烈和费亮(1987)统计了热带气旋和副高脊线距离与气旋转向的一些特征：

(1)距离相同时，位于副高单体西南方的热带气旋转向可能性最大，南方的次之，而东南方的可能性最小。

(2)当热带气旋同北侧副高脊线的距离小于4纬距时，位于副高单体南侧和西南侧的气旋未来1～3 d转向的可能性超过80%。

(3)离副高脊线5～8纬距时，位于副高南侧和东南侧的热带气旋转向的可能性较小，80%以上以西行路径为主。

(4)离副高脊线9纬距以上的热带气旋，90%以上西行为主；尤其当距离超过13纬距时，未来三天之内几乎不会转向。

这些结果有助于预报员通过天气图直观地判断热带气旋的未来移动趋势。

4.4.3 热带气旋路径预报方法

一般来说，影响热带气旋路径的主要天气系统有以下三类：副热带高压及其他高压系统、热带辐合带(ITCZ)、低值系统(西风槽、东风波、热带气旋或热带云团等)。副热带高压特征及其进退、强弱变化等状态对热带气旋移动有决定性影响，必须着重分析，同时还应注意西风带及赤道辐合带(ITCZ，下同)等天气系统之间的相互影响。当热带气旋进入上海业务警戒区域内时，宜注意分析以下几方面：

(1)当“三带”明显时，有利于热带气旋西行。如“三带”同时呈东西向分布，则副热带高压比较稳定，有利于热带气旋向西北西方向移动(图4.29)。(注：“三带”是指90°～160°E；0°～50°N的范围内的西风带、副热带高压带和赤道辐合带。)

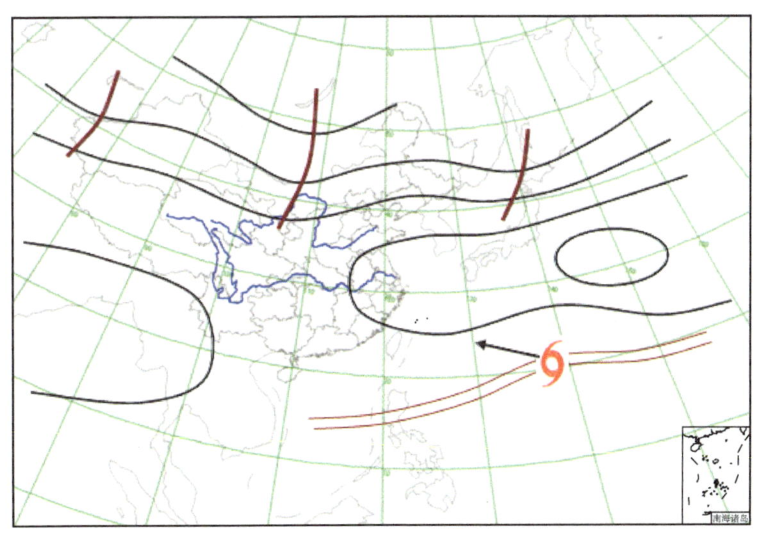

图4.29 “三带”明显热带气旋西行示意图

(2)东北低压与副热带高压进退有较好的关系。当热带气旋到达预报海区时，如在东北有低压并伴有低槽出现时，往往引起副热带高压的西进或东退。

(3)西风带切断冷涡如出现在朝鲜一带,一旦冷涡向西南方向移动,表示在它东侧的副热带高压已经增强西伸,热带气旋将西折登陆。

(4)副热带高压长轴变化对热带气旋移向有重要影响。当长轴由东西向顺转为西北—东南向时,有利于热带气旋北上乃至转向,长轴逆转则有利于热带气旋西行。

(5)热带气旋东侧的副热带高压是否南落与热带气旋路径有很好的关系。如 500 hPa 等压面上热带气旋东侧的 588 dagpm 线南落明显则有利于热带气旋北上;反之则有利于热带气旋西行。由于洋面记录稀少,在分析 588 dagpm 线时必须十分仔细,可以适当参考卫星云图、云迹风反演产品等资料。

(6)当副热带高压特别强大时,要注意它突然减弱或崩溃,这将导致热带气旋转向,反之副热带高压在很弱时,要注意它突然加强西伸,这将导致热带气旋登陆。

(7)在分析副热带高压进退强弱的变化周期时,要考虑副热带高压脊线在该季节的平均纬度,如果在 110°~130°E 副热带高压脊线处在平均位置上(即距平值很小),则其持续的周期较长不易衰退;反之,如果副热带高压脊线位置距平值很大则往往不稳定,副热带高压易于崩溃。

(8)对 ITCZ 的分析要与卫星云图相结合。当 ITCZ 位置偏北时(如在 20°N 附近),则在西北太平洋形成的热带气旋往往影响浙北或在浙北沿海登陆,继而影响上海南部区域。

(9)要特别警惕在近海形成热带气旋。由于热带气旋距离海岸近,预报时效短,如再碰到移速快的情况,稍一延误将在服务上造成被动。在预报近海热带气旋时要注意地面热带低压区的 ITCZ 云团有无北涌现象,如有北涌云团,其突出的部分进入低压区,同时又与周围分散的对流云团相合并时,则将由于 CISK(第二类条件不稳定)机制的作用,有利于近海热带气旋迅速发展并加强。又由于近海热带气旋是新生系统,即使登陆后有地形摩擦作用,它仍能克服摩擦作用而有所发展。

4.4.4 双热带气旋的相互作用

双热带气旋相互作用在西北太平洋是普遍发生的现象,相互之间距离在 1500 km 以内的热带气旋发生的频数大约为每年 4 对。Dong 和 Neumann(1983)认为在西北太平洋,双热带气旋主要发生在季风槽中,此区域大尺度环境引导流相对较弱,双气旋相互作用较强。

如图 4.30 所示,Lander 和 Holland(1993)认为双热带气旋相互作用的过程起初为相互靠近,通常是反气旋式地靠近。然后经历相互捕捉过程,接着发生长时间互旋,互旋过程中两气旋可能相互接近,也可能分离。两者相互作用的停止可能有两种情况:一是其中之一的消失,多为合并到主导气旋环流中;另一情况是其中之一从相互影响中迅速逃逸。

位于气旋环流中的其他中尺度系统也可能对热带气旋路径产生影响。Holland 和 Lander(1993)指出中尺度对流系统(MCS)可以使热带气旋路径发生震荡,如图 4.31 所示的台风 Sarah(1989)路径。这种中尺度对流系统同热带气旋的相互作用可以近似看作双热带气旋的相互作用以进行分析,中尺度对流系统的中心可以用对流云团的几何中心或者环流中心代替。

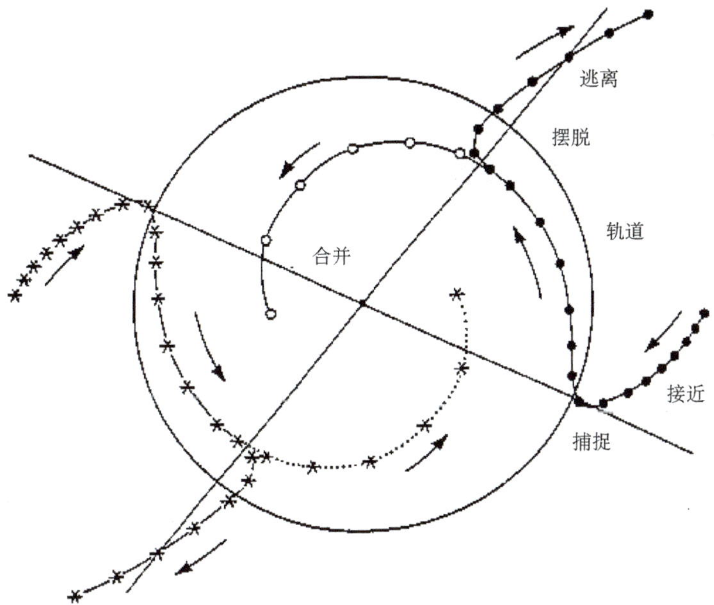

图 4.30　双热带气旋相互作用概念模型(Lander *et al*,1993)

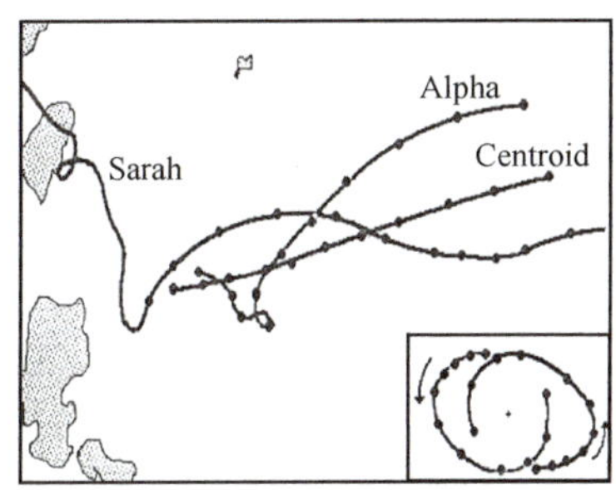

图 4.31　台风 Sarah(1989)与中尺度对流系统 Alpha 相互作用时的奇异路径(Lander *et al*,1993),两者几何中心的路径几乎呈直线,内嵌小框内描绘了两系统各自相对于几何中心的气旋式轨迹

在实际预报中,当两个热带气旋相距 2000 km 以内,或者气旋与明显的中尺度对流系统相距 1000 km 以内时,应注意分析两者质心的移动,以分析如图 4.30 所示概念模型中相互作用的发生及其特点,如果判断出相互作用发生,则气旋路径预报应该结合气旋相互作用的移动轨迹和质心的移动进行合成分析。需注意的是,事实上双气旋相互作用的物理机制相当复杂,Carr 等的研究也认为 Lander 和 Holland(1993)的概念模型并不是唯一的。

从互旋双热带气旋的实际路径的情况,可简单地归纳成 4 种类型。如图 4.32 所示。

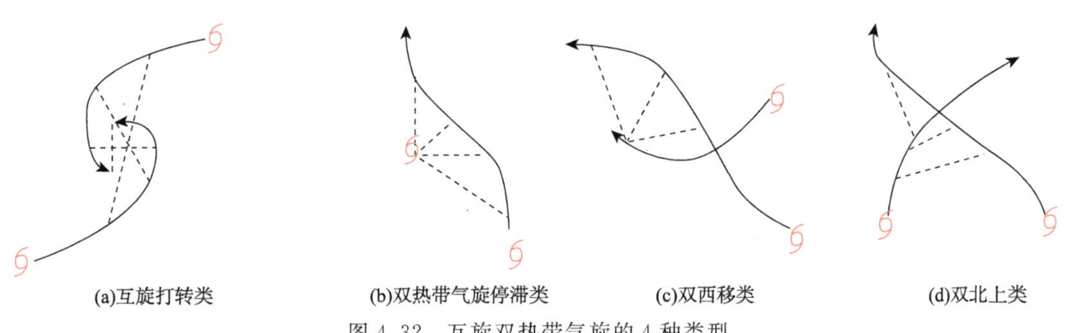

图 4.32　互旋双热带气旋的 4 种类型

4.5 热带气旋强度预报

4.5.1 影响热带气旋强度的因子

根据近年来对热带气旋强度变化研究进展的总结(端义宏,2005),影响热带气旋强度变化的因子大致可以分为3类:一是热带气旋本身的内部结构变化(如TC的眼壁特征、对流的非对称分布等)。二是环境气流(如水平、垂直切变)与台风环流的相互作用。三是下垫面(如海洋、地形)与台风环流的相互作用。

根据多年来的研究工作(Holland,1997)认为,台风强度与台风能从周围海气环境获取能量,达到的动力热力学状态,即所能达到的最大潜在强度(maximum potential intensity,MPI)有关。统计研究表明,热带气旋一般只能达到MPI的55%左右,而只有20%的热带气旋能达到MPI的80%强度。由于MPI实际上根据SST、相对湿度等几个少数的物理量就可以直接获得,这样对台风强度的预报实际上就转化成为分析各种因子如何阻止台风达到MPI强度(Wang,2003)的问题了。在业务预报工作中,导致台风不能到达MPI从而影响台风强度主要有海表温度(SST)、环境垂直风切、高层辐散、低层辐合等因子。其中垂直风切变产生的内核非对称结构与台风造成的下方海水上翻形成的海水冷却,是制约台风达到MPI最主要的因子。而最新研究表明,导致台风产生非对称的中尺度过程往往对台风的强度和结构的变化有非常重要的作用,包括对流耦合的涡旋ROSSBY波,螺旋云带的形成和演化,台风环流内部的中尺度对流性涡旋(MCV)及外部的环境气流变化。

4.5.2 热带气旋变性对强度的影响

台风进入中纬度地区以后,在与斜压系统相互作用的过程中,逐渐由相对对称的暖心系统转变为结构不对称的斜压系统,就是所谓的台风的温带转变(extratropical transition,简称ET)。基本上ET过程主要分为两个主要步骤,变性(transformation)和再发展(re-intensification)。所谓变性就是台风在中纬度斜压环境下,逐渐由正压涡旋转成斜压涡旋的过程。变性后的台风往往会逐渐衰减。但是也有在中纬度斜压位能等环境条件合适的情况下,重新加强发展成为成熟的斜压涡旋即所谓再发展阶段。台风的ET一直以来都被广泛关注,是因为台风ET过程中,强度和路径预报误差都比较大,与此同时,台风ET往往会在我国华南华东及其沿海地区造成比较大的风雨灾害(陈艳秋 等,2007)。因此台风变性在台风预报中是一个重点也是一个难点。很多研究工作表明,ET之后的台风与西风槽配置情况是台风是否会继续加强和发展的重要因素。而环境场锋面斜压结构特征、弱冷空气入侵、高空急流条件、水汽条件等都与台风ET之后是否会加强和发展有关(钮学新,2006)。

4.5.3 热带气旋强度的预报方法

综合上面总结,可以将对台风强度预报归结为两个分析步骤:

(1)针对SST及海表湿度等因素决定的当前台风能达到的最大强度(MPI)的分析。

(2)各种因素在不同程度上阻止台风达到MPI的情况分析。

根据不同的动力、热力学因子作为判据对台风强度的影响有如下分类:

判据1：高层反气旋流场结构(图4.33)

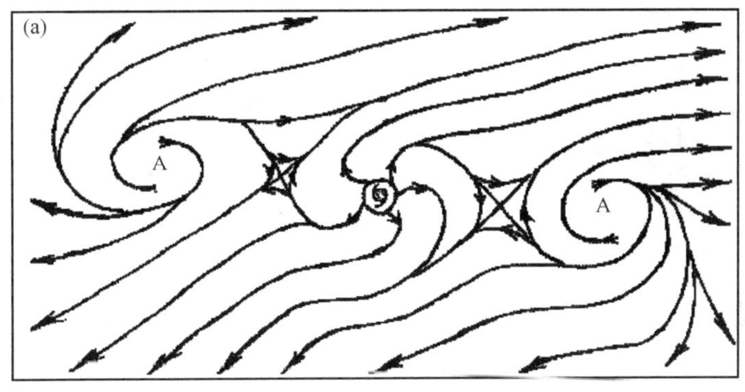

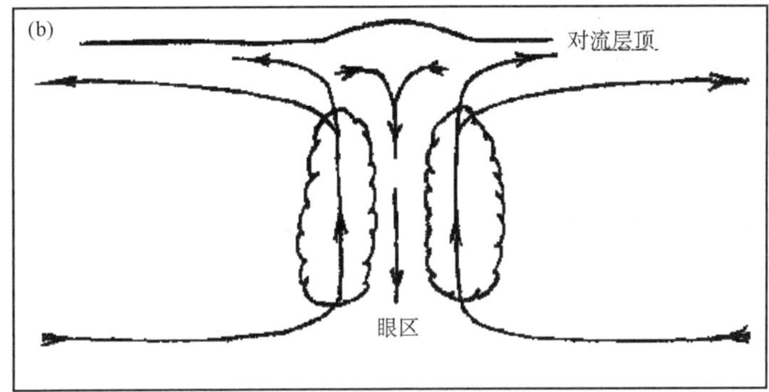

图4.33　(a)高层台风流场,(b)台风垂直流场

从大尺度来看,台风在眼区周围低层水平辐合形成大量的上升运动,因而在高层辐散流出。因此,高层的流出结构及强弱对于TC的强弱有很直接的关系。

而高层的反气旋配置,主要分三种:

(1)单通道流型配置:中等强度变化,其中后面一种赤道向流出更强一点。

极地向流出单通道流型(图4.34):

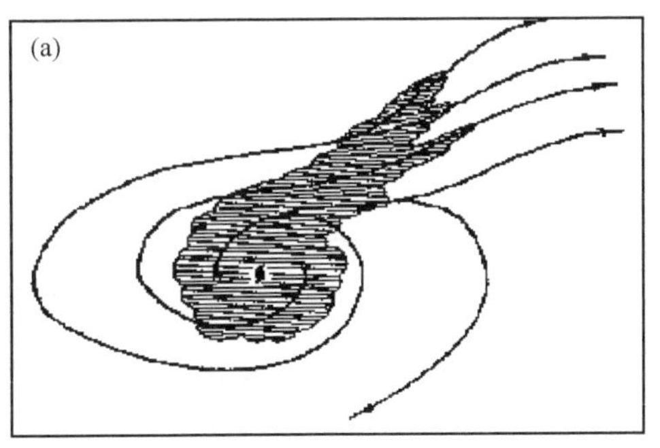

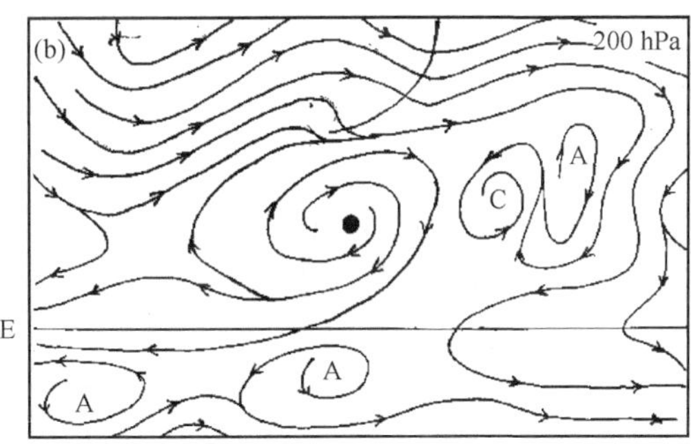

图4.34　极地向流出单通道流型

(a)200 hPa高度上,台风中心反气旋流出结构;(b)200 hPa单通道极向流出结构(实况,1979年9月Nancy)

赤道向流出单通道流型(图 4.35)：

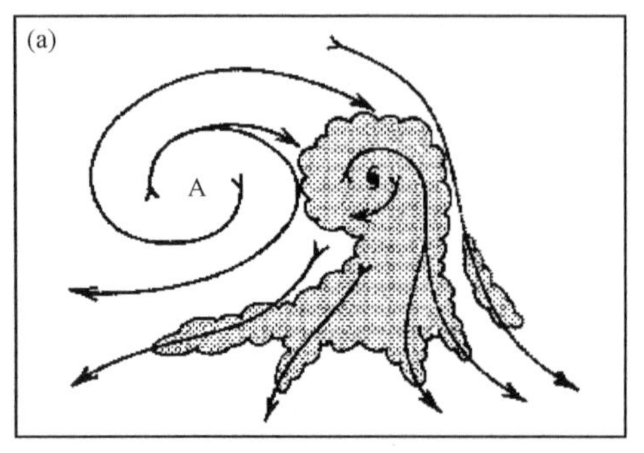

图 4.35　赤道向流出单通道流型

(a)理想状况:200 hPa 高层赤道方向单通道流出;(b)实际流场:200 hPa 高层赤道方向单通道流出

(2)双通道流出配置:增强强度最快(图 4.36)。

图 4.36　双通道流出结构

(a)台风中心位于高层反气旋的西侧,并且双通道流出的理想结构;(b)200 hPa 高层双通道流出结构(1979 年 9 月 16 日)

(3)无流出配置:缓慢变化或减弱(图 4.37)。

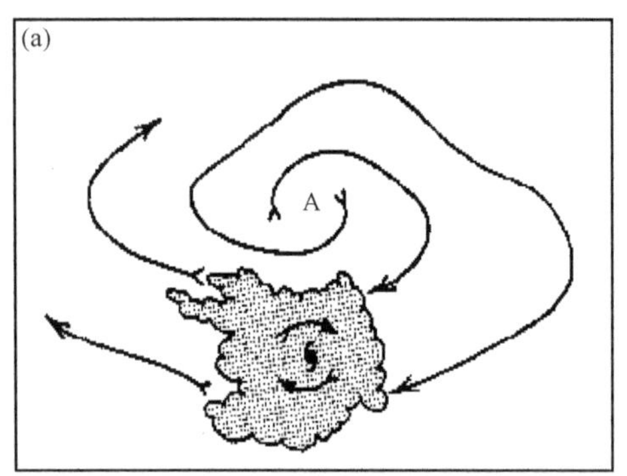

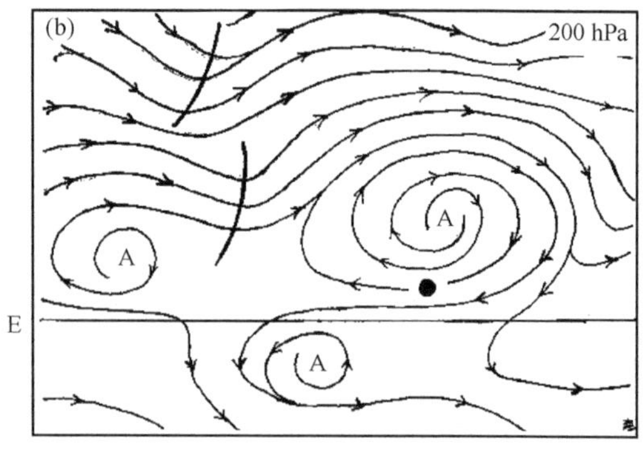

图 4.37　无流出通道

(a)理想结构:基本无流出结构并且台风中心位于高空反气旋南侧;(b)1979 年 11 月 3 日高层无流出结构

判据 2:热带高空槽(图 4.38)

TC 位于高空鞍型低压场的辐合区时有利于 TC 加强,反之不利于其加强。

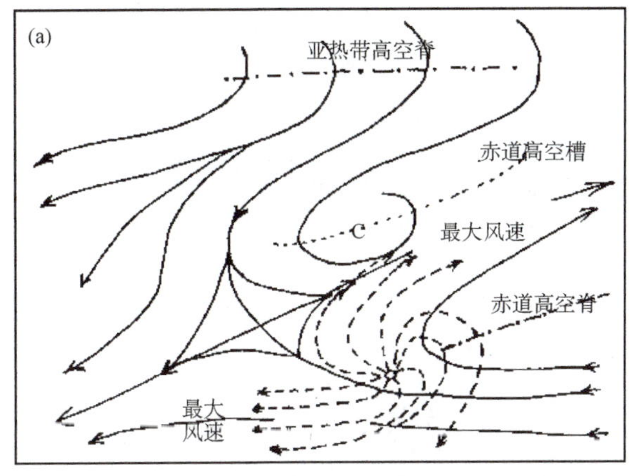

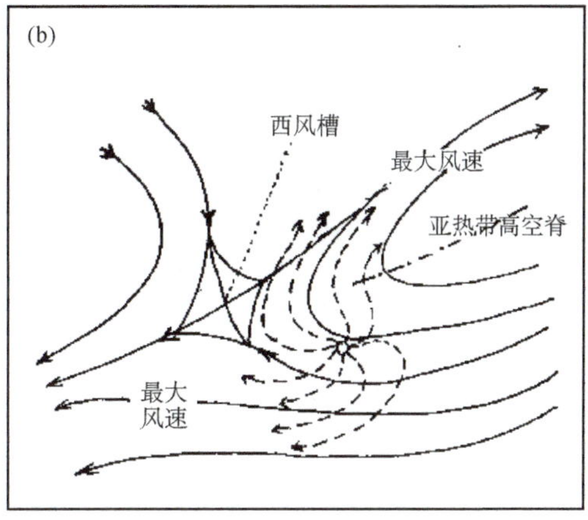

图 4.38　有利于热带气旋加强的高空天气概念模型(Sadler,1976)

判据 3:积云对流(图 4.39)

积云对流增强有利于台风的增强。TC 对流云团的组织化也有利于 TC 增强。反之同理。中心云团对称化有利于台风强度维持和加强。

图 4.39　2007 年 9 月 17 日 05:33 Wipha 台风红外卫星云图

判据 4:海温(SST)>26℃(图 4.40)。

海温越高,热带气旋强度越容易增强。如表 4.6 所示。

表 4.6　热带气旋强度与海温的关系

强度特征	SST 观测温度(℃)	强度预报
最大强度	26～29	成熟热带气旋,中心气压大于 860 hPa
最小强度	20	弱热带气旋
强度趋势	大于 28.5	快速增长

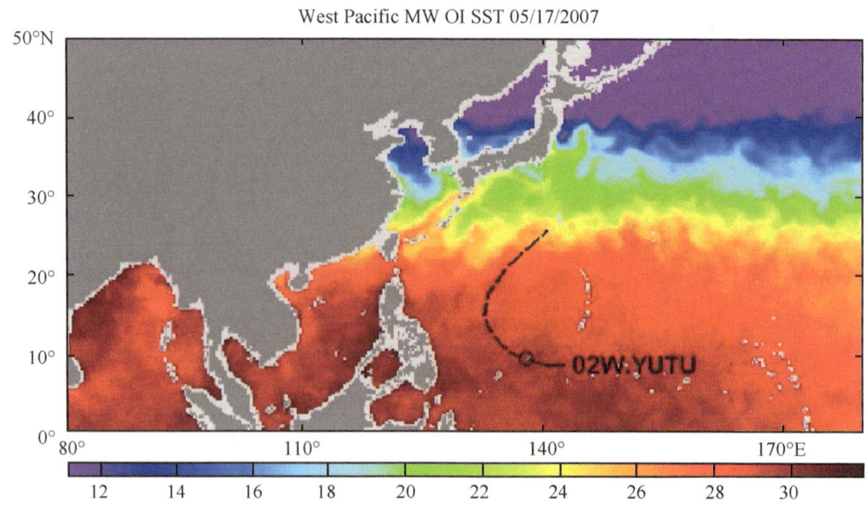

图 4.40　0608 号台风 Yutu 经过高海温区，台风加强

判据 5：风切变（图 4.41）。弱风切变：15 kn①/46°（300 hPa 至地面中间的角度）。较弱 TC 切变层次较低。

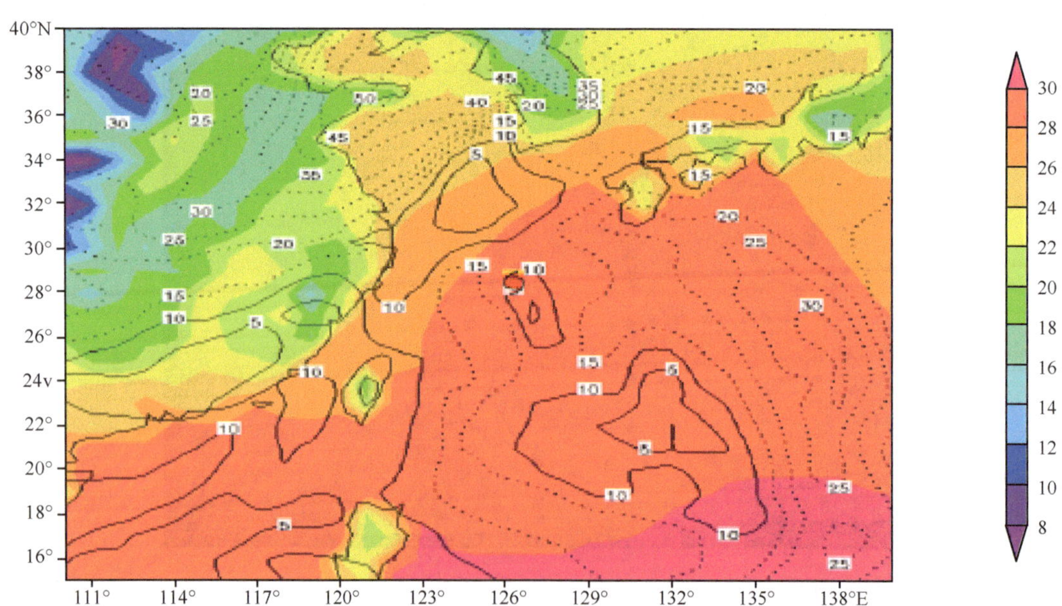

图 4.41　GFS 预报 2007 年 9 月 15 日 08 时 Nari 所处环境风垂直切变（等值线，200～850 hPa，虚线为强切变）与海表温度（SST，阴影）

判据 6：低层环流（图 4.42）。季风槽等低层环流系统有利于 TC 增强。

判据 7：低层辐合：ITCZ 等低层辐合区有利于 TC 加强。（图略）

判据 8：陆地摩擦效应（图 4.43）。

① 1 kn=1 n mile/h=0.514 444 m/s（只用于航海）。

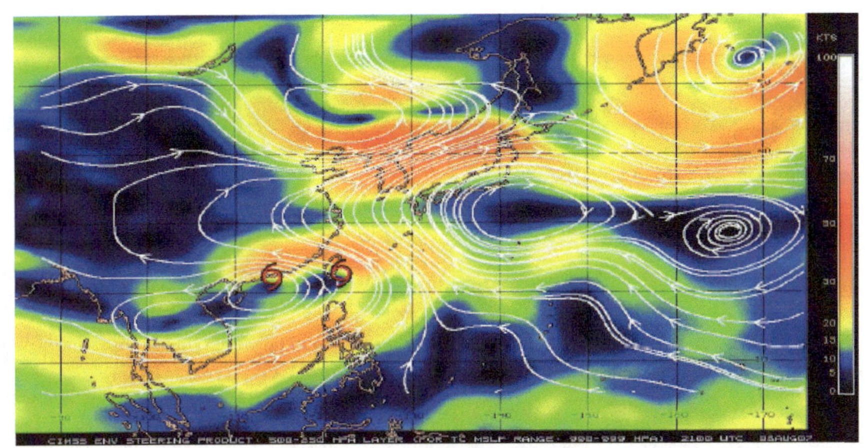

图 4.42　2007 年 8 月 9 日位于季风槽内的“帕布”台风(西侧台风标示)

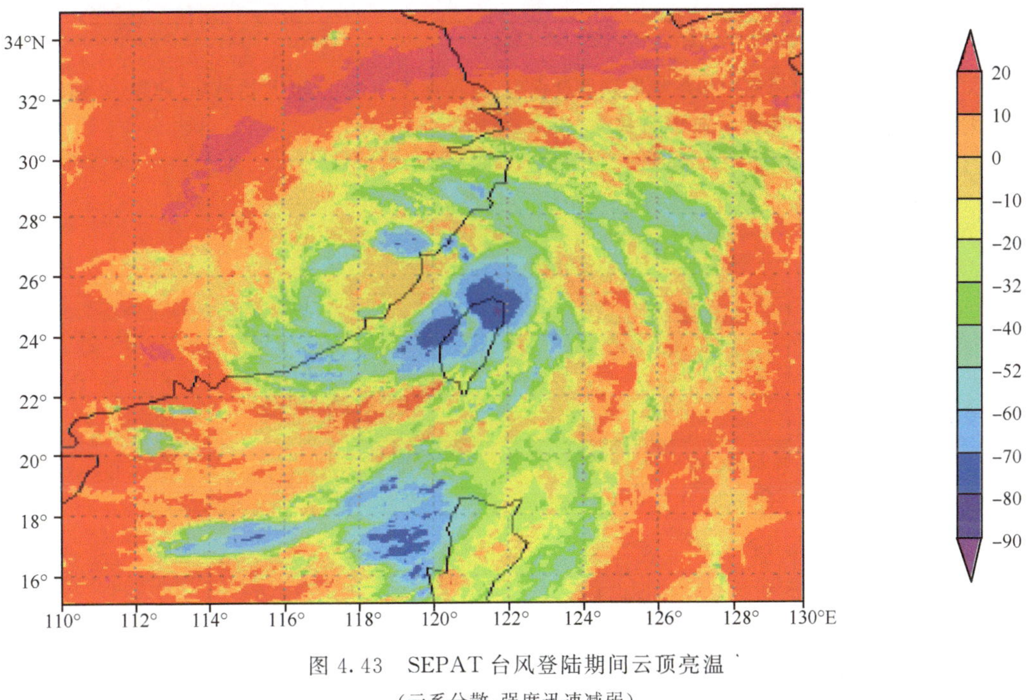

图 4.43　SEPAT 台风登陆期间云顶亮温

(云系分散,强度迅速减弱)

陆地、海岸线、山地对于 TC 影响非常复杂。一般而言,TC 碰到陆地时都会减弱,TC 经过台湾中央山脉或者菲律宾群岛这样的海洋岛屿会减弱。但是,如果它再度入海则会重新加强。海岸线等对 TC 强度的影响似乎应该是根据不同地点而言,并无一定之规。

判据 9:TC 进入中纬度区域以后(图 4.44),将迅速减弱或者变性为温带气旋;TC 移动速度加快也不利于其加强(图 4.45)。

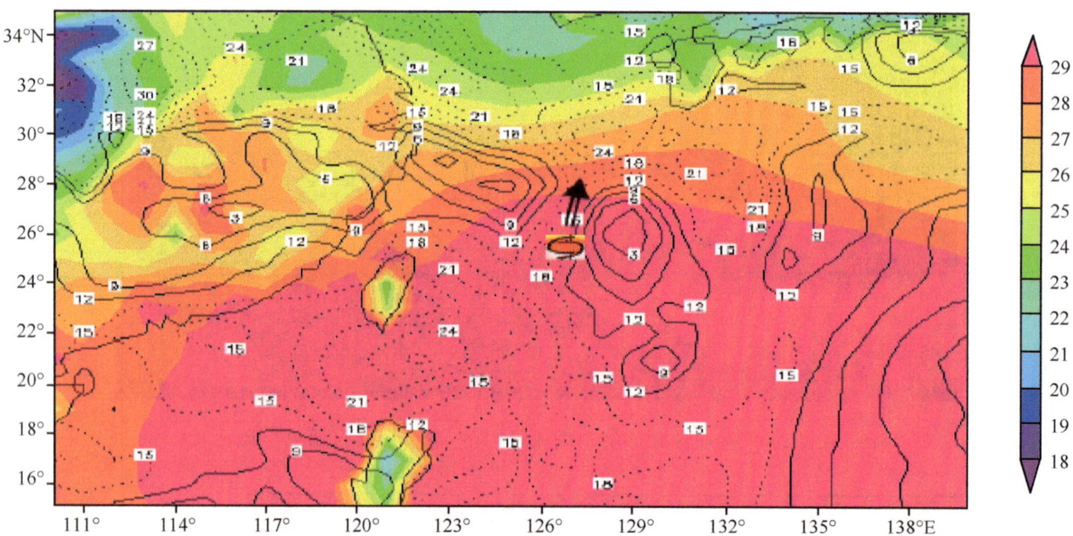

图 4.44　Man-yi 台风向中纬度地区移动过程中，速度逐渐加快，强度开始减弱（阴影为 SST，等值线为垂直风切变，黑色箭头为未来 24 h 移动方向）

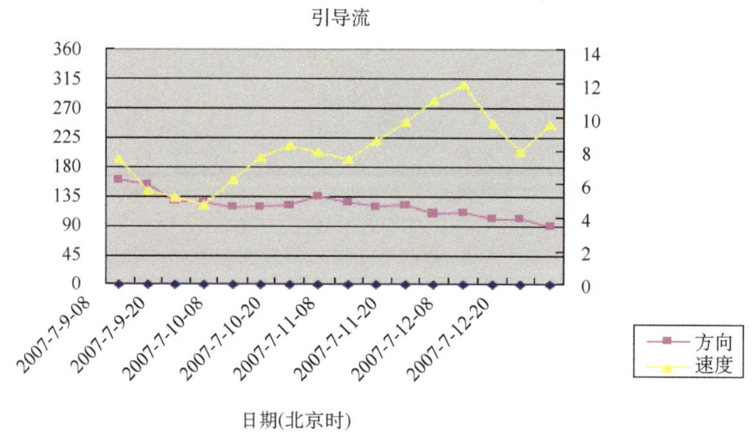

图 4.45　2007 年 7 月 9 日 08 时—12 日 20 时 Man-yi 台风引导流

判据 10：台风中心结构清晰（图 4.46），眼区维持或有所扩大；眼壁深厚且在增大，眼壁内部对流活跃，冲顶对流云云区面积较大，极值超过－80°。对流最活跃，眼区大风区极为对称，有利于 TC 的维持和加强。而不对称性增强则往往导致台风减弱。

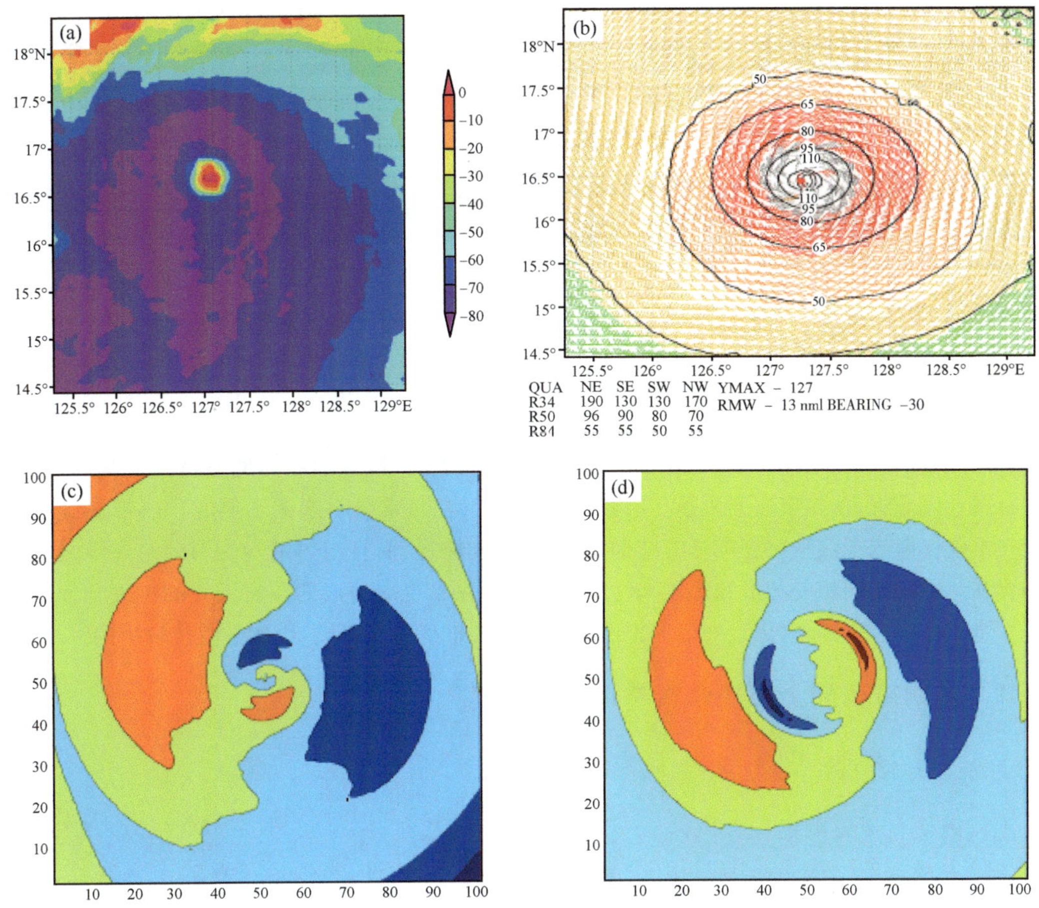

图 4.46　(a)2007 年 8 月 16 日 04 时 SEPAT TBB;(b)多资料海表风场;(c)2007 年 8 月 16 日 05 时 SEPAT TBB 波结构;(d)2007 年 8 月 16 日 06 时 SEPAT TBB 波结构

4.5.4　动力因子对台风强度影响的简表

如表 4.7 所示。

表 4.7　动力因子对台风强度影响简表

物理因子与流场结构		增强	减弱
对流层中低层涡度,季风槽,波扰动		+	−
高层扰动:中纬度波动,TUTT		+	−
强切变		−	−
暖洋面 SST,TCLH,洋面上升热通量		+	−
强降水(对流和层结)		+	+
快速移动(>10 m/s)		−	−
地形效应	海岛山地		
	海岸		
转向	前	+	−
	中		
	后		
嵌入在低层鞍型低压系统中的 TC		有高层辐散,增强	无高层辐散,减弱
TC 与 EXTRA TC		合并,变性	无合并

续表

物理因子与流场结构	增强	减弱
气旋角动量的大尺度涡旋通量	向内(收缩增强)	弱向内,或向外
大尺度涡旋通量(湿)	向内	弱向内,或向外
潮湿环境下对于积云的CISK	+	深对流云可能会导致消散
积云与气旋尺度的中低层涡旋之间的CISK	+	−
高层有组织流出或者流出型云团	+	−
中高层冷平流	+	−
积云与螺旋云带组织程度	高组织:有利于增强	消散或者弱组织:减弱

4.6 热带气旋天气预报

热带气旋致灾的天气包括由热带气旋引起的暴雨、大风、风暴潮和局地强对流天气等,有时还会伴有龙卷风等灾害,如果遇上风暴、暴雨和风暴潮三碰头,常会引起潮水倒灌。热带气旋的灾害性天气不仅仅取决于热带气旋本身的结构、强度和移动路径,而且与热带气旋周围的环境天气系统的配置和地形等密切相关。虽然多年来气象工作者对热带气旋造成的灾害天气的机理和预报方法做了大量工作,但是目前对热带气旋灾害性天气的预报准确率还不高,仍然是亟待解决的一个难题。

4.6.1 影响或登陆上海热带气旋造成的灾害

4.6.1.1 大风

上海因受台风影响出现大风以6～7级为最多,其次是8～9级,10～11级较少,影响上海的台风风力最大的一次是民国四年(公元1915年)7月28日,当强台风登陆上海时徐汇最大风速38.3 m/s,极大风速达43.9 m/s,风向东。强大的风力伴以大暴雨和天文大潮,造成黄浦江中沉船200多艘,树木、房屋倒塌不计其数。

台风大风均出现在5—10月,7、8、9月占全年的92%,其中以8月为最多,占全年的41%。上海台风大风风向随地理位置而有所不同,市区以偏东大风为最多,其次是东北风和东南风;长江口外海面最多为东北风,其次是东南风;而杭州湾北侧沿岸则以东南风为最多。沿江沿海地区大风强度大于内陆,海上更大。

4.6.1.2 暴雨

影响上海的台风暴雨(日最大降水量≥50 mm)最早出现在5月18日(1961年),最晚为12月3日(2004年)。7、8、9三个月出现台风暴雨最多,尤以8月中旬到9月上旬为最多。影响上海的台风大暴雨,东部多于西部。台风暴雨持续时间大都在12 h以上,占85%,最长可达72 h,一个单站持续时间最长则为49 h,最短为3 h。

台风暴雨过程雨量大多在100 mm以下,100 mm以上的大暴雨和特大暴雨约2年出现一次。据资料记载由台风暴雨引发大水最严重的一次是1963年9月12、13日,市区和闵行、青浦、金山及浦东西部大暴雨,浦东东部特大暴雨。南汇站台风过程雨量达434.6 mm(日雨量254.9 mm),最大雨量在南汇大团达512 mm。全市被淹农田170万亩①,秋熟作物、蔬菜损失严重。市区道路、

① 1亩=1/15公顷,下同。

仓库、工厂、学校和住宅积水严重，损失很大，灾害中还造成 13 人死亡。

4.6.1.3　风暴潮

台风风暴潮是因台风大风和气压骤降引起的海面升高现象，或称台风增水。1949—1979 年，上海市及其沿海海面受台风影响引起吴淞口≥0.25 m 增水 67 次，占台风影响总次数的 60%，其中 60 次出现在 7、8、9 三个月，占 90%。吴淞口台风增水≥0.50 m 的有 34 次，其中 3 次≥1.00 m。1981 年 9 月 1 日，因 8114 号台风影响增水达 1.88 m，创近百年来最大台风增水记录。

台风增水与天文大潮叠合，常引起异常高潮。1949—1979 年两者叠合使吴淞口潮位抬升≥4.50 m 的有 23 次，≥5.00 m 的有 3 次，1981 年 9 月 1 日吴淞口潮位高达 5.74 m，打破 1905 年 5.64 m 的历史最高纪录。1997 年 8 月 18 日 23 时 45 分，吴淞口潮位 5.99 m，黄浦公园潮位 5.72 m，再创历史新高。

台风增水与台风路径有一定关系。吴淞口出现增水以海上转向台风为最多，其次是在 27°～32°N 登陆的台风。台风增水还与风向风速有关，以佘山为代表的长江口外海面吹东北偏东到西北偏西范围内的风，吴淞口增水频率高达 87%，其中尤以东北和东北偏北风增水者居多。从南到西范围内的风，基本无增水现象。风速的大小则与增水幅度呈正比关系。

4.6.2　热带气旋暴雨

台风降水按其性质不同可分为两类：一类为台风本体降水，包括台风环状眼壁区降水（台风内雨带）、台风螺旋雨带（台风外雨带）；另一类为台风与其他系统共同作用造成的降水，包括台风外围与冷空气相互作用产生的降水、台风后部与低层西南季风急流相联系造成的降水、地形影响造成的地形雨。

4.6.2.1　本体暴雨

一般情况下，由台风本身环流对上海产生暴雨，其路径多为西北行，多为登陆台风，登陆上海或浙江（如 0509“麦莎”、1211“海葵”）。个例分析如下。

（1）螺旋雨带影响的暴雨（0509 台风“麦莎”）

2005 年 9 号台风“麦莎”（图 4.47）在西北太平洋上路径以西北行为主，2005 年 8 月 6 日凌晨在浙江中部沿海登陆，经浙江中部、安徽东南部，转向北上经江苏中北部、山东东部，最终进入渤海湾。

受“麦莎”影响，上海部分地区出现了大暴雨和特大暴雨，其中出现 300 mm 以上的站点有上海普陀区 309 mm、静安 306 mm。另外，浙江东北部、江苏南部也出现了暴雨，从暴雨分布以及路径对应情况来看，暴雨区主要分布在台风本体的东侧和北侧，台风中心附近雨量不大。根据很多学者的统计研究，大多登陆的台风暴雨均有这样的分布特征，这是因为海岸地形与台风环流的辐合作用，最大雨量容易出现在台风右前象限或前半部。

从云图上看（图 4.48），2005 年 8 月 5 日夜里起“麦莎”外围螺旋云系开始影响上海，上海出现了中雨至大雨，北部部分站点出现了暴雨，随着“麦莎”登陆并向西北移动，西侧云系逐渐消散、东侧北侧云系的对流活动较强，当其位置更靠近上海时，其东侧、北侧的内螺旋雨带逐渐影响上海，东南风以及偏东风将海上暖湿空气输向陆地，产生较强降水。

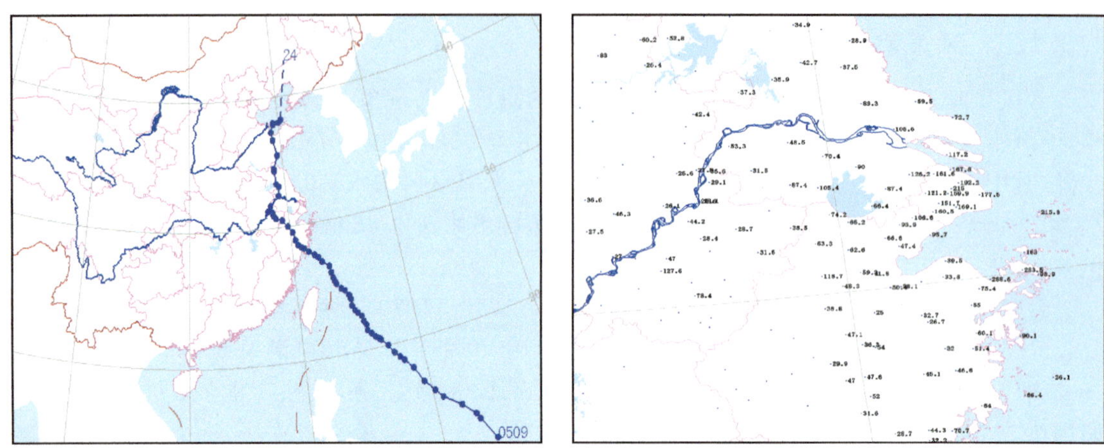

图 4.47　0509 号台风“麦莎”路径以及 2005 年 8 月 6 日 08 时—7 日 08 时 24 h 降水量

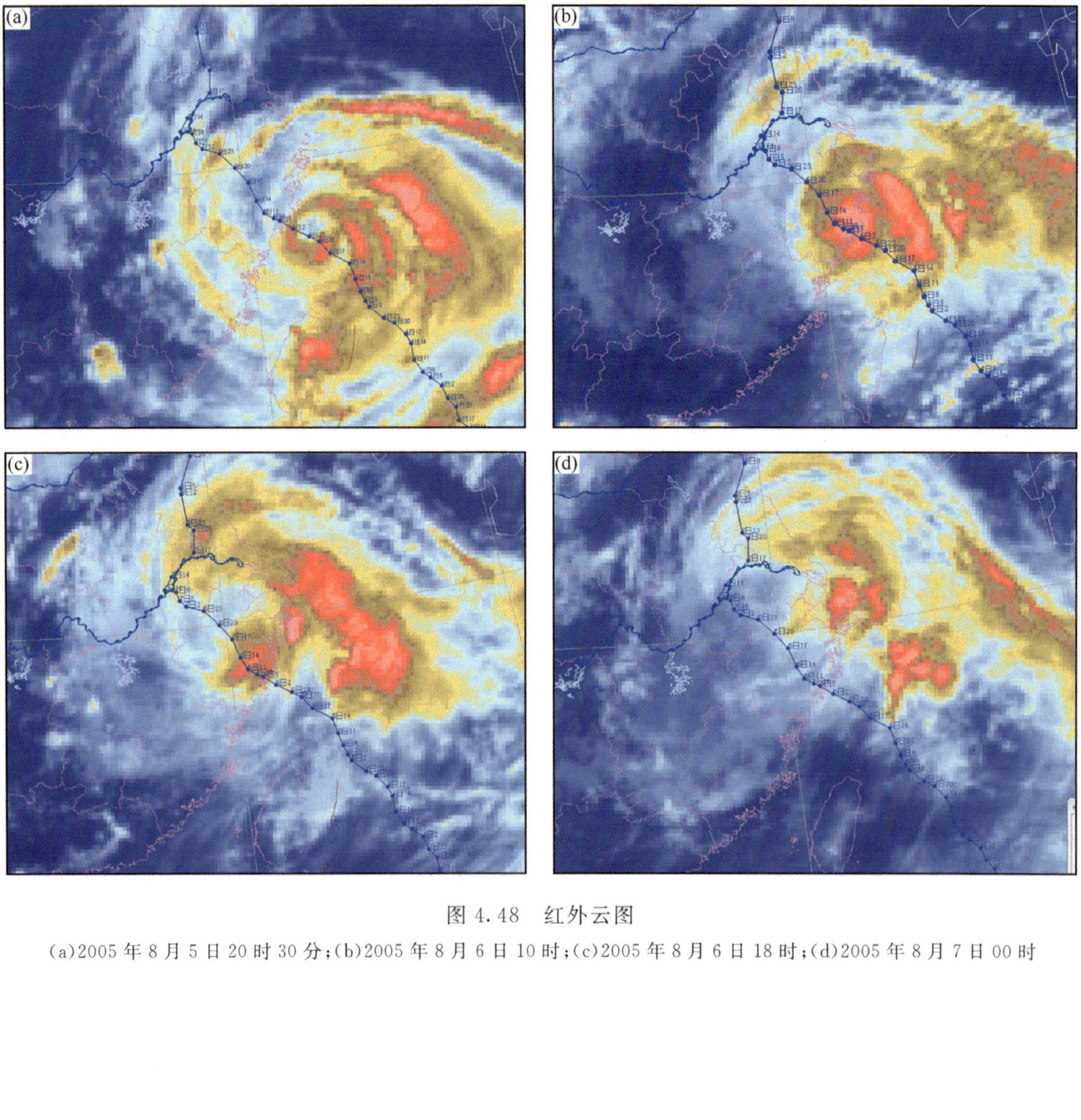

图 4.48　红外云图

(a)2005 年 8 月 5 日 20 时 30 分；(b)2005 年 8 月 6 日 10 时；(c)2005 年 8 月 6 日 18 时；(d)2005 年 8 月 7 日 00 时

(2)台风本体及螺旋雨带影响的暴雨(1211 台风“海葵”)

2012 年 11 号台风“海葵”(图 4.49)以西北行路径登陆浙江,最终在安徽南部减弱消散。台风“海葵”在登陆浙江后继续西北行,靠近上海时,本体给上海带来明显降水,上海普降暴雨,部分地区大暴雨,另外苏皖南部以及浙江北部有暴雨至大暴雨量级降水,从暴雨分布以及路径对应情况来看,暴雨区主要分布在台风本体的东侧和北侧。

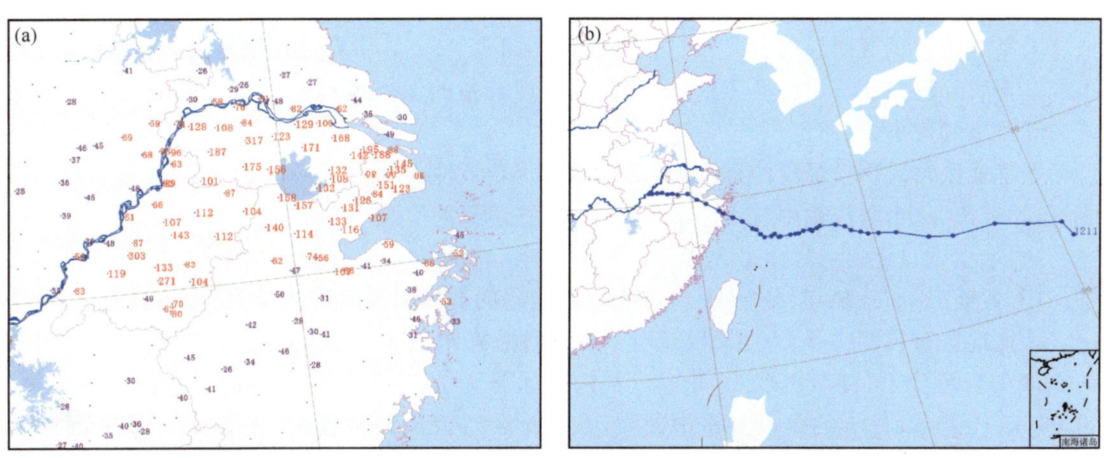

图 4.49　2012 年 8 月 9 日 08 时 24 h 降水量(a)、1211 台风“海葵”路径(b)

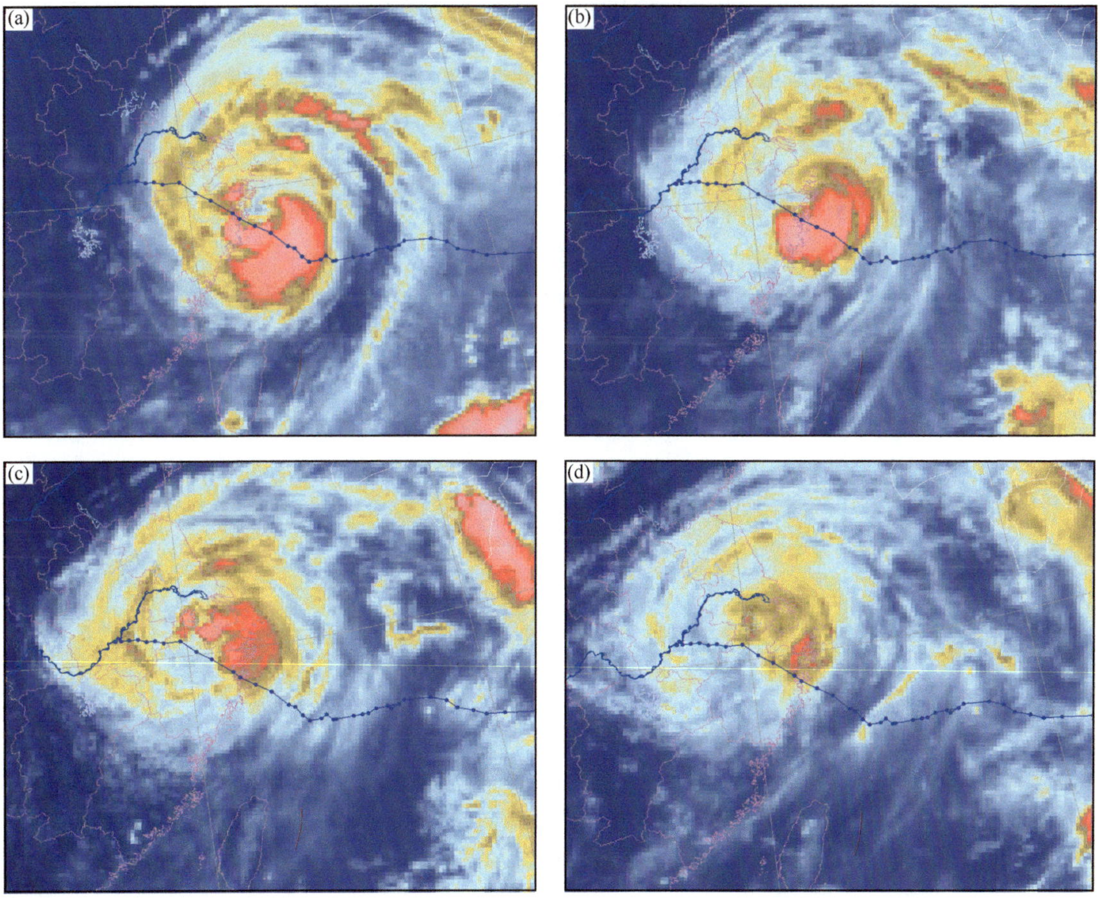

图 4.50　2012 年 8 月 8 日 02 时(a)、08 时(b)、14 时(c)、20 时(d)卫星云图

从卫星云图上看(图 4.50),“海葵”在接近陆地时,8 月 8 日 02 时起其北侧外围的螺旋云带已经开始影响上海地区,随着台风登陆后台风本体更靠近上海,台风西侧以及南侧云系逐渐减弱,主体云系集中在北侧东侧(即台风移动方向的右侧象限),08 时起北侧、东侧云系开始影响上海地区,浙江北部及上海地区出现暴雨至大暴雨。

4.6.2.2　倒槽暴雨

上海地区台风倒槽暴雨定义:根据《大气科学词典》(1994)中台风倒槽定义,台风倒槽一般指的是台风外围向北凸出的低压槽,即其北侧出现清楚的偏南风和偏北风之间的切变和低压区向北凸出的现象。

上海地区台风倒槽暴雨的标准,需满足以下三个条件:

(1)全市 11 个常规站中有 1 个或以上站出现暴雨;

(2)暴雨站点距离台风中心大于 3 纬距;

(3)地面或 850 hPa 流场上,上海位于向北凸起的低压倒槽内或低压倒槽顶端。

上海地区台风倒槽暴雨的气候统计:台风倒槽降水对上海影响很大,统计 1949—2016 年上海的台风降水过程,出现 50 mm 以上的台风暴雨 77 次,其中有 35 次与台风倒槽相关,占 45%;100 mm 以上的台风大暴雨共 46 次,25 次与台风倒槽相关,占 54%。新中国成立以后上海最强的两次降水过程均是由台风倒槽所激发。其中 1963 年 9 月 12—13 日受 6312 号超强台风“Gloria”倒槽影响,本市普降暴雨到大暴雨,南汇出现 420 mm 的特大暴雨,雨量最大出现在南汇大团镇,过程雨量达 512 mm。1977 年 8 月 21—22 日,受 7707 号强热带风暴“Amy”倒槽影响,本市普降暴雨至大暴雨,其中北部地区出现特大暴雨(宝山 406 mm),过程雨量最大出现在宝山塘桥,为 591.7 mm,小时最大雨强 147.3 mm,6 h 最大雨量 427.1 mm。

上海地区台风倒槽暴雨出现在 5—10 月,多见于 6 月和 8—10 月,其中 9 月最多,占全部倒槽暴雨的 44%(图 4.51)。

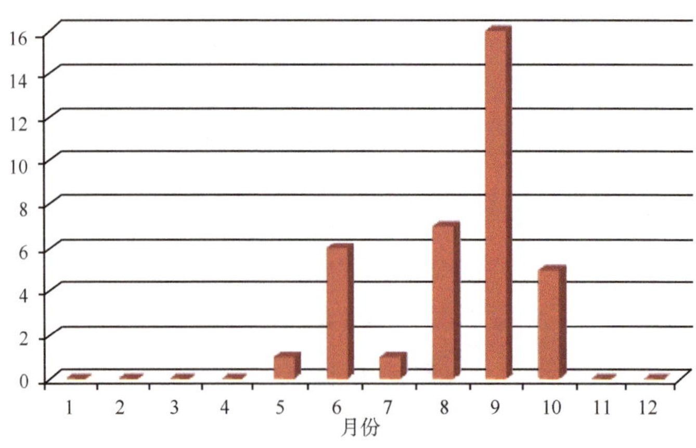

图 4.51　上海地区台风倒槽暴雨的季节分布特征

导致上海地区出现倒槽暴雨的台风 90%以上为登陆台风,且一般登陆地为广东东部到浙江南部之间(图 4.52)。粤东登陆的台风倒槽暴雨一般出现在 5—6 月和 10 月,闽浙登陆的台风倒槽暴雨则多见于 7—9 月。

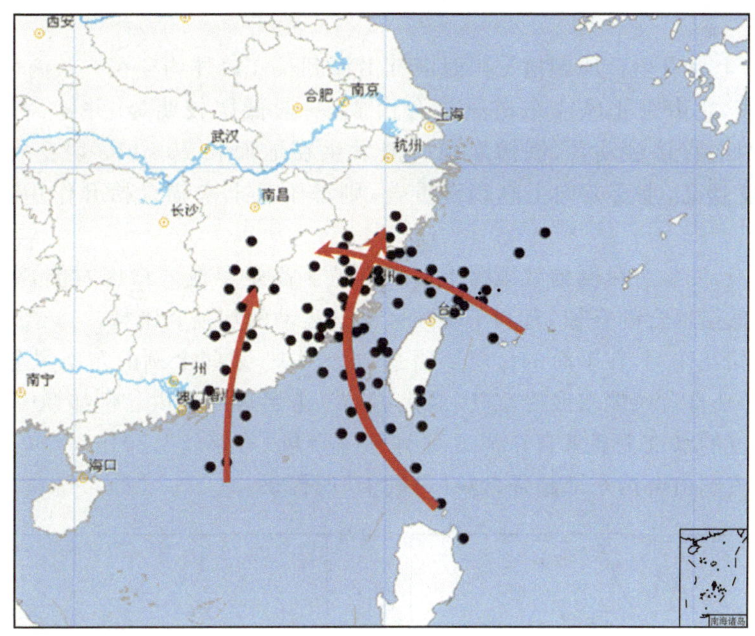

图 4.52　引发上海地区台风倒槽暴雨的台风分布

上海出现台风倒槽暴雨时台风多数位于福建和台湾海峡内，其次为粤东沿海到江西中南部，预报时可把上述区域作为上海台风倒槽暴雨的台风活动关键区。但也有例外，例如序号为195216 的台风“Mary”，当其还远在菲律宾吕宋岛附近到巴士海峡时，本市就出现了倒槽暴雨。

上海地区台风倒槽暴雨的预报着眼点：上海地区台风倒槽暴雨一般由台风倒槽与冷空气相互作用而成。倒槽暴雨发生时中纬度常有西风槽东移，其带来的冷空气侵入到台风倒槽内，常常表现为倒槽顶端 850 hPa 有锋区存在，850 hPa 和 925 hPa 上有大于 10 m/s 的偏东风，与华东沿海的南风或东南风在上海附近形成辐合(图 4.53)，上海位于这个辐合区内，有时在倒槽顶端辐合区内还会切断出中尺度低涡(如 2013“菲特”倒槽暴雨)。

台风倒槽暴雨的本质是中低纬系统相互作用产生的暴雨，预报时需关注如下几点：

(1)台风倒槽北顶的位置与强度，倒槽顶端曲率最大处是辐合抬升最强区域，也是最易出现暴雨的区域，倒槽东部与副高相邻区域的偏南或东南风急流则是暴雨区主要的水汽来源。

(2)西风槽，西风槽槽前的正涡度平流为台风倒槽降水提供了低层辐合、高层辐散的大尺度背景场，也提供了倒槽降水的持续时间，西风槽强度的变化可直接影响到倒槽暴雨的强度。

(3)冷空气与偏东或东北急流，上海的台风倒槽暴雨均可见到冷空气活动的影子。夏季冷空气弱，边界层找不到其活动的迹象，但冷空气从暴雨区中上层以干冷空气的形式入侵倒槽，触发对流不稳定能量的释放；秋季冷空气开始活跃，发生台风倒槽暴雨时常常有边界层温度锋区和一支东风(东北风)急流，温度锋区的强迫抬升造成暴雨区初始的上升运动；东风或东北风急流的存在则是暴雨区另一支主要的水汽来源，春秋两季预报台风倒槽暴雨的最重要因子是这支边界层东风或东北风急流，这支急流常常在 925 hPa 附近达到最强。东风急流越强，降水强度则越大，上海地区 100 mm 以上的台风倒槽降水均存在一支大于 16 m/s 的边界层东风急流。

(4)切变线,上海发生台风倒槽暴雨时浙江沿海到长江口外均存在一条南—北向或东北—西南向的切变线,它由东北风或东南风辐合而成,一般低层较明显,并随高度向西北倾斜,是台风倒槽暴雨的直接触发者,倒槽暴雨一般发生在地面和 700 hPa 切变线之间。切变线向上伸展的高度越高,垂直方向上越趋于重合,则暴雨区上空辐合抬升作用越强,降水强度越大。

(5)高空急流,发生台风倒槽暴雨时上海常常位于高空急流入口区右侧,高低空急流的耦合,高空辐散与低层辐合的叠加,有利于暴雨区上升运动的加强和维持。

(6)多台风相互作用,在上海的台风倒槽暴雨个例中,某些个例的东南风急流或东风急流水汽输送并不是来自台风倒槽或冷空气,而是由第三方台风所提供。例如 2013 年“菲特”倒槽暴雨,其东风急流的水汽主要来自东海北部另外一台风“丹娜丝”;2016 年“莫兰蒂”倒槽暴雨中,其东南风急流则由台湾东部超强台风“马勒卡”所提供。

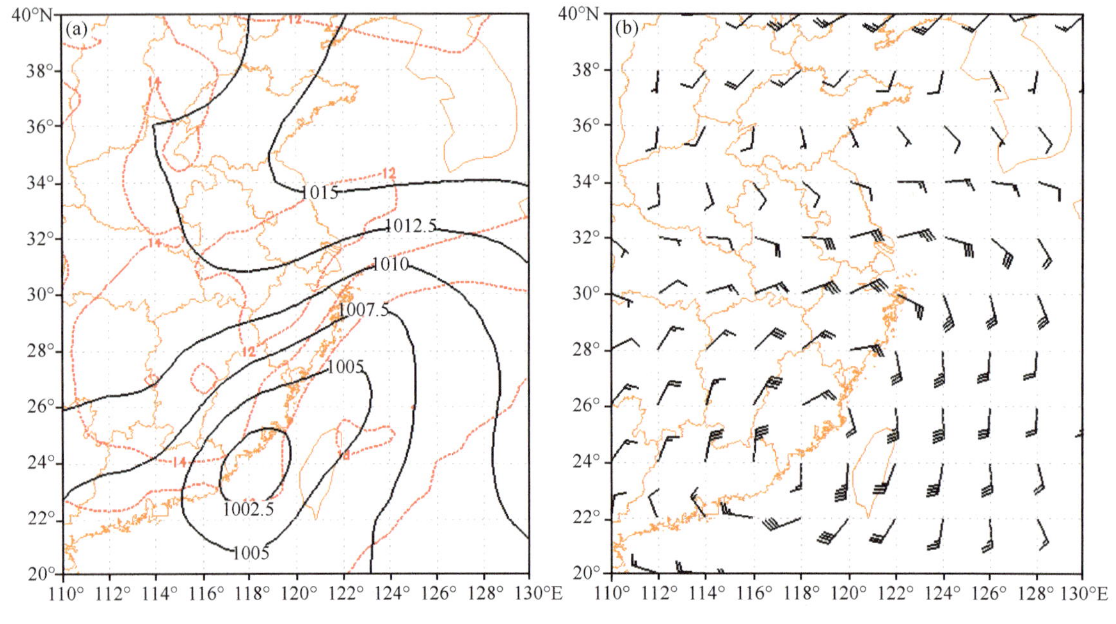

图 4.53　上海地区台风倒槽暴雨形势合成场

(a)海平面气压场和 850 hPa 温度场合成;(b)850 hPa 风场合成

上海地区存在两类台风倒槽暴雨,分别是“高温高湿”型和“斜压锋区”型(图 4.54)。这两类倒槽暴雨在降水强度上存在较大差异,前者雨强大,后者雨强弱,但雨时长。预报时关注点略有不同:

“高温高湿”型倒槽暴雨发生时上海处在 θ_{se} 高能舌控制下,比湿和不稳定能量条件高,暴雨区上空呈明显的位势不稳定层结,冷空气侵袭造成对流不稳定能量的释放,上升运动的特征表现为明显的对流降水特征,对此类倒槽暴雨边界层东风急流并不是必要条件;而“斜压锋区”型倒槽暴雨时上海则在 θ_{se} 锋区内,层结稳定或中性,冷空气的强迫抬升造成暖湿空气沿锋面爬升,表现为大尺度降水特征。对此类倒槽暴雨,边界层东风或东北风急流是关键,一旦急流减弱则降水趋弱。

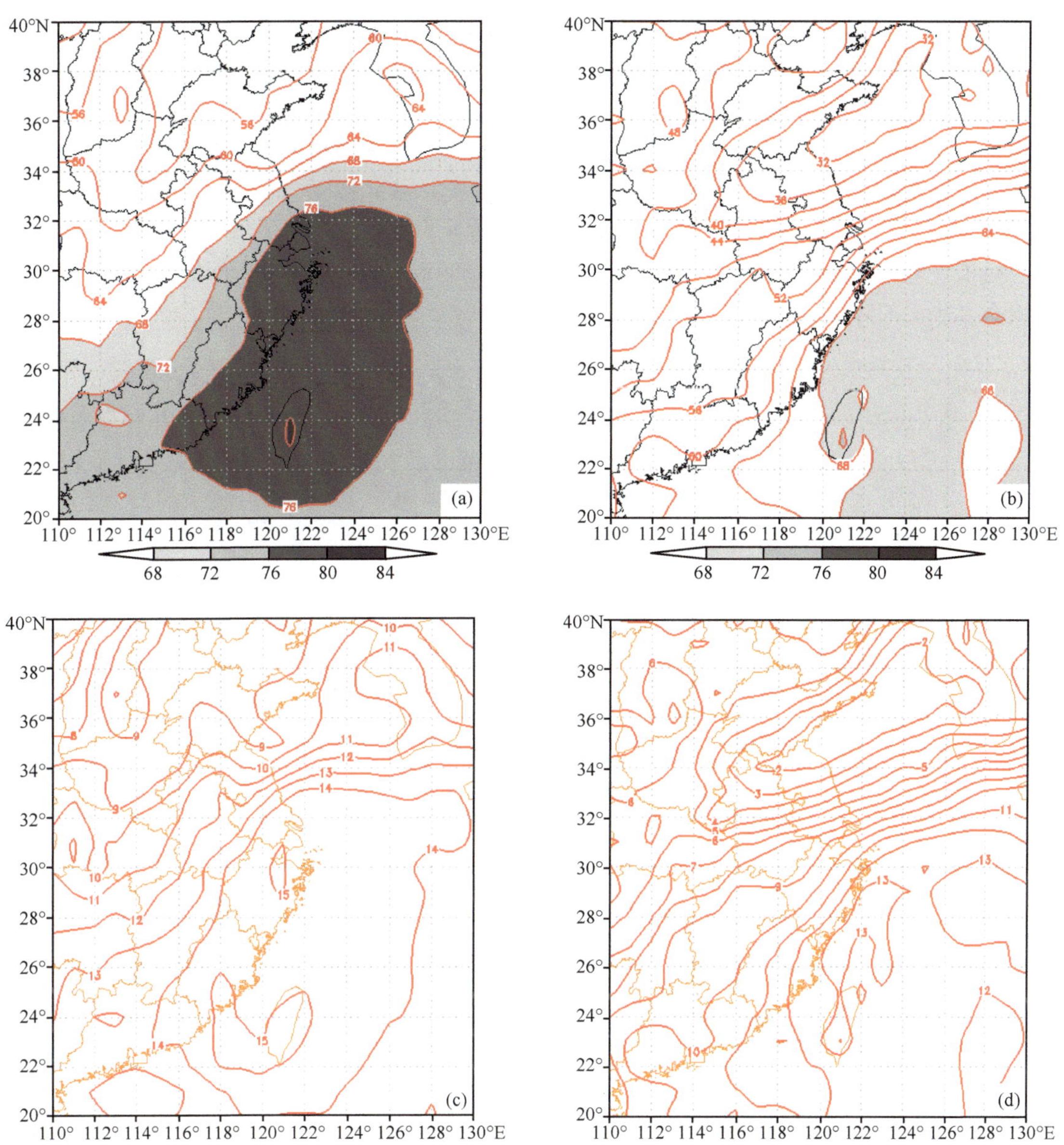

图 4.54 两类台风倒槽暴雨 850 hPa θ_{se}和比湿合成场对比

(a)"高温高湿"型 θ_{se}合成场;(b)"斜压锋区"型 θ_{se}合成场;(c)"高温高湿"型比湿合成场;(d)"斜压锋区"型比湿合成场

4.6.3 热带气旋大风

4.6.3.1 热带气旋大风分布的基本特点

热带气旋的大风分布,越是靠近中心,风力越大,最大风力分布在近中心周围的环形地带,而眼区的风力非常微弱。一般结构对称的热带气旋大风分为三个区域:眼区,风力 5~6 级或更小;眼壁区,风力最大的区域;螺旋云带区,风力由 5~6 级逐渐向内增强。根据陈联寿等统计发现,眼区的大小和台风中心附近的最大风速有一定关系。眼直径越小,中心风速越大。

在低纬地区,热带气旋闭合等压线近似圆形,风力分布也近似于圆形对称。随着热带气旋向较高纬度地区移动，在周围气压系统的影响下，热带气旋等压线逐渐变形，因而风力分布也不对称。一般情况下，当热带气旋接近副热带高压或大陆冷高压时，由于气压梯度增大，所以风速更大一些，大风主要分布在邻近高压的一侧。

热带气旋的大风的分布与热带气旋的内部结构有关，一个结构不对称的热带气旋，特别是风场不对称的热带气旋，往往表现为不同部位的风速大小差异较大，而且这种风速分布不对称随时间变化，大多会沿着热带气旋环流作逆时针的传播。

热带气旋中的大风具有明显的阵性特点，阵风与平均风速差可达 30 m/s 以上，不少热带气旋会以较大的阵风造成破坏。

4.6.3.2　影响热带气旋大风的因素

(1)气压梯度的作用：热带气旋大风主要是由于中心气压很低，形成很大的气压梯度引起的。热带气旋的气压梯度越靠近中心越大，当热带气旋的范围很大时，其外围半径可达 500 km 以上，由于热带气旋减压作用，气压梯度逐渐加大，开始出现 6 级或以上的大风。在日常业务预报中，气压梯度的大小是考虑风力大小的重要因素。

(2)地形的影响：地形对热带气旋大风的影响很大，一般山地风力比平原小，平原地区又比海面小。

(3)冷空气的作用：在秋季，由于冷空气的入侵，经常会遇到北高南低的冷高压和热带气旋配置的天气形势，沿海的大风会持续很长时间，大风的范围也很广，而且风也会提早出现。甚至台风与陆地相距在 500 km 之外时，沿海大风就开始出现。在台风登陆之前，沿海将出现持续性偏北大风，并且越来越强。大风范围可以向北方沿着海岸扩展上千千米。但如台风登陆以后，受到大陆冷气团的填塞作用，台风将较快衰减，这时台风中心后部的偏南大风不明显。另外，由于冷空气南下时，气压上升，而受台风的影响，沿海气压下降，于是变压梯度加大，变压风作用也是风力加大的原因之一。

4.6.3.3　热带气旋大风的预报

热带气旋大风的业务预报一般分为海上大风和陆上大风预报两大类，具体的预报包括大风的平均风力、阵风和大风范围、影响时间等。日常大风预报最简单的方法是按照热带气旋的强度和大风范围半径加以外推，并以地形和气压梯度的分布加以订正，考虑热带气旋内部的结构对大风预报作微调。日常制作热带气旋大风业务预报时，应该关注以下几方面的分析：

(1)台风北侧冷空气：冷空气的南下，往往会加大与台风之间的气压梯度，使得风力明显加大，同时大风会持续很长时间，大风的范围扩展，而且风也会提早出现。

(2)副热带高压(脊)：副热带高压脊与热带气旋之间的配置，对气压梯度的分布影响非常大，从而影响热带气旋的大风分布，日常诊断分析应重点关注副热带高压相对于热带气旋的位置，针对东高西低和北高南低等不同分型，分析不同象限的大风分布。

(3)周围气压低值系统：周围的气压低值系统与热带气旋的配置，它们之间的地带气压梯度较小，风力往往比单凭热带气旋强度估计的要小，这类低值系统包括热带气旋外围的低槽、非热带气旋所致的负变压区等。

(4)特殊结构的热带气旋：如“空心”热带气旋、“逗点”热带气旋等。

(5)热带气旋登陆前边缘的中尺度风暴：热带气旋登陆前，在热带气旋的外围 300～1000 km 的边缘地区，特别是其移动方向的半圆区域，热带气旋处于一个非对称发展期间，由于不稳定对流的发展，容易出现中尺度的强风暴，如局地强对流、飑线、龙卷等，伴随产生雷雨大风。

第 5 章　强对流天气和雷电

5.1　定义和分类

5.1.1　雷暴和强对流天气

强对流指由强烈的大气上升运动而产生的垂直对流，一般表现为垂直发展的积雨云。“雷暴”通常是指伴随强烈雷电天气现象的积雨云，或指伴有强烈雷电活动和阵性降水的“局地风暴”或“对流性风暴”系统。常见的雷暴天气即雷阵雨天气，其典型的天气现象是电闪、雷鸣、骤雨，有时还伴有阵风。

强对流天气指特别强烈的雷暴活动所伴随的短时强降水、冰雹、强风、龙卷风等剧烈天气。强对流天气的一些标准（上海）如下：短时强降水为 20 mm/h（或 50 mm/6 h）；雷雨大风为由雷暴产生的大风或阵风达 17.2 m/s 以上；以及出现冰雹和龙卷风。

5.1.2　雷暴的分类

典型的雷暴云是具有强烈上升气流和下沉气流的积雨云，其云垂直伸展较高，顶部可呈砧状或鬃状，底部较暗，时有悬垂结构。单个雷暴云的主体水平尺度一般在几千米到 20 km。从形态特征上，强雷暴单体主要分为以下几种：局地性雷暴单体、多单体雷暴、超级单体雷暴；而与中尺度对流系统（MCS）有关的强对流系统主要是飑线。

（1）局地性雷暴单体

单体雷暴的发展一般经历塔状积云、成熟和消散三个阶段，在塔状积云阶段，云内为一致的上升运动；成熟阶段，上升气流变得更加强盛，云顶出现上冲峰突，同时降水开始发生，由于降水的拖曳作用，对流风暴的下部产生了下沉气流，雨滴的蒸发冷却作用使得下沉运动加速，当下沉气流达到地面时，形成冷空气堆和水平外流，其前沿形成阵风锋；到消散阶段，云内的下沉气流逐渐占优势，最后下沉气流完全替换了上升气流，雷暴单体崩溃，其下沉气流到地面后呈圆弧状向外扩散。整个单体的持续时间一般为 30～50 min，一般伴有阵风、阵雨、冰雹和雷电。图 5.1 显示了局地性雷暴生命史演变过程的雷达回波特征，包括垂直方向和水平方向（高度分别为 6 km 和 0.5 km）。局地性雷暴一般出现在环境风垂直切变较小的情况下，并随着环境平均风移动。

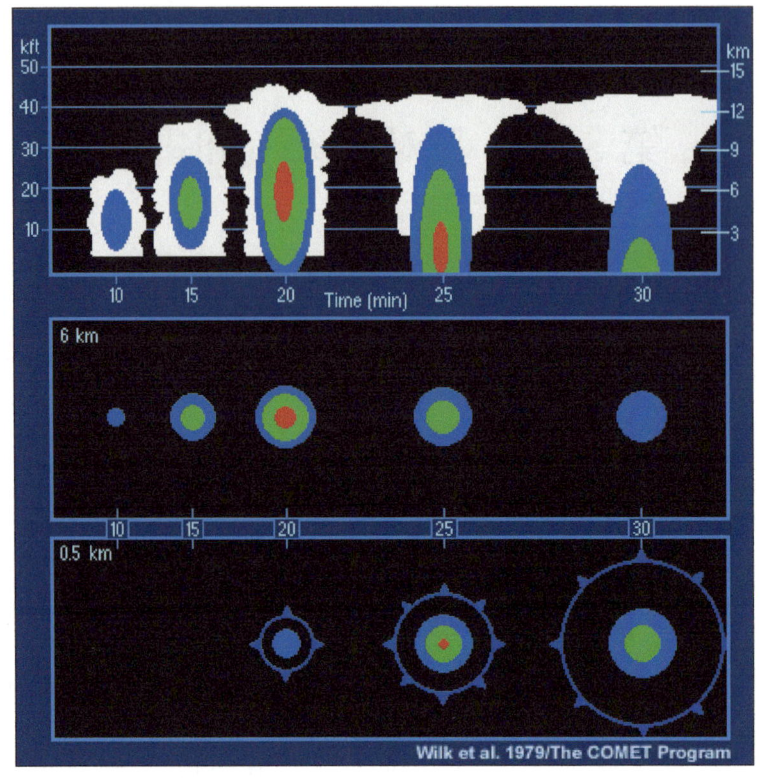

图 5.1　局地性雷暴单体的演变和雷达回波特征(Wilk *et al*.,1979/The COMET Program)

(2)多单体雷暴

多单体风暴往往产生于中等到强的垂直风切变的环境中,由一些处于不同发展阶段的对流单体风暴所组成的,在有利于风暴生成的一侧不断出现新生单体(通常是沿阵风锋的辐合最强处),新生单体的发展具有较好的组织性。该类风暴具有统一环流,各个单体的移动往往与其气层内平均气流方向一致,而整体风暴的运动通常偏离单个风暴的运动方向,这是由于新生单体沿外流边界的周期性发展,使得系统整体沿单体的移动方向与单体新生传播方向的矢量和方向运动。该类风暴产生的剧烈天气包括下击暴流、中到大的冰雹、强降水和弱龙卷等。由于多单体风暴中单个单体的生命史在 30 min 左右,因而系统整体的生命史长度还取决于雷暴单体的多少。图 5.2 为多单体雷暴的示意图,显示了多单体风暴中处于不同生命阶段的雷暴单体以及它们共同的出流边界。

(3)超级单体雷暴

超级单体风暴是一种具有特殊结构的强风暴,比正常成熟阶段的强单体风暴的水平尺度要大得多,水平尺度一般可以达到几十千米,维持时间很长,可达几个小时,出现的天气也比其他类型的强风暴单体要严重得多,常伴有大风、局地强降水、冰雹、下击暴流,甚至龙卷。超级单体风暴的环境条件一般为:大气层结不稳定度高、风的垂直切变强、云体底层的环境风速强等。超级单体一般包括以下几种主要类型:经典型(图 5.3)、强降水型、弱降水型和迷你型,在上海地区一般很难出现经典型的超级单体,一般出现的是尺度相对较小的强降水型超级单体或迷你型。

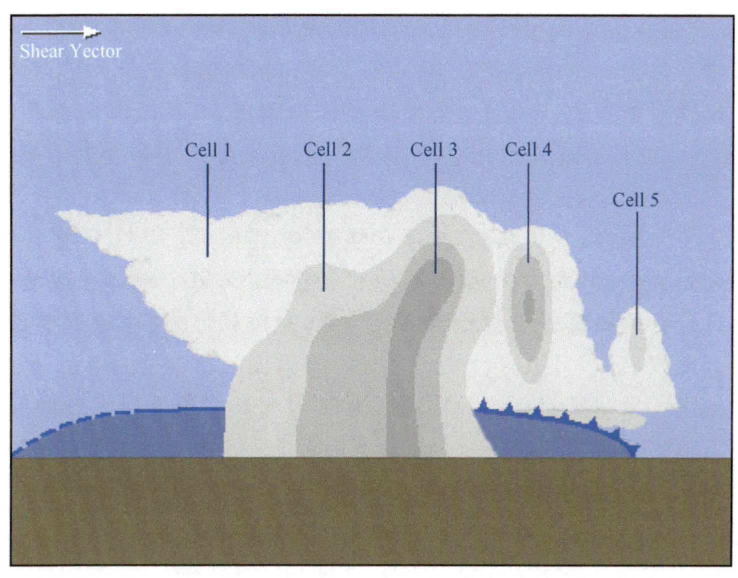

图 5.2　多单体风暴的特征示意图(The COMET Program)

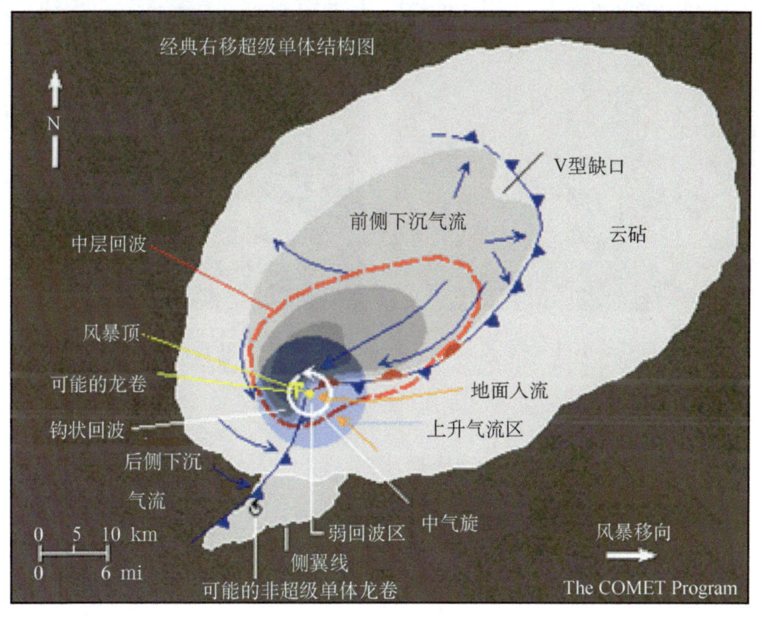

图 5.3　经典型超级单体的结构特征(The COMET Program)

雷达观测的超级单体回波有以下特征:垂直显示(RHI)上有穹隆(无或弱回波区)、平面显示(PPI)上有“钩”状回波,在速度图上有中气旋(Meso)标记。图 5.3 为一个经典型的超级单体结构图。

(4)飑线

中尺度对流系统(MCS)一般指水平尺度在 25～250 km 范围内的雷暴群,特指强风暴等有组织的雷暴或对流系统,强对流天气(强雷电、短时强降水、大风、冰雹和龙卷风)往往都可能在中尺度对流系统中出现。

飑(Squall)是指任何发生突发性强风的线状天气系统,飑线(Squall line)定义为非锋面性狭窄的活跃雷暴带。作为一个中尺度系统,飑线主要包括对流区和非对流(层状云)区两部分,是一种线状的中尺度对流系统。飑线通常发生在锋面附近,并大致与锋面平行。其长度为几百千米,宽度为 50～100 km,通常由几个“飑段”组成,每个飑段上包含若干个大而孤立的相互分离的强风暴。

飑线前侧为主要对流区,天气剧烈,常伴有强阵风、雷电、强降水、冰雹、甚至龙卷风,对流区由雷暴单体侧向排列而成,为线状、弧状或弓状的雷暴带,每个单体在成熟期都有地面冷堆及外流出流和阵风锋。阵风锋处于雷暴高压的边缘,温度梯度、气压梯度都很大,风速和风向水平切变都很强。飑线后侧为层状云雨区,只有些阵雨天气和少量闪电活动。

图 5.4 为上海南汇雷达观测到的一次飑线天气的 0.5°仰角反射率图像和径向速度图像。可见飑线前侧的对流带呈现弓状特征,弓状对流带及其后侧在速度图上有速度急流区,与飑线后侧入流急流区对应,是地面大风的来源。

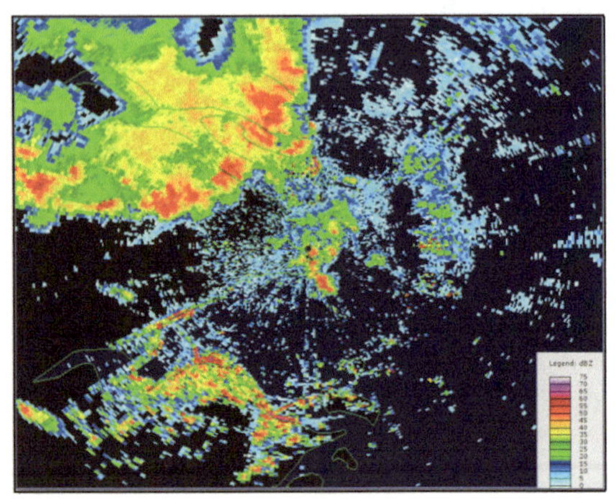

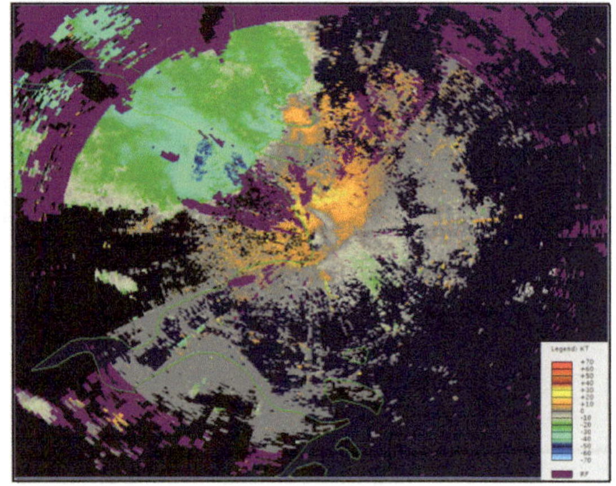

图 5.4　2009 年 6 月 5 日上海一次飑线系统的 0.5°仰角雷达反射率和径向速度图(南汇)

5.2　上海地区的强对流天气和雷电

5.2.1　短时强降水统计

利用上海市 1981—2014 年 11 个测站 4—9 月逐时降水数据(漆梁波 等,2015),计算出小时降水量 99.9%百分位的阈值,列在表 5.1 中。如果某测站小时降水量超过该阈值,就认为该站该时段发生了 1 个短时强降水事件。表 5.1 中同时列出的还有 2001—2014 年小时降水量的极大值。

表 5.1　上海市 11 个测站小时降水量 99.9%百分位的阈值及 2001—2014 年小时降水最大值　(mm)

	58361 闵行	58362 宝山	58365 嘉定	58366 崇明	58367 徐汇	58369 南汇	58370 浦东	58460 金山	58461 青浦	58462 松江	58463 奉贤
阈值	22.5	24.0	22.8	22.5	26.8	22.2	25.2	21.0	21.2	21.8	22.4
极值	76.4	52.1	85.6	65.1	117.5	68.6	73.8	57	66.8	69.2	58.7

从表 5.1 可见，99.9%百分位的降水量阈值分布中，徐汇最大，其次是浦东，然后是宝山，金山、青浦、松江相对较小，即小时降水强度最大的是市中心（徐汇附近），次之是长江口水陆交界的浦东和宝山。这与经验相符，表明城市中心强加热及强的上升运动对降水强度有正贡献。长江口区水陆交界可以加强低层风向辐合，水陆下垫面温差使大气层低层产生气温差异，也加强暖气层的爬升作用，动力、热力作用对强降水的发生都是有利的。城市和水陆分布对降水气候态影响是显著的。

2001—2014 年小时降水量最大值中，前三位中最大的分别是徐汇 117.5 mm，发生在 2008 年 8 月 25 日，影响系统是静止锋低压；嘉定 85.6 mm 为次大，发生在 2001 年 7 月 6 日，是西风槽与 0104“尤特”台风倒槽共同影响的结果；闵行 76.4 mm，发生在 2009 年 8 月 2 日，受热带低压影响。因此，概率较小的极端强降水的发生与静止锋上中尺度系统发展及热带系统活动有关。

5.2.1.1　上海短时强降水的时间分布特征

如果某日上海 11 个测站中 1 个以上的测站发生过 1 个以上的短时强降水事件（1 h 降水量超过 99.9 百分位），就认为是一个短时强降水日。图 5.5 中紫色柱体是上海 2001—2014 年短时强降水日数。在这 14 年中 2001—2007 年发生相对少，2008 之后发生的日数较多，2008 年是 14 年中最多的。

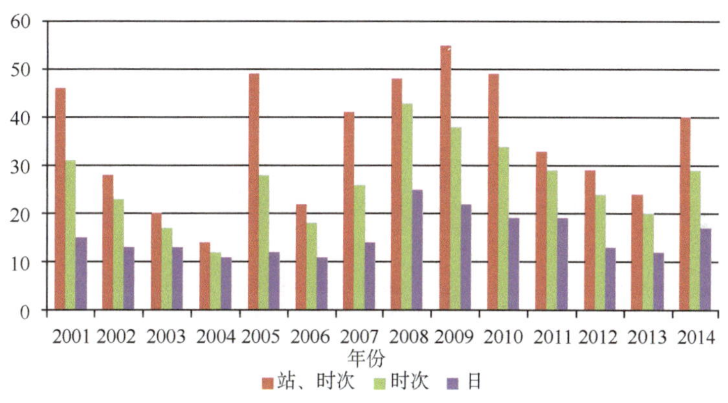

图 5.5　上海 2001—2014 年小时降水量超过 99.9%百分位的次数

在某个降水日中，如果降水系统强度维持，移动缓慢或滞留，测站可以几个小时连续或者有间断地多次发生强降水，各测站间也可以依次先后发生强降水，使得该日有数个小时的降水达到阈值，图中绿色柱体表示所有测站短时强降水小时总数（多个测站同时达到阈值只计 1 h），绿色柱体超过紫色柱体数值越大，表明强降水持续时间越长。如 2008 年 8 月 25 日强降水时间先后持续了 4 h。

在某个降水日，如果降水系统影响范围广泛，多个站可能同时或先后出现强降水。当 N 个测站同时达到阈值计为 N 个小时，所有测站短时强降水发生的小时数即由图中红色柱体表示。其值越大，表明强降水的发生不仅时间长，影响范围也广。

比如在 2001 年、2005 年，红色、绿色、紫色柱体值相差较大。其中 2001 年 8 月 5—11 日先后受热带低压和静止锋低压影响，2005 年有两个台风“麦莎”“卡努”先后影响了上海，都产生了大范围的强降水。相反地，在三种色柱值相差不大的年份，一般降水时间较短、影响范围较小，比如 2004 年就是这样的年份。

在 4—9 月(图 5.6)，短时强降水发生最多的是夏季 6—8 月，其中 8 月最多，占 38.9%；7 月、6 月依次占 25.9%、18.5%；9 月份占 13.0%，4、5 月比例小于 3%。8 月份是台风影响较多的月份，对强降水有较大贡献。

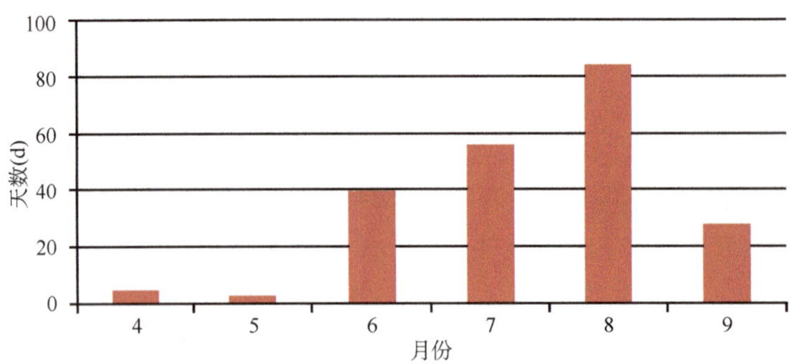

图 5.6　上海 2001—2014 年小时降水量超过 99.9%百分位的天数

从图 5.7 可见，短时强降水的发生有明显的日变化，21 时之后至次日 11 时之前发生次数相对较少，早晨 5—6 时是发生次数最少的时间。11 时之后到 21 时以前是多发生时段，14—20 时是发生高峰期，最高的在 14—17 时，高峰顶端值约为夜间和早晨的 3～4 倍。

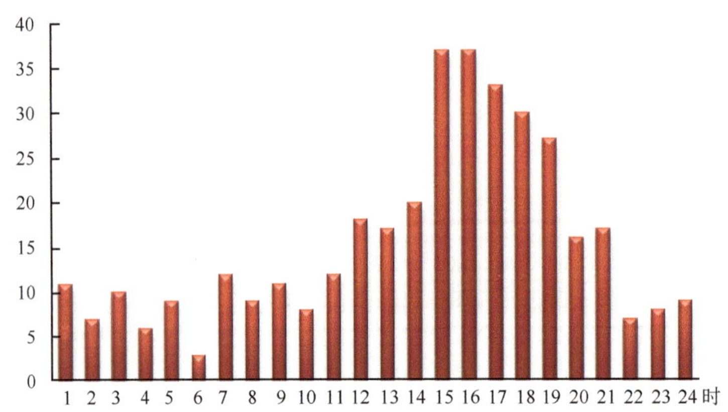

图 5.7　上海 2001—2014 年 11 站 4—9 月小时降水量超过 99.9%百分位的时间分布

5.2.1.2　产生上海短时强降水的天气尺度系统

2001—2014 年 11 个站 4—9 月小时雨量大于各站 99.9%百分位的共有 498 站(时)次，372 个时次，发生在 216 d 中。普查相应的环流特征，分析影响系统得到表 5.2。

在 216 个短时强降水日中，由静止锋切变(包括不适合低槽冷锋型的经向度较大的移动性西风槽系统)引起的最多，占 44%；其次是副高边缘型，占 28.7%；第三是热带系统型(包括热带气旋、热带低压本体及倒槽直接影响及东风波动)，占 12.5%；第四是暖切或辐合线，占 7.0%；江淮气旋或东海气旋型占 3.2%；低槽冷锋和高空冷涡较少，分别占 3.2%、1.4%。

表 5.2　上海短时强降水的天气系统类型

低槽冷锋	高空冷涡	副高边缘	静止锋切变	暖切/辐合线	江淮/东海气旋	热带系统	合计
8	4	107	223	27	15	114	498 站(时)次
1.6%	0.8%	21.5%	44.8%	5.4%	3.0%	22.9%	
8	4	92	163	25	11	69	372 时次
2.2%	1.1%	24.7%	43.8%	6.7%	3.0%	18.5%	
7	3	62	95	15	7	27	216 d
3.2%	1.4%	28.7%	44.0%	7.0%	3.2%	12.5%	

4—9 月各月中，4—5 月主要是低槽冷锋型；6 月梅雨期前期，主要是静止锋切变型；7 月主要是梅雨期后期的静止锋切变型以及副高边缘型，偶有高空冷涡型；8 月副高边缘型最多，静止锋切变次多，热带系统的影响是一年中最多的；9 月副高边缘型仍是最多的，静止锋切变与热带系统有较多的影响。

各类系统的主要影响时间为：低槽冷锋主要在 4 月；高空冷涡在 7、8 月；副高边缘在 7—9 月；静止锋切变在 6—8 月；暖切/辐合线在 6—8 月；江淮气旋和东海气旋主要在 6、8、9 月；热带系统在 6—9 月，其中 8 月最多(图 5.8)。

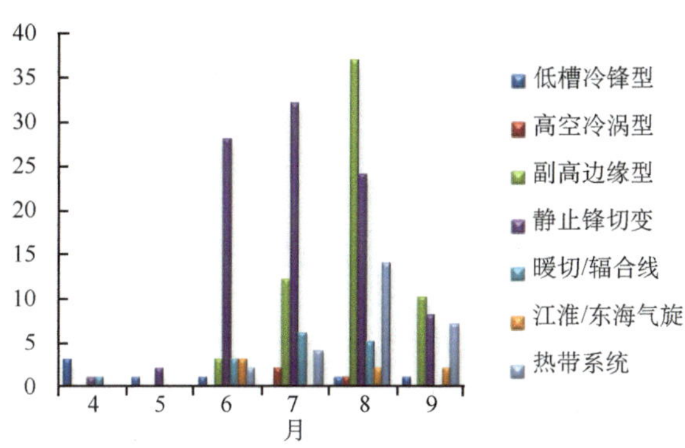

图 5.8　上海 4—9 月各月短时强降水的天气系统类型

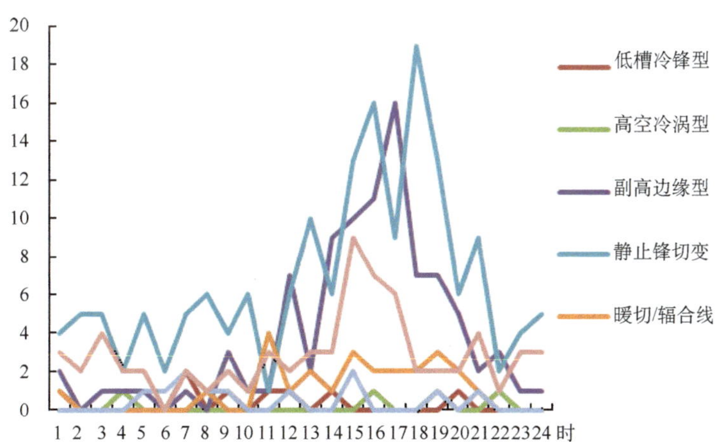

图 5.9　各天气系统类型的天气发生时间统计

从日变化来看，静止锋切变型、副高边缘型、热带系统型日变化明显，11—21 时发生次数大大高于其他时间；高空冷涡、低槽冷锋日变化最小；暖切/辐合线有较弱的日变化(图 5.9)。

5.2.2 雷暴大风统计

利用上海市2001—2015年4—9月11个测站和自动站数据，统计上海的雷暴大风过程。统计的标准为：伴随对流风暴天气过程，上海地区有1个以上的自动站的阵风风速≥17 m/s（其中2001—2003年以11个测站数据为准，大风记录为阵风风速≥17 m/s），即视为一次雷暴大风过程。2001—2015年共有81个雷暴大风个例（探空等观测资料缺失的不计），其中阵风风速最大（图5.10）的是2007年8月3日嘉定F1赛车场40.6 m/s，影响系统是副高边缘；2014年7月12日受静止锋切变影响，海湾751基地出现37.8 m/s阵风为次大；2008年7月2日，受低槽冷锋影响，薛家泓泵站的最大阵风风速为35.4 m/s，位列第三。

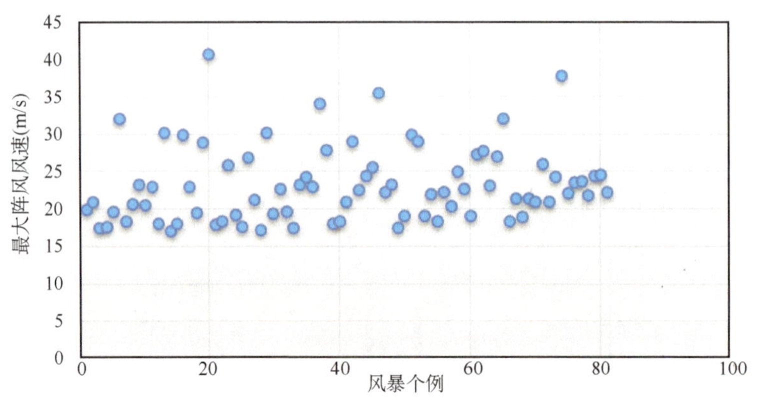

图5.10 2001—2015年上海雷暴大风最大阵风风速图

5.2.2.1 上海雷暴大风的时间分布特征

2001—2015年上海雷暴大风的年分布和月分布如图5.11所示。2010年和2013年各有9例，为雷暴大风最多的年份；2015年仅有1例，为最少。月分布图显示，雷暴大风最多的是夏季6—8月，其中7月最多，累计共36例，占44.44%；8月、6月依次为28例（34.57%）、10例（12.35%）；9月份占3.70%，4、5月比例2.47%。

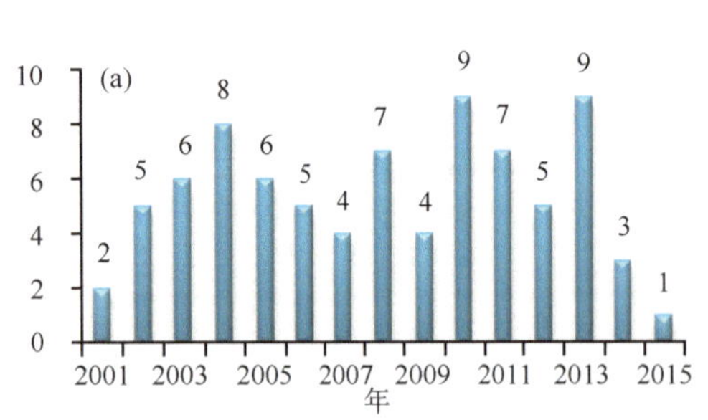

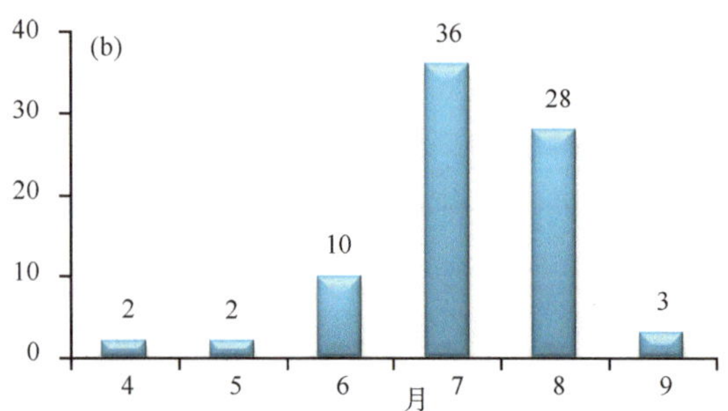

图5.11 2001—2015年上海雷暴大风年分布(a)和月分布(b)

5.2.2.2 产生雷暴大风的天气尺度系统

强对流天气产生雷暴大风的天气系统主要有低槽冷锋型、高空冷涡型、副高边缘型、静止锋切变型、暖式切变型以及暖区热对流型（图5.12）。其中，在副高边缘天气系统背景下生成的最多;静止锋切变其次;高空冷涡和暖区热对流背景下产生的强对流天气相对较少,因此产生雷暴大风的个例也最少。

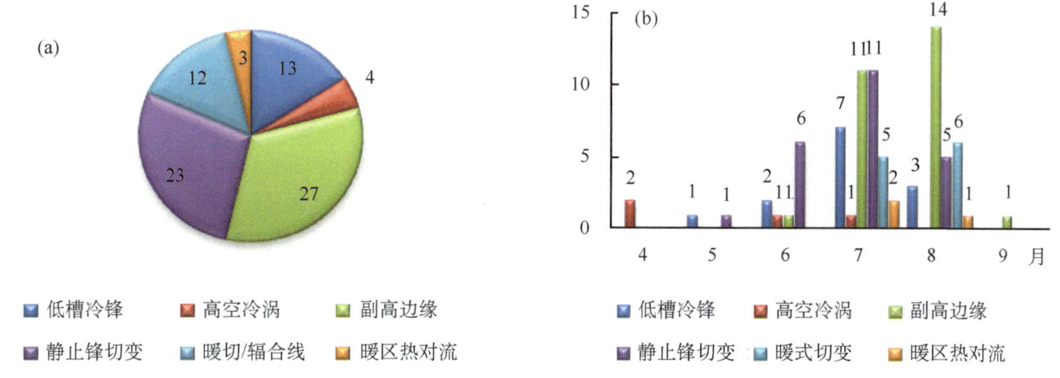

图 5.12　上海雷暴大风的天气系统类型(a)和 4—9 月各月天气系统类型(b)

高空冷涡型的形势特点是 500 hPa 高空(对流层中高层)在我国东北地区或朝鲜半岛附近有闭合低涡存在,并有冷中心配合。中高空是一致的西北气流,低空有暖脊存在。强对流天气产生的主要机制是垂直方向上温差形成的强热力不稳定和强垂直风切变形成的动力不稳定。由于高空强干冷平流起着主导作用,有利于触发雷雨大风和冰雹天气。

静止锋切变多出现在梅雨期内,有时盛夏季节冷空气势力较强,副高明显南撤,长江中下游一带也会有静止锋雨带。其形势特点是 500 hPa 上中纬度有短波槽东移,700、850 hPa 上江淮切变线维持,切变线以南有低空急流,地面上则有静止锋停滞,有时有弱气旋发展。盛夏季节的静止锋切变背景产生的雷雨大风明显多于梅雨季节。

副高边缘型天气背景通常在 7—8 月,大致分为两类:一类是本地处在副高的西北边缘,整层一致西南风,500 hPa 短波槽东移触发对流;另一类是副高断裂为两环,本地处在大陆高压与副高之间的切变线附近或槽后西北气流中,由于低层为暖气团控制,槽后有弱的冷平流,上冷下暖层结不稳定造成对流天气。通常情况下,以雷电、局地短时强降水天气为主,由于槽后弱的干冷空气的入侵,通常也会伴随雷雨大风或冰雹天气。

夏季的低槽冷锋型天气背景,通常前期的高温累积了一定的不稳定能量,随着西风槽东移,弱锋面南压,其辐合抬升作用将触发上海地区的强对流天气。冷锋前沿发展起来的飑线通常造成本市的短时强降水和雷雨大风天气。

暖式切变(辐合线)型的主要形势特点是在 850 hPa 或以下层次上海附近有暖式切变存在,南侧西南风输送暖湿气流,本地处在暖区内,地面为低压槽或低槽南侧。由于白天升温,在切变附近容易有对流发展,主要以短时强降水为主,有时会伴有雷雨大风天气。

暖区热对流型强对流天气多发生在 7—9 月。500 hPa 副高脊线多在 30°N 附近,或 30°N 以北,且副高中心深入内陆,上海地区 500 hPa 处于副高中心附近或副高东侧(东南侧),以偏北气流为主;925 hPa 或以下层次有弱切变线;地面上海附近也有弱辐合线存在。上海地区白天由于风小盛行下沉气流升温快,午后到夜里,在低空切变线和地面辐合线的触发下不稳定能量得以释放,多在水陆边界处产生局地雷暴单体,且雷暴单体多以脉冲风暴的形式出现,由于 850 hPa 和 500 hPa 温差较大,有利于下沉气流下降过程中的加速下降,常带来局地短时强降水、雷雨大风天气。

统计强对流雷暴大风天气触发前最近时次探空的一些对流参数和环境参数(图 5.13 和图 5.14)发现,*K* 指数、*SI* 指数、*LI* 指数和 CAPE 等对流参数与一般强对流天气的差别不大,比如 *K*、*SI* 和 *LI* 的中值分别是 37℃,−1.3℃,−3.8℃,CAPE 的中值是 1096 J/kg。

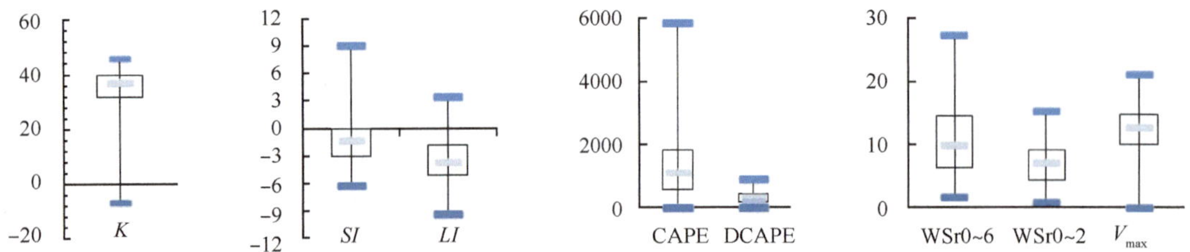

图 5.13　2001—2015 年雷暴大风 81 个个例对流参数(*K* 指数,*SI* 指数,*LI* 指数,CAPE,DCAPE,WSr0～6 km,WSr0～2 km,V_{max})的箱线图

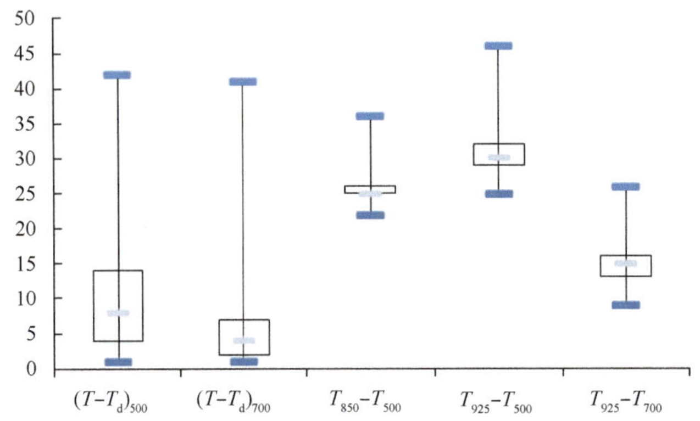

图 5.14　2001—2015 年雷暴大风 81 个个例的环境温度、湿度箱线图

下沉对流有效位能(DCAPE)为气块受到负浮力从某起始高度下沉到地面时该气块增加的动能最大值,常用来估算负浮力的大小,并作为下沉运动的一种度量。对于正在做下沉运动的气块来说,下沉对流有效位能越大,则它到达中性浮力层或地面时的速度越大,越有利于地面强阵风的出现。DCAPE 的中值是 325.76 J/kg(V_{down}=12.76 m/s),最大值为 894.46 J/kg(V_{down}=21.15 m/s)。

中层的干空气夹卷也有利于雷暴大风的出现。统计显示,500 hPa 的温度露点差的中值为 8℃,最大值为 42℃(东北冷涡)。

越高的温度直减率越有利于保持下沉气流在下沉增温过程中和环境温度的负温差,使得下沉气流保持向下的加速度。81 个个例的统计结果显示,500～850 hPa 的温度直减率的中值是 0.625 ℃/km($T_{850-500}$=25℃),最大为 0.775 ℃/km($T_{850-500}$=31℃)。

5.2.3　冰雹统计

运用上海市 2001—2015 年地面强天气观测数据及实况人工观测数据(强天气发生在 11 个标准测站以外的区域),挑选出发生冰雹天气的个例,并对 2001—2015 年 10 次冰雹天气的年际变化、月季变化、日变化进行统计分析。在此基础上普查每个个例的大气环流特征,根据产生冰雹的天气系统分为华北冷涡型、西风带短波槽型共 2 个类型,分析了各个类型的特征。

5.2.3.1　上海冰雹天气的一般分布特征

(1)上海冰雹天气的地域分布特征

对 2001—2015 年间 10 次冰雹强天气的位置和时间进行统计，如图 5.15 所示，冰雹天气在中心城区和各区均有发生，其中在中心城区最多，其次在浦东和宝山发生的频次较多，崇明、金山、青浦、松江相对较少，即发生冰雹强天气概率最大的是市中心(徐汇附近)，次之是长江口水陆交界的浦东和宝山。这与经验相符，表明城市中心强加热及强的上升运动对对流发展有正贡献。长江口区水陆交界可以加强低层风向辐合，水陆下垫面温差使大气层低层产生气温差异，也加强暖气层的爬升作用，动力、热力作用对强天气的发生都是有利的。城市和水陆分布对降水气候态影响是显著的。

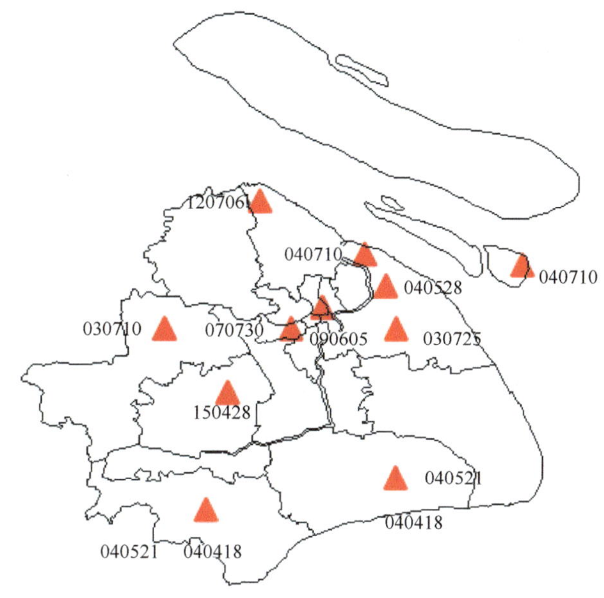

图 5.15　上海地区近 15 年冰雹天气地域分布特征

从 2001—2015 年各地区冰雹发生的频数来看，近 15 年来，中心城区、宝山和浦东分别发生 2 次冰雹活动，其余郊区仅观测到一次冰雹天气，可知在上海地区冰雹天气发生的概率较低，且发生区域不确定性较大，预报的难度较高。

(2)上海冰雹天气的时间分布特征

根据 2001—2015 年冰雹发生频数的分布(图 5.16)看，上海地区冰雹的年际分布较不均匀，近 15 年中，2004 年冰雹发生频数最多，占 40%；2003 年次之，占 30%；2007、2009、2012 年及 2015 年各有 1 次冰雹活动，其他年份则无冰雹活动。

从月际分布来看(图 5.17)，上海地区冰雹天气发生的季节是春末初夏，即 4—7 月，其中 7 月占绝对优势，占 50%；4 月、5 月均分别占 20%；6 月份占 10%，其他月份均未观测到冰雹活动。7 月份副热带高压北顶，西南暖湿急流建立，上海地区不稳定能量大，同时北方短波槽活跃，冷暖空气交绥易触发冰雹等强对流天气。

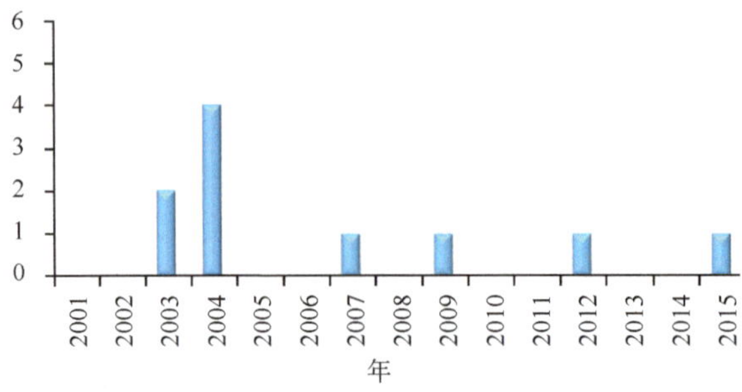

图 5.16　上海地区近 15 年冰雹天气年际分布特征

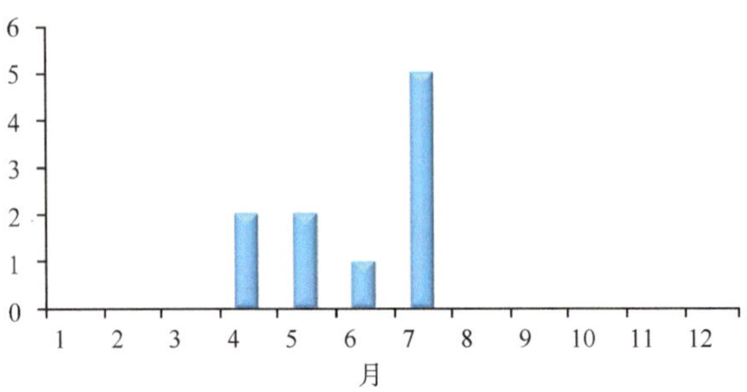

图 5.17　上海地区近 15 年冰雹天气月际分布特征

将一日按照 3 h 间隔分为 8 个时段，从图 5.18 可见，冰雹天气的发生有明显的日变化特征：12—18 时是冰雹发生的绝对高峰期，其中 80％的冰雹发生在该时段，其次 0—3 时和 21—24 时各有 10％的冰雹分布频率，上午的 6—12 时的时段则无冰雹活动。可见在上海地区最易发生冰雹的时段是傍晚，上半夜和下半夜次之，上午发生冰雹的可能性较小。

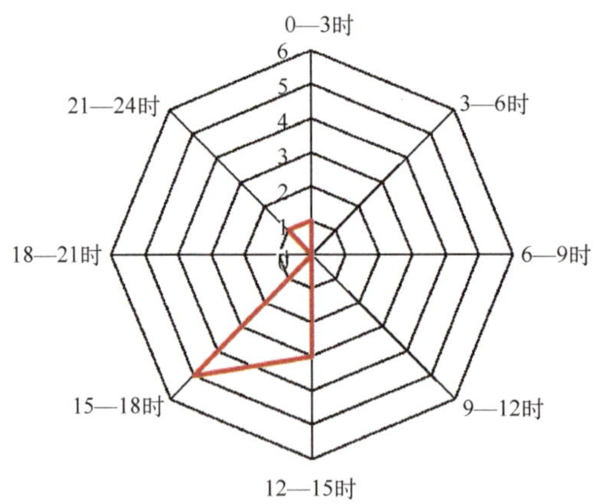

图 5.18　上海地区近 15 年冰雹天气日变化特征

5.2.3.2　产生上海冰雹的天气尺度系统

根据上海地区冰雹发生时的大尺度环流特征分析发现，冰雹天气类型分为西风带短波槽型和华北冷涡型两种。从表 5.3 看出，上海地区的冰雹 80％发生在华北冷涡型的天气背景形势下，仅有 20％发生在西风带短波槽型背景中。

表 5.3　上海地区冰雹天气分型

冰雹天气分型	天数(d)	比例
西风带短波槽型	2	20%
华北冷涡型	8	80%

5.2.3.3　上海地区冰雹天气探空特征

对流风暴中的强上升气流是产生冰雹的必要条件，冰雹发生前的探空形势有非常显著的特征，产生冰雹的典型环境的关键探空特征主要包含如下三方面：

(1)较大的 CAPE 值，特别是−10℃到−20℃之间的 CAPE 值；

(2)较强的深层垂直风切变：0～6 km 的垂直风切变≥20 m/s 则视作强切变；

(3)0℃层高度适中：一般要求 0℃高度在 600 hPa，即 4 km 左右。

将上海市近 15 年(2001—2015 年)出现的 10 次冰雹日的临近探空特征进行统计，结果如图 5.19 所示：从不稳定能量看，出现冰雹之前探空的 CAPE 值均值在 1000 J/kg，出现的极大值是 5354 J/kg，极小值则为 63 J/kg，可见不稳定能量(即浮力)条件不是强上升气流发生发展的唯一因素。从整层可降水量(PWV)的分布发现，冰雹发生前大气的水汽含量较高，平均值在 50 mm，极大值则为 63 mm，结合探空的温湿分布特征(图略)可知水汽主要集中于低层，中高层则会出现相对较干的干区。从垂直风切变分布看，0～6 km 的垂直风切变均值在 15 m/s 左右，深层的风切变较大，利于对流风暴的持续发展；0℃层的平均高度位于 4.5 km 左右，−20℃层的平均高度则位于 8 km 左右，符合经典冰雹的探空特征。

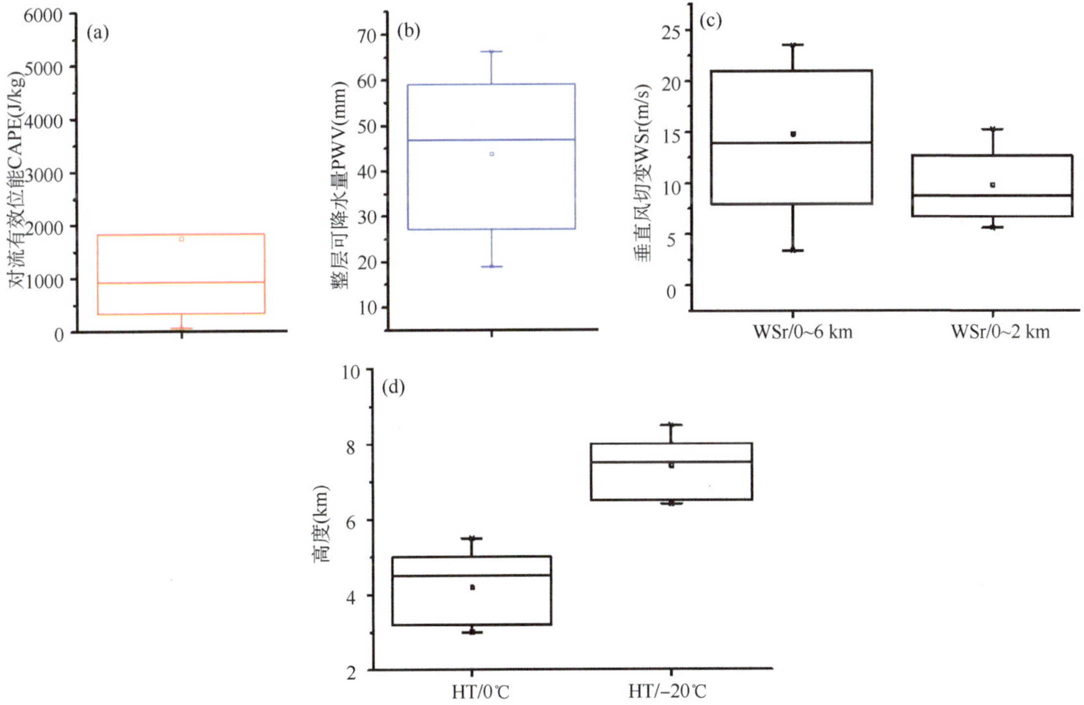

图 5.19　上海地区近 15 年冰雹日临近探空指数分布特征

(a)对流有效位能 CAPE；(b)整层可降水量 PWV；(c)垂直风切变；(d)0℃和−20℃层高度

5.2.4　龙卷统计

运用上海市 2001—2015 年地面强天气观测数据及实况人工观测数据(强天气发生在 11 个标准测站以外的区域),挑选出发生龙卷天气的个例,并对 2001—2015 年 5 次龙卷天气的年际变化、月季变化、日变化进行统计分析。

5.2.4.1　上海龙卷天气的一般分布特征

(1)上海龙卷天气的地域分布特征

龙卷风影响范围狭小,在影响上海本地的 5 次龙卷过程中,大多数龙卷的影响范围仅限于 1 个区的局部地区,其中影响 2～5 个区的仅占 1 次,未出现影响超过 5 个区的。对 2001 到 2015 年间 5 次龙卷强天气的位置和时间进行统计,如图 5.20 所示龙卷风的地理分布,在上海的青浦、嘉定两区呈西南—东北向的多发带,其中青浦区的龙卷风活动次数最多,另外在上海奉贤的东南角观测有龙卷风活动。

图 5.20　上海地区近 15 年龙卷天气地域分布特征

(2)上海龙卷天气的时间分布特征

根据 2001—2015 年龙卷发生频数的分布(图 5.21)看,上海地区龙卷的年际分布极不均匀,近 15 年仅有 2003 年和 2004 年观测到龙卷风的活动,其中 2003 年 3 次,占 60%,2004 年 2 次,占 40%,其余年份则无龙卷的活动。

上海龙卷风灾害主要出现在夏季的 7 月和 8 月(图 5.22),其中 7 月份占 60%,8 月则占 40%,其他月份未观测有龙卷的活动,这主要是因为 7、8 月份副高活跃,长江中下游不稳定能量强,且多低槽切变线活动,易发生龙卷等强对流天气。

将一日按照 3 h 间隔分为 8 个时段,从图 5.23 可见,龙卷天气的发生有明显的日变化特征:龙卷出现时间主要在午后至傍晚,占总数的 80%,因为这一时段更能获得局地热动力条件的加强,利于龙卷的发生和发展。在夜间出现约占 20%,上午 6—12 时则未观测有龙卷的活动,是相对宁静时段。

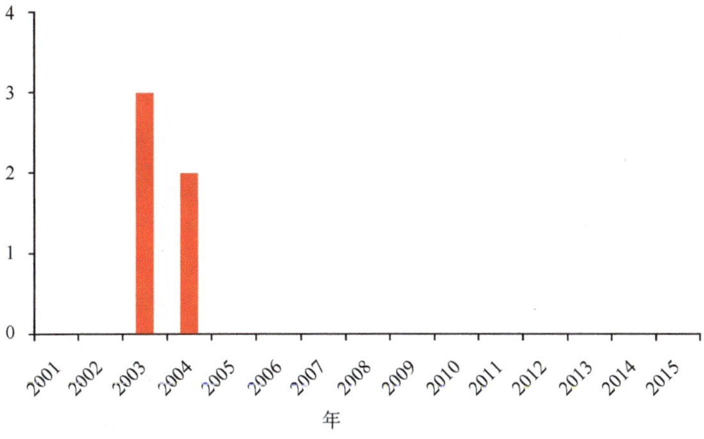

图 5.21　上海地区近 15 年龙卷天气年际分布特征

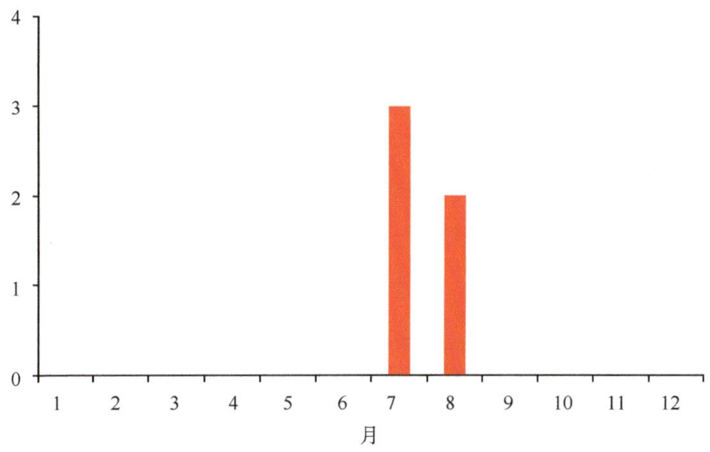

图 5.22　上海地区近 15 年龙卷天气月际分布特征

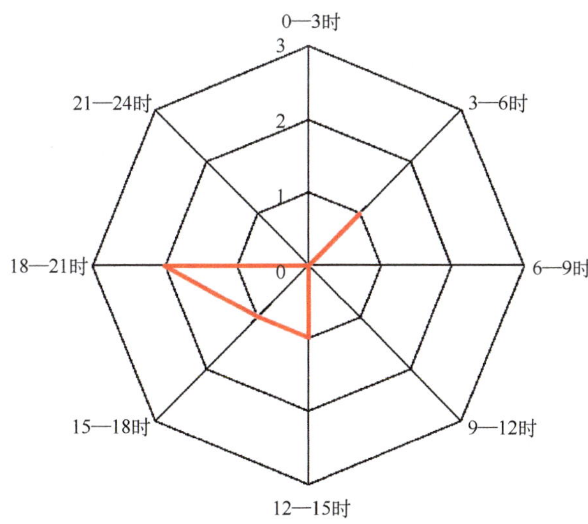

图 5.23　上海地区近 15 年龙卷天气日变化特征

5.2.4.2　上海地区龙卷天气探空特征

雷暴产生的三个要素(大气垂直层结不稳定、水汽和抬升触发)也是龙卷发生的必要条件。有研究表明,有利于 F2 级以上强龙卷生成的两个有利条件分别是:

(1)低的抬升凝结高度 LCL;

(2)较大的底层(0～1 km)垂直风切变。

将上海市近 15 年(2001—2015 年)出现的 5 次龙卷日的临近探空特征进行统计,结果如图 5.24 所示:从不稳定能量看,出现龙卷之前探空的 CAPE 值均值在 1000 J/kg 以上,出现的极大值是 3000 J/kg,可见不稳定能量(即浮力)条件是强对流发展的必要条件。从抬升凝结高度 LCL 看,5 次过程的 LCL 均非常低,位于边界层内,符合较强龙卷发生的探空特征。从垂直风切变分布看,0～6 km 的垂直风切变均值在 12 m/s 左右,深层的风切变较大,利于对流风暴的持续发展,低层 0～2 km 的垂直风切变值集中在 10 m/s,也符合龙卷探空的特征。

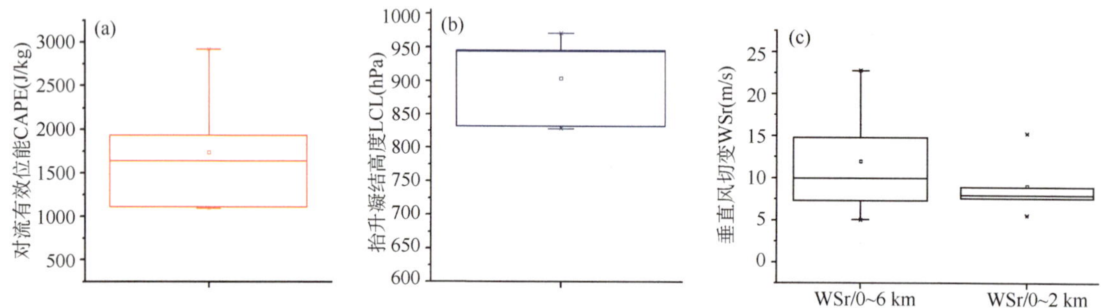

图 5.24　上海地区近 15 年龙卷日临近探空指数分布特征

(a)对流有效位能 CAPE;(b)抬升凝结高度 LCL;(c)垂直风切变 WSr

5.2.4.3　产生上海龙卷的天气尺度系统

我国江淮流域的梅雨期有时会有龙卷发生,通常与梅雨期的暴雨相伴。在梅雨期暴雨时,常伴有较强的低空急流,抬升凝结高度很低,而较强的低空急流意味着较强的低层垂直风切变,因而有利于龙卷的两个条件在梅雨期暴雨条件下常常可以满足,近 15 年中,上海地区的 5 次龙卷过程(表 5.4),其中 4 次发生在梅雨期,高空有低槽,低空配合切变线和低空急流,地面常有锋面相伴。另外一个常发生龙卷的情况是在登陆台风的外围螺旋雨带上,这里低层垂直风切变较大,抬升凝结高度很低,台风螺旋雨带上有时有中气旋产生,常常导致龙卷,2004 年 8 月 25 日受东海热带系统影响,奉贤出现龙卷天气。

表 5.4　上海地区龙卷天气分型

龙卷天气分型	天数(d)	比例
低槽冷锋	4	80%
热带系统影响	1	20%

5.2.5　雷电活动统计

(1)空间分布

图 5.25 是长三角地区 6—9 月的地闪密度 CGDen(单位:fl · a^{-1} · km^{-2}),图 5.25a 是全

国闪电 ADTD 观测网在 2010—2012 年观测的，图 5.25b 是 Vaisala 总闪电探测系统在 2008—2012 年观测的。在华东中部地区，闪电活动的局地差异，主要来源于地形。可见长三角地区闪电 CGDen 较高有四个明显区域（陈雷 等，2014）：①镇江—扬中—江阴一带；②上海嘉定、宝山、中心城区和浦东北部；③太湖西南方向浙北天目山；④宁波附近。由于闪电观测受到观测站网分布的影响很大，两套系统的闪电分布有一定差异，ADTD 没有在上海设置探头，因此在上海和浙江东部的闪电活动要弱于 Vaisala 的，但后者的探头是针对长三角东部地区，故对长三角西部闪电观测效率略低些。尽管如此，两套地基闪电观测网发现了这些共同特征。以 Vaisala 资料为例，上述区域 6—9 月的 CGDen 大于 30.0 fl · a^{-1} · km^{-2}，其中上海浦东北部外高桥附近大于 52.0 fl · a^{-1} · km^{-2}，为最高。

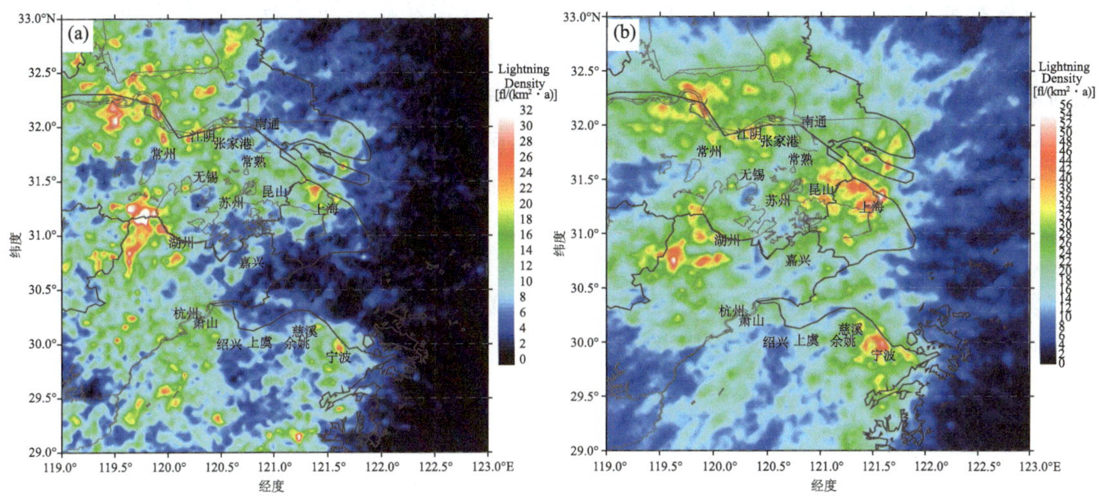

图 5.25　长三角地区 6—9 月地闪密度 CGDen 分布（fl · a^{-1} · km^{-2}）

（a）2010—2012 年 ADTD 观测，（b）2008—2012 年 Vaisala 总闪电观测

（2）时间分布

规定若某日 08 时至次日 08 时 24 h 内，长三角地区闪电定位网观测到闪电，且对应区域雷达反射率因子较强（35 dBz 以上）、云顶亮温较低（低于－32℃），则标记为一个雷暴日。对于 2008 年以前的雷暴过程，因当时闪电定位观测网尚不完善，在统计雷暴时以雷达、卫星资料为主，同时参考地面测站的人工观测记录（是否闻雷）。按照该标准，统计得到 2004—2013 年发生在长三角地区的雷暴日共有 454 d，年平均 45.4 d。图 5.26a 给出 2004—2013 年长三角地区月均雷暴日数分布，从中可见，长三角地区全年皆有雷暴发生，且雷暴日数月际变化显著，呈单峰型趋势；8 月雷暴日数最多，平均为 11.3 d，占全年平均雷暴日数的 24.89%；7 月份次之，6 月和 9 月雷暴日数也较多，6—9 月份雷暴日数占全年的 69.16%；1 月和 12 月雷暴日数很少，分别占全年平均雷暴日数的 0.44%和 0.88%，2—5 月雷暴日数也较少；从 5 月到 8 月，月均雷暴日数呈现明显增加趋势，而从 8 月到 12 月，月均雷暴日数急剧下降。

图 5.26b 为 2004—2013 年长三角地区雷暴天气的日变化，从中可见，6—9 月大多数雷暴发生在午后至上半夜（14—18 时），而其他时段的雷暴日数相对平均；10 月至次年 5 月，半夜至早晨（0—8 时）的雷暴日数较多，午后至上半夜（14—18 时）的雷暴日数次之，8—14 时为雷暴低发时段。

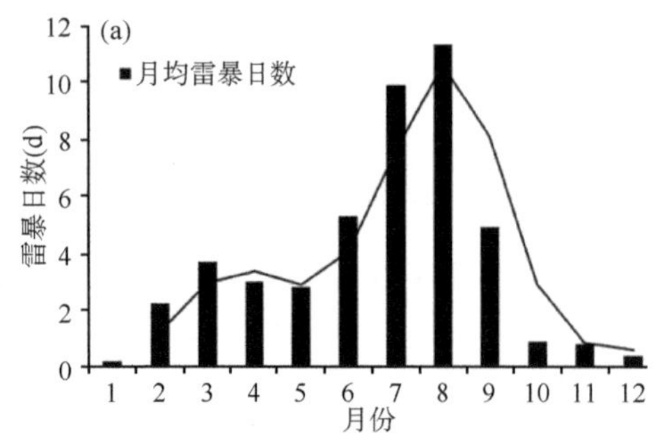

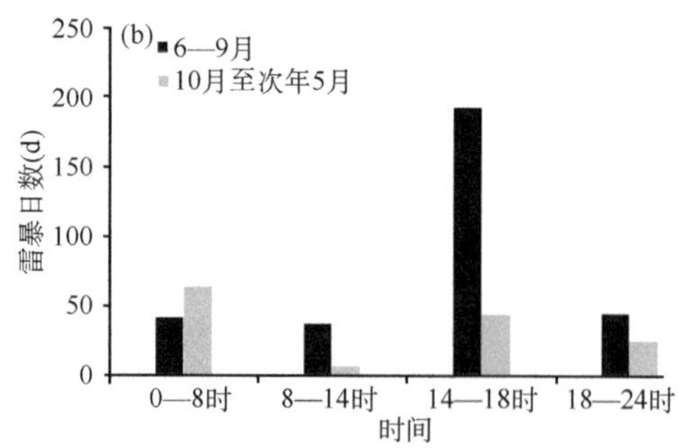

图 5.26　2004—2013 年长三角地区月均雷暴日数分布(a)和长三角地区雷暴日变化(b)

总体看来，太阳辐射的季节性变化和日循环是导致雷暴在不同季节分布不均和日变化的根本原因(戴建华 等,2005)。一年中盛夏季节(7、8 月)太阳辐射最强，而一天中太阳辐射中午达到最强，14 时左右地面温度最高，所以在盛夏时节的午后极易达到不稳定层结，上升气流携带低层水汽到达高空冻结成冰晶或软雹，碰撞分离后形成电荷分布，当电荷累积到一定程度便击穿空气发生放电现象，故一年中 7、8 月雷暴天气最多、一天中 14—18 时最易发生强对流。而冬半年雷暴天气日变化特征与夏半年明显不同，10 月到次年 5 月，太阳辐射比 6—9 月明显偏弱，不利于地面辐射增温形成不稳定层结，白天发生雷暴较少，而半夜到早晨(0—8 时)，云顶辐射使得云顶温度明显降低，而云层下底层温度变化不大，有利于形成不稳定的大气层结，故夜间雷暴发生率高于白天(戴建华 等,2005)。

5.3　成因和机理

5.3.1　强对流天气的成因和机理

根据气块法理论，要形成大气的强烈对流必须具有巨大的不稳定能量，以及能使大气产生的上升运动从而使大气不稳定能量得以释放的较强抬升力。同时，要有足够的水汽才能保证对流上升运动中形成云滴、雨滴、冰晶、软雹、过冷水滴等强对流云体的组成物。因此，强对流天气的产生要求有以下三个基本的天气学条件和垂直风切变的条件。

(1)丰富的水汽含量和水汽供应来源：对流云中水汽凝结，不仅是降水物质本身的来源，而且它释放出的凝结潜热，也是供给深对流发展的能量来源。

(2)大气的不稳定层结：不稳定层结是为对流发展提供位能转化为动能的基本条件。例如当高空有冷空气入侵，低层有西南暖平流时，那么暖空气上升，冷空气下沉，导致对流产生。

(3)足够的抬升启动机制：通常在对流性天气发展之前，大气层结是处于条件不稳定或者对流不稳定状态，这就要求有足够强度的抬升启动作用，将低层气块或气层抬升到自由对流高度后，才能使自由对流发展，释放不稳定能量，使其由位能形式转化为垂直运动的动能。这样的抬升作用，可能来自天气系统本身，即绝大多数雷暴等对流性天气都发生在气旋锋面或低空低涡、切变线、低压及高空槽等天气系统中，也可能来自地形强迫或局地热力影响等因素。

(4)强的垂直风切变：中低空的垂直风切变有利于强对流风暴和中尺度对流系统的维持和加强。主要机制：引导降水离开上升气流、动力作用、新生单体。

5.3.2　雷电现象的成因和机理

(1)雷暴云中的起电机制

对雷暴云中的起电机制的研究有很多,主要有以下几种假设:感应起电机制、非感应起电机制和对流起电机制。

感应起电机制:外部电场(大气电场)引起降水粒子的电极化,极化强度取决于粒子的介电常数,垂直电场中下落的降水粒子被极化以后,上部带负电荷,下部带正电荷。同这些较大的降水粒子相碰撞后的小冰晶或小水滴就获得正电荷,并随雷暴云中的上升气流向上,从而发生电荷的转移过程,使得云粒子带正电荷、降水粒子带负电荷。

非感应起电机制:包括温差起电、结霜起电、大水滴和冰晶的破碎起电、水的冻结和融化起电等。其中温差起电和结霜起电机制被认为是比较重要的起电机制。温差起电:两片初始温度不同的冰晶被带到一起,然后再分开,则温度较高的冰晶获得负电荷而温度较低的冰晶获得相等数量的正电荷,冰晶和霰粒子之间碰撞可能引起温差起电。结霜起电:在冰、水共存区,软雹表面覆盖着一层过冷水滴构成的液面,当冰晶与软雹相碰撞时,软雹暖结霜表面与冰晶冷结霜表面之间产生温度差,从而导致了电荷的转移;最新的一些研究表明,在高的云中含水量(CLW)环境中,正电荷被小的冰晶带走,而负电荷在大的软雹上,但是在低 CLW 环境中,情况恰好相反。

对流起电机制:由于正电荷由上升气流带入云内并附着在云粒子上,形成一个净正电荷区域,该电荷的电场可以使得云体周围或电离层中的负离子流向云体的表面,使得云外围带负电荷。云内部猛烈的上升气流和云外部的相应的下沉气流运动,将正电荷运送至云的顶部,而负电荷至云的较低层。

(2)雷暴云中的电荷分布

按照云体内起电机制和风场分布,一般认为,在对流单体内中下部为负电荷层,中上部为正电荷层(图 5.27),多数的观测事实也证明了以上的电荷分布。然而在 MCS 中,对流区和层状云区的电荷分布是不一样的(图 5.28),在主要的对流区中,电荷分布和对流单体一致,上正下负并且负电荷主中心位于－10～－20℃,如果这一温度层较低,对应的负电荷中心也较低;而在 MCS 系统内的层状云区中,由于较低的云含水量(CLW),呈现上负下正的电荷分布。

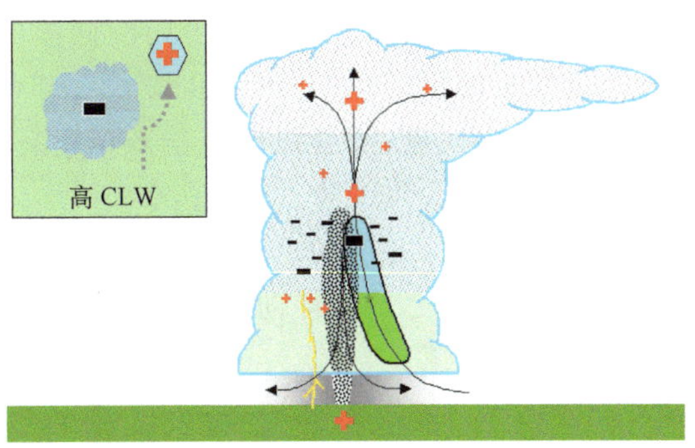

图 5.27　单体雷暴云中电荷分布示意图

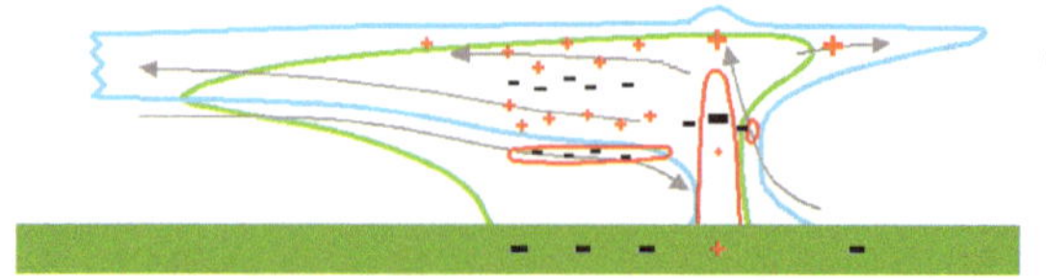

图 5.28　MCS 云中电荷分布示意图

(3)闪电的形成和种类

由于大气中的电场形成后达到一定强度时，击穿大气形成电流而产生的放电，闪电就形成了。由于云体电荷分布的复杂性，放电的形式有很多种，一般分为云闪(云间闪、云内闪)和云地闪(一般称为地闪)。云闪一般远远多于地闪，而且早于地闪的出现，在地闪和强对流天气的临近预报中有很好的指示作用。

5.4　影响系统和预报着眼点

5.4.1　主要的天气系统分类

(1)静止锋切变型

500 hPa 有向南伸展到 28°N 以南的槽，或在 32°N 以南有浅槽东移，700、850 hPa 表现为槽前切变发展向东伸展，或在长江下游及江淮之间形成东北—西南向切变；500 hPa 上系统移动速度较快，使低层切变上不能充分发展出气旋；云图上有切变云带；低层辐合作用是促发因素。

(2)高空冷涡型

华北或东北有高空(500 hPa)冷性低涡，700、850 hPa 上低涡的西南侧有横槽，本地在横槽以南，西北部(皖北、江苏)地面有东(北)西(南)向冷锋或黄海冷锋尾，当横槽冷锋南压，一般会产生更加强烈的强对流天气；云图上有东(北)西(南)向云带南压；高空冷空气是主要促发因素。

(3)低槽冷锋型

以 500 hPa 上冷槽，700、850 hPa 冷性(横)槽为特点，地面有冷锋，随着冷槽、冷锋东移南压经过本地，产生强对流天气；云图上有带状云系明显东移南压；冷空气是主要促发因素。

(4)气旋波动型

与静止锋切变型形势很相似，不同的是 500 hPa 槽更向南伸展，并且移动速度较慢，使低层切变上有足够的时间在江淮流域发展出气旋；云图上在切变云带上云团逐渐成气旋状组织起来；气旋在浙江北部到苏北南部之间入海；低层强辐合抬升作用有利于强对流天气的启动，厚气层充足的水汽和强降水使天气过程有效维持。

(5)热带低值系统型

热带低压经过本地；或热带风暴(低压)倒槽伸向本地；有东风波或其倒槽影响本地；云图上有热带云团活动。

(6)副高边缘型

副热带高压很强盛，在 24 h 内有西进北抬迹象，上海和浙江北部 500 hPa 上高度 12 h 内有增加；同时副高北侧，本地以北有(微)弱西风(横)槽滞留或东移；云图上东西向云带弱尾(或延长线)上有新云团暴发；气层加热或冷却两者都是主要促发因素。

5.4.2 主要的天气系统环流特征

(1)静止锋切变型

静止锋切变型(图 5.29)的中高层有一高空槽从华北西部伸向华西(高原以东),该槽向中低纬度伸展的部分成了西太平洋副热带高压与南亚高压的分界。在中低层有两个与中上层槽对应的系统:一是东北地区的槽或气旋中心,有冷平流配合,是与显著冷空气活动有关的系统;二是长江和淮河流域呈东北—西南向的切变线,切变线以南有强盛的西南暖湿气流,是以暖湿气流活动为特征的系统。这两个系统有相联性,东北冷槽向西南延伸,与切变线在走势上连接。200 hPa 上南亚高压有东伸的脊,脊线位置在江南到华南。500 hPa 上西太平洋副高在120°E 经度上脊线位置在 23°N 附近,588 dagpm 线在 127°E 附近。西太平洋副高反气旋环流中心一个在 130°E、25°N 附近,另一个在 155°E、26°N 附近,副高环流整体从东向西呈楔状切入。

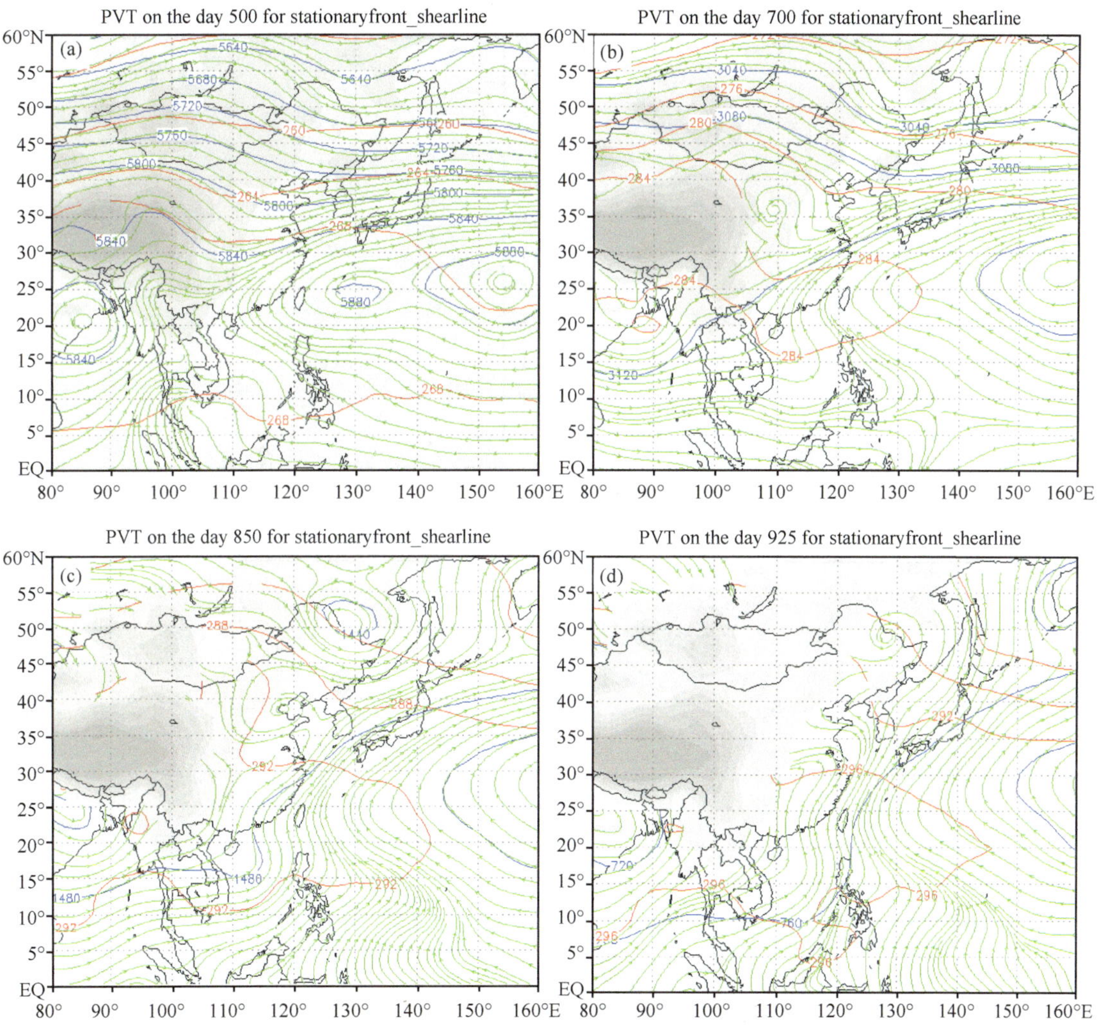

图 5.29　强对流天气发生当日的静止锋切变型合成高度场(dagpm)、流场、温度场(K)

(a)500 hPa,(b)700 hPa,(c)850 hPa,(d)925 hPa。阴影区为地形。

这样的立体结构中该型天气的发生过程是：西风槽偏北东移，在较高纬度的冷平流到达华北中东部和东北南部后从中底层向南扩散；同时在中高层槽前正涡度平流的作用下，中低层西南气流开始组织，加上东部副热带高压的挤压增大了气压梯度，这支暖湿气流得以加强，北冷南暖之间切变加强，静止锋锋生。强盛的暖湿气流常常使静止锋切变向北推到淮河流域。如果冷空气从位置较偏西的华北中东部向南扩散，切变和静止锋的走向一般为东西向或东北—西南向，如果冷空气从位置较偏东的华北东部到东北南部向南扩散，切变和静止锋开始的走向一般为东南—西北向。这样的静止锋开始具有暖性特征，引起暖区天气，后期转变以冷性为特征，产生冷性锋面天气，后期天气往往对流性更强。由于暖湿气流带来充沛的水汽，易产生较大降水量。

(2)高空冷涡型

高空冷涡型(图 5.30)的中高层也有一高空槽从华北伸向高原东侧的华西地区，但与上一类型不同的是在日本有另一槽区，显然与华北的槽是两个系统，500 hPa 上华北槽区的北侧是

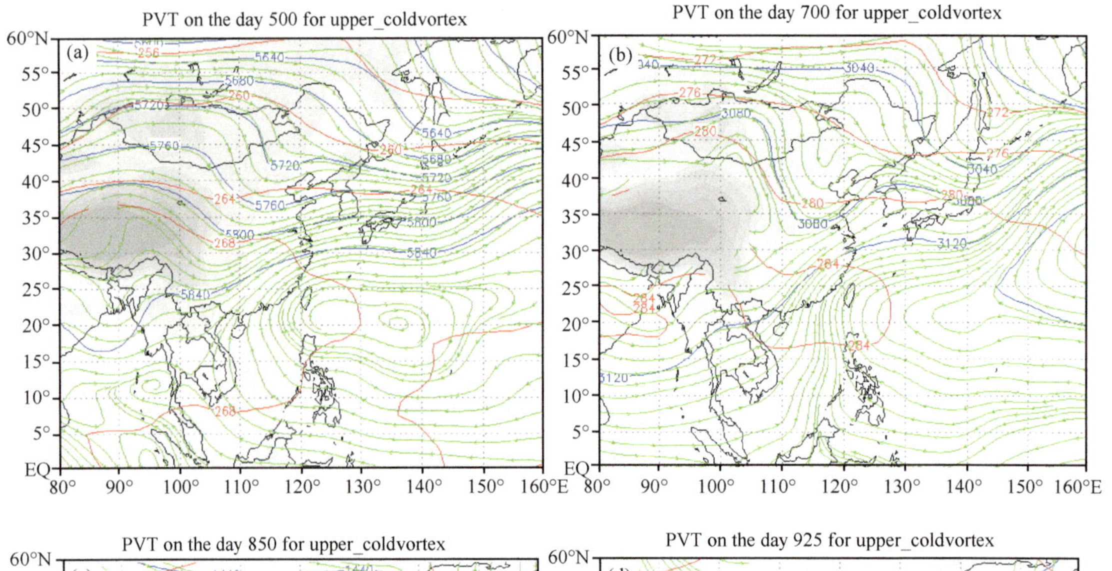

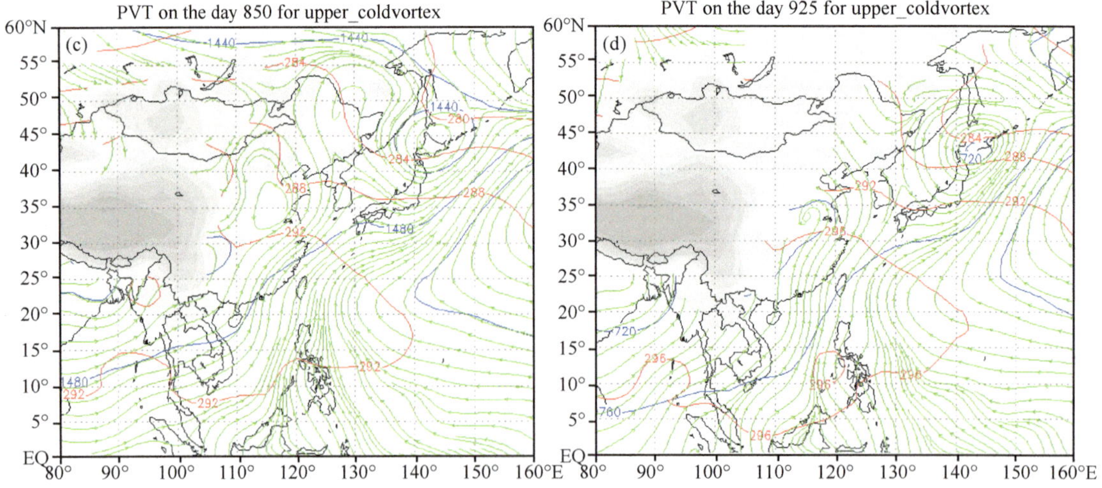

图 5.30　强对流天气发生当日的高空冷涡型合成高度场(dagpm)、流场、温度场(K)

(a)500 hPa，(b)700 hPa，(c)850 hPa，(d)925 hPa。阴影区为地形。

一高压脊，从对个例的普查发现，该槽区是中高层地理位置稍有差异的冷涡合成后形成的。700 hPa 上有对应的冷槽与冷平流，850 hPa 以下则是华北南部的气旋性低压。在该低压的东南侧暖湿平流强盛，在其北侧低压后侧有弱冷平流。200 hPa 上南亚高压向东伸展但 1248 dagpm 等值线只伸展到华南地区，不同于静止锋切变型中一直伸展到杭州湾。500 hPa 上西太平洋副高在 120°E 上，脊线位置在 22°N 附近，500 hPa 上没有 588 dagpm 线，584 dagpm 线在 120°E 上的位置也偏南。西太平洋副高反气旋环流中心在 136°E、20°N 附近，比上一型偏南，副高反气旋环流整体呈东南偏东—西北偏西走向。

可见对高空冷涡型，由于中高纬度日本槽的存在，西太平洋副热带高压系统比静止锋切变弱，位置偏南。在高空冷涡东南侧区域，700 hPa 以上有明显冷平流，850 hPa 以下是强盛暖平流，是上干冷下暖湿的有利于能量充分存储以及强不稳定形成的结构。在冷锋向东南方向推进的过程中易形成强对流天气。在系统发展前期水汽辐合区维持在黄淮和华北地区，后期冷锋影响本地时速度较快，与静止锋切变型中辐合区和静止锋滞留时间较长的情形不同，但高空冷涡型能量累积较高，因此容易产生冰雹、龙卷、强风等强烈天气。

(3)低槽冷锋型

低槽冷锋型(图 5.31)的中高层槽在华北地区东部到东北地区，向西伸展到长江中下游地区，在这支西风槽的东部没有第二支槽，但它比前两型中的槽偏东约 10 经距。850 hPa 上在东北东部地区有气旋性环流，有伴随的槽伸向胶东半岛。在 500 hPa 槽前，700～850 hPa 及以下气层中，长江中下游地区有一切变线发展，在中低层该切变与辽东半岛的冷槽相连，但仍然可以分清是两个系统，有两个天气区。中高层与低层系统位置很近，因此锋区的坡度很大，有时略有前倾。200 hPa 上南亚高压脊东伸到华南，1248 dagpm 线介于前两型之间。500 hPa 上副热带高压强度位置也介于前两型之间，500 hPa 上西太平洋副高在 120°E 上脊线位置在 23°N 附近，588 dagpm 线在 133°E 附近。西太平洋副高反气旋环流中心在 153°E、27°N 附近，副高环流整体从东向西呈楔状切入。

对低槽冷锋型，较强的副热带高压和较强的冷槽的共同作用下，使系统的空间坡度很大，在适度的冷暖干湿气流配合下，造成天气影响时间短，但强度大，易有冰雹、龙卷、飑线、阵风锋等强烈天气。

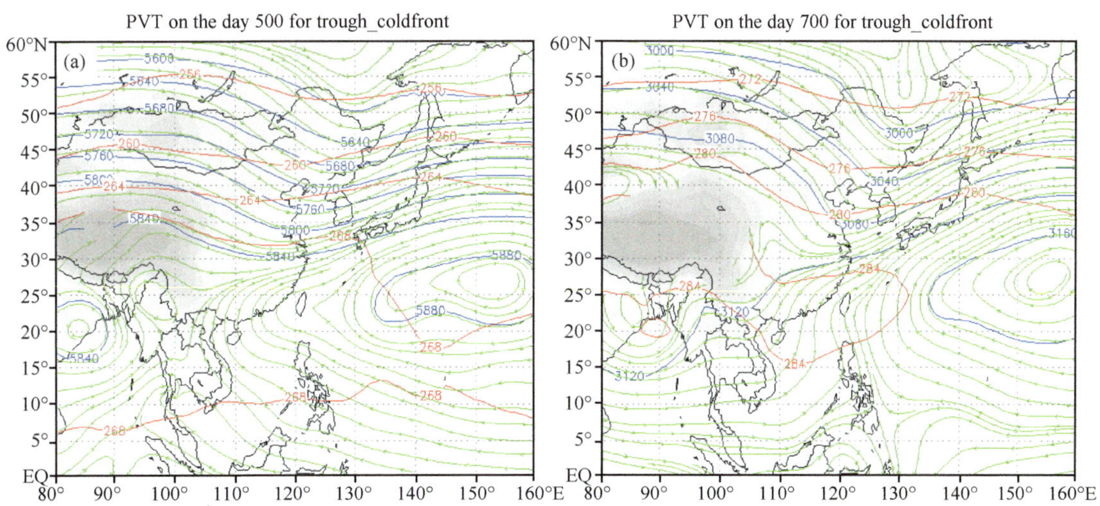

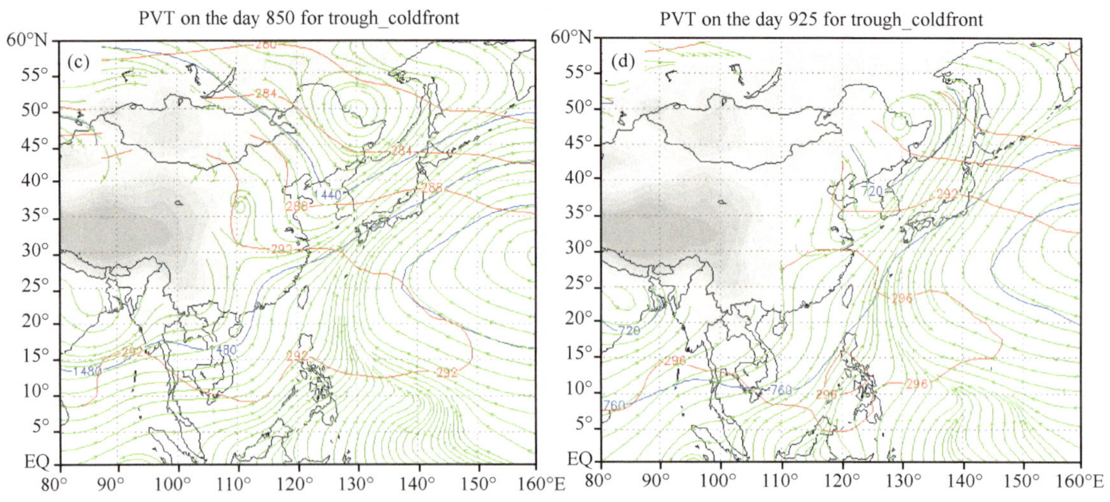

图 5.31　对流天气发生当日的低槽冷锋型合成高度场(dagpm)、流场、温度场(K)

(a)500 hPa,(b)700 hPa,(c)850 hPa,(d)925 hPa。阴影区为地形。

(4)气旋波动型

气旋波动型(图 5.32)的中高层也有一西风槽位于我国东部,与低槽冷锋型相比位置接近,但由于在日本以东洋面上有一槽区及朝鲜半岛与日本之间形成一脊,使得该系统 35°N 以北部分偏西。200 hPa 上南亚高压脊东伸到华南,1248 dagpm 线比上述三种类型都偏南。500 hPa 上副热带高压位置偏南,西太平洋副高在 120°E 上脊线位置在 18°N 附近,但西伸明显,588 dagpm 线到 118°E 附近。西太平洋副高反气旋环流中心在 128°E、20°N 附近,副高环流整体呈东西向。

在中低层有一冷性切变从胶东半岛向西南伸展到两湖及以西地区,其北侧从胶东半岛到四川盆地以东的大片地区有一致的冷平流,而在 120°E 以东基本都是槽前暖平流,偏南西伸的副高有利于孟加拉湾暖湿气流经过中南半岛向长江以南地区输送,对暖平流的位置流向有引导作用。在低层有气旋生成东移,在江苏北部入海。这种配置与上述几种类型都有明显的不同点:一是冷平流位置更偏西且宽;二是暖平流位置也偏西。这种特征对气旋的生成是重要的。如果 35°N 以北的槽和冷平流过分偏东会抑制气旋的生成,如低槽冷锋型。如果冷平流区域位置不够偏西,气旋形成条件不够成熟,如在静止锋切变型中,在切变线以北是偏东气流。

(5)热带低值系统型

热带低值系统型(图 5.33)在 200 hPa 上南亚高压主体偏西,其脊只东伸到云南西部,在其下方 500 hPa 上有一弱反气旋性环流与之对应。但在我国东南沿海地区有一强西太平洋副高反气旋性环流,该环流从低到高向西倾斜,特别是 500 hPa 以上倾斜更显著。中高层的西风槽从东北地区伸展到长江中下游地区,40°N 以南部分更像是南亚高压与西太平洋副热带高压之间的界面。在 500 hPa 上南亚高压与西太平洋副热带高压之间在 27°N 附近有一东西向的脊线相连。在这脊线以南地区,两个高压之间是宽广的热带系统活动区,热带低压或气旋及倒槽在西太平洋副高西侧向东北伸展,850 hPa 上倒槽直伸展到苏北东部,位于 500 hPa 槽前、700 hPa 槽线附近或略偏槽前。925 hPa 上在该倒槽东侧是强盛的南到东南气流。

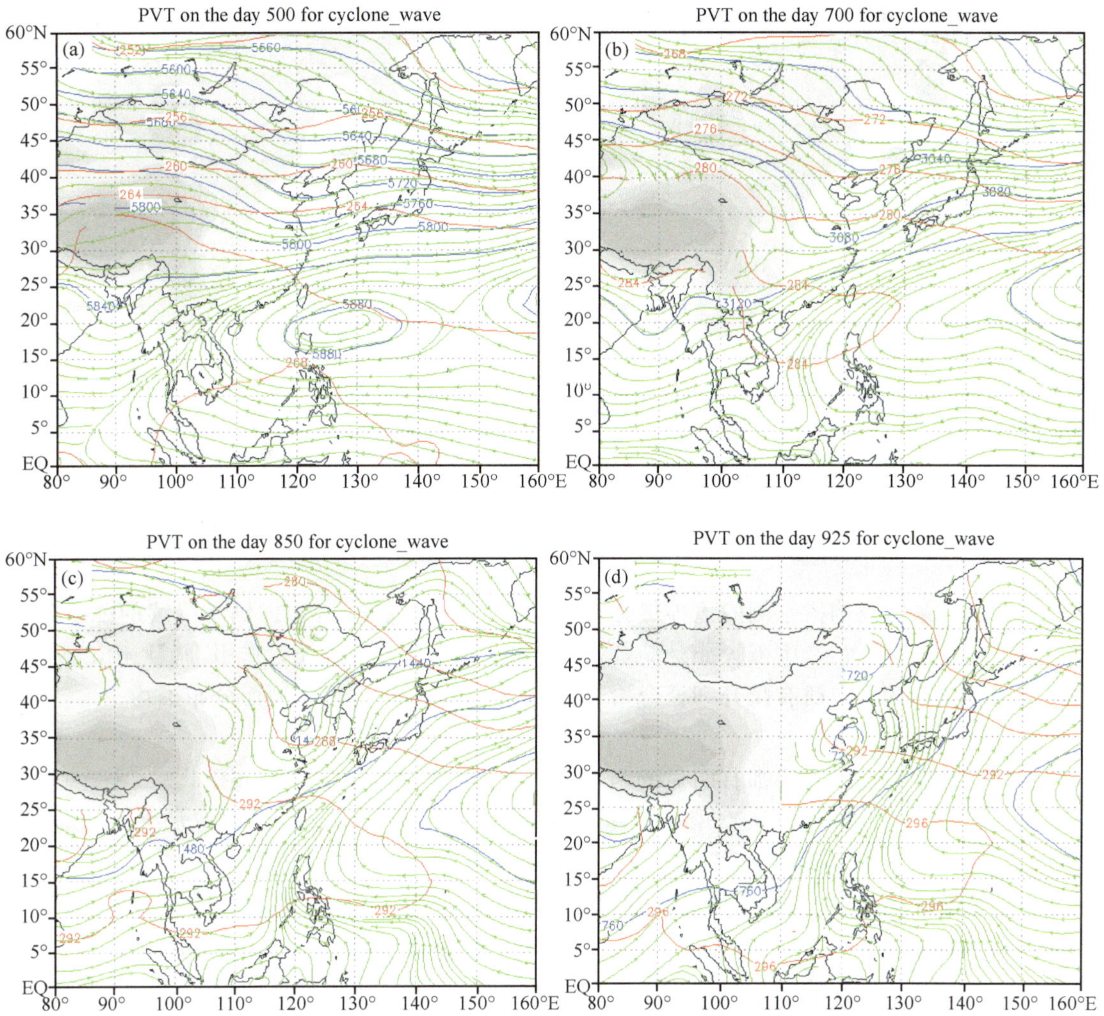

PVT on the day 500 for cyclone_wave

PVT on the day 700 for cyclone_wave

PVT on the day 850 for cyclone_wave

PVT on the day 925 for cyclone_wave

图 5.32　强对流天气发生当日的气旋波动型合成高度场(dagpm)、流场、温度场(K)

(a)500 hPa,(b)700 hPa,(c)850 hPa,(d)925 hPa。阴影区为地形。

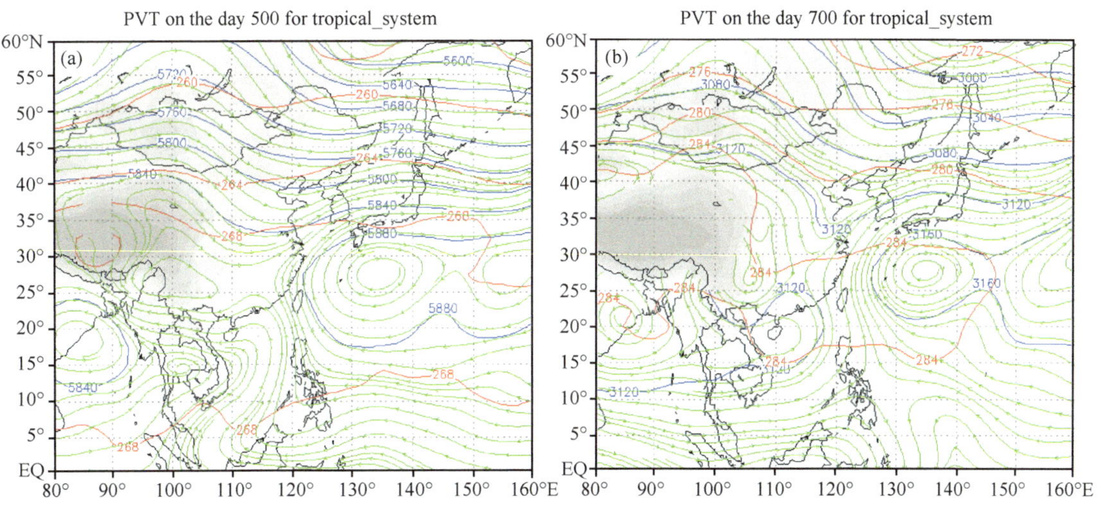

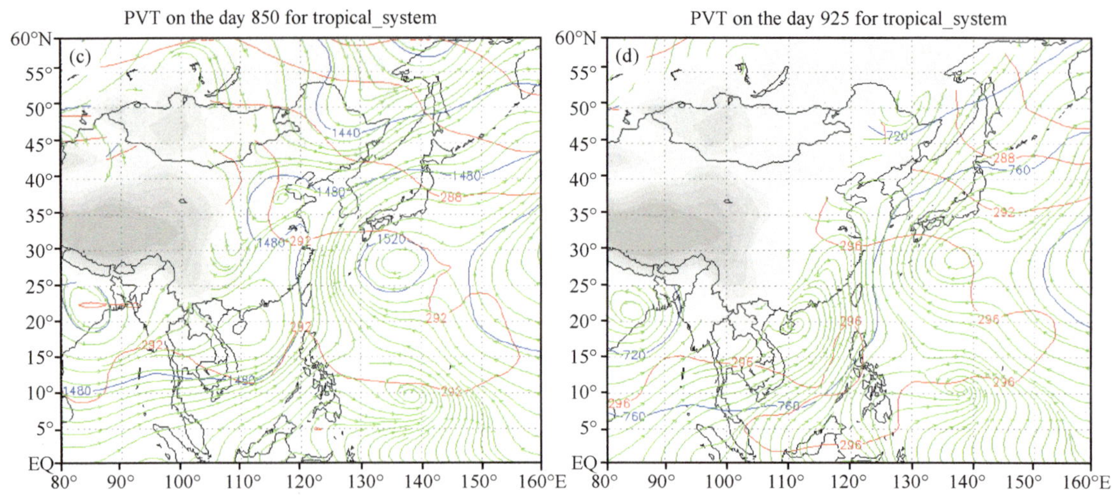

图 5.33　强对流天气发生当日的热带低值系统型合成高度场(dagpm)、流场、温度场(K)

(a)500 hPa,(b)700 hPa,(c)850 hPa,(d)925 hPa。阴影区为地形。

热带低值系统或倒槽东侧的边界层有一支宽广的东南风气流,它提供了持续的强水汽输送,气流形成温湿界面,产生极大能量储备,在风向上由于辐合形成动力作用,而且还由于地形作用使这支气流从东向西有爬升和聚合抬升过程,形成的降水往往强烈而分布不均。

(6)副高边缘型

在以上各型中在中高层都有明显的西风槽,但在副热带高压边缘型(图 5.34)中,中高层几乎找不到明显的西风槽。该型南亚高压非常强盛,宽广的脊区占据了东亚的大部分地区,1248 dagpm 线一直伸到黄海南部及琉球以外地区。从 500 hPa 及以下的图上可见,西太平洋副热带高压也很强盛,中下层个体庞大,西太平洋副高在 120°E 上脊线位置在 27°N 附近,西伸明显,588 dagpm 线到 116°E 附近。因此正是夏季副热带高压接近最为强盛的时期,包括南亚高压这样的大陆高压和西太平洋副热带这样的海洋高压,两者由于发展旺盛而互相重叠交错。但在 700 hPa 以下在东北及以东部地区,仍有来自高纬度的冷平流。

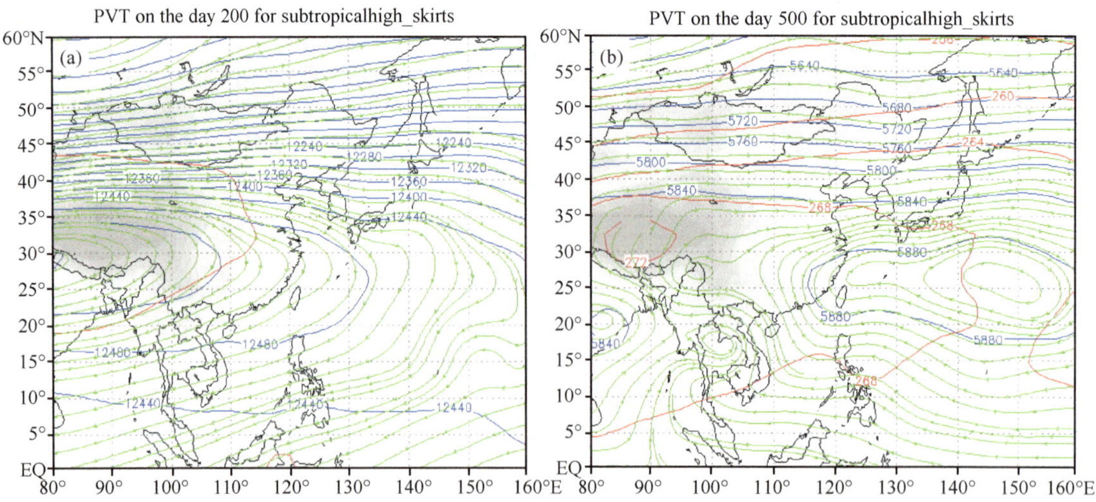

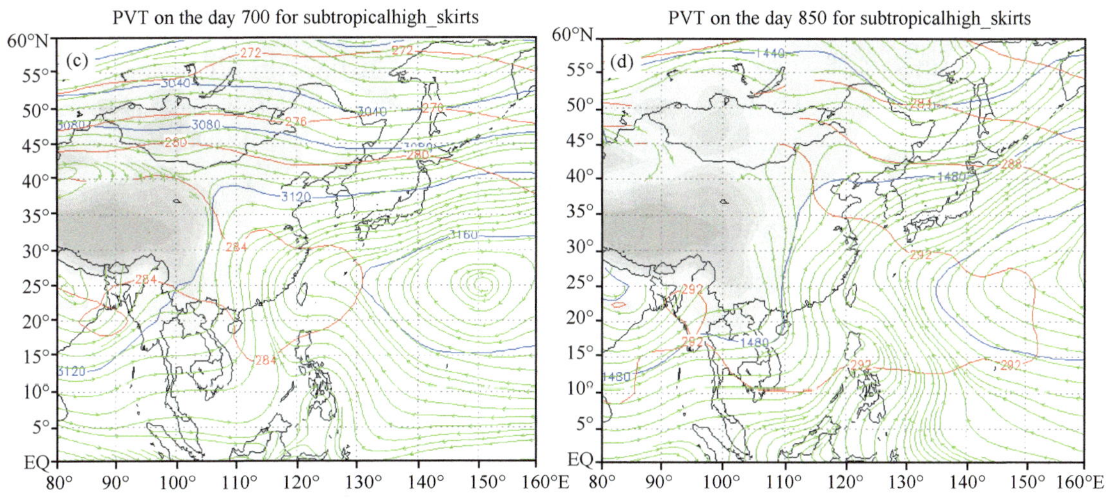

图 5.34 强对流天气发生当日的副热带高压边缘型合成高度场(dagpm)、流场、温度场(K)

(a)200 hPa,(b)500 hPa,(c)700 hPa,(d)850 hPa。阴影区为地形。

低层我国东部地区受一致的南到西南风控制,但在 700 hPa 上,长江口以北地区有西南风与西北风的汇合区,它的存在与 500 hPa 上 35°N 以北平直气流上在天气尺度上不显著的扰动有关。这个区域正是西太平洋副热带高压的边缘地带。

5.5 预报方法

5.5.1 临近预报三个主要业务环节

(1)监测

对天气的监测是临近预报的基础。临近预报岗位预报员,需要利用现有的观测资料,监测天气的发生、发展等演变过程,利用实况、客观识别产品和已掌握的天气概念模型识别强天气。

有针对性的观测理念:根据天气形势分析、数值预报产品、对流展望和天气概念模型,有针对性地关注重点区域、重点时段的强天气发生可能。

关注的观测资料:卫星云图、多普勒天气雷达产品、闪电定位产品、自动站产品、风廓线产品等。

(2)分析

对天气及其环境背景的分析是临近预报的关键。临近预报岗位预报员,应该掌握以下几个要重点关注的分析思路:

强天气的环境背景:强天气发生的气候背景和季节变化;强对流天气常发生在以下几种天气型中:高空冷涡型、高空槽和低空切变(低涡)型、东风系统或热带低压倒槽型、副高边缘型等。

强天气发生、发展的关键机制:水汽条件、对流不稳定条件和动力条件(或热力抬升条件),以及这些机制在不同天气型中的作用,其中对中尺度抬升条件的分析往往能提高强天气预报预警时效;关注垂直风切变在雷暴维持和加强中的作用;关注风暴间的相互作用。

强天气概念模型:对流风暴的几种形态或分类、伴随出现的强天气类型及主要机制。

(3)预报/警报

对天气做出及时、准确的预报/警报是临近预报的目标。基于对天气实况的掌握和识别、对天气和环境的分析，运用临近预报客观方法和强天气的概念模型，针对预报/警报区域进行0～2 h的预报/警报。

发布预报/警报后，要继续监测、分析天气，根据最新情况修订预报/警报，发布警报/预警信号后要及时制作最新的实况和预报/警报。

(4)监测、分析和预报/警报的关系

在实际业务中，监测、分析和预报/警报三个环节密切联系、互相融合。

①监测为分析提供了实况资料，分析揭示了天气的本质，同时，对环境的分析也可以指导有针对性和有预见性的观测；

②准确、及时、有效的预报/警报需要有正确的监测和分析作为保证；

③预报/预警的发布并不是监测和分析的终结，需要继续滚动监视天气的发展演变、分析新的资料，从而实现对预报/预警的完善和修订。

5.5.2　主要的观测资料和产品

卫星云图：上海中心气象台已经建立了强对流天气的卫星云图云型分类法(见原短时预报业务流程)，监测时应有针对性地关注新生对流云团的发展；

雷达资料：主要使用基本产品和一些导出产品的组合(见5.5.5节)；

闪电资料：闪电定位、闪电高度、闪电密度；

自动站资料：关注地面辐合/切变线和出现的强天气相关的要素；

临近预报产品：客观预报方法提供了雷达回波外推、定量降水预报(QPF)、雷电活动预报、强天气预报等。

5.5.3　各类强天气的雷达资料组合应用

(1)雷雨大风—快速移动的雷暴或雷暴带(含飑线)

重点关注的产品组合：

基本产品：多仰角的基本反射率因子(*R*)产品、多仰角的基本径向速度(*V*)产品、低仰角的谱宽(*SW*)产品。

导出产品：垂直累计液态水(*VIL*)、回波顶(*ET*)、速度方位显示风廓线(*VWP*)、相对风暴平均径向速度图(*SRM*)、中气旋(*M*)、风暴跟踪信息(*STI*)、冰雹指数(*HI*)。

人工申请产品：反射率因子垂直剖面(*RCS*)、径向速度垂直剖面(*VCS*)、弱回波区(*WER*)、相对风暴平均径向速度区(*SRR*)等。

其中，仰角的选择应根据目标的距离和高度决定。

预报着眼点和流程：

在运用多普勒天气雷达对快速移动的雷暴或雷暴带(含飑线)系统进行分析、临近预报时，产品的组合使用可以围绕以下几点：

a)鉴别反射率因子(*R*)和垂直累计液态水(*VIL*)上是否存在特征回波[快速移动的带状回波、S型回波前沿、线性波形弓形回波(LEWP)、弓状回波(*BE*)、后侧入流槽口等]，其中重要的一点是单体移动前沿的回波梯度较大。

b)鉴别径向速度(*V*)、相对风暴平均径向速度(*SRM*)和反射率因子垂直剖面(*RCS*)上是否存在中层径向辐合(MARC)、后侧入流急流(*RIJ*)等,及其位置和强度。

c)监视回波带的演变发展,结合风暴跟踪信息(*STI*)产品确定单体的移动方向和速度,动画显示发现系统的传播方向(新生单体出现的方向)。

d)用速度方位显示风廓线(*VWP*)产品动态分析、计算风暴移动方向上的环境风的垂直切变。

e)估算地面大风可能:用最低仰角的径向速度(*V*)查算后侧入流急流(*RIJ*),根据其方位和单体的移向进行订正,当订正后的 *RIJ* 值超过 25 m/s 时,发布雷雨大风警报。

f)关注中气旋(*M*)的产生和垂直累计液态水(*VIL*)的变化,确定大风落区、强度和时段,当有 *M* 出现时,立即对 *M* 所在或影响区域发布雷雨大风警报。

g)利用 WSR-88D 弱回波区产品(*WER*)联合四分屏各仰角基本反射率因子产品监测强回波区及其发生高度,若回波区高度急速下降,则说明即将产生雷雨大风。

h)用反射率因子(*R*)、径向速度(*V*)和谱宽(*SW*)产品确定弱出流边界线,分析主体强度及变化:当弱出流边界线距主体较近(远)时,表明主体强度较强(弱),当它逐渐远离主体时,主体的强度将减弱。

(2)雷雨大风—局地少动雷暴

重点关注的产品组合:

基本产品:多仰角的基本反射率因子(*R*)产品、多仰角的基本径向速度(*V*)产品、低仰角的谱宽(*SW*)产品。

导出产品:垂直累计液态水(*VIL*)、回波顶(*ET*)、多仰角的相对风暴平均径向速度图(*SRM*)、中气旋(*M*)、一小时累积雨量(*OHP*)、风暴总降水(*STP*)、冰雹指数(*HI*)。

人工申请产品:反射率因子垂直剖面(*RCS*)、径向速度垂直剖面(*VCS*)、弱回波区(*WER*)、相对风暴平均径向速度区(*SRR*)等。

其中,仰角的选择应根据目标的距离和高度决定。

预报着眼点和流程:

在利用 WSR-88D 多普勒天气雷达产品作为探测、预报局地少动风暴引起的雷雨大风时,可参考以下的基本思路:

a)利用基本反射率(*R*)和反射率因子垂直剖面(*RCS*)密切监视雷暴单体发展情况,特别是地面自动站观测到风向辐合时,利用仰角合适的雷达资料监视中空回波的发展,以提高预报时效。

b)利用 WSR-88D 弱回波区产品(*WER*)联合四分屏各仰角基本反射率因子产品监测强回波区及其发生高度,若回波区高度急速下降,则说明即将产生下击暴流(雷雨大风)。

c)利用 WSR-88D 垂直累计液态水(*VIL*),若 *VIL* 强度急剧减弱,说明即将或已经产生下击暴流(雷雨大风)。

d)监测最低两个仰角平均径向速度资料,当监测到 1 km 左右有径向排列的正负速度中心(辐散),且正负速度差值大于 10 m/s,尺度小于 4 km,则说明已经发生下击暴流(雷雨大风)。

探测过程中还需要注意以下两点:

①由于下击暴流尺度小于 4 km,所以利用 WSR-88D 探测下击暴流时只能用低仰角、近距

离探测，一般仰角不大于 1.5°，探测范围在 40 km 以内。

②又由于下击暴流与雷达回波强度没有很直接的关系，所以当监测一个强雷暴是否会产生下击暴流时，即使反射率因子很弱，也要注意速度场的变化，密切监视。

(3)冰雹

重点关注的产品组合：

基本产品：多仰角的基本反射率因子(*R*)产品、多仰角的基本径向速度(*V*)产品、低仰角的谱宽(*SW*)产品。

导出产品：垂直累计液态水(*VIL*)、组合反射率因子(*CR*)、冰雹指数(*HI*)、回波顶(*ET*)、多仰角的相对风暴平均径向速度图(*SRM*)、中气旋(*M*)、一小时累积雨量(*OHP*)、风暴总降水(*STP*)。

人工申请产品：反射率因子垂直剖面(*RCS*)、径向速度垂直剖面(*VCS*)、弱回波区(*WER*)、相对风暴平均径向速度区(*SRR*)等。

其中，仰角的选择应根据目标的距离和高度决定。

预报着眼点和流程：

根据冰雹雷暴在多普勒雷达上的特征，给出用多普勒雷达作冰雹监测、临近预报的流程：

a)用反射率因子(*R*)或者组合反射率因子(*CR*)上是否有≥55 dBz 的反射率因子。

b)用反射率因子垂直剖面(*RCS*)、回波顶(*ET*)等产品确定是否有≥50 dBz 强回波的高度在－10℃高度以上；判断是否有上部强回波在其运动方向上前倾的现象，或者在中低层出现弱回波区(*WER*)甚至有界弱回波区(BWER)或者穹隆。

c)在强单体移动方向的右侧，是否有钩状回波。

d)出现三体散射钉回波(TBSS，three-body scatter spike)，可以认定有冰雹出现或即将出现。

e)在多仰角的相对风暴平均径向速度图(*SRM*)上风暴底层是否有明显的辐合、高层是否有明显的辐散。

(4)短时强降水

重点关注的产品组合：

基本产品：低仰角的基本反射率因子(*R*)产品。

导出产品：一小时累积雨量(*OHP*)、风暴跟踪信息(*STI*)、组合反射率因子(*CR*)、回波顶(*ET*)。

申请产品：反射率因子垂直剖面(*RCS*)。

预报着眼点和流程：

a)由反射率因子(*R*)、组合反射率因子(*CR*)、反射率因子垂直剖面(*RCS*)等产品确定目标回波的强度是否≥40 dBz。

b)由回波顶(*ET*)、组合反射率因子(*CR*)、反射率因子垂直剖面(*RCS*)等产品确定回波的性质：需要鉴别层状降水中的零度层亮带的降水高估；海上东风系统的降水效率很高，默认的 $Z-I$ 关系往往会大大低估降水。

c)及时修正 $Z-I$ 关系中的参数设置：

①对流型降水：$A=200, b=1.46$

②混合型降水：$A=254, b=1.33$

③稳定型降水：$A=263, b=1.26$

④热带型降水：$A=200, b=1.20$（待进一步验证）

d)由风暴跟踪信息（*STI*）产品中提供的风暴单体的预报位置（1 h 内 15 min 间隔）来估算对预报落区的影响时间。

e)用表 5.5 来估计对预报落区警报可能。

f)当盛夏季节副高控制，上海东北地区地面存在辐合抬升后出现雷暴时，应注意短时强降水可能。

表 5.5　不同降水类型雷达回波强度分别达到 20 mm、35 mm 所需时间(min)

回波强度 / 需要时间(min) / 降水类型	42.5 dBz		45.0 dBz		47.5 dBz	
	目标雨量		目标雨量		目标雨量	
	20 mm	35 mm	20 mm	35 mm	20 mm	35 mm
对流型降水	56	97	37	65	25	44
混合型降水	49	86	32	56	21	36
稳定型降水	42	74	26	46	17	30
热带型降水	29	50	18	31	11	19

(5)雷电

重点关注的产品：

基本产品：多仰角的基本反射率因子（*R*）产品。

导出产品：回波顶（*ET*）、相对风暴平均径向速度图（*SRM*）。

申请产品：反射率因子垂直剖面（*RCS*）。

其中，仰角的选择应根据目标的距离和高度决定。

预报着眼点和流程：

a)根据探空资料确定－10℃和－15℃到－20℃对应的高度。

b)回波顶（*ET*）中回波顶高超过－10℃对应的高度时，加强监测。

c)用多仰角的相对风暴平均径向速度图（*SRM*），寻找雷暴顶附近是否有辐散（在雷达探测的径向上靠近雷达处为正速度、远离雷达处为负速度）。

d)用申请得到的反射率因子垂直剖面（*RCS*）产品确定回波的特征回波的高度范围。

①35～40 dBz 回波到达－10℃以上时，发布云闪 *IC* 预报（时效有 5～30 min）。

②40 dBz 回波到达－10℃以上或 30 dBz 回波出现在－15℃到－20℃高度时，发布地闪 *CG* 预报（时效有 10～40 min）。

(6)热带气旋

重点关注的产品组合：

基本产品：多仰角的基本反射率因子（*R*）产品、多仰角的基本径向速度（*V*）产品。

导出产品：垂直累计液态水（*VIL*）、回波顶（*ET*）、速度方位显示廓线（*VWP*）、相对风暴平均径向速度图（*SRM*）、中气旋（*M*）、风暴跟踪信息（*STI*）、冰雹指数（*HI*）。

申请产品：反射率因子垂直剖面（*RCS*）、径向速度垂直剖面（*VCS*）等。

其中，仰角的选择应根据目标的距离和高度决定。

预报着眼点和流程：

a)TC 系统会带来充沛的水汽和显著的降水，将 $Z-I$ 关系调整为东风型或者热带型降水型。

b)关注 TC 的最大风速，需要时调节脉冲重复频率（*PRF*），以确保对那些速度可能超过雷达的最大不模糊速度的超级台风进行观测。

c)监测台前飑线的运动，特别是风的临近预报。

d)监测台风螺旋雨带的运动，特别关注对本地区的影响时间长短及带来的降水程度，以及带来的大风影响。

e)用台风眼或者弱回波的旋转特征确定 TC 中心。

f)用最低仰角的基本径向速度产品（*V*）确定 TC 的正负最大风速中心位置。

g)用最低仰角的基本径向速度产品（*V*）确定 TC 的最大风速，确定其高度，用速度方位显示廓线（*VWP*）确定的风的垂直分布反算到地面上的风速，以此估计 TC 强度。

h)根据径向速度（*V*）中正负速度中心位置，用几何方法确定 TC 中心位置：分别作正、负速度中心与雷达的连线，再分别过正、负速度中心作两连线的垂直线，两垂直线的交点即为 TC 中心。

5.5.4　双偏振多普勒雷达的应用

基本产品：基本反射率产品（*Z*）、基本速度产品（*V*）、速度谱宽产品（*SW*）、差分反射率（*ZDR*）、相关系数（*CC*）。

主要导出产品：差分相移系数（*KDP*）、粒子相态分类（*HC*）、定量降水估测（*QPE*）。

短时强降水监测流程：

①首先查看反射率因子（*Z*）产品。

②再看差分相移系数（*KDP*）产品，确定是否是强降水。

③查看相关系数（*CC*）确定是否是纯降水或者混杂了冰雹，如果 $CC<0.96$，则有可能混杂了冰雹。

④最后，查看差分反射率（*ZDR*）产品，确定降水粒子的大小。如果是小于 3 dB 的降水，注意是否是暖云降水过程。如果混有冰雹，可以暂时忽略 *ZDR* 产品。

（1）冷云主导型和混合型短时强降水

冷云主导型和混合型降水的反射率因子（45～60 dBz）通常比暖云降水要大，因为其中的雨滴相对较大。如图 5.35b 中白色椭圆处，*ZDR* 也是相对大值（2.5 dB），这也是和暖云降水的主要区别。*ZDR* 通常在 2～5 dBz。

如果反射率因子达到 50～60 dBz，就可能含有冰雹粒子。此时最好的方法是检查 *CC* 产品，如果 $CC>0.96$，高反射率因子区域最有可能的还是降水。如图 5.35 中的白色圆圈处，$CC>0.99$，因此，排除冰雹的可能。最后，查看 *KDP*，如果雨滴大，数量又多，那么最有可能导致强降水。通常 $KDP>1.0(°)/\mathrm{km}$，才有可能导致强降水。

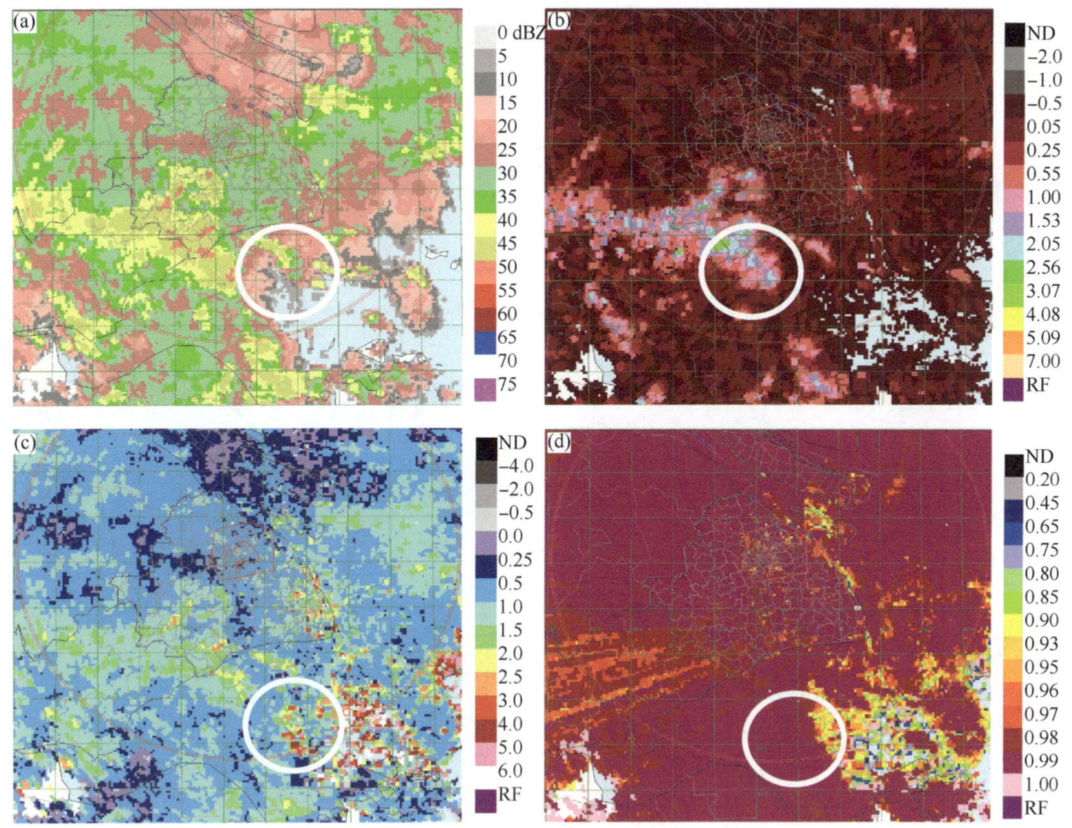

图 5.35　2016 年 6 月 1 日 05 时 31 分 0.5°仰角反射率因子(a)、差分反射率因子(b)、相关系数(c)和差分相移系数(d)，南汇

(2)暖云主导型短时强降水

暖云降水的降水粒子通常是由大量的小雨滴组成，因此反射率因子(*Z*)不会太强，一般在 40～55 dBz，差分反射率因子(*ZDR*)的值会在一定的中值范围内(0.5～3 dBz)。纯降水的相关系数(*CC*)通常在 0.98 或者 0.99 以上。对于较大的雨强，差分相移系数通常会在 1.0(°)/km 以上(图 5.36)。

(3)冰雹

冰雹监测流程：

①首先查看最低层产品，判断是否有冰雹即将落地；

②查看反射率因子(*Z*)产品，并做剖面分析，了解雷暴的垂直结构，特别关注 55～70 dBz 的高度；

③查看径向速度(*V*)或者相对风暴平均径向速度(*SRM*)产品，确定是否有旋转或者辐合、辐散特征；

④再次回到 0.5°仰角，对比查看反射率因子(*Z*)和相关系数(*CC*)产品，以区分降水回波和非降水回波。寻找最强反射率因子的范围内，*CC* 是否小于 0.96；

⑤回到差分反射率因子(*ZDR*)，寻找最小值。如果 *ZDR* 小于 1.5 dBz，那么很可能是冰雹；

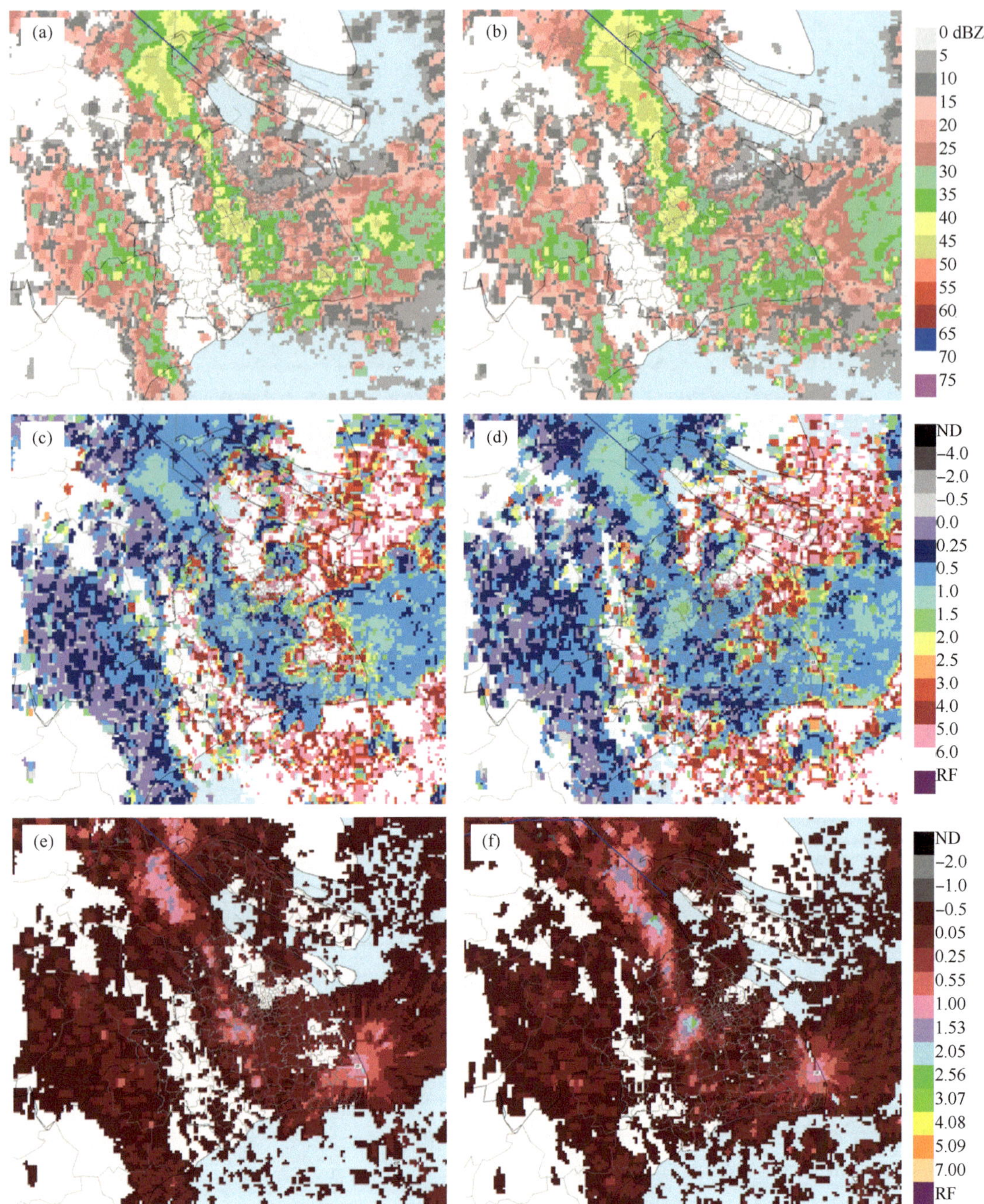

图 5.36　2015 年 8 月 24 日 6 时 22 分和 6 时 49 分(BT)受西风槽和台风“天鹅”外围云系共同影响：0.5°仰角反射率因子(a,b)、差分反射率因子(c,d)和差分相移系数(e,f),南汇

⑥最后,查看差分相移系数(*KDP*),看看是否有降水混合冰雹。*KDP*＞0.5(°)/km 表明有降水和冰雹混在一起。

冰雹通常有非常大的反射率因子(*Z*)(＞55 dBz)。差分反射率因子(*ZDR*)的值通常在－0.5～1.5 dBz(图 5.37c),因为冰雹在下落过程中是翻滚而下,通常被认为是圆形的。但是因为冰雹的表面融化或者是和雨滴夹在一起,*ZDR* 有时是非常大的正值。相关系数(*CC*)是判定冰雹最有效的产品，*CC* 的值通常小于 0.96，有时甚至低到 0.7（图 5.37c）。当纯冰雹出现时，差分相移系数（*KDP*）也是很小的值[<0.5(°)/km]，但是当融化的冰雹或者是冰雹与雨水混合出现时，*KDP* 也可能是大值。

总的来说，高的反射率因子（*Z*）、低的差分反射率因子（*ZDR*）和低的相关系数（*CC*）是经典的冰雹的双偏振产品特征，当冰雹粒子具有很高的含水量时，差分相移系数（*KDP*）会是很大的值。

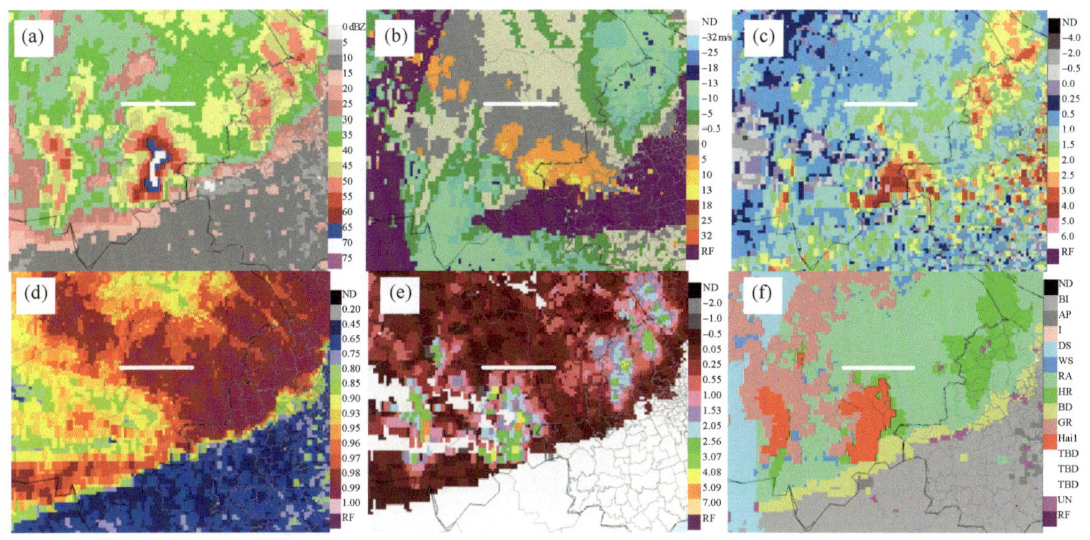

图 5.37　2015 年 4 月 28 日 21 时 53 分(BT)反射率因子(a)、径向速度图(b)、差分反射率因子(c)、相关系数(d)、差分相移系数(e)和降水粒子分类(f)，0.5°仰角，南汇

5.6　预报实例

5.6.1　2009 年 6 月 5 日飑前强降雹超级单体风暴特征分析

2009 年 6 月 5 日 14—17 时（北京时，BT，下同），江苏北部生成的一个中尺度对流系统（MCS）上的飑线系统自西北向东南影响了上海地区（戴建华 等，2012），15 时左右，在其移动方向（自西北向东南方向）的前侧，一个雷暴单体在上海嘉定区不断发展并具有典型超级单体特征（图 5.41 中黄色圆圈所指处），该超级单体影响了嘉定和中心城区的西部和南部，降下了上海多年罕见的大冰雹，其中徐汇冰雹直径达 25～30 mm（15 时 35 分前后）；随后，尾随的强飑线向东南移动扫过上海全境，造成全市范围的强雷电、雷雨大风和短时强降水天气，大部分地区出现了 8 级以上大风，局部达 10 级。此次强对流天气过程在上海造成了较严重影响：部分路段交通出现拥堵，30 余航班受影响，轮渡停航，浦东一塔吊倒塌，多处工棚和两处简陋房屋阳台倒塌，多辆轿车被冰雹砸坏，有市民因冰雹击中受伤。

5.6.1.1　天气形势背景

2009 年 6 月 1 日开始，东北地区有一冷性低涡维持，其西南侧不断有冷平流从华北向华东东部输送。图 5.38 为 2009 年 6 月 5 日 08 时 500 hPa 形势分析图，其中橙色曲线表示过去槽线的位置，可见 6 月 4 日 08 时和 20 时的冷涡西南侧冷槽快速南下，5 日 08 时南压到华东东南沿海地区，山东半岛附近又有一小槽南下，华东北部处在冷涡底部槽底附近，山东半岛为正涡度区，华东其他地区处在槽后西北气流控制下；华东东部自北向南的 24 h 变温（阴影区）在 $-2\sim-6$℃，而 850 hPa 温度 24 h 增加了 1℃。

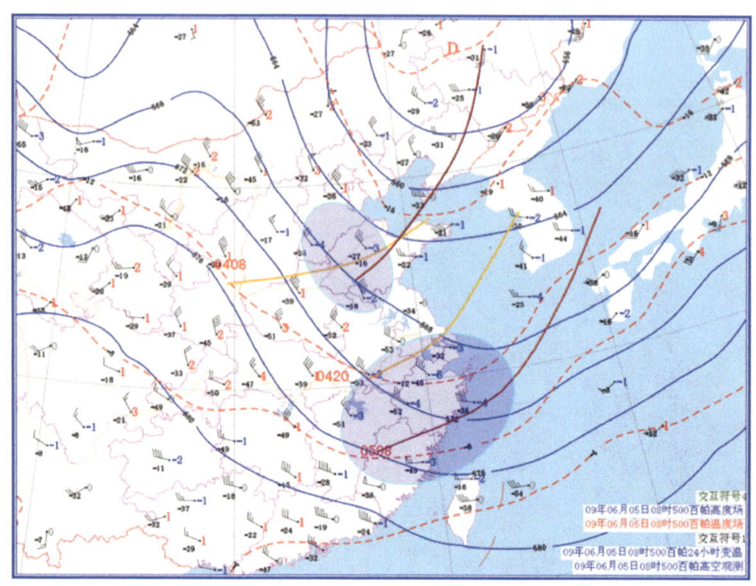

图 5.38　2009 年 6 月 5 日 08 时 500 hPa 形势

（棕色曲线为槽线，橙色曲线为过去槽线位置，蓝色阴影区为华东地区 24 h 负变温低于 -2℃的区域）

表 5.6 为 2009 年 6 月 2 日 08 时到 5 日 20 时上海宝山站（58362）探空 0℃层高度、-10℃层高度、-20℃层高度及 500 hPa 和 850 hPa 的温度差 $\Delta T_{850-500}$ 的演变。从 6 月 2 日开始，$\Delta T_{850-500}$ 从 18℃（6 月 2 日 20 时）迅速增大到 30℃左右（6 月 4 日 20 时—5 日 08 时），许爱华等（2006）发现 $\Delta T_{850-500}\geqslant 27$℃且有天气系统作为触发条件时，江西强对流天气发生的概率达到 85%，可见 6 月 5 日有很强的垂直温度梯度，中层的不稳定层结明显加剧，在东北冷涡西侧冷槽迅速南摆的触发下，有很强的强对流天气潜势。

雷暴中冰雹增长需在 0℃层以上，其中大冰雹增长区往往达到 -20℃层附近或者更高。随着 0℃层高度不断降低，从 3 d 前的 5.20 km 下降到了 6 月 5 日早晨的 3.50 km，-10℃层高度和 -20℃层高度也分别从 6.00 km 和 7.80 km 下降到了 4.80 km 和 7.00 km，一旦对流发生后到达 7.00 km（-20℃层高度）附近，十分有利于大冰雹的增长；同时 0℃层高度的明显降低，也使得冰雹融化的空间高度明显减小，确保大冰雹落地。

表 5.6　2009 年 6 月 2 日 08 时到 5 日 20 时上海宝山温度层结演变分析

日期（日/时）	02/08	02/20	03/08	03/20	04/08	04/20	05/08	05/20
0℃层高度/km	5.20	4.80	3.80	3.90	3.90	3.90	3.50	3.60
-10℃高度/km	6.00	6.20	5.80	5.73	5.72	5.20	4.80	4.80
-20℃高度/km	7.80	7.70	7.50	7.30	7.20	7.20	7.00	7.10
$\Delta T_{850-500}$/℃	23	18	26	26	26	31	30	29

5.6.1.2　强对流发生、发展的条件分析

(1)不稳定条件分析

图 5.39a 为 2009 年 6 月 5 日 08 时宝山探空资料分析和一些对流参数，如 K 指数 33.0℃，SI 指数－1.7℃。为了判定当天最大的对流潜势，用当天徐汇地面最高温度(31℃)和露点(18℃)对其进行修订和反算，得到了修订后的探空分析(图 5.39b)，CAPE(对流有效位能)达 2178 J/kg，为 08 时(图 5.39a)原 CAPE 的 2.5 倍(803 J/kg)，在假定中高空层结变化不大的情况下，低空加热作用明显加大了对流发展潜势。在当天高空冷涡南摆槽的天气形势下，由于高空还有冷平流快速南下(图略)，特别是 300 hPa 以上还有持续降温，中午前后当强对流天气发生时，实际大气环境的对流有效位能比用 08 时探空加上地面实况订正的还要大。另外，低空温度层结表明当地面温度达 31℃时，原对流抑制能量(NAE)－225 J/kg 就全部消失，出现了超干绝热现象，低空气团一旦受到扰动，就会加速上升，释放对流有效位能，形成深厚的对流。

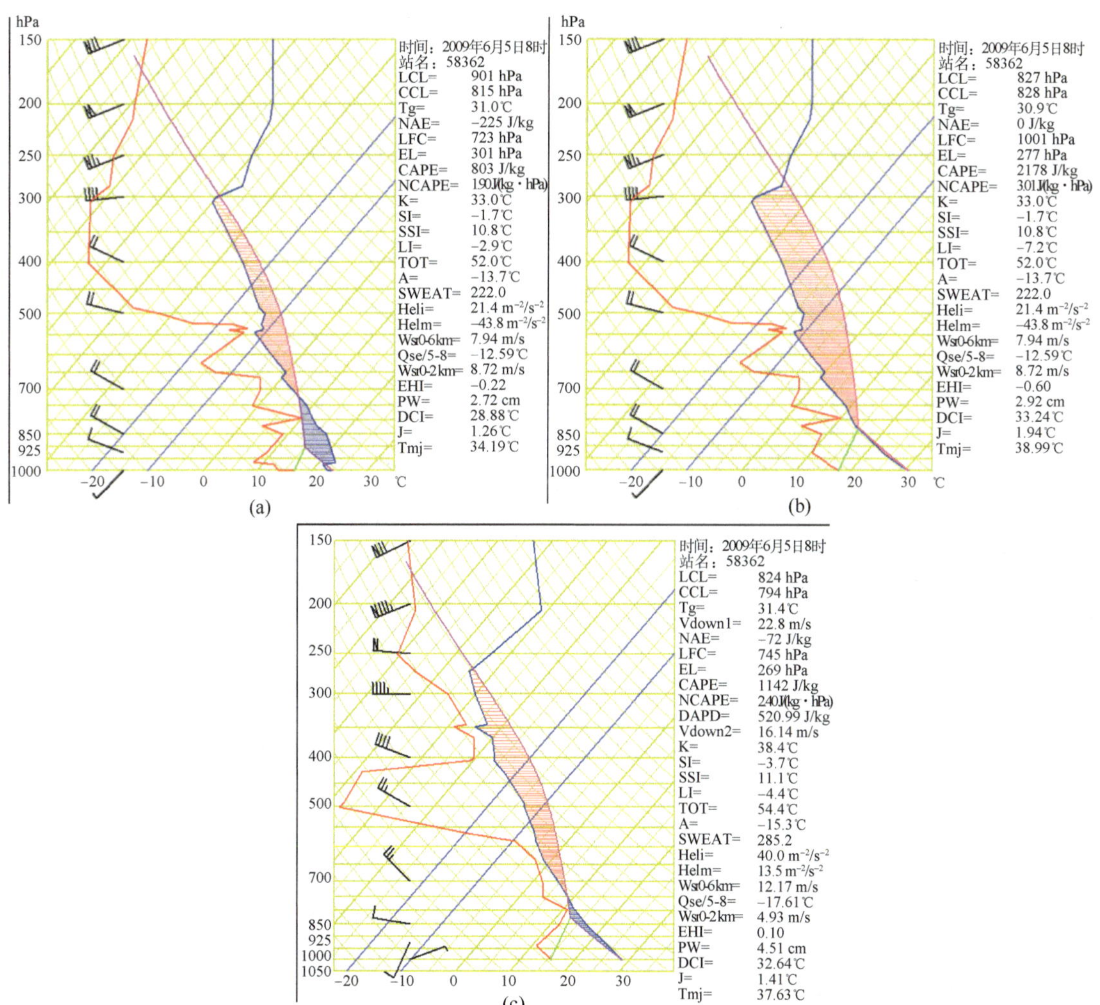

图 5.39　2009 年 6 月 5 日 08 时上海宝山探空分析(a)、经地面观测修订后的探空分析(b)和 14 时的探空观测(c)

从当天14时宝山探空(图5.39c)来看,变化最大的是地面到500 hPa的可降水水汽含量(PW)从原来的27.2 mm升高到了45.1 mm,露点层结也表明600～850 hPa湿度上升明显,为对流的出现提供了水汽条件,也导致了K指数从33.0℃上升到38.4℃。

最值得注意的是:由于过去几日中层出现持续降温(表5.6),0℃层和－20℃层明显下降,冰雹发展区域－20℃层以上的CAPE仍然有850 J/kg(图5.39b),在此高度以上仍有大量的潜在不稳定能量,表明在－20℃层以上仍有较强的上升运动,一旦有对流发展,该部分的潜在不稳定能量将有利于形成旺盛的垂直对流,对大冰雹在空中的循环增长有强托举作用。

因此,6月5日东北冷涡形势下,中高层的明显降温和低层的略有回暖,导致了大气层结强烈的不稳定,类似抽吸作用是这次强对流天气发生天气背景的关键机制。

(2)辐合抬升条件

图5.40为上海自动站网的中尺度观测图,其中图5.40a为2009年6月5日12时30分的温度分布,上海东部沿江沿海地区的温度普遍在26℃以下,陆地上普遍在30℃以上,海陆温度差异明显(图5.40中蓝色曲线为温度锋区位置);图5.40b为2009年6月5日13时42分的风和相对湿度的观测,上海北部宝山和嘉定交界处有偏东风和东南风的切变存在,市区西部有东南风和西北风的辐合带,这是上海城市热岛和海风锋产生的边界线(图5.40中褐色曲线),在0.5°雷达仰角反射率因子上均对应有弱窄带回波显示(图略)。海陆风锋边界线上的风向辐合和温度锋区为雷暴的触发和加强提供了低空的动力条件,而海陆风锋东侧的海风(东南气流)也为对流系统的发展和持续提供了水汽供应,对当天不足的水汽条件是一个有效的补充。

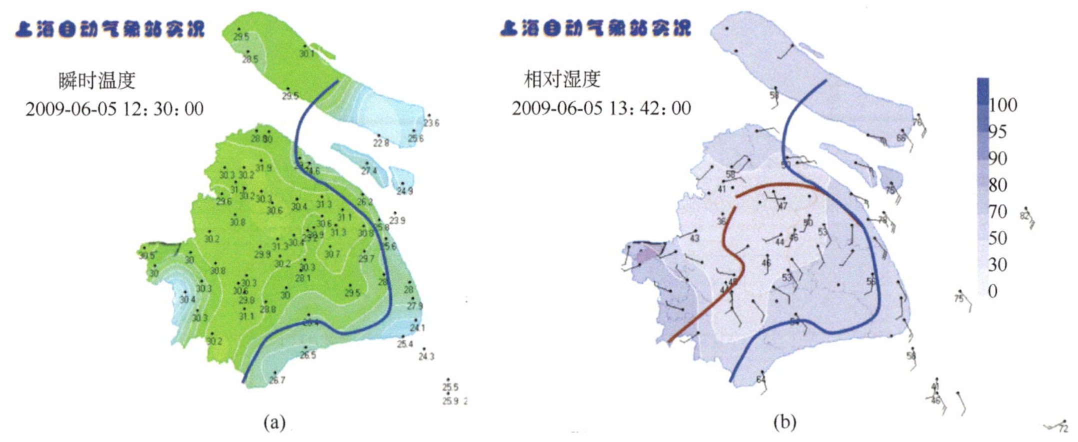

图5.40　2009年6月5日12时30分自动站温度观测(a)、13时42分自动站风场和相对湿度观测(b)
(蓝色曲线为28℃温度线,褐色曲线为地面切变线)

(3)水汽条件分析

2009年6月5日08时上海宝山探空观测到500 hPa以下总可降水水汽PWV仅为29.2 mm,低于该季节(4—6月上旬)雷暴发生发展时的PWV值35～45 mm(陈雷 等,2007),表明当天整层水汽并不利于持续性的雷暴和降水,而动态PWV监测显示(图略)当天的整层水汽并没有发生明显的变化,维持雷暴发展的水汽可能来自于东海的低空东南气流(图5.40b)。另外,整层较干的湿度分布为形成雷暴大风提供了较好的层结条件。

(4)垂直风切变

垂直风切变是强雷暴发展和维持的重要因素，在超级单体和中尺度对流系统加强、组织化和维持上起到关键作用。2009年6月5日08时的探空表明，0～2 km的垂直风切变为8.72 m/s，0～6 km的垂直风切变仅为7.94 m/s，垂直风切变的条件并不利于超级单体或者组织性强的中尺度对流系统的形成和发展。

5.6.1.3 超级单体雷达回波特征

图5.41为2009年6月5日15时04分位于上海市西部地区超级单体的不同仰角(0.5°～3.4°、6.0°和9.9°)的雷达反射率因子(a—f)和径向速度图(g—l)。在图5.41a—d反射率图

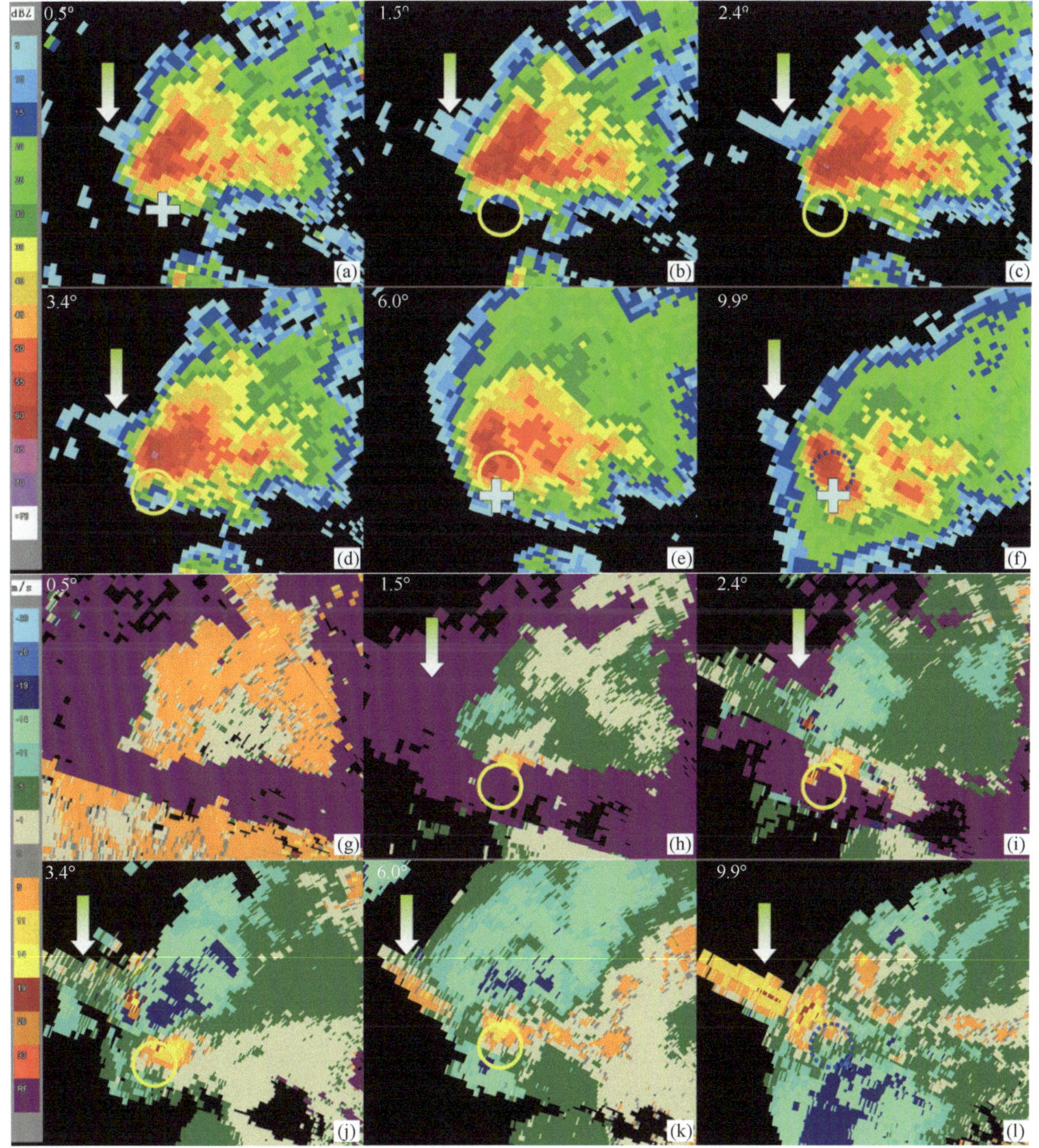

图5.41 2009年6月5日15时04分0.5°、1.5°、2.4°、3.4°、6.0°和9.9°反射率因子(a—f)和径向速度图(g—l)

上，超级单体均有标准超级单体的“楔”状特征，东北侧出现“V”形缺口，仰角 1.5°～3.4°反射率因子图上还有指示空中大冰雹区的 TBSS 特征回波。超级单体西南部在仰角 2.4°～3.4°还出现了隐约的“钩”状回波，为风暴入流辐合最强处。灰色十字标记了低层钩状回波的位置，可见在其上空有强回波区(6.0°及以上)发展，形成悬挂回波。TBSS 与雷达之间均存在强反射率区，而≥65 dBz 的强反射率区均出现在仰角 1.5°～3.4°上，对应高度在 1.4～3.2 km，处于 0℃层(3.5 km)以下，表明冰雹表面开始融化后变成湿冰雹，导致反射率显著增加(张培昌 等，1988;Zrnić，1987)。

在径向速度图上(图 5.41g—l)，由于多普勒天气雷达的距离模糊(range folding)限制，最低 3 个仰角(图 5.41g—i)上超级单体“指”状或“钩”状回波区部分被距离模糊的紫色色块所遮挡，但在 3.4°反射率图中对应弱的“钩”状回波附近，一个中气旋速度对清晰可见，正速度中心达到 18.5 m/s，负速度中心约－17 m/s，在相距 8 km 左右的距离上形成了一对正负速度对，速度差达到了 35.5 m/s，表明了该处有一个较强的中气旋(图 5.41c，d 和图 5.41 i，j 中的黄色圆环标记)存在。

在仰角 2.4°上仍然可见组成中气旋速度对的正速度区，其中心值在 14～19 m/s，气旋的速度对一直维持到 6.0°仰角上约 6 km 高度，可见该超级单体存在一个深厚的中尺度涡旋，维持了雷暴的持续发展，也保证了一支强盛的上升气流支撑空中大冰雹的增长。该风暴当时距雷达约 50 km，旋转速度达到 17.8 m/s，符合中等强度中气旋的标准(俞小鼎 等，2006)。上下各层中气旋(黄色圆环)位置并不完全重叠，表明对应的主上升气流存在一定的倾斜；在 9.9°仰角上的强反射率区(大于 60 dBz)恰好位于下层(6.0°)的中气旋(蓝色虚线圆环)之上，该强回波区的高度达到 9.6 km，环境温度达－40℃，表明受到来自下层强上升气流的托举，十分有利于大冰雹在高空的增长。

图 5.41a—d、图 5.41f 和图 5.42 h—l 中的淡绿色箭头指出了超级单体上在不同仰角雷达反射率和径向速度图上出现的 TBSS 标记，在低仰角的反射率因子图上(0.5°～1.5°)隐约可见在超级单体远离雷达的一侧出现了回波强度 5～10 dBz 的 TBSS，在 2.4°和 3.4°上，TBSS 长度明显加长，各个层次的 TBSS 都是出现在反射率强核心的延伸方位，强核心的反射率都达到超过 60 dBz，2.4°～3.4°上超过 65 dBz，说明了大冰雹所处高度和大致位置，在 9.9°仰角反射率(图 5.41f)上，60 dBz 以上的强回波区外侧也出现了 TBSS，也验证了 9.6 km、环境温度－40℃的高空中有大冰雹发展。

与反射率因子图上的 TBSS 相比，径向速度图上的更加清晰、长度更长，这是因为反射率上只显示了 5 dBz 及以上的信息，而速度信息采集于更弱的信号。在 2.4°到 9.9°仰角的径向速度图上都出现了较长的 TBSS，其中 2.4°仰角径向速度图的 TBSS 达到 31 km，而对应的强回波区高度仅为 2.4 km，雷达电磁波在空中冰雹区与地面之间出现了多次散射，然后返回雷达天线接收机，导致该路径大大延长，长钉长度远远长于估计距离，说明在该处冰雹开始融化，散射或反射能力极强。

根据 Zrnić(1987)、Lemon(1998)、Wilson 和 Reum(1986，1988)等研究，发现 TBSS 上的径向速度是由冰雹区水平移动在雷达波束上的投影与冰雹区垂直运动的合成，正(负)速度值表明冰雹处于上升(下降)过程中。2.4°(图 5.41i)TBSS 上径向速度为负值，中部还出现了速度模糊现象，退模糊后的速度值在－35 m/s 左右，在 3.4°(图 5.41j)上也类似出现强冰雹的下沉，速度值达－35 m/s 左右；而在 6.0°和 9.9°上的 TBSS 转为正速度值，一般在 19 m/s 左右，

9.9°上达到 26 m/s 以上；可见，当时在低空大冰雹处于下降阶段，而高空仍有大冰雹处于上升气流中。综合分析表明，高层 TBSS 上正的径向速度和其下部中气旋均揭示了该层仍有强上升气流，配合 9.9°仰角反射率上的悬挂回波，表明当时超级单体上部的大冰雹群仍在发展、增长。

除了时间(15 时 16 分)外，图 5.42 诸要素与图 5.41 上一致，仍可见标准超级单体的"楔"状、"钩"状、"V"形缺口、三体散射特征(TBSS)、悬挂回波仍然维持。相比 12 min 前，最低三个层次的核心反射率强度明显加强，对应的 TBSS 宽度显著加大，表明低层的大冰雹区范围不

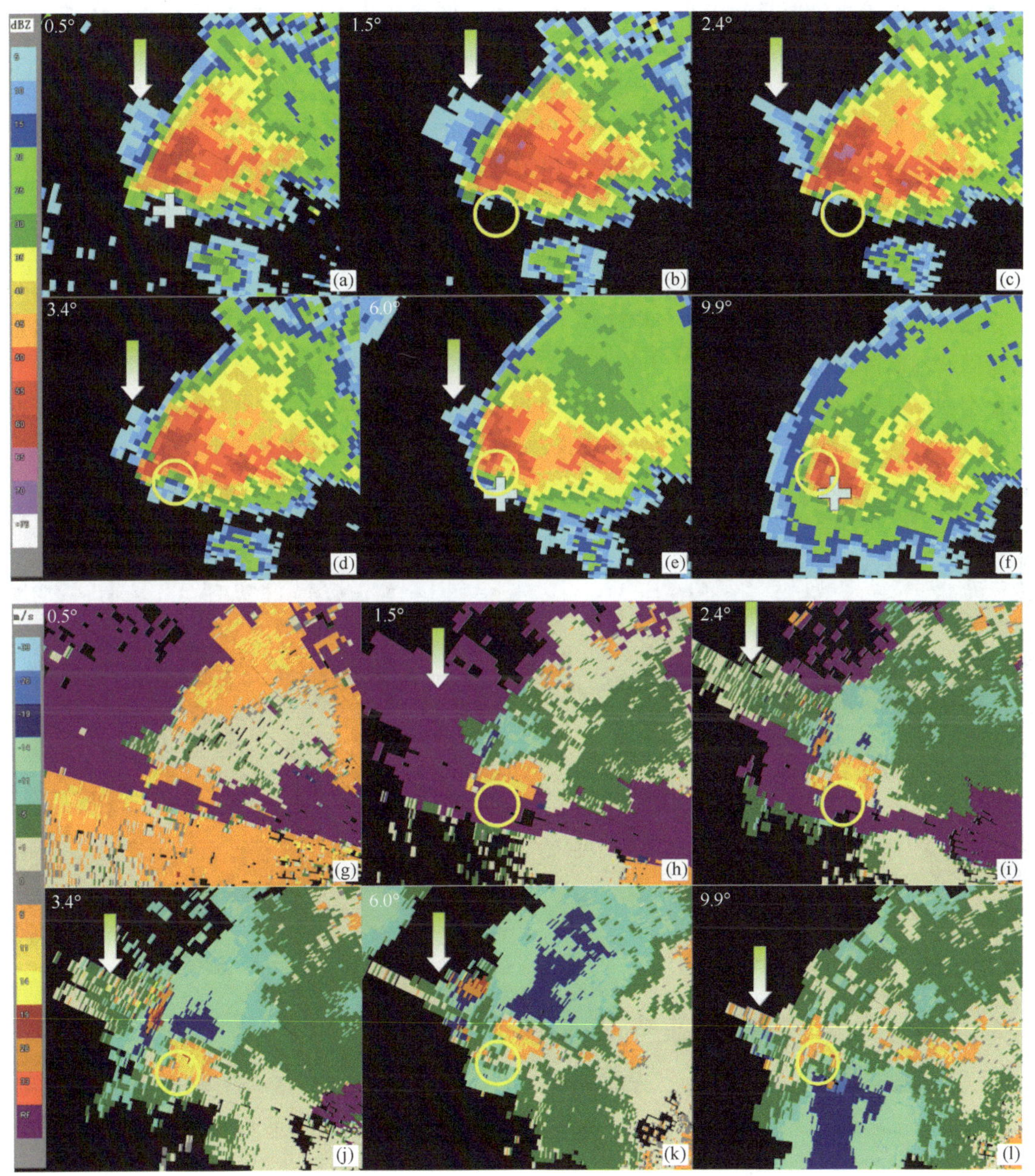

图 5.42 2009 年 6 月 5 日 15 时 16 分 0.5°、1.5°、2.4°、3.4°、6.0°和 9.9°反射率因子(a—f)和径向速度图(g—l)

断扩大，而在 9.9°仰角的高层，反射率上 TBSS 基本消失，径向速度图上 TBSS 范围明显缩小，表明虽仍有大冰雹，但冰雹的尺度或分布密度减小，散射作用减弱，TBSS 上径向速度值由 26 m/s 左右减小到 5 m/s 左右，正速度的减小也可推断出此时位于超级单体上部的上升气流明显减弱，大冰雹区开始有向下的趋势。

超级单体反射率上的 TBSS 从 15 时前后开始出现，到徐汇 25～30 mm 大冰雹降落提前约 30 min，与 Lemon(1998)所提及的预报时效相当。而根据不同层次上 TBSS 径向速度值来研判超级单体中大冰雹区及其垂直运动特征时，从而可以揭示降雹区、大冰雹增长区、上升气流分布和强度等重要信息。中高空 TBSS 上径向速度的变化可以揭示冰雹区垂直运动的趋势，从而对空中大冰雹的空中增长和下降有一定的临近预报意义。

图 5.43 为 2009 年 6 月 5 日 15 时 16 分超级单体的 0.5°反射率因子图(a)和过左图粉色虚线位置的垂直截面(b)及大气温度为 0℃和－20℃的高度(b 图黄色虚线)，由于当时 WSR-88D 多普勒雷达观测模式(VCP)采用的是 VCP21 降水观测模式，在最高的几个仰角间有观测的盲区，但是仍然可见该时刻超级单体雷暴发展较为旺盛，存在明显的悬垂强回波区(50～60 dBz)，而且该强回波区达到了 8～10 km 高度，远远高于－20℃温度层，表明在－20℃层以上有明显的大冰雹增长区，这与美国大冰雹发生时 50 dBz 的高度需达到 8 km 以上(Donavon *et al*，2007)较为一致。悬垂强回波特征从 14 时 53 分开始，一直维持到 15 时 27 分(图略)，悬垂强回波不断降低(图略)，期间在上海的嘉定和市区的西部、南部等地降了冰雹，15 时 30—35 分悬垂回波及地，在市区西南部降下了 25～30 mm 左右的大冰雹。另外，探空显示当天零度层高度仅为 3.5 km，使得冰雹下降过程中受热融化距离较短，保证大冰雹的落地。

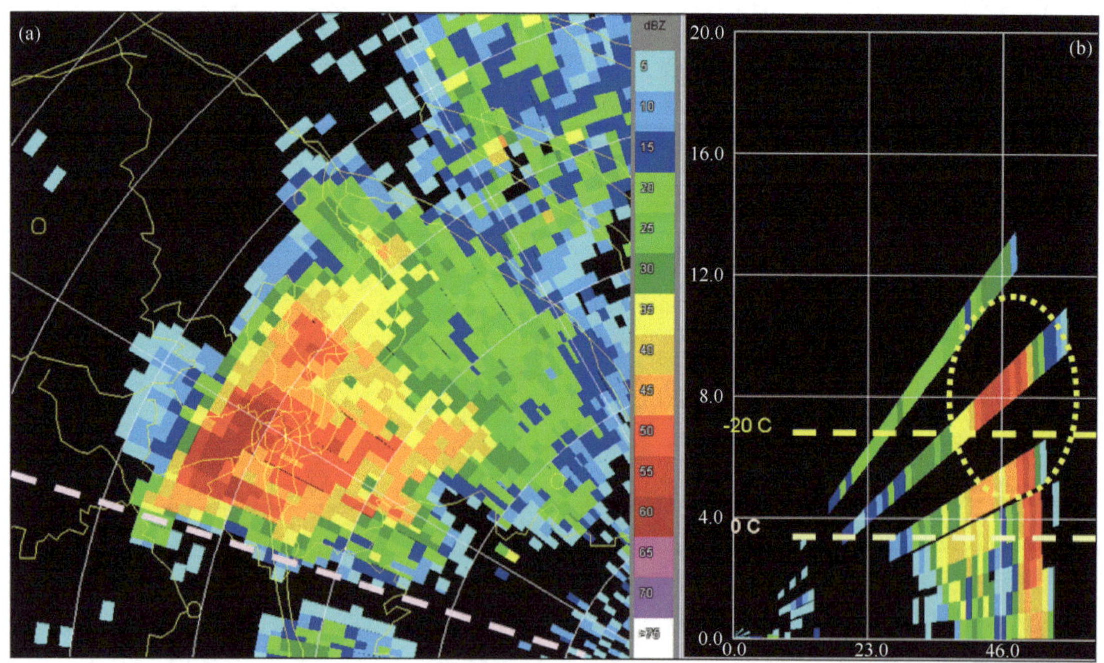

图 5.43　2009 年 6 月 5 日 15 时 16 分 0.5°反射率因子(a)和过左图粉色点线的反射率因子垂直界面(b)

5.6.1.4　超级单体结构模型

基于以上分析，构建了该超级单体的一个结构模型空间示意图(图 5.44)，图 5.44 中显示了该超级单体的低层反射率轮廓线、斜升上升气流、环境水平涡管、中低空中气旋、后侧下沉区、地面冷堆、出流边界等主要特征的空间分布。超级单体低层反射率具有钩状、楔状和“V”形缺口等反射率特征，降雹区位于其运动方向后侧的低空强反射率区中，由于强降水(降雹)和蒸发冷却作用导致下沉运动，使得超级单体经过路径上形成地面冷堆，前侧形成地面出流边界；主上升气流由超级单体运动方向前侧的低空进入风暴，然后逐渐倾斜上升，同时，该上升气流将低空垂直风切变形成的水平涡管“拉”入超级单体风暴内，随着入流气流由水平转为垂直方向的上升气流，这些来自地面的水平涡管由水平变成倾斜、最终汇入风暴的主上升气流中，形成垂直涡管，加强了风暴中上升气流的旋转程度，形成了速度场上的中气旋特征，成为超级单体结构的主要特征；上升气流继续上升，到达风暴顶附近时形成强烈的辐散气流，这里也是大冰雹增长发展之处。

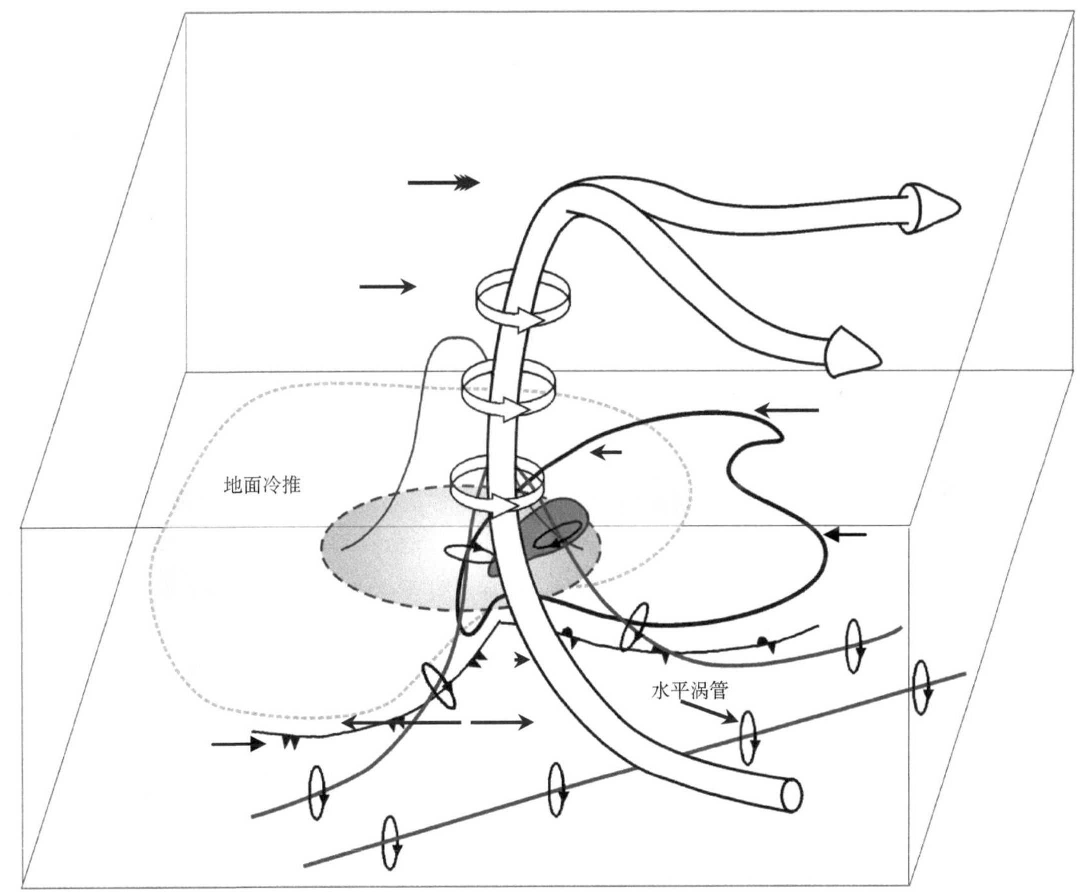

图 5.44　超级单体空间结构主要特征示意图

5.6.1.5　超级单体和飑线的相互关系及临近预报思路

“090605”飑前超级单体对其后侧的飑线有明显的引领作用，飑线追上超级单体后两者的合并没有进一步导致超级单体的加强，而是由两者组成了新的中尺度对流系统，导致飑线系统的转向。图 5.45 是该次天气过程中飑前超级单体和飑线主体移动、演变的示意图，两者相互影响和作用，主要有以下一些特点：

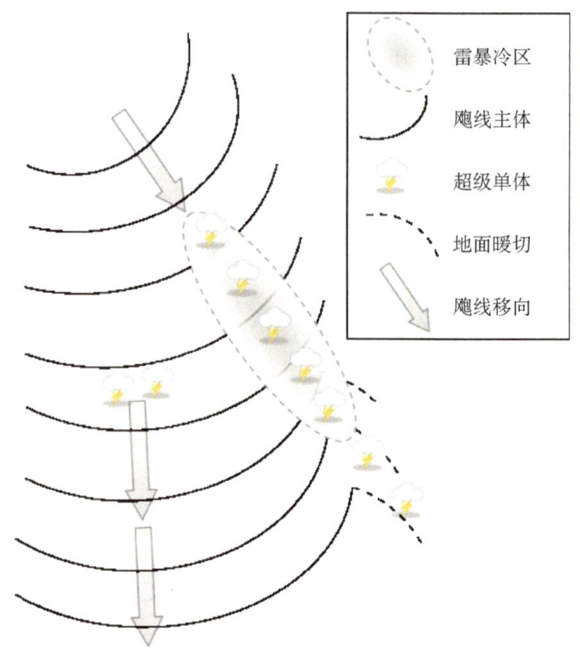

图 5.45　“090605”飑前超级单体与飑线主体移动、演变示意图

(1)移动引领：超级单体风暴发展、加强于飑线主体弓形回波轴线的前端，在 6 月 5 日西北气流的引导下，超级单体和飑线都一致向东南方向快速移动，形态上看，两者的关系类似“箭”与“弓”的关系，“弓”前侧顶端的不稳定条件和低空辐合抬升机制激发了“箭”的生成和加强，而“箭”的移动趋势则指明了“弓”移动方向，具有一定的临近预报意义。

(2)强度变化：超级单体发展、移动后，下沉出流形成了一个中尺度冷池，形成了一个类似低压锋面，并在其路径上形成了一片狭长的“冷区”，地面气温降至 18～20℃(图略)，明显低于上海西部和南部地区(30℃左右)，该冷区逐渐引导原来位于上海东部的海陆风锋继续西进，使得东部地区的温度下降到 25℃左右，导致“冷区”比周边地区低 5～10℃，当 2 h 后飑线主体的一部分进入该“冷”区后，热力不稳定明显减弱，导致飑线强度明显减弱。另外，飑线东侧部分逐渐深入东海海域后，同样由于下垫面温度的降低，也使得该部分强度减弱。

(3)合并转向：超级单体风暴减弱后其超级单体特征消失，飑线与之合并形成新的“人”字形中尺度对流系统。在飑线主体的南侧(青浦以南地区)，地面温度仍然维持，水汽条件较好，前期的地面辐合线仍然较高，加上飑线前侧垂直风切变的明显加强，激发了飑线前沿新的雷暴单体发展并合并入该部分飑线，导致飑线主体的西南部分强烈发展、加强，形成新的“弓形”回波，并逐渐代替了原“弓形”回波，成为飑线新主力。与原“弓形”回波“箭矢”指向东南方向相比，新的“弓形”回波带移动发生明显右偏，“箭矢”指向偏南方向，引导飑线越过杭州湾，影响了浙江地区。

与其他一些研究中合并后超级单体加强的个例相比，本次过程中超级单体残余没有再次加强，主要有以下几点原因：①超级单体在与飑线合并前已经明显减弱，变成一般雷暴，其中尺度涡旋已不存在，飑线追上雷暴单体，其出流无法像 Wolf(1998)中描述的那样再次加强前侧的超级单体；②下垫面的作用使得飑线东北部分进入超级单体所经过的冷区和东海后有所减弱，其触发作用也相对较弱；③其他文献中超级单体一般位于在飑线系统的中部或者南部，也是低空辐合、水汽条件最好的地方，合并往往容易导致前侧单体的再次发展，而本次超级单体合并处位于飑线系统的东北部分，不利于前侧单体的加强。Wolf(1998)也发现了类似的现象，超级单体与飑线不同部分的合并往往会导致不同的演变结果。所以，“090605”飑前超级单体在飑线主体移动和演变的临近预报中有新的重要指示意义。

5.6.2　双多普勒雷达风场反演对一次后向传播雷暴过程的分析

5.6.2.1　过程描述

2013 年 9 月 13 日午后到夜里，上海自东北向西南依次出现了短时强降水和雷雨大风，其中部分地区的降水量级达到了大暴雨标准(孙敏 等，2014)。最强降雨时段为 16—17 时(北京时，下同)，全市 461 个自动雨量测站中，最大小时雨量超过 100 mm 的有 10 个，其中小时雨量最大的为浦东新区南干线 124 mm，2013 年 9 月 13 日 12 时至 14 日 00 时的 12 h 累计降水量分布如图 5.46 所示，降水中心位于市区及浦东—市区交界处，雨区呈东北—西南向分布，其中共有 15 个自动站雨量超过 100 mm，最大雨量为 147.3 mm(蓬莱公园站)，崇明、浦东、中心城区和松江还先后出现了 8～10 级雷雨大风，其中最大阵风 34.0 m/s(12 级)出现在位于上海市区东北部的复兴岛。大暴雨导致浦东及市区 80 多条(段)道路短时积水 20～50 cm，晚高峰交通瘫痪、2 条地铁线路因受潮发生故障。

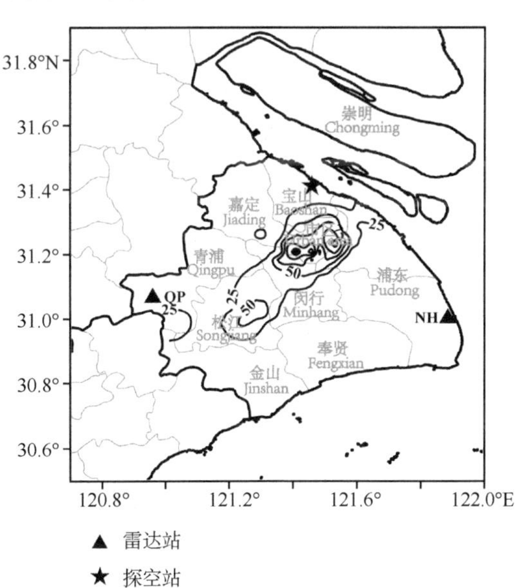

图 5.46　2013 年 9 月 13 日 12 时至 14 日 00 时上海地区(除崇明)12 h 累计降水量及站点分布图(mm)

5.6.2.2　雷暴生成天气形势背景分析

(1)大尺度环流特征

2013 年 9 月 13 日 08 时卫星云图显示锋面云系呈东北—西南走向，覆盖华东地区北部(图略)，天气形势分析(图 5.47)显示，上海 200 hPa 上空为高空辐散区域，500 hPa 上副高较强，588 dagpm 线位于江苏和安徽南部，上海位于副高西北侧边缘，500 hPa 低槽分别位于渤海至安徽北部一线和湖北到云南一线，且温度槽落后于高度槽，随着槽线的东移加深，槽前的西南气流与副高边缘南到西南气流相互叠加造成一支强劲的西南急流，因此，在大尺度环境上具备了不稳定和上升运动条件，700 hPa 上安徽南部和江苏中部有一支西南急流，对应 700 hPa 上为高湿区($T-T_d \leqslant 4$℃)，华东中南部都处在 850 hPa 高湿区内。地面天气图上，与高空形势相对应，江淮流域存在一条静止锋。

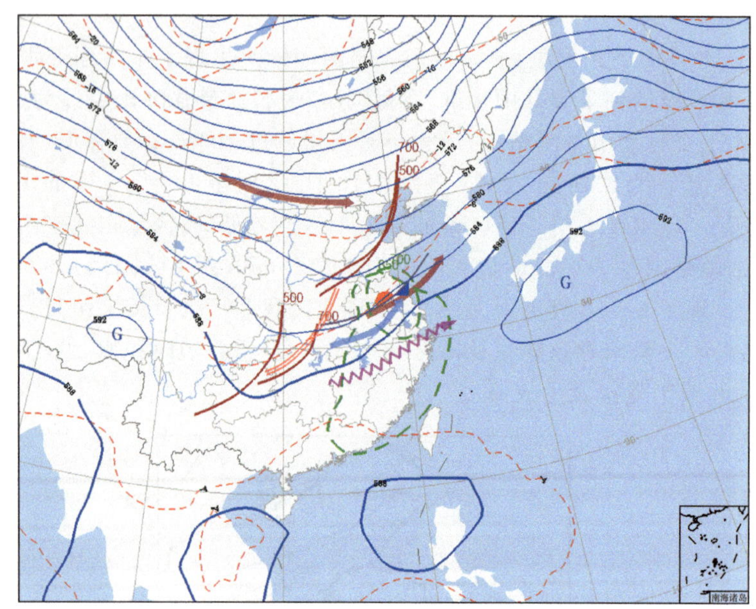

图 5.47　2013 年 9 月 13 日 08 时天气形势分析图

(棕色箭头为 700 hPa 急流，蓝色箭头为 500 hPa 急流，紫色箭头为 200 hPa 分流区)

(2)雷暴形成条件分析

①水汽条件

上海位于 850 hPa 高湿区内，低层水汽含量充沛，在降水集中的时段，上海地基 GPS 测得大气可降水汽量(PWV，precipitable water vapor)达到 50 mm 以上(图略)，处于高值区，特别是 15 时 30 分，上海市区的 *PWV* 高达 60 mm 以上，为局地大暴雨提供了充足的水汽条件。

②稳定度条件

从 13 日 08 时宝山站的斜温探空曲线图(图 5.48a)中可以看到，抬升凝结高度(964 hPa)、对流凝结高度(903 hPa)和自由对流高度(830 hPa)均较低，9 月 10 日起，上海连续 4 d 最高温度都在 33℃左右，积累了大量不稳定能量，对流有效位能(1368 J/kg)和 *K* 指数(36℃)较高，沙氏指数为－2.5℃，抬升指数为－3.8℃，这些都表明上海当日的大气处于不稳定状态。0～6 km 的水平风垂直切变高达 14.54 m/s，850 hPa 高度以下风向随高度呈顺时针旋转，表明低层有暖平流，850 hPa 高度以上风向随高度呈逆时针旋转，有弱冷平流。温度与露点曲线自下而上呈喇叭口形，显示出上海当天上干下湿的特征，这种分布形式有利于雷雨大风的出现。

14 时，大气对流条件有了进一步加强(图 5.48b)，对流有效位能增大至 3608 J/kg，热力层结非常不稳定，700 hPa 西南风增大至 12 m/s，其湿度随之显著增加，0～6 km 的风切变增大至 19.27 m/s。根据 14 时探空资料，0℃层高度位于 590.6 hPa(约 4500 m)高度处。

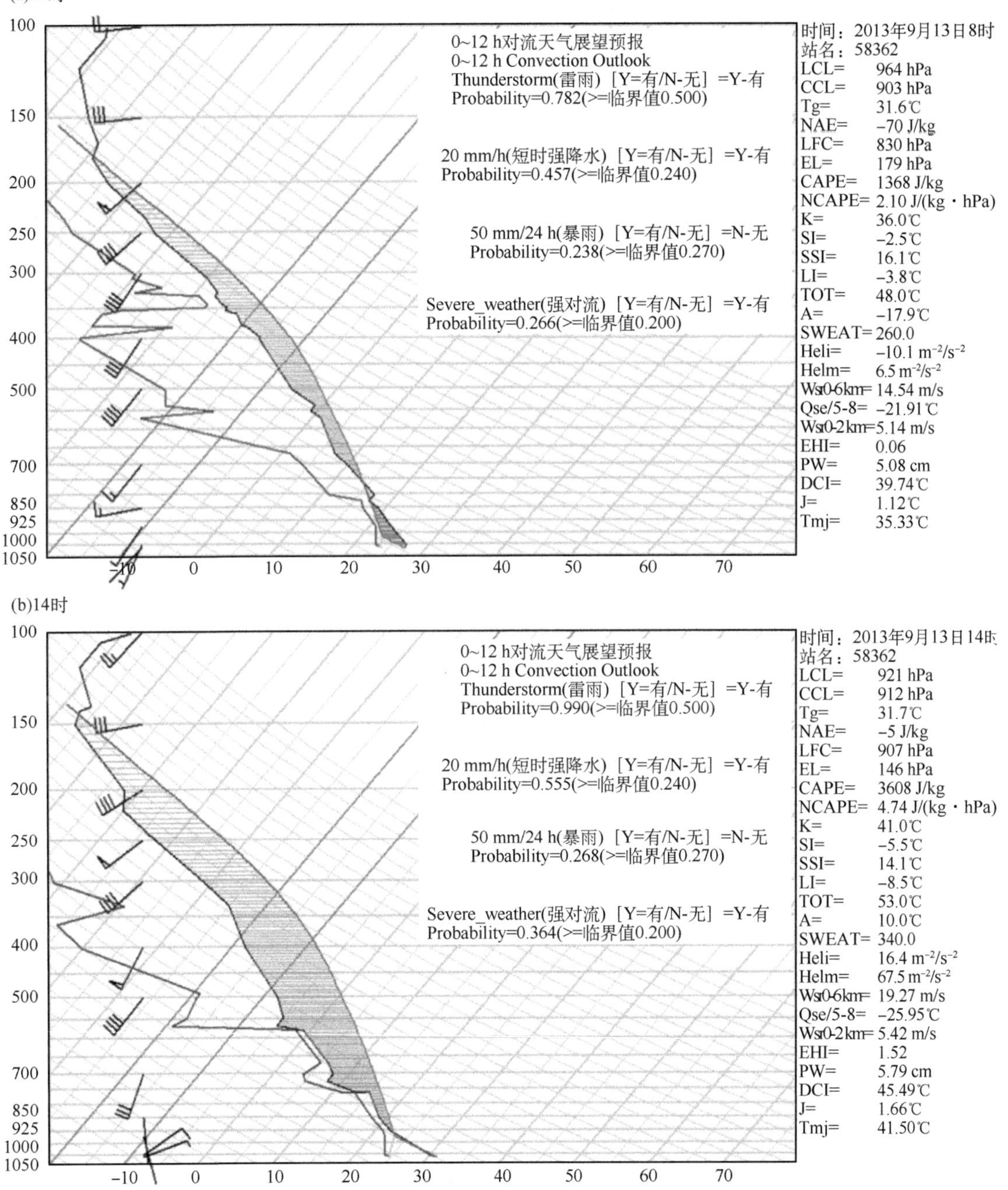

图 5.48　2013 年 9 月 13 日宝山站斜温探空曲线图

(a)08 时，(b)14 时

③对流单体初生阶段触发机制

根据上文分析，上海低层的水汽含量丰富且大气层结不稳定，只要有足够强度的抬升启动机制，就能触发不稳定能量释放，造成对流性天气，产生暴雨。槽前的系统性上升运动及200 hPa 高空的辐散为强对流天气提供了大尺度环境背景，但强对流造成的暴雨通常是集中在几个小时内，降水时的垂直运动速度很大，是由中小尺度天气系统所造成的。

13 日 11 时在上海北部崇明地区存在东北风和偏南风的切变线(图 5.49a)，因此，雷暴首先在崇明西部生成，并逐渐东移入海；到 13 时受前期雷暴的影响，上海北部转为一致的偏北风，与环境西南风形成辐合(图 5.49b)，受其触发作用影响，新的对流单体在原雷暴的西南侧生成。

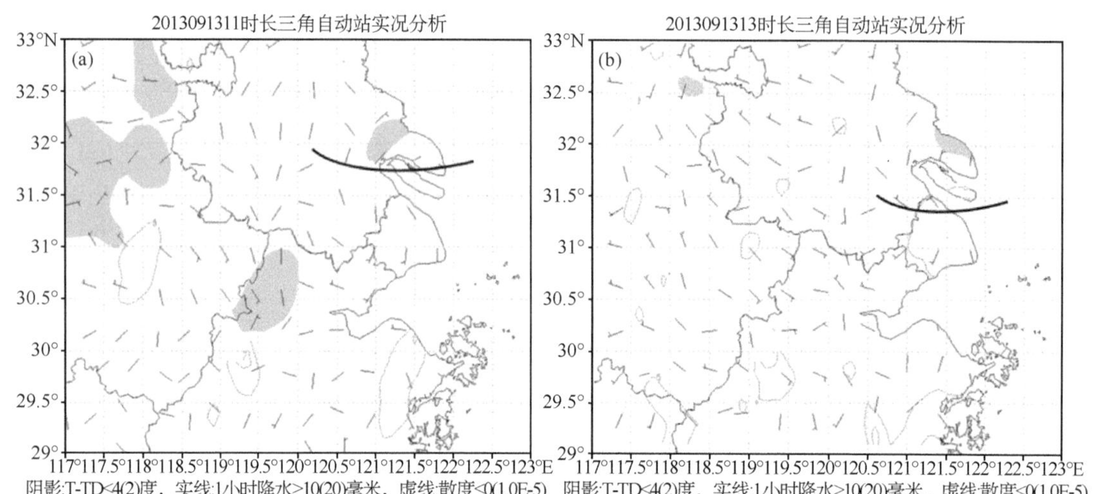

图 5.49 2013 年 9 月 13 日长三角自动站实况分析图

(a)11:00,(b)13:00(粗实线为风场辐合线)

5.6.2.3 雷达回波特征分析

(1)基本反射率因子分析

从 45 dBz 以上反射率因子的空间等值面分布可以看出强回波所处的高度及垂直伸展高度，以此来反映对流发展的强弱，从雷达回波随时间的演变来看，11 时 27 分左右对流首先在崇明西部生成(图略)，此时 45 dBz 空间等值面的底层高度较高，空间范围较小，后逐渐向东偏北方向移动发展且逐渐向上下伸展，到 13 时 31 分在原回波的西南侧又新生一个对流单体并逐渐发展，而北部的对流单体发展到最强盛后逐渐减弱消散，到 14 时 59 分西南侧新生成的对流垂直伸展高，45 dBz 空间等值面的底部高度较低，对流发展旺盛，在新生对流单体东南侧存在一条明显的东北—西南向的弱窄带回波(冷池出流边界造成的阵风锋)，此时为新生雷暴的发展初期，到 15 时 58 分回波已向西南方向传播，其垂直伸展程度变小，但空间范围扩大，准东西向呈弧状的弱窄带回波更加明显，并逐渐远离对流单体，此时为雷暴发展强盛期，到 16 时 58 分西南侧的对流有一定发展，而东北侧的对流则逐渐消散，即回波继续向西南方向传播，逐渐减弱并脱离对流单体，此时为雷暴减弱期。

图 5.50 为 0.5°仰角雷达观测到的 30 dBz 反射率因子等值线和阵风锋分布随时间的演变图，15 时至 16 时高反射率因子区域的范围同时向东北和西南方向扩展，且整体向东南方向缓

慢移动，从 16 时到 17 时，由于新生对流单体向西南方向的传播速率大于系统向东北方向的平流速率，导致高反射率因子区域向西南方向（与系统平流相反的方向）快速移动。图中还显示了阵风锋随时间逐渐向西南方向推进，从 16 时起阵风锋中段的移动速度慢于其两侧的移动速度，呈明显的 ω 型，表明阵风锋的中段对应为强上升区，产生了类似气旋中心的特征。

(2)反演风场分析

①双雷达风场反演分析方法

图 5.46 中显示了上海南汇(NH)和青浦(QP)两部雷达的空间分布，两部雷达呈准东西向分布，距离约为 90 km，其中青浦雷达略偏北，适合于利用两部雷达的径向风资料联合反演三维风场。

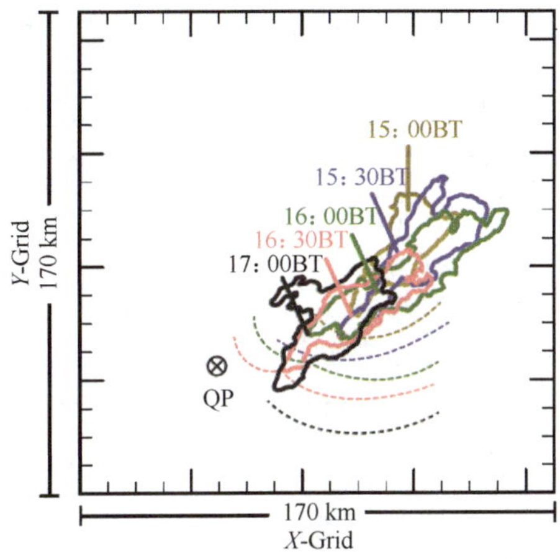

图 5.50　0.5°仰角 30 dBz 雷达反射率因子等值线和阵风锋分布随时间的演变图
(QP:青浦)

采用美国国家大气研究中心(NCAR，National Center for Atmospheric Research)提供的 SPRINT(Sorted Position Radar INTerpolation)软件将雷达体扫数据从极坐标系插值到笛卡儿坐标系下(数据插值采用双线性插值法)，并对径向速度进行局地退模糊处理，然后选择两部雷达观测时间一致(差别小于 3 min)的体扫数据进行三维风场的反演，反演采用 NCAR 的 CEDRIC(Custom Editing and Display of Reduced Information in Cartesian Space)软件，反演原理参考 Ray 等(1978)。由于雷达观测为径向速度，在两部雷达连线附近观测到的径向风为接近平行的两个矢量，无法正确地反演出切向速度，因此在该区域内反演出的速度场不可信，应予以剔除。

本次风场反演的水平范围为以上海青浦雷达为中心的 250 km×250 km 矩形范围，水平分辨率为 1 km，垂直方向为 1～15 km，分辨率为 0.5 km。

②三维风场反演结果

图 5.51 为双多普勒雷达反演得到的低层(1.5 km)和中层(5.0 km)水平风场分布。

12 时 26 分(图 5.51a,b)崇明西部的对流单体低层存在偏南风和偏西风的弱辐合，而中层基本与环境的西南风场一致，且强反射率因子中心在中低层呈垂直分布，因此该风暴的生消非常迅速。

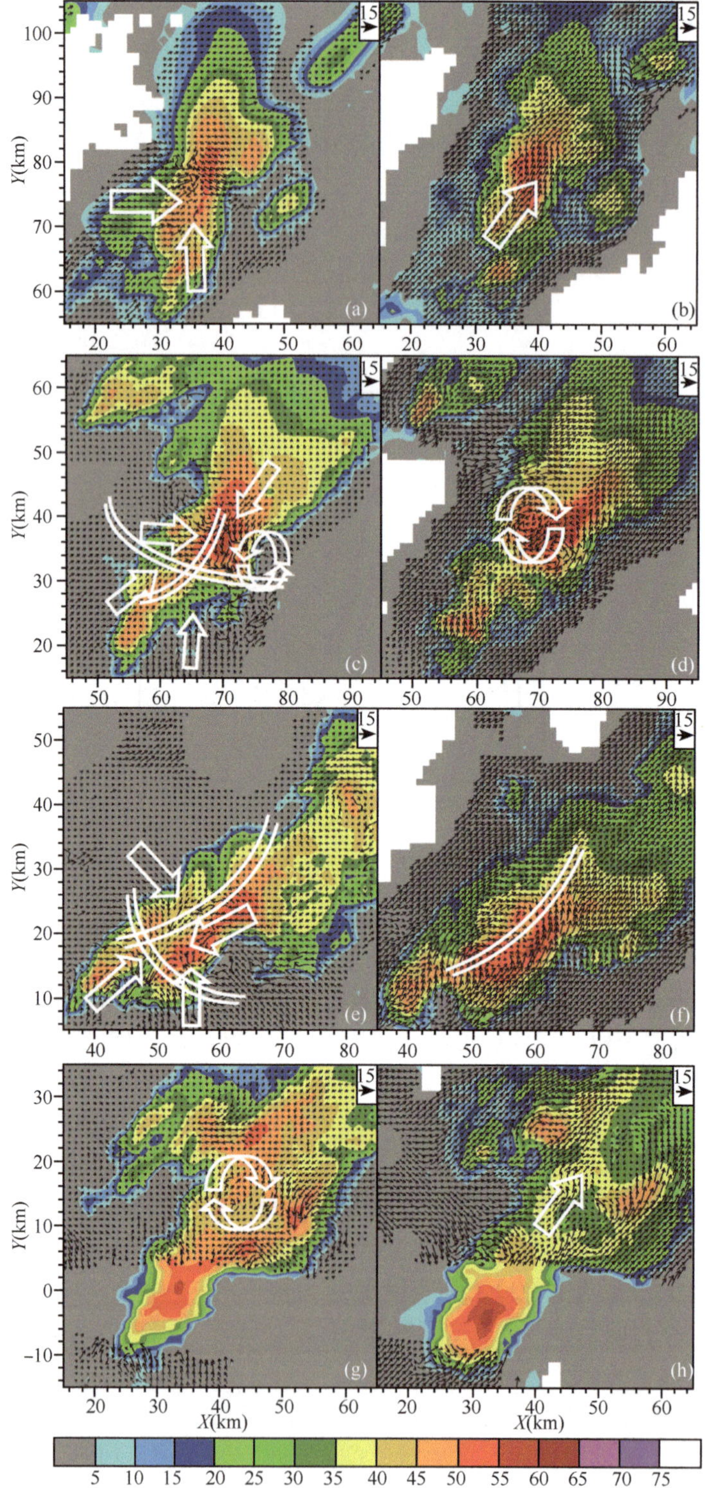

图 5.51　双多普勒雷达反演的 1.5 km(a,c,e,g)和 5.0 km(b,d,f,h)高度的风场(m/s)和雷达反射率因子(填色,单位:dBz)

(a,b)12:26,(c,d)14:59,(e,f)15:58,(g,h)16:58

14 时 59 分(图 5.51c,d)新生的对流单体具有强回波中心,且强反射率因子中心随高度向引导流下游(东北方向)倾斜,低层(1.5 km)强反射率因子中心对应着强的风场辐合中心,在辐合中心的东侧存在一个明显的气旋性环流,此气旋性环流垂直伸展高度从 1.5 km 至 4.5 km(图略),此时,中层(5 km)强回波的西侧存在一个明显的反气旋性环流,该时次气旋性和反气旋性涡旋的直径在 6～8 km,从青浦雷达的径向风场观测上也可以看到此涡旋对(图 5.51b,d),从而验证了风场反演的可靠性。这一对涡旋的出现与低层强辐合所造成的上升运动及环境场低层风切变有关,Weisman(1993)在其模拟研究中指出,低层环境风切变产生水平涡管,在垂直运动的作用下使得水平涡管发生倾斜,常常导致中低层产生明显的气旋和较弱的反气旋,形成双涡结构,从低层风场辐合来看,与 12 时 26 分相似,也存在偏南风和偏西风的辐合,同时还存在东北风和西南风的辐合,两条辐合线的交点处辐合最强,最有利于对流的新生。

到 15 时 58 分(图 5.51e,f)低层(1.5 km)强回波呈东北—西南的带状分布,在其西北侧存在一条西北风和东(东南)风的辐合线,且与强回波的带状分布相平行,中层(5 km)的高反射率因子区域较低层偏向西南方向,表明在西南方向不断有新的对流生成,且中层的风场辐合线位于低层东北侧,具有前倾结构,16—17 时是降水最为集中的时段,同时,低层回波西南侧仍存在东北风和西南风的辐合,两条辐合线的交点为辐合最强处。

16 时 58 分(图 5.51g,h)强回波区域移入两部雷达的基线区域,该区域反演得到的风场不可信,因此在该区域内无风场反演结果输出,而在强回波区的东北侧(即 15 时 58 分时强回波区所在的区域)回波减弱,且低层(1.5 km)出现一个反气旋环流,中层(5 km)已转为与环境一致的西南风场,此结构的产生与降水产生的下沉气流有关。

根据上文分析,在 14 时 59 分反演得到的水平风场显示了低层强辐合和中低层的涡旋结构,在该时次沿对流传播方向(东北—西南向)及垂直于对流传播方向(西北—东南向)作垂直剖面,以此研究垂直速度的空间分布。

图 5.52a 中直线 A—B 显示了东北—西南向剖面在水平面的位置,图 5.52b 为对应垂直剖面上的风场分布,其中 A 为西南侧端点,B 为东北侧端点,从风场的分布可以看到,分别存在一个垂直上升和下沉的区域,其中下沉运动是由于降水粒子蒸发和拖曳所导致,上升运动由下沉辐散气流和环境西南风在强回波的西南侧低层辐合形成的阵风锋触发形成,正是由于风场的这种结构,使得雷暴西南侧不断触发新的对流单体,造成了对流单体向西南方向的后向传播,而新生单体的上升运动又导致低层降压,增加雷暴地面高压与其之间的气压梯度,导致辐散气流在下沉区域的西南侧增强,形成正反馈;沿垂直于对流传播方向作了三个剖面,其在水平面的位置从东北向西南分别为 A1—B1、A2—B2 和 A3—B3(图 5.52e,g),从垂直速度在 A1—B1 剖面上的分布(图 5.52d)可以看到垂直方向主要为下沉气流,由于回波向西南方向传播,且 A1—B1 位于回波的东北端,此处为对流消散阶段,因此以下沉气流为主,位于中间的 A2—B2 剖面上既存在上升运动也存在下沉运动(图 5.52f),这与对流的成熟阶段相对应,上升气流位于 A2 点附近,即位于剖面的西北侧,而下沉气流位于 B2 点附近,即位于剖面的东南侧,该下沉区也是强降水所对应的区域,降水粒子的蒸发和拖曳作用导致了明显的下沉运动,位于回波东南端的 A3—B3 剖面上垂直气流显示为一致的上升运动,为对流新生的区域。

同时,反射率因子的垂直分布显示(图 5.52),对流单体主体均位于 0℃层(约 4500 m 高度)以下,因此云中以水滴为主,有利于降水效率的提高。

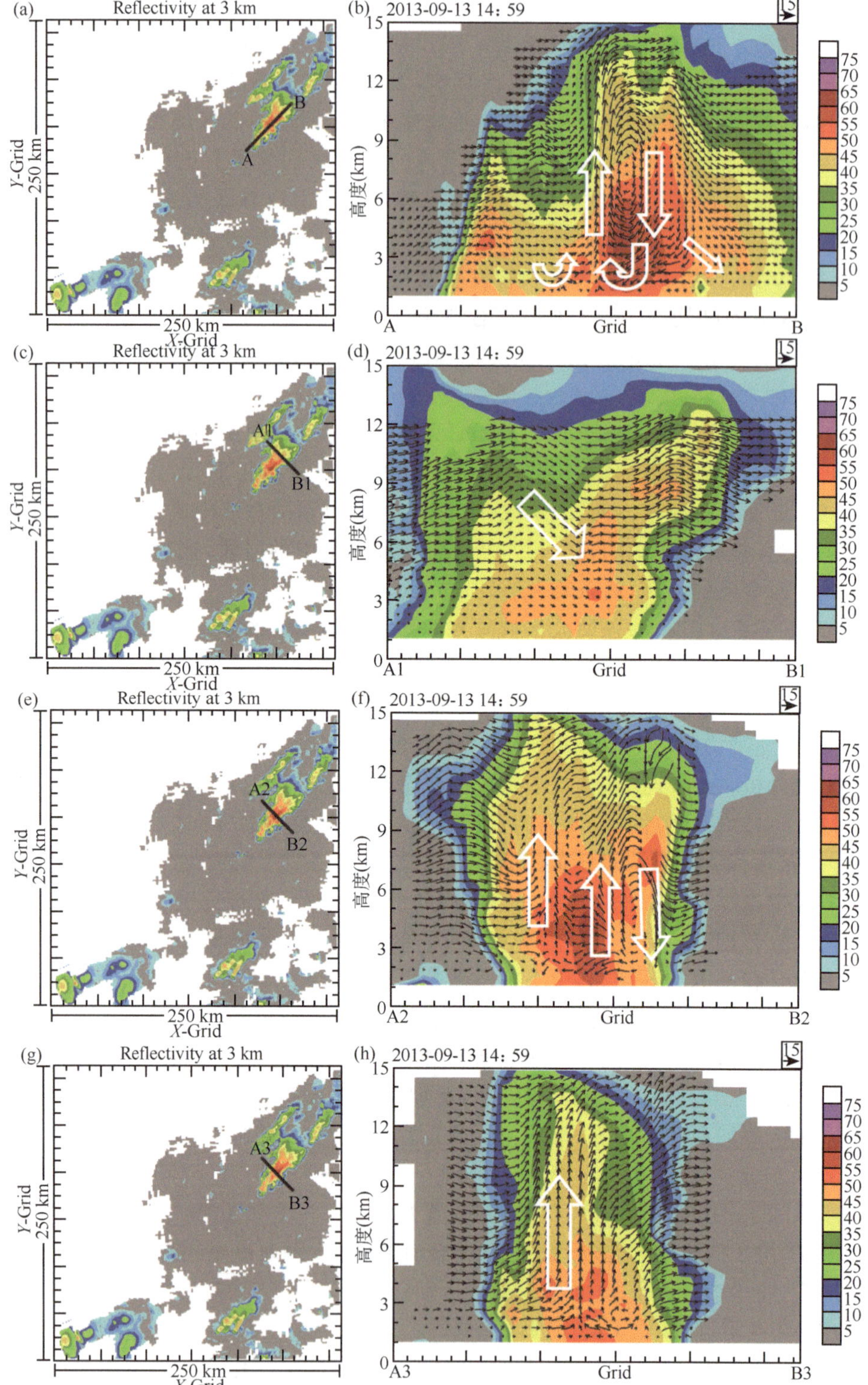

图 5.52　14:59 不同方向和位置垂直剖面的反射率因子(dBz)和双多普勒雷达反演风场(m/s)

(a,b)沿 A—B 方向;(c,d)沿 A1—B1 方向;(e,f)沿 A2—B2 方向;(g,h)沿 A3—B3 方向

5.6.2.4　雷暴发展和传播机制分析

(1)地面气象要素分析

从自动站地面温度和风场的空间分布随时间演变看(图 5.53a,b,c),15 时上海北部崇明地区受前期对流单体的影响,形成冷池(地面温度 24～25℃),而上海其他地区仍在 30℃以上的高温控制下,特别是从浦东北部到金山区南部存在呈东北—西南向的高温中心(33～35℃),从风场分布可以看到,在浦东新区存在一个低涡环流,对应存在地面辐合线,北部冷池出流与环境西南风的辐合导致阵风锋;到 16 时,由于对流向西南方向传播,冷池也向西南方向推进,地面温度下降到 22—23℃,高温中心逐渐转为准东西向分布,较 15 时的高温有所减弱,风场显示随着阵风锋进一步向西南推进,与地面辐合线碰撞,交点附近形成强烈的辐合,这也是导致降水集中发生在 16—17 时的原因;17 时随着对流进一步向西南方向传播,冷池范围进一步扩大,地面温度降至 21—22℃,对应于冷池中心为地面风场的辐散中心,上海地区的温度都下降到了 30℃以下,而此时阵风锋南移至上海南部。

从自动站地面露点温度的空间分布随时间演变看(图 5.53d,e 和 f),露点温度梯度呈东北—西南向分布,地面阵风锋将雷暴产生的冷湿空气向西南方向推进,而西南侧则为相对暖干的空气,从而形成了强烈的露点温度梯度。

综上所述,由于阵风锋与地面辐合线的共同作用,导致了对流单体不断在系统西南侧新生,其中位于雷暴西南侧的阵风锋还导致了地面风场辐合的加强,以及阵风锋两侧温湿梯度的增大,这些都有利于对流的发展和维持。

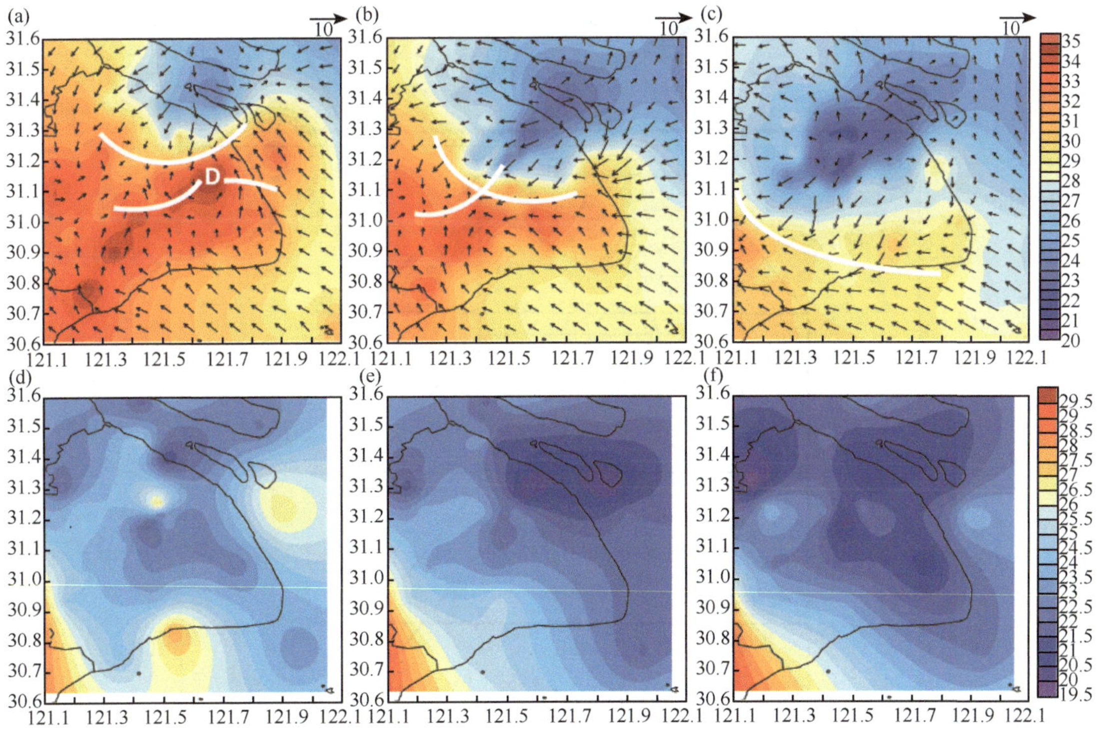

图 5.53　自动站温度(a,b,c)和露点温度(d,e,f)水平分布图(℃)

(a,d)15:00,(b,e)16:00,(c,f)17:00

(2)雷暴后向传播的概念模型

结合三维反演风场及雷暴发展传播机制的分析,得到此次后向传播强对流天气的概念模型,如图 5.54 所示,中低层的环境风场为西南风,风速随高度逐渐增大,形成垂直于环境风场指向西北方向的水平涡度,在成熟阶段对流垂直上升运动的作用下,水平涡度逐渐转换为垂直涡度,形成气旋和反气旋的涡度对(图 5.54b),东北侧为以下沉气流为主处于消散阶段的对流单体,由于强降水蒸发和拖曳在地面附近造成地面高压冷池,产生辐散性的阵风,导致雷雨大风的形成,同时,西南侧由于阵风锋与地面切变线碰撞激发出以上升气流为主,处于新生阶段的对流单体,而位于中间回波最强处的老对流单体则处于成熟阶段,单体不断在回波西南侧新生,产生了与环境引导气流相反的传播。

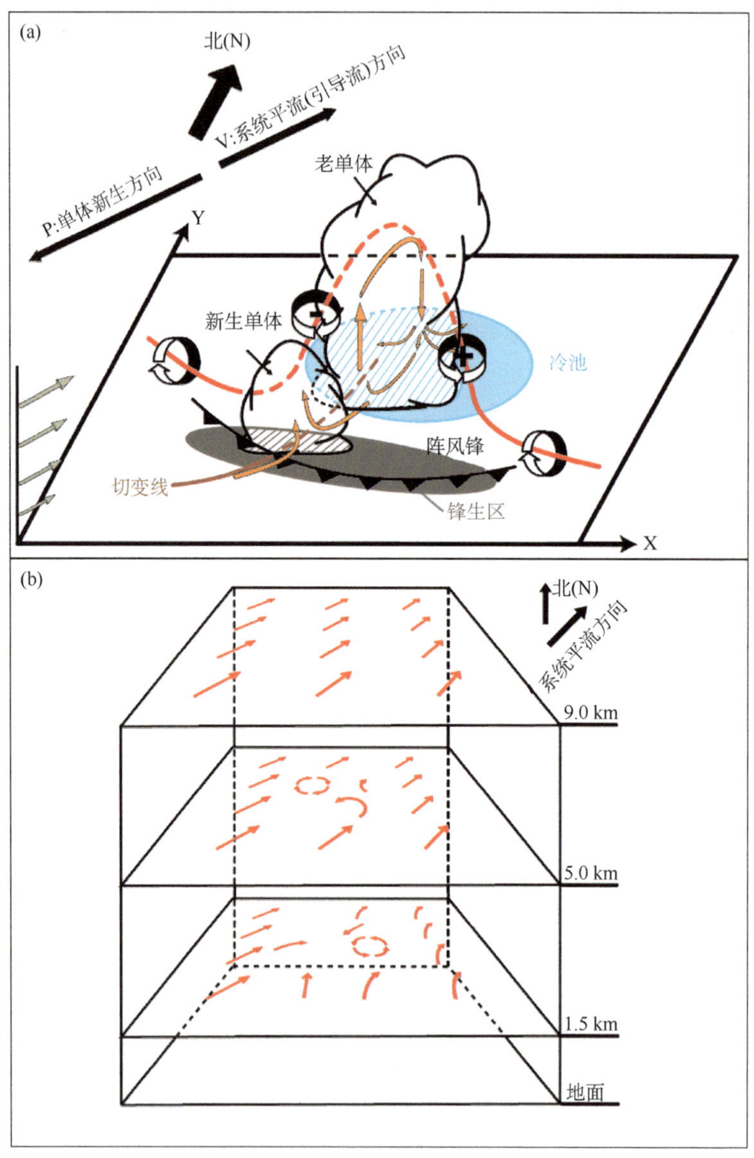

图 5.54　后向传播雷暴概念模型

(a)三维结构示意图,(b)水平风场三维结构示意图

5.6.2.5　结论与讨论

针对 2013 年 9 月 13 日发生在上海的一次夏季局地强降水和雷雨大风过程，通过对观测资料的分析表明，回波首先在上海北部生成发展并迅速东移减弱，在其西南侧有新的对流单体生成，逐渐加强并向西南方向传播，传播方向与引导气流方向相反，且单体的新生传播速率大于系统平流速率，因此整体具有明显的后向移动特征。使用常规观测、雷达反射率因子、径向风观测资料及加密自动站资料进行了分析，结果表明：

(1)大尺度环流背景场为此次对流过程提供了高空辐散条件，在大尺度环境上具备了不稳定和上升运动条件；连续的高温积累了大量不稳定的能量，具备充足的水汽和不稳定条件，为强对流及局地大暴雨提供了环境条件；地面切变线为此次强对流提供了对流单体初生阶段中小尺度触发条件。

(2)最先在上海北部生成的雷暴生消迅速，其产生的降水导致了上海北部地区的降温及风向变化，造成上海南北向的温度梯度增大，北部的偏北风和环境场的西南风辐合，这些热动力条件均有利于新的对流在前期单体的西南侧新生。

(3)雷达反射率因子和双多普勒雷达反演的三维风场分析表明，由于强降水蒸发和拖曳导致的地面高压冷池造成强辐散气流与环境风场的辐合形成阵风锋出流边界，阵风锋和该处原有的地面辐合线相交处的强辐合造成了强烈的上升运动，触发单体在其西南侧新生；而新生单体的上升运动又导致低层降压，增加了雷暴地面高压与其之间的气压梯度，导致辐散气流在下沉区域的西南侧增强，形成正反馈；风暴依靠其自身产生的出流边界和冷池向西南方向传播并发展；新生雷暴单体向西南发展(传播)的速率大于向东北方向引导气流的速率，因而使整个对流系统呈现为向西南方向移动的趋势和特征。

(4)地面加密自动站温度、风场和湿度分析均表明阵风锋导致了地面风场辐合的加强及阵风锋两侧温湿梯度的增大，有利于对流的发展和维持；锋生函数的计算结果显示，强的锋生区呈西北—东南向带状分布在回波的西南侧，地面水平辐散辐合锋生的贡献大于水平变形场作用锋生，低层的辐合锋生造成了对流系统的传播。

上述仅基于观测事实对此次强对流后向传播的三维风场结构及触发、发展和传播机制进行了分析，对其更深入的探讨及风暴成熟时期形成的涡旋对在此次强对流过程中所起的作用，有待在以后的数值模拟研究中进一步研究。

第6章 其他高影响天气

前面分析了影响上海的暴雨、热带气旋、强对流天气和雷电天气，本章将分析上海地区的其他高影响天气，主要包括寒潮、降雪、大风、低温、高温及大雾(能见度)等天气。

6.1 寒潮天气

寒潮天气的主要特点是剧烈降温和大风，有时还伴有雨、雪和霜冻。寒潮能导致河港封冻、交通中断、自来水管爆裂、牲畜和早春晚秋植物受冻，但也有利于使小麦灭虫安全越冬。因此准确预报寒潮天气，对有关生产部门采取积极措施预防其危害、利用其有利因素具有相当重要的意义。

当寒潮侵袭上海时，除气温剧烈下降出现低温外，常伴有大风、霜冻、冰雪等天气，并带来严重灾害。寒潮给上海带来的低温、大风和冰雪天气，造成严重灾害，主要发生在1874、1893、1941、1977、1984年和2016年。如清同治十二年十一月中旬(公元1874年1月上旬)，最低气温持续在0℃以下，旬平均为－5.5℃，奇寒，河港封冻，冻死不下数百人。民国三十年(公元1941年)1月下旬至2月上旬，持续严寒，冻毙一千五百人。1984年1月17日、18日，大雪压塌房屋、仓库、草棚等，市保险公司受理倒塌赔案264起，赔款115万元，积雪结冰压断电线，金山、青浦、闵行等区输变电线路中断40多条，造成停电，铁路沿线电话中断，车站滞留2.1万名乘客。

冬季来临前，要根据气象预报制订防冻保暖预案，在寒潮侵袭时，及时采取各种防冻保暖措施。要因地制宜地作好对农作物的防冻工作，防御寒露风、倒春寒对农作物的损害；冰雪天气要注意交通安全，防止汽车轮子打滑，积雪要及时扫除；低温天气务必小心煤气中毒并注意身体保暖，防止突发中风、急性心肌梗死、哮喘、冻伤等疾病发生。

6.1.1 上海寒潮的标准

上海中心气象台的寒潮标准：

①受北方强冷空气影响导致日平均温度24 h降温幅度≥6℃或日平均温度48 h降温幅度≥8℃，并且冷空气影响过程中日最低气温≤5℃的过程；

②受北方强冷空气影响本站气温24 h内下降幅度≥10℃或48 h内降温幅度≥12℃，同时最低气温降至≤0℃。

符合这2条之一即认为达到寒潮天气标准。

6.1.2 上海寒潮的发生频次和强度特点

据龙华和徐汇气象资料统计，1971—2015年冬半年(当年10月至次年4月)影响上海的寒潮过程共有 151 次(表 6.1),平均每个冬半年 3.36 次。发生寒潮最多的冬半年有 8 次,为 1990 年的冬半年,次多年为 1979 年的冬半年,有 7 次寒潮;1983、1984 年和 1994 年的冬半年没有寒潮天气发生,次少年为 1974、2007 年和 2013 年的冬半年分别有 1 次寒潮天气发生。寒潮最早在 10 月下旬出现,最晚出现在 4 月中旬。

表 6.1　1971—2015 年冬半年(当年 10 月至次年 4 月)影响上海的寒潮过程

年份＼月份	10 月	11 月	12 月	1 月	2 月	3 月	4 月	合计
合计	2	29	42	30	26	19	3	151
1971—1972		1	1	1		1		4
1972—1973		1	2	1				4
1973—1974		1	1		2	1		5
1974—1975			1					1
1975—1976		1			1	1		3
1976—1977			1	1		2		4
1977—1978		1		1	1			3
1978—1979	1	1	1	2	1			6
1979—1980		4		1			2	7
1980—1981		1	1					2
1981—1982	1	1	1					3
1982—1983			2	1			1	4
1983—1984								0
1984—1985								0
1985—1986			2	1				3
1986—1987		1	2	2	2	1		8
1987—1988		1	1	1	1	2		6
1988—1989		1		1				2
1989—1990		1		1	1			3
1990—1991		3	2		1	2		8
1991—1992			1	1		1		3
1992—1993		2	1		1			4
1993—1994		1	2	1		1		5
1994—1995								0
1995—1996		1		1	1	1		4
1996—1997			2	1				3
1997—1998		1	2	2	1	1		7
1998—1999			1		1			2
1999—2000		1	1	1				3
2000—2001			1	1	1	1		4
2001—2002			1	1				2
2002—2003			2		1			3
2003—2004			1		2			3

续表

年份＼月份	10月	11月	12月	1月	2月	3月	4月	合计
2004—2005		1				1		2
2005—2006			2	1	1	1		5
2006—2007					1	1		2
2007—2008				1				1
2008—2009			2	1	1			4
2009—2010			1	1	1			3
2010—2011			2	1	1			4
2011—2012		1	1		1			3
2012—2013			1			1		2
2013—2014					1			1
2014—2015		1		1				2
2015—2016		1		1	1			3

从表6.1可见，上海寒潮出现次数最多的月份为12月，共42次；出现次数最少的月份为10月份，45年中仅有2次；另外，1月份共出现30次，11月份共出现29次，2月份共出现26次，3月份共出现19次，4月份共出现3次。

曾对1989—2008年20年中当年的11月1日到次年3月31日上海徐汇站逐日平均温度和日最低温度，以及上海宝山站850 hPa温度和地面及高空500 hPa天气形势图的资料进行统计分析研究寒潮。把徐汇站日平均温度48 h降温幅度≤9.9℃认为一般强度寒潮；在10.0～11.9℃认为中等强度寒潮，≥12℃认为强寒潮，并且把一般和中等强度寒潮中，过程日平均温度低于0℃也认为是强寒潮，主要因为这种寒潮过程不仅降温幅度较大，同时还出现低温冰冻现象，对人们生活和生产、运输等造成更大影响。

对这20年资料统计分析发现，在这20年中前10年寒潮发生了34次，且在11月发生了7次，后10年为29次，而在11月仅发生了3次；首次寒潮的平均出现日期前10年为11月24日，后10年为12月16日。说明寒潮发生的频次有减少趋势，寒潮开始的时间有推迟的倾向。强度方面如图6.1所示，一般寒潮有38次，平均每年为1.9次，占总寒潮次数的60.3%；达到中等强度的寒潮有11次，平均每年为0.55次，占总寒潮次数的17.5%；达到强寒潮的有14次，平均每年为0.7次，占总寒潮次数的22.2%；前10年一般寒潮有23次，后10年有15次，中等强度寒潮前10年有5次，后10年有6次，强寒潮发生次数前10年和后10年均为7次。统计发现，中等和强寒潮次数后10年略多于前10年。统计48 h强寒潮的日平均降温幅度（图6.2）看到，日平均降温幅度后10年略大于前10年。另外，在2004年度到2008年度的5个冬季共出现4次强寒潮，其中还包括2005年3月10—12日48 h日平均温度降温幅度为14.1℃的最大降温幅度的寒潮过程，以及2009年1月22—24日的寒潮过程徐汇站48 h日平均温度降温幅度达到11.5℃、1月24日平均温度仅为−2.9℃，成为在这20年受寒潮影响最冷的一天。期间23日20时850 hPa温度为−18℃，直接造成24日早晨最低气温为−5.9℃，比造成上海1991年12月29日早晨最低气温−8.0℃的850 hPa温度−16℃还要低2℃，为这20年冬季850 hPa达到的最低温度。从以上资料统计看到，上海的寒潮总次数后10年减少了，但强度却有增强趋势。

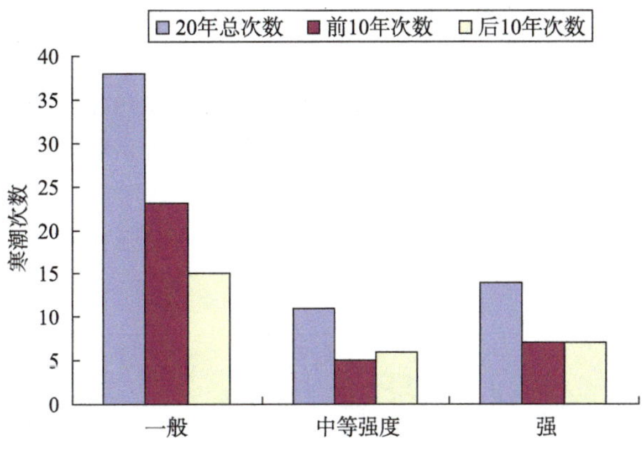

图 6.1　不同强度寒潮的频次分布图

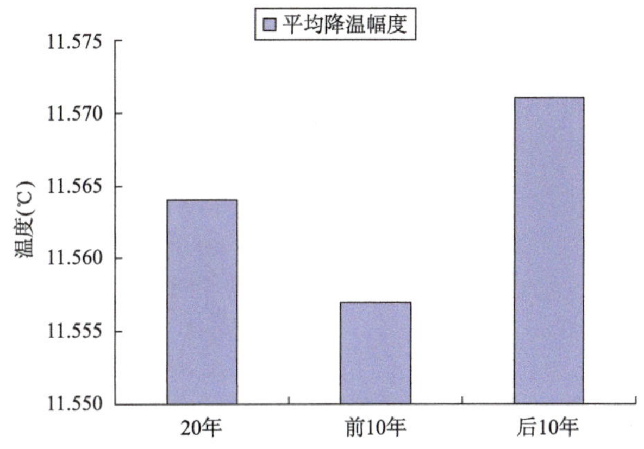

图 6.2　不同样本段强寒潮 48 h 日平均降温幅度图

西伯利亚上空低层冷空气的堆积是寒潮暴发的必要条件。对某地未来是否有寒潮侵袭以及寒潮强度的区分，首先从 24～48 h 850 hPa 温度的降温幅度着手。表 6.2 是对 850 hPa 这 20 年上海出现的强寒潮影响前和影响后的温度及温度变化情况的统计，从这张表上可以清楚地看出，前 10 年强寒潮影响上海前 850 hPa 温度略高于后 10 年，影响上海后 850 hPa 温度后 10 年低于前 10 年，寒潮影响过程中 850 hPa 温度的变化总体是后 10 年大于前 10 年。从以上分析可以得出，上海寒潮强度增强的趋势主要是因为影响上海的强冷空气强度是增强的。虽然从已公布的气象数据来看，从 20 世纪 90 年代以来上海冬季以暖冬为主，但更要提高警惕，准确预报在暖冬环境下暴冷天气的到来。

表 6.2　近 20 年影响上海强寒潮过程中上海宝山站 850 hPa 温度变化情况

	强寒潮影响前 850 hPa 平均温度(℃)	强寒潮影响后 850 hPa 平均温度(℃)	强寒潮影响前后 850 hPa 平均降温幅度(℃)
近 20 年总平均	8.4	−10.7	19.1
前 10 年平均	8.9	−9.7	18.6
后 10 年平均	7.8	−11.8	19.6

6.1.3　影响上海寒潮的源地、路径、类型

侵袭中国的寒潮源地 90%发源于新地岛和极地一带，主要有 3 个：一是新地岛以西的北冰洋洋面；二是新地岛以东的北冰洋洋面；三是冰岛以南的大西洋洋面。冷气团在上述源地形成后，移至西伯利亚中部(43°～65°N，70°～90°E)的寒潮关键区停留一段时间，聚集加强然后在适当环流形势下，沿中路、东路和西路 3 条路径暴发南下。

影响上海的寒潮路径(图 6.3)一般都为强大的蒙古冷高压分裂高压中心沿中路、东路和西路 3 条路径暴发南下。

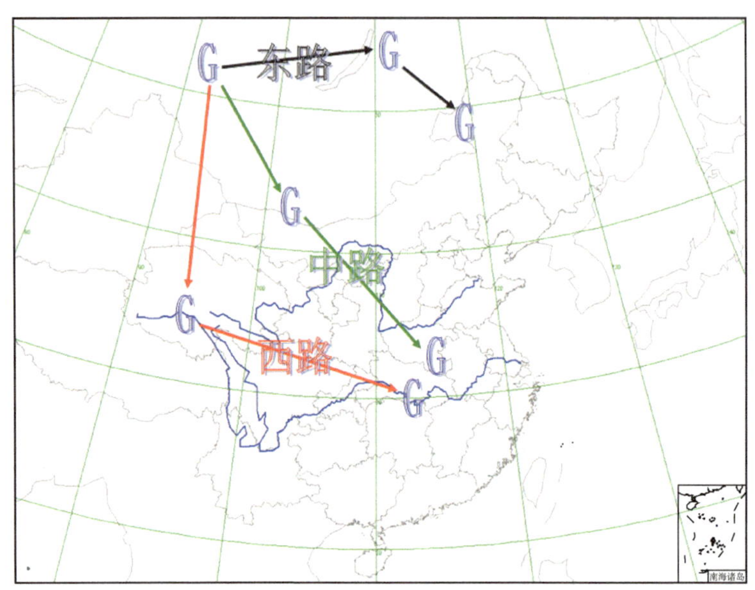

图 6.3　影响上海的寒潮路径(图中 G 为地面分裂高压中心)

中路：经河套直达长江流域，影响上海，这条路径的寒潮最多，占 92%。

东路：从河套以东经华北进入渤海、黄海影响华东地区和上海，这条路径的寒潮占 5%。

西路：从河套以西沿着青藏高原东侧南下，影响长江流域和上海，这条路径仅占 3%。

但也有例外，如 2004 年 11 月 25—27 日的寒潮过程是蒙古冷高压沿着中路路径整体南下造成(图 6.4)。由于预报员一般根据 24～48 h 数值预报 850 hPa 温度降温幅度及中低空天气形势来预报是否达到寒潮标准，这次过程 850 hPa 降温仅为 9℃，不易达到寒潮标准，但实况由于蒙古冷高压整体南下，使日平均气温从 11 月 25 日的 17.3℃降到 27 日的 6.4℃，48 h 降温幅度达到 10.9℃，27 日早晨的最低气温下降到 3.0℃，达到中等强度寒潮。

东亚寒潮在 500 hPa 环流形势上可以普遍归纳为三大类型，即：小槽发展型、小槽东移型和横槽转竖型。

(1)小槽发展型。这类形势的特点是：最初亚欧大陆上空环流较平，东亚大槽比较平浅，黑海附近的暖平流使乌拉尔山附近的高压脊发展，乌拉尔山东北部出现不稳定的小冷槽，这个冷槽沿高压脊前西北气流向东南移动并不断发展，到西西伯利亚成为一个比较深厚的冷槽，对应地面上先在新地岛附近出现弱冷高压，然后向西伯利亚地区移动；高空冷槽在东移过程中继

续加深或和高原槽、南支槽合并加深，经向度加大，最后发展成东亚大槽。此时，槽后的冷高压在西伯利亚和蒙古国发展到极盛，中心强度常在1060 hPa以上，有时达到1070 hPa，高压前沿的冷锋侵入我国。随着冷高压继续东移南下，或分裂出一个高压中心南下，冷空气影响上海。

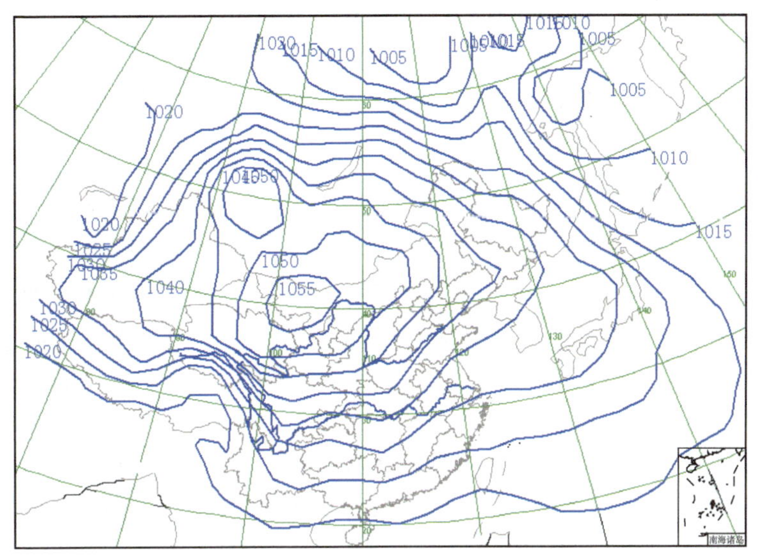

图6.4 2004年11月25日08时地面气压形势(hPa)

(2)低槽东移型。低槽东移型的特点是冷空气源地在欧洲，有振幅较大的槽脊东移，它长途跋涉来到我国，但由于气团变性，通常冷空气强度减弱，有时难以达到寒潮强度，在以下三种情况下会使冷空气加强：

①低槽东移过程中，有新鲜冷空气或贝加尔湖北部残留的冷空气合并使冷空气强度加强。

②低槽东移到乌拉尔山以东时，从黑海到里海有明显的暖平流，在暖平流的作用下里海附近高压脊向北发展，脊前西北气流加强，促使新鲜冷空气从新地岛加速南下与原低槽中的冷空气合并。

③地面有气旋发展。蒙古气旋、东北低压强烈发展又向东北移去，有利冷空气主力向东偏北移去；黄河气旋及江淮气旋发展将导致冷空气南下而影响上海。

(3)横槽转竖型。横槽转竖型的主要特点是乌拉尔山或其以东地区为东北—西南向的高压脊，经常表现为一阻塞高压，暖平流伸展到中西伯利亚北部，同时鄂霍次克海也有高压脊西伸东亚，出现一条近东西向的横槽，冷平流随槽后的东北气流向西南方向输送。这种形势可以维持几天甚至十几天。在这种形势下，沿横槽南部的锋区不断有小波动分裂东移，冷空气在蒙古国一带不断堆积，冷高压中心越来越强。这时，冷高压位置较北，小股冷空气即使到达江南或华南，但气温一般不低。在横槽下摆阶段，一般先有冷槽从阻塞高压后部侵入，其冷平流使阻塞高压减弱崩溃，横槽转为经向，引导冷空气大举南下。

对这20年影响上海的53次寒潮进行统计发现，影响上海寒潮的类型中小槽发展型为12次、小槽东移型为16次、横槽转竖型为25次。针对MICAPS资料库中有完整资料的9次强寒潮进行统计，4次为低槽东移型，5次为横槽转竖型，其中1990年11月29日—12月1日和2005年3月10—12日日平均温度48 h最大降温幅度14.1℃的寒潮类型分别为低槽东移型和横槽转竖型,2009 年 1 月 22—24 日的寒潮过程徐汇站日平均温度 48 h 降温幅度 11.5℃,1 月 24 日平均温度仅为−2.9℃,而成为这 20 年受寒潮影响最冷的一天的寒潮类型也为横槽转竖型。虽然影响上海寒潮的类型中小槽发展型有 12 次,仅比低槽东移型少了 4 次,但因为小槽发展型为高空冷槽在东移过程中继续加深或和高原槽、南支槽合并加深,在东移过程中由于无其他冷空气合并叠加,不易造成上海的强降温,所以未造成上海的强寒潮。可见在强寒潮的预报上要特别注意北方冷空气的不断叠加合并聚集后暴发南下影响上海,这种情况容易造成上海的强降温,全市及沿海的强风天气,对人民生活及生产、运输造成危害。

6.1.4 预报实例

6.1.4.1 2016 年 1 月 22—25 日上海市一次罕见的横槽转竖型寒潮天气过程

受北方超强冷空气影响,2016 年 1 月 22—25 日上海市出现一次罕见的寒潮天气过程。徐汇站 48 h 平均温度降幅达 9.3℃,最低温度 48 h 下降 9.7℃。24 日早晨全市气温普遍在−6～−8℃,徐汇站最低温度达到−7.2℃,全天平均温度仅为−5.5℃,郊区最低出现在崇明,为−8.5℃,突破 1981 年以来 1 月下旬历史同期最低值。并且内陆地区风力达 7～8 级,长江口区和沿江沿海地区为 8～9 级阵风。此次寒潮冰冻天气对上海农业蔬菜、春运及交通、居民生活以及人体健康等造成较明显的影响。

上海中心气象台 19 日开始发布重要气象信息,预报 20—25 日本市将出现雨雪和寒潮天气过程,20 日夜间到 22 日本市将出现明显雨雪天气,23—25 日本市将出现近 30 年同期最强冷空气过程。于 22 日 17 时发布寒潮蓝色预警信号,21 时 15 分发布道路结冰黄色预警信号,23 日 10 时 55 分发布大风蓝色预警信号和霜冻橙色预警信号;于 24 日 19 时 20 分撤销大风预警信号,25 日 8 时 30 分撤销寒潮预警信号,26 日 9 时 16 分撤销霜冻预警信号。

(1)大尺度环流特征和主要影响系统——冷空气堆积

这次大范围寒潮天气过程发生前 3～4 d,欧亚中高纬呈明显的经向型环流,西欧地区为一低压槽,乌拉尔山附近为长波脊,整个亚洲中高纬被三个冷涡控制,分别位于巴尔喀什湖(以下简称巴湖)、贝加尔湖(以下简称贝湖)和日本海附近(图略)。随着西欧低压槽斜压不稳定发展,里海到咸海上空盛行的强暖平流动力加压作用导致低槽前高压脊不断发展,东移北顶过程中从南北向转为东北—西南向,脊前西北气流顺转成东北气流,与巴湖东移减弱的低涡后部西北气流构成西段横槽,东段横槽则由贝湖以东南掉低涡西北侧与暖脊东侧的东北风及低涡西南侧的西北气流构成。21 日 08 时中高纬阻塞形势已经建立,呈 Ω 型,500 hPa 冷涡对应冷中心达−48℃(图 6.5a)。在地面图上(图 6.5b),槽后西西伯利亚的地面冷高压范围不断扩大,强度不断增强,中心最强达到1060 hPa,冷空气堆积在西伯利亚和蒙古国一带,是寒潮暴发的必要条件。高空横槽、地面冷锋和蒙古国冷高压是本次寒潮主要影响天气系统。

(2)大尺度环流特征和主要影响系统——冷空气暴发

21—22 日,阻高继续发展东移,其东北部脊区向东北方移动,贝加尔湖东部的低涡东移缓慢,南掉明显,已到达蒙古国东部,使槽后脊前的梯度增大,东北风增强,冷空气继续加强。东西段横槽从蒙古国东部经蒙古国延伸至新疆中部。22 日夜里东段横槽转竖，引导西伯利亚、蒙古国强冷空气向南暴发。伴随着阻高脊轴顺转，蒙古国低涡东南移至东北地区南部，旋转低涡后部和顺转脊前的东北风与刚刚转竖的西北风重新建立新的横槽，并在内蒙古维持大约24 h，23 日冷涡已经南掉到朝鲜半岛，24 日横槽位于江苏北部到湖北，傍晚转竖移出大陆，寒潮影响了中国大部地区。地面图上冷空气在西伯利亚聚积，23 日北方强冷空气主力前锋还在黄河流域，高压中心达 1080 hPa 以上，江淮流域为北方南伸的冷高压脊，形成冷垫，中低层暖湿空气在其上爬升，产生了江淮流域大面积的雨雪天气，之后快速南下影响。故此，22—25 日，强冷空气自北向南大举南下，造成我国大部地区出现大风、强降温天气。24 日 08 时宝山气压达 1042.0 hPa，这次过程冷高压特别强，中心在 1080 hPa 以上，是历史少见的。如图 6.6，6.7 所示。

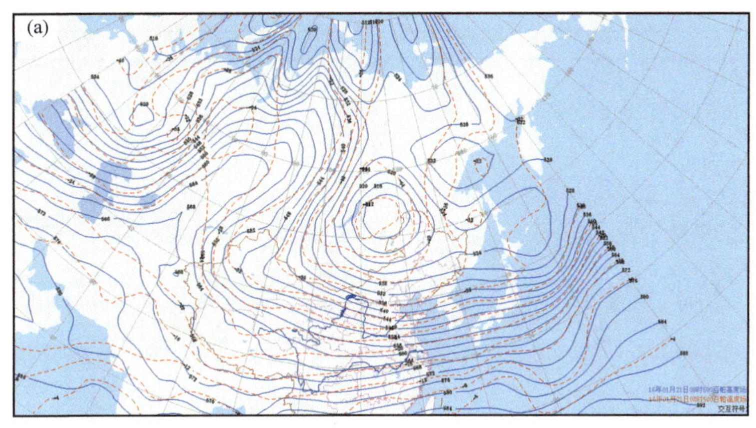

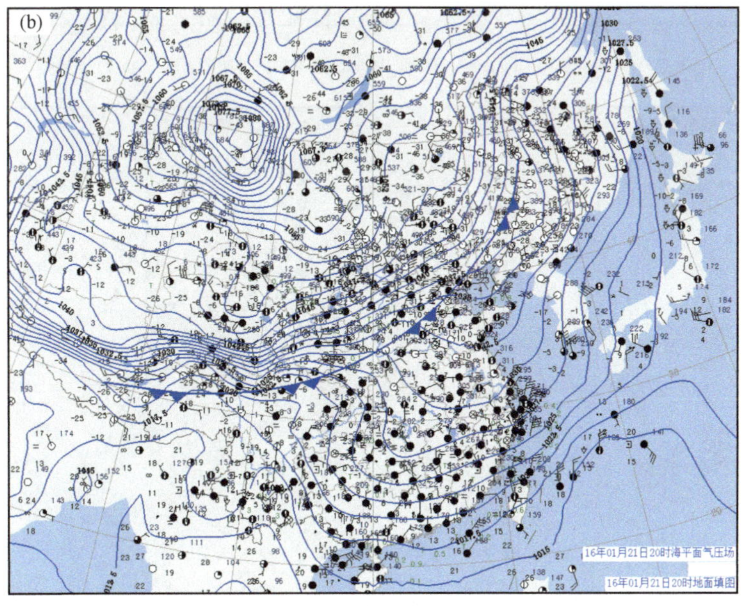

图 6.5　2016 年 1 月 21 日 08 时 500 hPa(a)和 20 时地面图(b)

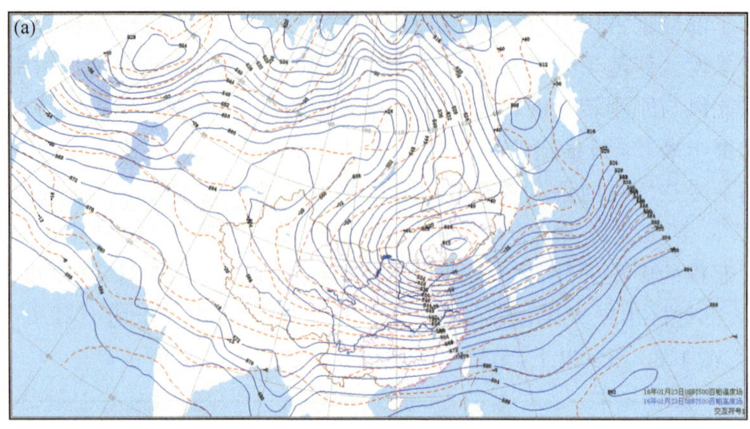

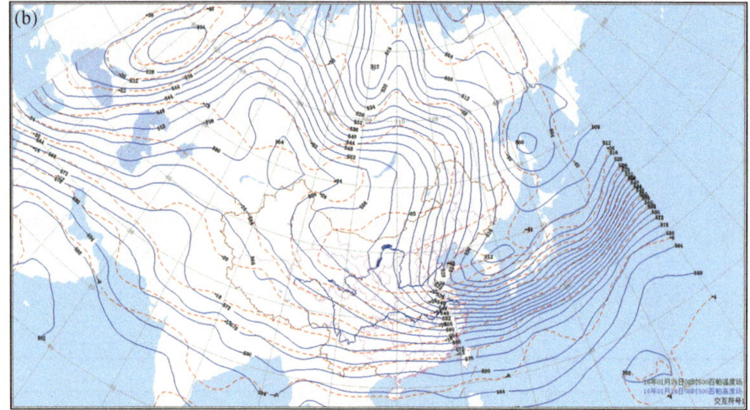

图 6.6　2016 年 1 月 23 日 08 时(a)和 24 日 08 时(b)500 hPa 图

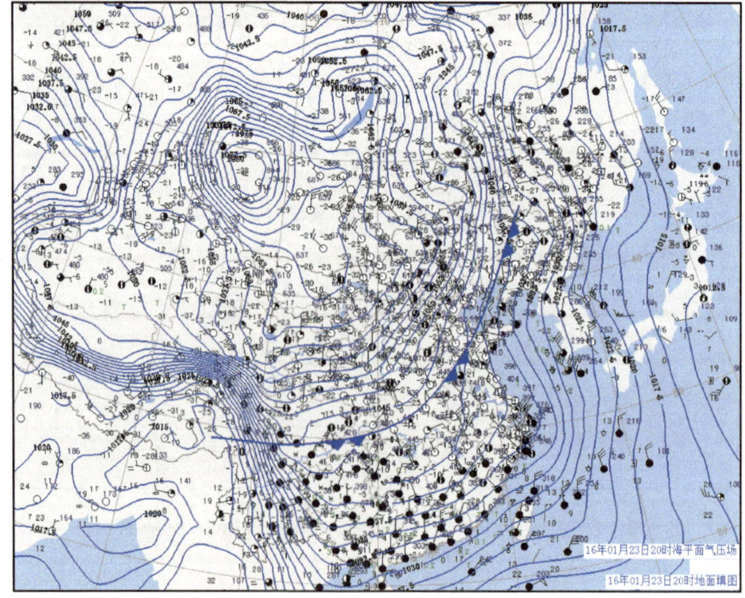

图 6.7　2016 年 1 月 23 日 20 时地面图

(3)极端低温成因

850 hPa 上 22 日 08 时与低涡横槽相对应，从我国东北至河套地区出现了东西向的带状冷平流区，强冷平流中心值为 -32×10^{-5}℃/s，表明冷空气非常之强。22 日 20 时(图 6.8a)，伴随横槽转为竖槽，带状冷温度平流区变为东北西南向，强冷平流中心移至渤海湾，极值不变。24 h 后(图 6.8b)，第 2 个横槽崩溃，带来另一股强冷空气，两股冷空气合并后，范围更广，强度更强，冷平流中心强度达到 -60×10^{-5}℃/s。由此可见，这次大范围寒潮天气是强盛的冷平流所造成的，特别是两次横槽转竖，增强了冷空气势力，另外前期雨雪天气，基础温度较低，导致上海 24 日早晨全市气温普遍降至 $-6\sim-8$℃，为 30 年来同期最低温度。

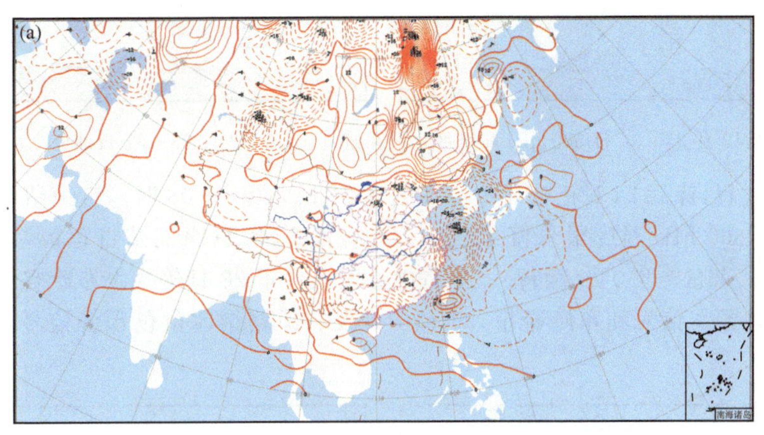

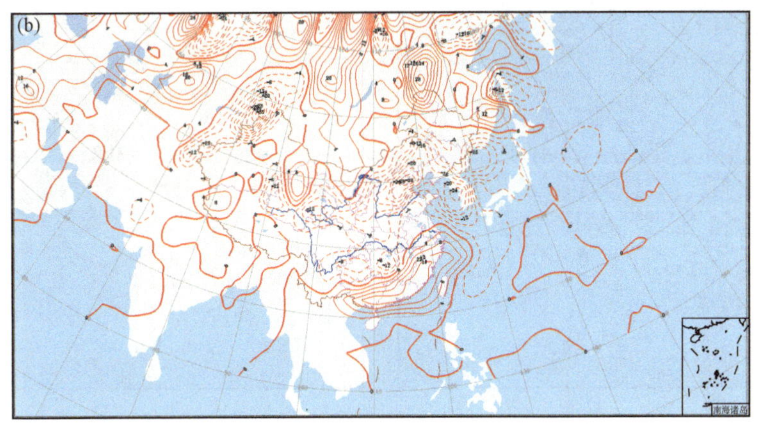

图 6.8　2016 年 1 月 22 日 20 时(a)和 23 日 20 时(b)850 hPa 温度平流

6.1.4.2　2012 年 12 月 28—30 日小槽东移型寒潮过程

2012 年 12 月 29 日下午起，受北方强冷空气影响，本市出现寒潮过程。徐汇站 24 h 平均温度下降 6.7℃(29—30 日)，48 h 平均温度下降 8.3℃(28—30 日)；同时 48 h 最低温度下降 8.7℃，达到寒潮标准；同时伴有 5～7 级偏北大风，长江口区阵风达 8 级，上海市沿海海面 9～10 级；29 日下午到夜间出现降雪过程。这次寒潮过程属于低槽东移型。巴湖长波槽携带 -40℃强冷空气中心东移，27 日影响新疆，28—29 日在继续东移过程中与高原东移的短波槽同位相叠加，南北锋区合并，冷空气加速南下，造成我国东部地区普遍出现寒潮天气。

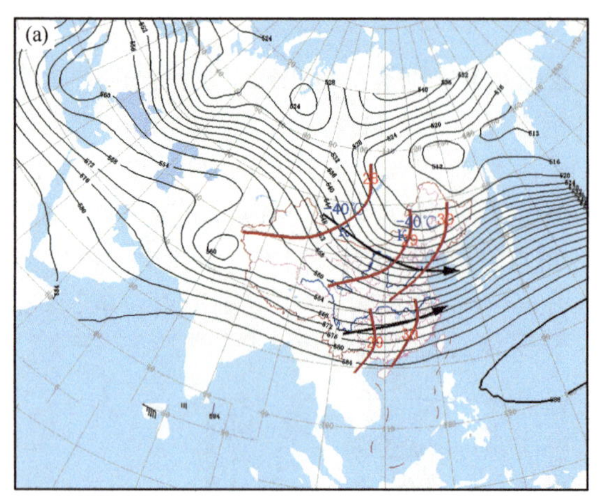

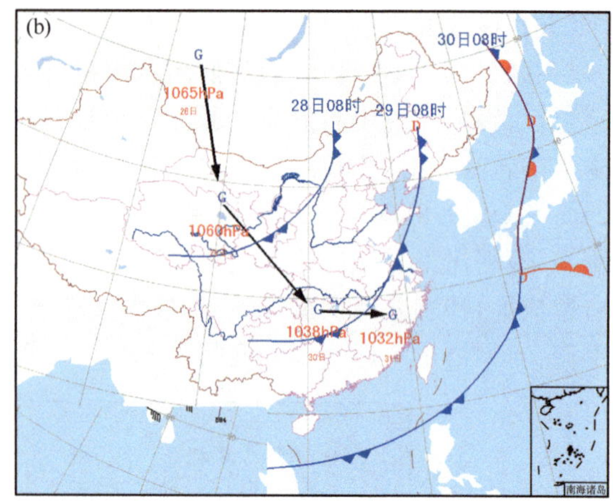

图 6.9　2012 年 12 月 28—30 日 500 hPa 高度平均及系统动态(a),12 月 28—31 日地面高压及锋面动态(b)

本次寒潮过程,锋后 24 h 正变压中心强度达 21 hPa(29 日 08 时),宝山站 850 hPa 过程降温幅度达 15℃,850 hPa 温度最低降至－13℃(30 日 20 时);徐汇站过程极端最低温度达到－2.5℃(31 日),郊区－5.0℃(闵行)。上海中心气象台于 28 日傍晚发布冷空气消息,29 日早晨发布寒潮蓝色预警信号和寒潮警报,29 日傍晚发布道路结冰黄色预警信号,准确预报了这次寒潮过程。

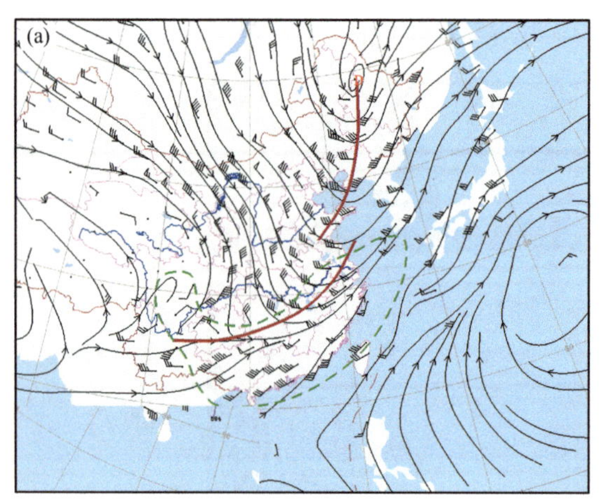

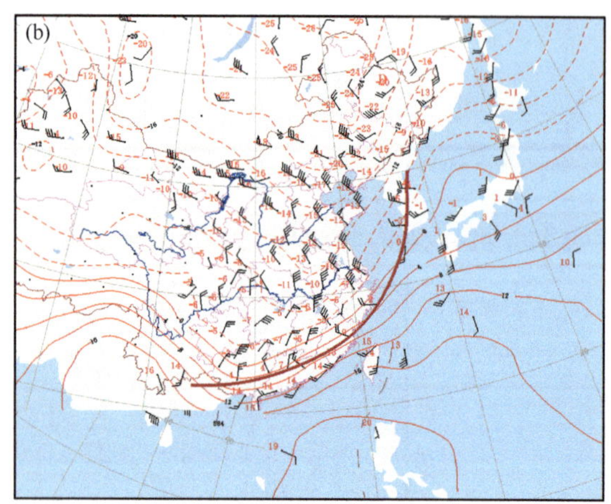

图 6.10　2012 年 12 月 29 日 20 时 700hPa 风场、流场(a)和 850hPa 风场、温度场(b)

6.1.4.3　2010 年 2 月 10—12 日小槽发展型寒潮过程

2010 年 2 月 10—12 日,强冷空气侵袭,上海市出现寒潮过程。9 日到 11 日,徐汇 48 h 平均温度降幅达 11.5℃,最低温度从 10 日的 7.0℃降到 13 日的－2.2℃。冷空气主体影响时的 10 日夜间到 11 日,全市出现了 4～5 级的偏北风,最大瞬间风力达 7 级。11 日白天,全市普降冰粒,浦东出现小雪。上海市气象台于 10 日中午发布寒潮蓝色预警信号,11 日下午发布道路结冰黄色预警信号。

这次寒潮天气过程发生在 500 hPa 为纬向型环流形势下,小槽发展东移,地面气旋波入海引导强冷空气南下而造成的。由于前期回暖明显,9 日夜间,低压槽内本市出现初雷,10 日夜间冷空气影响时北部郊区再次出现雷雨。如图 6.11 所示。

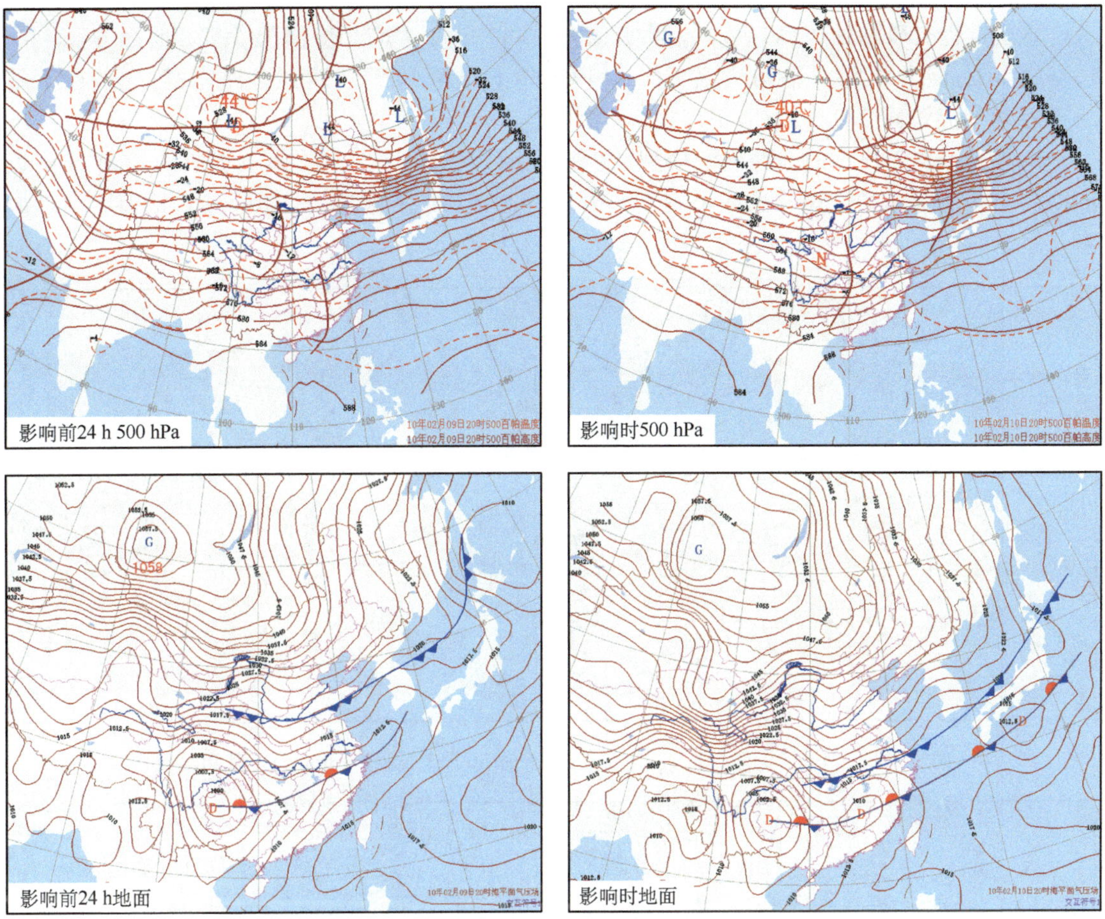

图 6.11　寒潮过程影响前 24 h 及影响时 500 hPa 和地面形势

受强冷空气影响，10—11 日宝山 850 hPa 温度从 12℃下降到－7℃，24 h 内下降 19℃。图 6.12 为 2010 年 2 月 9 日 08 时至 12 日 08 时 850 hPa、925 hPa 零度线分布。

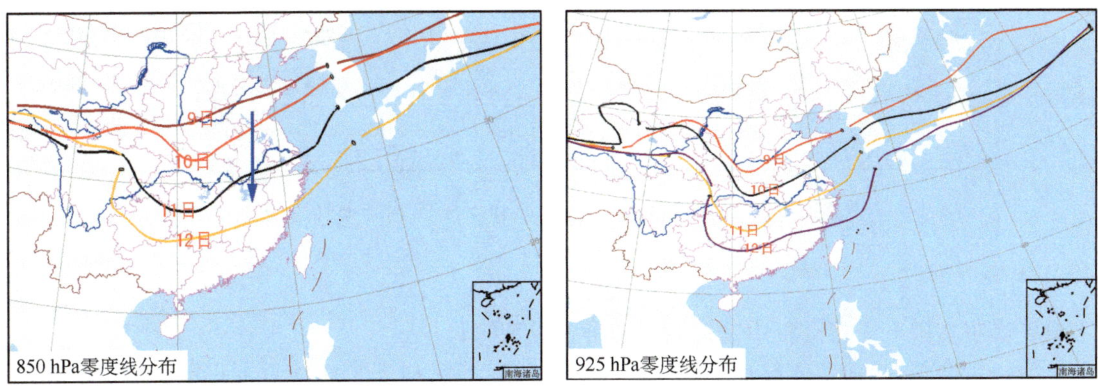

图 6.12　2010 年 2 月 9 日 08 时至 12 日 08 时 850 hPa、925 hPa 零度线分布。

6.1.4.4　2010 年 1 月 3—5 日的寒潮过程(不典型)

本次过程是较弱的寒潮过程，要素变化方面，24 h 内，850 hPa 降温 10℃，地面气压上升 13～15 hPa；宝山站 24 h 平均气温下降 6.1℃，48 h 下降 8.2℃，达到上海寒潮标准，徐汇站 24 h 平均气温下降 5.9℃，48 h 下降 7.9℃。

形势上不属于典型的 3 种寒潮模型，主要是冷涡不断旋转并东移南下造成的。50°N 附近的冷涡东移南下，500 hPa 冷涡中心最南落到辽宁北部(42°N 附近，见图 6.13)，地面冷空气向南暴发以前，有河套气旋发展东移，经过黄海，移入日本海(图 6.14)。

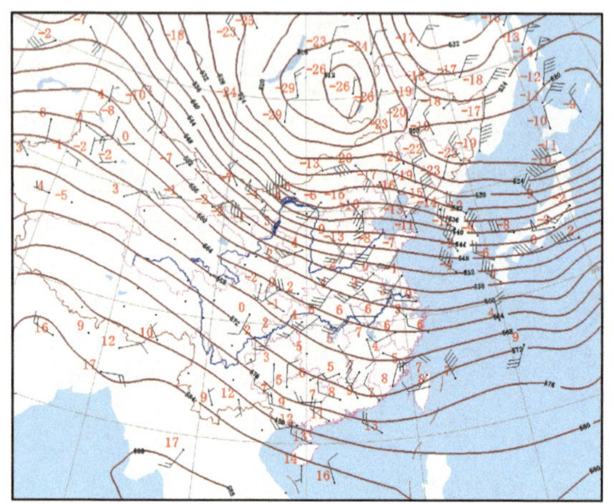
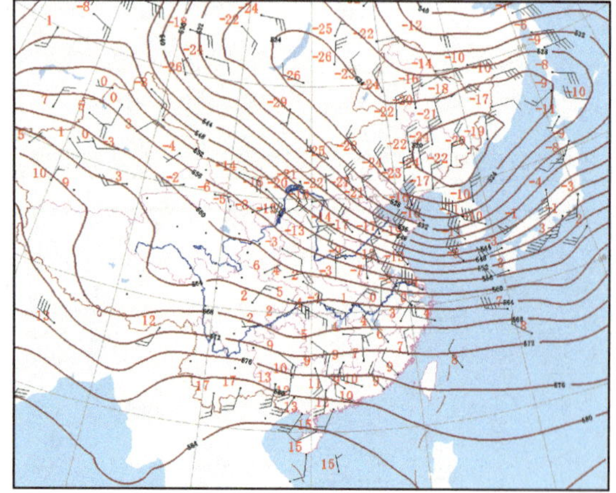

图 6.13　2010 年 1 月 3 日 08 时和 4 日 20 时 500 hPa 高度＋850 hPa 风和温度

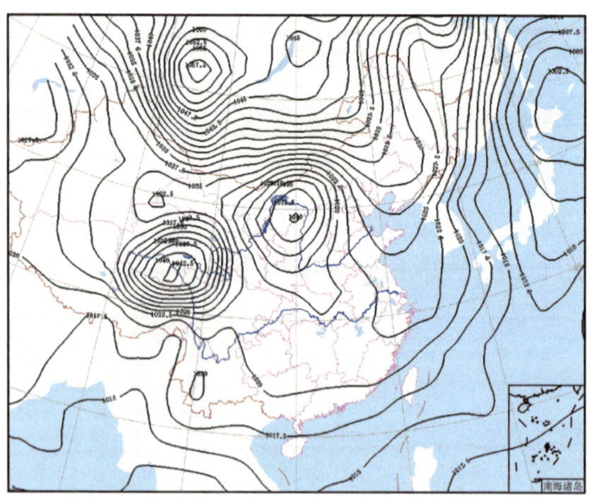
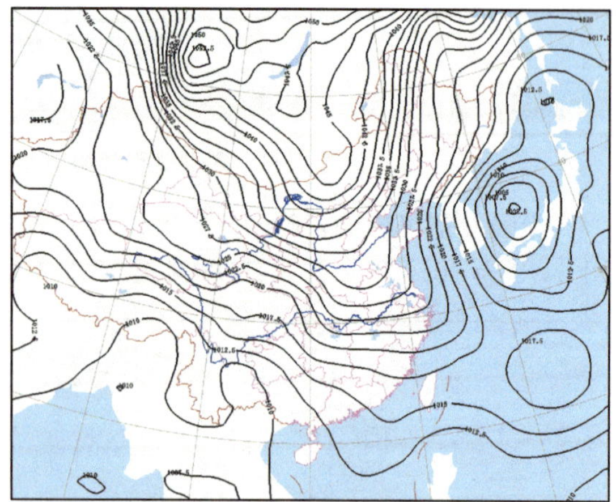

图 6.14　2010 年 1 月 3 日 08 时和 4 日 20 时地面气压场

6.1.4.5　小结

在预报实践和统计分析中发现以下两种情况值得讨论。

第一种情况：一般在晚秋早春，冷空气强度不是很强，但由于在冷空气影响前，日照好，升温明显，冷空气影响后降温幅度和最低温度达到了寒潮标准。这种寒潮过程降温幅度一般较大，特别对老人小孩来说，要及时增添衣服；寒潮引起的大风特别是长江口区和上海市沿海海面的大风一般有 8 级及以上，要提醒航运和港口部门及时做好防大风准备；在初春，寒潮会带来严重霜冻，郊区地面温度会达到冰点以下，对生长中的蔬菜有较大影响，应准确预报寒潮过程的最低温度，以便农业部门及时做好防霜冻准备。

第二种情况：一般在隆冬季节，由于强冷空气影响前南支槽活跃，天气、降水或天空云系密布使气温上升不明显，影响后达不到寒潮要求的降温幅度，但冷空气导致的日平均温度较低，最低温度会达到冰点以下甚至严重冰冻。这种情况对各行各业影响都巨大，长江口区和上海市沿海海面的大风影响航运；路面的结冰情况会影响陆路运输，市民出行；冰冻情况还会引起自来水管的爆裂影响市民的生活、工厂的生产；气温低容易造成电力部门负载大，还会使居民煤气中毒事件高发等。另外据严济远、徐家良调查，最低气温降到−7.0℃以下，就会造成大田蔬菜、特别是短期冬菜的严重冻害，使蔬菜上市最大幅度下降：对蜜橘来说，−7.0℃低温对叶片有冻害影响；−9.0℃低温会造成骨架冻害，−10.0℃有冻死的危险。所以虽然这种情况不是寒潮天气，但一定要准确预报降温幅度和最低温度，提醒各行各业做好防冻抗寒的准备。

6.2　降雪

降雪是上海秋末到次年春初可能出现的一种灾害性天气，明显的降雪可能造成房屋被压塌、农作物冻坏、道路结冰、严重影响交通等灾害。1984 年 1 月 17 日、18 日，上海大雪压塌房屋、仓库、草棚等，市保险公司受理倒塌赔案 264 起，赔款 115 万元，积雪结冰压断电线，金山、青浦、闵行等区输变电线路中断 40 多条，造成停电，铁路沿线电话中断，车站滞留 2.1 万名乘客。

6.2.1　降雪的时空分布

据清光绪九年（公元 1883 年）至民国三十年（公元 1941 年）、1951—2015 年观测资料统计，降雪平均始于 1 月初，3 月上旬结束，初雪最早始于 11 月 2 日（1895 年），终雪最晚出现在 4 月 24 日（1980 年）。上海积雪平均始于 1 月下旬，终积雪在 2 月中旬，最早出现在 11 月 27 日（1903 年），最晚结束于 3 月 26 日（1925 年）。最大积雪深度一般小于 10 cm，积雪深度极值出现在清光绪十八年十二月十二日（公元 1893 年 1 月 29 日），深度为 29 cm。

统计 2001—2015 年的资料，上海共出现降雪日（1 日内上海 11 个地面气象观测站中任一站、任一时段出现降雪为一个降雪日）141 d，年平均降雪日 9.4 d。这里的降雪包括冰粒、雨夹雪及纯雪。上海降雪的年际变化较大（图 6.15），出现降雪天数最多的 2008 年有 20 d，最少的 2001 年和 2007 年只有 2 d。一年内从 11 月份到次年 4 月都有可能出现降雪，其中 1 月和 2 月出现的次数最多，而 11 月和 4 月出现的次数最少（图 6.16）。

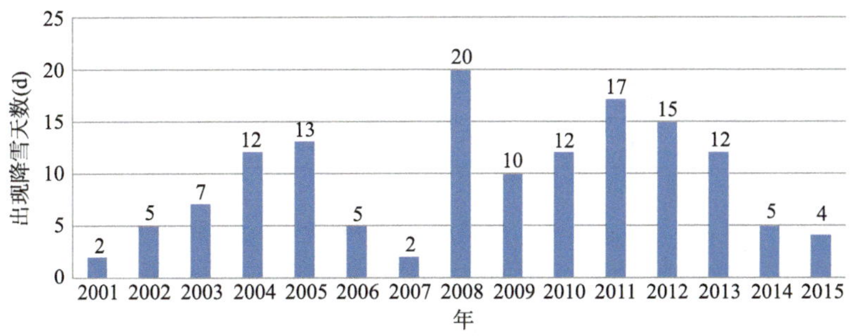

图 6.15　2001—2015 年上海出现降雪的年际变化

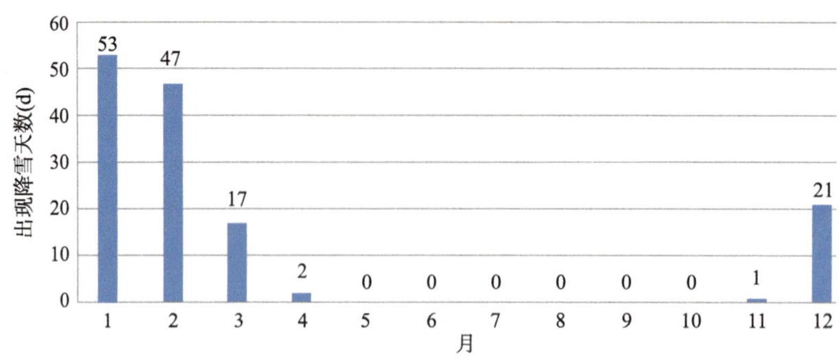

图 6.16　2001—2015 年上海出现降雪随月份的变化

从 2001—2015 年上海出现降雪的地理分布来看(图 6.17),不同站点年均出现降雪的天数在 4～6 d,差异不是很大,其中最多的为奉贤和徐汇,最少的为南汇和闵行。

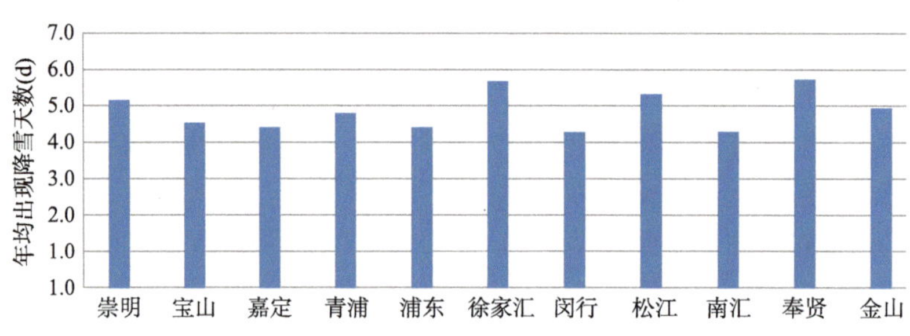

图 6.17　2001—2015 年上海不同站点的年际出现降雪天数

6.2.2　降雪的天气形势

从形势场来看,上海的降雪可以粗略地分为两类:一类是高空低槽槽前西南气流降雪,这类降雪和内陆地区的常见降雪形势相似;另一类是对流层低层槽后西北冷平流的冷流降雪,这类降雪通常出现在沿海地区或大型宽阔水域附近。不论哪种降雪类型,其形势必然满足降水出现的条件,只是降雪和降雨出现的大气层结条件不同。

6.2.2.1　高空低槽槽前降水类型判据

上海中心气象台漆梁波等(2012)通过对 2005 年冬季至 2009 年冬季(某一年冬季指某一年的 12 月至第 2 年的 2 月)中国东部地区(25°～38°N,112°～122°E,海拔高度不超过 400 m)的不同降水类型进行分析,推荐了一组降水类型的识别判据(不包含冷流降雪的情况)。如表 6.3 所示,表中厚度参数 $H_{850-1000}$ 表示 850 hPa 到 1000 hPa 之间的气层位势厚度,以此类推。

表 6.3　中国东部冬季降水相态的识别判据

降水相态	判据名	判据设定条件
雨	厚度判据	$H_{850-1000} \geqslant 1290$ gpm
雪	混合判据	$H_{700-850} \leqslant 1540$ gpm, $T_{925} \leqslant -2$℃, $T_{1000} \leqslant 0$℃
雨夹雪	混合判据	1600 gpm $> H_{700-850} \geqslant 1520$ gpm, 1270 gpm $\leqslant H_{850-1000} \leqslant 1280$ gpm, $T_{925} \leqslant -2$℃, $T_{1000} \leqslant 0$℃
冻雨(冰粒)	混合判据	1590 gpm $> H_{700-850} > 1540$ gpm, $H_{850-1000} \leqslant 1290$ gpm, $T_{1000} \leqslant 0$℃

该组判据对雨和雪的识别可用性较好，*TS* 评分分别达到 0.91 和 0.73；雨夹雪的识别判据在容忍性识别（预报雨夹雪，出现雪也算正确）的情况下，*TS* 评分也达到 0.57，空报率和漏报率均不高，也有较好的可用性；这些判据对我国东部地区的业务预报和相应的数值模式产品后处理均有较好的指导意义。冻雨（冰粒）的识别判据不理想，*TS* 评分只能达到 0.25，空报率达到 0.70～0.80，业务可用性较差，主要是由于所选择的识别判据均无法正确描述中层暖层的存在。

针对这组判据，漆梁波同时提出了一种降水类型判别流程作为降水类型预报时的参考思路（图 6.18）。

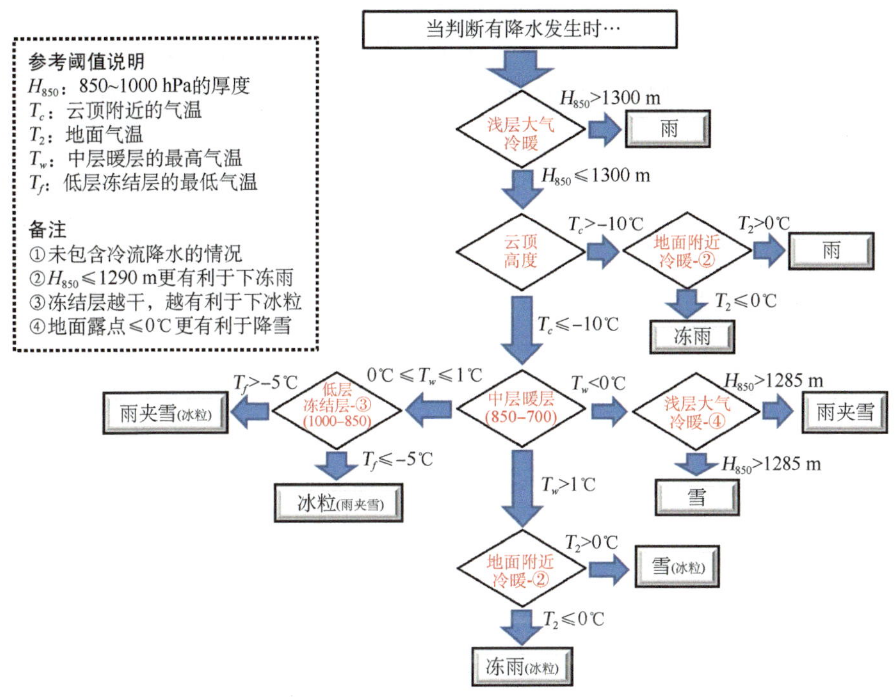

图 6.18　降水类型判别流程

6.2.2.2　冷流降雪特征

冷流降雪又叫海效应降雪，一般在冷空气流经暖的洋面时产生，降雪主要集中在海面上及近海地区（图 6.19）。冷流降雪的本质是发生在对流层低层的热对流，它的产生与海水和空气的热力性质密切相关。深秋或冬季，当有较强冷空气南下经过海面时，海水的温度降幅较小，而海表上方空气的温度降幅较大，因而使得海水和大气之间形成显著的温差。由牛顿热力学第二定律可知，当水面较暖，空气较干冷时，较暖的水面将向上传导热量并蒸发水汽，使其上方空气的温度趋于与水面温度相同，从而在海表上方形成一片浅薄的暖湿空气层，而这个薄层以上的大气温度随着高度的升高快速递减，这样便使得海表浅薄的暖湿气层与其上空更干冷的空气间形成不稳定层结，产生热对流运动，形成云并产生降雪。降雪起初发生在海上，而后随风飘到陆地上空，使得海岸附近地区也产生降雪。

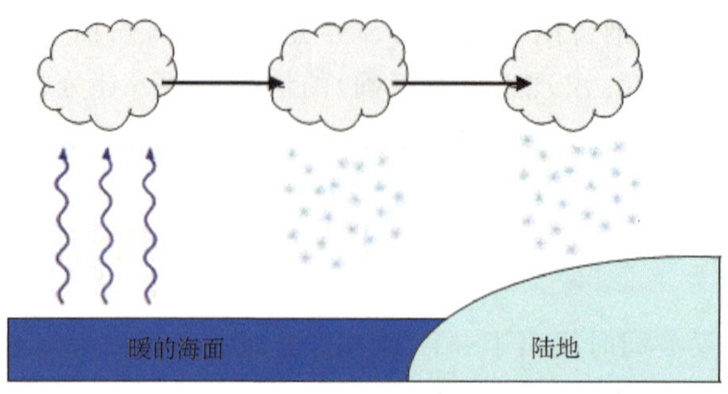

图 6.19　冷流降雪示意图

上海地处长江三角洲东端，东濒东海，南临杭州湾，北接长江口，三面环水，地理位置特殊。冬季，当北方有强冷空气迅速南下，影响华东中部地区时，常会在江苏沿海海面、长江口江面等地产生冷流降雪，由于强冷空气影响下中低空多为一致偏北风，且风力较大，降雪顺着偏北气流影响到上海东部沿海以及内陆地区。上海地理位置偏南，与山东半岛相比，冬季产生冷流降雪的冷空气势力偏弱，影响时间也较短。此外，上海境内除西南部有少数丘陵山脉外，全为坦荡低平的平原，平均海拔高度仅 4 m 左右，地形抬升对冷流降雪的增强作用微乎其微，不利于产生较大的冷流降雪。因此，上海地区冷流降雪有空间范围小、历时短、降雪强度弱等特点。如图 6.20 所示。

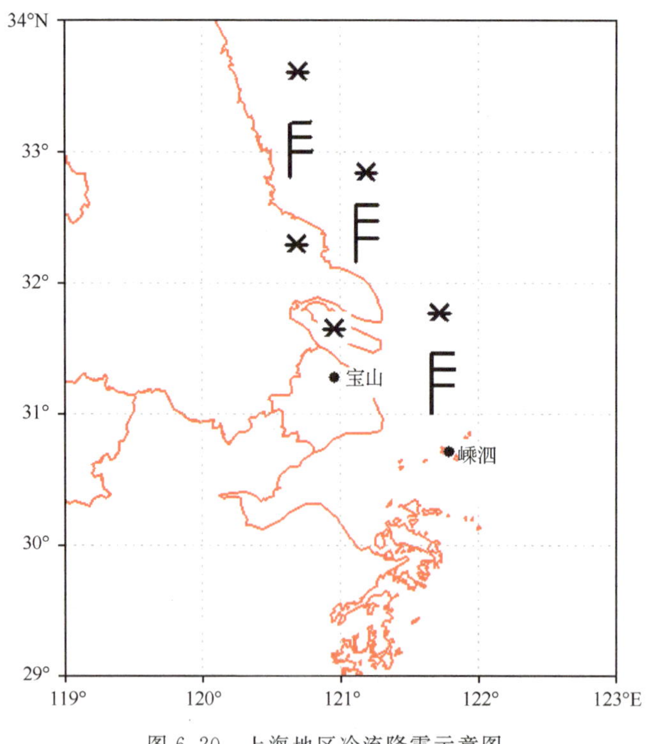

图 6.20　上海地区冷流降雪示意图

上海中心气象台的陈雷等(2012)通过对 2000—2009 年上海出现的冷流降雪的详细分析，初步揭示了上海地区冷流降雪的产生机理，并通过与山东半岛地区冷流降雪过程进行比较，得出了上海本地冷流降雪的一些局地特征如下：

(1)上海地区2000—2009年共出现冷流降雪12次,占降雪总日数的25%,且降雪都发生在12月份至2月份,绝大部分过程降雪量在1 mm以下,只有两次过程降雪量在1 mm以上,即2009年12月27日下了中雪(3 mm),2004年1月18日下了大雪(7 mm)。

(2)上海地区冷流降雪过程与高空500 hPa低压槽过境时间有比较好的对应关系,大部分过程降雪明显时段,高空500 hPa上海处在槽前,涡度为正。地面图上,冷流降雪发生时在河套附近常有一个1030~1050 hPa的分裂冷高压中心,冷空气的前锋已明显南压,位于华南沿海或南海地区。

(3)冷流降雪发生前,宝山站探空图低层有不稳定层结,对流有效位能为正值,自由对流高度大多在1000 hPa左右,逆温层高度在700 hPa附近,且850 hPa到925 hPa湿度较大。冷流降雪对应的红外云图,云阶走向和海岸线一致,多为西北—东南向,且云体呈白亮波状结构,云顶高度较低,多在3000 m以下。降雪发生时雷达反射率因子较弱,绝大多数低于35 dBz,且回波形态与云图类似,分布在海岸线附近。

(4)冷流降雪和不稳定层结、风向风速等特征因子息息相关。上海冷流降雪发生时海水温度介于0~5℃,绝大部分过程海水和850 hPa温差在10~14℃(高空温度取自宝山站探空资料,而海水温度以嵊泗站温度代替),而海水和925 hPa温差略低,介于8~11℃。降雪发生时宝山站和嵊泗站风向在290°~20°,即吹NW—WNW—N风。宝山站风速为3~6 m/s,嵊泗站风速9~15 m/s,沿海海面风力明显大于沿海陆地地区。

6.3　大风

大风是一种危害大的灾害性天气,大风可能会带来房屋倒塌、高空坠物、翻船、海水倒灌、破坏近海设施及港口,进而造成人员伤亡及严重的经济损失。如1906年7月5日,雷暴大风,黄浦江船只走锚断链无数,沉没数艘;陆上房屋倒损,公园马路树木倾倒无数,电杆吹断,电灯中断,共溺毙压死二百余人。1969年7月15日,全市遭雷暴大风袭击,金山咀附近风力12级,倒损房屋4万多间,吹倒电杆800多根,农桥120座,露天粮囤400多个,200万kg粮食受潮,死8人,伤142人。

6.3.1　大风的时空分布特征

2001—2015年间上海11个观测站共有568站次出现≥17 m/s的瞬时大风,如果定义1日内上海11个地面气象观测站中任一站、任一时次出现极大风速≥17 m/s,就称该日为上海的一个大风日,则上海共出现大风日158 d,年均大风日10.5日。不同年份之间大风出现的天数差异较大(图6.21),最多的2006年有22 d,最少的2014年和2015年只有3 d,而从2007年开始,大风日数总体呈现减少趋势。一年中虽然每个月份都有可能出现大风日(图6.22),但大风日出现的时间呈双峰形态,波峰分别为3—4月份和7—8月份,其中7月份最多,达37次。这可能和3—4月份是温带气旋活跃期、7—8月份是热带气旋活跃期及强对流多发期有关。

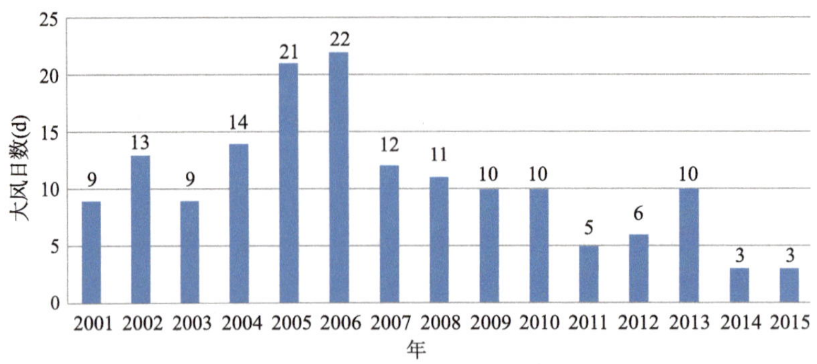

图 6.21　2001—2015 年大风日数的年际变化

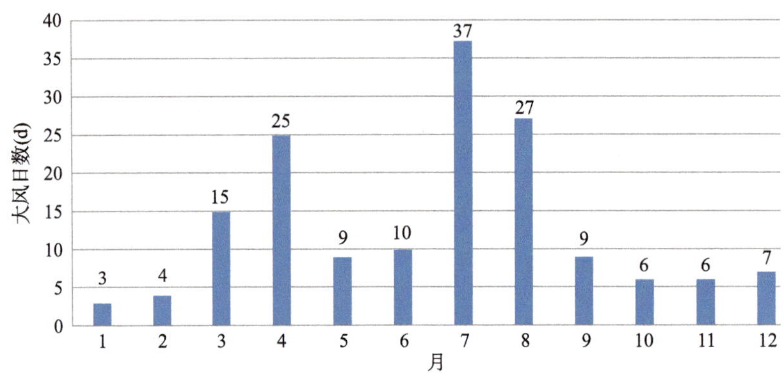

图 6.22　2001—2015 年大风日数随月份的变化

从上海 11 个气象观测站 2001—2015 年年均大风日分布来看(图 6.23),大风日数分布具有明显的地理差异,呈现为西北和南部地区多,中心区域少的特点。其中崇明年均大风日最多有 4.7 d,而最少的徐汇年均只有 0.1 d(15 年内 1 个大风日)。和 1961—2000 年的年均大风日数相比(图 6.23),各站均有显著减少,且地理分布也有变化。这可能和城市建设、测站搬迁、环境变化有关,并与观测仪器、观测方法的变动也有很大关系,另外,影响的天气系统出现频次及强弱的变化也可能对此造成了影响。

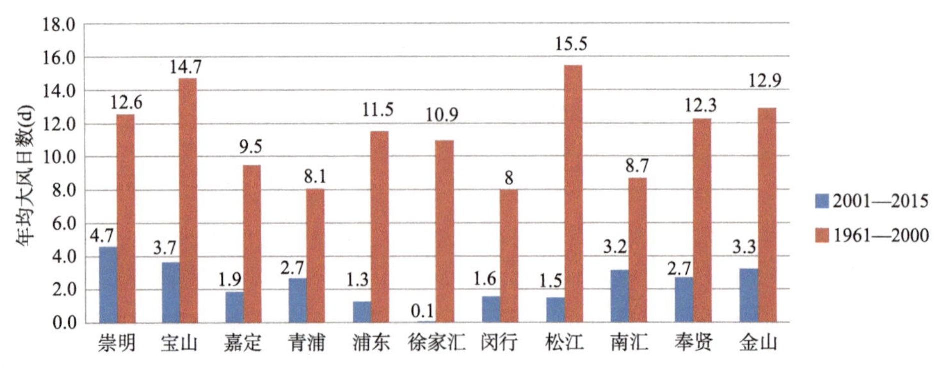

图 6.23　2001—2015 年及 1961—2000 年各站年均大风天数(d)

6.3.2　大风的风速特征

极大风速，在徐汇 35 m 高度上的历史极值为 43.9 m/s，出现在民国四年(1915 年)7 月 28 日，属热带气旋大风。龙华站 12 m 高度上的历史极值为 34.7 m/s，出现在 1967 年 3 月 26 日，属强雷暴大风。

2001—2015 年 158 个大风日中(以该日最强风速计)，大风强度以 8 级大风所占百分比最大(图 6.24)，风级愈大，出现概率愈小。大风日多为 8～9 级，≥10 级者只占少数，共出现 13 d，年均不足 1 d，其中由热带气旋引起的有 7 d，由雷暴引起的 4 d，由气旋和冷空气引起的各 1 d。最大极值风速出现在 2005 年 8 月 6 日和 7 日，受热带气旋影响，奉贤出现了 30 m/s (11 级)的大风。从大风日的持续性来看，连续出现的时间没有超过 3 d，其中连续 2 d 出现大风日的有 16 次，连续出现 3 d 的有 5 次。

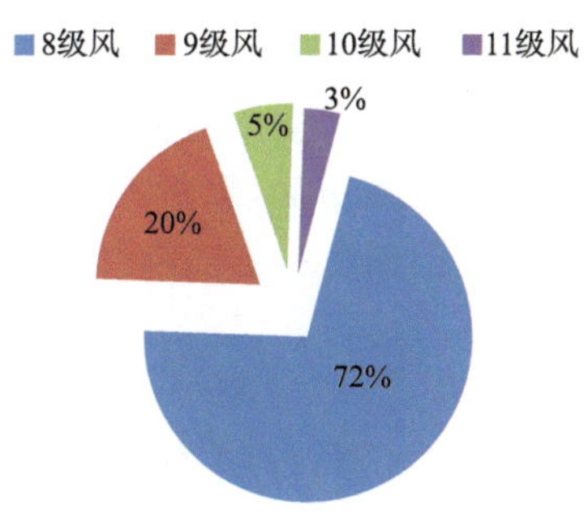

图 6.24　不同等级大风强度所占比例

2001—2015 年 568 站次的瞬时大风风向以西北象限(西、西北西、西北、北北西)大风最多(图 6.25)，东北象限(北、北北东、东北、东北东)大风次之，东南象限(东、东南东、东南、南南东)较少，西南象限(南、南南西、西南、西南西)大风最少。从各月分布看，11 月至次年 1 月，以西北象限大风为主，其次为东北象限大风，而东南、西南象限大风绝迹。春夏秋各月各风向大风均有可能出现。

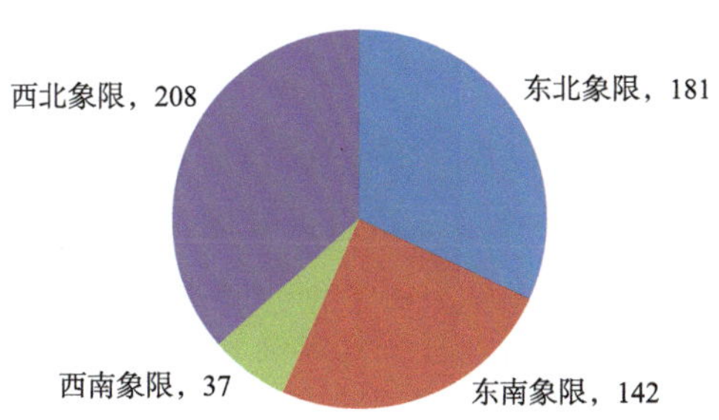

图 6.25　2001—2015 年大风不同象限风向次数

6.3.3　风力预报的物理基础

6.3.3.1　风与气压场的关系

在中高纬度，风场与气压场基本上符合地转风、梯度风原理。因此，气压梯度是大风出现的首要原因。

6.3.3.2　摩擦作用对风的影响

粗糙的下垫面摩擦作用使风力减小，并使风向偏离等压线指向低压一侧。在陆地上因摩擦力较大，于是风向与等压线交角可达 30°～45°，风速甚至只有地转风的一半。在海上因摩擦力较小，实际风接近地转风，约为地转风的三分之二，交角也只有 15°左右。根据经验，在同样气压梯度下，海面上风力可比陆地上大 2～4 级，地面和湖面上一般也比陆地大 1～2 级。

6.3.3.3　温度层结对风的影响

摩擦层厚度约 1500 m 左右。在摩擦层中，因摩擦随高度减小，所以风向作顺时针转变，而风速随高度增加。也就是说，地面以上的风基本上按著名的埃克曼螺线规律随高度变化，所以一般说高层动量较大。当空气层结稳定时，铅直交换弱，空气的动量下传较小。若空气层结不稳定时，铅直交换强，空气的动量下传较强，因而使地面风速明显加大。当上空有锋区，风的垂直切变化较大时，温度层结的日变化常常可以引起风速更为明显的日变化。例如，白天地面加热，空气层结变得不稳定，致使午后风速增大；夜间地面冷却，空气变得稳定，风亦减小。这种情况在春天、夏天较为常见。在晴天变得较明显，阴雨天就不明显。冬季因为层结很稳定，这种情况比较少见，但当冷空气刚南下而层结变得不稳定时，也会产生空气动量的下传现象。

6.3.3.4　变压场对风的影响

$$\left|\frac{\mathrm{d}V_h}{\mathrm{d}t}\right| = f\ |\ D\ | \tag{6.1}$$

由式(6.1)可见，空气运动的加速度大小与地转偏差成正比。在近地面层中，除了摩擦作用外，变压风是造成地转偏差的另一重要因素。

$$\boldsymbol{D}_1 = -\frac{1}{f^2 k}\,\boldsymbol{\nabla}\frac{\partial P}{\partial t} \tag{6.2}$$

式中 $\boldsymbol{D}_1$ 亦称为变压风。变压风沿变压梯度方向吹，由高值变压区吹向低值变压区。当气压场较弱，有时会出现风几乎完全沿变压梯度吹的情况，变压梯度愈大，风速也愈大。在冷锋后最大风速常出现在正变压中心附近变压梯度最大的地区附近。

6.3.3.5　热力环流对风的影响

在地表热力性质差异明显的地区(如沿海地区、山与谷和高原与平原毗邻地带等)，因下垫面受热不均匀，常有地方性的热力环流形成。白天陆地增温比海面快，以至陆地气温高于海面，因而在海陆交界地区就形成力管场。根据绝对环流原理，陆地空气应上升，海面空气下沉，上层空气由陆地吹向海面，低层空气则由海面吹向陆地，从而形成环流。夜间也有力管场，但情况正相反，其环流也与白天相反。总之，白天低空出现海风，夜间出现陆风。偏北大风在海上后半夜到清晨最大，午后最小，陆地上正相反。

6.3.3.6　地形对风的影响

(1)地形的狭管作用

当气流由开阔地带流入地形构成的峡谷时，由于空气质量不能大量堆积，于是加速流过峡谷，风速增大。当流出峡谷时，空气流速又会减缓。这种地形峡谷对气流的影响，称为“狭管效应”。由狭管效应增大的风，称为峡谷风或穿堂风。我国地形复杂，各种方向的喇叭口均有，因此狭管效应对一些特定地区的大风具有特别重要的贡献。例如，寒潮冷锋后的东北大风在台湾海峡比其他海区大约 1～2 级。长江口区东部入海口附近吹东向风时也会有所增大。

(2)冷空气翻山下坡

冷空气翻山下坡是干绝热下沉，也就是说冷空气是沿等熵面下沉，当等熵面的坡度大于地形坡度时，有利下坡大风的形成，如果等熵面坡度小于地形坡度(即大气层结很稳定)，高速的下滑冷空气沿等熵面下滑可能不及地，地面上形成不了大风。下坡大风的成因是由下滑冷空气位能转化动能。

6.3.4　产生大风的天气形势

影响本市产生大风的天气系统可以为热带气旋、冷锋后偏北大风、高压后部偏南大风、低压大风(气旋大风)、雷暴大风，也可以为这些系统两两结合时产生的大风，例如：冷空气与气旋的结合、热带气旋与冷空气的结合、高压后部与低压倒槽的结合、雷暴高压叠加在冷锋附近等，都能产生比单一系统影响时更强的风。

由于热带气旋和雷暴大风本手册另有章节专门讨论，本节主要针对冷锋后偏北大风、高压后部偏南大风，低压大风(气旋大风)进行讨论。

6.3.4.1　冷锋后偏北大风

冷锋后偏北大风，出现在冷锋后高压前沿气压梯度最大的地方。冷锋后部出现大风的原因，主要是锋后有强冷空气的活动。冷性高压前部气压梯度最大，如锋后有强冷空气活动，则锋区的大气斜压性加强。环流加速度使冷空气下沉、暖空气上升。在低层水平方向上加速度的方向由冷气团指向暖气团，这就使冷锋后的偏北大风加大。冷空气下沉，动量下传也使得锋后地面风速加大。另外，锋后高空冷平流导致近地面出现较大的正变压中心，变压风加强地面风速也是大风产生的原因。

因此，预报冷锋后偏北大风时，主要应分析锋后的冷空气活动。

首先，利用高空图分析冷平流的分布和强度：冷平流区的分布，反映了冷空气的活动，一般情况下，与地面冷锋相配合的高空槽越深、槽后的冷平流越强，就越有利于冷锋过境后出现大风，大风区出现在与冷平流最强区域相对应。

其次，利用地面图分析 3 h 变压的分布和强度：如冷锋后 3 h 变压的变化主要是由冷暖空气的活动所引起，则 3 h 变压数值的大小是预报锋后大风的良好指标。冷锋前后 3 h 变压正负中心的差值越大，则风力越强。大风区出现在正变压中心附近变压梯度最大的地方。一般如锋前后变压中心值相差 7 hPa 以上时(长江以南地区，差 5～6 hPa 即可)，则在锋经过后，常有大风出现。

另外，在冷空气大举南下后的 1～2 d 内，由于天气晴朗，白天地面加热，湍流加强，铅直交换强，虽然气压梯度可能已经减小，但如果低空风较大时，受动量下传影响，也会出现大风。

典型个例 1：2001 年 12 月 13 日受大举南下的冷空气影响，气压梯度密集，冷平流强，华东大部都出现了 6～8 级的大风，上海宝山最大瞬时风速达 17 m/s。如图 6.26 所示。

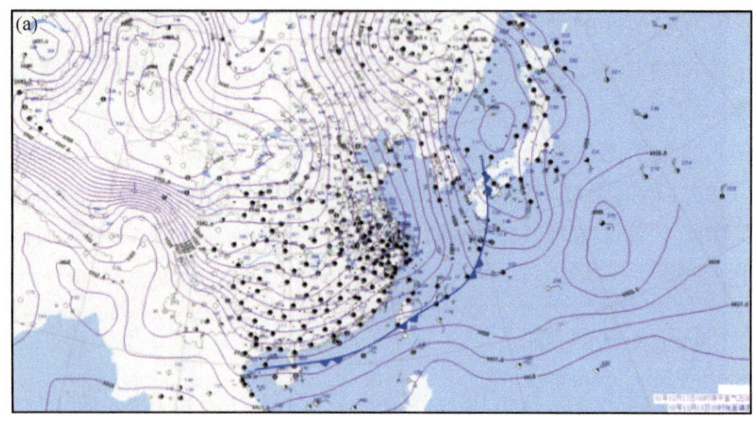

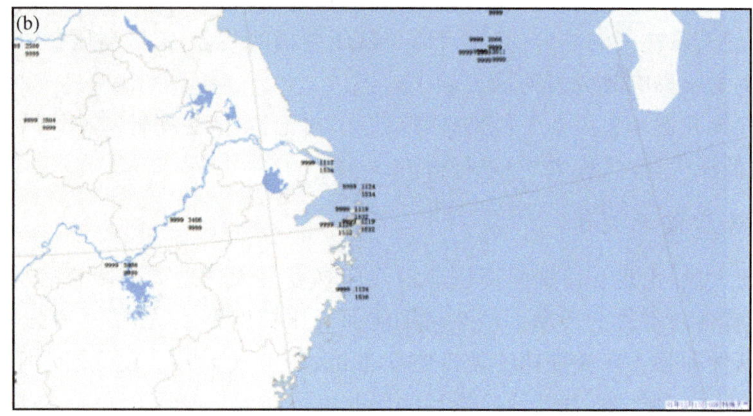

图 6.26　2001 年 12 月 13 日 08 时地面气压场(a)及重要天气报(b)

典型个例 2:2001 年 3 月 14 日有冷空气南下影响上海,虽然从地面气压场上看,气压梯度不是很密集,但 925 hPa 温度锋区密集,冷平流强,地面冷锋锋面前和锋面后 3 h 变压差超过 6 hPa,冷锋过境时上海崇明最大瞬时风速达 18 m/s。如图 6.27 所示。

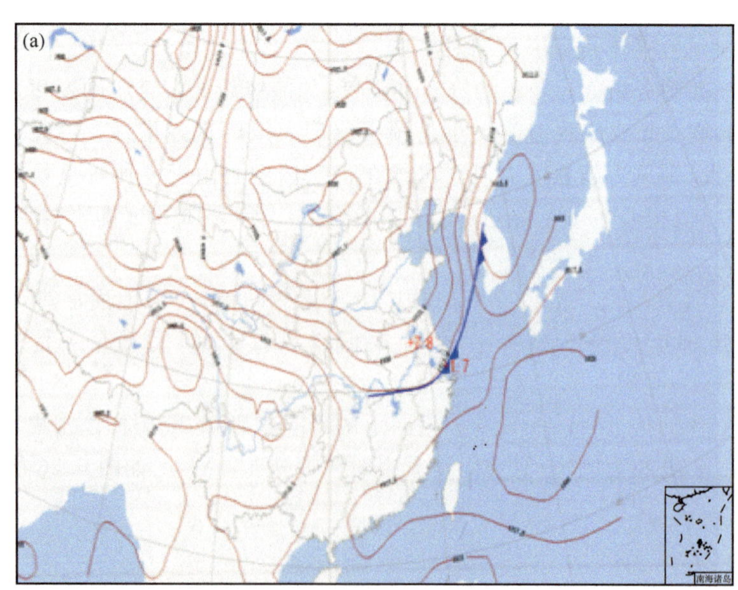

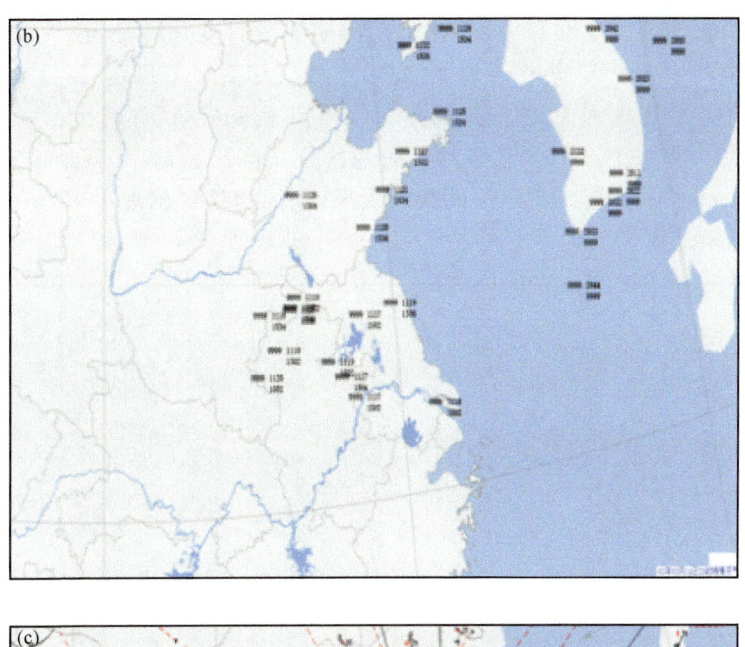

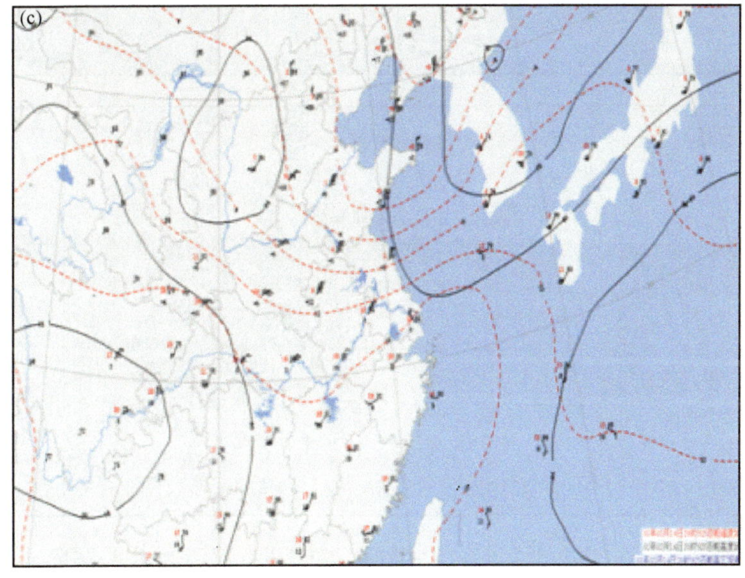

图 6.27　2001 年 3 月 14 日 20 时地面气压场(a)、重要天气报(b)、925 hPa 形势场(c)

6.3.4.2　高压后部偏南大风

这种大风多在春季出现，华东地区较为常见，出现偏南大风时的气压场是，高压中心已东移到海上，形成“南高北低”或“东高西低”的形势。华东一带春季的大陆由于回暖快而比海面上暖和，于是从大陆上移到海上的变性冷高失去热量，即$\frac{\mathrm{d}Q}{\mathrm{d}t}<0$。这时$\left(\frac{\partial H_0}{\partial t}\right)_{非}=-\frac{R}{9.8}\ln\frac{P_0}{P}\cdot\frac{1}{c_p}\frac{\mathrm{d}\bar{Q}}{\mathrm{d}t}>0$，即高压加强，这也会有短暂的东南大风出现。这种大风一般风速较小。如果西部有低压东移或北部有低压南落，特别是低压发展时，也可以出现较大而持久的偏南大风，比较常见的有华西地区低压倒槽发展并向东伸展或华北干槽南落，与海上高压后部形成大的气压梯度，产生偏南大风。

由于这类大风，主要发生在春季，风速呈现出明显的日变化特征，白天风速大，夜间风速小，造成这种现象的主要原因是：白天地面加热，空气层结变得不稳定，铅直交换强，空气的动量下传较强，致使午后风速加大，夜间地面冷却，空气变得稳定，风亦减小。

典型个例：2010 年 5 月 4 日华东东部沿海地区位于高压后部，华西地区有低压槽向东伸展，虽然上海 11 个站未出现≥17 m/s 的瞬时大风，但周边地区出现了 17 m/s 的瞬时偏南大风。如图 6.28 所示。

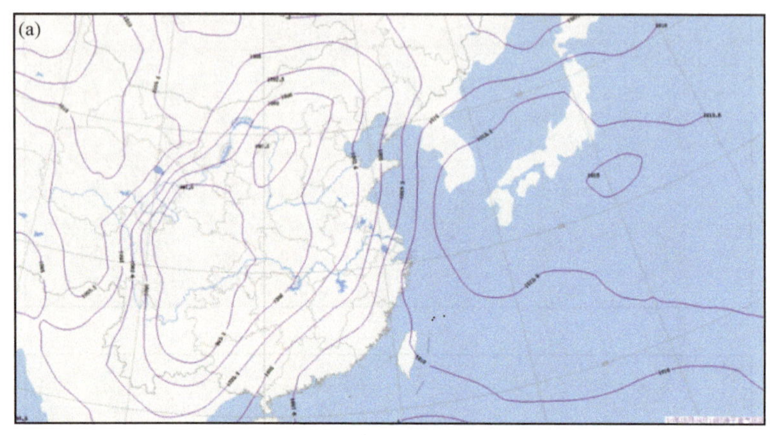

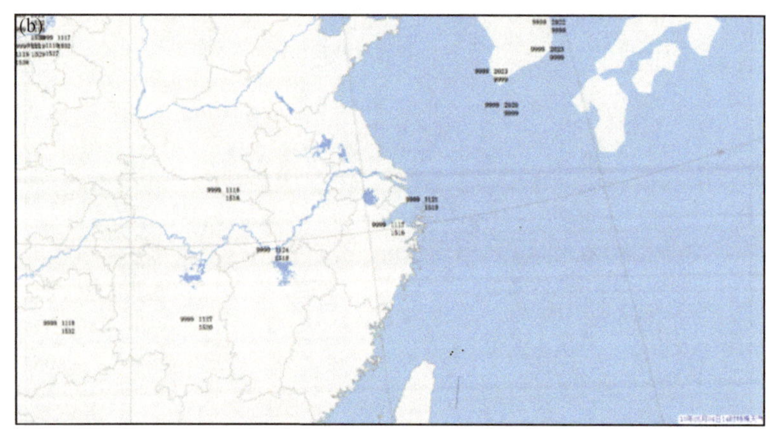

图 6.28　2010 年 5 月 4 日 14 时地面气压场(a)及重要天气报(b)

6.3.4.3　低压大风(气旋大风)

低压大风，即低压发展加深时一般在低压周围随着气压梯度加大而出现的大风。这种大风，一年四季都有，但以春季最多。造成上海出现大风的气旋按其产生源地和移动路径可分为江淮气旋(入海后为黄海气旋)、东海气旋等。

江淮气旋和东海气旋大风，主要指长江中下游产生的气旋波发展加深时所形成的大风。这种大风多在气旋入海后出现。因海上摩擦力小，故易出现大风。大风的范围一般没有东北低压大风的范围大，持续时间也不长，但对航运、渔业生产影响很大。

(1)江淮气旋

江淮气旋属南支锋区上的波动，一般都由西风带高空槽或西南涡向东移动时，在地面静止锋上诱发而成；或是地面冷锋进入暖性低压槽后，锋面发生波动形成。气旋生成后，绝大多数向东北偏东方向移动入海。

江淮气旋主要生成于长江中下游、淮河流域和湘赣地区，在沿江两岸一至两个纬距内气旋发生最多，淮河流域次之，江西和湖南两省最少。长江下游和淮河流域发生的气旋占江淮气旋总数的 75%以上。全年均可出现，但带来大风的江淮气旋以春季最多。

由江淮气旋发生、发展而引起的大风，其东移发展往往与南下的冷空气结合，造成江淮气旋后部的偏北大风，与缓慢移动的入海高压后部产生气旋前部的偏南大风。另外，江淮气旋东移入海进入黄海中北部时，如果其中心位于高空急流出口区的左侧或入口区的右侧，有可能出现暴发性发展，这样形成的大风强度强（气旋附近可达 12 级以上），发生突然。

典型个例：2009 年 4 月 19 日受江淮气旋前部和入海高压后部共同影响，上海出现了一次偏南大风过程，崇明最大瞬时风速达 17 m/s，20 日受入海江淮气旋（江苏中部入海）和南下冷空气共同影响，上海又出现了一次西北大风过程，崇明最大瞬时风速达 17 m/s。如图 6.29 所示。

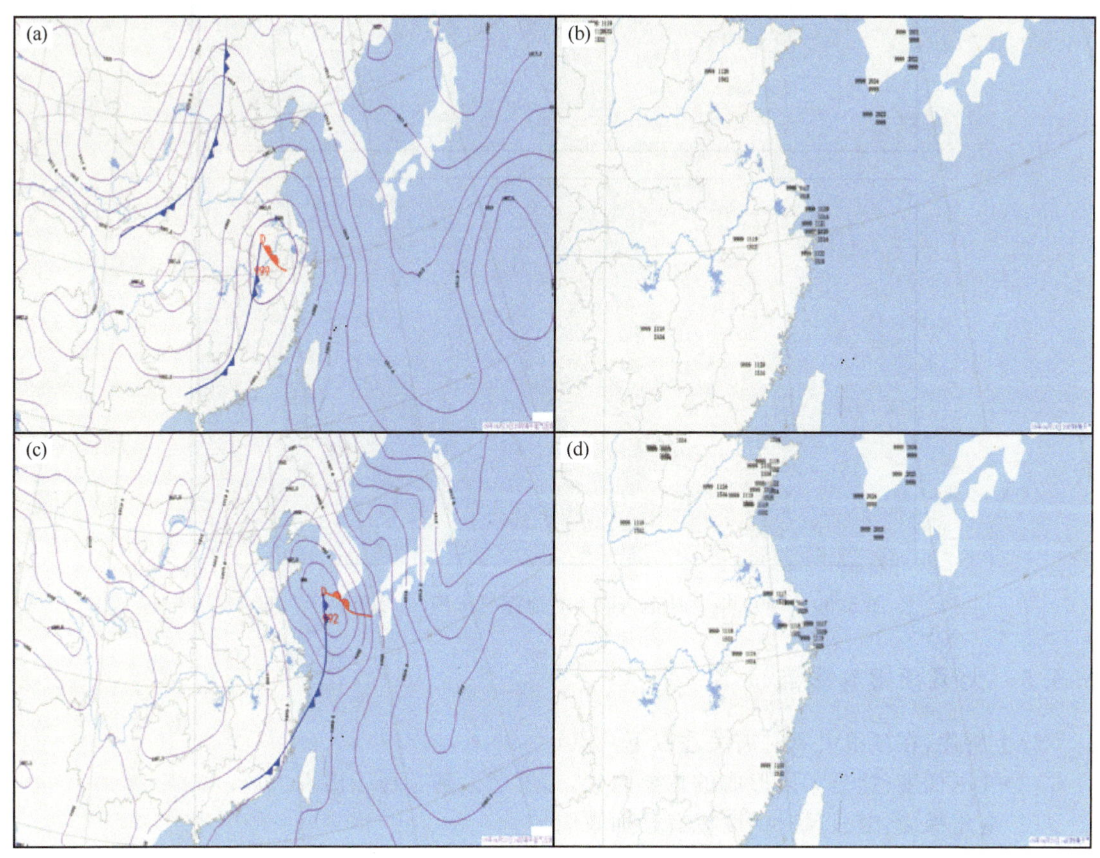

图 6.29　2009 年 4 月 19 日 20 时（上）、20 日 14 时（下）地面气压场（a，c）及重要天气报（b，d）

（2）东海气旋

东海气旋主要是指发生、发展于东海海域的气旋或从江淮气旋移入东海后改称的气旋。东海气旋多发生在春季，其次为冬季，夏季最少。冬春季节中国东南沿海受大陆冷高压脊控制，当南支锋区上有低压槽东移时，位于东海的地面静止锋会诱发成气旋波，这类气旋波基本上都向东北方向移动，在日本附近海上发展成熟，而在中国近海发展加深的仅占东海气旋总数的 10%左右。气旋后部常有偏北大风，大风发生往往很突然，如气旋在近海北上发展时，大风可影响至黄海南部，持续 1～2 d。东海气旋生成后先是向东北偏东方向移动，到达日本南部海面后常会强烈发展，其移向转为东北。

典型个例：2007 年 3 月 15 日 05 时浙江北部有低压波动进入东海，之后向东北偏东方向发展，14 时移到日本西南面洋面时有所发展。受东海气旋后部及冷空气共同影响，崇明出现了 18 m/s 的最大瞬时风速。如图 6.30 所示。

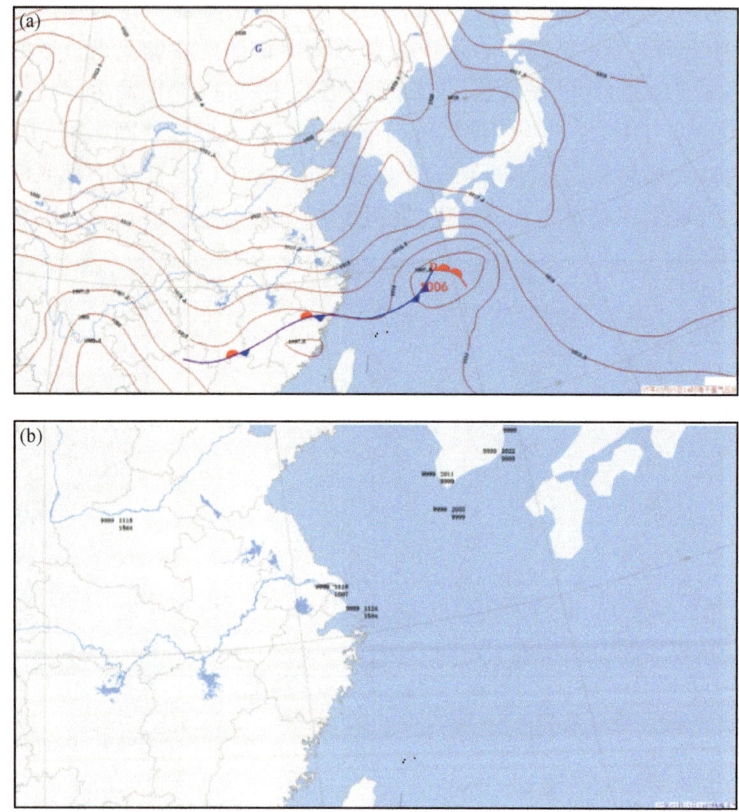

图 6.30　2007 年 3 月 15 日 14 时地面气压场(a)及重要天气报(b)

6.3.5　大风预报着眼点

综上所述，在预报大风时需关注以下几点：

(1)气压梯度：这是大风形成的首要因素，梯度越大越有利于出现大风。

(2)变压梯度：变压风对梯度风有叠加效应。

(3)低空锋区(925～850 hPa)强度：反映了冷暖平流的强弱。

(4)低空风速(925～850 hPa)：低空风速大时，若有有利的铅直交换条件，低空动量下传，即使地面梯度不很强，也可能出现大风。

(5)气旋入海位置及强度变化趋势：冬春季节由于海面温度比陆地高，海面比陆地光滑，有利于入海低压的发展，常常在入海低压中心后部突发大风。预报实践中发现，若低压中心在江苏中南部到浙江中北部一带入海，上海易出现大风。气旋发展越深、发展时离沿海越近，越有利于出现大风。

(6)不同系统的相互作用：如冷空气与气旋的结合，冷空气从气旋后部灌入，有利于锋区加强,气旋发展;而气旋的发展又可以加速冷空气的南下,这些都有利于大风的出现。统计表明,单纯由强冷空气造成的上海冷锋后偏北大风虽然有,但更多的冷锋后偏北大风是由冷空气和气旋共同形成。

(7)地形的影响:狭管效应、下垫面的粗糙程度等都会对风力有影响。

6.4　高温

上海高温因大尺度天气系统和城市热岛效应等共同影响而发生。首先,高温是大尺度天气系统活动所致,因此上海地区的高温总是和周边地区高温联系在一起。但上海三面临水的地形特点又形成了它独特的小气候,当上海吹东风时,即使周边内陆地区有高温,上海地区大多没有高温发生,这就决定了上海地区的高温日数一般少于上海邻近的内陆地区。然而,由于上海是一个特大城市,城市热岛效应特别显著,使市区的高温日明显多于周边郊区。高温作为高影响天气中的一种,也是社会和公众广泛关注的天气之一。持续的高温往往给工农业生产、交通和市民生活带来严重影响,尤其是城市供电、供水最为严重。

6.4.1　高温的定义

世界各国根据自己的气候特点和历史沿革界定高温值,国外有将日最高气温超过 33℃(或 34℃)定义为高温天气,亦称热浪。上海中心气象台根据历史沿袭和气象预报服务需要,以徐汇气象观测站日最高气温≥35.0℃定义为高温日,并通过当地媒体向公众发布高温报告。2007 年 9 月 25 日上海市气象局根据中国气象局《气象灾害预警信号发布与传播办法》的实施意见,结合上海特点规定了在发布高温报告的同时,或单独发布 3 种不同强度等级的高温预警信号:①当日最高气温将升至≥35.0°C 时发布高温黄色预警信号;②当日最高气温将升至≥37.0℃时发布高温橙色预警信号;③当日最高气温将升至≥40.0℃时发布高温红色预警信号。

6.4.2　上海市高温的地理分布

根据 1981—2015 年上海市 10 个观测站的高温记录统计得到,上海市高温日数分布呈西高东低状态,因城市热岛效应之缘故,市区的高温日数明显多于周边郊区,出现高温日数最多的是徐汇总共 577 d,其次是嘉定为 427 d,最少是南汇为 156 d。图 6.31 为 1981—2015 年高温日数分布图。图中看到,高温日数最多出现在上海市的中心城区,其次是上海的西北部和西

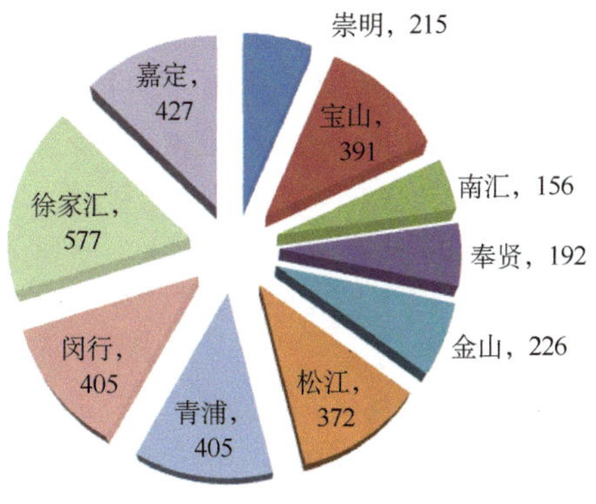

图 6.31　上海市各站高温日数分布

南部，上海的东南部以及北部和南部的沿江沿海地区最少，浦东 1998 年有观测记录以来共出现 289 个高温日。可见，上海的地形对上海的高温分布影响较明显。

6.4.3　高温的时间分布

6.4.3.1　高温的长期走势

根据 1981—2015 年高温记录统计得到(图 6.32)，徐汇年平均为 16.49 d。20 世纪 90 年代末期到 21 世纪初年高温日数明显增多，其中 2001—2013 年年平均达 27.54 d，2013 年为峰值，高温日数达到 47 d，2014 年和 2015 年出现了下降；极端最高气温是 2013 年 8 月 8 日松江达 41.2℃，徐汇为 2013 年 08 月 07 日 40.8℃。

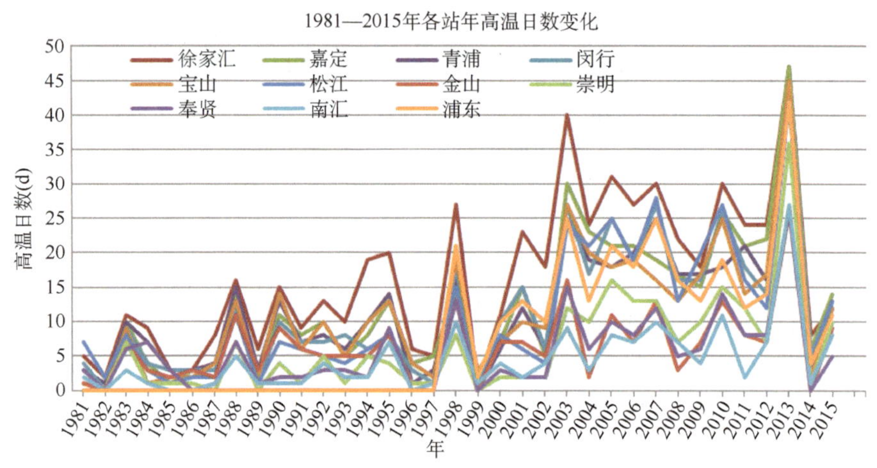

图 6.32　上海市各站高温日数年变化

6.4.3.2　年极端最高气温和年高温日数的距平走势

图 6.33 为 1981—2015 年徐汇高温日数和年极端最高气温距平走势图。从图中看到，2001 年到 2013 年高温变化为正距平，高温日数和年极端最高气温距平走势保持一致：年高温日多，年极端最高气温也高，二者保持正相关。

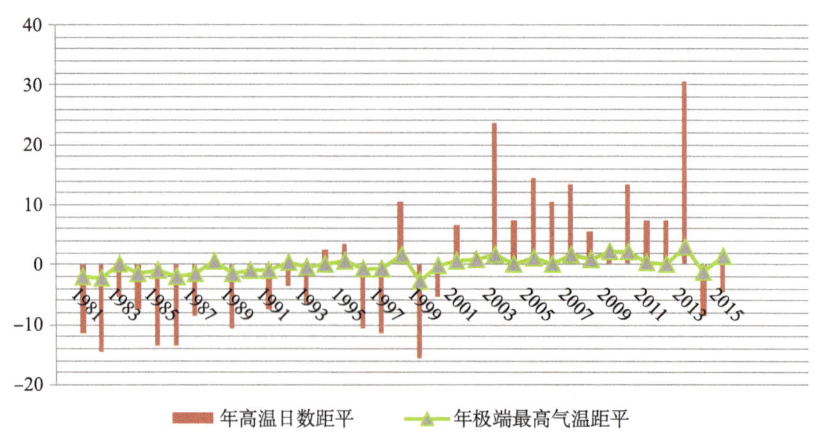

图 6.33　徐汇高温日数和年极端最高气温距平走势

6.4.3.3　高温的季节分布

根据 1981—2015 年上海徐汇资料统计(图 6.34),35 年中高温日 577 个。其中 5 月 3 个,占全年 0.52%;6 月 52 个,占全年 9.01%;7 月份 332 个,占全年 57.54%;8 月份 171 个,占全年的 29.64%;9 月 19 个,占全年 3.29%,即 7 月份是上海的高温月。

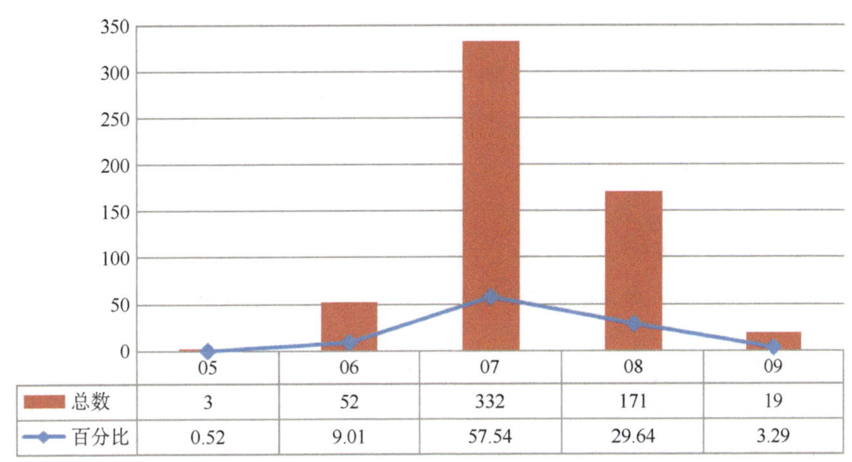

图 6.34　上海徐汇(或龙华)气象站高温的月分布

6.4.3.4　高温的旬分布

在旬高温统计中发现,高温最早出现在 5 月上旬(5 月 9 日),最晚到 9 月下旬(9 月 21 日),到 6 月下旬高温日明显增多,7 月中旬和 7 月下旬高温日达到极值,9 月上旬开始高温日明显减少(图 6.35)。35 年中 37℃以上的酷暑日有 168 个,其中 7 月达 104 个,占 61.9%,8 月达 53 个,占 31.59%。40℃及以上的最高温度出现在 7 月中旬到 8 月上旬,总共 7 d。

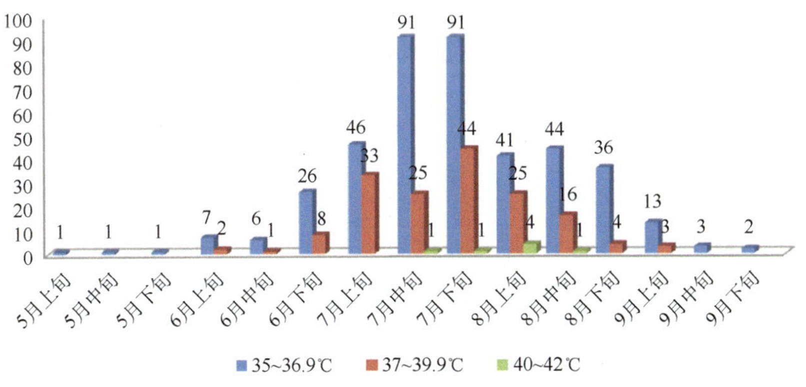

图 6.35　1981—2015 年徐汇旬高温日数分布

6.4.3.5　5 d 以上连续高温变化

在连续 5 d 及以上的高温统计中发现,35 年中有 22 年出现了连续 5 d 及以上的高温,最长连续高温日 19 d,出现在 2003 年,其中 2013 年 7 月 20 日到 8 月 17 日连续高温日中,仅 8 月 2 日没有出现高温。连续高温日集中出现在 7 月中旬到 8 月初。如图 6.36 所示。

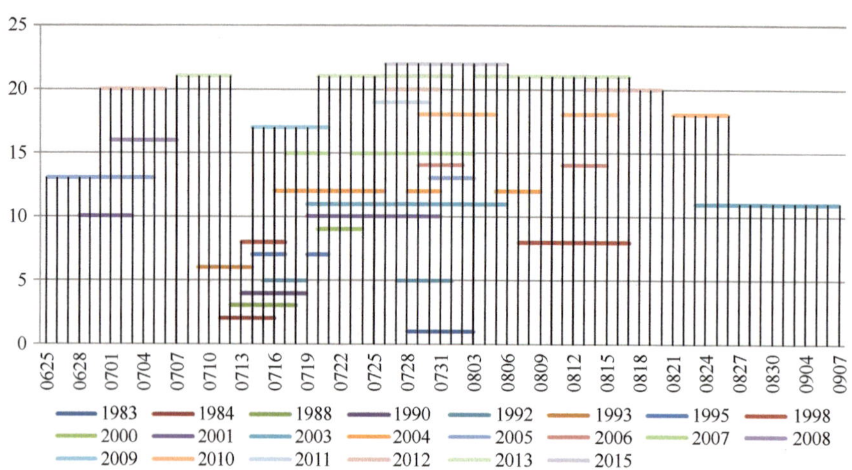

图 6.36　横坐标表示日期，纵坐标表示徐汇从 1983 年到 2015 年依次出现的连续 5 d 高温的分布

6.4.4　高温天气的预报

6.4.4.1　高温天气形势

(1)易发生高温的天气系统

①暖区型高温：在初夏，500 hPa 120°E 副高脊线位于 25°N 或以南，588.0 dagpm 线北缘位于江南中南部或以南，受 588.0 dagpm 线包围的副高控制区域会出现成片的高温区。受高温区暖流影响，上海时有高温发生。1970—1994 年的 25 年中，上海最高气温≥35.0℃有 45 例，占 22.5%(图 6.37)。由于这种高温天气发生在副高北侧暖区中，地面天气系统移速快，属于短暂性高温，又最高气温仅在 35.0～36.7℃，预报员往往缺乏足够的警觉，预报难度极大，常常漏报多于空报。

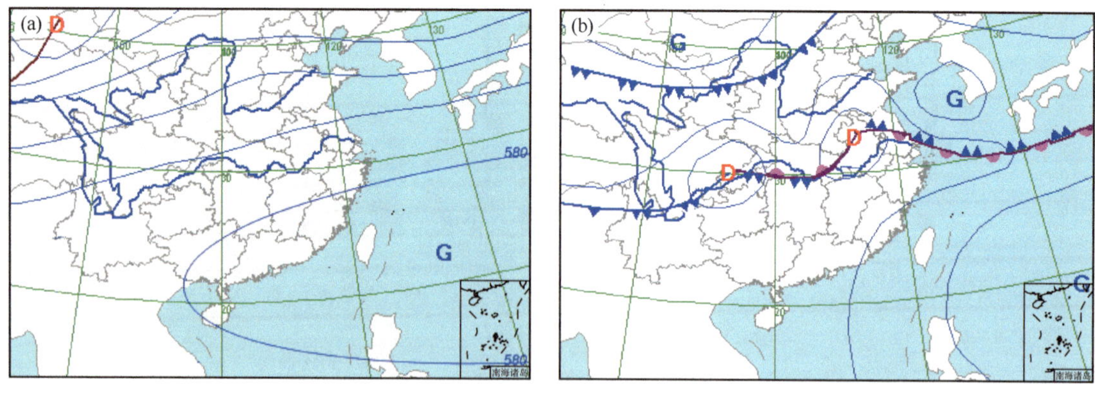

图 6.37　暖区型高温天气系统示意图

(a)500 hPa 天气图；(b)地面天气图

②副高控制型高温：长江中下游梅雨结束后，副热带锋区再次向北推移并稳定在黄河以北，500 hPa 副高脊线跳至江南北部到江淮流域。由于副高活动周期较长和盛夏副高强盛，上海长时间受副高控制，在强烈阳光照射和下沉增温及西南暖流的共同作用下，天气持续晴朗，空气干燥，气温逐日上升，常会出现 37℃以上的连续酷暑。1970—1994 年的 25 年中，上海最

高气温≥35.0℃的高温日148例，占74%，最高气温在35.0～38.4℃。根据锋面位置和雨带位置又将这148例高温分为五种(图6.38)：

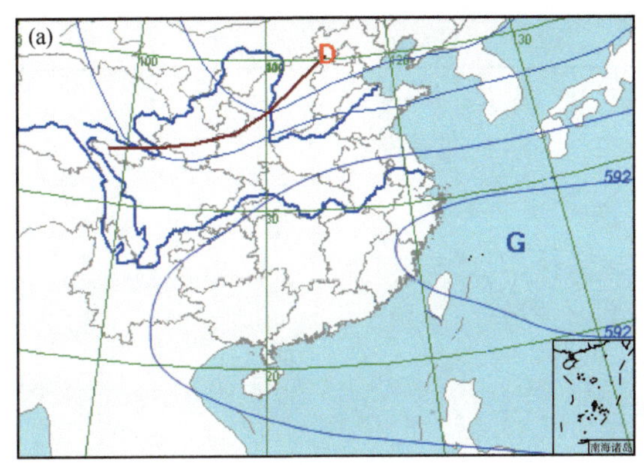

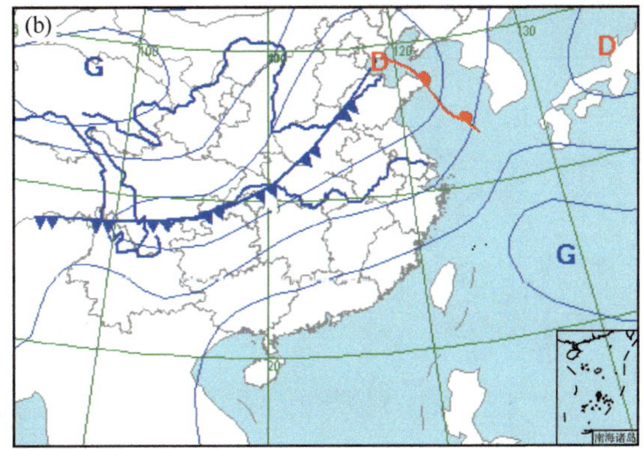

图 6.38　副高型高温天气系统示意图

(a)500 hPa 天气图；(b)地面天气图

A. 锋面在黄河流域或以北，上海最高气温≥35℃的高温日有85例，占57.4%；

B. 锋面在安徽北部至江苏中北部，上海最高气温≥35℃的高温日有48例，占32.4%；

C. 锋面在江苏中北部至长江口，上海最高气温≥35℃的高温日有11例，占6.9%；

D. 锋面在上海市境内，上海最高气温≥35℃的高温日1例，占0.7%；

E. 安徽、江苏和上海市境内均没有明显的锋区，但上海北侧的苏、皖地区有对流云雨带存在。上海地区天气晴朗，25年中该类高温有3例，占2.0%。

由于盛夏副高强大，冷空气较少越过长江。因此，这种高温天气能持续较长时间，预报容易成功。这时应警觉是否出现37℃以上的连续酷暑，历史高温极值都出现在这种天气形势之下，特别是锋面在江苏中部或以北时更容易发生连续酷暑。

(2)不易产生高温的类型

①副高南侧型不易产生高温：当副高向北推进至上海以北时，上海处在副高南侧控制下，天气晴朗，光照强烈，但上海地处东海之滨，大气低层受海上东风冷流影响，一般不会出现35℃以上的高温天气(图6.39)。1970—1994年的25年中，在前24年的样本中没有出现过高温，然而在最后一年的样本中(1994年)却出现了35.0～35.8℃的7个高温日，有两例500 hPa高度分别为588.5 dagpm和589.3 dagpm外，其余5例仅在584.4～587.8 dagpm。分析认为，这与20世纪末开始的城市范围迅速扩张、城市热岛效应明显加剧有一定的关系。因此，应特别注意城市扩张等因素所造成的高温日的趋多现象。

②大陆高压型不易产生高温：大陆高压由西北太平洋副热带高压登陆西进和青藏高压东伸或它们的合并演变而来，为干暖属性。受其控制，上海天气晴朗、下沉增温强烈，但在1970—1994年25年中，上海均没有出现过高温。究其原因，500 hPa上高压中心位于上海以西同纬度或西北内陆时，低压槽位于130°E附近，其槽后西北气流引导冷空气从东路南下，上海地面吹北向风(NW～NE)，由于夏季的长江口和东海为冷源，上海受冷水面影响，最高气温升不到35℃，如1998年8月24日上海受大陆高压控制，天气晴朗，但该日的最高气温仅32.5℃(图6.40)。然而，2002年9月3日上海却出现了35.4℃的高温天气，该日500 hPa大陆高压脊线位于33°N，上海高度588.0 dagpm，地面锋面位于苏南，上海8—14时均为晴天，全

天日照 8.7 h，全天吹偏东风，平均风速 2 m/s。分析认为，该日风向条件极为不利，但风非常小，对太阳辐射升温有利。另外，1999 年 7 月龙华观象台搬回徐汇，高温与热岛效应密切相关，在预报中应注意这一重要因素。

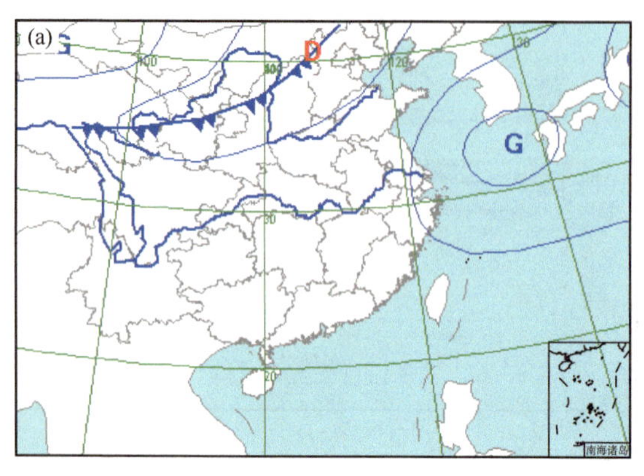

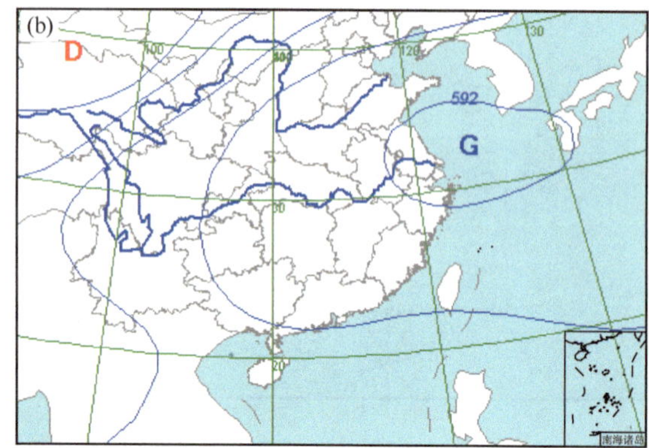

图 6.39　副高南侧型不易产生高温的天气系统示意图

(a)500 hPa 天气图；(b)地面天气图

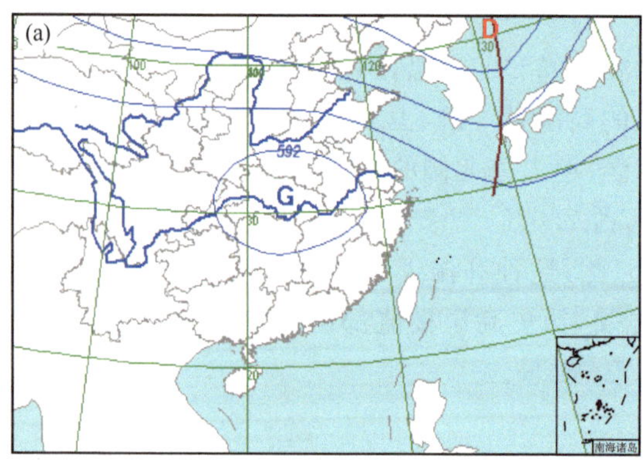

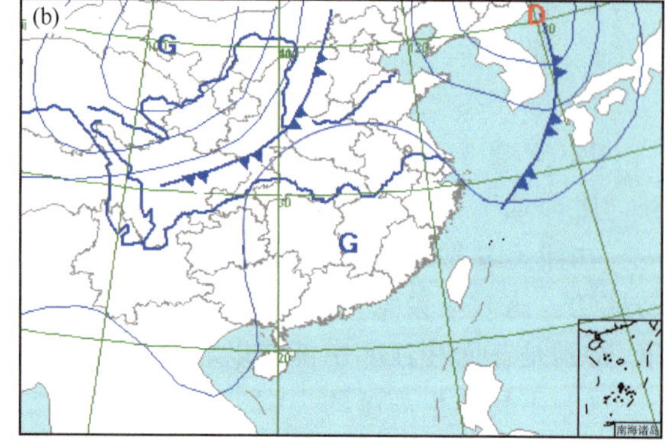

图 6.40　大陆高压型天气系统示意图

(a)500 hPa 天气图；(b)地面天气图

③地面强风型无高温：当上海受副高西北边缘控制时，锋面位于上海以北，这时上海受干暖气团控制，极易产生高温。但如果地面气压梯度太大，大风会产生较强的乱流，抑制近地面气温的继续升高而达不到 35.0℃的高温临界值。1970—1994 年的 25 年中，风速在 8 m/s 以上时均没有出现过高温天气(图略)。

④冷区阴云型无高温：据统计，在 1970—1994 年的 25 年样本中，上海全天处在低压后部、锋面北侧、阴云雨区时没有出现过高温。由于阴云覆盖会抑制气温的进一步升高，使最高气温达不到 35.0℃。所以，对于系统性和热对流阴云降水，在制作温度预报时对天空状况的变化时间应尽可能作出精确的推断。对于热对流的预报，应密切关注物理量的变化，当物理量异常和近地面气压场很弱或高空有弱低压槽扰动时会引发对流的发生。这种热对流天气虽然多发生于午后，对最高气温的绝对值影响很小，但对高温的临界值有较大的影响，在预报中不可轻视。

6.4.4.2 高温日与气象要素的相关统计分析

我们取2001—2015年5—9月上海徐汇378个高温日与该日的地面、高空单站气象要素作高温日单相关统计(即高温日统计,下同),结果发现,这种简单的单相关统计具有很好的相关性。高温日单相关统计能反映高温日与其他气象要素的相关程度,而高温期单相关统计具有良好的预报意义。

(1)高温与850 hPa温度

850 hPa等压面位于1500 m上空,受地面的长波辐射影响非常之小,具有很好的稳定性。该层温度历来为预报员考虑温度平流的重要参数,而且目前的数值预报都能提供该层的温度场预报,预报值也较为稳定,得到了预报员的广泛应用。因此,我们将此要素作为相关统计的首选因子。

对08时850 hPa温度作高温日统计发现,850 hPa温度≤19.0℃时仅2次,占0.53%;≥25.0℃出现13次,占3.44%;绝大多数的高温日出现在08时850 hPa温度20.0～23.9℃范围内,共有335次,占88.62%,而其中22.0～22.9℃出现133次为最多。需要特别指出的是,15年中出现高温日中850 hPa最低温度16℃,最高温度26℃。因此,可以认为850 hPa温度越高,出现高温的可能性就越大,另外,38℃以上的高温日都出现在850 hPa温度≥21℃的条件之下。如表6.4和图6.41所示。

表6.4 高温与850 hPa温度统计

高温等级(℃) \ 高温次数 \ 850 hPa温度(℃)	≤18.9	19.0～19.9	20.0～20.9	21.0～21.9	22.0～22.9	23.0～23.9	24.0～24.9	≥25.0	合计次数
35.0～35.9	2	9	30	46	45	24	5	2	163
36.0～36.9		1	4	23	37	19	3	1	88
37.0～37.9			3	16	24	13	4	2	62
38.0～38.9				5	21	11	2	2	41
39.0～39.9				1	6	5	3	2	17
≥40						2	1	4	7
合计	2	10	37	91	133	74	18	13	378
合计(%)	0.53	2.65	9.79	24.07	35.19	19.58	4.76	3.44	

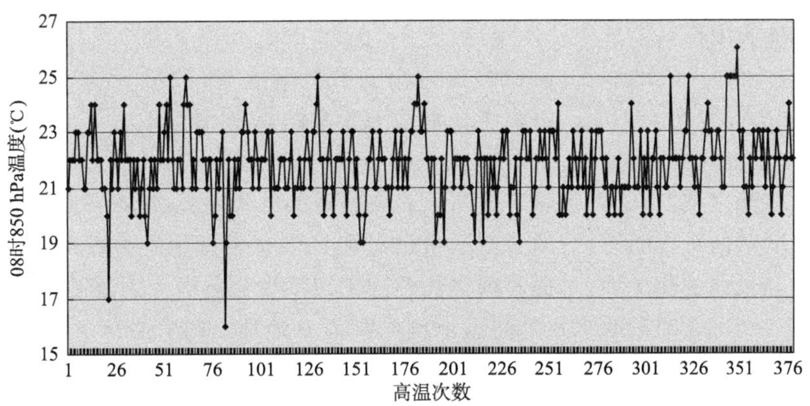

图6.41 高温日850 hPa的温度(℃)

(2)高温与海平面气压

通过对14时海平面气压(p)作高温日统计(表6.5和图6.42),得到气压在1002.0～1009.9 hPa时出现高温的概率达84.14%,当$p<997.0$ hPa和$p \geqslant 1018.0$ hPa时均没有高温出现,出现高温日中最小海平面气压为997.0 hPa,最大海平面气压为1017.9 hPa;38℃以上高温海平面气压在1000.0～1009.9 hPa,其中38℃以上高温日中,84.48%海平面气压在1002.0～1007.9 hPa。

表6.5　高温与海平面气压统计

高温等级(℃) \ 高温次数 \ 气压(hPa)	997.0～997.9	998.0～999.9	1000.0～1001.9	1002.0～1003.9	1004.0～1005.9	1006.0～1007.9	1008.0～1009.9	1010.0～1011.9	1012.0～1013.9	1014.0～1017.9	合计次数
35.0～35.9	1	3	7	34	45	34	27	6	4	2	163
36.0～36.9		2	14	13	22	22	9	5	1		88
37.0～37.9	1	6	2	19	15	10	8		1		62
38.0～38.9			3	14	16	7	1				41
39.0～39.9			2	7	3	2	3				17
≥40				2	4	1					7
合计	2	11	28	89	105	76	48	11	6	2	378
合计(%)	0.53	2.91	7.41	23.55	27.78	20.11	12.70	2.91	1.59	0.53	

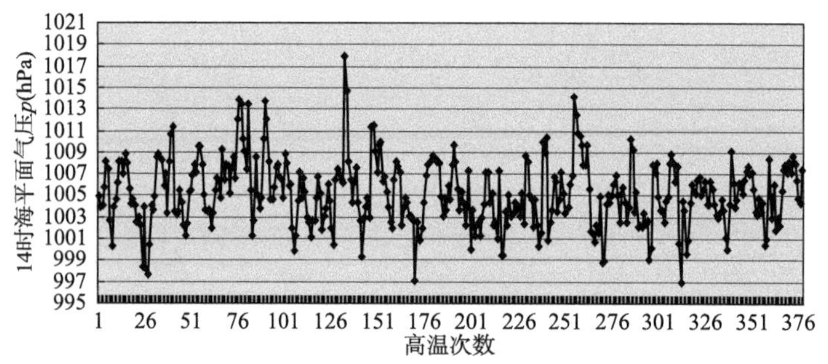

图6.42　高温日海平面气压(hPa)

(3)高温与500 hPa高度

对500 hPa高度作高温日统计发现,高度在582.0 dagpm以下和597.0 dagpm以上时没有高温;高度在586.0～593.9 dagpm时,出现高温的概率达86.51%。38℃以上的高温日中500 hPa高度95.38%在587 dagpm以上。如表6.6和图6.43所示。

(4)高温与地面风向、风速

上海位于东海之滨,由于海水热容量与地表热容量的巨大差异,预报员早已认识到近地面风向就是高温的风向标,而且目前的数值预报已经能提供非常有用的地面形势预告场。因此认真研究高温与风向的相关性,对提高预报高温的正确率也会有很大的帮助。

我们利用2001—2015年378个高温个例作高温日地面08时和14时风向按8个方位统计,将方位角其左右22.5°出现的高温都计算在该方位。图6.44中可以清楚地看到,当天08时和14时的地面风向和高温的关系,所有风向都可以出现高温,但吹偏西风(WSW—WNW)时出现高温次数最多,约占1/3多,偏北风(特别是东北风)出现的次数要少一些。

表 6.6　高温与 500 hPa 高度统计

高度(dagpm) 高温次数 高温等级(℃)	582.0～583.9	584.0～584.9	585.0～585.9	586.0～586.9	587.0～587.9	588.0～588.9	589.0～589.9	590.0～591.9	592.0～593.9	594.0～597.0	合计次数
35.0—35.9	5	8	8	15	21	22	21	39	16	8	163
36.0—36.9	5	5	2	7	11	18	14	20	5	1	88
37.0—37.9	1	3	3	3	8	15	11	10	7	1	62
38.0—38.9	1			2	6	7	12	10	3		41
39.0～39.9					2	2	4	5	4		17
≥40						1	2		4		7
合计	12	16	13	27	48	65	64	84	39	10	378
合计(%)	3.17	4.23	3.44	7.14	12.7	17.2	16.93	22.22	10.32	2.65	

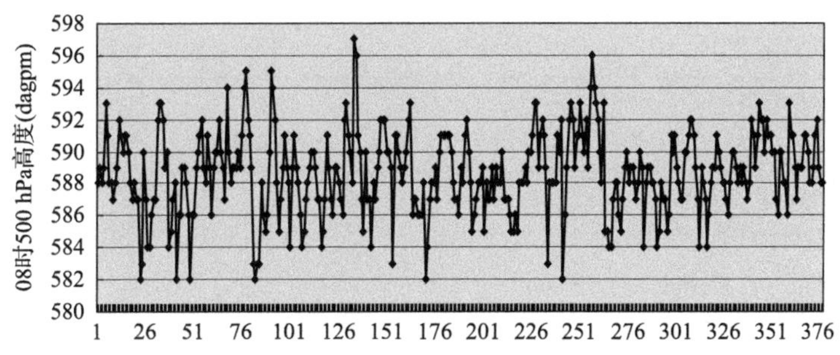

图 6.43　高温日 500 hPa 的高度(dagpm)

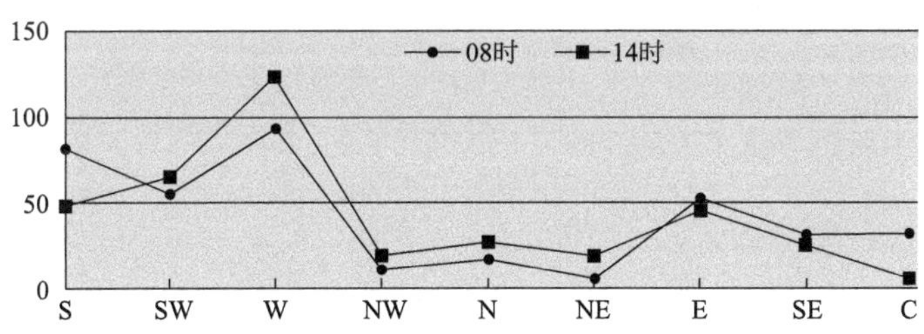

图 6.44　2001—2015 年不同时间 8 个方位近地面风向与高温次数

表 6.7 为 2001—2015 年 14 时不同地面风速下高温的分布情况。统计发现，3 m/s 时最容易出高温，2 m/s 时高温日有 170 例，占全部高温日的 44.59%，>5 m/s 时没有高温，风越大因强烈的垂直湍流而越不易产生高温。

(5)高温与云量

统计发现，从 08 时和 14 时云量统计中可得，云量多少与高温日相关特征不明显。即云量较多时也会出现高温，云量≥8 成时，出现 20 例，占 5.59%。如表 6.8 和图 6.45、6.46 所示。

表 6.7　14 时地面风向、风速与高温统计

风速(m/s) 高温次数 风向	0	1	2	3	4	5	合计次数
S		15	23	6	4		48
SW		14	22	24	5		65
W		36	56	25	6		123
NW		4	14		1		19
N		12	12	3			27
NE		7	12				19
E		20	16	9		1	46
SE		5	15	2	2	1	25
静风	6						6
合计	6	113	170	69	18	2	378
合计(%)	1.59	29.89	44.97	18.25	4.76	0.53	

表 6.8　高温与 14 时云量的相关统计

总云量(成) 高温次数 高温等级(℃)	0	1	2	3	4	5	6	7	8	9	合计次数
35.0—35.9	20	18	30	21	11	8	16	24	9		157
36.0—36.9	7	14	12	7	6	3	9	20	5		83
37.0—37.9	6	3	7	4	4	4	13	13	2	1	57
38.0—38.9	1	4	10	4	3	1	10	3	2		38
39.0～39.9	1	1	7	1	1	2	1	1	1		16
≥40	2		1	1		1	2				7
合计	37	40	67	38	25	19	51	61	19	1	358
合计(%)	10.34	11.17	18.72	10.61	7.0	5.31	14.25	17.04	5.31	0.28	

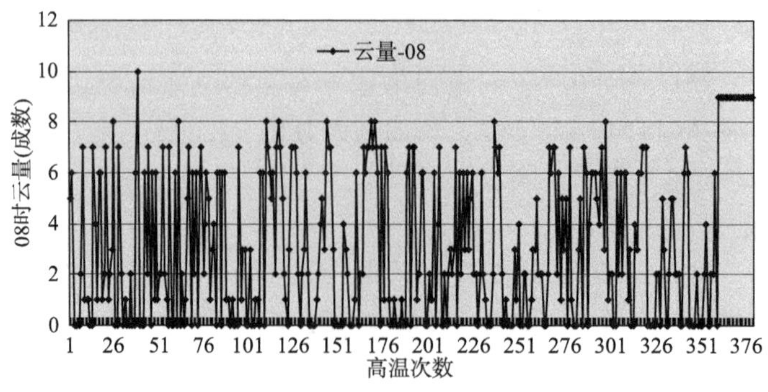

图 6.45　高温日 08 时云量(成数)

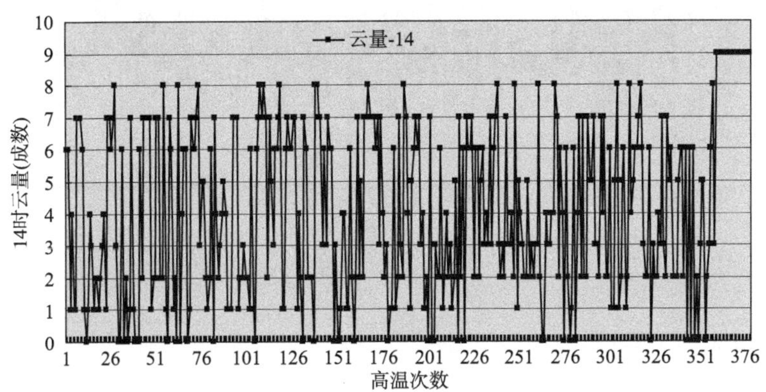

图 6.46　高温日 14 时云量(成数)

(6)气温的自相关

在气象统计预报中,有些要素的自相关,虽然其物理意义不甚明了,却有时具有很好的相关性。在夏天,早晨正常的最低气温一般在 25℃或以上,但如遇有雷暴下击冷流时,气温常会急剧下降至 24℃或以下,雷暴过后气温会很快上升到正常情况。根据测报规定,日最低气温取自昨天 20 时到今天 20 时期间的气温最低值。因此,雷暴下击冷流造成的气温波动会影响当天最低温度的取值,使当天的最低气温缺乏应有的代表性。为此,我们用当天 08 时气温分别作高温日统计,结果得到当天 08 时气温在 25.0℃以下时,仅 2009 年 5 月 11 日 08 时气温为 24.5℃,出现了 35.3℃的高温,其余 377 例的高温均出现在当天 08 时气温≥25.0℃的条件下;高温期统计得到,95.24%以上高温出现在当 08 时气温达到 28℃以上;37℃以上的高温中 94.49%当天 08 时气温在 29℃以上,39℃以上的高温 08 时气温都在 30℃以上。如表 6.9 和图 6.47 所示。

表 6.9　高温与地面 08 时气温的相关统计

最低气温(℃) / 高温次数 / 高温等级(℃)	24.0～24.9	25.0～25.9	26.0～26.9	27.0～27.9	28.0～28.9	29.0～29.9	30.0～30.9	31.0～31.9	32.0～32.9	33.0～33.9	34.0～34.9	合计
35.0—35.9	1	3	2	7	17	69	46	16	2			163
36.0—36.9				3	9	19	33	18	6			88
37.0—37.9			1	1	3	11	20	19	7			62
38.0—38.9					2	5	17	10	6	1		41
39.0～39.9							2	3	1	11		17
≥40									1	5	1	7
合计	1	3	3	11	31	104	118	66	23	17	1	378
合计(%)	0.26	0.79	0.79	2.91	8.20	27.51	31.22	17.46	6.08	4.50	0.26	

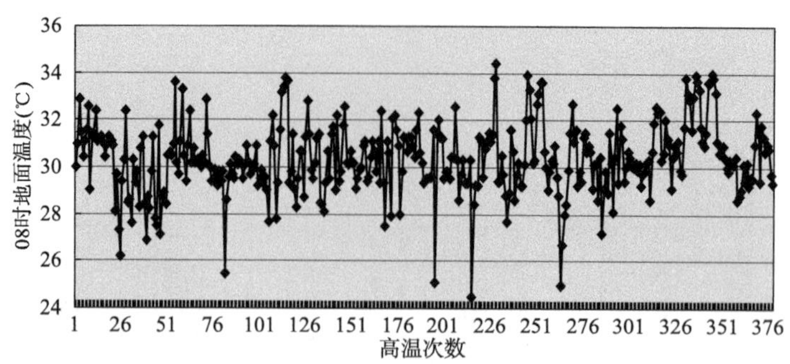

图 6.47　高温日 08 时地面温度(℃)

6.4.5　高温灾害

上海高温灾害严重年份有 1934、1942、1988、1998 年和 2013 年。如 1942 年夏季,上海≥35℃高温日达 44 d,高温酷暑,雨水少,中暑病人剧增,同时还流行霍乱和伤寒病,普善山庄一周内曾收尸六百多具;1998 年上海市气温异常偏高,年平均气温为 18.0℃,较常年高出 2.2℃,是本市 126 年以来最高的一年。≥35℃高温日有 27 d,超过 38℃以上的酷暑日有 7 d,连日高温使各行各业和人民生活受到严重影响。自来水、电力供应均超过历史纪录,城乡火警频繁,8 月 10—11 日,受理火警 83 起,高架道路上抛锚车辆与上年同期相比上升 65%。本市 30 家区级以上医院急诊病人平均每天达 1.3 万人次,比 7 月份增加 70%以上,8 月 10—16 日,市医疗救护中心累计出动急救车 3513 次,高峰时每天突破 500 次,创历史最高纪录。高温使 17 万亩农田蔬菜普遍减产,饲养场生猪、鸡、鸭、奶牛等批量中暑死亡,如浦东南汇"汇绿"蛋品公司有六千多羽蛋鸡死亡。

6.4.6　最高温度的预报

最高温度的预报方法大致有以下几种。

(1)比较法

若要预报本市的最高温度,首先应比较最近一两天最高温度的变化,并分析其原因,然后在天气形势预报的基础上,综合分析有关因素的影响,并根据经验,作出预报。

(2)应用统计资料和经验预报图表

最高温度一般出现在 14—16 时,它的日际变化量可从历史资料的统计中得出。在天气条件变化不大的情况下,根据同时期的日际变量,即可作最高温度的预报。由于最高温度与风、云、降水有着密切的关系,最好分别统计最高温度的日际变量与这些因子的相互关系,找出指标或绘成图表,以便具体查算。

(3)应用探空曲线预报最高温度的上限

如果在早晨的温度对数压力图(T-ln$P$ 图)上的层结曲线,近地面层有逆温或稳定层,并预报将在白天消失,同时温度平流也很弱,则可以用 T-ln$P$ 图上的层结曲线预报最高温度的上限。具体求法是:从层结曲线上的对流凝结高度沿干绝热线下降,到达地面时的温度就是最高温度的上限预报值。

(4)显著冷、暖平流影响时最高温度的预报

在预报时段里若有明显的冷暖平流或锋面将影响本站时,预报最高温度就必须考虑温度

平流的作用，而用下式计算最高温度的预报值：

$$T_M = T_{M-1} + \Delta T - \mathbf{V} \cdot \nabla T \tag{6.3}$$

式中，T_M 为最高温度的预报值；T_{M-1} 为当天的最高温度，ΔT 为当日与第二天最高温度因为风、云、天气等天气条件差异而引起两天之间最高温度的日际变量，可按不同天气条件从历史资料统计求得平均值。$-\mathbf{V} \cdot \nabla T$ 为温度的平流变化值，因为地面图上海拔高度不一致，可以采用 850 hPa 等压面上等温线与等高线计算将要影响预报地点的平流强度，然后再用平流强度与本站气温变化的历史资料找出相互关系，作为预报本站气温的依据。一般台站通常采用地面锋后(限制温度平流区)测站 24 h 的变温值近似地表示温度平流的强弱，预报时在上游选择固定的“指标站”或关键区，应用指标站或关键区的历史资料，统计锋过指标站或关键区时与锋过本站后温度变化的相互关系。应用这个方法作平流变温量预报时，必须注意锋移动过程中的锋生锋消，锋生时变温量增加，锋消则相反。

(5)参照数值预报温度预报结果

参考数值模式预报的中低空及地面温度，以及模式预报的天气形势的演变，检验模式预报的误差，对其进行温度预报订正，得到未来的最高气温预报。

6.5　低温

低温对人类生活的影响：生物受冻造成伤害，疾病增加；用电、用气上升；地面结冰，交通事故概率增大；暴露水管容易爆裂等。

6.5.1　上海低温的定义

满足下列条件之一时，可认为上海出现了低温天气：

(1)预计最低气温将≤－3℃有冰冻(≤－5℃时有严重冰冻)。

(2)10 月 21 日—11 月 20 日以及 3 月 21 日至 4 月下旬的农时节气间，预计最低气温将≤5℃，并伴有霜或暗霜。

(3)11 月 21 日—12 月 31 日以及 3 月 1—20 日，预计最低气温＜0℃，并伴有结冰或冰冻现象。

冷害：作物生长期内，因温度低于作物生长的最低温度，影响正常生长，或者使作物生殖生长过程发生障碍而导致减产，成为低温冷害。

霜是夜间地面冷却到 0℃以下时，空气中的水汽凝华在地面或地物上结成冰晶的一种天气现象。霜冻是春、秋季，由于冷空气入侵，尤其寒潮影响后，地表温度下降到 0℃或以下，使植物原生质受到破坏，导致植株受害、死亡的一种短时间低温灾害。出现霜冻时，往往伴有“白霜”。当空气过于干燥，虽气温降至 0℃以下却不能凝结成霜时，但植物组织内仍能形成冰晶也会受害，这种灾害天气称为“黑霜”，它比“白霜”更为严重，因为白霜天气时空气中有较多水分，水分的凝结有热放出，空气水分还有阻止地面热辐射散失的作用，可以减缓温度进一步降低。在这里需要指出：我们讲的最低温度是指的百叶箱高度上的气温，衡量霜冻的温度是地面的最低温度，二者之间有一定的差值。实践表明，在可能出现霜冻的季节里，如预报天空无云或少云，静风或微风而且最低气温降至 5℃以下时，地面就可能出现霜冻。

冻害：冬作物和果树、林木等在越冬期间遇到 0℃以下或剧烈变温天气引起植株冰冻或丧失一切生理活力，造成植株死亡或部分死亡的现象。据调查，最低气温降到－7.0℃以下，就会造成大田蔬菜、特别是短期冬菜的严重冻害，使蔬菜上市最大幅度下降：对蜜橘来说，－7.0℃低温对叶片有冻害影响：－9.0℃低温会造成骨架冻害，－10.0℃有冻死的危险。

6.5.2 上海低温的时空分布

上海气候的年际变化甚大，冬季和夏季风年与年、季与季、月与月之间强弱变化也大，与之相联系的冷暖的年际、季际、月际之间的变化也十分明显，在冬季风强的年份和时期，即冷空气强的年份和时期，就容易在春季、秋季和冬季均能出现冷害。如春寒明显的1962年，4月平均气温仅12.5℃，比常年同期低1.5℃，由于温度低，农田秧苗不仅受冻，而且生长缓慢，移栽期比常年推迟约10 d，影响到后茬作物的生长季节；冬季低温最重的1976年11月至1977年2月，－3～－5℃的冰冻日有13 d，－5℃以下的严寒天气有11 d，其中1977年1月31日最低气温降到－10.1℃，郊区蔬菜、柑橘遭受严重冻害。

根据以上对低温的定义，我们对上海各站1971—2015年的冬半年(当年的10月至次年的4月)45年的资料进行了统计和分析。其中龙华资料为：1971年到1999年7月龙华观测台，之后为徐汇观测站资料。

1971—2015年的冬半年，影响上海的寒潮最低气温的极值出现在闵行区为－11.0℃(1977年1月31日)(表6.10)，而徐汇(或龙华)自清同治十二年(公元1873年)以来的历史极值是－12.1℃，出现在清光绪十八年十二月初二日(公元1893年1月19日)。

表6.10 1971—2016年上海各站最低气温极值表

站名	崇明	嘉定	宝山	青浦	松江	上海	龙华	川沙	金山	奉贤	南汇
最低气温极值(℃)	－9.8	－9.6	－8.1	－10.0	－10.5	－11.0	－10.1	－9.6	－10.8	－10.1	－8.4
出现日期 (年.月.日)	1977 1.31	1977 1.31	1986 1.16	1977 1.31	1977 1.31	1977 1.31	1977 1.31	1977 1.31	1977 1.31	1977 1.31	1977 1.31

6.5.2.1 低温冷害

低温冷害在上海是仅次于洪涝灾害的主要农业灾害。特别是春秋季的霜冻，对农作物的危害很大，使处在幼苗期和果树开花期的作物遭受冻害，如1983年3月14日和18日两天，市区最低气温降到0.1℃(地面最低温度－1.6～－2.6℃)，郊区降到－0.5～－2.4℃，使已定植的番茄有50%～60%秧苗冻坏。因此做好霜和霜冻的预报和服务意义重大。

1971—2015年10月21日—11月20日以及次年3月21—4月下旬最低气温≤5℃的有192 d(表6.11)，平均每年有4.27 d，初霜日一般都出现在11月中旬前后，初霜日最早出现在1979年10月22日，终霜日一般在3月下旬到4月上旬，终霜日最晚出现在1983年4月17日。从20世纪90年代以来，全球气候变暖趋势十分明显，上海秋、冬气候明显变暖以及熟制的变化，但秋季低温(初霜冻)和春季低温(晚霜冻)还是农业生产最明显的冷害，如2009年10月21日—11月20日以及次年3月21日—4月下旬最低气温≤5℃出现6 d，并于11月18日出现≤2℃的严重霜冻，而终霜日出现在4月14日，对上海的农业生产特别是蔬菜、水果以及名、特、优农产品的生产造成损害。如图6.48所示。

表 6.11　1971—2015 年 10 月 21 日—11 月 20 日以及次年 3 月 21 日—4 月下旬最低气温≤5℃天数（d）

年份＼时间	10 月 21 日—11 月 20 日	3 月 21 日—4 月下旬	合计
合计	76	116	192
1971—1972	2	11	13
1972—1973		1	1
1973—1974	5	7	12
1974—1975	2	6	8
1975—1976		5	5
1976—1977	7	2	9
1977—1978	1	6	7
1978—1979	3	4	7
1979—1980	7	11	18
1980—1981	2		2
1981—1982	5	4	9
1982—1983	2	2	4
1983—1984	5	4	9
1984—1985		6	6
1985—1986	4	4	8
1986—1987	2	7	9
1987—1988		2	2
1988—1989	3	5	8
1989—1990	3		3
1990—1991	3	4	7
1991—1992	3	2	5
1992—1993	5	4	9
1993—1994		2	2
1994—1995		2	2
1995—1996	2	5	7
1996—1997	2	1	3
1997—1998	3	3	6
1998—1999		1	1
1999—2000			
2000—2001			
2001—2002			
2002—2003			
2003—2004			
2004—2005		1	1
2005—2006			
2006—2007			
2007—2008			
2008—2009	1		1
2009—2010	4	2	6
2010—2011		1	1
2011—2012		1	1
2012—2013			
2013—2014			
2014—2015			
2015—2016			

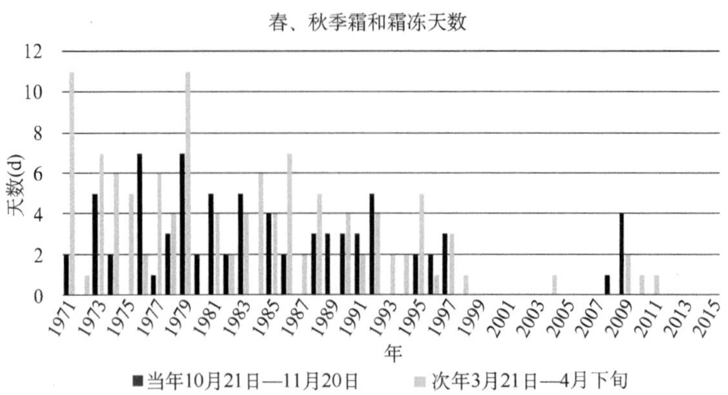

图 6.48　1971—2015 年 10 月 21 日—11 月 20 日以及次年 3 月 21 日—4 月下旬霜和霜冻天数(d)

6.5.2.2　低温冻害

低温冻害造成冬作物和果树、林木等在越冬期间遇到 0℃以下，或剧烈变温天气引起植株冰冻或丧失一切生理活力，造成植株死亡或部分死亡；地面结冰，交通事故概率增大；暴露水管容易爆裂等。其对农业、工业生产、人民的生活、交通等都产生危害。

1971—2015 年 11 月 21 日—12 月 31 日以及次年 3 月 1—20 日，最低气温＜0℃的有 363 d(包括 3 月 20 日以后和 11 月 21 日之前最低气温＜0℃的 6 d)，平均每年 8.1 d。其中最早出现冰点的是 1976 年 11 月 14 日，最低温度为－0.8℃，冰点结束时间最晚的是 1991 年 4 月 2 日，最低温度－0.5℃。在这期间 11 月出现 2 d 冰冻日，3 月出现 5 d 冰冻日，12 月出现 48 d 冰冻日和 18 d 严重冰冻日，其中 1991 年 12 月 28 日早晨出现－8.0℃的严寒天气。表 6.12 和图 6.49 是 1971—2015 年 11 月 21 日到 12 月 31 日和次年 3 月 1—20 日最低温度＜0℃随年分布图。从表 6.12 和图 6.49 上可以看出，11 月 21 日—12 月 31 日以及 3 月 1—20 日，最低气温＜0℃的天数从 20 世纪 90 年代以后有明显减少趋势，其中 1994、1998 年和 2000 年在这几段日期内都没有＜0℃的天数。

表 6.12　1971—2015 年 11 月 21 日—12 月 31 日以及次年 3 月 1—20 日最低气温＜0℃天数　(d)

时间 年份	11 月 21 日—12 月 31 日	3 月 1—20 日	合计
合计	327	36	363
1971—1972	13	7	20
1972—1973	13		13
1973—1974	16		16
1974—1975	6		6
1975—1976	22	1	23
1976—1977	19	3	22
1977—1978	7	2	9
1978—1979	9	3	12
1979—1980	9		9
1980—1981	14		14

续表

年份＼时间	11 月 21 日—12 月 31 日	3 月 1—20 日	合计
1981—1982	10	1	11
1982—1983	13		13
1983—1984	12	2	14
1984—1985	12		12
1985—1986	16	3	19
1986—1987	6	3	9
1987—1988	15	2	17
1988—1989	8	2	10
1989—1990	5		5
1990—1991	10	2	12
1991—1992	5		5
1992—1993	6	1	7
1993—1994	9	1	10
1994—1995			
1995—1996	5		5
1996—1997	4		4
1997—1998	3		3
1998—1999			
1999—2000	6		6
2000—2001			
2001—2002	7		7
2002—2003	6		6
2003—2004	2		2
2004—2005	2	2	4
2005—2006	11		11
2006—2007	1		1
2007—2008	1		1
2008—2009	3		3
2009—2010	5	1	6
2010—2011	5		5
2011—2012	1		1
2012—2013	4		4
2013—2014	4		4
2014—2015	1		1
2015—2016	1		1

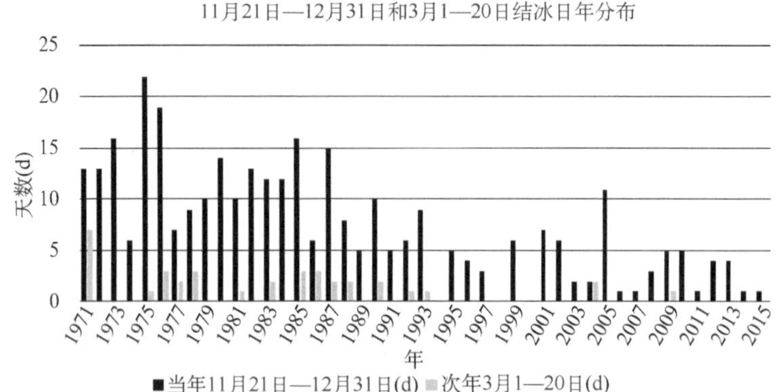

图 6.49　1971—2015 年 11 月 21 日—12 月 31 日以及次年 3 月 1—20 日结冰日分布

1971—2015 年的冬半年，最低气温在－5℃和－3℃之间的冰冻日有 175 d，平均每年 3.89 d，其中在 1—2 月有 120 d，11 月 21 日—12 月 31 日和 3 月 1—20 日期间分别出现 50 d 和 5 d；其中冰冻最早开始时间为 1976 年 11 月 24 日（最低温度－4.2℃），最晚的冰冻结束时间是 1988 年 3 月 8 日（最低温度－3.7℃）；1975 年的冬半年出现 16 d 冰冻日最多，其次是 1976 年的冬半年出现 13 d 冰冻日，但 1976 年的冬半年加上≤－5℃的严重冰冻日 11 d 和 11 月 14 日的最早结冰日、11 月 24 日的冰冻日最早开始时间以及 1977 年 1 月 31 日的新中国成立以来的最低温度－10.1℃，1976 年的冬半年成为新中国成立以来的最冷年。最低气温在－5℃和－3℃之间的天数随时间有减少趋势，上海徐汇站 2000 年前 1998 年的冬半年开始出现无冰冻日；2000 年以来，2001、2006、2007、2011、2012、2013、2014 年的冬半年都没有冰冻日。如图 6.50 所示。

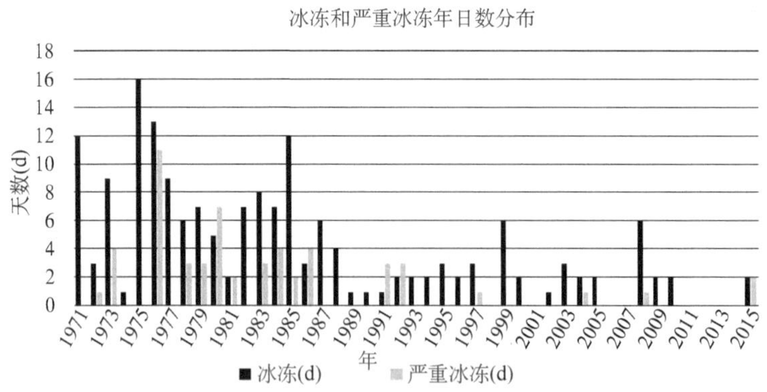

图 6.50　1971—2015 年冰冻和严重冰冻日分布

1971—2015 年的冬半年，上海日最低气温≤－5℃的严寒日共出现 56 d，平均为 1.24 d/年，一般出现在 12 月下旬至次年 2 月上旬，以 1 月为最多，共出现 27 d，平均 0.6 d/年，占全年的 48.2%，12 月和 2 月分别出现 18 d 和 11 d，各为 0.4 d/年和 0.24 d/年（图 6.51）。上海有气象记录以来，1971 年的冬半年严寒日数最多为 27 d。1971 年以来 1976 年的冬半年严寒日数最多为 11 d，其次是 1980 年的冬半年为 7 d。其中日最低气温≤－7℃者共出现 9 d，1 月出现 8 d，其中 1977 年 1 月 31 日出现－10.1℃，12 月和 2 月分别出现 1 d，其中 1991 年 12 月 28 日的最低气温出现－8.0℃。上海地域虽然不大，但遇到强寒潮时，各地区出现低温有明显差异，如 1977 年 1 月 31 日降温过程中，市区及其西部地区极端最低气温降至－10～－11℃，而东部沿江沿海地区的宝山、浦东、崇明等区只降至－7～－8℃，相差约 3℃。

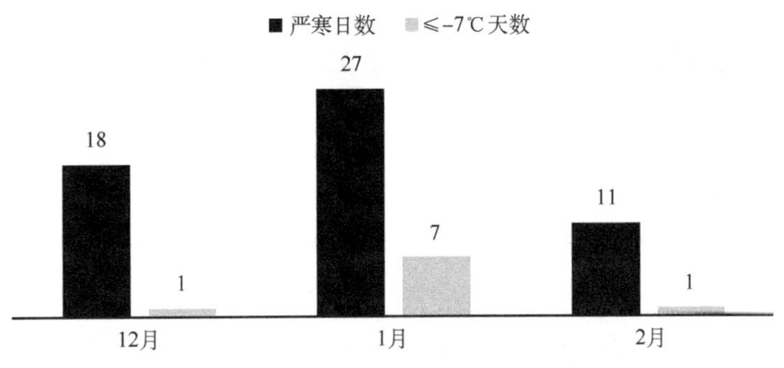

图 6.51　上海严寒日数月分布图

6.5.3　导致低温天气的天气形势和天气系统

上海地区低温天气的发生主要是受强冷空气的影响。影响上海的强冷空气过程，在 500 hPa 上可以普遍归纳为三个类型，即小槽发展型、横槽转竖型和小槽东移型(参见 6.1.3 节影响东亚寒潮天气形势)。

导致低温天气的天气系统：

(1)极涡

是北半球冬季极区对流层中上层 500 hPa 以上的绕极区气旋式涡旋，它是大规模极寒冷空气的象征。亚洲高纬上空稳定维持一个强大的极涡时，对我国的寒潮天气过程有很好的指示意义。中央气象台科学研究所普查了 1962—1971 年的历史天气图，发现所有中等以上强度的大范围持续低温都是出现在北半球对流层中上部，极涡发生一次断裂分为两个中心，即形成偶极型环流。亚洲一侧的极涡中心南压到西伯利亚北部，冷空气从西伯利亚源源南下，造成我国大范围持续低温。如果欧亚大陆极涡是两个极涡中心，且靠近我国的较强，伴随我国大范围持续低温是强的；若两个极涡中心强度相当接近，我国的持续低温是中等偏强；反之，若亚洲极涡中心是较弱者或极涡分裂为三个中心，则持续低温偏弱。

(2)极地高压

定义是：①500 hPa 图上有完整的反气旋环流，能分析出不少于一根闭合等高线；②有相当范围的单独的暖中心与位势高度场配合；③暖性高压主体在 70°N；④高压维持在 3 d 以上。

极地高压是一个深厚的暖性高压，由于极高形成，使极地的温度场变成南冷北暖。极地高压是中高纬度的阻塞高压进入极地而形成，主要是在两个大洋的中高纬度地区有明显的温度脊落后于高度脊的斜压结构，特别是较低温度脊相悖的极区发展，导致高度场的脊经向发展；或是由于高纬度地区经向环流发展，脊后的长波槽也同时向东南加深而切断形成一个闭合的冷低压，低压前部偏东气流增强，使脊向西北方向伸展，导致极地高压形成。

(3)地面冷高压

强冷空气或寒潮天气过程冷锋后地面高压称为地面冷高压。

(4)冷锋

在地面冷高压的前缘都有一条强度较强的冷锋为强冷空气的前锋，冷锋随高度向冷空气一侧倾斜，在高空等压面上均有明显的冷槽和锋区。冷锋的移动方向与地面冷高压的路径有密切关系；与锋前的气压系统和地形也有关；与引导冷空气南下的冷锋后的垂直于锋的高空气流分量有关。这种气流称为引导气流，引导气流的经向度又取决于与冷空气活动有关的高空槽常称为引导槽和该槽后的脊。引导槽后的脊也发展，引导槽加深，丰厚气流经向度加大，有利于冷锋南下。

6.5.4 低温天气的预报

根据热流量方程(6.4)式，预报低温天气同样考虑温度平流、垂直运动和非绝热因子对局地气温变化的影响。

$$\frac{\partial T}{\partial t}=-\mathbf{V}\cdot\nabla T-\omega(\gamma_d-\gamma)+\frac{1}{c_p}\frac{\mathrm{d}Q}{\mathrm{d}t} \tag{6.4}$$

对温度平流的判断，可采用锋后测站 24 h 变温值结合数值预报进行修正作为判断平流强度的依据。

垂直运动对局地气温变化的影响，主要是通过垂直运动的方向、强度和大气的稳定度来实现。当大气层结稳定如有上升运动，气温就将下降；而有下沉运动就会引起气温上升。

气温的非绝热变化是空气与外界热量交换的结果(主要有辐射、水汽相变而释放潜热、乱流传导等)。在低层大气中表现比较明显，主要为天气现象和下垫面性质对气温变化有影响。当天空中有云时，白天能减弱地面获得的太阳辐射，不易使气温升高，夜间云能使地面不致散失过多热量，不致使气温降得很低；在有降水的情况下，雨滴在降水中不断蒸发，大量吸收周围空气的热量，使地面气温降低，降雪时气温一般不会降低，雪后天晴时，由于地面结雪反射太阳辐射以及结雪融化消耗热量，使气温降低；风对气温日变化有重要影响，风速大时，乱流交换强，有利空气的热量上下交换，白天使地面气温增温减慢，夜间则降温减慢。由于下垫面性质不同，热容量也不同，一般情况下，潮湿地表比干燥地表的气温日较差约小 2℃。

低温天气的短期预报主要用天气图方法和动力数值方法。

预报低温首先对气候背景要了解：作低温预报前首先要分析本地历年 10 月至次年 4 月气温变化的气候规律，了解低温的出现的时间和极端值作为低温预报的重要背景。接着分析形势和要素，主要分析 500 hPa 锋区的强度、槽的位置、槽的深浅和槽的移动，分析 850 hPa 锋区强度(平流类低温要求有明显的锋区，但锋区的存在又对辐射类低温不利)、变温来考虑温度的变化，对比热力学方法中影响温度变化的三个因素，把 850 hPa 的变温当作是温度的一个综合变化，另外，考虑冷平流对温度的开始和结束至关重要；还要分析地面冷高压强度和位置、冷锋位置和冷锋后温压变化、地面风、湿度(露点)等要素；同时参考 MOS 温度预报以及 EC、T213 的 500 hPa 形势演变、850 hPa 和 2 m 温度预报及地方台的城市预报，最后得出综合预报结果。

6.5.5 实例

6.5.5.1 1991 年 12 月 25—30 日上海出现的一次强冷空气影响的天气过程

以龙华观测站为例，1991 年 12 月 24 日，龙华观测站最高温度 12.9℃，最低温度 10.5℃，日平均气温 11.4℃，受较强冷空气影响 12 月 25—27 日分别下降到 3.4℃、1.5℃和 2.5℃，日平均气温 48 h 内降温幅度达 8.9℃，28—30 日连续三天早晨出现低于−5℃的严重冰冻低温天气，29 日早晨极端最低气温出现−8.0℃，是一次横槽南摆的强冷空气过程，对农业生产造成严重的伤害，对城市交通造成重大影响，大量自来水管严重爆裂，对城市居民生活造成重大影响。

从 500 hPa 形势场来看，12 月 24 日 08 时(图 6.52)巴尔喀什湖北侧有一 560 dagpm 的阻塞高压，高压脊向东北伸展到勒拿河附近，亚洲东部极涡中心位于我国黑龙江省的北部，其内的横槽西伸到贝加尔湖以西的萨彦岭地区，冷空气不断在贝加尔湖地区堆积，在萨彦岭附近有一个－44℃的冷中心，在横槽前部有小槽东传与 105°E 附近的南支槽形成阶梯槽东移，引导萨彦岭地区的冷空气向东南移动，25 日 20 时(图略)横槽已南压到蒙古境内，－40℃的冷中心已到了中蒙边界，27 日 20 时(图 6.53)随着高压脊的东移，横槽转竖。

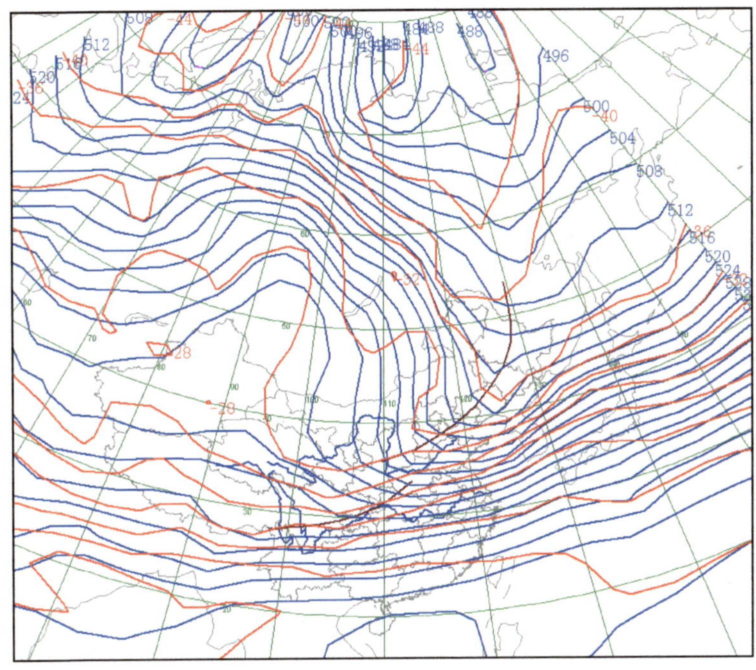

图 6.52　1991 年 12 月 24 日 08 时 500 hPa 图

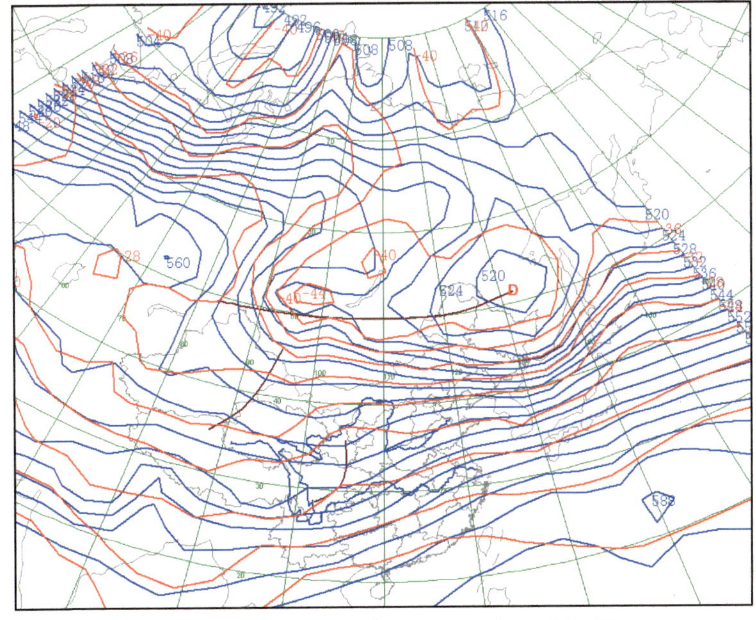

图 6.53　1991 年 12 月 27 日 20 时 500 hPa 图

12 月 24 日 08 时地面图上(图略)萨彦岭附近有一 1064 hPa 的高压中心稳定少动,25 日 08 时(图 6.54a)冷高压中心加强到 1075 hPa,说明不断有冷空气在萨彦岭地区聚集,26 日 02 时(图 6.54b)冷高压中心向南移动到蒙古西部,中心强度达到 1077 hPa,说明冷空气在蒙古境内继续聚集,26 日 20 时在甘肃地区分裂一个 1057 hPa 的高压中心,冷空气开始大举南下。850 hPa(图 6.55)上配合 500 hPa 105°E 附近的南支槽,在长江中下游地区有一切变线,120°E、29°～37°N 附近有 5 根等温线的锋区,说明低层冷空气在向南扩散,25 日 20 时(图略)锋区南压过上海,36 h 850 hPa 上上海温度从 8℃下降到－3℃,26 日 20 时在萨彦岭地区的－24℃冷温度中心向南移动到蒙古地区,冷空气开始大举向南,26 日 20 时 850 hPa 上上海温度下降到－5℃,使龙华观测站的平均温度由 24 日的 11.4℃下降到 26 日 2.5℃,日平均气温 48 h 内降温幅度达 8.9℃,随着强冷空气的大举南下,28 日 08 时 850 hPa 上上海温度下降到－16℃,使龙华观测站的最低温度快速下探至－6.6℃,最高温度仅－2.2℃,平均温度才－4.8℃,

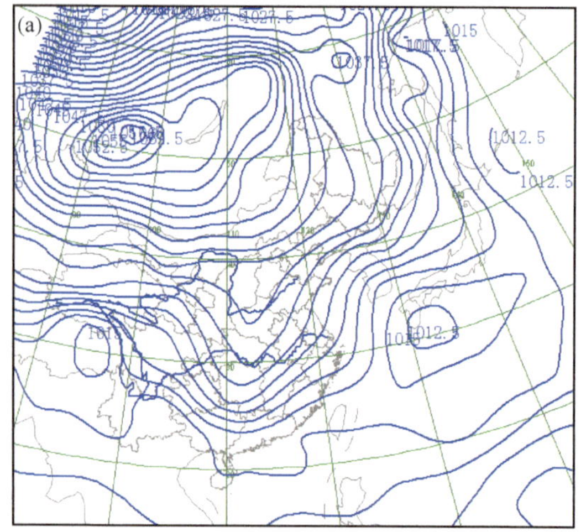

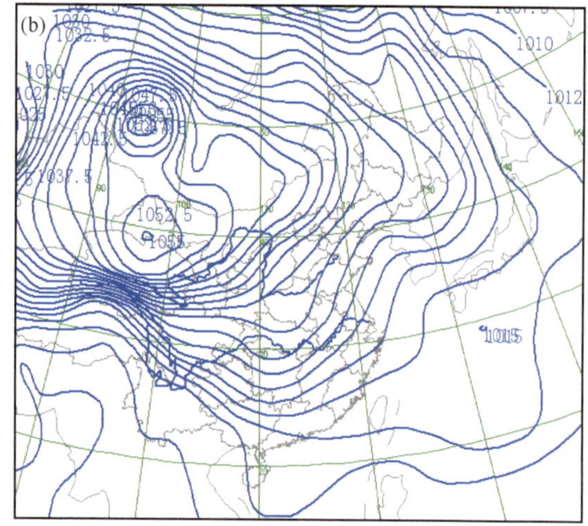

图 6.54　1991 年 12 月 25 日 08 时(a)和 26 日 20 时(b)地面图

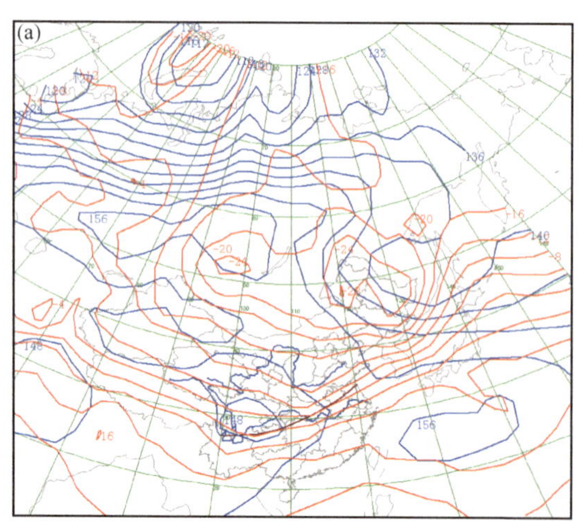

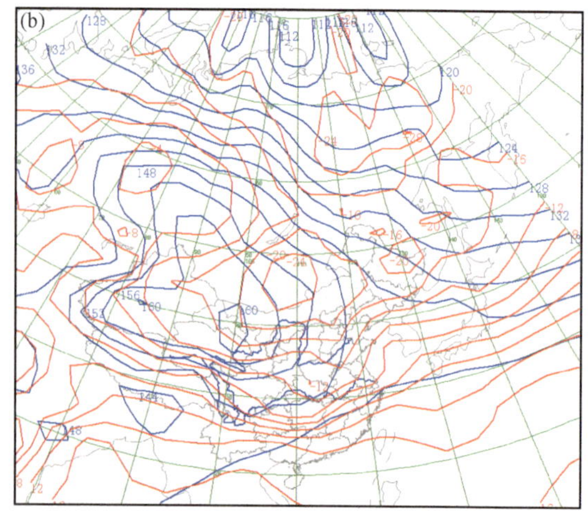

图 6.55　1991 年 12 月 24 日 08 时(a)和 26 日 20 时(b)850 hPa 图

由于受到低层切变线和地面低压槽的共同影响，上海从 24 日到 27 日连续有 4 个降水日，随着气温的逐渐下降，26 日中午开始上海下雨夹雪，后随着气温的快速下降，27 日早晨到傍晚下了暴雪。由于地面温度低，道路严重结冰，许多骑车者和行人摔跤骨折，交通事故频发，大量自来水管爆裂，蔬菜严重冻伤，给人们的出行、生活造成严重影响。图 6.56 为 1991 年 1 月 27 日 20 时和 1 月 29 日 20 时 500 hPa 高度场、温度场。

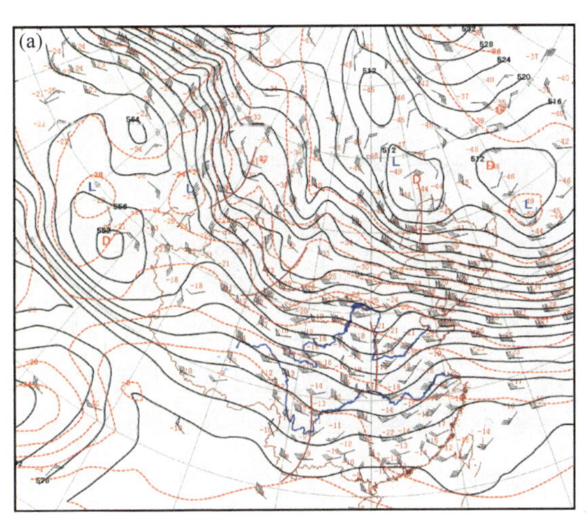
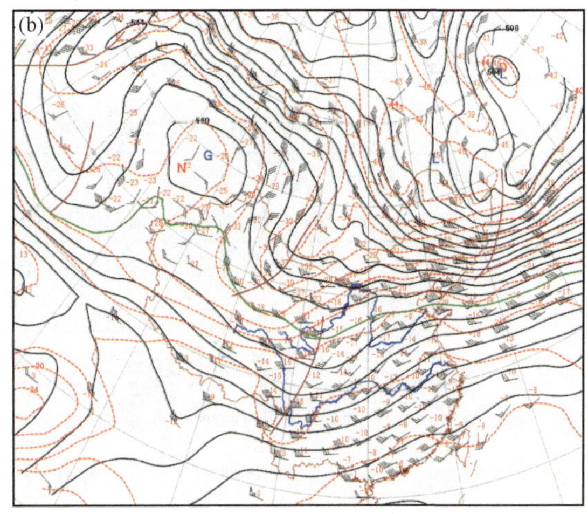

图 6.56　1991 年 12 月 27 日 20 时(a)和 12 月 29 日 20 时(b)500 hPa 高度场、温度场

6.5.5.2　2010 年 12 月 4 次强冷空气和寒潮过程

2010 年 12 月 5—7 日，受强冷空气影响，平均气温下降 7.9℃，长江口、小洋山等沿江沿海地区出现 8～9 级阵风，小洋山 22 m/s。自洋山港前往舟山、嵊泗海域的 14 条航线的 60 余班次客船全线停航，上海市区来往于崇明三岛的高速客轮全部停航，上海港共有 60 多条国际航行船舶取消或推迟进出港。

12 月 15—17 日受寒潮影响，平均气温下降 10.1℃。长江口、小洋山等沿江沿海地区出现 7～9 级阵风，小洋山 21.5 m/s。上海地区出现低温雨雪天气，致使上海两大机场出港航班延误 221 架次、取消航班 47 架次；公路长途客运取消的班次总有 440 多班次。

12 月 23—25 日受寒潮影响，平均气温下降 8.2℃。本市郊区的最大阵风风力基本都在 7 级左右，吴淞达到了 8 级(19.2 m/s)，滴水湖 19.6 m/s。

12 月 29—31 日受强冷空气影响，平均气温下降 7.7℃。本市郊区的最大阵风风力基本都在 7～8 级，青浦更是达到了 8 级。

图 6.57 为 2010 年 12 月逐日气温和降水要素分布。

4 次过程的冷高压中心气压均在 1060 hPa 以上，850 hPa 有 3 次过程降到－10℃以下，925 hPa 降到－7℃以下，500 hPa 冷中心 3 次在－44℃以下，如表 6.13 所示。前期回暖平均温度在 10℃以上时，降温明显要考虑出现寒潮天气。

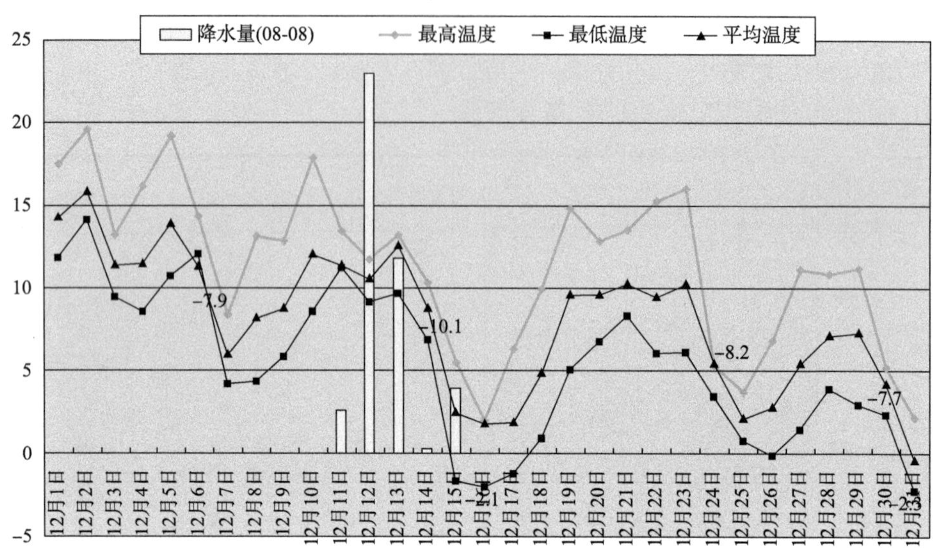

图 6.57　2010 年 12 月逐日气温和降水要素分布

表 6.13　2010 年 12 月 4 次强冷空气和寒潮要素比较

	5 日	7 日	13 日	15 日	23 日	25 日	29 日	31 日
最高气温(℃)	19.2	8.4	13.2	4.2	16.0	3.7	11.2	2.1
最低气温(℃)	10.9	4.1	11.4	−1.7	6.1	0.7	2.9	−2.3
平均气温(℃)	13.9	6.0	12.6	2.5	10.3	2.1	7.3	−0.4
48 h 平均气温差(℃)		7.9		10.1		8.2		7.7
08 时本地气压(hPa)	1016.4	1025.3	1011.5	1028.5	1020.4	1028.3	1022.1	1027.2
地面冷高压中心(hPa)	1060		1062		1065		1060	
850 hPa 最低气温(℃)		−7		−11		−10		−14
925 hPa 最低气温(℃)		−2		−9		−7		−10
500 hPa 冷中心(℃)	−40		−44		−48		−44	

4 次过程有 2 次是由横槽转竖引导冷空气南下暴发的，一次是由低槽东移引起的，另外一次是东北冷涡向东南掉引导冷空气南下形成的。4 次均为中路冷空气影响。如图 6.58 所示。

在频繁受到强冷空气和寒潮侵袭的情况下，2010 年 12 月的月平均温度仍然比常年偏高，其中全市月平均气温 7.6℃，比常年偏高 1.3℃；市区月平均气温为 8.3℃，比常年偏高 1.6℃；郊区各站在 6.8～7.9℃，比常年偏高 0.7～1.8℃。

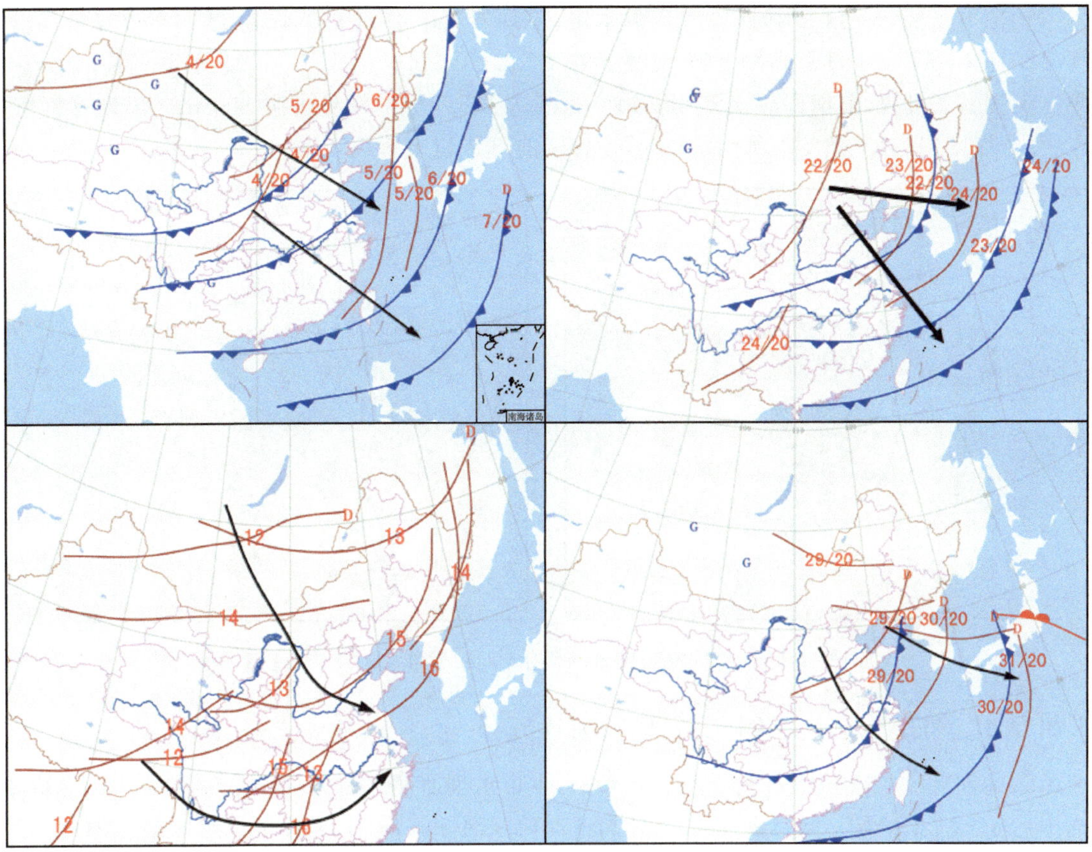

图 6.58　2010 年 12 月 4—6 日、12—15 日、22—24 日、29—31 日低槽冷空气影响图

6.5.5.3　2013 年 3 月 9—11 日强冷空气影响本市

从 500 hPa 高空平均高度场(图 6.59)看到 3 月上旬冷空气较强，东亚大槽位于华东沿海，副热带高压势力比较强，低纬度环流较平，华东中北部多为晴到多云天气，江南到华南有弱降水。

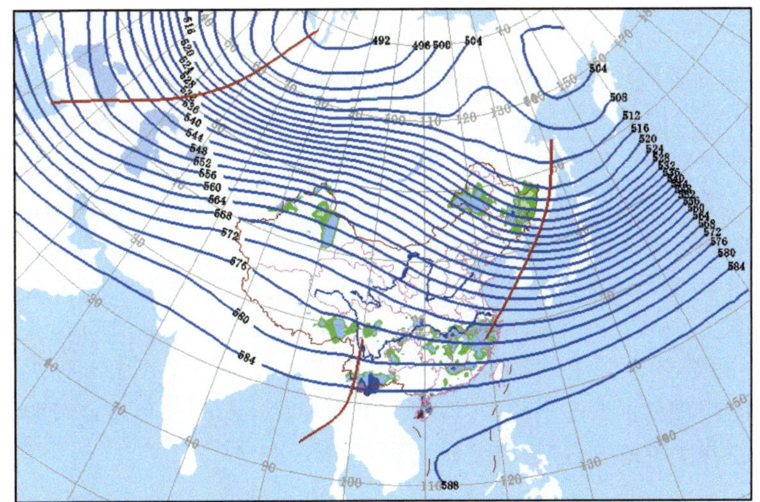

图 6.59　2013 年 3 月上旬 500 hPa 平均高度场(等值线)与降水量分布(色块)

2013年3月9—11日强冷空气影响本市,平均气温由20.6℃下降到11日的7.7℃,最高气温9日29.5℃,11日最高9.3℃,大幅下降了20.2℃,同时出现7~8级大风。高空低槽引导冷空气南下过程,前期回暖上海850 hPa温度达17℃,冷空气势力强850 hPa温度锋区密,在10个纬度中有10条等温线(图6.60)。锋后有8级以上大风

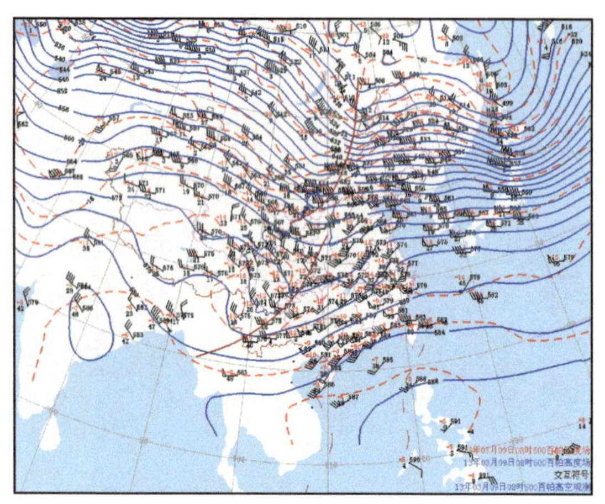

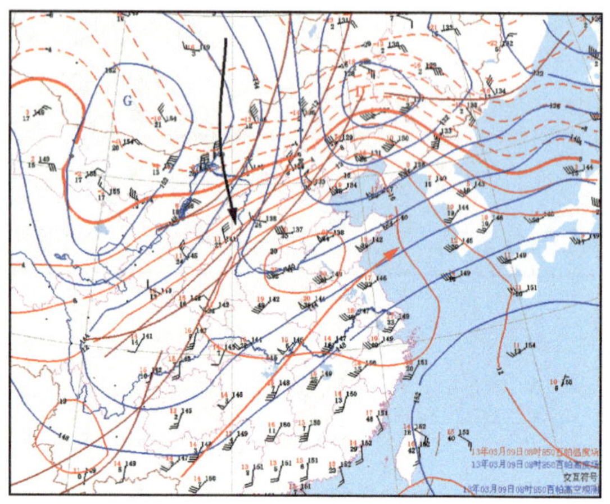

图6.60 2013年3月9日08时500 hPa和850 hPa天气图

6.5.5.4 2015年11月24—27日寒潮过程

2015年11月24—27日受强冷空气影响,本市出现寒潮过程,徐汇站48 h平均温度降幅达10.9℃(24—26日),最低温度48 h下降11.1℃(24—26日),27日早晨市区最低温度达到−1.2℃,郊区最低崇明−4℃,最低温度超出预期。25—26日,陆地阵风6~7级,华东沿海海面8~9级。

预报服务情况:

24日17时发布寒潮警报和寒潮蓝色预警信号:受北方强冷空气影响,预计24—26日本市气温将下降8~10℃,27日最低气温市区将下降到1℃左右,郊区−1~−2℃,有薄冰。内陆有5~6级偏北大风,沿江沿海地区和长江口区阵风7~8级。华东沿海海面自北向南有9级偏北大风出现。

26日17时发布上海市低温报告和霜冻黄色预警信号。

此次寒潮过程,降温幅度与风力预报正确,但27日早晨的过程最低温度预报偏高。

形势分析:此次寒潮过程出现在东亚长波调整的环流背景下。11月中旬,东西伯利亚出现阻塞形势(图6.61),15日起贝湖一带形成横槽并长时间维持;横槽南部平直西风气流中不断有弱波动东移,长江中下游—江南持续阴雨。

23—24日,中纬度西风带上两次弱波动快速东传,引导小股冷空气扩散南下,使得位于40°N附近北支锋区开始南压(图6.62 1a—2c)。与此同时,24日08时500 hPa新疆北部又有一短波槽携带−39℃冷空气进入横槽,与河套槽、高原东部槽形成阶梯槽形势(图6.62 2a),横槽南部等高线明显疏散,正涡度平流加强,槽前出现−100 gpm的负变高(图略),预示着横槽将崩溃,引导冷空气大举南下,过程演变如图6.62所示。

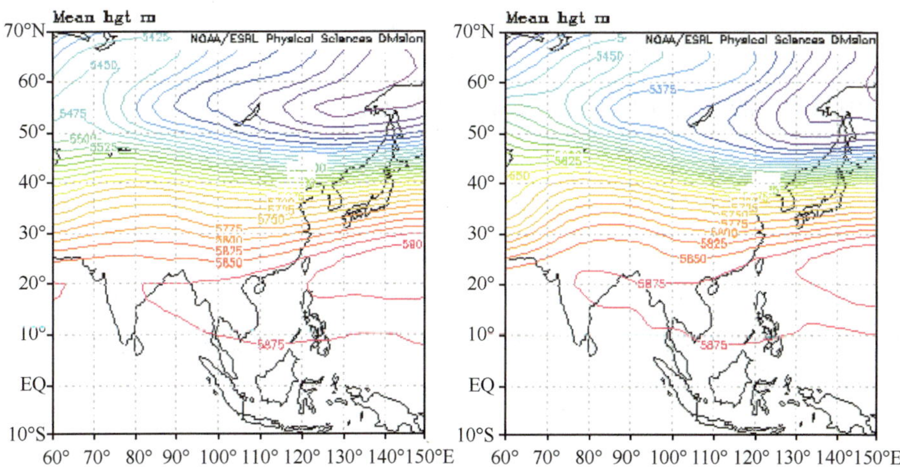

图 6.61 寒潮暴发前 10 d(2015 年 11 月 14—23 日)和 5 d(2015 年 11 月 19—23 日)500 hPa 高度场平均

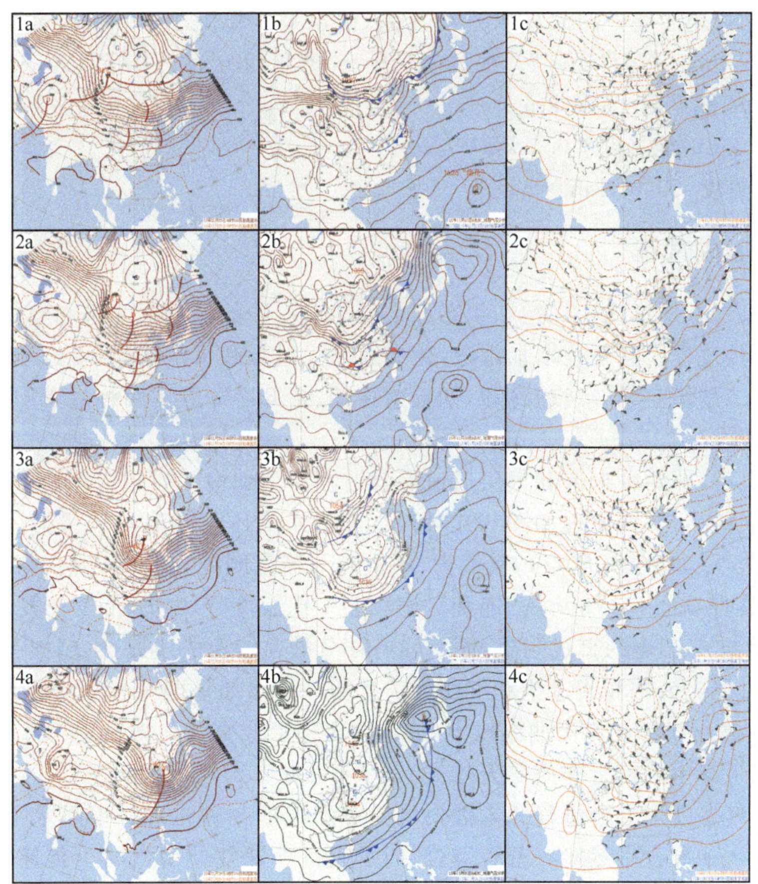

图 6.62 2015 年 11 月 23—26 日寒潮过程演变

1a:23 日 08 时 500 hPa 高度场、温度场 1b:23 日 08 时海平面气压场 1c:23 日 08 时 850 hPa 风场和温度场

2a:24 日 08 时 500 Pa 高度场、温度场 2b:24 日 08 时海平面气压场 2c:24 日 08 时 850 Pa 风场和温度场

3a:25 日 08 时 500 hPa 高度场、温度场 3b:25 日 08 时海平面气压场 3c:25 日 08 时 850 hPa 风场和温度场

4a:26 日 08 时 500hPa 高度场、温度场 4b:26 日 08 时海平面气压场 4c:26 日 08 时 850 hPa 风场和温度场

从 850 hPa 温度来看，寒潮暴发前的 23 日，上海温度约 10℃，到寒潮后期(26 日 20 时)上海温度约－8℃，降温差值达到 18℃，导致 27 日早晨市区最低温度达到－1.2℃，郊区为－1.5～－4.0℃，这种暖冬里的暴冷对上海的农业生产特别是蔬菜、水果以及名、特、优农产品的生产造成严重损害。

6.5.5.5　结语

从预报实践及过程分析总结可以得出，造成上海的低温冷害和低温冻害主要是北方强冷空气的侵袭。从以上分析及已公布的气象数据可知，从 20 世纪 90 年代以来上海冬季以暖冬为主，上海的寒潮年次数有减少趋势，但强度却有增强趋势。所以我们更要提高警惕，准确预报在暖冬环境下暴冷天气的到来。

6.6　雾

雾是悬浮于近地面层中的大量水滴或冰晶，使水平能见度小于 1 km 的天气现象。当能见距离在 1～10 km 时称为“轻雾”。根据能见距离，雾可再分为三个等级：

雾：0.5 km≤能见度<1.0 km

浓雾：0.05 km≤能见度<0.5 km

强浓雾：能见度<0.05 km

6.6.1　雾的形成过程

雾的形成过程就是水汽达到饱和状态产生凝结或凝华的过程。未饱和空气使其达到饱和状态，不外有两种过程。其一是增加水汽，主要靠蒸发过程和水汽输送，就近地面的雾来说，蒸发尤为重要；其二是使空气(水汽)冷却，如辐射冷却、抬升冷却等。两种过程同时发生时，对凝结现象更为有效。

还有一种过程，即两种未饱和气团通过混合过程而达到饱和或超饱和而形成雾(比如冬季呼气有时会呼出的雾)。其原理如图 6.63 所示，其中水汽压与气温的关系为一均衡曲线。当气团处在曲线之下(如 A、B、B'点)，空气为“不饱和”；当气团处在曲线以上，空气为“超饱和”；当气团刚好处在曲线上，空气就是“饱和”。这里 A 代表冷气团，B 代表暖气团，两气团混合后，结果落入 B 与 A 相连的直线附近，而直线有部分处在均衡曲线以上(超饱和)，即不饱和的两气团混合后可能成为饱和或过饱和气团而产生雾。当然如果两个气团都不够潮湿，如 B'气团与 A 气团连接，直线都在均衡曲线以下，这样便不能形成雾(Meteorological Office College，1996)。混合雾最简单的例子即为冬天呼气。

然而，在天气尺度上混合过程并未被公认为雾形成的一种机理。单靠水平混合形成雾的机会很少，因为水平混合必然伴有垂直混合，而垂直混合往往使水汽向上传递，不利于雾的形成。不过混合过程可以起一种促进作用，加在其他过程之上，会加快凝结产生。

很多情况下，雾的形成不止一种因子。

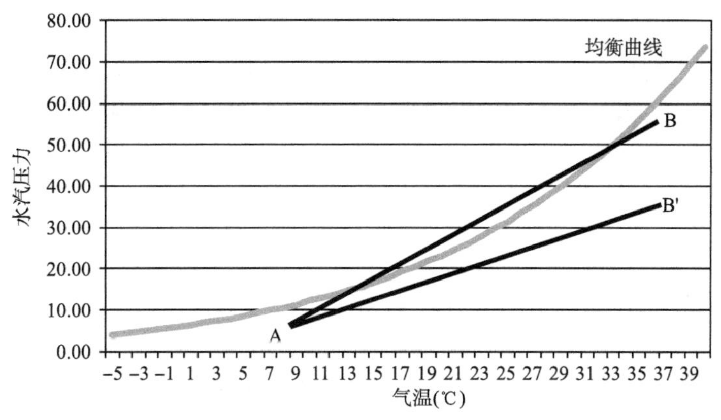

图 6.63　混合雾形成示意图

6.6.2　雾的种类

雾的种类很多，根据形成过程的不同，雾大致可分为冷却雾、蒸发雾和混合雾。冷却雾根据冷却原因的不同，又可分为辐射雾、平流雾、上坡雾等；蒸发雾根据所在地域的不同，又可分为锋面雾、湖泊雾、河谷雾等。

另外，海上或近海区域发生的雾统称为海雾，根据形成原因的不同，海雾又可分为辐射雾、平流雾、混合雾和地形雾等。

最常见的是辐射雾及平流雾。

6.6.2.1　辐射雾

由于辐射冷却作用使近地面气层水汽凝结(或凝华)而形成的雾，称为辐射雾。它多出现在晴朗、微风而近地面水汽又比较充沛且比较稳定或有逆温存在的夜间和清晨。我国内陆地区，辐射雾主要还是出现在秋冬两季，而且当有平流输送水汽时，其持续时间更长、出现范围更广。

6.6.2.1.1　形成辐射雾的条件

(1)冷却条件

晴朗少云的夜间或清晨，地面有效辐射强、散热迅速，近地面层降温多，有利于水汽凝结和低空形成辐射逆温层，使近地面层大量雾滴聚积于逆温层下而形成辐射雾。如果是阴天或云系较多，就不利于辐射冷却，而难以形成辐射雾。

(2)水汽条件

近地面层水汽充沛时，气温稍有下降就会使水汽凝结。湿度越大和湿层越厚，就越有利于形成雾。当空气干燥而湿度较小时，就不利于形成雾。

(3)风力条件

地面辐射冷却作用所及的气层厚薄，与湍流强度密切相关。静风时，湍流微弱，只有贴近地标相当薄的气层中失热冷却，这时仅能形成露、霜或浅雾；微风(1～3 m/s)时，有一定强度的湍流混合作用存在，它能使冷却作用扩展至适当的高度，使水汽垂直输送到一定高度，有利于形成一定厚度的雾；强风时，湍流混合层过厚，使近地面气层降温缓慢，同时也使水汽大量上传，就不利于雾的形成。

(4)层结条件

如近地面气层比较稳定或有逆温存在时，就有利于水汽和尘埃杂质的聚集，如又有辐射冷却作用便易于形成雾。当气层不稳定时，则有利于上下层热量交换和水汽扩散，而不利于雾的形成。

另外，地表性质对辐射雾形成也有一定的影响。如土壤潮湿的地区，江河、湖泊附近，内陆低洼地区，都容易出现辐射雾。

6.6.2.1.2　辐射雾的预报方法

(1)分析天气形势

易产生辐射雾的天气形势一般有以下三种：①地面弱高压中心附近，或鞍形场、均压场内；②以海洋为源地的空气控制了冷大陆地区(空气潮湿)；③雨雪后因弱高压脊控制而突然转晴，低层潮湿，风力微弱。

(2)分析近地面层温湿条件

如果未来近地面层有逆温层形成且能达到一定高度，湿度随时间增大，当晚的最低气温可降至露点温度，则可预报夜间或清晨将会出现辐射雾。

(3)利用预报指标

①云量：夜间云量越少，就越利于辐射雾的形成；②风速：一般来说，微风(1～3 m/s)最有利于辐射雾的形成，各地可按照当地的资料统计一个风速临界指标；③湿度：夜间或清晨出现辐射雾时，一般在出现辐射雾之前的那天下午到傍晚的湿度都比较大，因此这段时间相对湿度的大小，可作为预报辐射雾的湿度指标(如上海地区，14 时的相对湿度超过 60%，是预报辐射雾的湿度指标)；④经验公式：可统计历史资料来寻找经验公式。

6.6.2.2　平流雾

平流雾是暖而湿的空气流经冷的下垫面逐渐冷却而形成的。这种雾，在一天之中任何时候都可出现，一般仍以夜间和清晨为多。在我国大部分地区尤其是沿海地区，当暖而湿的空气流经冷的地表面，或者海洋上暖而湿的空气流到冷的大陆，或者海洋中暖海面上的空气流到冷的海面上，常常形成平流雾。

6.6.2.2.1　形成平流雾的条件

(1)平流条件

形成平流雾，首先要有暖湿空气向较冷的下垫面移动，因而适宜的风向、风速是一个必要条件。一般风速在 2～8 m/s 时，最有利于平流雾形成；风向则近于与地面等温线相垂直为宜。

(2)冷却条件

向较冷的下垫面平流的暖湿空气与下垫面之间，温差越大，就越有利于低层空气冷却并形成平流雾。在我国常见的平流雾，一般都是出现在温差较大的海陆交界和冷暖洋流交界的地区。

(3)湿度条件

平流过来的暖空气，湿度越大，水汽含量充沛，也是形成平流雾不可缺少的条件。

6.6.2.2.2　平流雾的预报方法

(1)分析天气形势

我国沿海地区的平流雾或平流辐射雾，一般出现在入海变性冷高压的西部、太平洋高压西部以及气旋和低槽的东部。

①入海变性冷高压西部的平流雾

冷高压入海后，在其西部能否形成平流雾，主要取决于系统的厚度和系统在海上停留变性的时间。一般说来，如系统越厚变性越大，就越有利于在系统的西部区域形成平流雾。这种平流雾多见于春季，一般出现在海陆交界地区。

②太平洋高压西部的平流雾

入夏以后，太平洋高压脊向西北伸展，如果脊的西缘正好伸至我国沿海地区，则有利于沿海地区出现平流雾。由于太平洋高压脊是暖性深厚系统，维持时间较长，所以受影响的平流雾范围广，厚度大，而且持续时间长，短则 1～2 d，长则 5～6 d 或超过 6 d。

③气旋和低槽东部的平流雾

江淮气旋引起的平流雾，主要出现在黄海沿岸，黄河气旋引起的平流雾；主要出现在渤海沿岸；西南低压槽引起的平流雾，主要出现在珠江口以东的华东和华南沿岸。

上述三类平流雾出现时，沿海地区 850 hPa 和 700 hPa 高度上都有暖平流。如果暖平流的厚度太薄，出现平流雾的可能性就较小。

④锋前的平流雾

静止锋、冷锋前面或低压槽中的偏南风流场有利于暖湿空气的输送，往往会有平流雾出现。

(2)分析近地面层的温湿和乱流条件

有了形成平流雾的有利天气形势并不一定能形成这种雾，还要具体分析是否具备了形成雾的温、湿条件以及乱流的情况如何。

如果在近地面层有明显的暖湿平流，而且预报地区的气温低于流入空气的露点温度，则易于产生凝结；进一步，利用里查森数 $Ri=\frac{g}{\theta}\frac{\partial\theta}{\partial z}\Big/\left(\frac{\partial V}{\partial z}\right)^2$ 判断近地面层的乱流强弱。如 600 m 以下气层内 $Ri>0.5$ 时则乱流弱，如 $Ri<0.5$ 则乱流强。所以只有当预报地区的气温低于流入空气的露点温度，而 600 m 以下气层内 $Ri>0.5$ 时，才能预报有平流雾形成。

(3)比较本站和上游站的天气现象

当发现上游地区的露点温度值等于或大于本地的温度值时，则要关注平流雾的形成。

6.6.2.3　蒸发雾

蒸发雾又称蒸汽雾。按照蒸发的定义，水蒸发量 E 正比于水面的饱和水汽压 E_w 与空气的实际水汽压 e 之差，即：

$$E = K_e V_a (E_w - e) \tag{6.5}$$

式中 E_w 是水温 T_w 的函数，V_a 为风速；K_e 为气体扩散系数。

当冷空气(气温为 T_a，对应的饱和水汽压为 E_a)流经暖水面(水温为 T_w)时，如果气温与水温相差很大($T_a<T_w$)，暖水面的饱和水汽压大于冷空气的实际水汽压($E_w>e$)，水汽源源不断地从暖水面蒸发，直至 $E_w=e$ 时蒸发终止；此时有 $e=E_w>E_a$，即对气温来说，水汽过饱和，其过饱和的量为($e-E_a$)。即蒸发使得冷空气中的水汽增加,同时与冷空气混合产生冷却降温过程,两者共同作用造成气团的饱和或过饱和;如果空气中有凝结核,则将有($e-E_a$)的水汽凝结成水滴而产生雾(北京大学地球物理系气象教研室,1978)。

6.6.2.3.1 蒸发雾的特征

蒸发雾一般不太厚,其厚度通常约 50～100 m,大致与逆温层的下界高度一致。蒸发雾既不稳定也不均匀,随生随消,时浓时淡。

6.6.2.3.2 蒸发雾形成的条件

一般有三种情况可产生蒸发雾:①紧靠地面暖锋的前方或仅靠地面冷锋的后方,当锋面逆温层高度很低时,暖水滴降落到近地层冷空气中蒸发而形成的雾(锋面雾或雨雾);如果逆温层高度较高,雨滴蒸发则形成层云(如果雨滴所落的冷空气层不稳定并有湍流,这时形成的往往不是层云而是碎雨云);②秋冬季,在大陆的河湖泊地区及山脉地区的河谷地区,水面或河谷上的温度远高于周围冷空气,如果有较冷空气流到水面或河谷上,由于强烈的蒸发而形成蒸发雾(湖泊雾、河谷雾);③当极地大陆冷空气流到暖洋面上,或者海洋极地空气流向中纬度暖洋面上时,由于强烈蒸发而形成的蒸发雾(海雾)。

蒸发雾的形成,还需要水温远高于气温,至少要高过 5℃以上。曾经发现过温差高过 30℃的蒸发海雾的现象,但也见到过温差到 14℃还没有蒸发海雾的现象。关于出现蒸发雾时气温和水温差的最低界限,有人应用湍流传递方程研究过,认为:①它是随水温增加而增加;②随空气相对湿度减小而增加;③与水的含盐度有关,即随含盐度增加而增加。计算表明,当冷空气流经 0℃水面时,其温度应在－10.5℃,则开始有蒸发雾;当冷空气流经 0℃洋面时,其温度应在－13.2℃才开始有蒸发雾。

6.6.2.4 海雾

海上或近海区域发生的雾统称为海雾。依成因不同,可把海雾分成平流雾、辐射雾、混合雾和地形雾等。其中平流海雾又可分为平流冷却雾和平流蒸发雾,为海雾中最常见。

空气层结的改变,可使海雾升高变为层云,也可以使层云降低变成海雾。中国东海岸和美国西海岸都有这种现象。

6.6.2.4.1 平流冷却雾

又称暖平流雾,有时简称平流雾(可参考平流雾一节)。在冷暖洋流交汇处,当有适当的风向、风速,将暖湿空气吹向冷海面时,暖气流受海面冷却,其中的水汽凝结而成的雾。这种雾浓度大、范围广、厚度厚、多变化、持续时间长,日变化不明显,可以整日不消。当风由海上吹向大陆时,海雾可乘风深入内陆达 100 km;登陆的海雾一般在夜间,白天就抬升为低云或暂时消失,入夜后又登陆。

6.6.2.4.2 平流蒸发雾

当极地大陆冷空气流到暖洋面上,或者海洋极地空气流向中纬度暖洋面上,或者在巨大冰山附近的水域上时,海水蒸发,使空气中的水汽达到饱和状态而形成平流蒸发雾(可参考蒸发雾一节)。冷空气流到暖海面上,由于低层空气下暖上冷,层结不稳定,故雾区虽大,雾层却不厚,雾也不浓。

6.6.3　雾的消散

当出现如下天气条件时，则有利于雾的消散：

(1)风增强至一定数值，雾消散。同时，风强，湍流垂直交换加强，在稳定层结中使热量下传，雾消散，或上升成层云。通常见到的白昼雾多消散或浓度减弱，就是风增强起一定的作用。

(2)日辐射加强，使得下部受热而消散，特别是辐射雾多因此而消散。

(3)雾沿山坡而下，下沉绝热增温而消散。

(4)雾随风移到暖的陆地表面，也是下部受热的一种，雾大多趋于消散。

(5)移到低温积雪表面，由于干化效应，雾多消散。

干化效应：在－5℃附近到－25℃附近，同一温度下水面饱和水汽压与冰面饱和水汽压的差别较大。当雪盖上面的空气冷却到零度以下时，水汽对水尚未饱和，但对冰来说可能达到饱和，于是水汽即开始在雪面上冻结成冰，因而水汽减少，对水来说更难达到饱和。如果继续冷却下去，这种作用使空气中水分更少，同时湍流又使近地面层上层的水向下传递，继续冻结成冰。纵然有些水汽凝结成过冷却水滴，也要蒸发，又在冰晶上冻结。这些作用都使近地面层空气里的水分减少，因而积雪有使空气干化的效应。

6.6.4　雾的灾害及影响

大雾对航空、航海及陆上运输等都会带来严重的危害甚至造成人员伤亡。据统计，国内航班不能正常飞行的原因中 79％是因为雾，国外航班不能正常起降者 60％是因为雾；国内外海难事件半数以上与雾有关，轮渡事端大多也因雾而发。

例如 1996 年 12 月下旬，黄淮、江淮、华北等地突发一场大范围的连日大雾，许多机场被迫关闭，大批旅客滞留空港；由上海始发的国外航班取消延误 437 次，10 万旅客受阻，虹桥国际机场和各航空公司只好为 5 万(人次)旅客提供住宿。又如 1987 年 12 月 10 日，上海连续 3 d 大雾、遮天蔽日，最低能见度只有 20～30 m，轮渡只好停开；当弥雾渐散开始复航时，浦东 3 万人蜂拥而至，互相挤踩，酿成一起重大的伤亡事故，其中，死亡 11 人，受伤 76 人，经抢救无效死亡 5 人，另有 2 人成为植物人。再如 1983 年 1 月 27 日凌晨至上午，大雾使上海市区红绿灯看不清，迫使市内 68 条公共电、汽车路线停驶，4 列火车进不了站，港口、机场的船和飞机只好推迟起航；而 1973 年 2 月 5 日，大雾笼罩上海港，使 6 艘大、中型客货轮在吴淞口互相碰撞，造成人员伤亡和 100 万元以上的直接经济损失。

6.6.5　上海市雾的气候特征

6.6.5.1　季节变化特征

(1)大雾季节分布

上海市冬季出现大雾次数最多占 34.17％，春季 28.4％，秋季 22.49％，夏季 14.94％。其中，9 月份出现大雾次数最少，占总数的 2.22％；夏末的 7 月份和秋季的 8、9 月份雾出现次数较少占总数 8.73％；晚秋的 11 月份到第二年的 4 月份雾出现次数较多占总数 67.01％。平均每年雾出现次数为 56.33 次，2012 年雾日比较少，2005 年以后大雾日数平均每年不到 50 次。如表 6.14 所示。

表 6.14 雾日的年月分布次数和百分比

年份	1月	2月	3月	4月	5月	6月	7月	8月	9月	10月	11月	12月	合计
2001		8	5	10	9	11	1	4		9	14	11	82
2002	8	11	8	8	13	3	8	5	5	8	7	7	91
2003	9	14	8	7	10	10	3	2	5	6	12	9	95
2004	5	10	6	5	8	7	5		3	5	9	7	70
2005	4	5	6	11	1	4	2	1		2	7	3	46
2006	6	3	6	3	5	4		1	1	6	4	12	51
2007	11	7	6	2		3	2		1	2	1	11	46
2008	8	4	3	5	4	6	3	3	/	4	9	6	55
2009	4	10	2	7	2	1	1	1	/	2	7	6	43
2010	6	6	5	6	3	4	1	/	/	2	6	4	43
2011	2	9	5	4	1	2	1	/	/	2	9	1	36
2012	/	4	5	3	/	2	/	/	/	3	1	/	18
合计	63	91	65	71	56	57	27	17	15	51	86	77	676
百分比(%)	9.32	13.46	9.62	10.50	8.28	8.43	3.99	2.51	2.22	7.54	12.72	11.39	

(2)浓雾的季节分布

2001—2012 年上海徐汇站雾日统计,能见度 200～500 m 的浓雾年均 1.42 d,占总雾日 19.32%,主要出现在冬季和初春。能见度≤200 m 的浓雾年均 0.25 d,占总雾日 3.41%。如表 6.15 所示。

表 6.15 2001—2012 年徐汇的雾各月出现日数统计表 (d)

项目	合计	年平均	1月	2月	3月	4月	5月	6月	7月	8月	9月	10月	11月	12月
总雾日合计	88	7.33	15	14	7	12	9	4	/	3	/	2	8	14
200～500 m 浓雾日	17	1.42	4	4	/	4	/	/	/	1	/	/	1	3
≤200 m 浓雾日	3	0.25				1				1				1

6.6.5.2 地理分布特征

通过分析 2001—2012 年总共 676 个大雾个例得到,上海市的沿江沿海地区大雾出现次数明显比市中心地区多,出现大雾次数最多的是崇明,占 44.67%,其次是奉贤,占 42.31%。如图 6.64 所示。

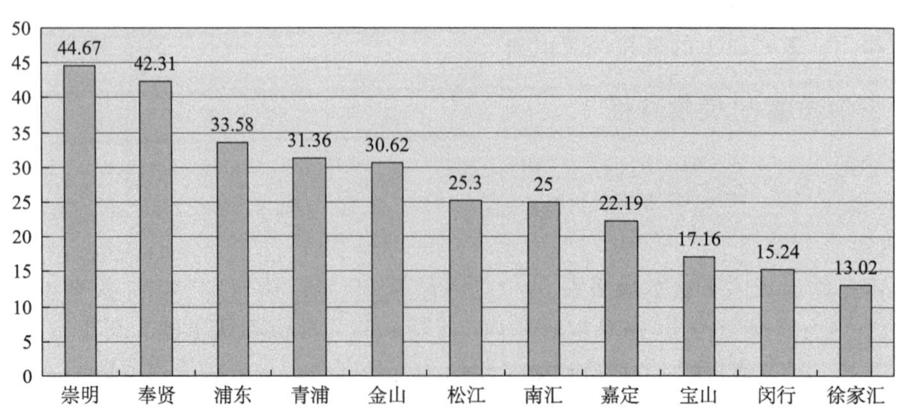

图 6.64 各观测站大雾月分布次数所占百分比(%)

6.6.5.3　天气系统特征

(1)不同类型大雾月分布次数和百分比

根据 2008—2012 年上海地区大雾出现时的地面影响系统分成高压(高压楔)、高压后部、地面倒槽(低压)、锋面等四类。如表 6.16 所示,地面倒槽(低压)天气系统下更有利于大雾天气的出现,在这些个例中接近 50%的大雾天气出现在地面倒槽内或地面倒槽内低压附近,高压中心或高压楔产生的大雾也较多,占 33%,锋面附近出现大雾的次数最少仅占 5.5%。高压中心或高压楔系统下的大雾主要出现在秋末到第二年的春季,夏季和秋初这种系统下基本无大雾出现。地面倒槽或倒槽内低压附近系统下的大雾出现在秋末到第二年的夏初,夏末和秋初较少。

表 6.16　各类型大雾月分布次数和百分比

天气系统＼月份	1月	2月	3月	4月	5月	6月	7月	8月	9月	10月	11月	12月	合计	比例(%)
高压(高压楔)	7	13	3	6	3	1	/	/	/	7	11	9	60	33
高压后部	1	1	4	6	2	3	2	1	/	1	4	1	26	14.3
地面倒槽(低压)	7	13	11	13	4	9	4	3	/	3	14	5	86	47.2
锋面附近	3	3	1	/	/	/	/	/	/	2	1	/	10	5.5

(2)各观测站大雾出现的天气系统特征

对于每个测站来说(除了青浦测站),地面倒槽(低压)系统下产生的大雾最多,高压(高压楔)系统控制下产生的大雾为其次,而且沿江沿海地区大雾日数明显多于内陆。如表 6.17 所示。

表 6.17　各观测站大雾出现的天气系统分布

天气系统＼测站	闵行	嘉定	徐汇	浦东	南汇	奉贤	松江	金山	青浦	崇明	宝山
高压(高压楔)	9	12	8	10	29	42	18	24	17	34	18
高压后部	3	1	/	5	12	11	4	7	4	15	4
地面倒槽(低压)	14	19	9	17	36	42	29	34	13	50	19
锋面附近	/	1	/	/	1	2	3	3	/	4	1

6.6.5.4　大雾形成的天气形势分析

由于单站或小范围的大雾过程对于某一区域来说,不具有代表意义,所以选取三个观测站及以上的大雾过程来分析大雾形成的原因,共选取 76 个雾日(表 6.18)。其中高压(高压楔)26 个,地面倒槽(低压)39 个,高压后部 9 个,锋面 2 个。下面将对这 76 个雾日进行统计分析。

表 6.18 各型大雾月分布次数

天气系统＼月份	1月	2月	3月	4月	5月	6月	7月	8月	9月	10月	11月	12月	合计
高压(高压楔)	2	6	/	3	1	1	/	/	/	1	8	4	26
高压后部	/	/	1	5	1	1	/	/	/	/	1	/	9
地面倒槽(低压)	3	7	7	7	1	2	/	1	/	1	8	2	39
锋面附近	2	/	/	/	/	/	/	/	/	/	/	/	2

6.6.5.4.1 高压(高压楔)型

高压或高压楔型的大雾的要素特征是风力较小，晴空，多发生在凌晨到08时太阳出来前后，这种类型的大雾有时大雾的强度和范围都较严重，最低能见度可达50 m以下，从大雾的分类具有辐射雾的特点，下面从大雾形成的环流背景及物理条件分析雾的形成机制。

(1)环流背景分析

对于高压或高压楔型的大雾地面形势是高压中心附近，风力较小，天空状况少云，高压分为两种情况：第一种是冷空气影响后，地面为冷高压的形势，这种类型的高压出现大雾的范围不大，强度也不强；第二种为地面在冷空气影响前的弱高压形势，多数在高压附近有弱低压或低压倒槽，高压只是相对高，这类地面形势下产生的大雾范围大，强度也大，这与弱气压场形势下湿度比较大有关。而对高空形势分析得到，50%为高空冷槽控制，15.4%为高低空冷槽前，34.6%高空为冷槽，低空为暖温度脊。其中，仅有两个个例出现了降水，为高空冷槽，低空暖脊的天气形势。无论高空是冷空气已经影响了，还是即将影响上海，低空上海都处在温度脊或温度脊东部，低空的暖湿气流对大雾的形成起到至关重要的作用。下面选取2008年1月9日为第二种类型的地面高压形势的一次大雾过程进行简单分析。

(2)高空形势分析

从高空形势分析得知(图6.65)，500 hPa处在高空槽后西北气流控制下，温度槽与高度槽几乎重合，说明高空冷空气已经影响上海，850 hPa江淮地区有锋区存在，上海沿海有一条风向的切变，温度槽在日本南部洋面，但是上海地区为暖脊所控制，风向转为西偏西南，低空暖湿平流的输送为大雾的生成提供了水汽条件。

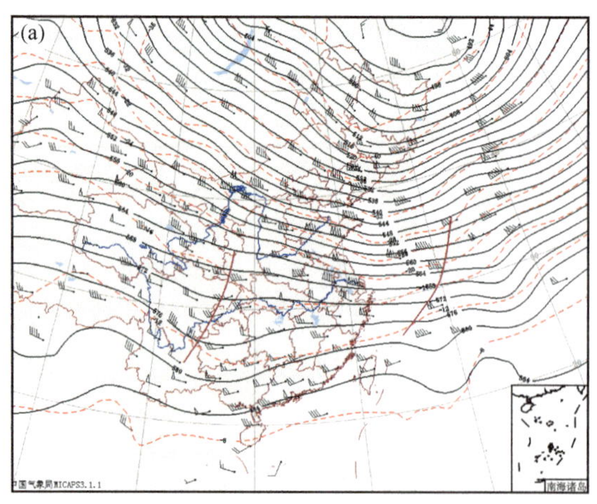

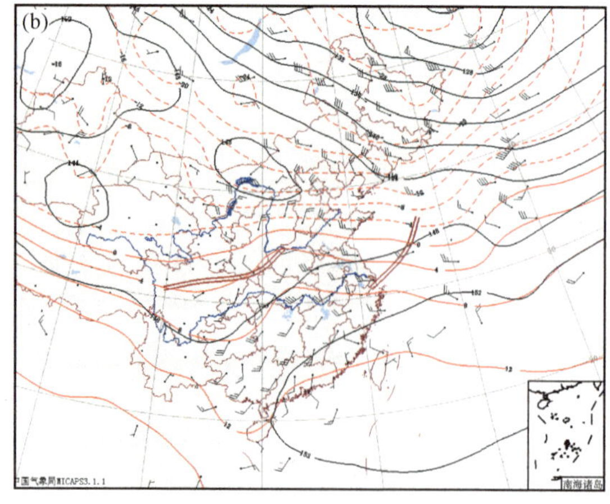

图6.65 2008年1月9日08时500 hPa(a)和850 hPa(b)天气图，蓝线为等高线，红线为等温线

(3)地面形势分析

上海处在弱高压控制下,有低压倒槽在冷空气和此弱高压之间,结合低空的温压场可知,低空西南有暖湿气流输送,有利于大雾区湿度的增加,这种高低空形势下的大雾,由于风力小,湿度又大,有利于出现范围大,强度强的大雾天气。如图 6.66 所示。

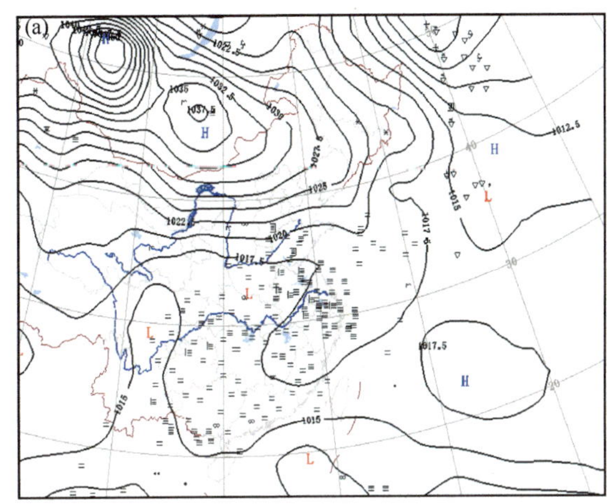

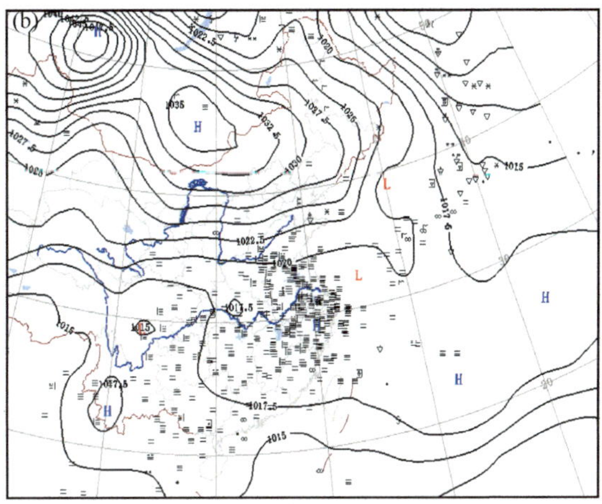

图 6.66　2008 年 1 月 9 日地面天气图 05 时(左),08 时(右),黑线为等压线

(4)层结条件分析

基于宝山探空资料对 26 个雾日分析(有时早晨和晚上分别出现了雾,就为 2 个例,合计有 32 个样本),得到逆温层的高度大部分在 1025 hPa 到 875 hPa 之间,逆温层的厚度多数在10～40 hPa(100～500 m),逆温强度为每 100 m 降温在 0.5～3.0℃(0.03～0.3 ℃/hPa)。如图 6.67,6.68 所示。百帕(hPa)换算成米(m)采用的公式为:

$$Z_2 - Z_1 = 18400(1 + t/273)\log(P_1/P_2) \tag{6.6}$$

式中,P_1 和 P_2 单位为 hPa,Z_2 和 Z_1 单位为 m,t 单位℃。后面百帕和米之间换算也采用此公式。

6.6.5.4.2　地面倒槽(低压)型

这种类型的大雾可发生在一天的任何时间,发生在低压倒槽内,有时与降水同时出现,大雾的范围和强度都比较大。下面从大雾形成的环流背景及物理条件分析雾的形成机制。

(1)环流背景分析

通过对 39 个雾日地面倒槽或伴有低压进行分析得到,地面为倒槽的天气形势,倒槽的伸展方向可分为两种形势:第一种呈东北—西南方向,占 64.1%;第二种为从福建沿海伸向华东中部的偏南—北向,占 35.9%。无论哪一种类型,对于地面倒槽形势下的大雾天气可以出现在一天的任何时间,低压倒槽移出或引导北方冷空气影响时,大雾天气结束。从高空形势分析得到,500 hPa 大多数为高空槽前,低空 850 hPa 为暖温度脊,盛行西南风或偏南风,有时低空伴有切变线。当然,也有高空 500 hPa 处在冷槽后或槽底附近,低空为暖脊;也有 700 hPa 为暖温度脊,850 hPa 处在锋区中等。下面对 2008 年 1 月 11 日的一次全市范围内、持续时间长的(从 10 日早晨—11 日 17 时前后)大雾过程进行简单分析。

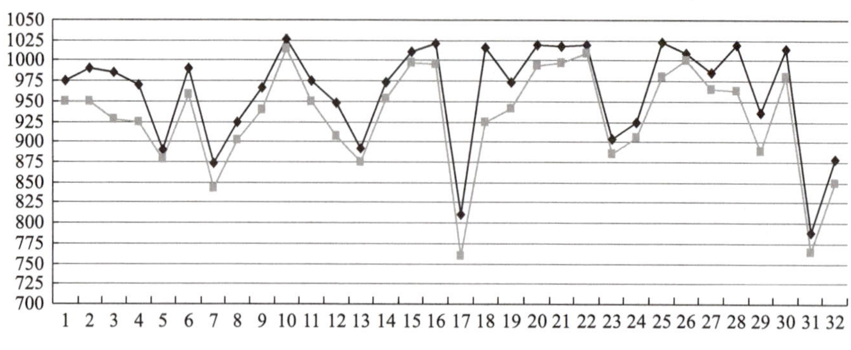

图 6.67　个例逆温层的高度(hPa)

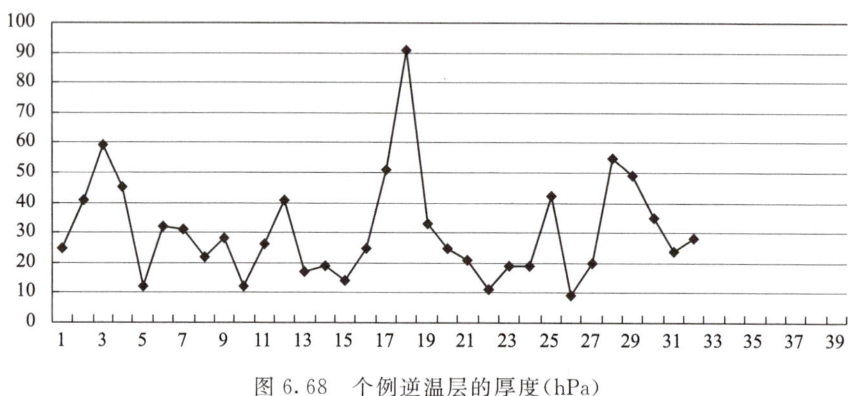

图 6.68　个例逆温层的厚度(hPa)

(2)高空形势分析

500 hPa 处在槽前脊后,850 hPa 为温度脊,上海处在江淮切变线南侧,切变线南侧有西南低空急流,低空锋区压到上海的北部。如图 6.69 所示。

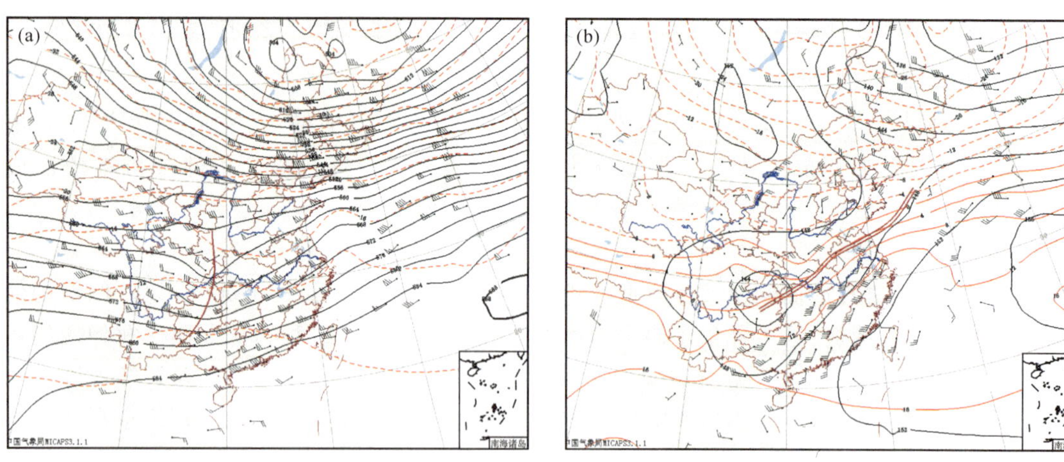

图 6.69　2008 年 1 月 11 日 08 时 500 hPa(a)和 850 hPa(b)天气图,蓝线为等高线,红线为等温线

(3)地面形势分析

从 2008 年 1 月 11 日 05 时和 08 时的地面天气图上可以看出(图 6.70),地面处在东北—西南向的倒槽内,北方冷空气堆积上海的北部,由于地面倒槽维持时间比较长,这次大雾过程从 9 日夜里出现一直持续到 11 日傍晚,地面倒槽入海并引导冷空气南下影响时大雾消散。在

大雾出现期间有时伴有降水，有时无降水。

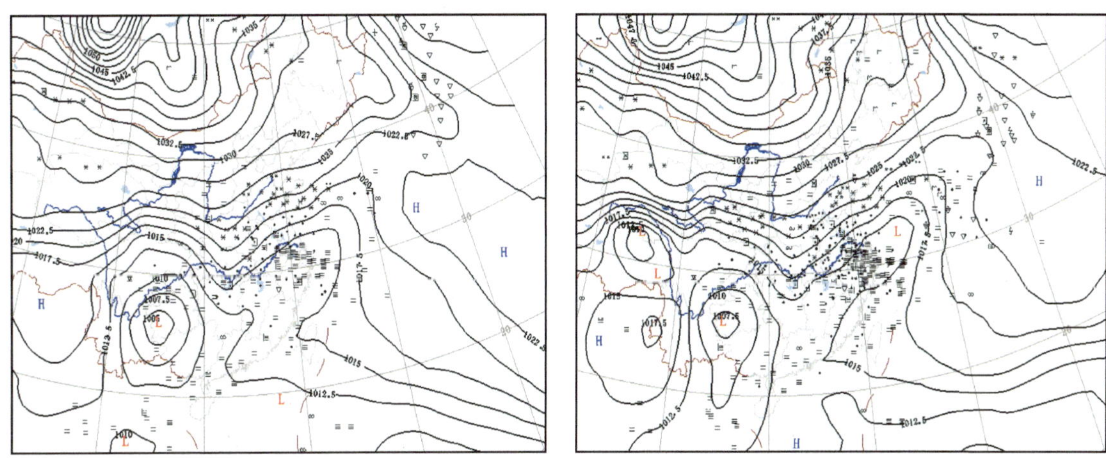

图 6.70　2008 年 1 月 11 日地面天气图 05 时(左)，08 时(右)，黑线为等压线

(4)层结条件分析

基于宝山探空资料对 39 个雾日分析，对于地面倒槽形势下出现的大雾天气，中低空温度层结有逆温和等温两种情况。得到逆温层的高度大部分在 975 hPa 到 850 hPa 之间(图 6.71)，逆温层的厚度多数在 17～90 hPa(230～850 m)(图 6.72)，逆温强度每 100 m 降温在 0.2～1.2℃(0.02～0.08 ℃/hPa)。等温层的高度大部分在 1004 hPa 到 775 hPa 之间(图 6.73)，逆温层的厚度多数在 4～80 hPa(70～700 m)(图 6.74)。

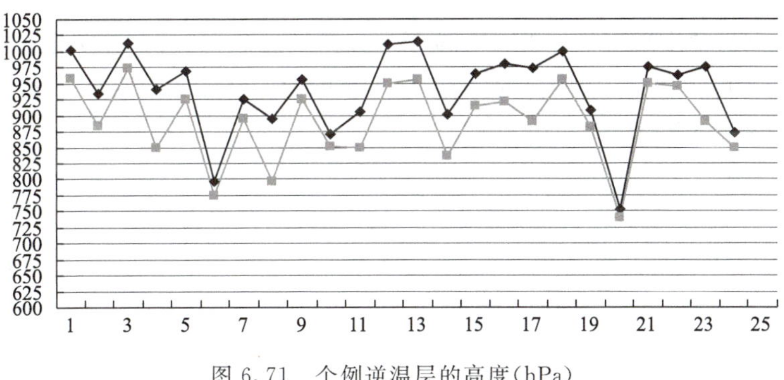

图 6.71　个例逆温层的高度(hPa)

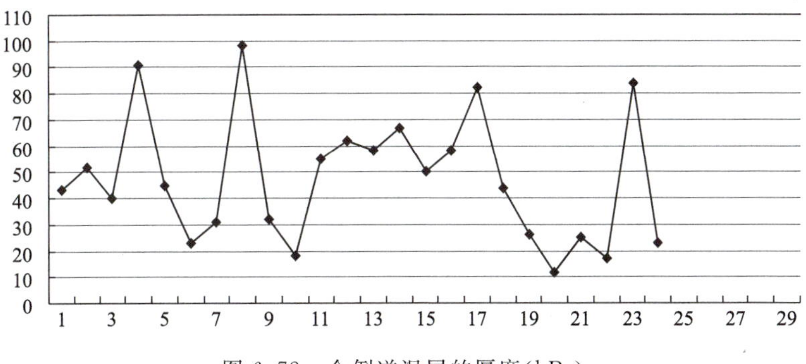

图 6.72　个例逆温层的厚度(hPa)

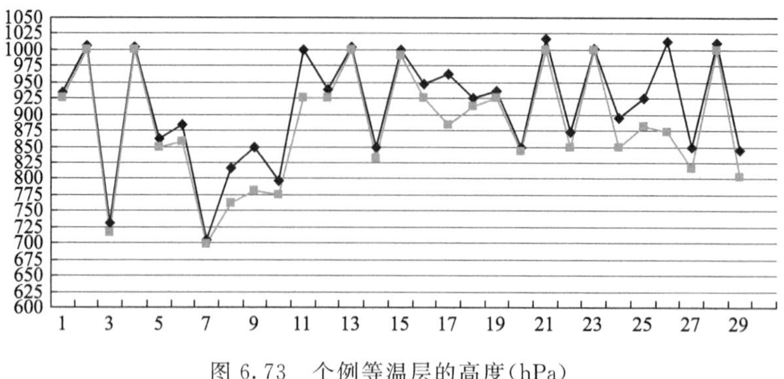

图 6.73　个例等温层的高度(hPa)

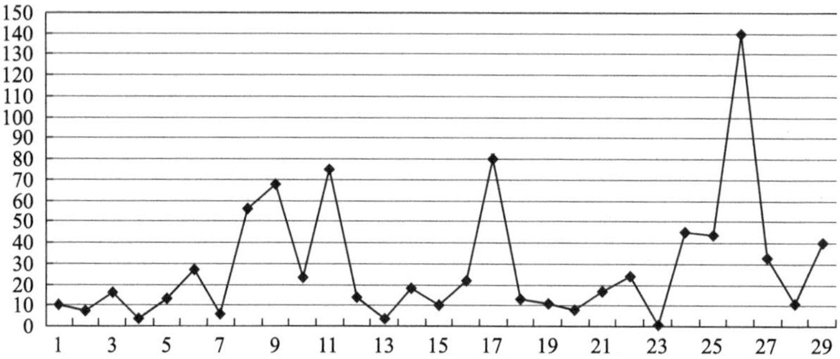

图 6.74　个例等温层的厚度(hPa)

6.6.5.4.3　高压后部型

9 个雾日的大雾都出现在 08 时前后,位于地面高压的后部,在东南风或西南风的作用下,暖湿空气吹向较冷的下垫面,而形成的大雾,从大雾的分类属于平流雾。下面从平流雾形成的环流背景及物理条件分析雾的形成机制。

(1)环流背景分析

通过对 9 个雾日的高低空环流形势分析得到,地面处在海上高压后部,稳定的东南风把海上的暖湿气流输送到陆地上较冷的下垫面,或高压后部西南风把南方的暖湿空气输送到北方相对较暖的下垫面上而形成的平流雾天气。高压后部类型的大雾不全是平流雾,也有辐射雾,或两者的混合雾,因为虽然天气形势上为高压后部,但是风力小,云量少的夜晚也会出现辐射雾。而对于高空形势没有明显的规律,高空有冷槽后,低空暖温度脊;高空槽前,低空切变线或低空暖区西南气流;高低空都是暖脊等。下面分析 2009 年 4 月 10 日一次大雾过程,这次大雾发生在 05—08 时和 20 时前后。

(2)高空形势分析

500 hPa 为冷槽后西北气流,低空为高度脊后部,850 hPa 以下层为南到东南风(图 6.75)。低层的南到东南风把海上的暖湿空气持续地输送到内陆较冷的下垫面,有利于平流雾的生成。

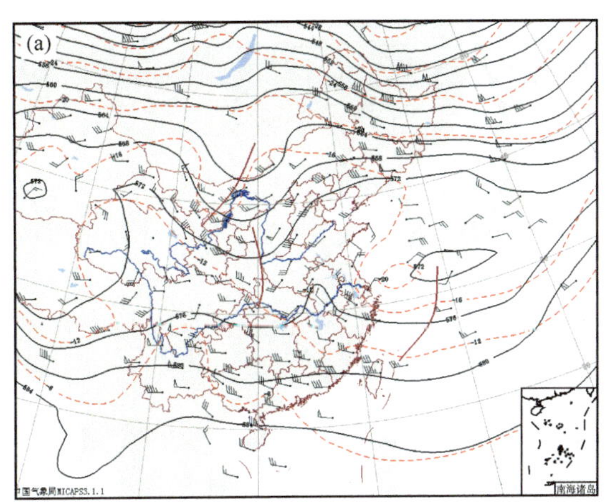
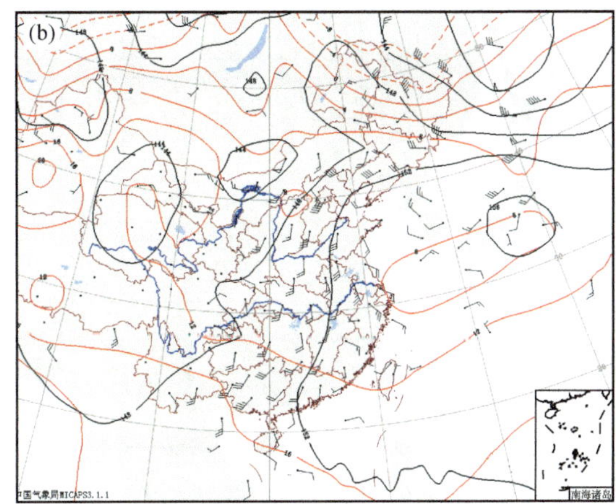

图 6.75　2009 年 4 月 10 日 08 时 500 hPa(a)和 850 hPa(b)天气图，黑线为等高线，红线为等温线

(3)地面形势分析

地面处在海上高压后部，东南风或东到东南风，05 时碧空，风力 2～3 级，有利于辐射雾的生成，同时海上的暖湿气流在偏东南风的作用下持续地输送内陆，也有利于平流雾的生成(图 6.76)。由于这次大雾出现在早晨和傍晚，所以，对于高压后部的大雾，不能严格定义为辐射雾，还是平流雾，但是，如果海上高压比较稳定，并且连续几日都出现大雾，可以认定为平流雾，如这次过程从 4 月 9—12 日连续三天早晨都出现了大雾，可以认为平流作用明显。

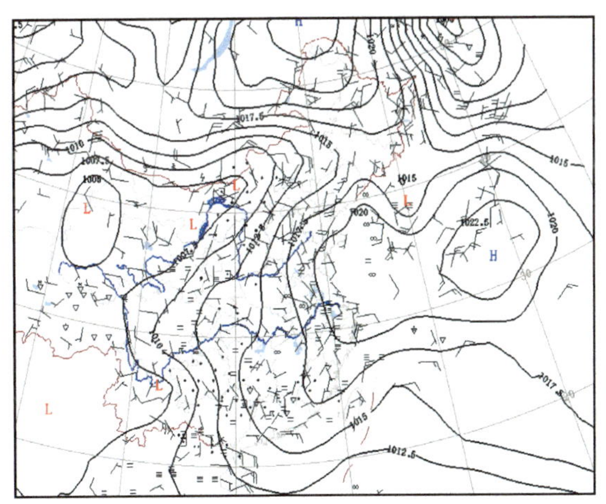
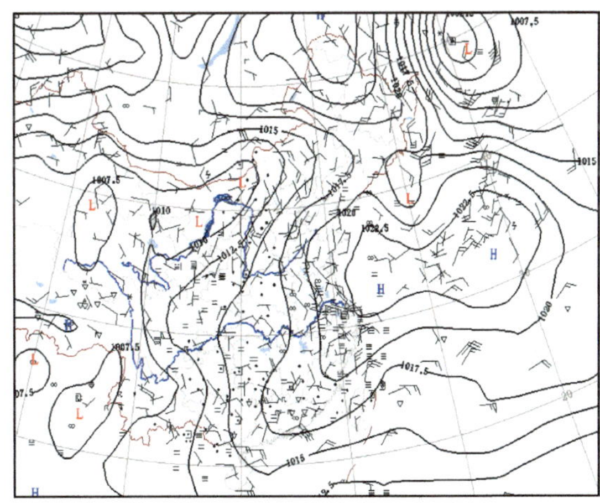

图 6.76　2009 年 4 月 10 日地面天气图 05 时(左)，08 时(右)，黑线为等压线

(4)层结条件分析

基于宝山探空资料对 9 个雾日分析，得到逆温层的高度大部分在 1000 hPa 到 925 hPa 之间(图 6.77)，逆温层的厚度多数在 15～50 hPa(150～450 m)(图 6.78)，逆温强度每 100 m 降温在 0.5～2.0℃(0.04～0.3 ℃/hPa)。

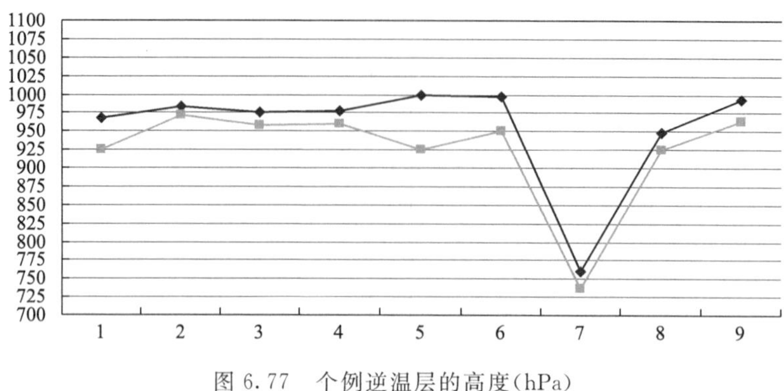

图 6.77 个例逆温层的高度(hPa)

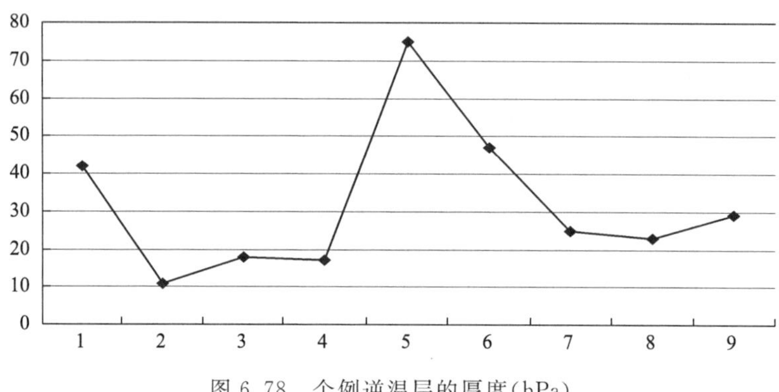

图 6.78 个例逆温层的厚度(hPa)

6.6.5.4.4 锋面型

锋面型大雾仅 2 个雾日样本，出现雾前都有降水，锋面影响时出现了大雾。这两次大雾出现的范围小，强度弱。下面从锋面雾形成的环流背景及物理条件分析雾的形成机制。

(1)环流背景分析

对于锋面型的大雾，通过分析得到，锋面影响前都出现了降水，锋面影响时出现了大雾，锋面的降温作用有利于水汽的凝结，导致大雾天气的出现，但是出现的大雾范围小，强度弱，持续时间短。高空处在槽后或者槽前，低空处在高度槽前、温度槽前或温度槽附近。

(2)高空形势

500 hPa 处在高空槽后西北气流控制，低空 850 hPa 处在高度槽前西南气流中，温度槽附近(图 6.79)。槽前的西南气流有利于暖湿气流的输送，为锋面前的降水提供水汽条件。

(3)地面天气形势

锋面影响前，地面处在弱气压场中，冷锋前的回暖作用，不仅为大雾的形成提供了水汽条件，也有利于锋面影响时的降温作用明显，利于水汽的凝结(图 6.80)。

(4)层结条件分析

基于宝山探空资料分析，得到逆温层的高度分别在 987～918 hPa 和 856～798 hPa，逆温层的厚度为 69 hPa(约 592 m)和 58 hPa(约 573 m)，每 100 m 降温分别为 0.51℃和 1.4℃(0.043～0.138 ℃/hPa)。

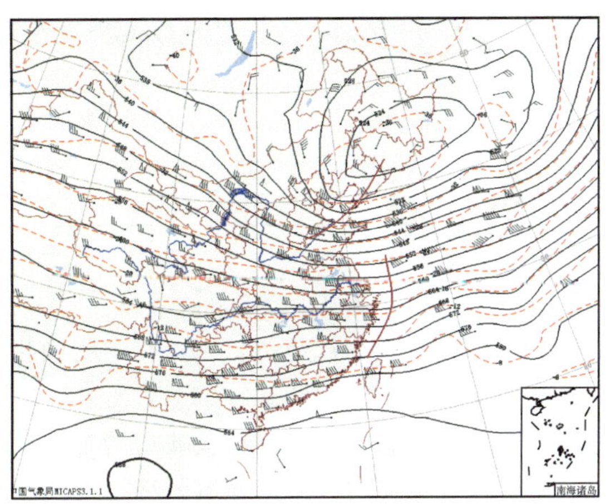

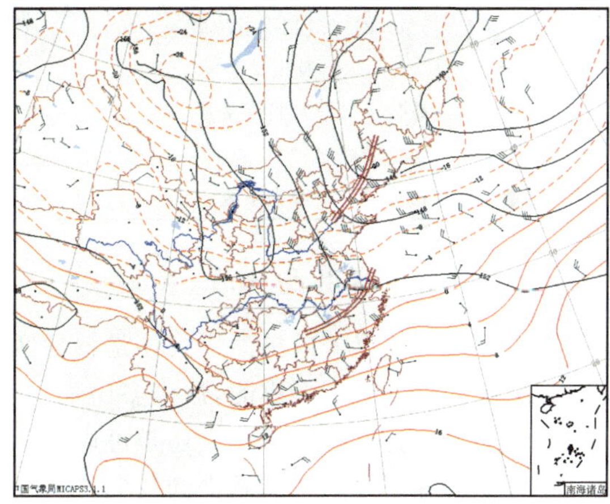

图 6.79　2011 年 1 月 23 日 08 时 500 hPa(左)和 850 hPa(右)天气图,蓝线为等高线,红线为等温线

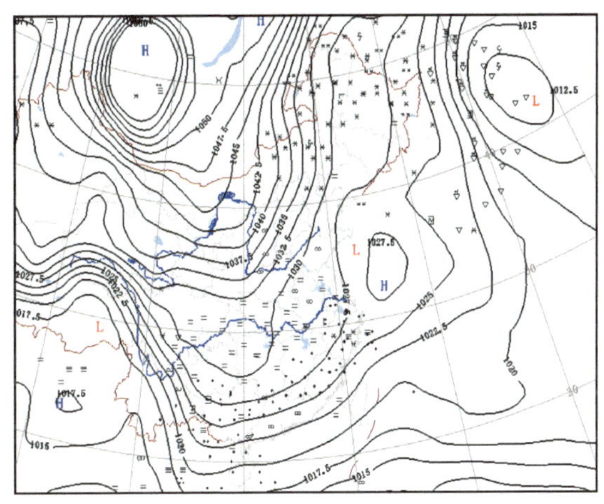

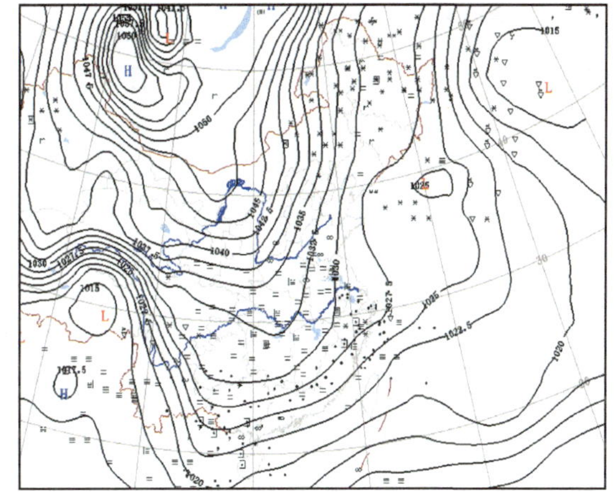

图 6.80　2011 年 1 月 23 日地面天气图 05 时(左),08 时(右),黑线为等压线

6.6.6　易混淆的几种低能见度天气现象

6.6.6.1　霾与雾或轻雾

雾、轻雾和霾都是造成视程障碍的天气现象。气象观测中,当能见度小于 10 km 时,造成视程障碍的天气现象是霾还是轻雾或雾,主要由观测员遵循《中华人民共和国气象行业标准》和中国气象局《地面气象观测规范》,排除降水、沙尘暴、扬沙、浮尘、烟幕、吹雪、雪暴等天气现象造成的视程障碍,相对湿度小于 80%,判识为霾;相对湿度在 80%~95%时,按照地面气象观测规范规定的描述或大气成分指标进一步判识,当大气成分监测站以下指标超过限值时,可以作为判识霾的参考依据(表 6.19);相对湿度大于 95%时,判别为轻雾或雾。

表 6.19　霾的大气成分指标

指标	代码	限值	单位
直径小于 2.5 μm 的气溶胶质量浓度	$PM_{2.5}$	75	μg/m³
直径小于 1 μm 的气溶胶质量浓度	PM_1	65	μg/m³
气溶胶散射系数+气溶胶吸收系数	K_s+K_a	480	Mm^{-1}
边界层高度	H_{b_l}	1000	m
激光雷达边界层最大消光系数	K_e	0.34	km^{-1}

6.6.6.2　霾与浮尘或扬沙

应该说，霾与浮尘或扬沙天气还是较易区别的。《地面气象观测规范》(2003 版)中明确指出，霾是在稳定气团下形成的，浮尘多出现在冷空气过境前后。

然而在实况天气图上，我们还是可以看到不少将浮尘天气记为霾的现象，最典型的个例就是 2007 年 4 月 2 日的严重浮尘天气(陈敏，2008)。当时源自蒙古的沙尘暴随着强冷空气先自西向东、后自北向南先后影响到我国东北南部至华东北部地区、华东北部至韩国和日本、长江中下游地区至日本；4 月 2 日白天当 700 hPa 高空槽过境时，上海地区出现了近年来最严重的一次浮尘天气，而随着 500 hPa 高空槽的过境，傍晚到夜里浮尘天气也迅速地随之结束。然而在当日 14 时的地面天气图上，仍然有很多台站还是按照各自约定俗成的相对湿度阈值，将当时的低能见度天气现象记录为轻雾或霾。

霾与雾或轻雾混淆时，观测中常将霾记成了雾或轻雾；而霾与浮尘或扬沙混淆时，观测中则常将浮尘或扬沙记为霾。

6.6.6.3　降水对能见度的影响

能见度与总降水量和雨滴数成反比，因此在大雨及毛毛雨时，能见度的退化最大。图 6.81 概括了不同国家的经验：中等降水时，能见度基本在 5～10 km，而强降水则可将能见度降低至 1 km，前提是前期没有污染存在。

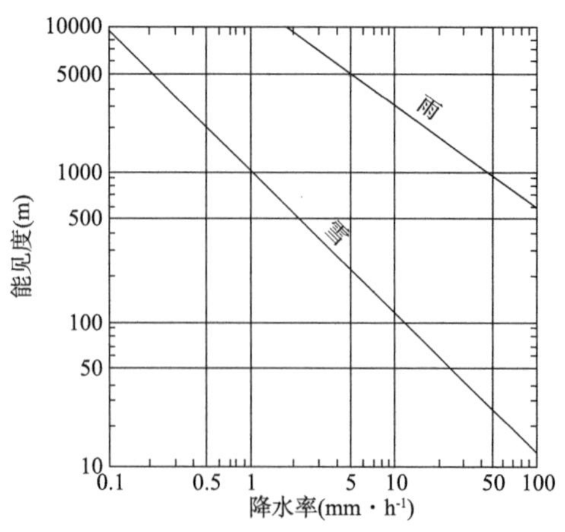

图 6.81　降水与能见度的关系

降雪则对能见度有很大影响。中等降雪时，能见度普遍跌至 1 km 以内；大雪时能见度则跌至 200 m 甚至更低。如果是干雪花，则能见度将降至图 6.81 所示的一半(因为湿雪花破碎成小体积且变得半透明)。吹雪会使能见度降得更低,尤其是当雪很干燥且呈粉末状时。

毛毛雨时能见度一般在 0.5～3 km,当有雾滴同时存在时,则能见度还将降低。

在低云中,能见度往往只有 30 m 不到。

对于海上或沿海地区的飞沫喷雾,当风速大于 50 n mile/h(约 25.7 m/s)时能见度将降至 5 km 以内,当风速大于 70 n mile/h(约 36 m/s)时能见度将降至 1 km 以内。

6.6.7　能见度的预报方法简介

6.6.7.1　模式预报(基于消光系数)

美国科罗拉多州的 Stoelinga 和 Warner(1999)尝试利用非静力 MM5 模式预报美国东部沿海地区冬季的一次降水过程中的云底高度和能见度。Stoelinga 和 Warner(1999)等定义能见距离为一发光体的光线减弱为原来的 2%时的距离 x_{vis}。即:

$$x_{vis} = -\ln(0.02)/\beta \tag{6.7}$$

式中 β 为消光系数,且:

$$\beta = \beta_{cw} + \beta_{ci} + \beta_{sn} + \beta_{rn} \tag{6.8}$$

其中:

$\beta_{cw} = 144.7C^{0.88}$——云水(cloud water)

$\beta_{ci} = 2.24C^{0.75}$——云冰(cloud ice)

$\beta_{sn} = 327.8C^{1.00}$——雪(snow)

$\beta_{rn} = 10.4C^{0.78}$——雨(rain)

式中 C 为质量浓度(g/m^3)。

该模式模拟的云底高度一般较实况都偏高了,但能见度的模拟合理准确且与现有的业务化的最终预报结果相当。

6.6.7.2　模糊逻辑与案例推理相结合

加拿大的 Bjarne K. Hansen 等将模糊 K-最邻近(K-nearest-neighbor)分类算法应用于基于案例的推理(Case-Based Reasoning),建立了一个"WIND-1"天气预报系统用来预报机场的云底高度和能见度。该系统用一种模糊相似测度来表征有经验的预报员用于构建相似气候—天气背景的有关气象的时空特征的知识。在加拿大 Halifax 国际机场 36 年(1961—1996)连续的逐时观测资料(共 315576 时次)基础上,这种模糊相似测度被用来在庞大的机场历史案例库中寻找 K-最邻近案例,并利用这些 K-最邻近案例生成预报参量的值。试验表明,"WIND-1"系统有很高的预报准确率,而且只需花 1 s 即可完成。

类似于其他的数据挖掘技术,该方法同样需要大样本量的支持,样本数越多,对预报对象的诸多变化则描述得越清晰、越准确,寻找出的 K-最邻近案例则越准确。

第 7 章　数值天气预报释用

从 1921 年第一张数值天气形势预报图问世以来，经过近百年的发展，数值预报已经成为现代天气预报的基础和主要工具。提高气象预报准确率和精细化水平，加快完善无缝隙集约化业务体系，深入发展客观化精准化技术体系，全力打造智能化众创型业务发展平台都离不开高分辨率数值预报业务应用。本章主要介绍上海数值预报释用研究情况。

7.1　数值天气预报产品的再加工

天气预报要素中有些产品不是数值模式的直接预报变量，但是可以通过对预报产品的再加工得到。如对航空飞行影响很大的低层风切变，一般是通过计算模式预报的 10 m 高度和 619.5 m 高度风速差得到。另外有些要素和模式中某些预报量密切相关，可以通过相关变量进行诊断得到。如用模式预报的温度、气压、水汽（云水、雨水、云冰、雪水）混合比等物理量诊断出能见度和云底高度。

针对日常业务中常用的各家模式预报产品，上海中心气象台进行了各类再加工及绘图（图 7.1），包括欧洲中心细网格、美国 GFS 0.5°全球预报、日本细网格、T639 全球预报、华东区域模式 STI-WARMSv2.0、航空专业模式、欧洲中心集合预报，内容分为三大类：常规模式预报及释用、集合预报及释用和模式对比检验。目前已实现业务化的产品总计约 180 种，并根据预

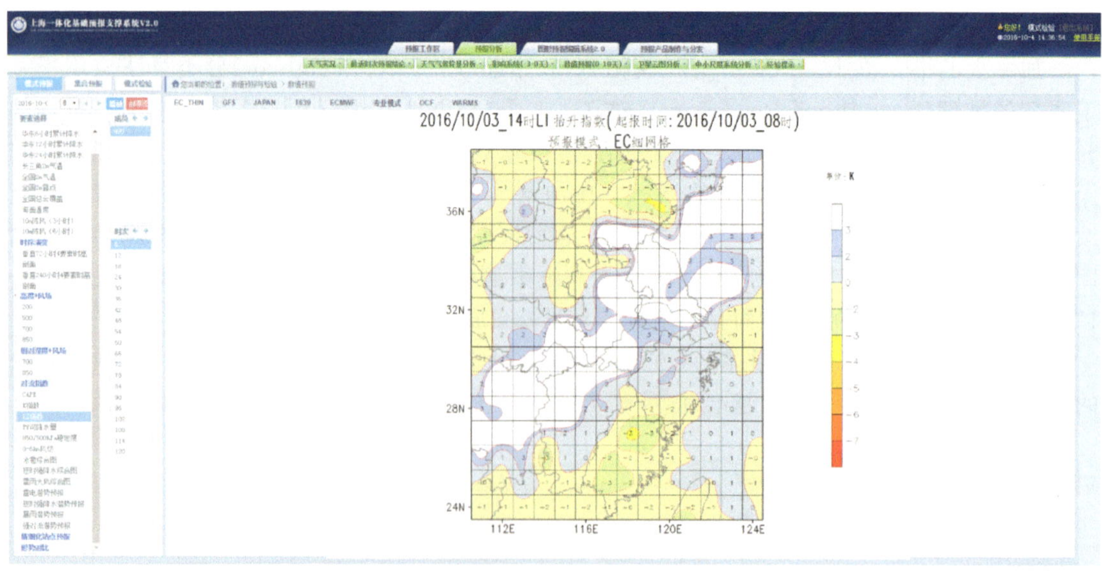

图 7.1　上海一体化基础预报支撑系统数值预报产品再加工显示

报业务需求不断进行扩充，其中大部分图形产品在上海一体化基础预报支撑系统上显示更新(http://172.21.3.237/SHCMA/MainContent.aspx)，该系统提供了图片产品网站显示配置功能，使得每当有新种类的预报产品需要加入网上显示时，产品开发者能够自行在线修改网站配置，而不用求助于网站维护人员，大大缩短了产品生成周期。

7.2　数值天气预报产品的检验

7.2.1　主观检验

随着各地数值预报和计算机网络技术不断发展，当前预报员可获取的数值模式预报相比以前成倍增加，为帮助预报员快速提取各家模式预报信息了解未来天气趋势，比较不同预报系统质量进而做出判断，基于对各家数值模式预报的变化趋势、一致性、稳定性分析，制作模式对比产品，实现了多模式预报要素、形势场、站点序列的模式间对比及模式与实况对比的产品业务化(图 7.2)。

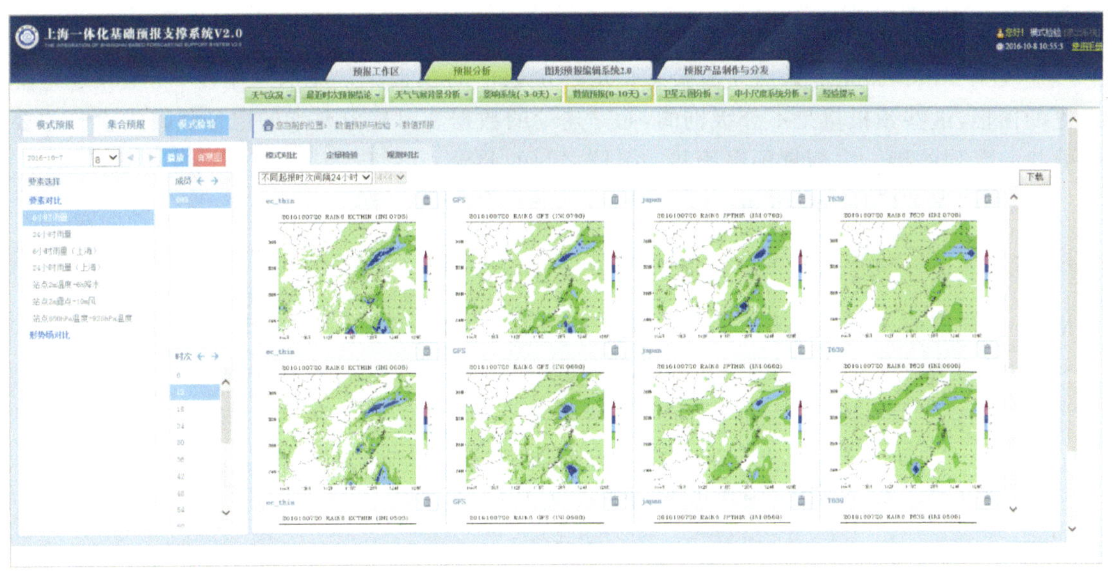

图 7.2　上海一体化基础预报支撑系统模式对比分析产品

数值天气预报是根据天气演变过程的流体力学和热力学方程组，在一定的初值和边界条件下，求解未来一定时段大气运动状态和天气现象的方法。由于不同模式的初始场、初始扰动生成、模式框架、参数化方案等各不相同，因此其预报效果也具有明显的时间和空间上的差异。对数值模式进行检验是使用和发展数值预报系统的重要环节，设计合理的检验方案其检验结果不仅可以为模式设计者有效判断模式的物理方案、参数化及陆面过程等的合理性提供参考，而且可以为模式使用这了解模式的预报性能提供帮助。

7.2.2　客观检验

预报检验是针对预报对象的，对于某一个预报对象，往往需要不止一种预报检验方法的应用，才能比较好地评价预报对象。

根据目前的预报项目，可以把预报划分为 3 类：确定性预报、概率预报和描述性预报。其中确定性预报和概率预报又可以再细分为：二分类事件预报、多级事件预报、连续型要素预报和空间场预报 4 种类型。

对于给定的对象，可以给出一个定量的评分来衡量各种预报的相对质量。任何一种评分只能反映预报的某一个方面，可能换一种评分方法，预报的评价又将有所不同。要定量地衡量一个预报的质量，常常需要定义一个基准来作为比较，通常将一份预报的得分与另外一份“没有技巧”的预报或者“参考预报”的得分比较，来作为衡量预报的能力，而将它称为“技巧评分”。因此，技巧评分用于衡量模式预报相对于参考预报的改进程度。任何一种精确的评估指标都可以用来构建一个技巧评分，如均方根误差。参考预报(reference forecast)可以为无技巧气候预报(climatology)或者持续性预报(persistence)，当然也可以是第二方的预报产品。以均方根误差为例，技巧评分 SS(Skill Score)见式(7.1)。

$$RMSE\_SS = \frac{RMSE_{forecast} - RMSE_{reference}}{RMSE_{perfect} - RMSE_{reference}} = 1 - \frac{RMSE_{forecast}}{RMSE_{reference}} \tag{7.1}$$

7.2.2.1　连续型要素的检验

连续型要素预报指的是对气象要素作出确定数值的预报。常见的如温度、气压和定量降水等的预报，这些预报量是不分级别的，而是连续的数据。对气象要素的定量预报的检验主要是寻找一系列的指标去衡量预报值和实况值之间的差异。

(1)平均误差(ME，mean error)

$$ME = \frac{1}{N}\sum_{i=1}^{N}(F_i - O_i) \tag{7.2}$$

式中 F_i 为预报值，O_i 为观测值，N 为预报区域内格点数目(下同)。

(2)平均绝对误差(MAE，mean absolute error)

$$MAE = \frac{1}{N}\sum_{i=1}^{N}|F_i - O_i| \tag{7.3}$$

(3)均方根误差(RMSE，root mean square error)

$$RMSE = \frac{1}{N}\sum_{i=1}^{N}(F_i - O_i)^2 \tag{7.4}$$

(4)距平相关系数(ACC，anomaly correlation coefficient)

$$ACC = \frac{\frac{1}{N}\sum_{i=1}^{N}(F_i - \bar{F})(O_i - \bar{O})}{\sqrt{\frac{1}{N}\sum_{i=1}^{N}(F_i - \bar{F})^2 \cdot \frac{1}{N}\sum_{i=1}^{N}(O_i - \bar{O})^2}} \tag{7.5}$$

式中 N 为空间场的格点样本数，F_i 为第 i 个样本的预报值，O_i 为第 i 个样本的观测值。$\bar{F}$ 为 N 个样本的预测值的平均值，$\bar{O}$ 为 N 个样本的观测值的平均值，可以用来评估预报场与观测场之间的相似程度。

7.2.2.2　二分类事件预报的检验

二分类事件用来预报事件是否会发生。例如：晴、雨，有无雾，雷雨大风、龙卷、冰雹是否发生等的预报都属于此类。检验这种类型的预报，通常使用列联表来表示预报与实况发生的频率(表 7.1)。

表 7.1　二分类列联表

		观测		
		有	无	总计
预报	有	命中(hits)	虚警(false alarms)	预报有的次数
	无	漏报(misses)	正确否定(correct rejections)	预报无的次数
总计		观测有的次数	观测无的次数	总计次数(N)

(1)TS 评分(threat score)

$$TS = \frac{hits}{hits + misses + false\ alarms} \tag{7.6}$$

TS 评分可针对某个量级以上的降水进行评分(下同)。

(2)ETS 评分(equitable threat score)

$$ETS = \frac{hits - hits_{random}}{hits + misses + false\ alarms - hits_{random}} \tag{7.7}$$

式中，$hits_{random} = \frac{(hits + misses) \times (hits + false\ alarms)}{N}$。

(3)FAR(false alarms ratio)

$$FAR = \frac{false\ alarms}{hits + false\ alarms} \tag{7.8}$$

模式预报某一事件发生，而实际没有发生的百分比。

(4)PC(proportion correct)

$$PC = \frac{hits + correct\ rejections}{N} \tag{7.9}$$

模式预报某一事件正确的百分比。

(5)POD(probability of detection)

$$POD = \frac{hits}{hits + misses} \tag{7.10}$$

对某一实际发生的事件，模式预报其发生占所有实际事件的百分比。

(6)POFD(probability of false detection)

$$POFD = \frac{false\ alarms}{correct\ rejections + false\ alarms} \tag{7.11}$$

模式虚警的事件占所有观测无事件的百分比。

(7)HK(Hanssen and Kuipers score)

$$HK = POD - POFD \tag{7.12}$$

衡量模式从未发生事件中，区分实际发生事件的能力。也被称为皮尔斯技巧评分(Pierce skill score)。

7.2.2.3　目标对象检验方法

常规的预报检验方法，如 TS 评分、ETS 评分、空报率、漏报率、击中率(Schaefer，1990)等评价技术或指标，从统计学角度对预报准确、空报、漏报站点数进行计算。然而，传统的检验方法在检验高分辨率中尺度模式和强对流天气系统等对象时存在一定的局限性。以强对流天气为例，系统尺度小、发生概率低、预报难度大，一些简单的偏差，如预报与实况的位置偏差，就可能导致评分异常低，即一个在强对流天气目标的面积大小、形状、强度等方面与实况非常吻合的预报也可能评分较低；强对流天气预报中特别是短临预报中更多关注一些对流系统目标，其形态和结构特征往往伴随着特定的天气，如飑线系统、超级单体等，传统的检验对一些区域目标仅给出简单的对错评价，而忽略了目标的固有属性，尤其是空间特征属性(Ebert *et al*，2000；戴建华 等，2013)；传统的检验仅给出预报正确与否或者准确程度的评价，而缺乏一些包含导致误差原因的信息。因此，为了弥补传统检验技术不能有效地捕捉强对流天气预报中的一些重要信息的缺陷，需要寻找一种检验方法，既能够在用户可以忍受的范围内包容一些偏差，又能够反映用户关注的形态、结构(如对流单体形状、强度分布)等预报效果，给出综合的评价结果，可以帮助用户发现预报误差来源，提高应用效果。

目标对象法主要关注天气目标(如中尺度对流系统、对流风暴单体和对流落区等)的形态、结构(如强度分布)等特征，通过对比预报与实况相对应的目标对象的等级 TS 评分、等级面积评分、位置评分、交叉相关评分、形状评分等检验评价指标，对模式预报产品(如定量降水预报)进行检验分析，实现高分辨率模式预报的精细检验和评价。

(1)检验流程

目标对象检验法分为两部分(图 7.3)：一是识别匹配；一是检验评价。

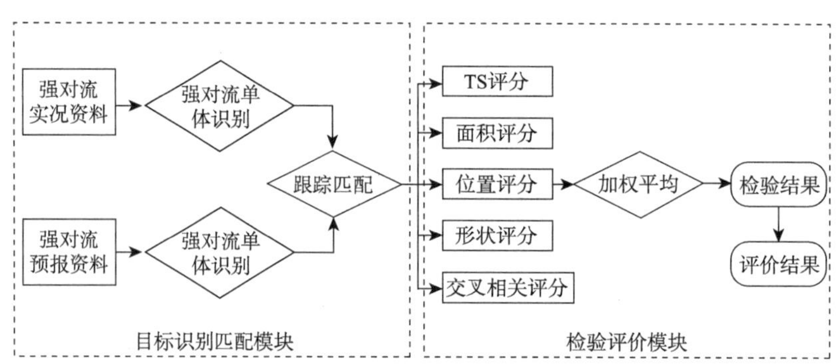

图 7.3　目标对象检验法流程图

识别匹配是为了分别在预报和实况中寻找给定阈值的关注对象，并根据相似的面积、位置和形状进行匹配。以强对流天气预报检验为例，步骤如下：首先，将实况和预报的数据处理成相同的检验范围和分辨率，用户根据自己的关注重点，筛选出大于一定强度量级的强对流目标对象，兼顾到实际业务中的运算速度，识别出大于一定面积的目标对象，剔除零碎的小目标对象。然后，对预报识别对象进行搜索匹配，分别计算每个对象的面积格点数、重心位置、形态参数，采用加权法综合三项评分指标，将预报目标对象与匹配得分最高的实况目标对象进行配对。

检验评价中分为两步：首先进行综合检验，即采用 TS 评分、面积大小、位置偏差、交叉相关、形状等指标对比相互匹配的预报和实况目标对象，并用加权法综合各项评分指标对总体检验的集合贡献，从而最终获取强对流目标对象预报的检验结果。然后对检验结果进行评价，给出预报目标在面积、位置、形状三方面定量的评价，如“预报面积偏大 10%，重心偏东 8 km 偏北12 km，长轴偏长6%，椭圆率偏大9%”。

(2)评分方法

下面详细介绍五项评分指标的具体算法：

①TS评分。保留最常用的传统TS评分作为综合检验标准之一即Score TS，计算强对流目标对象每个等级的TS评分，再平均得到总的等级TS评分。

②面积大小。分别计算相匹配的预报目标对象与实况目标对象的同一等级的有效面积(或格点数)$Nfcst$、$Nobs$，$Score\ Area=\frac{1}{2\cdot\left|\frac{Nfcst-Nobs}{Nobs}\right|+1}$，计算每个等级的面积评分，再平均得到总的等级面积评分。等级面积评分$Score\ Area$既作为目标对象匹配的因子之一，又作为综合检验的权重因子之一。在检验中，$\left|\frac{Nfcst-Nobs}{Nobs}\right|$代表了二者目标对象范围的大小差异，当二者目标对象范围一样大时，即$Nfcst$等于$Nobs$时，$Score\ Area$为1。$Score\ Area$的大小客观反映了强对流目标对象的面积差异程度，差异越大，$Score\ Area$越小；差异越小，$Score\ Area$越大。

③位置偏差。分别计算预报目标对象与实况目标对象的重心，重心距离的评分$Score\ GC$作为匹配及检验的权重因子之一。对于不同的检验范围，可以设置不同的最大容忍距离L_{max}和最佳距离L_{min}。当预报对象与实况对象的重心距离$L\geqslant L_{max}$时，$Score\ GC=0$；当L介于L_{min}和L_{max}之间时，$Score\ GC=1-\frac{L-L_{min}}{L_{max}-L_{min}}$；当$L\leqslant L_{min}$时，$Score\ GC=1$。$L_{min}$的设置需要针对用户业务需要，如在上海地区应用时，考虑到上海南北向和东西向范围都是110 km左右，针对短期预报容忍最大的偏差L_{max}取55 km，相应在短临预报中L_{min}取5.5 km。$Score\ GC$的大小客观反映了强对流目标对象的位置偏离程度，位置偏离越远，$Score\ GC$越小；位置越接近，$Score\ GC$越大。

④交叉相关。采用一种改进后的交叉相关法(COTREC)(陈雷 等，2009)对比了预报产品与实况资料，$Score\ R$是检验的权重因子之一。通过③找出预报目标对象与实况目标对象的重心位置，经过重心平移后再做相关检验，相关系数$Score\ R$是不考虑位置偏差的相似度参数，能够更好地反映强对流预报对象与实况对象在内部结构上的相似程度。$Score\ R$越大，二者的内部结构越相似；$Score\ R$越小，二者内部结构差异越大。

⑤形状。形状因子主要考虑了对象的长短轴的尺度、比例和轴向。对于某个检验目标对象，提取边界点信息，通过重心的最长两个边界点连线即为长轴，通过重心且垂直于长轴的最短两个边界点连线即为短轴。分别找出预报目标对象与实况目标对象的长轴和短轴，计算长短轴的比例即椭圆率和长轴的轴向角度，即可分析强对流目标对象的大致形状。本地业务应用中，根据预报员的接受程度，当轴角差大于90°时轴向评分为0，轴角差小于10°时轴向评分为1，二者之间线性取值；椭圆率差值大于0.5时椭圆率评分为0，椭圆率差值小于0.1时椭圆率评分为1，二者之间线性取值。预报对象与实况对象的轴向评分和椭圆率评分共同构成形状参数$Score\ Shape$，是匹配及检验的权重因子之一。$Score\ Shape$越大，说明强对流预报目标对象形状越接近实况。

(3)匹配方法

实况目标与预报目标的匹配可以根据用户的需求自主选择。如强对流天气预报产品的用户可以分为三大类:业务预报人员、专业用户和普通公众。以格点型产品为例,根据自身需求,用户对强对流天气预报产品的属性有自己的关注重点和评价标准,这些将决定综合评价预报产品各个属性时的权重(戴建华 等,2013)。根据本地的业务预报人员的调查表样表(表 7.2),预报员最关心强度和位置,其次是形态分布和面积。所以目标对象搜索匹配时,分别计算每个目标对象的面积评分 *Score Area*、位置评分 *Score GC*、形状评分 *Score Shape*,三项权重分别为0.3、0.5、0.2,采用加权法综合三项检验指标得到匹配分数,取匹配分数最高的实际目标与预报目标进行配对。

表 7.2 强对流天气潜势预报产品—预报业务人员调查表

用户基本信息	名称			业务层次		
	嘉定区气象台			地区级		
产品名称	强对流天气潜势预报产品					
关注要素	位置	面积	强度	分布	形态	合计
关注程度(0.0~1.0)	0.8	0.4	1.0	0.5	0.5	3.2
权重	0.250	0.125	0.313	0.156	0.156	1.000

(4)总体检验评分

针对匹配的预报目标对象和实况目标对象的总体检验采用权重法进行各项检验评分的合成,$Weight = R_1 \cdot Score\ TS + R_2 \cdot Score\ Area + R_3 \cdot Score\ GC + R_4 \cdot Score\ R + R_5 \cdot Score\ Shape$。鉴于等级面积评分和面积、强度有关,交叉相关与面积、强度、分布等均有关,本地业务中五项检验指标的权重 R 均为 0.2。根据预报员或用户的侧重点不同,可以设置不同的系数 R。根据不同类型的强对流天气,可以有不同的关注要点,也可以设置不同的权重 R 来突出关注要点(表 7.2),如用户关注强度,可以适当调高等级面积评分的权重,若关注落区位置则调高重心评分的权重。

(5)用户评价

用户评价是根据面积大小、位置偏差、形状检验时的各个参数,得到定量的文字表述信息。例如,根据检验得到的面积格点数,判断预报面积比实况偏大还是偏小,以及偏差程度;根据强对流目标的重心位置,分析预报重心位置较实况偏向哪个方位,偏离多少千米;根据形态参数判断预报目标是什么形状,当椭圆率大于等于 5 时,目标为线状,小于等于 2 时为块状,介于二者之间的为带状目标,给预报员直观形象的形状评价结果。

目标对象检验法,匹配时主要诊断面积、形状、位置三方面属性,主要包括面积大小、轴角偏差、椭圆比率、重心位置,和 MODE 类似,MODE 主要诊断面积重叠比、轴角偏差、重心位置、边界最小距离。检验时,本方法考虑了等级 TS、等级面积、位置、交叉相关、形状五项评分,MODE 是对上述三方面对象属性的综合相似度评分。目标对象检验法保留传统的 TS 评分,能让预报员或用户直观对比传统方法与新方法的差异;交叉相关是不考虑位置偏差的相关系数,能直观表示目标对象内部结构上的相似程度,因而目标对象检验法采取了这五项评分。不同用户根据关注重点,设置各项系数时,只需要修改外部配置文件,方便易操作。最终目标对象检验法还可以提供量化的评价信息。

7.2.2.4 模糊检验方法

高分辨率数值模式预报目前的可靠性较高,而且已经成为预报员日常业务工作中非常重要的参考。但是利用传统方法对高分辨率数值模式进行检验时，由于要求在高时间和高空间分辨率上预报与观测完全重合，因此检验结果可能很差，不能真实地反映高分辨率模式的预报水平。如采用常规的检验方法（如 TS/CSI）需要预报与实况在格点上严格的“一一对应”，当预报的目标出现一定的偏差时，TS 评分可能很低，但即使 TS 评分很低的预报，也可能包含有用户（如预报员）所需的有价值的信息，如位置预报偏差较大却能够较好地刻画降水系统目标特征的预报。常规检验方法仅给出预报准确与否或者准确程度的评价，而缺乏一些包含误差原因的信息，对一些区域目标仅给出简单的对错评价，而掩盖了预报中的一些积极的信息。同时，若要完善和改进预报产品，还需要通过预报检验获取预报偏差产生的原因，预报的检验也需要针对不同天气的特征或用户的需要来设计。因此，在数值预报预报检验中引入能够挖掘预报潜在价值、适应不同用户使用倾向的非常规检验方法非常必要。

为了解决对高时空分辨率数值预报的检验，近年来开始采用一些新型检验技术，主要有两类：一类是基于对象的，主要是通过对降水系统进行识别，进而将预报和实况的目标属性进行比较（Christopher *et al*，2006）；另一类就是模糊检验方法（Ebert，2008），主要是通过将预报和（或）实况在不同的空间尺度、时间尺度、强度尺度或者其他重要的属性方面进行模糊化处理，并不需要预报和实况在各种尺度上的严格对应。

中尺度区域模式具有高分辨率的特点，有能力预报一些中尺度的对流天气系统，但是其预报的位置、强度或者时间可能与实况并不完全一致。而且由于对于某一个格点“预报发生而实况未发生”或者“预报未发生而实况发生”的双重惩罚原则，高分辨率模式的常规检验结果甚至没有低分辨率模式好（Clifford *et al*，2002）。鉴于传统的常规检验方法不能很好地评价高分辨率数值模式，国外不少学者基于各自不同的评价标准，通过降低预报与实况匹配要求的方法，在传统检验方法的基础上引进了新的预报检验方法，这一类方法被统称为“模糊检验方法”。以空间模糊为例，该方法在逐个格点上进行空间尺度放大处理，在放大后的尺度上通过计算平均值，取最小比例、计算概率分布函数等方法进行格点数据处理，再计算传统的误差和分级评分，这样就相当于降低了预报和实况匹配的要求。通过空间模糊检验，用户可以得到预报产品在不同尺度上的信息，从而确定在何种空间尺度上预报是有用的，并根据自己的需求和应用倾向对不同的预报提供者进行取舍。总之，基于不同的用户对预报产品的准确度需求以及敏感性上是有差异的，模糊检验方法可以给用户提供不同尺度上的检验信息，从而让用户更好地应用预报产品。

根据用户对预报的价值的取舍，即预报在何种程度上对用户是有意义的，模糊检验方法放松了检验标准（Ebert，2008），如图 7.4 所示，对于空间上的格点预报，不再像传统检验方法中要求观测与预报格点一一匹配，而是认为只要预报与观测在空间尺度、时间尺度或者强度等属性上大致接近，就可以认定预报正确。以空间尺度模糊化为例，它的核心思想是在预报格点和观测格点周围选取一个尺度可变的窗区，如图 7.4c 中的阴影部分所示，选择的窗区尺度由用户对一个有用预报的判定标准而决定，先对窗区内的数值采取平均、取阈值、计算概率分布函数等方法进行处理，然后再利用传统检验方法对处理后的数据进行检验，如计算 TS 评分、命中率、虚警率、均方根误差等。经过空间尺度模糊之后，用户可以通过自身的需求选择合适的评价策略，如对于城市预警的检验来说，只要强对流天气的落区在行政区域内，即可以判定预报准确，而不要其位置的严格一致，因此可以在较大的空间尺度上对预报水平进行评定，从而避免简单错误的评定。

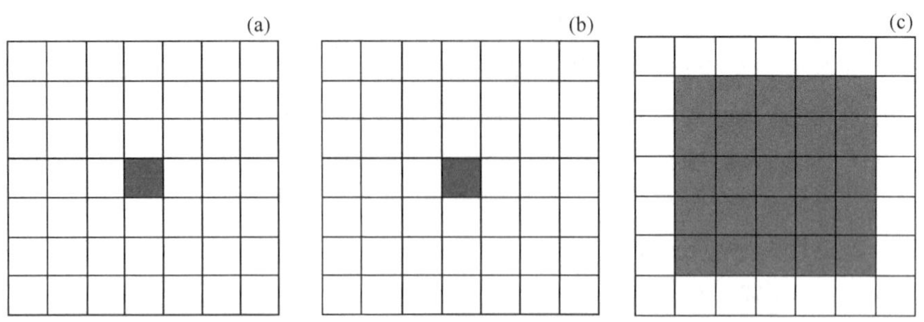

图 7.4　传统检验方法与模糊检验方法对同一事件空间尺度模糊处理示意图

(a)观测，(b)传统检验方法，(c)空间尺度模糊方法

为了系统地介绍模糊检验方法，首先对本小节中用到的符号进行说明。用 X 来表示单一格点内的观测值，用 Y 来表示同一格点内的预报值；$\langle\rangle_s$ 表示代表关注格点周围选定的窗区的值，s 表示时空尺度；上标(—)代表平均值。

为了评价降水等预报的准确性，常采取一定的阈值来作为判断标准。采用 I 来作为判断因子(1＝是，0＝否)，当降水量超过设定的阈值时，I 值赋值为 1，否则赋值为 0。用 I_x 表示观测值的判断因子，用 I_y 表示预测值的判断因子。“和”分别表示模糊处理后窗区内的观测判断因子和预报判断因子，与 I_x 和 I_y 所不同的是，根据所选的方法不同，“和”也可能是 0 到 1 之间的任意离散值。“和”分别表示超过阈值的格点数占所在窗区内的总格点数的比例。

(1)升尺度法

升尺度法是模糊检验方法中最早的一种，也是最简单的一种(Eddy *et al*，2006；Jesus *et al*，2000；Stephen *et al*，2004)。它先在大尺度(窗区)上分别对预报场和观测场取平均，然后再用传统的连续检验方法和分级检验方法进行检验。当需要评价一个模式预报的平均值是否可靠时可以采取这种方法，例如评估模式的面雨量预报结果。

$$\langle I_y\rangle_s=\begin{cases}0 & \langle\bar{Y}\rangle_s<\text{阈值}\\1 & \langle\bar{Y}\rangle_s\geqslant\text{阈值}\end{cases}\tag{7.13}$$

(2)最小比例法

最小比例法(Damrath，2004)的初衷是基于实况和预报在一定范围内都不可能是百分百准确的假设，因此对于某一关注事件有可能在窗区内任意格点以相同的概率$\langle P_x\rangle_s$和$\langle P_y\rangle_s$发生。在窗区内，选取一个百分比阈值作为最小临界值，只要预报场中达到某一降水量级的格点数占窗区总格点数的百分比超过临界值，就判定预报事件发生。因此，对于最小比例法，某一事件的判断因子可以写成如下格式

$$\langle I\rangle_s=\begin{cases}0 & \langle P\rangle_s<P_e\\1 & \langle P\rangle_s\geqslant P_e\end{cases}\tag{7.14}$$

式中，P_e 为最小临界值。因此，最低要求的临界值应该是在窗区内至少有一个格点达到阈值(用 anywhere 表示)。根据不同的情况，检验者可以根据需要选择不同的临界值如 30％或者 50％等。根据不同的覆盖比例临界值，确定后，再计算传统的分级检验评分，如 POD、FAR、ETS 等。

(3)模糊逻辑法

在基于格点的传统检验方法中，是以观测数据准确为前提来进行检验的，如果预报结果与

观测结果不一致，就判定预报为错。但是观测也不能保证百分之百的准确，如果观测有误的话，那么判断为错的预报值就有可能是对的。基于该假设，传统判断标准中的“击中”实际上也有可能是错误的，如果观测不是百分之百准确的，那么它有可能是一个“虚警”。事实上，观测和预报均具有不确定性。因此对于某一事件是否发生的判断不再是传统的 0,1 二元论，而是用一定的发生概率表示(Damrath,2004)。

$$\langle I \rangle_s = \langle P \rangle_s \tag{7.15}$$

基于模糊逻辑的理论，Ebert(2002)通过在放大后的窗区内计算概率分布函数的方法对传统的 0,1 二分类列联表进行概率化处理，并实现了二分类列联表的归一化(表 7.3)，再计算传统的检验评分。其中“和”即观测和预报分别超过某一阈值的概率。所涉及的模糊逻辑方法仅计算了空间分布上的概率分布函数。

表 7.3　模糊逻辑处理后的二分类列联表

		观测		
		是	否	
预报	是	$\langle P_x \rangle_s \langle P_y \rangle_s$	$(1-\langle P_x \rangle_s)(\langle P_y \rangle_s)$	$\langle P_y \rangle_s$
	否	$\langle P_x \rangle_s (1-\langle P_y \rangle_s)$	$(1-\langle P_x \rangle_s)(1-\langle P_y \rangle_s)$	$1-\langle P_y \rangle_s$
		$\langle P_x \rangle_s$	$1-\langle P_x \rangle_s$	1

(4)多事件列联表

在之前的检验方法中，只考虑了一种因子作为预报准确与否的判据，且观测和预报是做了相同的尺度模糊处理。在多事件列联表(Atger,2001)方法中，对于某一个事件，考虑了几个不同的因子作为预报准确与否的判别标准。如对于强度列联表，分别采用几个不同强度阈值作为预报准确的判别标准，再计算传统的评分方法；对于空间列联表，分别采用几个不同的空间搜索尺度(窗区)，只要预报的事件在该搜索尺度内发生即判定预报准确。所涉及的多事件列联表采用空间列联表的方法。

得到多事件列联表之后，可以针对不同的判别标准，计算命中率(POD)、虚警率(F)，并利用这两个评分绘制 ROC 图。与 ROC 对应的，也可以计算 HK 评分。与前文所述的方法略有不同的是，多事件列联表只对预报进行了尺度模糊处理，对观测并没有进行尺度模糊处理。

$$HK = POD - F \tag{7.16}$$

(5)Fractions Skill Score

Roberts 和 Lean 提出了一种直接比较预报和观测在窗区内格点覆盖百分比的检验方法。该方法认为，只要预报和观测对于某一事件发生的频率是相近的，就是一个有用的预报。最初他们定义了 Fractions Brier Score(FBS)。

$$FBS = \frac{1}{N}\sum_{N}\left(\langle P_y \rangle_s - \langle P_x \rangle_s\right)^2 \tag{7.17}$$

在 FBS 评分的基础上，可以计算 Fractions skill score(FSS)

$$FSS = 1 - FBS \Big/ \left\{\frac{1}{N}\left[\sum_{N}\left(\langle P_y \rangle_s\right)^2 + \sum_{N}\left(\langle P_x \rangle_s\right)^2\right]\right\} \tag{7.18}$$

式中，第二项的分母项是最差预报的情形，即预报和实况完全没有重叠的部分。FSS 评分的范围从 0 到 1，其中 0 为完全不正确预报，1 为完美预报情形。

7.2.2.5 概率预报的检验

概率预报是以0～100%的数值给出某种天气现象发生的概率。概率预报的检验，通常是将一组概率预报(P_i)，用一组表示为某事件出现($O_i=1$)或者某事件不出现($O_i=0$)观测事实来检验。早期的概率预报通常通过统计方法产生，虽然统计可以消除系统性误差，但却无法消除随机性误差。20世纪90年代出现的集合预报极大地促进了概率预报技术的发展。集合预报能够消除随天气系统演变的随机误差，其产生的概率预报更具有动力学意义。因此，本小节将概率预报、集合预报综合考虑，所讨论的概率预报检验方法既可以用于集合预报系统产生的概率预报，也可用于统计产生的概率预报。

(1)BS评分方法

布莱尔(Brier,1950)定义了一种均方概率误差，该方法综合考虑了可靠性、解析度和不确定性，称之为Brier评分(简称BS)。它是对某个等级(即某事件发生)的概率预报结果进行评价的一个指标。

$$BS=\frac{1}{n}\sum_{i}^{n}(P_i-O_i)^2 \tag{7.19}$$

式中，P_i为某一天气事件发生的预报概率。O_i表示实况，如果该事件发生，则$O_i=1$；没有发生，则$O_i=0$。n为两分类事件预报次数。BS评分是一种逆向评分方法，其值越小，预报质量越高。$BS=0$，表示预报完全正确，反之，其值越大，预报质量越低。$BS=1$，表示预报完全不正确。

(2)RPS评分方法

秩概率评分(RPS)是由墨菲提出，Epstein(1969)发展起来，并又经过墨菲进行修改完善。由于布莱尔评分对类别距离不敏感，因此引入秩概率评分。RPS评分是对多个等级的概率预报结果进行综合评价的一个指标。若某预报对象有J个态，那么每个格点的RPS评分公式为：

$$RPS(P,O)=\sum_{k=1}^{J}\left(\sum_{i=1}^{k}P_i-\sum_{i=1}^{k}O_i\right)^2 \tag{7.20}$$

式中$P_i:(P_1,P_2,\cdots,P_k)$和$O_i:(O_1,O_2,\cdots,O_k)$分别表示不同类别k的预报概率和实际观测值；O_i是唯一确定的，非1即0，且只能有一个为1。RPS的主要特征是：正向性、总体性和敏感性。RPS能区分布莱尔评分不能区分的类别差异，对不同类别的误差有指示性。RPS值在$0\sim J-1$的范围内，且越小越好，$RPS=0$时概率预报最佳。

(3)ROC分析(relative operating characteristic)

ROC分析是信号探测理论在预报检验中的应用。主要检验模式预报对于辨别某一事件的发生或者不发生的能力。ROC曲线的纵坐标和横坐标分别为模式对某一阈值的降水预报的击中率和虚警率。ROC分析能够通过评估曲线下方的面积将预报系统对事件发生或者不发生的预报能力区分开来(图7.5)。对于确定性预报而言，命中率越高，空报率越低，预报效果越好；对于概率预报而言，需要将概率预报转化为确定性预报，然后再进行ROC分析。该方法更适用于确定性预报的检验。

(4)可靠性图(reliability diagram)

可靠性图是评价预报准确性和分辨能力的常用方法。在理想的情况下，预报事件发生的概率与观测的频率相等，可靠性图中诊断曲线和理想曲线重合，当诊断曲线高于或低于理想曲线时表示预报概率偏大或偏小。如图7.6所示。

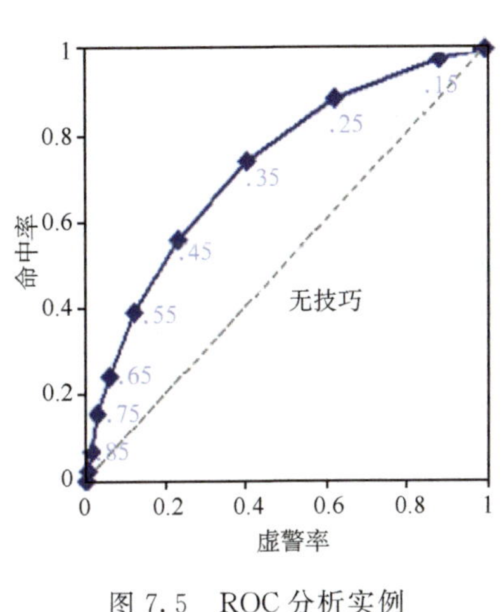

图7.5　ROC分析实例

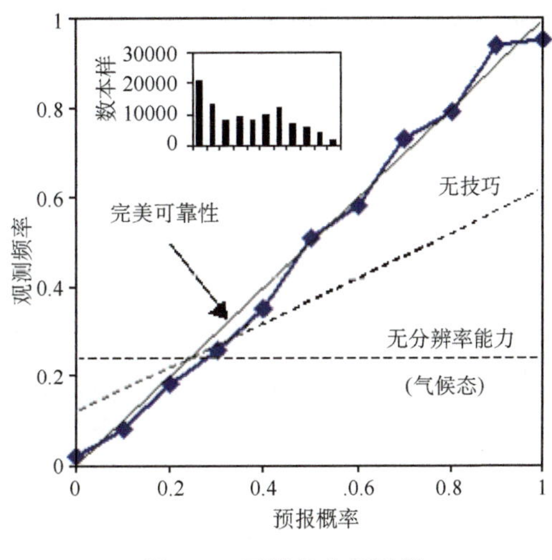

图7.6　可靠性分析示例

7.3　数值天气预报产品的统计应用

数值预报产品释用是利用统计、动力、人工智能等方法，综合预报经验，对数值预报的结果进行分析、订正，建立预报模型，最终给出客观要素预报结果或者特殊服务的预报产品。目前，数值预报本身存在系统预报误差，通过数值预报产品的进一步释用可以在一定程度消除这种系统误差，提高客观要素预报的准确率。

早在20世纪60年代末，美国气象学者克莱因提出用历史资料与预报对象同时刻的实际气象参量做预报因子，建立统计关系。实际应用时，假定数值预报的结果是"完全"正确的，用数值预报产品代入到上述统计关系中，就可得到与预报相应时刻的预报值，称为完全预报法(PP法，perfect prognostic method)。它要求模式预报是完全准确的，这样预报结果与实况的拟合同建立方程时一样好，即预报的精度完全依赖模式预报的质量。它的优点在于，可以有很长的样本，因此得出的统计规律一般比较稳定可靠，可以分为很细的情况来建立方程，同时方程不依赖模式，模式更新换代以后，不需要重新推导方程，模式精度的提高可以提高PP方法的预报质量。但是该方法除含有统计关系造成的误差外，主要是无法考虑数值模式的预报误差，因而使预报精度受到一定影响。

Glahn提出了模式输出统计[MOS，a statistical interpretation of model output in terms of (surface) weather]法，可以通过一种统计方法将把适当的预报因子和预报量的观测值联系起来，客观解释数值天气预报结果并得到指定点的预报产品。但是常见的释用方法MOS法、PP法等，均需借助较长历史统计资料，而当前数值模式发展更新速度加快，传统统计释用方法较难保持稳定预报，多模式或多种预报方法的综合集成既能综合各预报结果的优势，又能保持预报的相对稳定性，是当今发展潮流。

现代天气预报，尤其是精细化天气预报的发展以数值预报为主要核心，而数值预报的迅速发展和提高使得以长期样本统计为基础的传统释用方法(如MOS法)难以取得稳定及可信的统计基础，同时，日常业务中存在诸多不稳定因素诸如资料缺失、时空分辨率不一致等，也制约了单一模式的实际业务化应用效果。多种模式或多种预报方法的综合集成是当前国际上的发展趋势。多模式或多预报方法的集成，既能综合各预报结果的优势，又能减少单个预报成员预报偏差对最终结果的影响，增加预报稳定性。如图 7.7 所示。

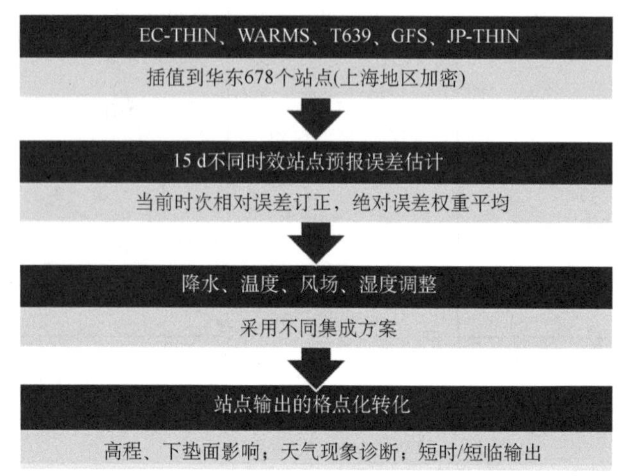

图 7.7　最优集成释用流程图

7.3.1　站点集成

基于主流数值模式产品的多模式最优集成技术（optimal consensus forecast），选取 EC 高分辨模式、日本细网格模式、T639、GFS、SMB-WARMS，通过插值方法将预报结果插值到华东区域城镇站点和上海市乡镇站点，实况资料则来自上海的乡镇自动站资料库（147 站）及国家信息中心通过卫星下发的常规地面观测资料（531 站）。集成方法分为两步：

首先，对各集成成员的预报结果进行预报偏差校正：①计算出各集成成员在过去 30 d 中的平均预报相对误差。②根据平均预报相对误差，对将各集成成员的预报结果进行系统偏差校正。

然后，对各集成成员的预报结果进行绝对误差权重平均：

(1)定义预报误差 b：

$$b_{i,j,k,r,f} = F_{i,j,k,r,f} - A_{i,j,k,r,f} \tag{7.21}$$

式中，F 代表预报值，A 代表观测值，i,j 代表站点位置，k 代表集成成员，r 代表起报时间，f 代表预报时效。

计算各集成成员在过去一段时间内的平均预报绝对误差：

$$\hat{b}_{i,j,k,r,f} = \frac{Q_1 + 2Q_2 + Q_3}{4} \tag{7.22}$$

式中，Q_1，Q_2，Q_3 代表各成员过去一段时间内预报误差序列 b 的第一、第二、第三个四分位数，平均预报绝对误差是对各成员过去时间内预报系统误差的一个近似估计，取四分位数的平均估计系统误差能够去除极端成员的影响，从而得到预报值的无偏估计：

$$FB_{i,j,k,r,f} = F_{i,j,k,r,f} - \hat{b}_{i,j,k,f} \tag{7.23}$$

(2)由预报值的无偏估计，得到过去集成成员的预报平均绝对误差：

$$MAE_{i,j,k,f} = \frac{1}{N}\sum_{r} | FB_{i,j,k,r,f} - A_{i,j,r,f} | \tag{7.24}$$

根据平均预报绝对误差的大小，计算相应的权重系数 w，对各集成成员进行加权平均，平均预报绝对误差越大的成员，权重系数越小。

$$\hat{w}_{i,j,k,f} = MAE_{i,j,k,f}^{-1}\left(\sum_{k} MAE_{i,j,k,f}^{-1}\right)^{-1} \tag{7.25}$$

最终，使用计算所得权重系数 w 对最新时次各集成成员的预报值无偏估计进行加权平均，得到 OCF 预报结果：

$$OCF_{i,j,k,r,f} = \sum_{k} \hat{w}_{i,j,k,f} FB_{i,j,k,r,f} \tag{7.26}$$

同时，针对在实际应用出现的一些问题，对误差订正方案进行了更改，采用类递减平均(decaying average)的方法改进相对误差计算。在计算预报误差 b 时，增加最近时次预报误差权重，降低较早时次的误差权重，同时剔除预报误差特别大的预报样本；同时，考虑到转折性天气情况，在进行最新时次预报误差订正时，对预报要素明显偏离前期平均态的降低其订正效果。

对于风的集成采用略为不同的方案。由于风向变化的不连续性和随机性，上述“偏差校正＋权重平均”的集成方法不适合风向，实际操作中也无法取得满意的结果。因此采用了“择优集成方法”，具体计算时，集成结果是选择过去 30 d 预报平均绝对误差最小的集成成员，定义为：

$$MAE = \frac{1}{N}\sum_{i=1}^{N} \sqrt{(Fu_i - Ou_i)^2 + (Fv_i - Ov_i)^2} \tag{7.27}$$

式中，Fu 表示预报 u 风分量，Ou 表示观测 u 风分量，Fv 表示预报 v 风分量，Ov 表示观测 v 风分量。

对于 OCF 降水预报，由于其为非连续变量，单纯的平均(或加权平均)往往会使预报降水范围相比单一模式预报偏大，目前简单采用“晴雨＋集成”的方法修正。首先计算过去 30 d 各家模式预报的降水晴雨率及雨量绝对误差，集成方案挑选前 30 d 中晴雨预报效果最佳的模式雨区预报结果作为 OCF 的降雨区预报，雨区降水量采用根据绝对误差计算的加权平均值得到。

7.3.2　格点订正

以上结果是对于站点的模式订正，要进一步得到格点精细化预报，还需对站点集成结果进行格点化订正及转换，目前精细化预报业务对于格点化的分辨率要求短时 12 h 内达到 3 km，72 h 内达到 5 km，而集成成员的分辨率最高在 9 km，无法达到要求，因此，一方面对于上海地区，通过 147 个加密自动站的误差订正能够一定程度上作出高分辨率的订正，另一方面，在进行格点转化时，综合考虑地形、下垫面分布因素进行修正，提高产品精细化程度。

对站点预报结果进行格点化插值，采用多重 cressman 插值方案，特别的，在进行 2 m 气温的格点化时，考虑格点地形高度差异进行插值订正。具体订正方法为：利用高分辨率地形高程数据 SRTM(分辨率 90 m)插值得到的格点地形高度，采用经验温度递减率 $\gamma=0.65$ ℃/100 m，在 cressman 方法中，将格点周围站点温度从其原来不同的站点地形高度订正至同一标准高度 Z_0 上，然后进行格点插值，得到该格点在 Z_0 高度的插值温度 T_0，然后根据 SRTM 资料插值的格点地形高度，将 T_0 再次用 γ 订正回到格点高度得到最终值 T(图 7.8、7.9)。

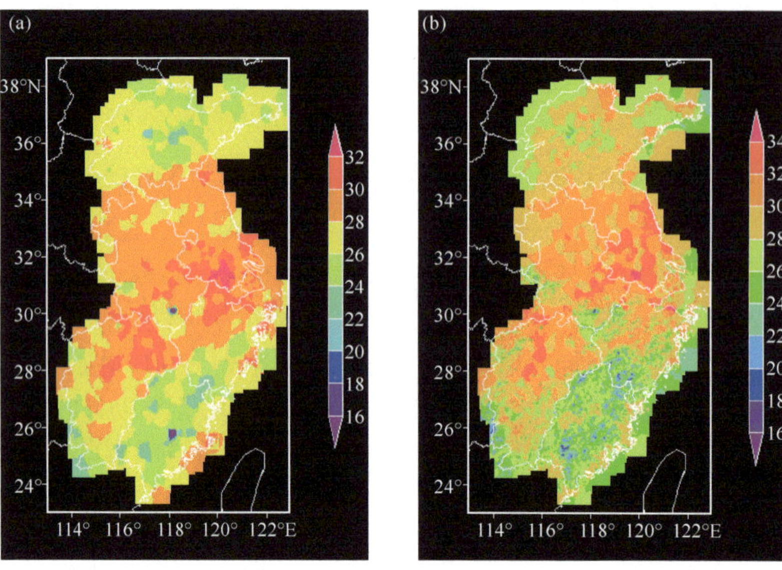

图 7.8　2 m 温度预报试验

(a)高程订正前;(b)高程订正后

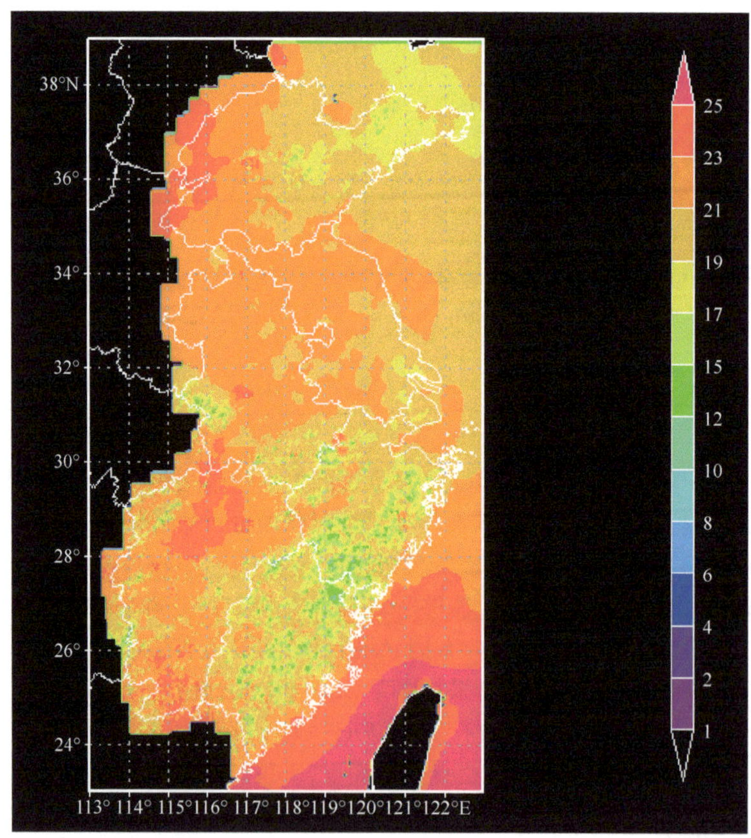

图 7.9　2 m 温度格点预报海陆分布对比

对于 2 m 温度预报，在释用前期(3 年前)，由于部分模式预报资料在 120 h 之后的分辨率较粗，有的在 12 h，因而在计算最高、最低温度时需要进行时间插值：

$$T(t_i) = T(t_1) + [Tc(h_i) - Tc(h_1)] + \frac{t_i - t_1}{t_2 - t_1}\{[T(t_2) - T(t_1)] - [Tc(h_2) - Tc(h_1)]\} \tag{7.28}$$

式中，$T(t_i)$为插值时间温度，$Tc(h_i)$为历史统计 t_i 时刻温度，$T(t_1)$、$T(t_2)$为离 $T(t_i)$最近的相邻两个时次 OCF 预报温度。

然而，之后由于各家模式预报资料分辨率的提升，在 120 h 后均可达到 6 h，因而现在直接使用模式预报场而不需进行插值。

对于不同下垫面的处理，目前仅对于海陆格点作区分，在进行格点插值时，对于陆面格点，仅使用陆面站点 OCF 订正进行插值，而对于海面站点，由于缺乏海上观测资料，暂时只由模式直接预报值处理，因此格点温度场上具有很明显的海陆差异。

基于多模式最优集成技术(optimal consensus forecast)，截至 2016 年上海中心气象台开展了乡镇级站点精细化要素预报，提供乡镇级站点 192 h 精细化预报业务，预报要素包括天气现象、云量、温度、风、湿度、降水，以及日最高气温、日最低气温等，空间分辨率达到了乡镇或街道站点，时间分辨率 72 h 时效逐 3 h、120 h 时效逐 6 h、192 h 时效逐 12 h(表 7.4)。

表 7.4　乡镇站点预报时效间隔和要素

	时效	时效间隔	要素
乡镇站点预报产品	0～192 h	12 h	日最高温度、日最低温度、12 h 降水量
	0～72 h	3 h	温度、湿度、风向、风速、云量以及天气现象、3 h 降水量
	72～120 h	6 h	温度、湿度、风向、风速、云量以及天气现象、6 h 降水量
	120～196 h	12 h	温度、湿度、风向、风速、云量以及天气现象、12 h 降水量

在乡镇站点预报基础上，经过插值等技术手段，得到格点预报产品。现有格点预报产品如表 7.5 所示。所有格点预报产品为上海市格点精细化业务做支撑，为每天的格点精细化预报业务提供依据，并且所有预报结果在一体化平台上显示，为预报工作提供参考。

表 7.5　OCF 现有格点预报

时效	时间分辨率	格点	时次	要素
0～72 h	3 h	华东 5 km×5 km 上海 3 km×3 km	2 次/天	温度、湿度、风向、风速、云量、天气现象、3 h 降水量、24 h 最高最低温度
72～192 h	6 h	华东 5 km×5 km 上海 3 km×3 km	2 次/天	温度、湿度、风向、风速、云量、天气现象、6 h 降水量、24 h 最高最低温度

7.3.3　释用成果检验分析

7.3.3.1　温度释用

对于格点产品的检验目前由于缺少格点实况分析数据，难以按照点对点检验，因而仍按照传统方法，将格点预报结果插值至观测站点上由之进行定量检验。

经统计检验，2016 年在最高、最低温度预报误差上，上海主观预报效果最佳；而从各类客观方法比较来看,集成释用的结果相比模式直接预报(EC细网格)在24 h、48 h、72 h预报上均有明显改进;相比中国气象局城镇指导预报(比较11个城镇站点指导预报),OCF释用在24 h、48 h、72 h的预报误差均小于指导预报(图7.10);在最低温度预报误差上,各预报结果与最高温度预报表现相近(图7.11)。

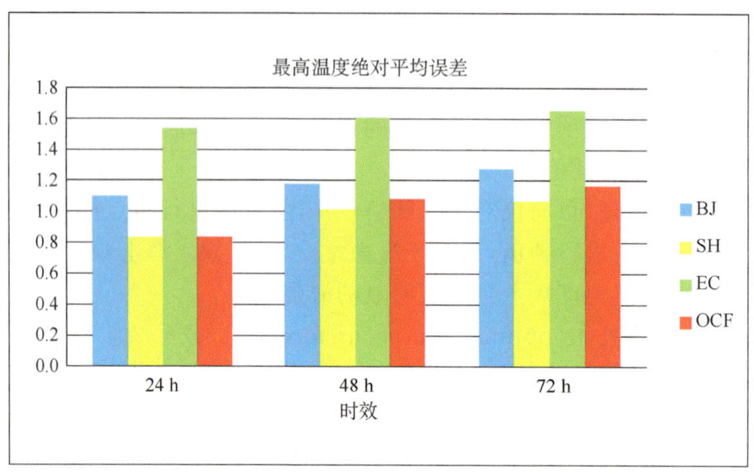

图7.10　2016年24、48、72 h上海主观城镇预报(SH)、中国气象局城镇指导报(BJ)、欧洲细网格(EC)及OCF对上海11站点最高温度预报平均绝对误差

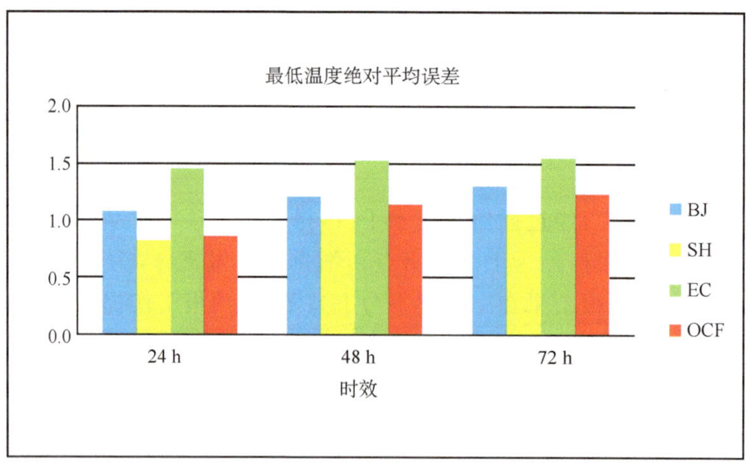

图7.11　2016年24、48、72 h上海主观城镇预报(SH)、中国气象局城镇指导报(BJ)、欧洲细网格(EC)及OCF对上海11站点最低温度预报平均绝对误差

7.3.3.2　风场释用

(1)风速

采用均方根对数相对误差RMSLR(root mean square log relative error)对预报风速进行检验。定义RMSLR为:

$$\mathrm{RMSLR}=\sqrt{\frac{\sum_{i=1}^{N}\left[\ln\frac{F_i+5}{O_i+5}\right]^2}{N}} \tag{7.29}$$

式中，F_i 表示预报风速，O_i 表示观测风速，为减小在大风速时误差量级不同造成的统计差异，参照澳大利亚气象局的集成方法，在计算误差时对于风速作加 5 并取对数的经验处理，使得计算误差的取值在风速小于 5 时主要受实际误差 $|F_i-O_i|$ 影响，而在风速增大时则主要受相对误差 $|F_i/O_i|$ 影响。

图 7.12 为对 2015 年各家模式及 OCF 对华东地区标准地面观测站不同预报时效的 10 m 风速预报均方根对数相对误差对比。由图可见，对于 ECTHIN、T639、WARMS 三家数值模式的 10 m 风速预报，误差有较明显的日变化，ECTHIN 预报误差在 120 h 内均小于其他两个模式。OCF 集成预报的误差（黑线）在 120 h 内总体与 ECTHIN 相当，可以看到在 72 h 以后甚至略优于 ECTHIN 预报，RMSLR 平均都在 0.23 以下。相比而言 WARMS 的预报误差最大，通过初步比较发现这可能与中尺度模式对地面风场预报的风速量级与观测相比往往存在一定系统偏差造成。

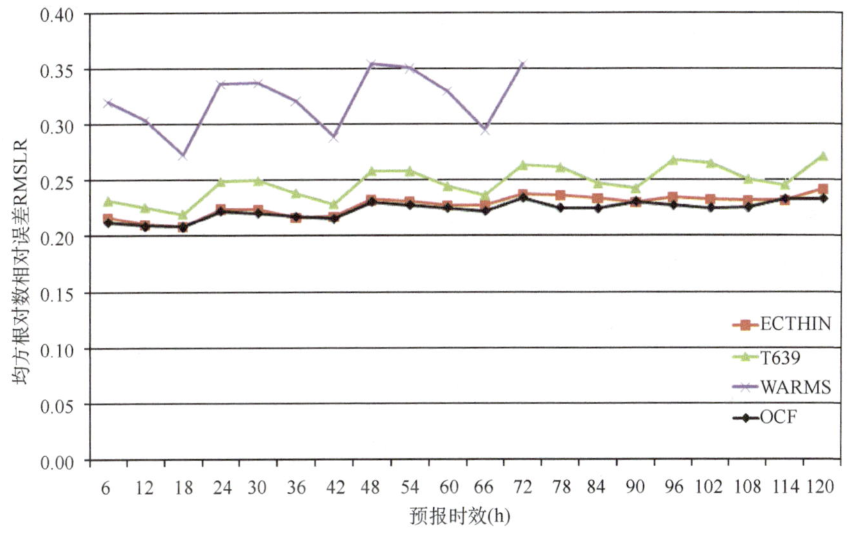

图 7.12　2015 年 ECTHIN、T639、WARMS 及 OCF 华东地区站点风速预报均方根对数相对误差 RMSLR 对比

（2）风向

对于风向预报，采用传统的平均绝对误差 MAE 对预报和实况的风向角度差进行检验：

$$MAE=\frac{1}{N}\sum_{i=1}^{N}\min\left(|F_i-O_i|,360-|F_i-O_i|\right) \tag{7.30}$$

图 7.13 为对 2015 年各家模式及 OCF 对华东地区标准地面观测站不同预报时效的 10 m 风向预报平均绝对误差对比。由图可见，对于风向预报误差同样存在日变化分布，各家模式中风向预报误差最小的 ECTHIN 仍然具有较明显优势，120 h 内均在 60°以下。而与风速预报不同，WARMS 在风向预报上误差略小于 T639。OCF 集成的风向预报总体与 ECTHIN 相当，优于 WARMS 和 T639 的预报。

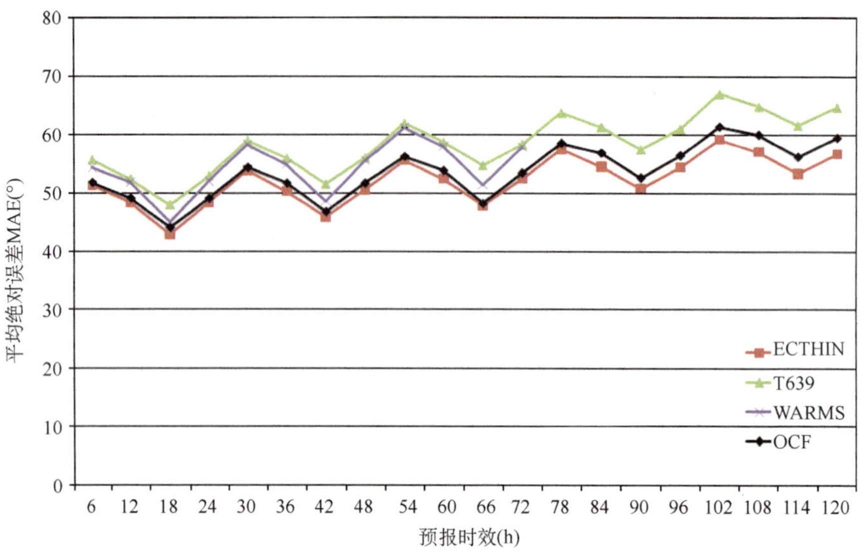

图 7.13　2015 年 ECTHIN、T639、WARMS 及 OCF 华东地区站点风向预报平均绝对误差 MAE 对比

7.3.3.3　降水

对比检验 2016 年的上海 11 个城镇站点晴雨准确率评分(图 7.14)，可见在 4—7 月，每个月份 OCF 的预报效果均好于 EC 细网格预报产品。

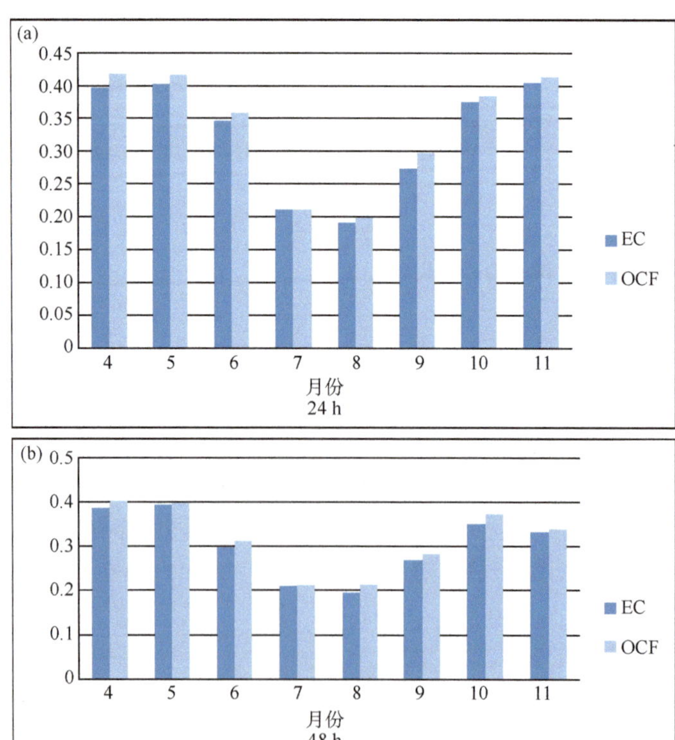

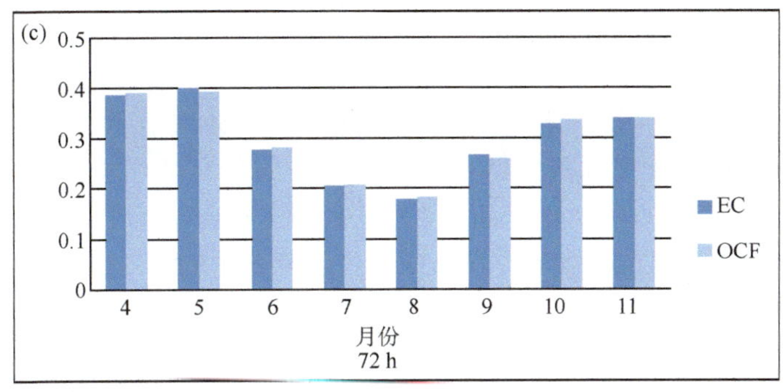

图 7.14　2016 年 4—11 月 24 h(a)、48 h(b)、72 h(c)降水 TS 评分对比
(华东 531 站点,阈值 0.1 mm)

7.4　集合预报

7.4.1　基本概念

同传统的"单一"的决定论的数值预报不同,集合预报是从"一群"相关不多的初值出发而得到"一群"预报值的方法,这就是经典的集合预报的概念。

最新的数值预报系统可以很有效地帮助天气预报员做天气预报。许多模式现在可以提供足够好的天气图像,因此可以通过模式直接输出来提供一些自动天气预报,虽然总体来说有必要做一些后处理来校正自动天气预报。模式直接输出有时能够更好表示一些气象要素,例如地表温度(至少在非陡峭地形处),而降水通常则不那么容易。

即使有这么多的优点,采用全球最好的数值模式,仍经常会做出很糟糕的预报。这在中短期预报中最为明显,主要由于大气的混沌特性。在进行数值预报时,首先会对来自世界各地的最新观测资料进行分析并估计出当前的大气状态,然后模式开始计算大气状态会如何随着时间从初始状态进行演变。混沌理论表明大气状态的演变对于初始场的微小误差非常敏感,因此初始场极小的误差(通常非常小到预报员几乎无法注意到)会在预报中逐渐变大。即使拥有最好的观测值,我们也永远无法做出完美数值预报,这就是我们要做集合预报的原因。

在集合预报中,对初始场加入一些小扰动,然后再用这些扰动初始场进行数值积分。如果不同的集合成员做出的预报非常相似,我们就会对预报更有信心。如果它们都向不同方向发展,例如一些发展成了强风暴而另一些发展成了弱低压,那就会对预报不太有把握。通过观察分析集合成员中预报出风暴的比例,可以估计风暴发生的可能性。当我们留意 1～2 d 的短期天气预报时,整体的天气形势通常具有较高的可预报性。当我们留意一些也许会对气象用户非常重要的局地预报细节时,仍然可以发现,集合成员之间具有一些重要差别。同时,在短期预报中,大尺度形势演变偶尔也会具有不确定性——这最有可能在强风暴的发展阶段出现,因此在短期天气预报中也需要考虑使用集合预报。天气预报中应用的集合预报系统主要有三种——全球集合预报、区域集合预报和对流尺度集合预报——通常还包括确定性预报模式,它们重点解决不同的时间尺度的预报问题。相同种类的集合预报系统也会有很多的差别,比如扰动的形成方法、模式中使用的物理过程等。但集合预报的使用原理始终是一致的。

7.4.2 常用集合产品的解释应用

集合预报包括多个成员(如欧洲中心为 51 个成员),因此其显示分析不同于确定性模式,需要借助于各种统计或可视化方法帮助预报员从海量的集合数据中提取出有用的信息。目前,除了集合预报工具箱中的可视化产品外,上海中心气象台基于 ECMWF 集合预报降水数据制作了多种 QPF/PQPF 产品(如表 7.6),所有产品每天 08 时和 20 时各预报一次,时效为逐 6 h 和逐 24 h 的 168 h 预报,预报范围为华东区域(大约位于 23.5°～38.5°N,110.5°～124.5°E),空间分辨率 30 km。

7.4.2.1 常规统计集合 QPF 产品

统计值产品采用不同统计方法提取多种统计量,反映集合数据不同方面的信息。如:

(1)集合平均产品,集合平均可以平滑掉可预报性较低的细节特征,保留可预报性较高的降水分布,并指示出最有可能的降水中心位置。

(2)中位值产品,将格点预报值从小到大排列,取中间的预报值。该统计量不受极端值的影响,具有较好的稳健性。

(3)最大/小值产品,能够指示极端降水的预报信息。

(4)控制预报产品,给出控制成员预报信息。

(5)概率预报产品,计算大于或等于某一阈值的集合成员数,然后除以总成员数,即得到该格点的概率预报值,有助于确定降水事件的发生概率。

(6)百分位值产品,将格点预报值从小到大排列,取指定百分位的预报值,这相当于在同一张分布图上显示指定概率的预报值。

表 7.6　基于 ECMWF 集合预报的 QPF/PQPF 产品列表

类型	集合 QPF/PQPF 产品
常规 ECMWF 集合预报 QPF/PQPF 统计产品	累积降水集合平均产品
	累积降水概率匹配平均改进产品
	累积降水中位值产品
	累积降水最大/小值产品
	累积降水控制预报产品
	累积降水概率预报产品
	累积降水百分位值预报产品
	累积降水任意阈值概率产品
订正后的集合预报 QPF/PQPF 产品	累积降水多统计量融合预报产品
	累积降水概率匹配平均预报产品
	累计降水的逻辑回归订正概率预报产品

7.4.2.2 多种统计量融合技术

多种统计量融合预报产品,在对各种集合统计产品检验的基础上,分别针对不同的降水量级采用不同的统计产品,得到集合 QPF 融合产品。

各种集合统计量对于不同量级的降水预报,TS 评分最高的统计量不同。从图 7.15 可以看出,对于 EC 集合预报预报的 12～36 h 累计降水,小雨量级的预报中低百分位的成员 TS 评分更高，对于中雨量级集合平均的 TS 评分最高，大雨是中位值的评分最高，暴雨是 90 百分位的 TS 评分最高。基于这个情况，对不同量级的降水选取不同百分位预报的降水量作为预报值，形成该格点相应量级的融合产品。

随着预报时效的增长，各百分位预报值的评分趋于一致，特别是对于中雨以上量级的降水预报，故在计算融合预报结果时选取集合平均作为预报值。

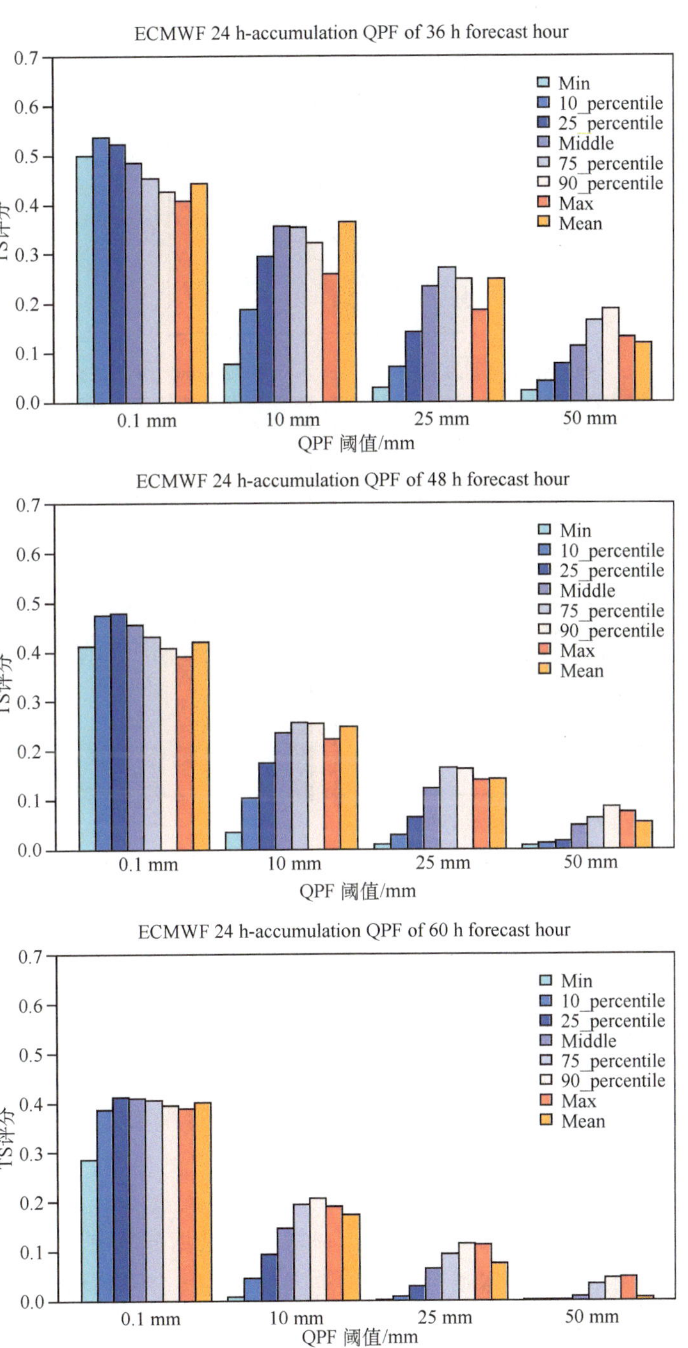

图 7.15　各集合统计量的 36 h、48 h、60 h 时效降水预报 TS 评分

如图 7.16 所示，同实况相比，多种集合统计量融合产品（FUSE）对降水落区和大值中心都有较好的把握。

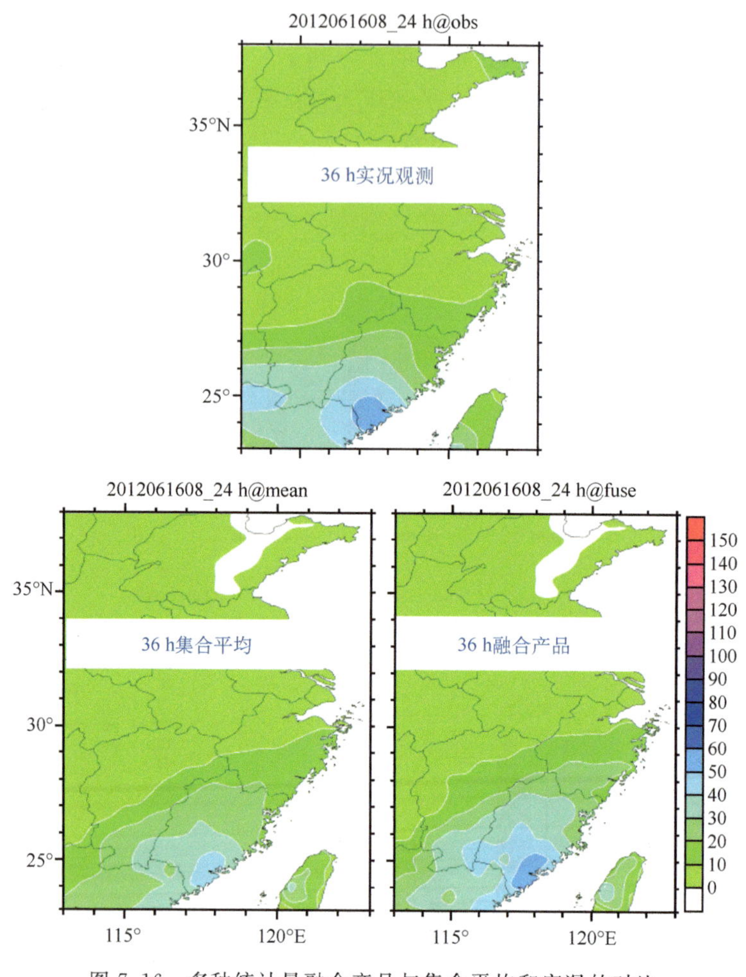

图 7.16　多种统计量融合产品与集合平均和实况的对比

7.4.2.3　采用概率匹配平均技术改进的集合平均产品

概率匹配平均改进产品，结合具有较好空间分布的集合平均场和更好量级准确度的集合成员预报，得到的预报结果优于集合平均产品。

定量降水预报极少能够准确预报降水的空间分布型，通过集合平均技术，能够指示出最有可能的降水中心位置，但降水集合平均存在量级偏差。集合平均产品平滑的降水分布主要表现在强降水值减小，而小量级降雨的范围扩大。

为了修正集合平均产品的降水量级偏差，采用概率匹配技术（probability matching）。概率匹配技术用于融合不同时空分布的数据源。通常一种数据源具有较好的空间分布，而另一种数据具有更好的准确度。该技术通过较好的空间分布的集合平均场和更好量级集合成员预报进行概率匹配，以得到较高准确度的概率产品。

在集合预报中，采用该技术结合具有较好空间分布的集合平均场和更好量级准确度的集合成员预报。具体步骤如图 7.17 所示：

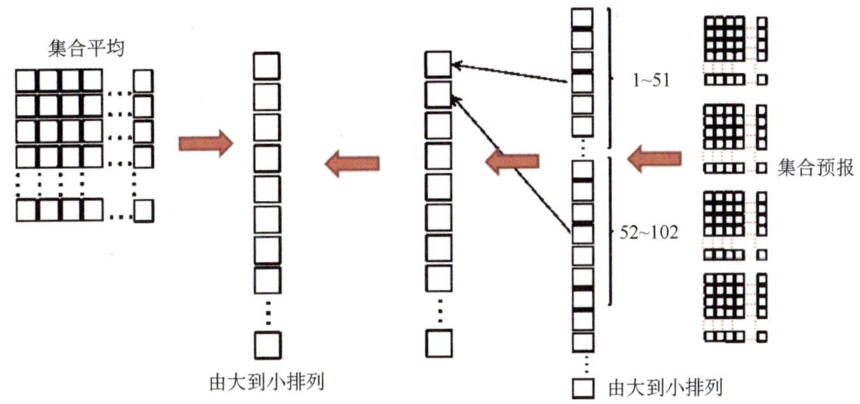

图 7.17　概率匹配技术示意图

选定某一区域，将区域内 n 个成员所有预报从大到小排列，然后保留每 $n/2$ 个间隔的预报值；

将集合平均场按从大到小排列；

将第一步保留下来序列与集合平均序列匹配，即得到概率匹配集合平均产品。

如图 7.18 所示，2015 年 8 月 24 日的较强降水过程，概率匹配集合平均(pm)指示了大暴雨中心，且小雨量级的降水范围也有效缩小。

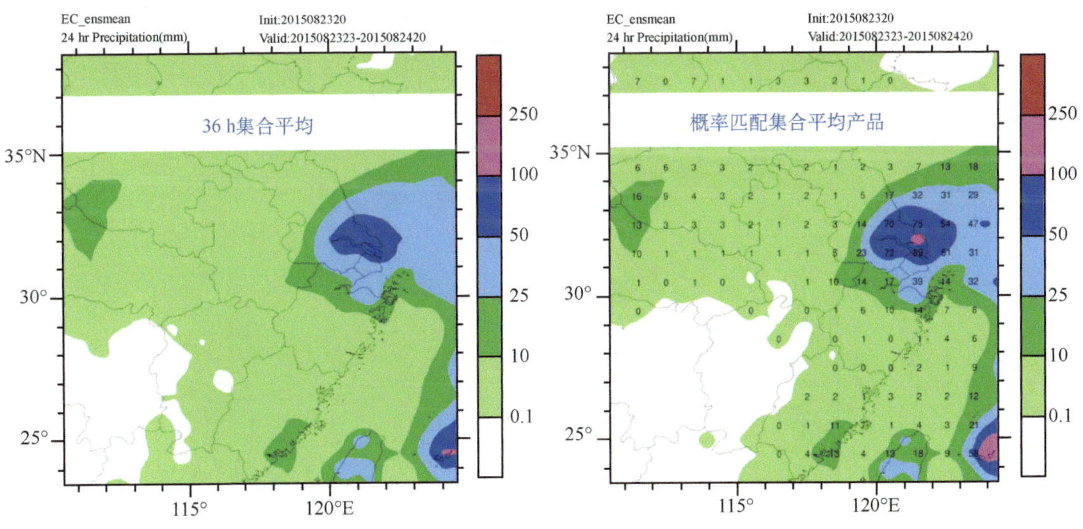

图 7.18　集合平均与概率匹配平均产品对比

7.4.2.4　基于逻辑回归方法的 EC 集合预报降水概率预报

目前有很多方法可以将集合预报的原始结果订正成较为可靠的概率结果。其中，逻辑回归方法是较容易被理解的方法，其优点在于无需对分布函数做任何假设就可以直接对概率预报进行处理。

逻辑回归分析是对定性变量的回归分析。逻辑回归的模型可以用下式表示：

$$f(x)=\frac{e^x}{1+e^x} \tag{7.31}$$

考虑具有 p 个独立变量的向量 $x'=(x_1,x_2,\cdots,x_p)$，设条件概率 $P(Y=1|x)=P$ 为根据观测量(Y)相对于某事件(x)发生的概率。

目前对于向量 x'的选择为集合预报的平均值和离散度，条件概率 Y 代表了所分析量级的降水量是否发生。

通过图 7.19 的比较可以直观地看出，EC 集合预报的降水概率其范围明显比实况偏大，通过逻辑回归方法订正后，预报的范围明显减小，与实况更加吻合，同时，其中雨和大雨预报的范围也与实况接近，由此可见，通过订正后得到的降水概率预报可以有效地减少空报。对于概率预报的检验，通常采用计算 Brier Score 和 Brier Score Skill 来衡量，BS 评分越低代表误差越小，BSS 评分越高代表预报技巧越高。同时，通过绘制可靠性曲线，可以更直观地看出概率预报的效果。

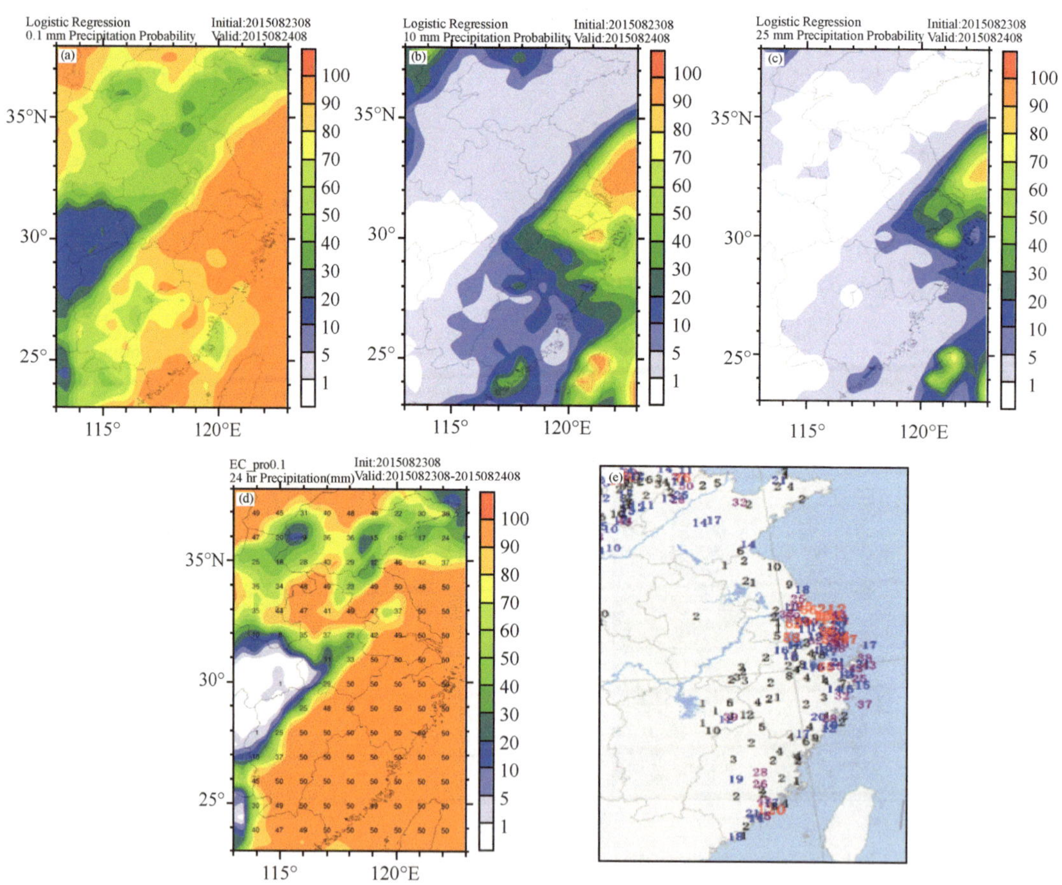

图 7.19　经过逻辑回归订正后的各量级降水概率预报与 EC 原始预报以及实况的对比

(a)、(b)、(c)分别为 2015 年 8 月 23 日 08 时起报的订正后的 0.1 mm、10 mm、25 mm 降水概率，(d)、(e)分别为 EC 集合预报原始的 0.1 mm 降水概率和实况

通过对 2015 年 7 月 15 日—9 月 15 日为期 60 d 的检验(表 7.7)，可以看出：

表 7.7　EC 集合预报和逻辑订正降水概率的 BS 和 BSS

	小雨	中雨	大雨
BS(EC)	0.17	0.089	0.038
BS(Logistic)	0.14	0.081	0.032
BSS(EC)	0.24	0.28	0.027
Bss(Logistic)	0.36	0.34	0.17

不管是小雨、中雨还是大雨，经过逻辑回归方法订正后的降水概率的 Brier 评分都小于 EC 集合预报的降水概率，说明订正后的结果更好。其中小雨提高的最多，中雨和大雨相对差别较小，这有可能是样本不够大造成的，在这一时间段内发生中雨和大雨的次数不够多。从 BSS 的结果来看，使用逻辑回归方法订正后的 BSS 有了明显的提高，特别是大雨，BSS 评分提高了一个数量级，可见逻辑回归方法更好地改进了降水预报。

从以上 ROC 图(图 7.20)中可以看出：EC 集合预报的降水概率随着量级增大效果变差，表现

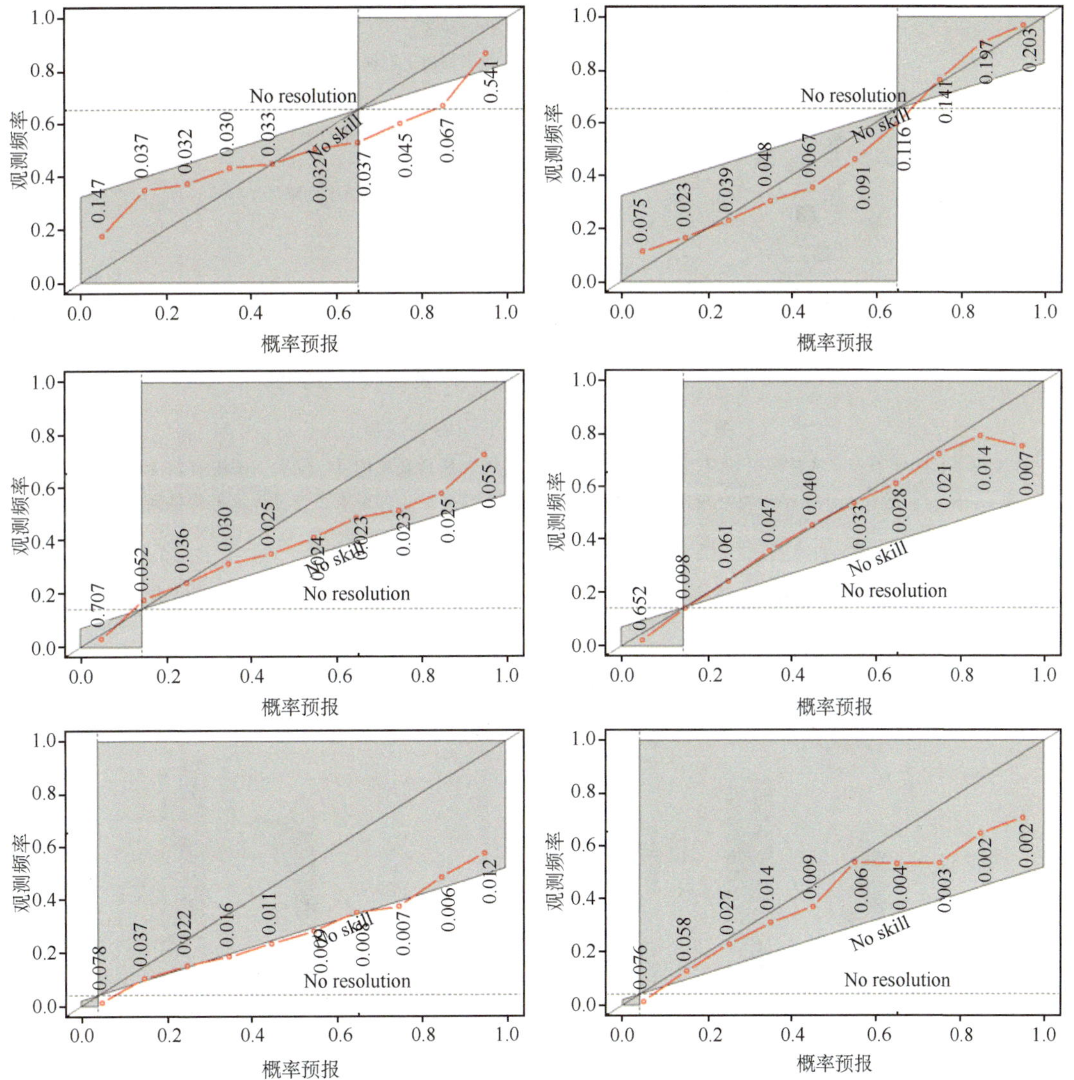

图 7.20　从上往下分别为 0.1 mm、10 mm、25 mm 降水概率可靠性

(左：EC，右：逻辑回归)

为可靠性曲线离对角线越来越远；经过逻辑订正后的降水概率其可靠性有了明显的改善，特别是中雨和大雨量级的概率预报，大样本数的预报均落在对角线上，只有少数样本偏离了对角线。小雨的预报也比 EC 的更接近对角线。经过逻辑订正后预报概率的分布相比 EC 的预报更加均匀。

7.4.2.5 热带气旋选择集合平均路径

热带气旋（TC）选择集合平均路径是 Qi 等在 2013 年开发的一项新 TC 路径集成技术。具体操作流程如图 7.21 所示：①由于模式计算和通信原因，通常集合预报产品会延迟 8～12 h（在模式启动时刻之后）到达预报员手中，因此可以根据最新观测资料计算集合成员的短时效（12 h）误差，将所有集合成员的短时效误差进行算术平均，若某一集合成员的短时效误差小于平均短时效误差，则该集合成员为最优集合成员。②将筛选出的集合成员平移到最新观测位置后，利用算术平均得到 TC 预报路径。

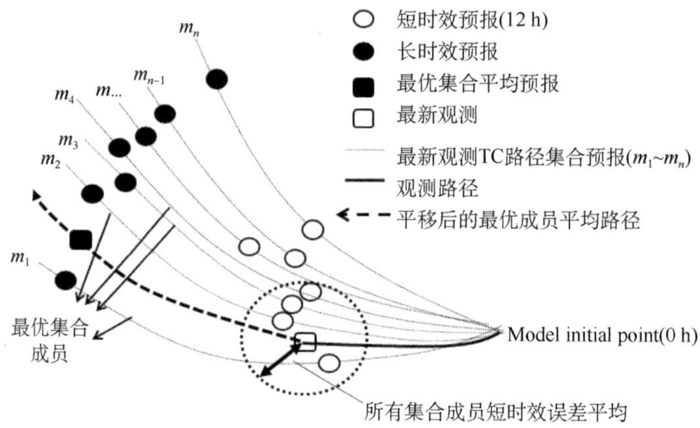

图 7.21 TC 选择集合平均方法流程图

圆内半径为所有集合成员短时效误差的平均，空心正方形代表最新观测的 TC 位置。图中有四个成员（m_1、m_2、m_3 和 m_4）的短时效误差小于平均短时效误差，最终 TC 路径由平移后的这四个成员经过算术平均得到

通过对比 2010—2012 年 TC 集合平均路径和 TC 选择平均路径的平均路径误差及标准差（图 7.22），发现 TC 选择集合平均路径的平均路径误差和标准差均低于 TC 集合平均路径，

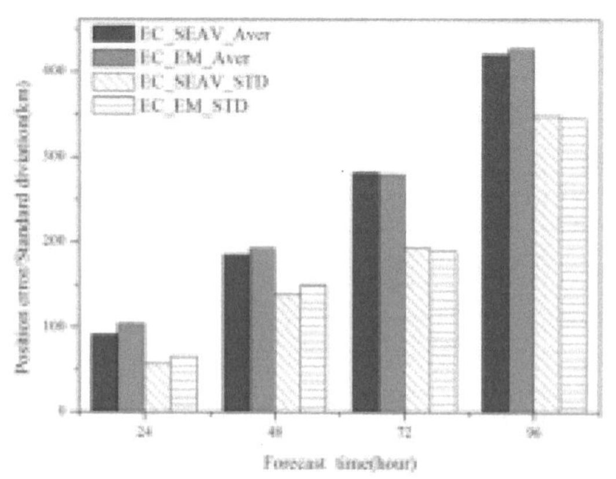

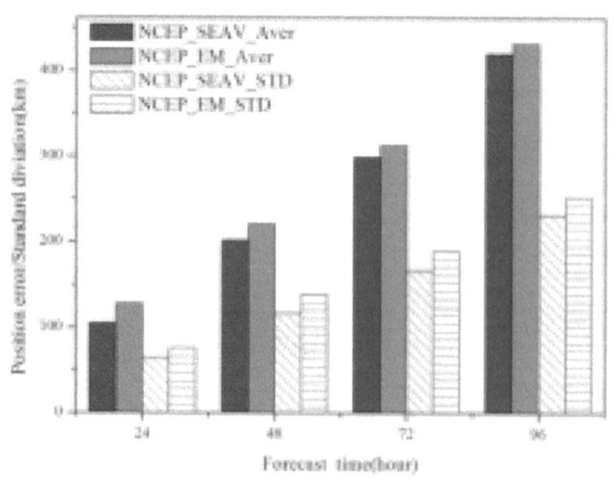

图 7.22 2010—2012 年不同集合预报中心（左边：EC_EPS，右边：NCEP_EPS）集成 TC 路径的平均位置误差（填色柱状、Aver）和标准差（阴影柱状、STD），其中 SEAV 为 TC 选择集合平均路径，EM 为 TC 集合平均路径

因此，TC 选择集合平均路径的预报效果要优于 TC 集合平均路径。目前业务化的 TC 选择集合平均路径产品有 EC_EPS TC 选择集合平均路径和 NCEP_EPS TC 选择集合平均路径。每日 08 时、20 时起报，预报时效为 120 h，逐 12 h 输出。产品实例如图 7.23 所示。

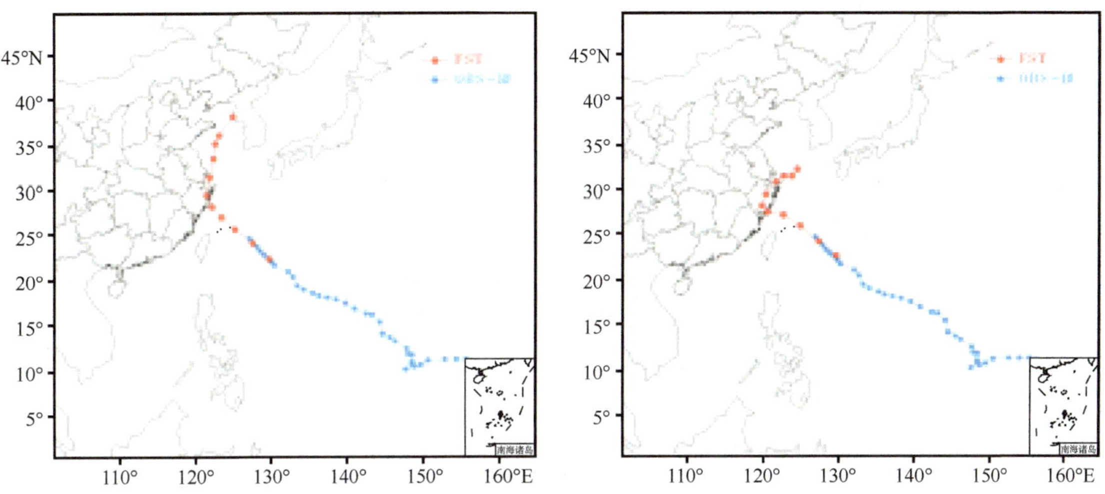

图 7.23　TC 选择集合平均路径产品实例(左边：EC_EPS，右边：NCEP_EPS)

7.4.3　集合预报在灾害天气中的应用(极端天气指数等)

为了对极端事件进行更准确地预报，从集合预报中提炼极端事件发生与否的信息，Lalaurette(2003)开发了极端预报指数(EFI：extreme forecast index)。通过集合预报系统(EPS：ensemble prediction system)可以得到未来某时刻某一气象要素的概率分布函数，要想从这一分布函数来判断未来出现极端天气事件的概率，靠我们常用的均值、分位数、离散度等，很难全面地反映这一概率函数的信息。Lalaurette(2003)假设如果 EPS 中的某一事件相对于“模式气候”为极端事件，那么与之对应的实况天气相对于真实气候也为极端事件。基于这一假设，通过积分 EPS 要素预报累计概率分布函数和这一要素气候累计概率分布函数之间的差(图 7.24)，即

$$EFI_n = (n+1)\int_0^1 [p - F_f(p)]^n \mathrm{d}p \tag{7.32}$$

式中 n 为整数，一般取 2 或者 3，p 为某一事件在“模式气候”中的概率，$F_f(p)$ 为某一时次的集合预报中，小于等于“模式气候”p 分位数的事件的概率，可以表征 EPS 概率函数相对于“模式气候”概率函数的“偏移”情况。两个概率函数越接近，即 EFI 的值越接近于 0，表示 EPS 的概率函数越接近历史概率，即发生极端事件的可能性很小，为历史概率；反之，两个概率函数之间的差异越大，则 EFI 的值越大，表示发生极端事件的概率越高。为了使得 EFI 指数具有可比较性，前面的系数将 EFI 归一，使得 EFI 的值在[−1,1]之间。

极端事件主要关注 EPS 概率分布曲线两端值的发生概率，为了使得 EFI 对概率曲线两端的极端事件更敏感，对其进行改进

$$EFI_{AD} = \frac{2}{\pi}\int_0^1 \frac{p - F_f(p)}{\sqrt{p(1-p)}}\mathrm{d}p \tag{7.33}$$

这样可以使得 EFI 对于 EPS 概率 p 接近于 0 或者 1 时更加敏感，增大 EFI 的值。

对于降水，需要剔除无降水事件的影响，积分应该从 p_1（无降水日占总日数的比例，即有降水的气候概率）开始，将 EFI 归一化得到：

$$EFI = \frac{2}{\pi - 2\theta_1 + \sin 2\theta_1}\int_{p_1}^{1} \frac{p - F_p}{\sqrt{p(1-p)}}\mathrm{d}p \tag{7.34}$$

式中 $\theta_1 = \arcsin\sqrt{p_1}$。

EFI 计算的关键问题是构建“模式气候”，“模式气候”构建得好，可以消除 EFI 的系统性偏差，使其可靠性更高。最好的方法就是对集合预报系统进行回算（Lalaurette，2003）。欧洲中心模式历史预报采用 5 个成员，过去 18 年的前后共 5 d 回算，共有 450 个预报构建模式气候的累积概率密度函数，如图 7.24 虚线所示；集合实时预报成员构成模式预报分布累积概率密度函数，如图 7.24 实线所示。两条线之间的区域构成指示降水极端的指数值。

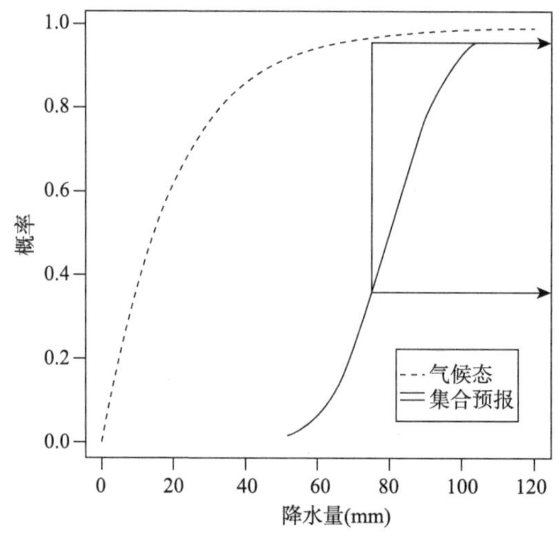

图 7.24　虚线为“模式气候”日降水量的累计概率分布曲线，实线为某一时次 24 h 降水量集合预报的累计概率曲线，EFI 即为两个曲线之间差的 n 次方的积分

在对极端天气指数应用之前，需要首先明确以下几点：

（1）极端天气指数并不是特定的预报值，也不是某一特定事件的发生概率，和预报值之间也没有一一对应的关系，它通过对比 EPS 的概率密度和气候概率密度之间的差异，提供了相对于气候态的极端事件的早期预警信息，具体的事件的发生概率和强度，还需要运用其他方法和产品进行预报。

（2）EFI 的值越大，预示两方面的信息：第一，将要发生的事件越极端；第二，极端事件发生的可能性越大。

（3）极端事件的定义，一般取气候态中的 95％分位数，甚至 99％，分位数的值越大，说明事件越极端。可见极端事件的强度跟时间和空间有关，不同的地域，不同的月份，极端事件的强度不同。冬季的极端事件强度明显小于夏季，北方的极端事件强度明显小于南方。尤其对于北方的某些地区，在特定的时间段内，10 mm 的降水量已经是极端事件。

可见 EFI 的优势主要体现在以下几方面：①检验显示，其对极端事件的预警能力较其他产品，时效更提前；②其表征的极端事件，相对来说更科学，例如对于北方地区，二十多毫米的降水事件就已经很极端了，有可能造成较大的损失，而二十多毫米的降水事件对于南方来说，不算极端，因此对于决策的作出和气象灾害的防范，有更好的参考价值；③*EFI* 的计算中，由于采用了模式回算而得到的"模式气候"，因此能有效地消除数值模式的系统性偏差，使预报的可靠性更高。

EFI 取特定的计算公式时，可以证明，当集合预报的各成员都预报"模式气候"的中值时，*EFI* 的值为 0，当各成员都超过历史极大值时，*EFI* 的值为 1，都小于历史极小值时，*EFI* 的值为 −1。

欧洲中心的预报经验表明：*EFI* 绝对值在 0.5～0.8 表示天气事件为"异常"，而大于 0.8 则表明"很异常"或极端天气事件发生的可能性很大。在我国的个例检验中发现，气温和风速的 *EFI* 经常出现大于 0.9 甚至 0.95 的情况，因此在我国建议提高这一阈值。

ECMWF 的集合预报系统实时提供以下六个要素的 *EFI* 指数：地面 2 m 气温 24 h 平均温度、地面 10 m 平均风速、地面 10 m 阵风、24 h 累计降水量、850 hPa 气温、500 hPa 高度，预报间隔都为 24 h，预报时效为 168 h，除此之外，还有未来 5 d 和 10 d 累计降水量的 *EFI* 值。

第8章　业务预报系统介绍

本章重点介绍上海目前在业务中应用的主要系统：上海一体化天气预报制作系统V3.0、强对流天气短时预警业务系统NoCAWS、专业预报制作发布系统、多灾种早期预警决策指挥支持系统。

8.1　上海一体化天气预报制作系统V3.0

8.1.1　系统简介

"上海一体化天气预报制作系统"于2011年开始启动，系统经过多次升级，其中一体化预报工作区、预报分析、格点预报系统、预报产品制作和发布、预报产品共享库等模块或子系统先后投入业务运行，2016年底发布V3.0版本。格点预报子系统是制作系统的核心组成部分，于2013年在上海市气象局开始业务试验，2014年正式投入业务应用，逐步建立了以格点预报为核心的一体化预报业务流程，常态化发布精细化格点、乡镇站点等预报产品。

系统集成了大城市长中短临一体化预报制作编辑，预报产品制作实现流程化和自动化处理，简化预报产品制作步骤。结合现代气象业务体系建设需要，在实时探测、运行监控、预报服务、各业务平台展示和历史资料共享等多方面进行信息产品的设计，实现了市区两级同时效使用、编辑各种气象信息产品。突出了信息的实时共享服务能力，接入方式简单灵活，运行稳定高效，每天提供预报产品、雷达卫星、气候预报预测产品、数值预报分析等多个监测、数值预报分析产品，保证市区能以同样的时效获取雷达资料、卫星云图、数值预报产品，极大地提高了资料的使用时效。转换传统天气预报会商模式，提高会商质量及综合分析、显示、对比的能力。建立统一数据库，实现了探测数据资料库、历史数据资料库、预报产品数据库及资料库的建立。建立了与现行城镇预报相协调的精细化气象预报业务，开发以高时空分辨率数值模式为基础的精细化格点预报平台，逐步开展数字化预报，建立天气预报工作区、区县一体化预报业务体系。

自2011年以来，通过自主研发，充分借鉴国内外科技成果，围绕模式客观释用关键技术、交互式格点预报编辑平台、智能工具库、基于格点预报的自动生成技术等方面的技术，从无到有构建了连续滚动、逐步逼近、具有天气影响预报能力的格点预报系统，实现了长中短临无缝隙的格点预报产品体系，极大提高了精细化预报工作效率，提高了高分辨率数值模式的综合应用能力，在预报业务和科研工作中起到了基础性和关键性作用。

系统自完成投入使用后对上海精细化、一体化天气预报的能力提高起很大促进作用。系统充分体现了天气预报客观化、精细化、定量化、一体化的要求，已经成为上海市气象部门的核心业务系统，在各种气象灾害和社会活动气象预报及公共气象服务中发挥了重要作用，满足各类用户的精细化天气预报需求，产生了良好的社会效益。

8.1.2 总体框架及结构

8.1.2.1 系统总体框架及核心功能模块

从功能角度,“上海一体化天气预报制作系统 V3.0”包含五个主要子系统:“预报工作区”“预报分析”“格点预报系统”“预报产品制作和发布”“预报产品共享库”。

“预报工作区”:建立天气预报工作区与区县气象台的一体化业务;

“预报分析”:预报汇总分析、产品集成显示;

“格点预报系统”:图形预报编辑;

“预报产品制作和发布”:基于格点预报的预报快速生成与发送;

“预报产品共享库”:常规预报产品库、格点预报产品库及历史库等。

图 8.1 为上海一体化预报制作系统的总体框架图。其中格点预报系统是其核心部分,如图中虚线部分所示,格点预报系统由三个主要模块组成:数值模式指导产品、格点编辑工具库和产品自动生成,其在预报制作业务中的位置和主要构架如图 8.1 所示。

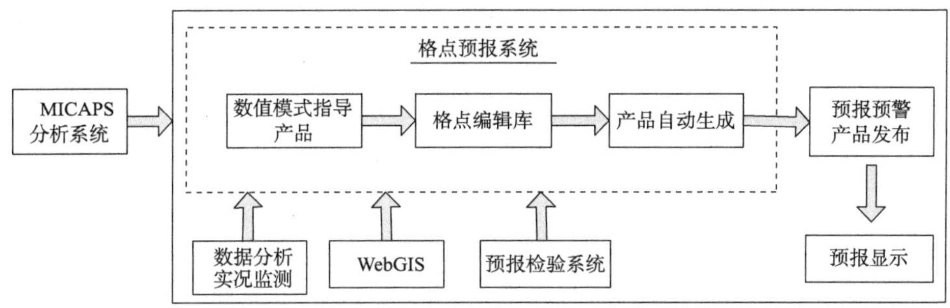

图 8.1 上海一体化预报制作系统框架图

8.1.2.2 基于 WebGIS 技术的软件框架设计

系统采用基于 WebGIS 技术 B/S 三层框架结构,包括数据访问层、业务逻辑层和表示层。数据访问层,主要是访问天气数据库、数值模式库、格点预报库等元数据的操作层;业务逻辑层针对具体业务,进行复杂逻辑判断和格点编辑算法的实现,连接表示层和数据访问层。表示层提供了格点数据的调入、编辑、反演、保存等交互操作的用户接口,为了能够拥有较好的交互体验,系统引入了 Ajax 技术实现客户端与服务器端无页面刷新的形式来进行数据传输。系统中采用了 Flash 插件将格点场数据叠加到 Web 地图上,WebGIS 界面发送请求给系统服务进行编辑算法的调用,当系统服务完成之后再将计算或者反演结果返回到 WebGIS 界面进行格点数据的实时显示。

客户端界面设计如图 8.2 所示:左边是格点数据管理器,预报员可以选择不同时次,引入不同模式的指导产品;上边为工具栏,可以快速地进行区域选择、格点场移动、编辑和曲线反演模块调用等;右边为基于 WebGIS 的空间编辑器,可以同步显示格点数据的修改,进行图形编辑。

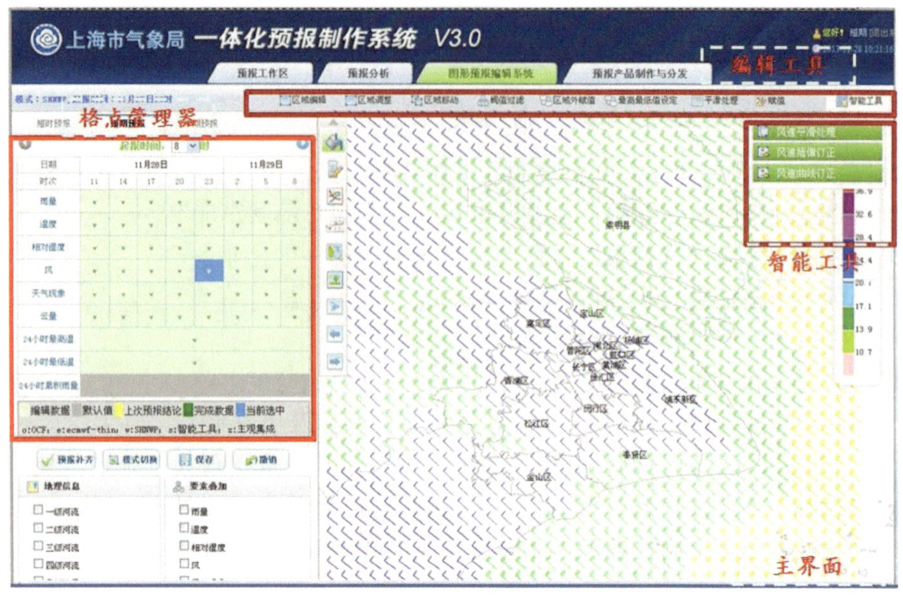

图 8.2　基于 WebGIS 技术的客户端界面

8.1.2.3　基于格点订正的预报业务流程

不同于目前的城镇天气预报制作，上海一体化预报制作系统采用了人机交互式的格点预报编辑平台。图 8.3 为格点预报系统业务流程图，图 8.4 为区县一体化预报制作流程。系统引入高分辨率数值模式指导产品作为初始场，结合 GIS 数据形成直观的图像界面，依赖格点编辑工具进行图形化预报编辑对格点预报进行订正，然后通过分析格点预报产品自动生成发布各种类型的预报服务产品（文本、网页、PDF、图片等），并与中国气象局 NWFD 进行对接。基于格点订正的预报业务流程在很大程度上减少了预报员的手工操作，提高了高分辨率数值模式的综合应用能力，协调了各种预报产品之间的一致性，满足各类用户的精细化天气预报需求。

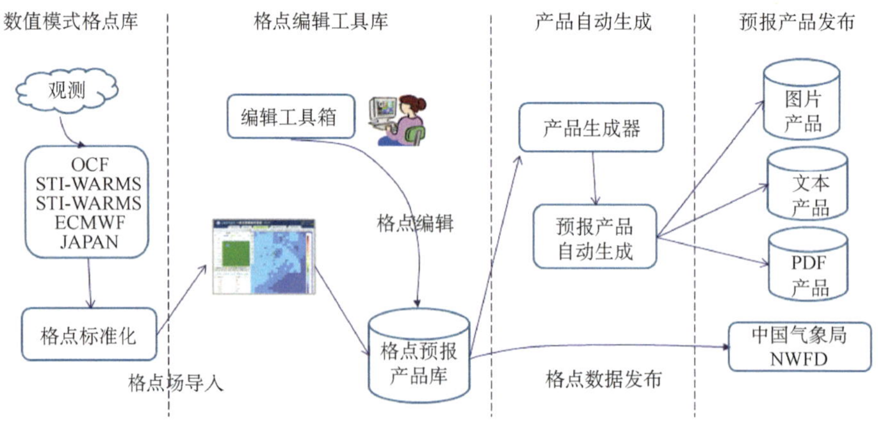

图 8.3　一体化预报制作系统业务流程

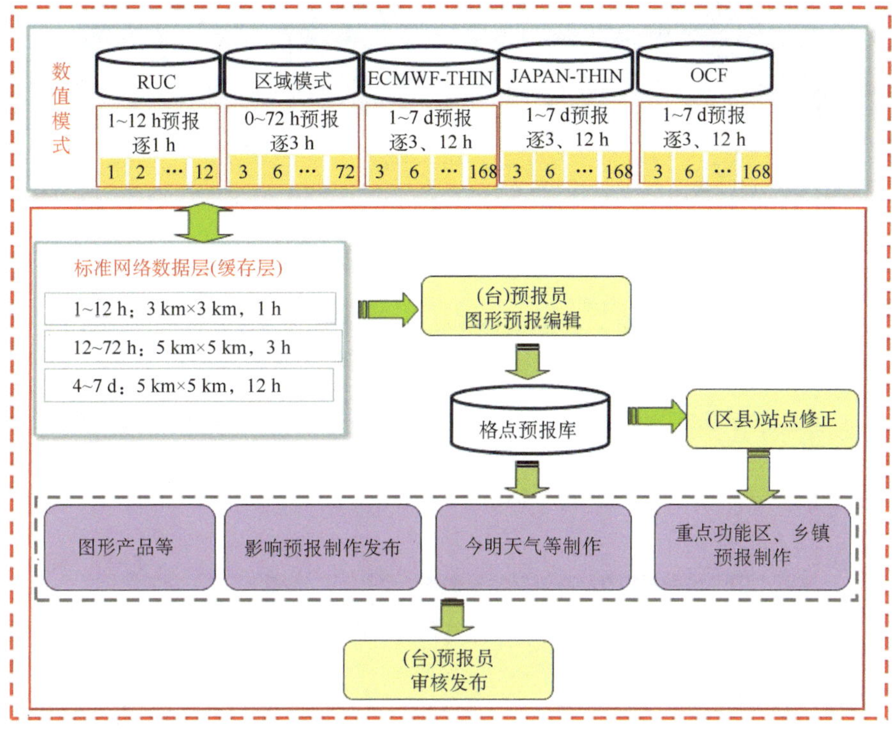

图 8.4　一体化预报制作系统编辑流程

8.1.2.4　系统软件环境

系统以 Windows 操作系统为开发环境，在 VS2005 框架下采用 C＋＋和 C＃两种开发语言进行代码研发，后台数据库采用 MS SQL Server 和数值模式格点库存储，地理信息平台以 WebGIS 的方式提供地图数据和用户程序接口。数值预报指导场是格点编辑的基础，以二进制文件(要素、时次、分辨率)的方式进行存储和操作。系统服务负责对格点数据的处理，实现业务逻辑层中的复杂逻辑和空间算法，其采用了 C＋＋语言编写，Web 应用采用了 C＃语言和脚本编写，方便性相对较高。由于需要处理的格点数据量非常大，脚本处理大数据量会比较慢，采用了 Flash 插件将格点数据叠加到地图上，使用 WebGIS 技术为 Flash 提供了地理信息服务及接口。

8.1.3　主要功能模块设计

8.1.3.1　天气预报工作区

“天气预报工作区”是预报工作区的支撑系统，目的是建立天气预报工作区与区县气象台的一体化业务。如图 8.5 所示，子系统包含：值班信息、会商管理、预警信号、板块重要通知登记等业务功能。另外，系统集成了预警信号统计、天气实况统计、最新时次预报集成及精细化预报显示等重要功能。在“天气预报工作区”，首席预报员可以根据天气情况或服务需求，启动天气会商，并明确会商参加单位、重点和时间，按负责环节分配各会商参与岗位的准备任务。

图 8.5　天气预报工作区

8.1.3.2　预报分析

“预报分析”功能主要是进行预报汇总分析、产品集成显示。具体包括：自动站统计分析、数值模式预报分析、云图资料、最新时次预报集成等。“预报分析”功能对气象产品数据资料的统一显示管理，进入模块后，用户可以根据需要选择自己需要查看的产品信息，点击产品目录展开（收缩）产品列表，点击产品名称显示最新的预报数据，根据业务需要，也可以根据时间列表查看产品的历史数据信息。用户可以通过点击“等值面”按钮显示自动站要素等值面数据。根据数据统计出相关要素的最大值或最小值，查看站点的数据序列图，可以选择自动站的时间段、要素和站点进行显示站点数据序列图。如图 8.6，8.7 所示。

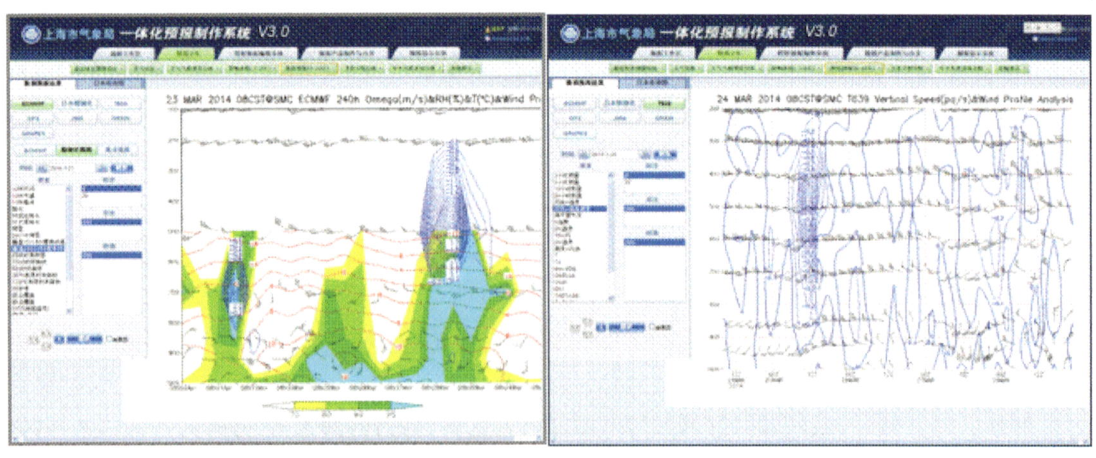

图 8.6　预报分析——数值预报分析功能

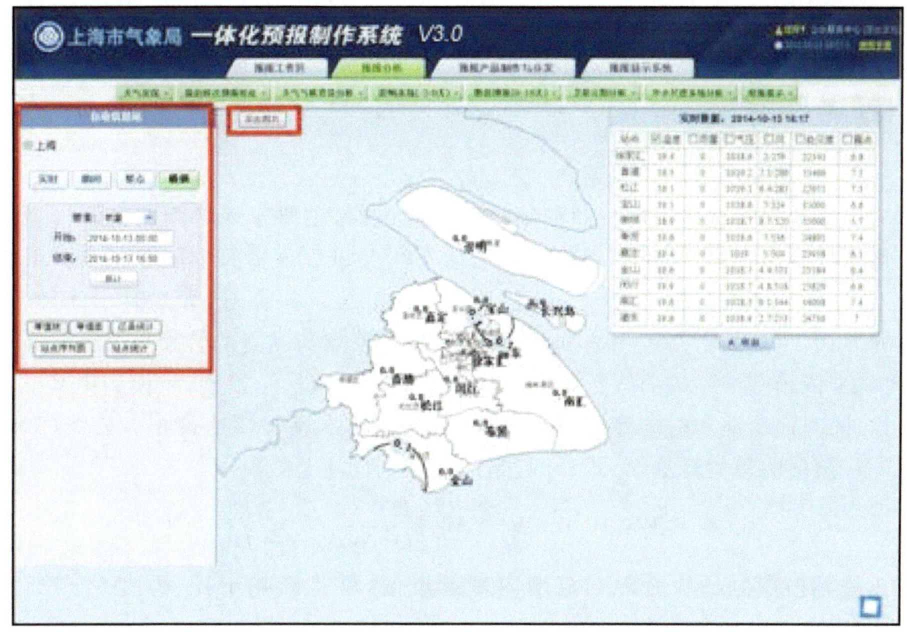

图 8.7　预报分析——自动站统计分析

8.1.3.3　数值模式格点库

数值模式指导产品包括快速同化更新系统(RUC)、区域中尺度模式(STI-WARMS)、EC 高分辨模式(ECMWF)、日本高分辨模式(JAPAN)、最优集成预报(OCF)等，预报时效从 12 h 到最长达 10 d，空间分辨率基于格点预报系统的运行速度原因，可采用不同的分辨率，预报要素包括最低温度、最高温度、温度、相对湿度、风向、风速、天气现象及降水量等。系统可以基于上一次预报结果进行更新修正，也可以导入数值模式产品重新编辑订正，可根据不同预报时次和要素选择导入不同的数值模式产品，最优集成预报(OCF)是预报员进行订正的首选指导产品。如图 8.8 所示。

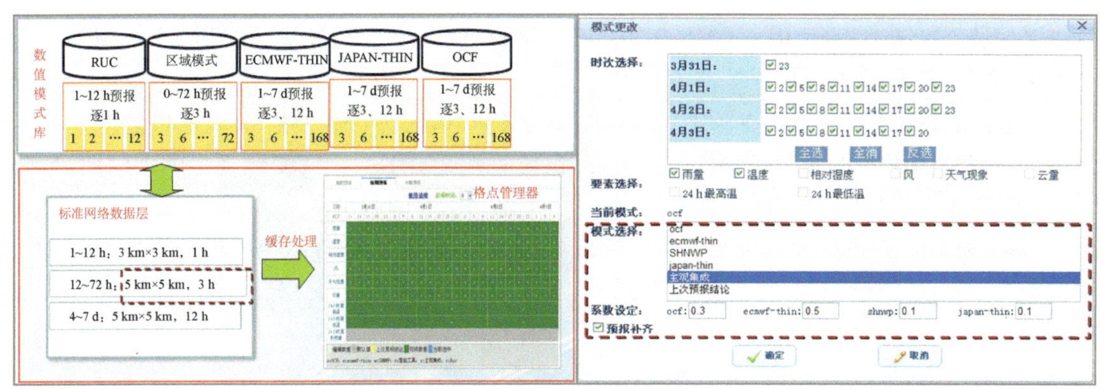

图 8.8　数值模式格点库应用

(左：标准网格数据层示意；右：格点管理器中“模式切换”界面)

图形化预报编辑需要交互处理的格点数据量非常大，为提升运行速度，数值模式格点库中建立了标准网络数据层，将模式格点数据统一到 3 km 或 5 km 的格点场中，并在格点管理器中进行了缓存处理。

8.1.3.4 图形预报编辑工具库

编辑工具库是为格点预报进行图形编辑引申提出的，主要实现将天气概念模型应用到交互式图形化预报制作中去，并使格点数据订正结果在 WebGIS 界面中同步更新。系统实现了多种编辑工具，包括平滑、过滤、增减、插值、合成、平移、区域操作等，大约有十几种，可以通过图形编辑的方式，直接编辑格点场数据。另外，实现了格点与站点的转换反演及时空的影响反演计算，建立了依赖基准站的曲线订正反演模型和城镇预报影响模型，将模型中基准站点反演到"面"预报，同时面反演和时间序列反演结合，实现多时次预报快速订正。公式(8.1)是基准站反演到"面"预报的差值算法，公式(8.2)是时间序列反演公式。

$$f(i) = W_0 + \sum_{i=1}^{n}(W_i - W_0)\frac{D^2 - d_i^2}{D^2 + d_i^2} \Big/ \sum_{i=1}^{n}\frac{D^2 - d_i^2}{D^2 + d_i^2} \tag{8.1}$$

式中，W_0 为原始格点值，W_i 为影响范围内基准点值，D 是影响半径，d_i 是格点到基准点的距离。

$$f(i) = \frac{\mathrm{Max}(T_i - T_{\min}) + \mathrm{Min}(T_{\max} - T_i)}{T_{\max} + T_{\min}} \tag{8.2}$$

式中，$T_{\max}$、$T_{\min}$是时序最高、最低值，T_i 是原始值。

系统设计了拉格朗日、抛物线插值、三次样条等不同算法对缺报时次进行拟合插值，提高模式资料的可用度。建立了时空、天气要素一致性调整技术，让预报员在制作天气预报时，修改一个要素或一个时刻的预报，系统能够自动实现相关要素的修改及前后一段时间内要素的自动修改，提高了预报制作效率，避免天气现象、降水量、云量等不同气象要素可能出现的预报不协调的现象，保证了同一气象要素在时间上变化的一致性。

8.1.3.5 产品自动生成

产品自动生成是针对预报员订正之后的格点预报产品进行分析，并自动生成每个格点、城镇或者区域上的天气预报用语(包括天气、风、降水、温度及变化趋势描述，尽量模拟预报员的预报用语)，然后自动生成各种类型预报产品如文本、PDF 和图片等。天气预报用语的逻辑设计非常复杂，其中涉及任意站点和不同区域的预报(站点、区县、中心城区、长江口区等)，涉及针对不同用户的不同预报产品(短信、广播稿、预警等)，针对不同天气变化趋势的不同用语(阵雨，小雨，雷雨，大风等)的各种判别方法。

目前，格点预报系统常态化提供了乡镇级的精细化预报，可以订制上海市任意地点(由经、纬度确定)的逐 3 h 精细化预报，指导预报员制作一些衍生产品，如交通气象、体感温度、舒适度等。

8.1.3.6 预报产品制作与预报产品共享库

预报产品制作按照权限将短临、短期、中期、区县预报编辑、格点预报编辑等预报制作分给各个岗位。图 8.9 是闵行 72 h 逐 3 h 预报制作编辑界面。

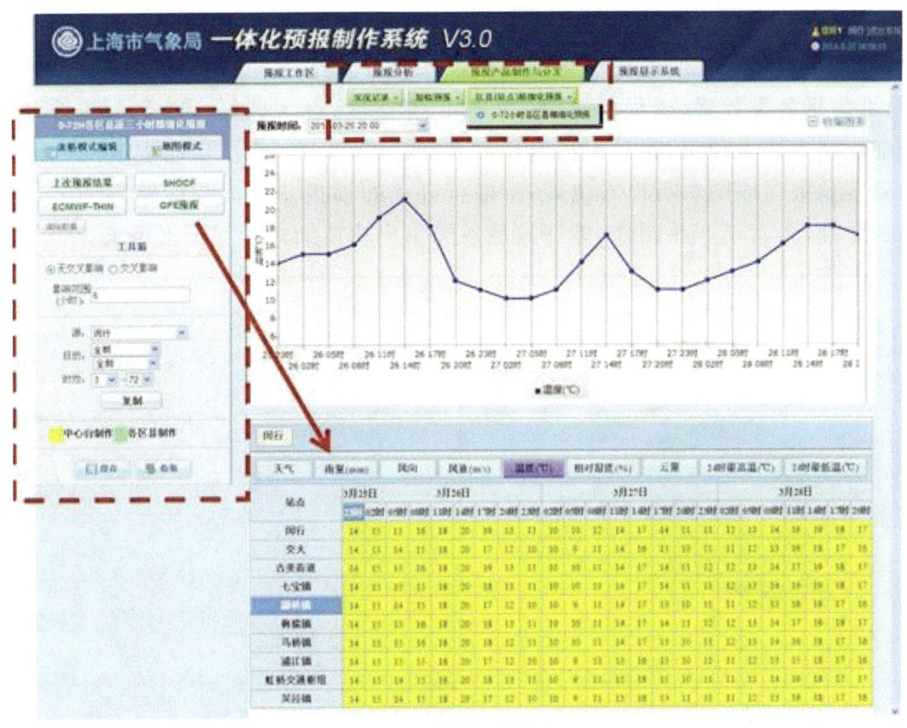

图 8.9　闵行 72 h 逐 3 h 预报制作编辑界面

预报产品库包括基础预报产品、精细化站点预报、格点预报产品库、格点任意点(站点)预报等。基础预报产品包括如短期预报(气象报告、华东雨量预报、华东强对流预报)、中期预报(主页 7 d 滚动预报、市经委 7 d 预报、市委专项预报、一周分析、周报、旬报、三夏、三秋、专业一周天气预报、专业一旬逐日预报)等。格点预报产品库包括临近、短临、短期、中期、长期等,具体说明如表 8.1 所示。

表 8.1　格点预报产品库说明

序号	项目	时效	时间分辨率	空间分辨率	区域
1	临近	0～6 h	逐 10 min	3 km	长三角
2	短临	1～24 h	逐 1 h	3 km	华东
3	短期	0～72 h	逐 3 h	5 km	华东
4	中期	1～10 d	逐 12 h	5 km	华东
5	长期	11～45 d	逐 24 h	9 km	华东

8.1.4　系统业务应用

“上海一体化天气预报制作系统”于 2012 年开始逐步进入业务运行。其中,精细化格点预报业务于 2014 年 6 月正式投入业务应用。考虑到本地需求,短临预报为 0～12 h,一天制作 3 次(08 时、14 时和 20 时),短期预报为 12～72 h,一天制作两次(08 时、20 时),分辨率分别为 0.03°和 0.05°。预报要素可以根据数值模式格点库和实际情况进行配置,满足智能手机、城市防灾和城市交通等各类用户的精细化天气预报需求。另外,提供了乡镇级的精细化预报,可以订制任意地点(由经、纬度确定)的逐 3 h 精细化预报,可以制作一些衍生产品,如城市积涝风险、体感温度、舒适度、过程雨量、极大风等。

图 8.10 是格点预报生成的精细化预报产品示例。图 8.10a 是自动生成发布的乡镇预报产品示例，可包括各类要素、过程雨量、累计雨量、舒适度、极大风等。图 8.10b 是自动生成的嘉定区精细化站点要素预报，经预报员修正后发布。图 8.10c，d 是自动生成的分区县站点要素预报和要素预报时序图。可以看出，基于格点订正的预报业务流程能够协调了各种预报产品之间的一致性，丰富了产品制作，能够满足各类用户的精细化天气预报需求。

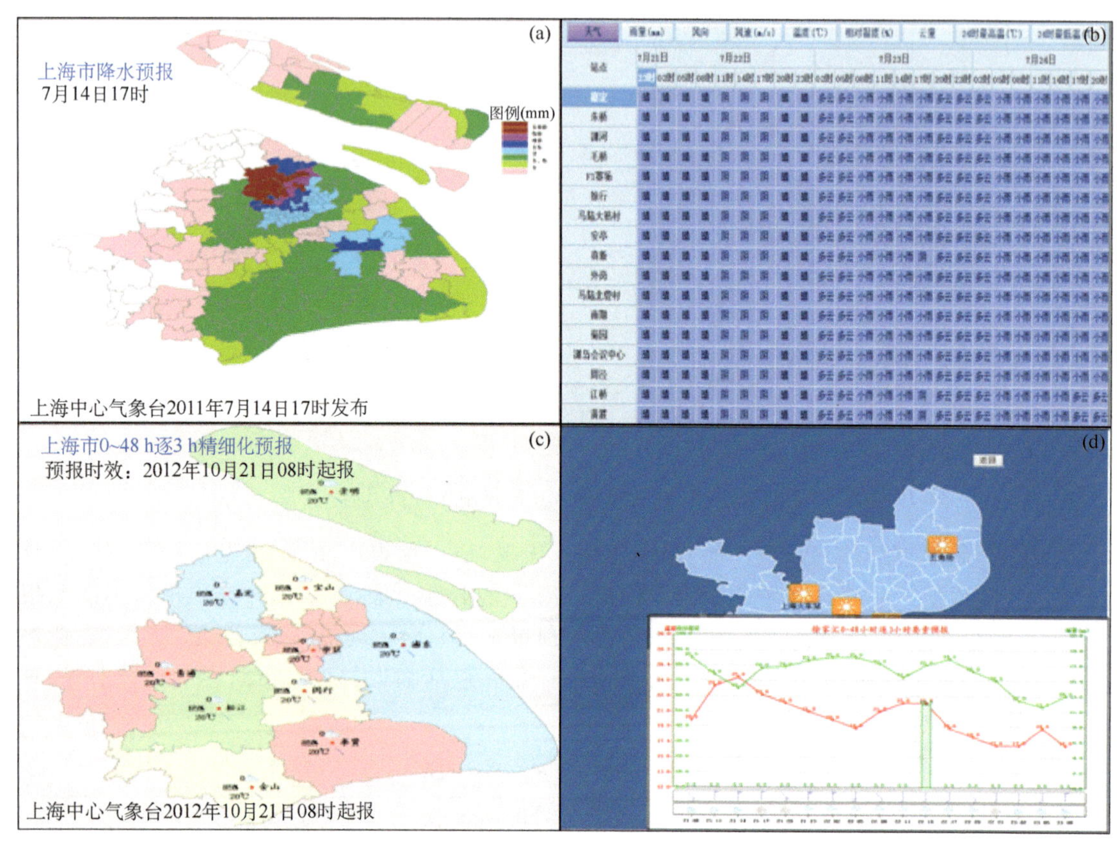

图 8.10　格点预报自动生成的精细化预报产品

(a)3 h 降水量乡镇预报；(b)站点预报；(c)分区县站点要素预报；(d)精细化逐时要素预报曲线

在业务应用中，系统体现了以下特点：一是预报产品丰富，预报站点增加数倍，能够基本实现大城市精细化预报需求；二是预报员由大部分时间编辑、校正、发布预报产品转为需大部分时间进行格点编辑；三是基于 WebGIS 构架设计，管理维护简单，能够有效地保护数据平台和管理访问权限，能够进行格点预报编辑并在 WebGIS 界面中同步更新。

经过多年的业务应用，目前“上海一体化天气预报制作系统”已经得到上海气象部门科研人员和预报员的初步认可。进一步开发应用后，系统能够提高天气预报科技含量和精细化水平，满足各类用户对气象服务的个性化需求，为上海市的精细化天气预报技术发展提供一个较好的方案。

8.2　强对流天气短时预警业务系统 NoCAWS

8.2.1　系统简介

强对流天气短时预警业务系统 NoCAWS(NowCAsting and Warning System)由国家科技部公关计划“世博专项”——“世博会强对流天气动态预警与防御技术研究”课题子项目“强对流天气短时预警系统研究”研发完成。2006 年 7 月开始，NoCAWS 强对流天气短时预警平台在上海中心气象台进行业务试验，经过 2006 年和 2007 年两个主汛期的业务试验，进行了修改和完善，2008 年正式业务应用(图 8.11)。

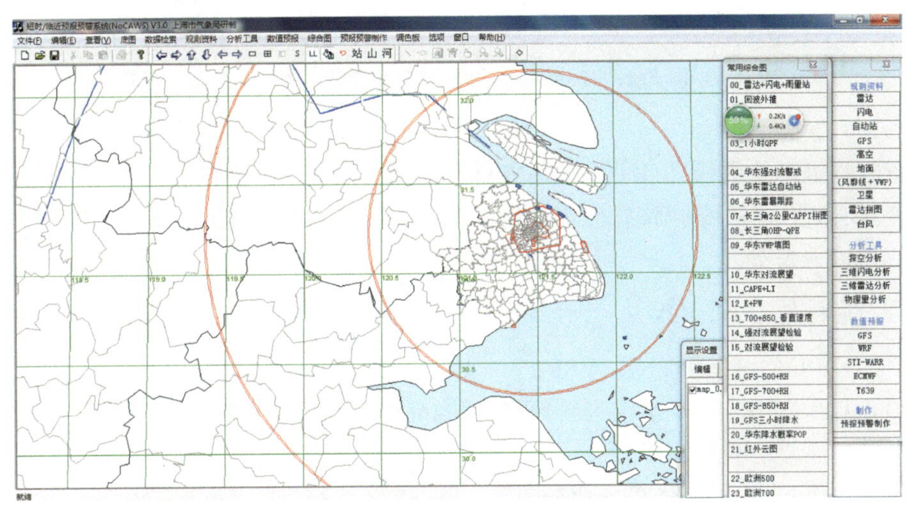

图 8.11　NoCAWS 系统界面

NoCAWS 系统的研发以强对流天气发生、发展、演变机理研究为基础，基于上海安装的 WSR-88D 多普勒天气雷达、风廓线仪、闪电定位、GPS、卫星和地面自动气象站等观测资料以及高分辨率预报模式预报，研究强对流天气短时预报方法，建立了强对流天气短时预警业务系统。

主要技术开发包括资料预处理和综合显示技术、强天气实时警报技术、强天气短时预报技术、多用户和远程用户支持技术和典型个例雷达资料库自动生成和管理技术等。

8.2.2　强对流天气短时预警系统介绍

8.2.2.1　NoCAWS 短时预报预警平台的基础框架

如图 8.12 所示。

8.2.2.2　资料预处理和产品服务器管理

资料预处理和产品加工功能：实时收集、加工、处理资料和产品。

服务器实时资料库的建立和管理：按资料库结构，将加工的资料和产品加载入库，并使用动态监控和管理模块，归档。

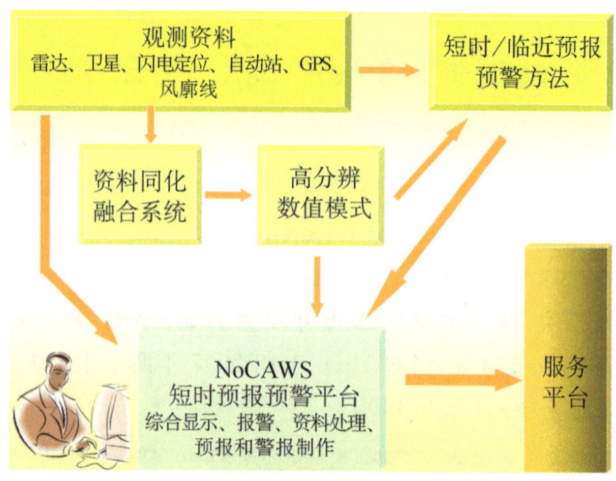

图 8.12　NoCAWS 短时预报预警平台框架图

主要采用的技术有：

(1)资料预处理技术：数值预报、雷达资料、闪电资料、自动站资料。

(2)资料管理技术：定期归档、分旬打包压缩。

(3)资料监控技术。

8.2.2.3　资料综合显示模块

(1)产品：MICAPS 部分产品，WSR-88D 和 CINRAD 雷达、闪电定位资料(定位、密度、云闪高度等)，卫星、GPS/PWV 水汽资料，风廓线和高空、地面自动气象站等资料，以及中尺度数值预报模式产品。

(2)风暴尺度：雷达的风暴单体产品。

(3)中尺度：加密自动站、雷达单站和拼图、闪电定位、GPS/PWV、中尺度数值预报和临近预报产品。

(4)天气尺度：高空图、地面图、自动站、数值预报、卫星云图。

(5)探空分析：风廓线、雷达 VWP、数值预报。

(6)功能：系统具有许多图形、图像显示功能，如多屏切换、放大/缩小、漫游、动画、叠加、等值线分析功能等等，还开发了三维显示功能；系统的资料检索方式、便于操作，具有多种产品的组合显示功能。

8.2.2.4　强天气短时预报模块

NoCAWS 系统具有风暴分析功能和强对流天气预警功能，主要有以下功能模块：

(1)探空资料分析显示模块(SANDS)

探空分析功能：计算 20 余种对流物理量指标，包括 K、$CAPE$、LI、DCI、LFC 等；计算静止螺旋度(helicity)和风暴相对螺旋度；计算 0～12 h 的雷雨、短时强降水、暴雨和强对流天气的发生概率。

探空资料显示功能：采用常规 TLogP 和斜 TLogP(Skew-TLogP)显示方式显示探空温度、露点和风；显示二十余种对流物理量指标；采用二维和三维方式显示风矢端图。

参数设置：可以设置资料目录、站点选择、显示设置等。

(2)风暴跟踪、外推预报模块(CoTREC)

该模块用 TREC 技术跟踪、外推雷达反射率，加入了水平无辐散控制，保持了回波运动的连续性，实现了 0～2 h 的回波临近预报(时间间隔 6～10 min)；可提供雷达反射率、单体信息(回波顶高度 *ET*、垂直总可降水 *VIL*)、闪电信息等的 0～2 h 的临近预报；可提供回波踪迹预报，未来 0～2 h 内的每个格点上经过的最强回波；可提供 TREC 的运动矢量场，可以作为临近预报的平流场；根据外推的雷达反射率和单体信息，生成了对流/强对流概率临近预报产品和定量降水外推临近预报产品，并在此基础上开发了针对站点的临近预报产品。

(3)强对流天气展望预报模块

用相关分析统计了对流和强对流天气与对流参数的相关性，用 MOS 技术、回归方法开发了基于数值预报的对流/强对流天气预报方程。该模块可以提供 0～36 h、3 h 间隔的对流/强对流天气展望预报产品，预报区域为华东地区，水平分辨率为 0.5°×0.5°。

(4)短时预报人机制作交互模块

自动临近预报：用 CoTREC 技术得到的降水定量预报、对流/强对流预报等临近预报产品，以及自动站观测资料，自动滚动生成针对上海地区和站点的临近预报产品。如图 8.13 所示。

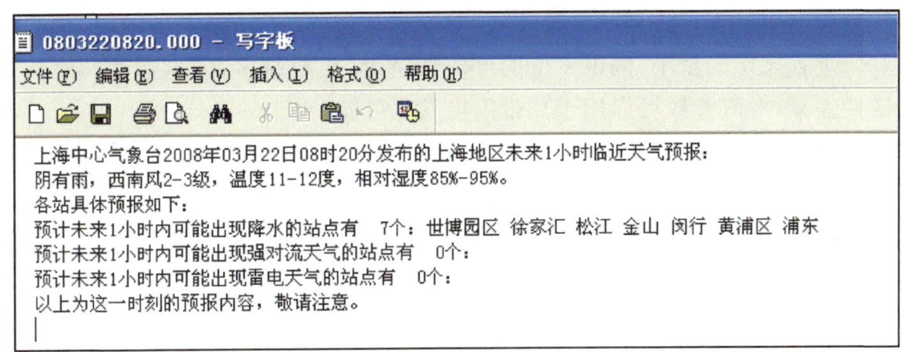

图 8.13　自动临近预报样例

人机交互方式：通过编辑方式，提供对自动生成的临近预报产品的调入、修改、保存和发送功能。

8.2.2.5　强天气实时报警模块

(1)强天气监测报警模块

对设定的区域或站点，用实况观测和数值天气预报的资料中选择的关键要素，进行等级阈值判别，来自动确定区域或站点发生或可能出现的报警等级。

报警设置有：区域或站点设置、要素及等级阈值设置、报警时效设置等。

报警内容包括：报警区域或站点名称、报警要素类型、报警等级(四级，颜色同灾害性天气预警信号，分蓝、黄、橙、红四级)、报警要素数值、报警区域或站点经纬度位置等。

报警的显示：服务器中定时生成自动报警信息，通过 NoCAWS 系统自动定时检索报警信息，指定区域或站点出现报警后在屏幕上显示报警提示信息框，点击后可以显示报警内容。

(2)区域强对流天气四级预警模块

用卫星云图和华东雷达拼图产品，提供区域强对流天气的分等级预警。其中，用卫星云图的亮温来监测对流云团的发生强度，也用于对雷达拼图中地物杂波和超折射回波的质量控制，雷达拼图的产品如反射率(R)、一小时降水(OHP)、回波顶高(ET)和垂直总液态含水量(VIL)用于强对流天气等级的监控。

其中,各类雷达产品对强对流天气的分级预警阈值如表 8.2 所示。

表 8.2　区域强对流天气四级预警要素等级

	Ⅰ级(蓝)	Ⅱ级(黄)	Ⅲ级(橙)	Ⅳ级(红)
ET(km)	10	12	14	16
VIL(kg/m^2)	25	35	45	55
R(dBz)	45	50	55	60

8.2.3　强对流天气短时预警技术

8.2.3.1　对流天气展望预报技术

用卫星观测的 LIS 闪电资料,对华东几个闪电活跃地区的闪电活动和对流参数的关系进行了对比研究。用相关分析统计了 LIS 闪电特征与对流参数的相关性,用回归方法得到了基于对流参数的闪电概率预报方程。结果表明:对流能量越高、不稳定条件越好、饱和层高度越低、水汽越多、垂直风切变越小,闪电发生的可能性越大、次数越多;闪电活动与对流参数相关程度有地区性差异;对流参数可以用于预报闪电发生可能。

然后,用 2002—2004 年长江三角洲地区 14 个 GPS 站的水汽资料和上海、杭州和南京三个探空站的探空资料,对水汽及其变率与对流性天气的统计关系,重点讨论了雷雨发生前短时间内的水汽变化;用多元线性回归方法从 K 指数、露点、高空风速、风向以及 12 h 和 24 h 水汽变率等四十几个因子中选出若干个因子建立回归方程,得到一个雷雨指数,检验表明该指数可以作为对流展望预报。

8.2.3.2　临近预报(0～2 h)技术

(1)TREC 法

交叉相关算法(TREC)是研究较早的跟踪算法之一,相关法将整幅图像上的回波作为一个整体处理,跟踪整个回波区域的移动,并且假设全体回波具有一致的移动方向(图 8.14)。

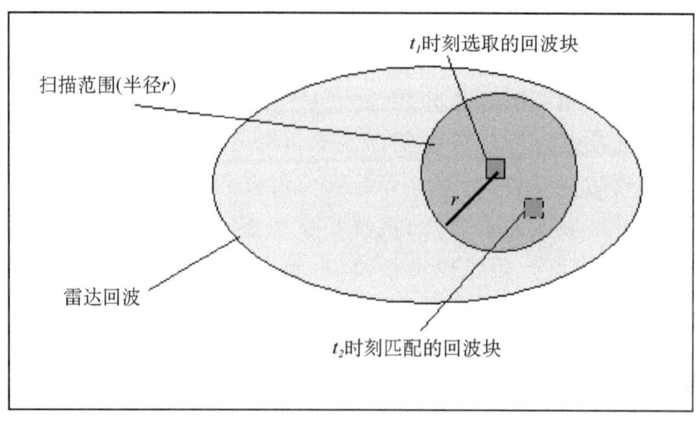

图 8.14　TREC 法示意图

其具体方法是：将第一时刻取得的回波图像，向任一方向移过一定的距离，然后计算此图像与第二时刻图像之间的交叉相关系数 R。对于不同的移动位置，会得到不同的相关系数值，直到找到极大值 $R_{\max}$ 为止。

具体公式如下：

$$R(p,q)=\frac{\sum_i\sum_j[m(i+p,j+q,t+\Delta t)-\overline{m}(t+\Delta t)][m(i,j,t)-\overline{m}(t)]}{\left\{\sum_i\sum_j[m(i+p,j+q,t+\Delta t)-\overline{m}(t+\Delta t)]^2\sum_i\sum_j[m(i,j,t)-\overline{m}(t)]^2\right\}^{\frac{1}{2}}} \tag{8.3}$$

式中 $m(i,j,t)$ 为 t 时刻横坐标为 i、纵坐标为 j 的网格上回波值。在 t 时刻回波的分布为 $m(i,j,t)$，在 $t+\Delta t$ 时刻为 $m(i,j,t+\Delta t)$。如果把后者看作是前者在 i 方向移动 p，在 j 方向移动 q，那么，通过式(8.3)就可以求出间隔 Δt 时间的两个回波相关系数，通过改变 p、q 值，就可以得出一组相应 $R(p,q)$ 的值，从中找出相关系数最大值 $R_{\max}(p_{\max},q_{\max})$。则 $p_{\max}$、$q_{\max}$ 可以作 Δt 时间回波移动的位置，据此外推 $t+\Delta t$ 时刻回波的位置，其中 Δt 为两幅雷达图像的时间间隔。

(2)COTREC 法——改进的交叉相关法

用交叉相关法(TREC)外推得出的风场不同程度地存在辐散失真现象，比如较连续的风场中某些地方风速很大或者为零，从而随着预报时间的增加外推得出的回波逐渐变得散乱不连续，影响预报效果。采取了两个步骤来解决这个问题，先是对风场进行平滑处理，使得明显失真的点用其周围风场平均值代替；然后对外推风场加以水平无辐散限制，使其满足连续方程。假设用 TREC 法求出的风场 x 方向分量为 $u^0(x,y)$，y 方向分量为 $v^0(x,y)$，现在要通过一定处理得出新的无辐散速度 $u(x,y)$ 和 $v(x,y)$，使其满足二维连续方程：

$$\frac{\partial u}{\partial x}+\frac{\partial v}{\partial y}=0 \tag{8.4}$$

1994 年 L. LI 和 W. SCHMID 通过傅里叶变换和变分的方法建立差分方程组：

$$\frac{\lambda_{i+1,j}-2\lambda_{i,j}+\lambda_{i-1,j}}{(\Delta x)^2}+\frac{\lambda_{i,j+1}-2\lambda_{i,j}+\lambda_{i,j-1}}{(\Delta y)^2}=-\left(\frac{u^0_{i+1,j}+u^0_{i-1,j}}{\Delta x}+\frac{v^0_{i,j+1}+v^0_{i,j-1}}{\Delta y}\right) \tag{8.5}$$

$$u_{i,j}=\frac{1}{4}(u^0_{i+1,j}+2u^0_{i,j}+u^0_{i-1,j})+\frac{1}{2}\left(\frac{\lambda_{i+1,j}-\lambda_{i-1,j}}{2\Delta x}\right) \tag{8.6}$$

$$v_{i,j}=\frac{1}{4}(v^0_{i,j+1}+2v^0_{i,j}+v^0_{i,j-1})+\frac{1}{2}\left(\frac{\lambda_{i,j+1}-\lambda_{i,j-1}}{2\Delta y}\right) \tag{8.7}$$

式中 $\lambda(x,y)$ 为拉格朗日增量函数，i,j 为网格坐标，$\Delta x,\Delta y$ 为网格 x 和 y 方向的格距。方程(8.5)即泊松方程，可以通过迭代法对其求解，求解得出 $\lambda_{i,j}$ 代入方程(8.6)、(8.7)则可求出 $u_{i,j}$ 和 $v_{i,j}$，用新的速度场外推得到 $t+\Delta t$ 时刻的回波平滑性和连续性较好。

(3)NoCAWS 外推预报具体操作步骤

图 8.15 是用 COTREC 法预报的具体流程，首先要对选取的初始雷达资料进行质量控制，去除超折射和地物回波等非气象回波。非气象回波在低仰角资料中比较集中，通过高低仰角资料对比分析去除只存在于低仰角资料中的杂波。然后采用交叉相关法(TREC)求出 TREC 风场，对求出的风场先要进行平滑处理，去掉明显失真的风(风速极大或为零)，采用的是 9 点平滑。TREC 法反演的风场只在有回波的区域有值，而没有回波的区域缺值(为零)，这样经过连续方程处理后得到的 COTREC 风场会被不同程度的削弱，特别是孤立的回波块或线状回波受到的削弱更加明显。采用引入数值预报平均风场作为引导流场的方法，应用的是 GFS 三

小时间隔预报风场，将数值预报各层次风场取矢量平均，并插值到 TREC 风场格点上，代替 TREC 风场中的缺值点，较好地解决了风场削弱的问题。经过这一步骤后得到新 TREC 风场 $[nu^0(i,j), nv^0(i,j)]$，对新的风场进行水平无辐散限制求出 COTREC 风场 $[u(i,j), v(i,j)]$。最后，用 COTREC 风场将 t_2 时刻的回波外推到 $t_2+\Delta t$ 时刻，完成回波的外推。

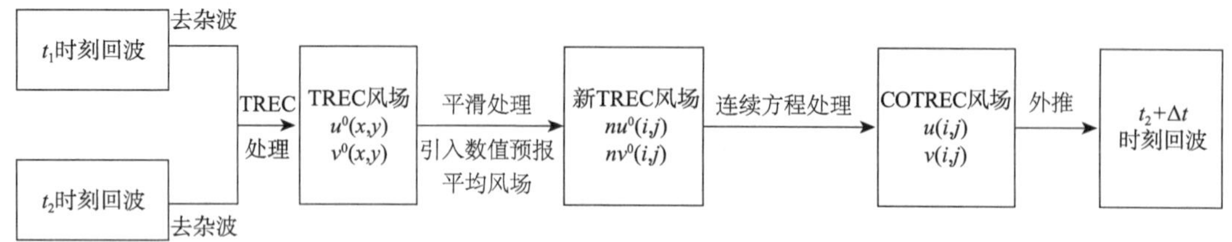

图 8.15　COTREC 法外推预报具体流程

8.2.3.3　临近延伸预报(2～6 h)技术

采用预报融合技术，将基于观测资料的临近预报延伸结果与基于数值预报的预报结果结合，结合技术描述为：

$$Var(i,j,t) = w_1 \times Var\_nowcast(i,j,t) + w_2 \times Var\_NWP(i,j,t) \tag{8.8}$$

$$w_1 + w_2 = 1.0 \tag{8.9}$$

其中，对于一个预报变量 Var 而言，$Var\_nowcast(i,j,t)$、$Var_NWP(i,j,t)$和 $Var(i,j,t)$分别为某时刻(t)某位置(i,j)基于观测资料的临近预报延伸结果、基于数值预报的预报结果和最终预报融合结果，w_1 和 w_2 分别是临近预报和数值预报的合成系数，两者之和为 1.0。

权重系数 w_1 和 w_2 的确定，主要由以下因素确定：

①临近预报和数值预报的预报评价：由预报检验给出近期预报评估，并修订权重系数。

②预报系统的生命史长度：当被预报系统的生命史较长时，临近预报的权重系数 w_1 相对较大，反之降级。

8.2.3.4　雷电预报预警技术

利用闪电探测原理，根据雷暴和闪电的形成机制，分析了典型雷暴个例，得到了一定天气条件下闪电活动与雷暴的关系：闪电一般发生在雷达回波反射率大于 35 dBz 以上的回波达到 −15℃所在高度以上或者大于 45 dBz 以上的回波达到 −15℃所在高度以上的区域，且随着雷达回波的运动而移动。雷暴单体一般负闪为主；在中尺度对流系统(MCS)中对流区域负闪为主，层状降水区域正闪较对流区多；闪电的变化揭示风暴定位、移动和演变。

经过统计分析，结合常规资料、非常规资料(卫星云图和多普勒天气雷达资料)和数值预报资料，得到了预报因子，采用统计回归方法，研制了雷电概率预报等预警产品和基于闪电资料的强对流天气预警决策辅助产品，开发建立了雷电发生展望预报业务系统，提供 0～12 h 雷电概率预报产品。

开发了雷电临近预报技术，提供 0～1 h 雷电监测预报预警产品。

(1)监测分析

用雷达回波、闪电定位仪总闪电(云闪和地闪)资料和大气电场仪资料，监测识别可能发生或已发生闪电的区域，用雷达资料(回波强度、水平/垂直结构特征)判断有雷电发生的可能区域，用闪电定位资料确定已有总闪电发生的区域，生成雷电监测产品、雷电发生概率预报产品和雷电威胁度预警产品。

(2)临近预报

针对雷电发生可能区域,采用雷达回波追踪和预报技术(匹配、TREC 技术/惯性外推),对雷电落区进行 0～1 h 的位置预报,生成区域的雷电的临近预报预警产品:0～1 h 的雷电发生概率预报产品和雷电威胁度预警产品,并提供针对单点用户的相关预警产品。

8.2.3.5　强天气自动报警技术

对设定的区域或站点,用实况观测和数值天气预报的资料中选择的关键要素,进行等级阈值判别,来自动确定区域或站点发生或可能出现的报警等级。

8.2.3.6　雷达定量估测降水技术

(1)分区降水回波类型的自动识别技术

根据分区内回波结构特征进行回波类型的识别,识别降水与非降水回波(用于反射率的质量控制),同时引入探空资料和三维总闪电资料(云闪和地闪)作为参考,识别降水的类型(区分各类降水回波,选择适当的 $Z-R$ 关系)。

(2)反射率资料的质量控制

采用地物和异常传播(AP)回波识别技术,去除它们对降水目标的干扰和污染;采用反射率的垂直廓线,订正零度层亮带的污染;采用距离补偿函数对距离效应引起的衰减、波束不充满等进行补偿,考虑距离和降水性质对地面降水的影响。

(3)多种类型降水的 $Z-R$ 关系的研究

确定研究的主要降水类型(初步定为对流性、对流层状混合性、层状性、海上东风型或热带型降水),将对流性降水分型细化,对各类降水 $Z-R$ 关系进行了气候统计。

(4)雷达与雨量站联合测量降水的研究

用高时间密度雨量站资料与雷达反射率,采用对比与雨量资料的误差检验雷达估测降水的精度,用实时计算和历史 $Z-R$ 关系,分别计算降水估测产品。

8.2.4　其他技术

8.2.4.1　雷达资料质量控制

本项目中雷达资料的质量控制的主要目的是去除地物杂波、超折射(AP)回波和其他一些非降水回波,主要技术有两种。

(1)地物和超折射回波判定和去除技术

在雷达一定的扫描范围中,用最低两个仰角的回波强度差作为基本判断依据,若最低仰角的回波强度明显高于上一层次($\Delta Ref>15$ dBz),则认为该点的回波为地物回波或者超折射回波,去除为 0。

(2)弱干扰回波的清除技术

用雷达回波的顶高(ET)信息来确定某点的回波是否为降水回波,当 ET 低于 3 km(4—9 月)或低于 2 km(10—3 月)时,该点回波被认定为非降水回波(弱干扰回波或遗留地物回波),给予清除。

(3)残余地物回波的清除技术

对经过上述两步处理的回波，利用径向速度估算是否为静止回波，当某处的径向速度值在−1.5～1.5 m/s时，除了在那些径向与地面平均风向相垂直的区域外，都去除该地回波。

检验表明，该技术能够较好地去除地物回波、超折射回波和其他一些非降水回波，保留降水回波，有利于对雷达资料的后续处理的准确性。

8.2.4.2 分层等高面雷达资料技术(CAPPI)

(1)CAPPI技术

采用距离权重插值方法，对WSR-88D雷达基数据进行垂直插值，得到不同高度上的CAPPI资料。

(2)CAPPI资料补偿技术

根据反射率垂直廓线(VPR)，采用相对偏差补偿方法，用高层的反射率对低层的反射率进行补偿，对由于探测仰角限制造成的高度3 km以下无回波的部分区域进行回波补偿，*VPR*一般分为弱回波型降水、层状性降水和对流性降水，实际操作中还采用近距离*VPR*实时订正的办法。

(3)雷达圆柱资料的构建

用分层CAPPI资料构建出三维雷达圆柱立体资料，水平分辨率一般为1 km×1 km，垂直分辨率为0.5 km，该资料作为其他雷达产品的主要原始数据之一。

8.2.4.3 等高面反射率(CAPPI)拼图技术

用雷达等高面反射率圆柱资料，对区域性同一海拔高度的反射率进行拼图，重复点采用距离权重法。可以提供华东区域约24部雷达的数字化拼图资料。

8.2.4.4 等值线颜色填充技术

区域填充算法：第一是等值区域的选取；第二是等值区域颜色的设定。在实现过程中，根据等值线和边界的关系将等值线分为四类：第1类，等值线和对边相交；第2类，等值线和垂直的两边相交；第3类，等值线只和一条边相交；第4类，等值线和任何一边都不相交。后面类型的等值线区域必定不可能包含前面的等值线区域，所以填充时候只需按照1、2、3、4的顺序填充即可以达到填充的效果。为了方便构造等值线区域，根据等值线和边界的关系，将等值线分成11类(略)。

第一步，按照等值线和边界的关系，将等值线分类。

第二步，根据等值线的分类由大到小进行排序。

第三步，初步确定等值线之间的关系。

第四步，构造等值线封闭区域。

8.2.5 预报预警产品和应用

8.2.5.1 背景基本产品

(1)数值预报输出产品

GFS模式的WRF-V2模式输出产品及计算的对流参数产品、引导气流场等背景产品。

(2)经过质量控制的雷达 CAPPI、PPI 产品

8.2.5.2　监测分析产品

(1)雷达风暴分析产品

(2)雷达回波类型产品

(3)闪电资料:定位、强度、密度等监测分析产品

(4)雷达 CAPPI 拼图产品(256 等级)

8.2.5.3　预报预警产品

(1)对流/强对流天气展望预报产品(0～36 h,3 h 间隔)

(2)雷达回波临近预报产品

①回波踪迹预报产品

②回波外推预报产品

(3)降水临近预报产品

(4)对流/强对流临近预报产品

①面上产品

②站点产品

8.2.5.4　预报服务产品

(1)0～2 h 临近预报文本产品

(2)0～2 h 临近预报站点文本产品

如图 8.16 所示。

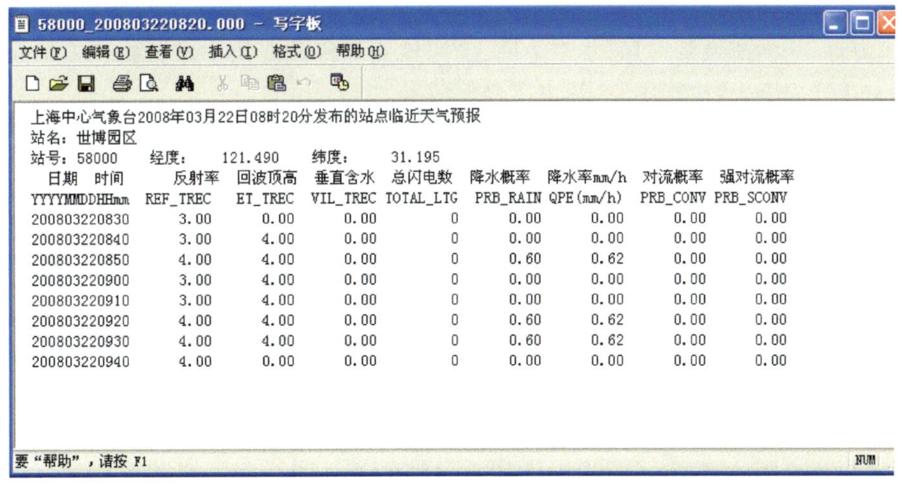

上海中心气象台2008年03月22日08时20分发布的站点临近天气预报

站名：世博园区

站号：58000　经度：　121.490　纬度：　31.195

日期　时间	反射率	回波顶高	垂直含水	总闪电数	降水概率	降水率mm/h	对流概率	强对流概率
YYYYMMDDHHmm	REF_TREC	ET_TREC	VIL_TREC	TOTAL_LTG	PRB_RAIN	QPE(mm/h)	PRB_CONV	PRB_SCONV
200803220830	3.00	0.00	0.00	0	0.00	0.00	0.00	0.00
200803220840	3.00	4.00	0.00	0	0.00	0.00	0.00	0.00
200803220850	4.00	4.00	0.00	0	0.60	0.62	0.00	0.00
200803220900	3.00	4.00	0.00	0	0.00	0.00	0.00	0.00
200803220910	3.00	4.00	0.00	0	0.00	0.00	0.00	0.00
200803220920	4.00	4.00	0.00	0	0.60	0.62	0.00	0.00
200803220930	4.00	4.00	0.00	0	0.60	0.62	0.00	0.00
200803220940	4.00	0.00	0.00	0	0.00	0.00	0.00	0.00

图 8.16　临近预报产品样例

8.2.5.5　业务应用情况

2008 年起正式业务应用,成为上海市气象局短时临近预报业务的主要系统,经过近 10 年的应用,其效果主要表现在:

①系统提高预报业务人员对探测资料和数值天气预报产品的综合使用效率。

②系统具有大量客观预报方法和产品，丰富了预报人员的决策依据。

③系统的自动报警和提醒功能有助于预报业务人员快速识别强对流天气，为提高预报时效提供了帮助。

④系统有助于预报员对历史天气过程的事后分析和总结。

8.3 专业预报制作发布系统

8.3.1 系统简介

上海中心气象台专业预报制作发布系统主要包括海洋气象、流域气象、电力气象、交通气象等版块。系统采用了多种数据来源，以保证业务稳定；增加了数据处理及界面操作功能，以实现资源共享，提高效率，增强专业气象业务支撑。系统在需求上，贴合专业服务多个版块实际需要；产品设计上，采用"菜谱"方式制作规范的基础中间产品，通过组合"中间产品"再加工为终端产品开展对外服务；算法上，采用客观方法和经验分析等方法对数值预报模式产品进行解释应用，生成符合客户习惯的专业产品；数据来源上，采用多个渠道，包括海浪模型 WaveWatch3、欧洲和日本精细化模式、城镇预报、中央气象台指导预报等，力求保证业务数据来源的稳定。

系统大幅增加了预报员获得信息的便捷性，提高了制作和发布的效率。该系统基于 BS 架构，集成多种气象数据接口、数据分析方法和数学建模方法，封装了数据库技术和预报技术，减少了业务科研人员资料处理、模型分析等方面的工作，减少了重复劳动，使其更专注于自己所需要解决的问题，对专业气象业务应用有很强的实用价值。

系统完成投入使用后，极大地促进了上海专业气象预报能力提高。每年为中国石化、中国石油、中国海油、太湖流域管理局、华东电网、上海铁路局等重要用户单位提供专业预报服务，保障了用户生产安全，减少了损失，提高了经济效益。

8.3.2 技术特点

上海中心气象台专业预报制作发布系统实现了上海专业气象预报的高效、统一制作与发布，克服了先前专业预报产品"散""乱""粗"等问题，大大提高了智能化、自动化水平。通过数据库技术采集多种来源数据，采用客观和经验分析等智能分析技术生产符合用户习惯的预报产品，实现资料调取、(批量)修改、保存、发布等产品制作功能，最后形成高质量的专业产品。其特点为：

①建立了一套业务稳定、行之有效的专业预报模型

深入分析用户需求，建立了符合专业用户习惯的客观和经验等智能模型，并保持业务稳定，行之有效地解决各类用户对专业服务的需求问题。

②实现了多种客观产品生成，主观制作产品的功能

系统开发了提高预报员效率和便捷性的客观产品生成技术和主观制作产品功能。通过友好界面，实现资料调取、(批量)修改、保存、发布等产品制作，提供高质量专业服务保障。

③建立了专业预报数据库和产品库

利用数据库技术，采集多源预报数据并入库，同时该系统的海洋气象、流域气象、电力气

象、交通气象等版块制作的预报产品也通过共用地址进行入库保存，并多渠道发布。

8.3.3　系统结构

该系统包括海洋气象、流域气象、电力气象、交通气象等版块，涉及海区预报、交通预报、低空飞行、电力预报、航线预报、台风预警、钻井平台、流域预报等内容。系统界面如图 8.17 所示。

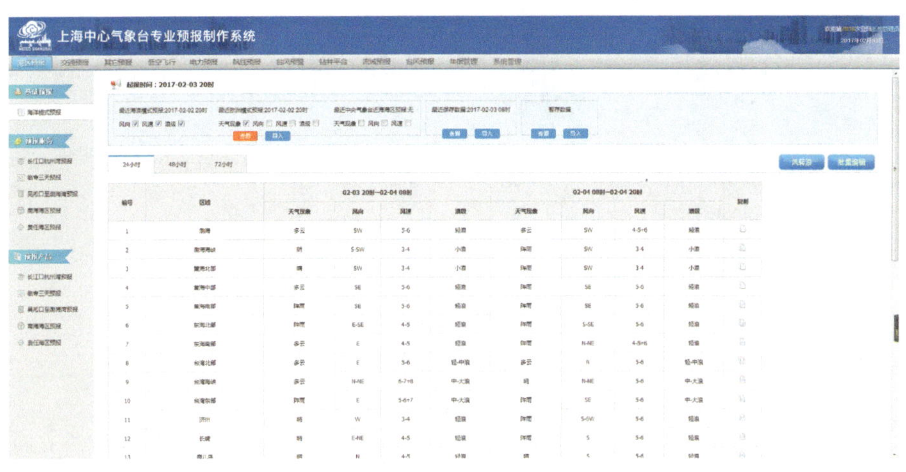

图 8.17　系统界面

8.3.4　系统功能

系统集数据库建立、智能分析、数据处理、预报发布等功能于一体，其功能包括以下几个方面。

(1)数据库建立

每天定时进行多种来源的预报数据的入库，中间数据进行短时间留存，最终产品数据入库。

预报数据包括海浪模型 Wave-Watch 3、欧洲和日本精细化模式、城镇预报、中央台指导预报的数据。最终产品包括：责任海区预报、南海海区预报、吴淞口—渤海湾预报、长江口区和杭州湾预报、临专预报；太湖流域面雨量预报、太湖流域重要气象信息专报、太湖流域 10 d 面雨量趋势预报；华东城市 3 d 预报、上海电力公司 3 d 要素预报、区县逐 3 h 预报、新安江和富春江旬报、降水过程预报；华东铁路局 3 d 预报、长江沿岸城市预报；海上固定平台平湖油气田 5 d 要素预报、中石化海区 5 d 要素预报、移动平台勘探 2、3、6 和 7 号钻井平台海区预报和东海、南海热带气旋重要信息预报。

(2)智能分析

系统通过主、客观方法实现了自动化智能分析。通过经验公式，实现了数值模式风速、浪高数据的解释应用，并转化为客户习惯的风级和浪级产品。采用客观分析方法，实现了数值模式产品自动转化为各类天气产品，包括晴、多云、阴、阵雨、雷阵雨、小雨、中雨、大雨、暴雨、雪、雾等。利用城镇预报数据，采用邻近选择方法自动转化为铁路沿线预报产品。

(3)数据操作

数据制作界面实现人机交互,预报员可以进行各个预报区域的选取、各种天气要素的修改(图 8.18)。以海区预报为例,可以实现各预报海区的选取修改,天气现象、风向风力、浪级等修改或者批量修改。

图 8.18　数据制作界面

(4)预报发布

预报制作完成的专业服务产品存储于服务器,并通过 FTP、网站、邮箱等进行多种渠道发布。

8.4　多灾种早期预警决策指挥支持系统

8.4.1　系统简介

多灾种早期预警决策指挥支持系统是上海市气象局针对多种气象及其衍生灾害,以“早发现、早预警、早发布、早会商、早通气、早处置”为纲,建成的多灾种早期预警体系的重要组成部分。系统的建设首要面向市政府、市气象局、相关部门领导决策需要,同时兼顾局内气象预报等技术人员需求,系统功能以产品资料的集成显示和分析为主。系统基于 B/S 架构,浏览器端基于 WEBGIS 平台开发,集成了预警信号、综合观测、格点预报、站点预报、数值预报、专题专报、上海气候等气象资料,同时接入台风、积涝、流域、交通、航空、港口、环境等板块的实况、预报产品。与太湖流域管理局、华东空管局等部门合作,建立部门之间信息共享机制,通过专线实时获取流域、航迹等信息。2015 年开始进行开发,本着边开发边使用的原则,同步投入业务使用,在实际业务应用中不断改进提高,已经成为上海市气象局的重要业务平台之一。通过外网地址 http://www.shweather.com/gis 或是内网地址 http://192.168.1.13/gis 均可访问。系统主界面如图 8.19 所示。

图 8.19　多灾种早期预警决策指挥支持系统

8.4.2　系统功能

多灾种早期预警决策指挥支持系统基于实时监测数据及数值预报、集合预报等数据，进行多种灾情的识别、预警等。

8.4.2.1　系统架构

多灾种早期预警决策指挥支持系统架构包括：资料预处理及共享、基于 GIS 的多灾种早期预警决策指挥平台两大部分（图 8.20）。

8.4.2.2　主要功能模块

（1）预警信号及监测告警

实时查看上海预警信号和上海周边预警信号，在地图上用相对应的图标直观地展示发布中的预警信号；实时监测上海 30 min 重要天气实况和各区温度、能见度等，对超过报警阈值的信息进行文本、声音报警。

（2）天气监视

展示上海区域自动站和华东区域自动站、雷达信息、卫星云图、闪电信息。自动站气温、相对湿度、风场、降水、能见度等要素的实时观测数据以及多种类型的统计数据以站点方式和等值线方式在地图上显示，在地图上单击一个站点后弹出该站的要素曲线图。通过阈值设置实现自动站要素值的双向过滤，具备动画播放功能，可按需求设置动画时长。雷达、卫星以面的方式展示，闪电以点的方式展示。分屏显示功能实现了指定产品的分屏同步显示。

（3）格点预报

在地图上展示格点预报图形产品，具有动画功能，可选择是否叠加显示格点数据。格点预报产品包括 0～2 h 雷达定量降水预报，0～45 d 无缝隙格点订正预报、0～6 h 短临预报、24 h 逐小时最优集合预报。

（4）城镇预报

查询全国各地的天气情况。天气预报以天气符号的方式显示在地图上，点击天气符号可查看该城市的 7 d 的天气预报信息。

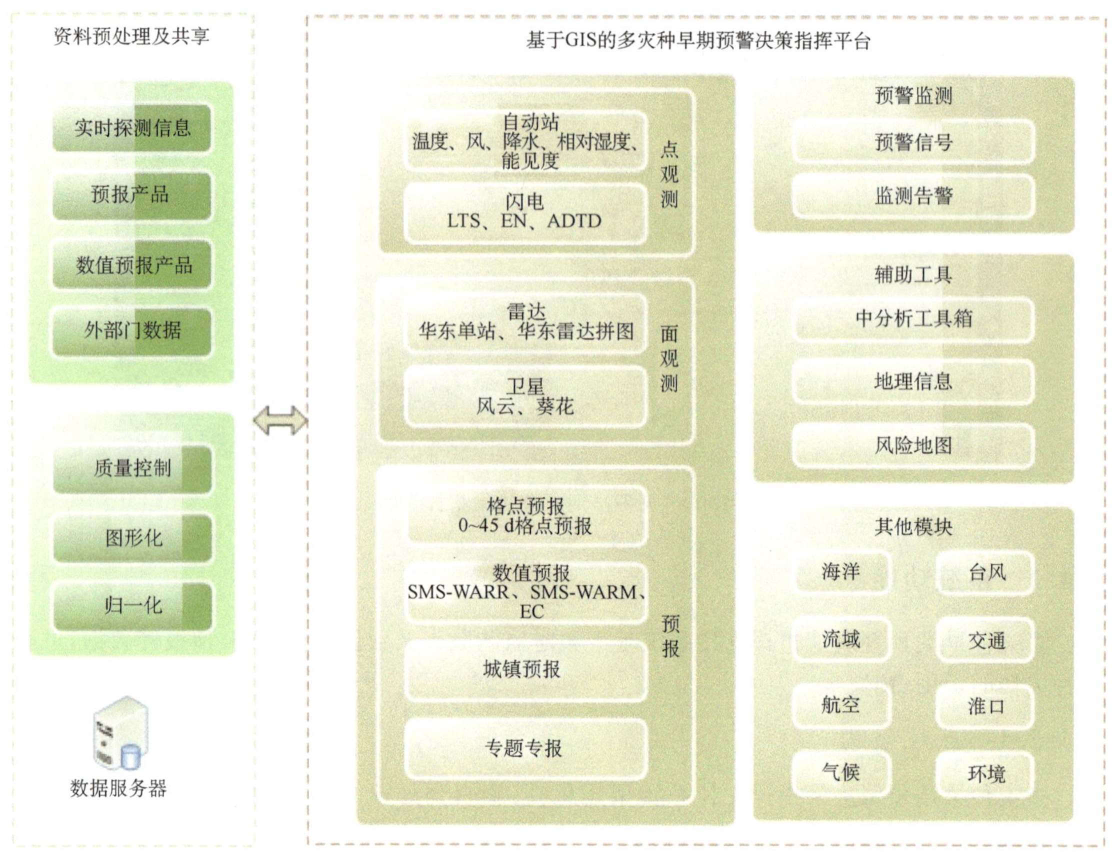

图 8.20 多灾种早期预警决策指挥支持系统架构

(5)海洋气象

海洋预报产品展示，操作方式及功能与格点预报类似，产品包括 0～168 h 逐 6 h 的涌浪能量占比、船舶风险指数、陡度预报。

(6)数值预报

数值预报产品展示，操作方式及功能与格点预报类似。产品包括 SMC-WARR 12 h 预报，SMC-WARM 72 h 预报，EVMWF-WARR 240 h 预报。

(7)专题专报

查询展示专题专报的内容，具有下载、保存、打印、刷新、微信、适应屏幕等功能。

(8)上海气候

查看上海历史气候统计信息。查看上海各区的气象监测、气温年月统计值、降水年月统计值、年梅雨量等。添加产品到地图显示，在地图上点击单站查看历史曲线图。

(9)台风

当前活动台风信息显示、历史台风资料查询。包括 1945 年以来的所有台风实况、预报信息(中国、日本、美国、韩国的官方预报)。实现相似台风检索功能，可按趋势选择、匹配时间、匹配强度进行选择。

(10)流域

太湖流域水文及气象信息展示。产品包括太湖流域平均面雨量和水位过程线、天湖流域水文气象监测产品、综合图标和专题专报。

(11)交通

上海市公路交通与轨道 16 号线大风风险预警、道路交通指数产品展示。

(12)航空

航线查询及各类航空气象产品显示。

(13)港口

港口气象与实时船位信息显示。

(14)环境

实时观测空气质量、空气质量预报、生活气象指数预报展示。

(15)辅助功能

监测站点实时视频查看,可查看上海范围内的视频监控;通过工具箱可进行点线面图形绘制,进行中尺度分析;地图放大、缩小、测距等功能。

(16)风险地图

叠加暴雨、雷电、大风、强对流、台风警戒区域、风暴潮、洪涝等风险地图,应急保障机构和设施状况查询、110 灾情点信息查询。

(17)地理信息

底图切换(行政图、卫星图、地形图),叠加行政区划、经纬网格、地形流域、海区、港口、交通、航空等相关地理要素。

参考文献

北京大学地球物理系气象教研室，1978.天气分析和预报.北京：科学出版社：432-442.

曹晓岗，施春红，夏立，等，2002.上海地区5—7月暴雨的诊断分析.大气科学研究与应用，(2)：27-33.

曹晓岗，王慧，2016."8·23—24"上海远距离台风大暴雨影响分析.气象，**42**(10)：1184-1210.

曹晓岗，王慧，漆梁波，2014.台风与冷空气对"13·10"上海特大暴雨过程的影响分析.暴雨灾害，**33**(4)：47-58.

曹晓岗，王慧，邹兰军，等，2011.上海0185特大暴雨与080825大暴雨对比分析.高原气象，**30**(3)：739-748.

曹晓岗，张吉，王慧，等，2009."080825"上海大暴雨综合分析.气象，**35**(4)：51-58.

陈雷，戴建华，2007.GPS水汽资料在雷雨预报中的应用.大气科学研究与应用，(2)：38-48.

陈雷，戴建华，韩雅萍，2012.上海地区近10年冷流降雪天气诊断分析，气象，**38**(2).

陈雷，戴建华，陶岚，2009.一种改进后的交叉相关法(COTREC)在降水临近预报中的应用.热带气象学报，**25**(1)：117-122.

陈雷，戴建华，汪雅，2014.近10 a长三角地区雷暴天气统计分析.暴雨灾害，**33**(3)：1-6.

陈联寿，2006.热带气旋研究和业务预报技术的发展.应用气象学报，**17**(6)：671-681.

陈联寿，丁一汇，1979.西太平洋台风概论.北京：科学出版社，491.

陈敏，等.2008.上海"4·2"浮尘污染天气潜势分析.2007年全国重大天气过程经验交流研讨会论文集.

陈瑞闪，2002.台风.福州：福建科学技术出版社，686.

陈艳秋，潘益农，2007.热带气旋变性问题的研究进展.南京大学学报，**43**(6)：670-680.

陈永林，王智，曹晓岗，等，2009.0509号台风(Matsa)登陆螺旋云带的增幅及其台前飑线的特征研究.气象学报，**67**(5)：828-839.

陈永林，杨引明，曹晓岗，等，2007.上海"0185"特大暴雨的中尺度强对流系统的活动特征.应用气象学报，**18**(1)：2173-2181.

陈智强，戴新甫，梁旭东，2000.1999年上海市一次连续性暴雨过程分析.气象，**26**(9)：24-28.

戴建华，茅懋，邵玲玲，等，2013.强对流天气预报检验新方法在上海的应用尝试.气象科技进展，**3**(3)：40-45.

戴建华，秦虹，郑杰，2005.用TRMM/LIS资料分析长江三角洲地区的闪电活动.应用气象学报，**16**(6)：728-735.

戴建华，陶岚，丁杨，等，2012.一次罕见飑前强降雹超级单体风暴特征分析.气象学报.**70**(4)：609-627.

董超华，1999.气象卫星业务产品释用手册.北京：气象出版社.

端义宏，余晖，伍荣生，2005.热带气旋强度变化研究进展.气象学报，**63**(5)：636-645.

顾钧禧，1994.大气科学词典.北京：气象出版社，980.

贺芳芳，2012.1980年代以来上海地区暴雨的气候变化特征.城市气象论坛：10-17.

李佰平，戴建华，张欣，等，2016.三类强对流天气临近预报的模糊检验试验与对比.气象，**42**(2)：129-143.

刘晓波，邹兰军，夏立，2008.台风罗莎引发上海暴雨大风的特点及成因.气象，**34**(12)，72-78.

茅懋，戴建华，李佰平，等，2016.不同类型强对流预报产品的目标对象检验与分析评价.气象，**42**(4)：389-397.

漆梁波，曹晓岗，2013.双台风形势下上海地区一次暴雨过程的预报分析和对比.热带气象学报，**29**(2)：177-188.

漆梁波，陈雷，2009.上海局地强对流天气及临近预报要点.气象，**35**(9)：11-17.

漆梁波，宋佳蓉，徐秀芳，等，2015.上海地区暴雨预报及分析手册.北京：气象出版社.

漆梁波，张瑛，2012.中国东部地区冬季降水相态的识别判据研究.气象，**38**(1)：96-102.

上海市气象局，2007.中国气象局2007年多轨道业务建设项目"雷电监测和潜势预报业务系统"之"上海雷电预警预报业务系统的建立"课题技术报告.

上海市气象局,2006.中国气象局气象新技术推广项目“总闪电资料在中小尺度天气监测与预报中的应用”项目(CMATG2006M16)技术报告.

世博会强对流天气动态预警技术研究课题组,2008.“世博会强对流天气动态预警技术研究课题”技术报告.上海市气象局.

世界气象组织(WMO),1995.全球热带气旋预报指南—世界气象组织技术文件(WMO/TD-NO. 560).裘国庆,方维模,等译.北京:气象出版社.

孙敏,戴建华,袁招洪,等,2014.双多普勒雷达风场反演对一次后向传播雷暴过程的分析.2014年全国重大天气过程总结和预报技术经验交流会.

孙敏,戴建华,袁招洪,等,2014.双多普勒雷达风场反演对一次后向传播雷暴过程的分析.气象学报,**72**(X):247-262.

陶岚,戴建华,陈雷,等,2009.一次雷暴冷出流中新生强脉冲风暴的强对流天气分析.气象,**35**(3):29-36.

王道洪,郄秀书,郭昌明,等,2000.雷电与人工引雷.上海:上海交通大学出版社.

王继志,1991.近百年西北太平洋台风活动.北京:海洋出版社出版.

王志烈,费亮,1987.台风预报手册.北京:气象出版社:360.

徐一鸣,2006.中国气象灾害大典·上海卷.北京:气象出版社.

许爱华,詹丰兴,刘晓辉,等.2006.强垂直温度梯度条件下强对流天气分析与潜势预报.气象科技,**34**(4):376-380.

严济远,徐家良,1996.上海气候.北京:气象出版社.

燕方杰,范永祥,1994.西北太平洋热带气旋近中心最大风速与中心最低海平面气压的统计相关.气象科技,(1):56-59.

姚建群,戴建华,姚祖庆,2005.一次强飑线的成因及维持和加强机制分析.应用气象学报,**16**(6):746-754.

姚学祥,2011.天气预报技术与方法.北京:气象出版社:333-347.

姚祖庆,2002.上海“0185”特大暴雨过程天气形势分析.气象,**28**(1):26-29.

尹红萍,曹晓岗,2010.盛夏上海地区副热带高压型强对流特点分析.气象,**36**(8):19-25.

俞小鼎,姚秀萍,熊廷南,等,2006.多普勒天气雷达原理与业务应用.北京:气象出版社.

张培昌,戴铁丕,杜秉玉,等,1988.雷达气象学.北京:气象出版社.

中国气象局,2001.台风业务和服务规定(第三次修订版).北京:气象出版社.

中国气象局,2003.地面气象观测规范.北京:气象出版社.

中华人民共和国国家质量监督检验检疫总局,中国国家标准化管理委员会,2006.热带气旋等级 GB/T 19201—2006.北京:中国标准出版社.

朱乾根,林锦瑞,寿绍文,等,2007.天气学原理和方法.北京:气象出版社.

Adam H S,Suzana J C,2005. Influence of Western North Pacific Tropical Cyclones on Their Large-Scale Environment. *Journal of The Atmospheric Sciences*,**62**:3396-3407.

Atger F. 2001. Verification of intense precipitation forecasts from single models and ensemble prediction systems. *Nonlinear Processes in Geophysics*,**8**:401-417.

Atkinson G D,Holliday C R,1977. Tropical Cyclone Minimum Sea Level Pressure / Maximum Sustained Wind Relationship for the Western North Pacific. *Mon. Wea. Rev.*,**105**:421-427.

Brier G W,1950. Verification of forecasts expressed in terms of probability. *Mon. Wea. Rev.*,**78**:1-3.

Bureau of Meteorology,1978. Australian Tropical Cyclone Forecasting Manual. Bureau of Meteorology,Melbourne,Australia:274.

Chan C L J,Williams R T,1987. Analytical and numerical studies of the beta-effect in tropical cyclone motion. Part I:Zero mean flow. *J. Atmos. Sci.*,**44**:1257-1265.

Chan J C L,Gray W M,1982. Tropical cyclone movement and surrounding flow relationships. *Mon. Wea. Rev.*,

110:1354-1374.

Christopher A D,Lance F B,2003. Baroclinically induced tropical cyclogenesis. *Monthly Weather Review*,**131**:2730-2747.

Christopher C H,Jay S H,2003. Forecasting Tropical Cyclogenesis over the Atlantic Basin Using Large-Scale Data. *Monthly Weather Review*,**131**:2927-2940.

Christopher D,Barbara B,Randy B,2006. Object-based verification of precipitation forecast. Part I:methodology and application of mesoscale rain areas. *Monthly Weather Review*,**134**:1772-1784.

Clifford F M,David O,Ken W,*et al*,2002. Does increasing horizontal resolution produce more skillful forecasts. *Bull. Amer. Meteor. Soc.*,**83**:407-430.

Damrath U,2004. Verification against precipitation observations of a high density network-what did we learn? In international verification methods workshop, Montreal, 15-17 September 2004. (http://www.cawcr.gov.au/projects/verification/Workshop2004/presentations/5.3_Damrath.pdf).

DeMaria M, 1985. Tropical cyclone motion in a nondivergentbarotropic model. *Mon. Wea. Rev.*, **113**:1199-1210.

Donavon R A,Jungbluth K A,2007. Evaluation of a technique for radar identification of large hail across the Upper Midwest and Central Plains of the United States. *Wea. Forecasting*,**22**(2):244-254.

Dong K,Neumann C J,1983. On the relative motion of binary tropical cyclones. *Mon. Wea. Rev.*,**111**:945-953.

Dong K,Neumann C J,1986. The relationship between tropical cyclone motion and environmental geostrophic flows. *Mon. Wea. Rev.*,**114**:115-122.

Dvorak V F,1972. A technique for the analysis and forecasting of tropical cyclone intensities from satellite pictures. NOAA Tech. Memo. NESS **36**:15.

Dvorak V F,1973. A technique for the analysis and forecasting of tropical cyclone intensities from satellite pictures. NOAA Tech. Memo. NESS **45**:19.

Dvorak V F,1975. Tropical cyclone intensity analysis and forecasting from satellite imagery. *Mon. Wea. Rev.*, **103**:420-462.

Dvorak V F,1982. Tropical cyclone intensity analysis and forecasting from satellite visible or enhanced infrared imagery. NOAA National Environmental Satellite Service,Applications Laboratory Training Notes:42.

Dvorak V F,1984. Tropical cyclone intensity analysis using satellite data. NOAA Tech. Report NESDIS 11.

Dvorak V F,1995. Tropical clouds and cloud systems observed in satellite imagery: Tropical cyclones. *Workbook*,**2**:359.

Ebert E E,2002. Fuzzy verification: giving partial credit to erroneous forecasts. In NCAR/FAA Verification Workshop:Making Verification More Meaningful,NCAR,Boulder,30 July-1 August 2002.

Ebert E E,2008. Fuzzy verification of high-resolution gridded forecasts:a review and proposed framework. *Meteorological Applications*,**15**:51-64.

Ebert E E,McBride J L,2000. Verification of precipitation in weather systems:Determination of systematic errors. *J. Hydrol.*,**239**:179-202.

Eddy Y,Sandrine A,Veronique D,*et al.*,2006. Point and areal validation of forecast precipitation fields. *Meteorological Applications*,**13**:1-20.

Elizabeth A R,Holland G J,1999. Large-Scale Patterns Associated with Tropical Cyclogenesis in the Western Pacific. *Monthly Weather Review*,September:2027-2043.

Elsberry R L,1987. Tropical cyclone motion. Chapter 4,A Global View of Tropical Cyclones. *Office of Naval Research*,91-131.

Epeste S,1969. A scoring system for probability forecasts of ranked categories. *J. Appl. Meteor.*,**8**(4):

985-987.

Fiorino M, Elsberry R L, 1989. Some aspects of vortex structure related to tropical cyclone motion. *J. Atmos. Sci.*, **46**: 975-990.

Fisher E L, 1958. Hurricane and the sea-surface temperature field. *J. Meteor.*, **15**: 328-333.

George J E, Gray W M, 1976. Tropical cyclone motion and surrounding parameter relationships. *J. Appl. Meteor.*, **15**: 1252-1264.

George J E, Gray W M, 1976. Tropical cyclone motion and surrounding parameter relationships. *J. Appl. Meteor.*, **15**: 1252-1264.

Gray W M, 1968. Global view of the origin of tropical disturbances and storms. *Monthly Weather Review*, **96**: 669-700.

Guard C P, 1977. Operational application of a tropical cyclone recurvature/non-recurvature study based on 200 hPa wind fields. FLEWEACEN Tech Note JTWC 77-1: 40.

Hansen B K, Riordan D, 1998. Fuzzy case-based prediction of ceiling and visibility。1st Conference on Artificial Intelligence, American Meteorological Society: 118-123.

Holland G J, 1980. An analytic model of the wind and pressure profiles in hurricanes. *Mon. Wea. Rev.*, **108**: 1212-1218.

Holland G J, 1981. On the quality of the Australian tropical cyclone data base. *Aust. Met. Mag.*, **29**: 169-181.

Holland G J, 1982. Tropical cyclone motion: Environmental interaction plus a beta effect. *Journal of The Atmospheric Sciences*, **40**: 328-342.

Holland G J, 1997. The maximum potential intensity of tropical cyclones. *J. Atmos. Sci.*, **54**: 2519-2541.

Holland G J, Lander M, 1993. The meandering nature of tropical cyclone tracks. *J. Atmos. Sci.*, **50**: 1254-1266.

Hsin H C, Ropelewski C F, 2002. The interannual variability in the genesis location of tropical cyclones in the Northwest Pacific. *Journal of Climate*, **15**: 2934-2944.

Hui Yu, Kwon H J, 2005. Effect of TC-trough interaction on the intensity change of two typhoons. *Weather and Forecasting*, April: 199-211.

Jesus Z A, Efi F G, 2000. Space-time rainfall organization and its role in validating quantitative precipitation forecasts. *Journal of geophysical research*, **105**(D8): 10129-10146.

Johnny C L C, Francis M F K, Ying Man Lei, 2002. Relationship between potential vorticity tendency and tropical cyclone motion. *Journal of the Atmospheric Sciences*, **59**(6): 1317-1336.

Kerry A E, 1986. An air-sea interaction theory for tropical cyclone. Part I: Steady-state maintenance. *Journal of The Atmospheric Sciences*, **43**(6): 585-604.

Kevin K, Cheung W, 2003. Large-scale environmental parameters associated with tropical cyclone formations in the Western North Pacific. *Journal of Climate*, **17**: 466-484.

Kurihara Y, Bender M A, Ross R J, 1993. An initialization scheme of hurricane models by vortex specification. *Mon. Wea. Rev.*, **121**: 2030-2045.

Kurihara Y, Bender M A, Tuleya R E, *et al.*, 1995. Improvements in the GFDL hurricane prediction system. *Mon. Wea. Rev.*, **123**: 2791-2810.

Kwon H J, Won S H, Ahn M H, *et al.*, 2002. GFDL-type typhoon initialization in MM5. *Mon. Wea. Rev.*, **130**: 2966-2974.

Lalaurette F, 2003. Early detection of abnormal weather conditions using a probabilistic extreme forecast index. *Quarterly Journal of the Royal Meteorological Society*, **129**(594): 3037-3057.

Lander M, Holland G J, 1993. On the interaction of tropical-cyclone-scale vortices. I: Observations. *Quart. J. Roy. Meteor. Soc.*, **119**: 1347-1361.

Lemon L R,1998. The radar "three-body scatter spike":An operational large-hail signature. *Wea. Forecasting*, **13**(2):327-340.

Lisa M B, William M F, 1997. Large-scale influences on tropical cyclogenesis in the Western North Pacific. *Monthly Weather Review*, July:1397-1413.

Li X, Wang B, 1994. Barotropic dynamics of the beta gyres and beta drift. *J. Atmos. Sci.*, **51**:746-756.

Mark DeMaria, John A K, Bernadette H C, 2001. A tropical cyclone genesis parameter for the tropical atlantic. *Weather and Forecasting*, April:219-233.

McBride J L, 1981. Observational analysis of tropical cyclone formation(Part Ⅱ:Comparison of non-developing versus developing systems). *Journal of The Atmospheric Sciences*, **38**:1132-1151.

McBride J L, Holland G J, 1987. Tropical cyclone forecasting:A worldwide summary of techniques and verification statistics. *Bull. Amer. Met. Soc.*, **68**:1230-1238.

Meteorological Office College, 1996. Source book to the forecasters' reference book.

Murphy A H, 1969. On the "ranked probability score". *J. Appl. Meteor.*, **8**(4):988-989.

Murphy A H, 1979. A note on the ranked probability score. *J. Appl. Meteor.*, **10**(1):155-157.

Neumann C J, 1992. The Joint Typhoon Warning Center (JTWC92) model. SAIC, Final Report, Contract No. N00014-90-C-6042:85.

Nigel M R, Humphrey W L, 2008. Scale-selective verification of rainfall accumulations form high-resolution forecasts of convective events. *Monthly weather review*, **136**:78-97.

Qi L, Yu H, Chen P, 2014. Selective ensemble-mean technique for tropical cyclone track forecast by using ensemble prediction systems. *Q. J. R. Meteor. Soc.*, **140**:805-813.

Qi Liangbo, Yu Hui, Chen Peiyan, 2013. Selective ensemble-mean technique for tropical cyclone track forecast by using ensemble prediction systems. *Quarterly Journal of the Royal Meteorological Society*, DOI:10.1002/qj.2196.

Ray P S, Wagner K K, Johnson K W, *et al.*, 1978. Triple-Doppler observations of a convective storm. *J. Appl. Meteor.*, **17**(8):1201-1212 .

Richard R, Kerry A E, 1987. An air-sea interaction theory for tropical cyclone. Part 1. *Journal of The Atmospheric Sciences*, **114**:165-177.

Sadler J C, 1976. A role of the tropical upper tropospheric trough in early season typhoon development. *Atmos. Chem. Phys.*, **104**:1266-1278.

Schaefer J T, 1990. The critical success index as an indicator of warning skill. *Weather Forecasting*, **5**:570-575.

Senn H V, Hiser H W, 1959. On the origin of hurricane spiral bands. *J. Meteor.*, **16**:419-426.

Smith R B, 1993. A hurricane beta-drift law. *J. Atmos. Sci.*, **50**:3213-3215.

Stephen S W, Andrew F L, Stanley G B, *et al.*, 2004. Scale sensitivities in model precipitation skill scores during IHOP. 22nd conference severe local storms. American Meteorological Society:Hyannis, MA, 4-8 October 2004.

Stoelinga M T, Warner T T, 1999. Nonhydrostatic, Mesobeta-scale model simulations of cloud ceiling and visibility for an east coast winter precipitation event. *J. Appl. Meteor.*, **38**:385-404.

Thomas J P, Paul R L, 1986. A statistically derived prediction procedure for tropical storm formation. *Monthly Weather Review*, **44**(3):542-561.

Tim Li, Fu Bing, Ge Xuyang, *et al.*, 2003. Satellite data analysis and numerical simulation of tropical cyclone formation. *Geophysical Research Letters*, **30**(21).

Tim Li, Fu Bing, Ge Xuyang, *et al.*, 2003. Tropical cyclogenesis associated with rossby wave energy dispersion of a pre-existing typhoon (Part Ⅰ:Satellite Data Analyses; Part Ⅱ:Numerical Simulations). *Journal of At-*

mospheric Sciences, **63**: 1377-1389.

Velden C S, Leslie L M, 1991. The basic relationship between tropical cyclone intensity and the depth of the environmental steering layer in the Australian region. *Wea. and Forecasting*, **6**: 244-253.

Weir R C, 1982. Predicting the acceleration of northward-moving tropical cyclones using upper-tropospheric winds. NAVOCEANCOMCEN/JTWC Technical Note 82-2, U. S. Naval Oceanography Command Center/Joint Typhoon Warning Center, FPO San Francisco, CA 96630: 40.

Weisman M L, 1993. The genesis of severe, long-lived bow echoes. *J. Atmos. Sci.*, **50**(4): 645-670 .

William M G, 1968. Global view of the origin of tropical disturbances and storms. *Monthly Weather Review*, **96** (10, 6): 669-700.

Williams R T, Chan J C L, 1994. Numerical studies of the beta effect in tropical cyclone motion. Part II: Zonal mean flow effects. *J. Atmos. Sci.*, **51**: 1065-1076.

Wilson J W, Reum D, 1988. The flare echo: Reflectivity and velocity signature. *J. Atmos. Oceanic. Technol.*, **5** (2): 197-205.

Wilson J W, Schreiber W E, 1986. Initiation of convective storms at radar-observed boundary-layer convergence lines. *Mon. Wea. Rev.*, **114**(12): 2516-2536.

WMO, 2008. Recommendations for the verification and intercomparison of QPFs and PQPFs from operational NWP models, published by WMO.

Wolf P L, 1998. WSR-88D radar depiction of supercell-bow echo interaction: unexpected evolution of a large, tornadic.

Wong L M M, Chan J C L, 2006. Tropical cyclone motion in response to land surface friction. *J. Atmos. Sci.*, **63**: 1324-1337.

World Meteorological Organization (WMO), 2007. Typhoon committee operational manual: Meteorological component, WMO/TD-No. 196, APPENDIX 3-C, Annex: 17.

Wu L, Wang B, 2000. A potential vorticity tendency diagnostic approach for tropical cyclone motion. *Mon. Wea. Rev.*, **128**: 1899-1911.

Wu Liguang, Wang Bin, Scott A B, 2005. Impacts of air-sea interaction on tropical cyclone track and intensity. *Monthly Weather Review*, **133**: 3299-3314.

Xu J, Gray W M, 1982. Environmental circulations associated with tropical cyclones experiencing fast, slow, and looping motion. Atmos. Sci. paper No. 346, Colorado State University, Fort Collins, CO: 27.

Zrnić D S, 1987. Three-body scattering produces precipitation signature of special diagnostic value. *Radio Sci.*, **22**(1): 76-86.

附录　常用预报业务规范

附录 A　上海市气象灾害预警信号及防御指引

一、台风	 (一)台风蓝色预警信号 **标准**:24 小时内可能或者已经受热带气旋影响,沿海或者陆地平均风力达 6 级以上,或者阵风 8 级以上并可能持续。 **防御指引**:1. 政府及相关部门按照职责,做好防台风准备工作;2. 停止露天集体活动和高空等户外危险作业;3. 相关水域水上作业和过往船舶采取积极的应对措施,如回港避风或者绕道航行等;4. 加固门窗、围板、棚架、广告牌等易被风吹动的搭建物,切断危险的室外电源。	(二)台风黄色预警信号 **标准**:24 小时内可能或者已经受热带气旋影响,沿海或者陆地平均风力达 8 级以上,或者阵风 10 级以上并可能持续。 **防御指引**:1. 政府及相关部门按照职责,做好防台风应急准备工作;2. 停止室内外大型集会和高空等户外危险作业;3. 相关水域水上作业和过往船舶采取积极的应对措施,加固港口设施,防止船舶走锚、搁浅和碰撞;4. 加固或者拆除易被风吹动的搭建物,人员切勿随意外出,确保老人小孩留在家中最安全的地方,危房人员及时转移。	 (三)台风橙色预警信号 **标准**:12 小时内可能或者已经受热带气旋影响,沿海或者陆地平均风力达 10 级以上,或者阵风 12 级以上并可能持续。 **防御指引**:1. 政府及相关部门按照职责,做好防台风抢险应急工作;2. 停止室内外大型集会、停课、停业(除特殊行业外);3. 相关水域水上作业和过往船舶回港避风,加固港口设施,防止船舶走锚、搁浅和碰撞;4. 加固或者拆除易被风吹动的搭建物,人员尽可能待在防风安全的地方,当台风中心经过时风力会减小或者静止一段时间,切记强风将会突然吹袭,应当继续留在安全处避风,危房人员及时转移;5. 相关地区注意防范强降水可能引发的山洪、地质灾害。	(四)台风红色预警信号 **标准**:6 小时内可能或者已经受热带气旋影响,沿海或者陆地平均风力达 12 级以上,或者阵风达 14 级以上并可能持续。 **防御指引**:1. 政府及相关部门按照职责,做好防台风应急和抢险工作;2. 停止集会、停课、停业(除特殊行业外);3. 回港避风的船舶视情况采取积极措施,妥善安排人员留守或者转移到安全地带;4. 加固或者拆除易被风吹动的搭建物,人员待在防风安全的地方,当台风中心经过时风力会减小或者静止一段时间,切记强风将会突然吹袭,应当继续留在安全处避风,危房人员及时转移;5. 相关地区注意防范强降水可能引发的山洪、地质灾害。 (已停用)

续表

二、暴雨	 (一)暴雨蓝色预警信号 **标准**:12 小时内降雨量将达 50 毫米以上,或者已达 50 毫米以上且降雨可能持续。 **防御指引**:1. 政府及相关部门按照职责,做好防暴雨准备工作;2. 学校、幼儿园采取适当措施,保证学生和幼儿安全;3. 驾驶人员注意道路积水和交通阻塞,确保安全;4. 检查城市、农田、鱼塘排水系统,做好排涝准备。	 (二)暴雨黄色预警信号 **标准**:6 小时内降雨量将达 50 毫米以上,或者已达 50 毫米以上且降雨可能持续,或者 1 小时内降雨量将达 35 毫米以上,或者已达 35 毫米以上且降雨可能持续。 **防御指引**:1. 政府及相关部门按照职责,做好防暴雨工作;2. 交通管理部门根据路况,在强降雨路段采取交通管制措施,在积水路段实行交通引导;3. 切断低洼地带有危险的室外电源,暂停在空旷地方的户外作业,安排危险地带人员和危房居民转移到安全场所避雨;4. 检查城市、农田、鱼塘排水系统,采取必要的排涝措施。	 (三)暴雨橙色预警信号 **标准**:3 小时内降雨量将达 50 毫米以上,或者已达 50 毫米以上且降雨可能持续。 **防御指引**:1. 政府及相关部门按照职责,做好防暴雨应急工作;2. 切断有危险的室外电源,暂停户外作业;3. 处于危险地带的单位应当停课、停业,采取专门措施保护已到校学生、幼儿和其他上班人员的安全;4. 做好城市、农田的排涝,注意防范可能引发的山洪、滑坡、泥石流等灾害。	(四)暴雨红色预警信号 **标准**:3 小时内降雨量将达100 毫米以上,或者已达100 毫米以上且降雨可能持续.或者 1 小时内降雨量将达 60 毫米以上,或者已达60 毫米以上且降雨可能待续。 **防御指引**:1. 政府及相关部门按照职责,做好防暴雨应急和抢险工作;2. 停止集会、停课、停业(除特殊行业外);3. 做好山洪、滑坡、泥石流等灾害的防御和抢险工作。 (已停用)
三、暴雪	(一)暴雪蓝色预警信号 **标准**:12 小时内降雪量将达 4 毫米以上,或者已达 4 毫米以上且降雪持续,可能对交通或者农牧业有影响。 **防御指引**:1. 政府及相关部门按照职责,做好防雪灾和防冻害准备工作;2. 交通、铁路、电力、通信等部门进行道路、铁路、线路巡查维护,做好道路清扫和积雪融化工作;3. 行人注意防寒防滑,驾驶人员小心驾驶,车辆采取防滑措施;4. 农牧区和种养殖业储备饲料,做好防雪灾和防冻害准备;5. 加固棚架等易被雪压的临时搭建物。	 (二)暴雪黄色预警信号 **标准**:12 小时内降雪量将达 6 毫米以上,或者已达 6 毫米以上且降雪持续,可能对交通或者农牧业有影响 **防御指引**:1. 政府及相关部门按照职责,落实防雪灾和防冻害措施;2. 交通、铁路、电力、通信等部门加强道路、铁路、线路巡查维护,做好道路清扫和积雪融化工作;3. 行人注意防寒防滑,驾驶人员小心驾驶,车辆采取防滑措施;4. 农牧区和种养殖业备足饲料,做好防雪灾和防冻害准备;5. 加固棚架等易被雪压的临时搭建物。	(三)暴雪橙色预警信号 **标准**:6 小时内降雪量将达 10 毫米以上,或者已达 10 毫米以上且降雪持续,可能或者已经对交通或者农牧业有较大影响。 **防御指引**:1. 政府及相关部门按照职责,做好防雪灾和防冻害的应急工作;2. 交通、铁路、电力、通信等部门加强道路、铁路、线路巡查维护,做好道路清扫和积雪融化工作;3. 减少不必要的户外活动;4. 加固棚架等易被雪压的临时搭建物,将户外牲畜赶入棚圈喂养。	 (四)暴雪红色预警信号 **标准**:6 小时内降雪量将达 15 毫米以上,或者已达 15 毫米以上且降雪持续,可能或者已经对交通或者农牧业有较大影响。 **防御指引**:1. 政府及相关部门按照职责,故好防雪灾和防冻害的应急和抢险工作;2. 必要时停课、停业(除特殊行业外);3. 必要时飞机暂停起降,火车暂停运行,高速公路暂时封闭;4. 做好牧区等救灾救济工作。

续表

四、寒潮	 (一)寒潮蓝色预警信号 **标准**:48 小时内最低气温将要下降 8℃以上,最低气温小于等于 4℃,陆地平均风力可达 5 级以上;或者已经下降 8℃以上,最低气温小于等于 4℃,平均风力达 5 级以上,并可能持续。 **防御指引**:1. 政府及相关部门按照职责,做好防寒潮准备工作;2. 注意添衣保暖;3. 对热带作物、水产品采取一定的防护措施;4. 做好防风准备工作。	 (二)寒潮黄色预警信号 **标准**:24 小时内最低气温将要下降 10℃以上,最低气温小于等于 4℃,陆地平均风力可达 6 级以上;或者已经下降 10℃以上,最低气温小于等于 4℃,平均风力达 6 级以上,并可能持续。 **防御指引**:1. 政府及相关部门按照职责,做好防寒潮工作;2. 注意添衣保暖,照顾好老、弱、病人;3. 对牲畜、家禽和热带、亚热带水果及有关水产品、农作物等采取防寒措施;4. 做好防风工作。	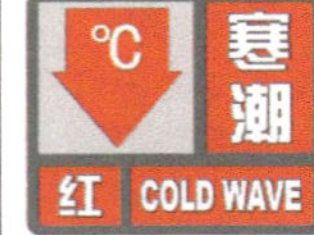 (三)寒潮橙色预警信号 **标准**:24 小时内最低气温将要下降 12℃以上,最低气温小于等于 0℃,陆地平均风力可达 6 级以上;或者已经下降 12℃以上,最低气温小于等于 0℃,平均风力达 6 级以上,并可能持续。 **防御指引**:1. 政府及相关部门按照职责做好防寒潮应急工作;2. 注意防寒保暖;3. 农业、水产业、畜牧业等行业积极采取防霜冻、冰冻等防寒措施,尽量减少损失;4. 做好防风工作。	(四)寒潮红色预警信号 **标准**:24 小时内最低气温将要下降 16℃以上,最低气温小于等于 0℃,陆地平均风力可达 6 级以上;或者已经下降 16℃以上,最低气温小于等于 0℃,平均风力达 6 级以上,并可能持续。 **防御指引**:1. 政府及相关部门按照职责,做好防寒潮的应急和抢险工作;2. 注意防寒保暖;3. 农业、水产业、畜牧业等行业积极采取防霜冻、冰冻等防寒措施,尽量减少损失;4. 做好防风工作。
五、大风	 (一)大风蓝色预警信号 **标准**:24 小时内可能受大风影响,平均风力可达 6 级以上,或者阵风 8 级以上;或者已经受大风影响,平均风力为 6~7 级,或者阵风 8 级并可能持续。 **防御指引**:1. 政府及相关部门按照职责,做好防大风工作;2. 关好门窗,加固围板、棚架、广告牌等易被风吹动的搭建物,妥善安置易受大风影响的室外物品,遮盖建筑物资;3. 相关水域水上作业和过往船舶采取积极的应对措施,如回港避风或者绕道航行等;4. 行人注意尽量少骑自行车,刮风时不要在广告牌、临时搭建物等下面逗留;5. 有关部门和单位注意森林、草原等防火。	(二)大风黄色预警信号 **标准**:12 小时内可能受大风影响,平均风力可达 8 级以上,或者阵风 9 级以上;或者已经受大风影响,平均风力为 8~9 级,或者阵风 9~10 级并可能持续。 **防御指引**:1. 政府及相关部门按照职责,做好防大风工作;2. 停止露天活动和高空等户外危险作业,危险地带人员和危房居民尽量转到避风场所避风;3. 相关水域水上作业和过往船舶采取积极的应对措施,加固港口设施,防止船舶走锚、搁浅和碰撞;4. 切断户外危险电源,妥善安置易受大风影响的室外物品,遮盖建筑物资;5. 机场、高速公路等单位采取保障交通安全的措施,有关部门和单位注意森林、草原等防火。	 (三)大风橙色预警信号 **标准**:6 小时内可能受大风影响,平均风力可达 10 级以上,或者阵风 11 级以上;或者已经受大风影响,平均风力为 10~11 级,或者阵风 11~12 级并可能持续。 **防御指引**:1. 政府及相关部门按照职责,做好防大风应急工作;2. 房屋抗风能力较弱的中小学校和单位停课、停业,人员减少外出;3. 相关水域水上作业和过往船舶回港避风,加固港口设施,防止船舶走锚、搁浅和碰撞;4. 切断危险电源,妥善安置易受大风影响的室外物品,遮盖建筑物资;5. 机场、铁路、高速公路、水上交通等单位采取保障交通安全的措施,有关部门和单位注意森林、草原等防火。	(四)大风红色预警信号 **标准**:6 小时内可能受大风影响,平均风力可达 12 级以上,或者阵风 13 级以上;或者已经受大风影响,平均风力为 12 级以上,或者阵风 13 级以上并可能持续。 **防御指引**:1. 政府及相关部门按照职责,做好防大风应急和抢险工作;2. 人员尽可能停留在防风安全的地方,不随意外出;3. 回港避风的船舶视情况采取积极措施,妥善安排人员留守或者转移到安全地带;4. 切断危险电源,妥善安置易受大风影响的室外物品,遮盖建筑物资;5. 机场、铁路、高速公路、水上交通等单位采取保障交通安全的措施,有关部门和单位注意森林、草原等防火。

续表

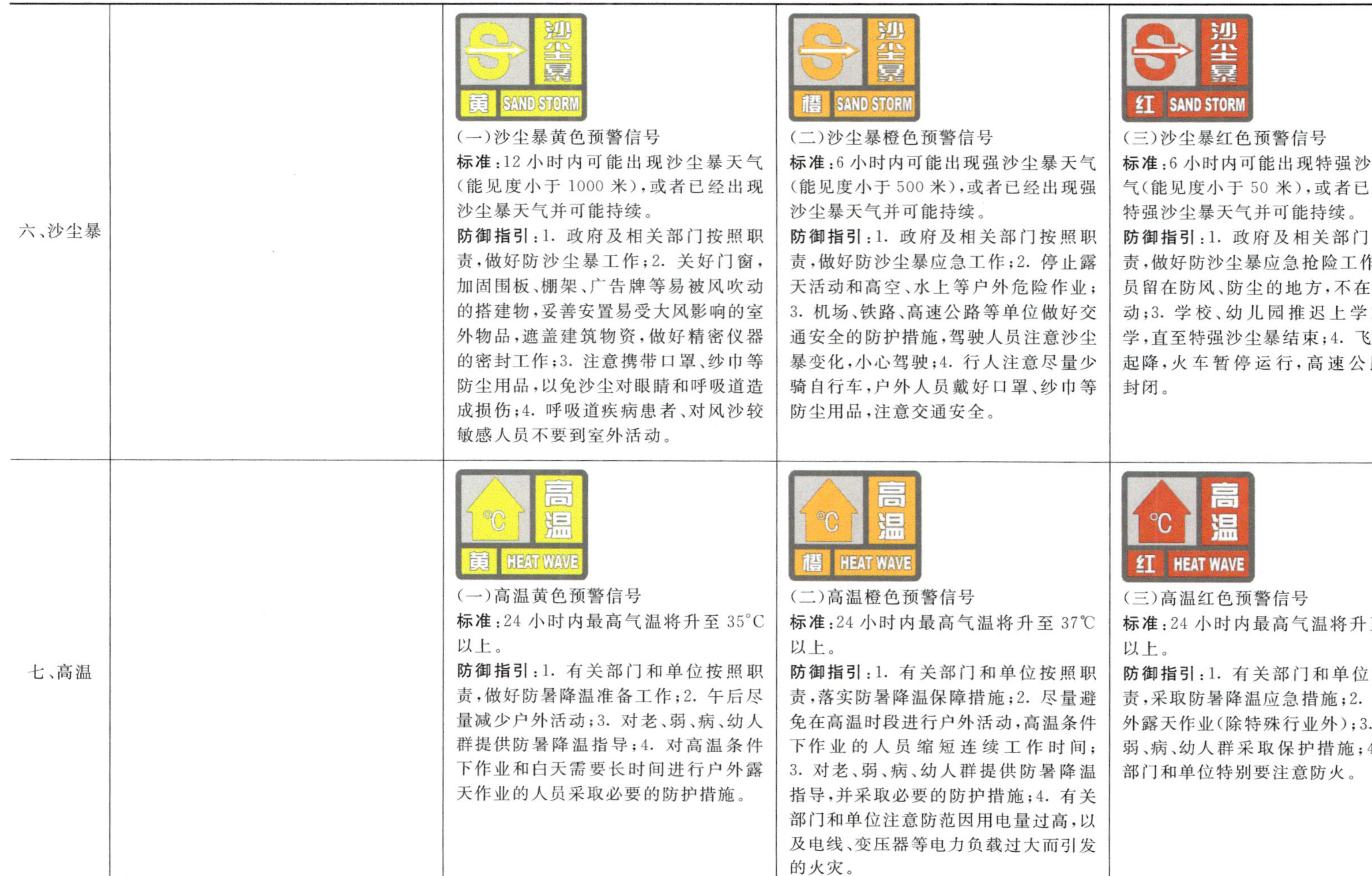

六、沙尘暴		(一)沙尘暴黄色预警信号 **标准**:12 小时内可能出现沙尘暴天气(能见度小于 1000 米),或者已经出现沙尘暴天气并可能持续。 **防御指引**:1. 政府及相关部门按照职责,做好防沙尘暴工作;2. 关好门窗,加固围板、棚架、广告牌等易被风吹动的搭建物,妥善安置易受大风影响的室外物品,遮盖建筑物资,做好精密仪器的密封工作;3. 注意携带口罩、纱巾等防尘用品,以免沙尘对眼睛和呼吸道造成损伤;4. 呼吸道疾病患者、对风沙较敏感人员不要到室外活动。	(二)沙尘暴橙色预警信号 **标准**:6 小时内可能出现强沙尘暴天气(能见度小于 500 米),或者已经出现强沙尘暴天气并可能持续。 **防御指引**:1. 政府及相关部门按照职责,做好防沙尘暴应急工作;2. 停止露天活动和高空、水上等户外危险作业;3. 机场、铁路、高速公路等单位做好交通安全的防护措施,驾驶人员注意沙尘暴变化,小心驾驶;4. 行人注意尽量少骑自行车,户外人员戴好口罩、纱巾等防尘用品,注意交通安全。	(三)沙尘暴红色预警信号 **标准**:6 小时内可能出现特强沙尘暴天气(能见度小于 50 米),或者已经出现特强沙尘暴天气并可能持续。 **防御指引**:1. 政府及相关部门按照职责,做好防沙尘暴应急抢险工作;2. 人员留在防风、防尘的地方,不在户外活动;3. 学校、幼儿园推迟上学或者放学,直至特强沙尘暴结束;4. 飞机暂停起降,火车暂停运行,高速公路暂时封闭。
七、高温		(一)高温黄色预警信号 **标准**:24 小时内最高气温将升至 35°C 以上。 **防御指引**:1. 有关部门和单位按照职责,做好防暑降温准备工作;2. 午后尽量减少户外活动;3. 对老、弱、病、幼人群提供防暑降温指导;4. 对高温条件下作业和白天需要长时间进行户外露天作业的人员采取必要的防护措施。	(二)高温橙色预警信号 **标准**:24 小时内最高气温将升至 37℃ 以上。 **防御指引**:1. 有关部门和单位按照职责,落实防暑降温保障措施;2. 尽量避免在高温时段进行户外活动,高温条件下作业的人员缩短连续工作时间;3. 对老、弱、病、幼人群提供防暑降温指导,并采取必要的防护措施;4. 有关部门和单位注意防范因用电量过高,以及电线、变压器等电力负载过大而引发的火灾。	(三)高温红色预警信号 **标准**:24 小时内最高气温将升至 40℃ 以上。 **防御指引**:1. 有关部门和单位按照职责,采取防暑降温应急措施;2. 停止户外露天作业(除特殊行业外);3. 对老、弱、病、幼人群采取保护措施;4. 有关部门和单位特别要注意防火。

续表

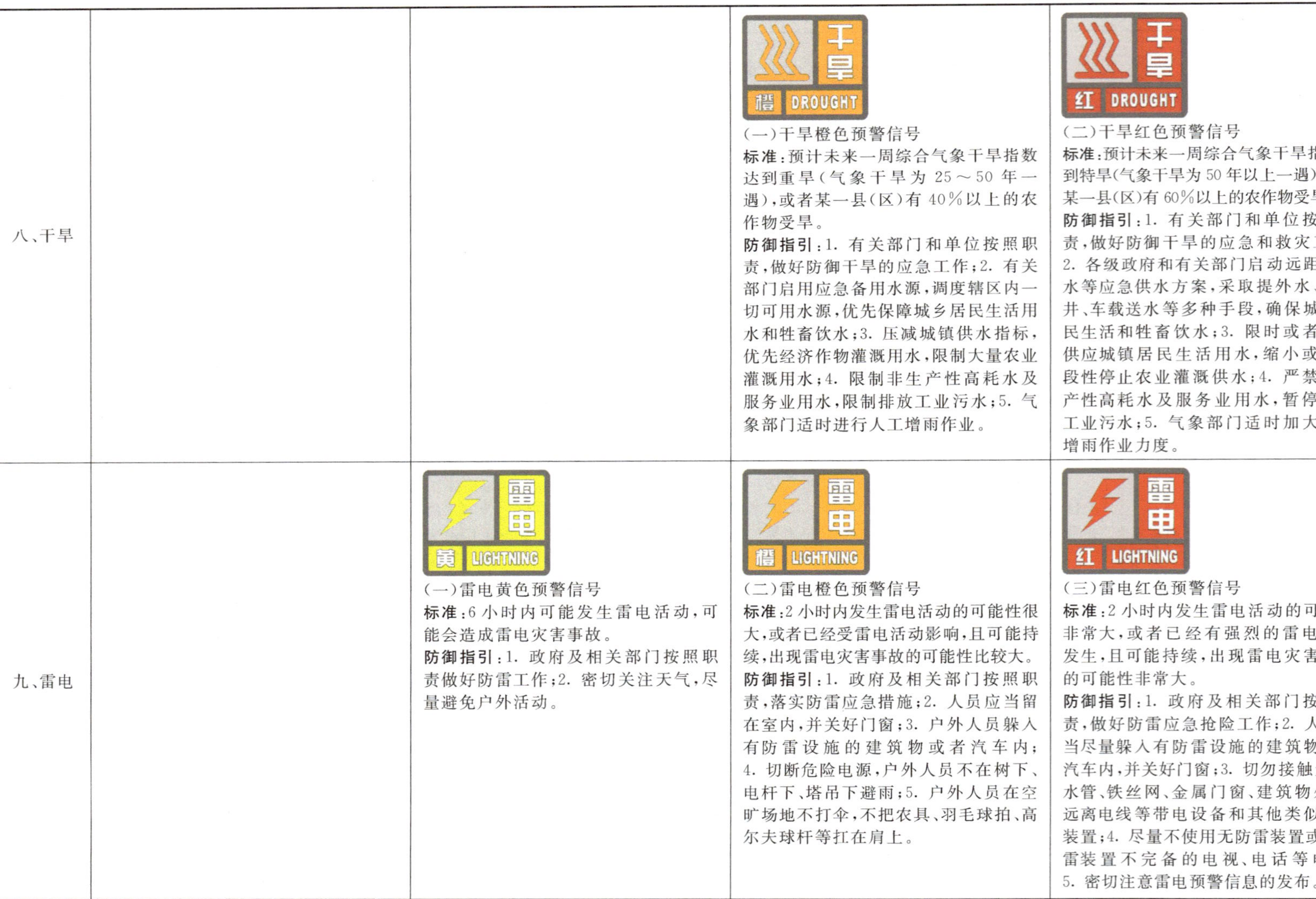

八、干旱			(一)干旱橙色预警信号 **标准**:预计未来一周综合气象干旱指数达到重旱(气象干旱为25～50年一遇),或者某一县(区)有40%以上的农作物受旱。 **防御指引**:1. 有关部门和单位按照职责,做好防御干旱的应急工作;2. 有关部门启用应急备用水源,调度辖区内一切可用水源,优先保障城乡居民生活用水和牲畜饮水;3. 压减城镇供水指标,优先经济作物灌溉用水,限制大量农业灌溉用水;4. 限制非生产性高耗水及服务业用水,限制排放工业污水;5. 气象部门适时进行人工增雨作业。	(二)干旱红色预警信号 **标准**:预计未来一周综合气象干旱指数达到特旱(气象干旱为50年以上一遇),或者某一县(区)有60%以上的农作物受旱。 **防御指引**:1. 有关部门和单位按照职责,做好防御干旱的应急和救灾工作;2. 各级政府和有关部门启动远距离调水等应急供水方案,采取提外水、打深井、车载送水等多种手段,确保城乡居民生活和牲畜饮水;3. 限时或者限量供应城镇居民生活用水,缩小或者阶段性停止农业灌溉供水;4. 严禁非生产性高耗水及服务业用水,暂停排放工业污水;5. 气象部门适时加大人工增雨作业力度。
九、雷电		(一)雷电黄色预警信号 **标准**:6小时内可能发生雷电活动,可能会造成雷电灾害事故。 **防御指引**:1. 政府及相关部门按照职责做好防雷工作;2. 密切关注天气,尽量避免户外活动。	(二)雷电橙色预警信号 **标准**:2小时内发生雷电活动的可能性很大,或者已经受雷电活动影响,且可能持续,出现雷电灾害事故的可能性比较大。 **防御指引**:1. 政府及相关部门按照职责,落实防雷应急措施;2. 人员应当留在室内,并关好门窗;3. 户外人员躲入有防雷设施的建筑物或者汽车内;4. 切断危险电源,户外人员不在树下、电杆下、塔吊下避雨;5. 户外人员在空旷场地不打伞,不把农具、羽毛球拍、高尔夫球杆等扛在肩上。	(三)雷电红色预警信号 **标准**:2小时内发生雷电活动的可能性非常大,或者已经有强烈的雷电活动发生,且可能持续,出现雷电灾害事故的可能性非常大。 **防御指引**:1. 政府及相关部门按照职责,做好防雷应急抢险工作;2. 人员应当尽量躲入有防雷设施的建筑物或者汽车内,并关好门窗;3. 切勿接触天线、水管、铁丝网、金属门窗、建筑物外墙,远离电线等带电设备和其他类似金属装置;4. 尽量不使用无防雷装置或者防雷装置不完备的电视、电话等电器;5. 密切注意雷电预警信息的发布。

续表

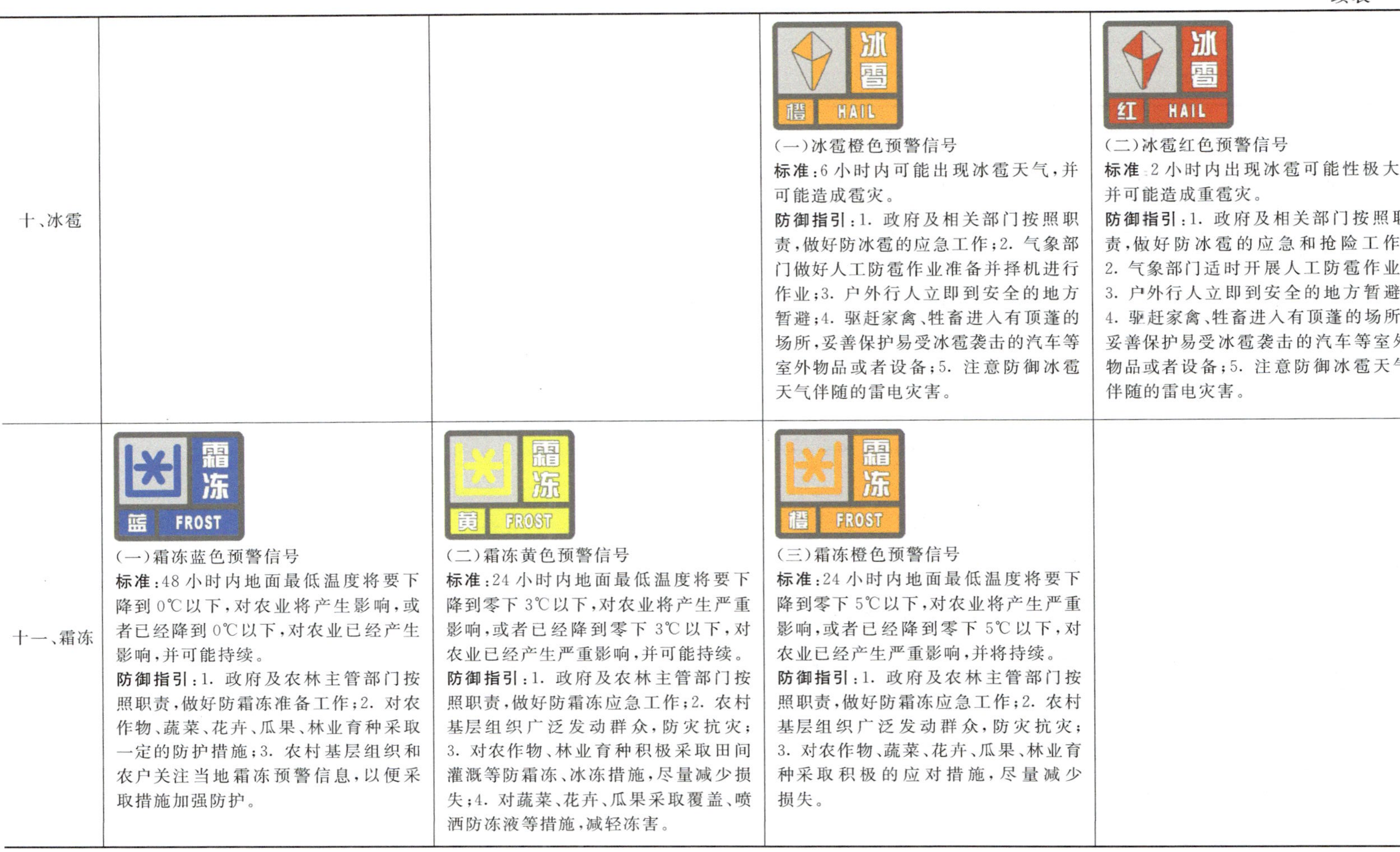

十、冰雹			(一)冰雹橙色预警信号 **标准**:6小时内可能出现冰雹天气,并可能造成雹灾。 **防御指引**:1. 政府及相关部门按照职责,做好防冰雹的应急工作;2. 气象部门做好人工防雹作业准备并择机进行作业;3. 户外行人立即到安全的地方暂避;4. 驱赶家禽、牲畜进入有顶蓬的场所,妥善保护易受冰雹袭击的汽车等室外物品或者设备;5. 注意防御冰雹天气伴随的雷电灾害。	(二)冰雹红色预警信号 **标准**:2小时内出现冰雹可能性极大,并可能造成重雹灾。 **防御指引**:1. 政府及相关部门按照职责,做好防冰雹的应急和抢险工作;2. 气象部门适时开展人工防雹作业;3. 户外行人立即到安全的地方暂避;4. 驱赶家禽、牲畜进入有顶蓬的场所,妥善保护易受冰雹袭击的汽车等室外物品或者设备;5. 注意防御冰雹天气伴随的雷电灾害。
十一、霜冻	(一)霜冻蓝色预警信号 **标准**:48小时内地面最低温度将要下降到0℃以下,对农业将产生影响,或者已经降到0℃以下,对农业已经产生影响,并可能持续。 **防御指引**:1. 政府及农林主管部门按照职责,做好防霜冻准备工作;2. 对农作物、蔬菜、花卉、瓜果、林业育种采取一定的防护措施;3. 农村基层组织和农户关注当地霜冻预警信息,以便采取措施加强防护。	(二)霜冻黄色预警信号 **标准**:24小时内地面最低温度将要下降到零下3℃以下,对农业将产生严重影响,或者已经降到零下3℃以下,对农业已经产生严重影响,并可能持续。 **防御指引**:1. 政府及农林主管部门按照职责,做好防霜冻应急工作;2. 农村基层组织广泛发动群众,防灾抗灾;3. 对农作物、林业育种积极采取田间灌溉等防霜冻、冰冻措施,尽量减少损失;4. 对蔬菜、花卉、瓜果采取覆盖、喷洒防冻液等措施,减轻冻害。	(三)霜冻橙色预警信号 **标准**:24小时内地面最低温度将要下降到零下5℃以下,对农业将产生严重影响,或者已经降到零下5℃以下,对农业已经产生严重影响,并将持续。 **防御指引**:1. 政府及农林主管部门按照职责,做好防霜冻应急工作;2. 农村基层组织广泛发动群众,防灾抗灾;3. 对农作物、蔬菜、花卉、瓜果、林业育种采取积极的应对措施,尽量减少损失。	

续表

十二、大雾		 (一)大雾黄色预警信号 **标准**:12 小时内可能出现能见度小于 500 米的雾,或者已经出现能见度小于 500 米、大于等于 200 米的雾并 **防御指引**:1. 有关部门和单位按照职责,做好防雾准备工作;2. 机场、高速公路、轮渡码头等单位加强交通管理,保障安全;3. 驾驶人员注意雾的变化,小心驾驶;4. 户外活动注意安全。	 (二)大雾橙色预警信号 **标准**:6 小时内可能出现能见度小于 200 米的雾,或者已经出现能见度小于 200 米、大于等于 50 米的雾并将持续。 **防御指引**:1. 有关部门和单位按照职责,做好防雾工作;2. 机场、高速公路、轮渡码头等单位加强调度指挥;3. 驾驶人员严格控制车、船的行进速度;4. 减少户外活动。	 (三)大雾红色预警信号 **标准**:2 小时内可能出现能见度小于 50 米的雾,或者已经出现能见度小于 50 米的雾并将持续。 **防御指引**:1. 有关部门和单位按照职责,做好防雾应急工作;2. 有关单位按照行业规定,适时采取交通安全管制措施,如机场暂停飞机起降,高速公路暂时封闭,轮渡暂时停航等;3. 驾驶人员根据雾天行驶规定,采取雾天预防措施,根据环境条件采取合理行驶方式,并尽快寻找安全停放区域停靠;4. 不进行户外活动。
十三、道路结冰		 (一)道路结冰黄色预警信号 **标准**:当路表温度低于 0℃,出现降水,12 小时内可能出现对交通有影响的道路结冰。 **防御指引**:1. 交通、公安等部门按照职责,做好道路结冰应对准备工作;2. 驾驶人员注意路况,安全行驶;3. 行人外出尽量少骑自行车,注意防滑。	 (二)道路结冰橙色预警信号 **标准**:当路表温度低于 0℃,出现降水,6 小时内可能出现对交通有较大影响的道路结冰。 **防御指引**:1. 交通、公安等部门按照职责,做好道路结冰应急工作;2. 驾驶人员采取防滑措施,听从指挥,慢速行使;3. 行人出门注意防滑。	 (三)道路结冰红色预警信号 **标准**:当路表温度低于 0℃,出现降水,2 小时内可能出现或者已经出现对交通有很大影响的道路结冰。 **防御指引**:1. 交通、公安等部门做好道路结冰应急和抢险工作;2. 交通、公安等部门注意指挥和疏导行驶车辆,必要时关闭结冰道路交通;3. 人员尽量减少外出。

续表

十四、臭氧		(一)臭氧黄色预警信号 **标准**:未来 4 小时内可能出现小时平均浓度大于 100 ppb 的臭氧,或者已经出现小时平均浓度大于 100 ppb 的臭氧且可能持续。 **防御指引**:1. 适当关闭屋室门窗,减少空气流通;2. 减少户外活动,不可进行剧烈运动;3. 有哮喘或呼吸道疾病的敏感人群、小孩和老人尽量减少外出。4. 局部街区实行交通管制,减少汽车流量。	(二)臭氧橙色预警信号 **标准**:未来 4 小时内可能出现小时平均浓度大于 120 ppb 的臭氧,或者已经出现小时平均浓度大于 120 ppb 的臭氧且可能持续。 **防御指引**:1. 关闭屋室门窗;2. 停止户外运动;3. 空气质量差,外出人员适当进行防护。4. 有哮喘或呼吸道疾病的敏感人群、小孩和老人呆在室内;5. 局部地区实行交通管制,减少汽车流量。	
十五、霾(2013 修订版)		(一)霾黄色预警信号 **标准**:预计未来 24 小时内可能出现下列条件之一并将持续或实况已达到下列条件之一并可能持续: (1)能见度小于 3000 米且相对湿度小于 80%的霾。(2)能见度小于 3000 米且相对湿度大于等于 80%,PM2.5 浓度大于 115 微克/立方米且小于等于 150 微克/立方米。(3)能见度小于 5000 米,PM2.5 浓度大于 150 微克/立方米且小于等于 250 微克/立方米。 **防御指引**:1. 空气质量明显降低,人员需适当防护;2. 一般人群适量减少户外活动,儿童、老人及易感人群应减少外出。	(二)霾橙色预警信号 **标准**:预计未来 24 小时内可能出现下列条件之一并将持续或实况已达到下列条件之一并可能持续: (1)能见度小于 2000 米且相对湿度小于 80%的霾。(2)能见度小于 2000 米且相对湿度大于等于 80%,PM2.5 浓度大于 150 微克/立方米且小于等于 250 微克/立方米。(3)能见度小于 5000 米,PM2.5 浓度大于 250 微克/立方米且小于等于 500 微克/立方米。 **防御指引**:1. 空气质量差,人员需适当防护;2. 一般人群减少户外活动,儿童、老人及易感人群应尽量避免外出。	(三)霾红色预警信号 **标准**:预计未来 24 小时内可能出现下列条件之一并将持续或实况已达到下列条件之一并可能持续: (1)能见度小于 1000 米且相对湿度小于 80%的霾。(2)能见度小于 1000 米且相对湿度大于等于 80%,PM2.5 浓度大于 250 微克/立方米且小于等于 500 微克/立方米。(3)能见度小于 5000 米,PM2.5 浓度大于 500 微克/立方米。 **防御指引**:1. 政府及相关部门按照职责采取相应措施,控制污染物排放。2. 空气质量很差,人员需加强防护;3. 一般人群避免户外活动,儿童、老人及易感人群应当留在室内;4. 机场、高速公路、轮渡码头等单位加强交通管理,保障安全;5. 驾驶人员谨慎驾驶。

附录B 重要天气的预报服务规范

(一)热带气旋

1. 强度划分

热带气旋等级划分表

热带气旋等级	底层中心附近最大平均风速(m/s)	底层中心附近最大风力(级)
热带低压(TD)	10.8～17.1	6～7
热带风暴(TS)	17.2～24.4	8～9
强热带风暴(STS)	24.5～32.6	10～11
台风(TY)	32.7～41.4	12～13
强台风(STY)	41.5～50.9	14～15
超强台风(Super TY)	≥51.0	16 或以上

2. 热带气旋编号

(1)国内编号:国家气象中心对在 180°E 以西、赤道以北的西北太平洋和南海海面上出现的中心附近最大平均风力达到 8 级或以上的热带气旋,按照其出现的先后次序进行编号。近海的热带气旋,当其云系结构和环流清楚时,只要获得中心附近的最大平均风力为 7 级的报告即应编号。编号用四个数码,前两位表示年份,后两位表示出现的先后次序。

(2)国际编号:日本东京台风中心对在 180°E 以西、赤道以北的西北太平洋和南海海面上出现的中心附近最大平均风力达到 8 级或以上的热带气旋,按照其出现的先后次序进行编号。编号用四个数码,方法与上述我国规定相同。

3. 热带气旋消息发布标准

预计热带气旋未来 48～72 小时内将对山东南部到浙江南部沿海海面有 8 级以上大风影响时,对外发布台风消息,热带气旋警报的解除也可以通过消息的方式发布。

4. 上海市(包括长江口)热带气旋警报、紧急警报发布标准

(1)警报

预计热带气旋未来 24～48 小时对本市将有 8 级阵风并伴有中等以上降水或有 9 级以上阵风影响时发布热带气旋警报。

(2)紧急警报

预计热带气旋未来 12～24 小时对本市有 8 级阵风,并伴有大到暴雨,或有 9 级以上阵风、中到大雨以上降水,或有 10 级以上大风影响时,发布上海市热带气旋紧急警报。

5. 山东南部到浙江南部沿海海面(沿海岸线 300 千米以内海面)热带气旋警报、紧急警报

(1)警报

预计热带气旋在未来 48 小时以内对沿海某海区有 8 级以上阵风影响,并有继续增强趋势时,对外发布该海区的热带气旋警报。

(2)紧急警报

预计热带气旋未来 24 小时内对沿海某海区风力将继续增强到阵风 10 级或以上时,对外发布该海区的热带气旋紧急警报。

6. 预报责任海区热带气旋警报

当预报责任海区(附件略)未来 24～36 小时内有热带气旋影响,平均风力达 8 级以上时,一天四次通过海岸电台,用中英文明语发布上海中心气象台预报责任海区的热带气旋警报。

7. 热带气旋主要灾害

热带气旋常伴有大风、暴雨等恶劣天气,具体见大风、暴雨灾害。

8. 服务

做好决策服务和公众服务,注意做好对防汛、海事、交通管理、远洋运输、港口、轮渡等单位进行服务。

当热带气旋编号时,注意通知相关部门以提前做好防范准备。

*需要考虑发布台风预警信号,根据降水强度需要考虑发布暴雨预警信号。

(二)大风

1. 大风警报发布标准

当预报山东南部到浙江南部沿海海面某一海区出现阵风 7 级以上(含 7 级)时,发布该海区大风警报。上海市达到大风预警信号标准时需发布预警信号。

2. 主要灾害或影响

大风(含龙卷风、雷雨大风、下击暴流)是影响最为严重的天气之一。常造成建筑物(特别临时建筑)倒塌或受损、广告牌吹落、树木折断、海损等事故,以及由于上述原因造成的人畜伤亡、交通阻塞、供电中断等,强风对农业生产影响也很大,造成农作物倒伏,户外工种(特别是高空作业)人员特别需要注意防风。

3. 防御

(1)市民及相关人群注意收听收看大风天气预告信息,注意行车、行走安全,相关单位加固户外装置,妥善安置易受大风影响的户外装置和室外物品,通知高空、水上等户外作业人员采取有效防御措施;撤出危房;

(2)农业大棚、暖棚适时加固修理,必要时揭去棚架上的覆盖膜防止损失扩大,已成熟或可以收获的农作物和果品适时收获和采摘。

4. 服务

当内、外港已经出现或预计出现≥7 级阵风时,应及时通知港监悬挂大风信号。注意做好对航运、海运、建筑、农业生产等单位的服务。

(三)寒潮、冷空气

1. 寒潮警报发布标准

北方有强冷空气南下,符合以下标准之一时,发布寒潮警报:

(1)本站日平均气温 24 小时内降温幅度≥6℃或 48 小时内降温幅度≥8℃,同时最低气温≤5℃;

(2)本站气温 24 小时内下降幅度≥10℃或 48 小时内降温幅度≥12℃,同时最低气温降至≤0℃。

发布寒潮警报,必须同时预报出气温下降幅度和大风情况。

2. 冷空气消息/降温消息发布标准

当北方有冷空气影响,预计本市未来 36 小时内气温显著下降,但还难以判定降温幅度和气温最低值时,或海上有≥9 级阵风的大风时,可先发布冷空气消息(如以降温为主,可发布降温消息)，以引起有关方面注意，早做准备。

3. 主要灾害或影响

强降温使感冒等疾病发生概率增加，动植物生活生长有影响。另见大风、低温。

4. 防御

(1)市民注意添衣保暖。

(2)农业相关部门和生产单位采取防御低温措施，可收作物或不耐低温的鱼虾品种及时收获。

5. 服务

注意做好对农业生产、共用事业单位、交通管理、交通运输等部门的服务。

(四)高温(含秋老虎)

1. 高温报告发布标准

预计当日或次日的最高气温≥35℃，发布高温报告。

2. 主要灾害或影响

中暑等其他疾病增加，用电用水紧张、蔬菜减产，火灾、交通事故等。

3. 服务

注意做好对电力、自来水、卫生、消防、交通管理、农业生产等单位的服务。

4. 秋老虎定义

9 月上、中旬出现 2 天以上(含 2 天)日最高气温≥35℃定义该年有秋老虎。

*发布高温报告，需考虑发布高温预警信号。

(五)低温

1. 低温报告发布标准

满足下列条件之一，可发布低温报告：

(1)预计最低气温将≤－5℃，有严重冰冻，且日平均气温≤0℃，发布低温报告。

(2)在发布了冷空气消息或寒潮警报以后，出现下列条件之一时，可发布低温报告。

①10 月 21 日—11 月 20 日以及 3 月 21 日至 4 月下旬的农时节气间，预计最低气温将≤5℃，并伴有霜或暗霜。

②11 月 21 日—12 月 31 日以及 3 月 1—20 日，预计最低气温＜0℃，并伴有结冰或冰冻现象。

2. 主要灾害或影响

生物(包括人类)受冻造成伤害，疾病增加，用电用气上升、地面结冰、交通事故概率增大、暴露水管容易爆裂等。

(1)冷害：作物生长期内，因温度低于作物生长的最低温度，影响正常生长，或者使作物生殖生长过程发生障碍而导致减产，成为低温冷害。

(2)冻害：一般指冬作物和果树、林木等在越冬期间遇到 0℃以下(甚至更低温度)或剧烈变温天气引起植株冰冻或丧失一切生理活力，造成植株死亡或部分死亡的现象。

3. 服务

注意做好对农业生产、交通管理、港务、轮渡、自来水厂等的服务。

(六)暴雨

1. 主要灾害或影响

城市积涝,农田受淹,房屋进水以及由此产生的各类次生气象灾害,如交通受阻、危房倒塌、农业减产、电器受潮短路、地质气象灾害等。

2. 防御

(1)市民注意收听、收看有关媒体报道,了解掌握暴雨最新信息。

(2)相关单位通知户外作业人员,采取有效防御措施。

(3)低洼、易受淹地区做好排水防涝工作。

(4)市民、道路交通运输部门注意出行安全。

3. 服务

注意做好对防汛、交通管理、交通运输、仓储、农业生产等单位进行服务。

*根据降水强度,考虑是否需要发布暴雨预警信号。

(七)雷雨/雷击

1. 雷击主要灾害或影响

雷击对人畜安全有极大威胁,并造成建筑物损坏、供电中断及电器损伤、火灾等。

2. 夏季热雷雨

夏季午后陆地表面受日照影响强烈加热,常在近地层形成绝对不稳定层结,使对流发展,这种由热力抬升作用为主所造成的雷雨,称热雷雨。这种雷暴叫热雷暴。

热雷雨前天气通常较为闷热,下雨时气温又急剧降低,易造成鱼虾泛塘。

3. 防御措施

(1)做好决策服务和公众服务。

(2)市民尽量减少户外活动和采取适当的防护措施;相关部门和可能受雷暴影响地区和人群及时采取应急的防御措施(停止户外作业、到安全地带避雷等)。

(3)尽量减少使用电器,防止间接雷击。

(4)科学设计、安装避雷装置和定期进行避雷装置检测。

(5)如有雷雨大风,同大风服务。

4. 服务

注意做好对消防、供电、用电部门的服务。

(八)冰雹

1. 主要灾害或影响

对地面物体及植物茎叶有较大破坏,大的冰雹对建筑物、人畜安全构成威胁。

2. 防御

相关部门以及可能受冰雹影响地区和人群及时采取应急的防御措施。

3. 服务

注意做好对农业生产等部门的服务。

必要时实施人工消雹作业。

(九)大雪

1. 主要灾害或影响

交通事故和意外摔伤增加、交通受到影响、危房受雪压造成倒塌。

2. 防御措施

(1)公路运输、客运、市民上下班、出行注意途中安全。

(2)路面、不耐重压的屋顶、农用大棚棚膜、暖房上积雪及时清除。

(3)根据降雪相关信息监控、指挥和管理各种机动、非机动交通工具采取有效措施确保道路畅通和行车安全。

(4)因降雪和雪融化造成路面滑、视线差,行人提高安全防范意识。

3. 服务

注意做好对交通管理、客运、货运、轮渡、港口、农业生产等部门的服务。

(十)大雾

1. 发布条件

当考虑 24 小时内出现≤1000 米的雾时,需预报有雾。降水时能见度降低至 1000 米以下,也需预报有雾。

2. 主要灾害或影响

由于视程降低,交通事故概率增大;出行受到影响(高速公路关闭、轮渡停航、机场关闭);雾天空气污染严重,对健康不利。

3. 服务

注意做好对交通管理、客运、机场、码头、高速公路、轮渡、港口等单位的服务。

*根据雾的浓度,考虑是否需要发布大雾预警信号。

(十一)强对流天气

1. 强对流天气警报发布标准

预计未来 0~3 小时内本市将出现以下几种灾害性天气之一时,发布强对流天气警报:

(1)短时强降水(≥20.0 毫米/时)。

(2)雷雨大风(≥17.0 米/秒)。

(3)冰雹。

(4)龙卷风。

2. 主要灾害或影响

见大风、暴雨、冰雹、雷击。

3. 服务

注意做好对防汛、供电、用电、消防、农业、建筑、交通等部门的服务。

*当出现强降水时,注意及时发布暴雨预警信号。

(十二)初终霜

1. 预报发布条件

初霜:每年 10 月起,当气温达到 5℃以下时,须预报有霜,初霜出现后,从 11 月起可不再发布。

终霜:每年 3 月 20 日以后,当气温在 5℃以下时,须预报有霜,至 4 月底结束。

2. 主要灾害或影响

初霜偏早或终霜偏晚造成作物冻伤或死亡、农业减产。

3. 防御

(1)根据霜冻出现的气候规律和作物的生育特性,选择适宜的品种和播栽期,确定植物安全生长期。

(2)农业相关部门和生产单位采取适当的防御霜冻的措施,如:追施肥料增强抗逆性,采取开渠灌水、喷水、烟雾法,铺秸秆、地膜等保温措施。

4. 服务

注意做好对农业、绿化等部门的服务。

(十三)冰冻/积雪

1. 冰冻预报类别

预报日最低气温0℃左右,须预报局部地区有薄冰。

预报日最低气温－1～－2℃,须预报有薄冰。

预报日最低气温－3～－4℃,须预报有冰冻。

预报日最低气温≤－5℃,须预报有严重冰冻。

预报－4～－5℃或－3～－5℃,可预报“有严重冰冻”或“有冰冻或严重冰冻”。

2. 灾害或影响

路面积冰,对交通、行人安全有较大威胁。特别是雨雪后的低温天气影响更为严重。

3. 防御

(1)通过各传播媒体,提醒做好防御措施。

(2)市民上下班、出行和各种机动、非机动交通工具注意采取有效措施确保安全。

(3)农业相关部门和生产单位采取必要的防冻保暖措施。

4. 服务

注意做好对农业生产部门、交通管理和交通运输、建筑等部门的服务。

(十四)扬沙/浮尘

1. 定义

扬沙:由于风较大(风力一般≥5级)将地面大量尘沙吹起,使空气很混浊,或随气流传播而来或沙尘暴出现后尚没下沉的尘土、细沙浮游在空中,使水平能见度在1.0～10.0千米,对人体有害。

浮尘:尘土、细沙均匀地浮游在空中,使水平能见度小于10.0千米。浮尘多为远处尘埃经上层气流传播而来,或为沙尘暴、扬沙出现后尚未下沉的细粒浮游空中而成。

2. 防御

(1)市民尽可能减少户外活动,上下班和出行要戴口罩、披巾等防护物品,减少粉尘吸入量,谨防伤害人体健康;

(2)相关部门减少产生尘土的作业活动,必要时采取封闭或湿式作业、覆盖、铺绿等措施减少沙源;

(3)露天、街头和饮食谨防食品污染;

(4)道路交通运输注意行车安全。

3. 服务

注意做好对交通、卫生等部门的服务。

(十五)霾

1. 定义

霾是由大量极细微的干尘粒等均匀地浮游在空中,使水平能见度小于10千米的空气普遍有混浊现象。“霾”的出现不仅使能见度降低，而且会使空气质量下降。空气中气溶胶的大部分均可被人体呼吸道吸入，尤其是亚微米粒子会分别沉积于上、下呼吸道和肺泡中，从而引起鼻炎、支气管炎等病症。

2. 预报制作和发布

当预报有“霾”时，中心台通过每日四次的气象广播稿(05 时、11 时、17 时和 21 时)向公众发布“霾”的预报。

气象广播稿“霾”的预报放在天气现象中风的预报前，发布用语用“有霾”，可以结合其他天气现象一同发布(如“多云，明天上午有轻雾或霾”)，如果预报为“浮尘”，需将气象广播稿里的“霾”改为“浮尘”。

附录C　重要过程的预报服务规范

(一)入梅、出梅

“梅雨”是指初夏时节从中国江淮流域到韩国、日本一带雨期较长的连阴雨天气,期间暴雨、大暴雨天气过程频繁出现,降水连绵不断,多雨闷热易生霉,谓之“霉雨”;因此时正值江南梅子成熟季节,故又称为“梅雨”。除执行中国气象局预报与网络司2014年《梅雨监测业务规定》外,上海历史上梅雨标准为:

1. 入梅标准

入梅前五天,副高在120°E上的脊线≥18°N,且5天中至少有3天的日平均气温≥22℃。入梅后头5天中必须有4天雨日(包括郊区气象站测得的雨日);若梅雨有分段现象,则每段梅雨结束后的气温均≥22℃。

2. 出梅标准

梅雨结束前后,120°～130°E间副热带高压脊线北跳至26°N或以北,且日平均气温≥27℃,最高气温≥30℃,且连续6天以上无雨。以后再出现连阴雨,属“夏雨”,不属“梅雨”。

3. 梅雨期主要灾害或影响

梅雨期湿度大,光照少,容易造成食物、物品霉变;并经常出现大到暴雨,对防汛构成威胁,主要灾害参见大雨和连阴雨。

4. 防御

(1)市民适时采取洗晒、通风、干燥、降温等针对性措施以及正确储藏衣被物品和食品,谨防霉变,并注意饮食卫生和生活起居,防止霉菌、多雨潮湿和冷暖变化过剧对人体健康的危害。

(2)农业、仓储、交通运输等相关部门采取有效防御措施,如粮油和留种作物抢收抢藏,仓储加强温湿环境控制,交通运输注意行车安全。

5. 服务

注意做好对防汛、水务、农业生产、仓储、交通运输等部门的服务。

(二)连阴雨/连续性暴雨

1. 定义

连阴雨:连续5天内有≥4天雨日或10天内有≥7天雨日。且阴天的日照时数在5小时以下。

连续性暴雨:过程开始与结束大于5天,5天中至少有3个暴雨日(包括雨量点)。

2. 主要灾害或影响

物体霉变、农作物生长受到影响、病害增加、电器受潮造成用电事故增加等。

3. 防御

(1)农业相关部门和生产单位及时清理农田沟系,加强田间水浆管理,夏熟和秋熟作物注意防治病虫害和适时收获,春播作物抓适期播种,防止烂种烂秧;增施磷、钾肥提高植物抗逆性。

(2)提高春季工厂化育苗规模,加大农业大棚温湿度控制和病虫害的防治。

4. 服务

注意做好对仓储、农业等部门的服务。

(三)转折性天气

1. 久晴转雨

(1)防御

农业相关部门和生产单位采取追施肥料等田间管理措施,促进农作物有效生长。

城市市政管理等相关部门及时疏理灌排设施,确保排水畅通。

(2)服务

注意做好对防汛、农业生产等部门的服务。

2. 久雨转晴

(1)定义

由于已连续出现阴雨天气,日照时数短缺,此时出现转晴的转折性天气,在转晴初期,还因白天增温强烈、夜间辐射降温明显和蒸发强容易形成地面逆温和浓雾天气而加剧空气污染。

(2)防御

农业相关部门和生产单位及时排干田间积水,适时松土撤墒,肥料流失多的田块及时补施肥料,田块出现徒长控制氮肥用量增施磷钾肥,促进农作物有效生长。

市民及时洗晒衣被,注意居室内通风降湿。

转晴初期,相关部门注意预防空气污染。

增加遮阳措施。

(3)服务

注意做好对农业生产等部门的服务。

3. 连续高温的开始和结束

(1)连续高温的定义

连续 3 天或以上日最高气温≥35℃酷热天气。

(2)连续高温开始的防御指南

市民做好各种防暑降温准备,减少户外活动,注意饮食卫生;

相关部门和室外作业人员采取必要的防暑降温措施;

供电系统合理调度电力,相关企业实施错峰用电方案,确保生产生活用电,交通等运输单位注意行车安全;

农业相关部门和生产单位,采取以水调温、调整作物种植方式或播栽期、选择耐高温品种等预防高温的适应对策。

选择适宜的遮阳网、防虫网和遮阳防虫网

(3)连续高温结束的防御指南

高温期结束前市民仍需注意避暑降温,并防止温度变化过大对人体健康伤害。

供电系统及时调整电力供应,保障生产正常用电。

农业、绿化等相关部门和生产单位注意发挥降温和水资源集聚效应,加强大田和绿化管理,满足植物、花卉等生长对水分的需求,并利用土壤墒情尚好时,抓紧蔬菜播栽工作。

(4)服务

注意做好对共用事业(水、电、煤)、农业、绿化等部门的服务。

（四）倒春寒

1. 定义

入春以后到4月底，出现3个候的候平均气温低于同期常年值1℃以上为“倒春寒”。

2. 主要灾害或影响

春播作物生长受到影响。

3. 防御

（1）农业相关部门和生产单位注意春播作物抢晴或抓冷尾暖头播种或适期晚种或保温育苗（秧），合理大田水浆管理（日排夜灌、以水调温）。

（2）适时采取得力的保温措施，灌水、覆盖秸秆、地膜或增加覆盖物。

4. 服务

注意做好对农业生产等部门的服务。

（五）寒露风

1. 定义

9月1日以后，第一次出现连续3天日平均气温≤20℃，其首日作为寒露风始日。

2. 主要灾害或影响

寒露风偏早（9月25日前出现）的年份对秋收作物生长不利，降低结实率。

3. 防御

（1）根据当地低温冷害气候出现规律，合理品种布局和栽培措施。

（2）正确利用寒露风天气短期预报，采取有力措施，防御寒露风危害，如：日排夜灌、深灌水、喷施叶面肥和根外追肥，喷洒保温剂，喷施促进提早抽穗的激素等避过冷害危害。

4. 服务

注意做好对农业生产等部门的服务。

附录D 天气预报用语等级

(一)常用天气现象预报用语

1. 部分基本常用天气现象预报用语

晴天:天空无云或虽有零星云层,但云量小于天空面积1/10的现象。

少云:天空中有中、低云1～3成,或高云4～5成时为少云。

多云:有4～7成的中低云或6～10成高云时的天空状况。

阴天:天空阴暗,密布云层,或天空中虽有云隙而仍感到阴暗(总云量8成以上),偶尔从云缝中可见到微弱阳光的天气现象。

阴有雨:降雨过程中无间断或间断不明显的现象。

阴有时有雨:降雨过程中时阴时雨、降雨有间断的现象。

间断雨:降雨时停时下或降雨强度时大时小,且在降雨强度变小或降雨停止的时间内,天空中仍云层密蔽。

阵雨:开始和停止都较突然、强度变化大的液态降水,有时伴有雷暴。

雷雨(雷阵雨):降雨时同时出现雷暴或闪电现象。

毛毛雨:稠密、细小而十分均匀的液态降水,下降情况不易分辨,看上去似乎随空气微弱的运动飘浮在空中,徐徐落下,迎面有潮湿感,落在水面上无波纹,落在干地上只是均匀地润湿,地面无湿斑。

零星小雨:雨量≤0.1毫米的降雨。

冰雹:坚硬的球状、锥状或形态不规则的固态降水,雹核一般不透明,外面包有透明的冰层,或由透明的冰层与不透明的冰层相间组成。大小差异大,大的直径可达10毫米。常伴雷暴出现。

雪:固态降水,大多是白色不透明的六出分枝的星状、六角形片状结晶,常缓缓飘落,强度变化缓慢。温度较高时多成团降落。

雨夹雪:半融化的雪(湿雪),或雨和雪同时下降。

2. 天气现象的预报用语连接词

天气现象的预报用语可以跨幅度、跨现象使用,如可以使用“到”“和”“或”“转”等。

到:处于两种天气现象之间,更倾向于前一种天气现象,一般用于“晴”“多云”“阴”,如:晴到多云、多云到晴、多云到阴、阴到多云、多云到阴有时有小雨等。

或:两种天气现象都有可能出现,如:阵雨或雷雨、雨或雨夹雪、雨夹雪或雪。

和:两种天气现象并列出现,如:雨和雾、雨和冰雹等。

转:先出现前一种天气现象,再出现后一种天气现象,如:晴转多云、多云转阴、多云转阴有雨等。

(二)时间用语

早晨预报:今日白天:08—20时;今夜:20—08时

中午预报:今日白天:12—20时;今夜:20—08时

傍晚预报:今夜:20—08时

夜间预报:今夜:22—08时

所有时次预报：白天：08—20 时；夜里：20—08 时；

早晨：04—08 时；上午：08—11 时；中午：11—13 时；下午：13—17 时；傍晚：17—20 时；上半夜：20—24 时；下半夜：24—04 时；凌晨：02—04 时；半夜：22—02 时；午后：12—14 时

时间用语中可使用“到”“前后”“起”等连接词。如：午后到傍晚、午后到上半夜、傍晚到上半夜等，一般要求跨度不要太长；中午前后、傍晚前后、半夜前后、早晨前后，“前后”的使用一般只用于上述四种情况；早晨起、上午起、中午起、下午起、傍晚到上半夜起等。

(三)地区用语

1. 上海市及长江口区

个别地区：指出现同类天气现象的站数仅 1～2 个。

局部地区：指出现同类天气现象的站数 1～4 个。

部分地区：指出现同类天气现象的站数为 3～5 个。

大部地区：指出现同类天气现象的站数为 6～8 个。

普遍：指出现同类天气现象的站数≥8 个。

中心城区：徐汇区、长宁区、普陀区、闸北区、虹口区、杨浦区、黄浦区、卢湾区、静安区。

郊区：中心城区以外的浦东新区、宝山区、闵行区、嘉定区、金山区、松江区、青浦区、奉贤区、崇明区。

东部：浦东新区。

西部：闵行区、松江区、青浦区。

南部：金山区、奉贤区。

北部：宝山区、嘉定区、崇明区。

内港：吴淞口以内黄浦江、苏州河内河支流及淀山湖(详见图 D1)。

长江口区(外港)：吴淞口以外江阴～铜沙。

长江口区东部：吴淞口、堡镇、三和港三点连线以东(含此三点)。

长江口区西部：吴淞口、堡镇、三和港三点连线以西。

沿海地区：浦东新区、金山区、奉贤区、崇明区。

2. 公众预报责任海区划分(详见图 D2)：

山东半岛南部：成山头—岚山头(37.4°～35.1°N)

江苏北部：岚山头—灌云(35.1°～34.49°N)

江苏中部：灌云—东台(34.49°～32.6°N)

江苏南部：东台—苏沪(崇明)交界处(32.6°～31.6°N)

上海市：苏沪(崇明)交界处—浙(平湖)沪(金山)交界处(31.6°～30.7°N)

浙江北部：浙(平湖)沪(金山)交界处—象山港(30.7°～29.6°N)

浙江中部：象山港—石塘(29.6°～28.3°N)

浙江南部：石塘—苍南(28.3°～27.2°N)

洋山港区海域：点 A(122.2°E，30.6°N)—点 B(121.9°E，30.6°N)沿东海大桥至点 C(121.9°E，30.9°N)形成的三角形区域。

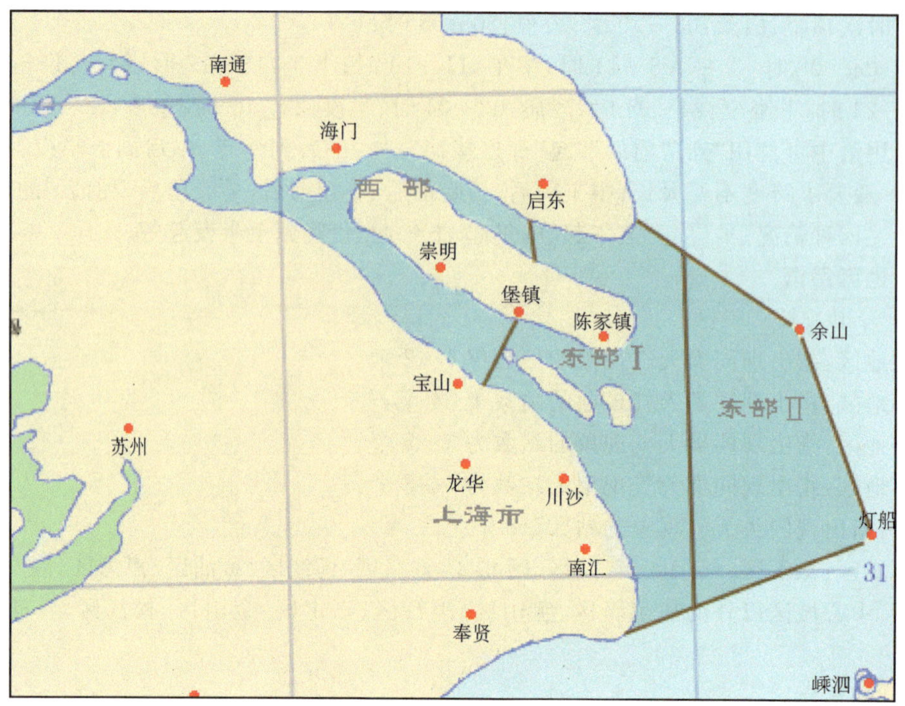

图 D1　长江口区划分图

图 D2　公众预报责任海区划分图